Urban Bacher

BWL kompakt

Praxiswissen der Bilanzierung, Investition und Finanzierung

9., vollständig überarbeitete und erweiterte Auflage
inklusive Neuerungen nach dem BilRUG

9., vollständig überarbeitete Auflage inklusive Neuerungen nach dem BilRUG, Stand: Januar 2016

Der Text ist an beide Geschlechter gerichtet, auch wenn aus Gründen der Verständlichkeit und der Vereinfachung oft nur die männliche Form verwendet wird.

Satz: Deutscher Genossenschafts-Verlag eG, Wiesbaden

Druck: Görres-Druckerei und Verlag GmbH, Neuwied

ISBN 978-3-87151-180-6

Bestell-Nr. 960 620 DG VERLAG

Vorwort

Bilanzierungsfragen und das Management der Finanzen sind Kernbereiche der Betriebswirtschaftslehre. Mehr noch: Die Technik des Rechnungswesens und die geldmäßige Einbettung von Lebenssachverhalten geben der Bilanzierung und der Finanzierung ein besonderes Gepräge – eine Art Sprache und formale Logik des Kaufmanns. Diese abstrakte Methodik und Zusammenhänge zu beherrschen ist nicht leicht, aber Grundvoraussetzung für jeden Betriebswirt. In „Wilhelm Meisters Lehrjahre" bezeichnet Goethe die Bilanzierung als „eine der schönsten Erfindungen des menschlichen Geistes". Auch wenn diese Erkenntnis eher ironisch gemeint war, so trifft sie den Kern: Ökonomisches Denken – Kostenbewusstsein und Leistungsorientierung – muss mit dem formalen finanzwirtschaftlichen System einhergehen.

„BWL kompakt" soll dazu dienen, das notwendige Grundlagenwissen einprägsam zu vermitteln. Das Buch setzt auf eine systematische Stoffvermittlung. Der Textteil ist bewusst kurz gehalten und wird um grafische Elemente, wie Übersichten und Tabellen, ergänzt. Die Hinführung zu weiteren Lehrbüchern, Standardwerken und Kommentaren wird durch vielfältige Literaturhinweise und Quellennachweise gefördert. Bei Paragrafen, die ohne Angabe des Gesetzes zitiert werden, handelt es sich stets um Paragrafen aus dem Handelsgesetzbuch (HGB).

„BWL kompakt" entspricht inhaltlich den einschlägigen universitären Veranstaltungen. Es hat sich hundertfach als Vorlesungsbegleiter an der Hochschule Pforzheim (Pforzheim University) bewährt. Der Benutzer gewinnt rasch den notwendigen Überblick und erlernt das Handwerk der Falllösung. Damit ist schnell die praktische Umsetzbarkeit des komplexen Stoffgebiets gewährleistet. Der Text ist an beide Geschlechter gerichtet, auch wenn aus Gründen der Verständlichkeit und der Vereinfachung oft nur die männliche Form verwendet wird.

Besonderer Dank gilt meiner Kollegin Prof. Dr. Katja Rade und meinen Kollegen Prof. Dr. Matthias Kropp, Prof. Eckart Liesegang, Prof. Dr. Robert Nothhelfer und Prof. Dr. Marcus Scholz für ihren Rat. In der vorliegenden 9. Auflage wurden alle Kapitel grundlegend überarbeitet und verbessert sowie die Änderungen – soweit relevant – nach dem BilRUG eingearbeitet. Meinen Töchtern Julia und Andrea besten Dank für das Korrekturlesen. Für Anregungen und Verbesserungen bin ich jederzeit offen. Unter

urban.bacher@hochschule-pforzheim.de

bin ich stets erreichbar. Weitere Informationen über meine Arbeit erhalten Sie über meine Homepage (www.hochschule-pforzheim.de).

Ich wünsche allen Benutzern viel Erfolg und Freude bei der Bewältigung rechtlicher und wirtschaftlicher Lebenssachverhalte.

Pforzheim/Wackersdorf, im Januar 2016

Prof. Dr. Urban Bacher

Inhaltsverzeichnis

Literaturempfehlungen

Teil A: Bilanzierung

Lehrbücher:

Coenenberg/Haller/Schultze: Jahresabschluss und Jahresabschlussanalyse, 23. Auflage, Moderne Industrie, Landsberg 2014

Grefe, C.: Kompakt-Training Bilanzen, 8. Auflage, Kiehl, Ludwigshafen 2014

Meyer, C.: Bilanzierung nach Handels- und Steuerrecht, 26. Auflage, nwb, Herne/Berlin 2015

Auszüge der allgemeinen Standardwerke:

Schierenbeck/Wöhle: Achtes Kapitel aus: Grundzüge der Betriebswirtschaftslehre, 18. Auflage, Oldenbourg, München 2012

Wöhe/Döring: Sechster Abschnitt aus: Einführung in die allgemeine Betriebswirtschaftslehre, 25. Auflage, Vahlen, München 2013

Ergänzende Literatur/Gesetzeskommentar/Handbuch:

Beck'scher Bilanzkommentar: §§ 238–339 HGB, 9. Auflage, Beck, München 2013

Bilanzbuchhalter-Handbuch, 9. Auflage, nwb, Herne 2013

Teil B: Investition und Finanzierung

Lehrbücher:

Däumler/Grabe: Betriebliche Finanzwirtschaft, 10. Auflage, nwb, Herne/Berlin 2013

Jahrmann, F.-U.: Finanzierung, 6. Auflage, nwb, Herne/Berlin 2009

Olfert, K.: Finanzierung, 16. Auflage, Kiehl, Ludwigshafen 2013

Olfert, K.: Investition, 12. Auflage, Kiehl, Ludwigshafen 2012

Perridon/Steiner/Rathgeber: Finanzwirtschaft der Unternehmung, 16. Auflage, Vahlen, München 2012

Wöhe/Bilstein: Grundzüge der Unternehmensfinanzierung, 11. Auflage, Vahlen, München 2013

Zantow/Dinauer: Finanzwirtschaft der Unternehmung, 3. Auflage, Pearson Studium, München 2011

Auszüge der allgemeinen Standardwerke:

Wöhe/Döring: Fünfter Abschnitt aus: Einführung in die allgemeine Betriebswirtschaftslehre, 25. Auflage, Vahlen, München 2013

Schierenbeck/Wöhle: Sechstes Kapitel aus: Grundzüge der Betriebswirtschaftslehre, 18. Auflage, Oldenbourg, München 2012

Teil A: Bilanzierung

1 *Grundlagen*

LEITFRAGEN

- ***Welche Funktionen erfüllt das Rechnungswesen generell und welche eine Bilanz im Einzelnen?***
- ***Was ist ein „Inventar", und welche Möglichkeiten der Inventur sind möglich?***
- ***Wo finden sich die wichtigsten rechtlichen Grundlagen der Bilanzierung?***

1.1 Ziele des Rechnungswesens

Kein geordneter kaufmännischer Betrieb ist ohne eine seiner Tätigkeit entsprechende Organisation des Rechnungswesens denkbar. Ohne die Aufzeichnung der betrieblich bedingten Vorgänge würden dem Management eines Unternehmens wichtige Informationen für Vorhaben und Entscheidungen sowie zur Erfolgskontrolle fehlen. Auch könnten sich die Gesellschafter, Gläubiger und die Finanzbehörden nicht über die wirtschaftlichen Verhältnisse informieren.

Es hat sich mittlerweile die Erkenntnis durchgesetzt, dass jede wirtschaftliche Tätigkeit finanzielle Auswirkungen hat, die sich in der Finanzwirtschaft eines Unternehmens niederschlagen. Gutenberg beschreibt es kurz so: Jeder güterwirtschaftliche Vorgang stellt zugleich einen Akt der Kapitaldisposition dar. Die laufenden Geld- und Kapitaldispositionen und der buchungsmäßige Leistungsvollzug gehören somit zu den wichtigsten Aufgaben der Unternehmensleitung.

Die Finanzwirtschaft ist vernetzt mit den anderen betrieblichen Funktionen – ein sogenanntes kybernetisches Modell der Unternehmung entsteht. Schmalenbach hat bereits 1925 den Rückkoppelungseffekt des Rechnungswesens in Analogie zum menschlichen Nervensystem so dargestellt: „Wenn man den Betrieb mit einem menschlichen Körper vergleicht, dann fällt dem Rechnungswesen des Betriebes die Aufgabe der Nerven und zum Teil des Gedächtnisses zu. Die Nerven des Menschen zeigen an, dass irgendwo im Körper eine Reizung sich vollzieht – eine Verwundung, ein Mangel, eine Störung lösen durch die Nerven Abwehrfunktionen aus. So hat das Rechnungswesen des Betriebes die Aufgabe, jeden Mangel, jede Verwundung, jede Indisposition des Betriebes, die nicht durch andere, gröbere Mittel offenbar wird, dem Gehirn des Betriebes, d. h. der Betriebsleitung, kundzutun. Der Arbeiter und selbst der Ingenieur sind geneigt, diese Arbeit als eine unproduktive Arbeit anzusehen; als produktiv erscheinen ihm nur die Muskeln. Das ist begreiflich. Aber die Muskeln leisten nichts, wenn das Nervensystem gestört ist. Und auch im Betrieb ist die Arbeit der ausführenden Organe nicht fruchtbar, wenn nicht die großen und kleinen Störungen, denen die Arbeit unterworfen ist, dem Kopf des Betriebes offenbar werden."

Aus kleinen Anfängen ist allmählich ein umfangreiches Rechnungswesen entstanden. Die Buchführung und der Jahresabschluss sind eine modellhafte Abbildung der betrieblichen Realität, die auf ökonomische Kenngrößen wie das Eigenkapital und den Gewinn abzielen. Ziel, Aufgaben und Adressatenkreis des Rechnungswesens können modern wie folgt dargestellt werden:

- Ziel: Erfassung, Aufbereitung und Auswertung aller unternehmensrelevanten Informationen.
- Aufgaben: Ergebnisfeststellung, Rechenschaft, Planung, Kontrolle, Publikation.
- Externe Adressaten: Staat, Gläubiger (Banken und Lieferanten), Kunden, Öffentlichkeit.
- Interne Adressaten: Vorstand, Management, Gesellschafter, Gremien, Mitarbeiter, Betriebsrat etc.

Bilanzadressaten und ihre jeweiligen Hauptziele:

Bilanzadressat:	Hauptziel einer Offenlegung:
Finanzamt/Fiskus	Richtige Steuerbemessung
Gesellschafter	Kapitalerhalt und Rendite
Kreditinstitute	Bonitätsprüfung, insbesondere Prüfung der Kapitaldienstfähigkeit
Lieferanten	Bonitätsprüfung, insbesondere hinsichtlich der Zahlungsfähigkeit
Vorstand	Rechenschaft und Zielerreichung bzw. Tantiemebemessung
Mitarbeiter	Arbeitsplatzsicherheit und Ausloten von Gehaltsspielräumen

Traditionelle und neuere Aufgaben der Rechnungslegung im Überblick

Traditionelle Aufgaben	Neuere Aufgaben
Allgemein: – Ergebnisfeststellung – Überwachung – Wirtschaftsübersicht – Rechenschaftslegung **Speziell:** – Ermittlung des Erfolgs – Nachweis der Kapitalerhaltung – Feststellung des Vermögens und der Vermögensstruktur – Feststellung des Kapitalaufbaus und der Kapitalstruktur – Darlegung der Investitionen und der Finanzierung – Ausweis der Liquiditätslage	**Primäre Zwecke:** – Bündelung der Buchführungsvorgänge – Urkunden- bzw. Beweisfunktion – Gläubigerschutz (Zwang der Selbstinformation, Ausschüttungssperre) – Konkretisierung von Gewinn und Eigenkapital **Weitere Zwecke:** – Rechnungslegung und Information im weiteren Sinne – Unternehmerische Dispositionsgrundlage (Soll-Ist-Vergleich, Jahresplan etc.) – Basis für Kreditwürdigkeitsprüfung – Basis für „Auseinandersetzungen"

1 zu 1 (Aufgabe):

Wie zeigen sich folgende betriebliche Prozesse in der Bilanz?

a) Beschaffung von Sachanlagen durch
   aa) Barzahlung bzw.
   ab) Kreditkauf

b) Ein Kunde bezahlt nach 20 Tagen seine Rechnung.

c) Rohstoffe gehen in die Produktion ein.

d) Rückzahlung eines Bankdarlehens

e) Lohn- und Gehaltszahlung

f) Einsatz von Maschinen

System der Buchführung nach Meyer

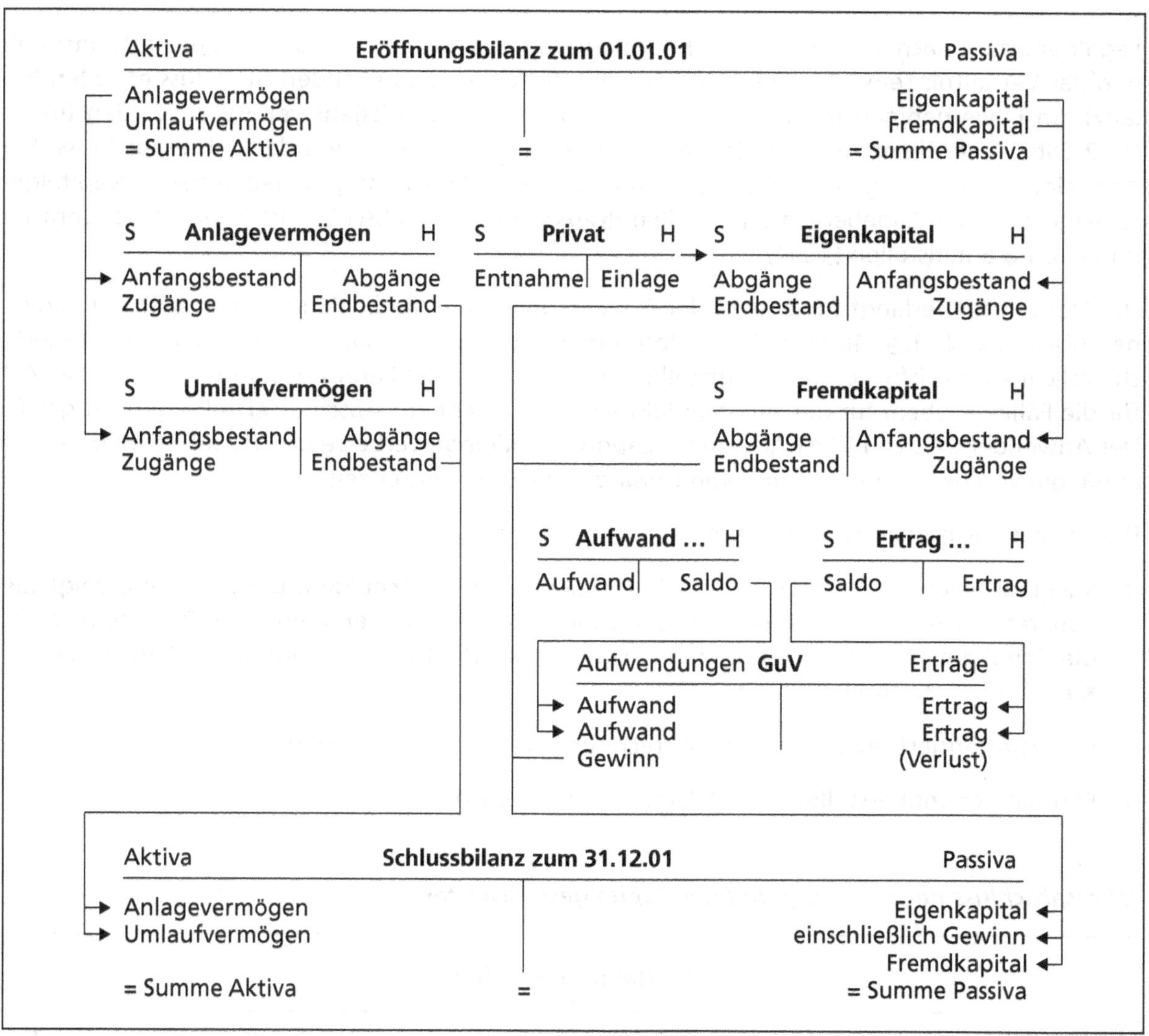

Quelle: *Meyer*, Bilanzierung nach Handels- und Steuerrecht, Herne/Berlin 2008, S. 16

Wenn die Buchführung und der Jahresabschluss die Realität modellhaft abbilden, folgt daraus, dass diese Abbildungen je nach Unternehmenstypus anders aussehen. Für eine Analyse und Bewertung des Unternehmens reichen Buchungstechnik und Kennzahlen allein nicht aus. Hinzukommen muss unabdingbar das Grundverständnis des Geschäftsmodells.

- Das Industrieunternehmen gilt gemeinhin als das Muster der BWL und beschafft Roh-, Hilfs- und Betriebsstoffe und verarbeitet diese in einem (mehrstufigen) Produktionsprozess zu neuen Produkten. Es entstehen Lagerbestände mit halbfertigen und fertigen Erzeugnissen.

- Handelsunternehmen beschaffen Waren, ohne diese weiterzuverarbeiten. Die Abbildung des Transformationsprozesses ist relativ einfach. Es findet lediglich eine Lagerung bis zum Absatz statt. Das Warenkonto wird gewöhnlich in ein Wareneinkaufskonto (Warenbestandskonto) und das Warenverkaufskonto (Warenerfolgskonto) getrennt.
- Bei Dienstleistungsunternehmen spielen Lagerbestände in der Regel keine Rolle. Die Immaterialität der Leistungen kann jedoch besondere Bewertungsprobleme mit sich bringen. Bei Finanzdienstleistern spielt das Kapital und die Risikobewertung eine dominante Rolle.

1.2 Bilanzbegriff

Legaldefinition nach § 242 HGB*: Ein Kaufmann muss jährlich zum Ende des Geschäftsjahres einen das Verhältnis seines Vermögens und seiner Schulden darstellenden Abschluss erstellen (Bilanz). Im Einvernehmen mit dem Finanzamt kann das Geschäftsjahr verändert werden (§ 4a I Nr. 2 EStG). Die Bilanz und die Gewinn- und Verlustrechnung bilden den Jahresabschluss. Bei Kapitalgesellschaften gehört zu diesem Abschluss auch der Anhang, daneben haben Kapitalgesellschaften einen Lagebericht zu erstellen (§ 264). Der Jahresabschluss ist in deutscher Sprache und in Euro aufzustellen (§ 244).

Das Steuerrecht verlangt für Zwecke der Besteuerung ebenfalls die Führung von Büchern und einen Abschluss. Nach § 140 AO geht die Rechnungslegungspflicht nach dem HGB vor. Eine steuerliche Pflicht zur Buchführung und Aufstellung eines Abschlusses kann sich subsidiär nach § 141 AO für die Fälle ergeben, für die eine handelsrechtliche Pflicht zur Abschlusserstellung nicht greift. Der Anwenderkreis von § 141 AO – meist Landwirte, Kleingewerbetreibende, Selbstständige – ist abhängig von der Überschreitung von Umsatz- bzw. Gewinngrenzen.

Der Bilanzbegriff in anderen Worten:

- Stichtagsbezogene Aufstellung des Vermögens und der Schulden. Die Aktivseite zeigt die konkret vorhandenen Vermögensgegenstände (Kapitalverwendung), die Passivseite zeigt die Schulden, die Herkunft und die Eigentumsverhältnisse des Kapitals (Ansprüche der Kapitalgeber/Kapitalherkunft).
- Prozessorientiert: Abbildung und Abrechnung ökonomischer Prozesse.
- Formal: Gegenüberstellung von Werten in gleicher Höhe.

Jahresabschluss der Kaufleute und der Kapitalgesellschaften

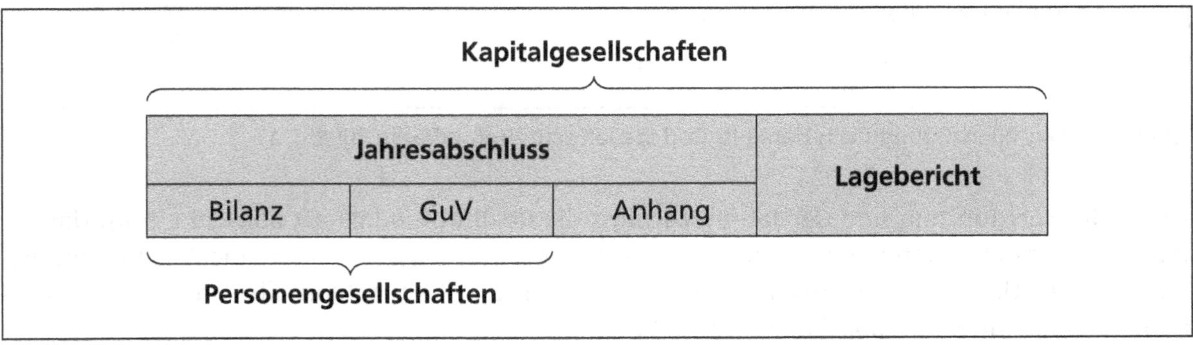

* Im gesamten Buch beziehen sich Paragrafen ohne Angabe des Gesetzes immer auf das Handelsgesetzbuch (HGB).

Der Jahresabschluss eines Kaufmanns besteht neben einer Bilanz noch aus einer Gewinn- und Verlustrechnung (GuV), bei Kapitalgesellschaften zudem noch aus einem Anhang. Die GuV offenbart Art, Höhe und Quellen eines Periodenerfolgs. Aufgabe des Anhangs ist es, Bilanz- und GuV-Posten zu erläutern. Kapitalgesellschaften haben zudem noch einen Lagebericht zu erstellen. Ziel des Lageberichts ist es, eine Gesamtbeurteilung des Geschäftsverlaufs und die Lage samt Risiken der Gesellschaft darzustellen.

Unterschiedliche Merkmale einer Bilanz und einer GuV

	Bilanz	GuV
Kerninhalt:	Vermögenslage	Ertragslage
Verfahren:	Bestandsrechnung	Strömungsrechnung
Zeitbezug:	Zeitpunkt, z. B. 31.12.	Zeitraum (Geschäftsjahr)

Nach § 241a können sich Einzelkaufleute von der handelsrechtlichen Rechnungslegung befreien lassen und somit auf die einfachere Einnahmen-Überschuss-Rechnung ausweichen. Schwellenwerte für die Befreiung: Umsatz weniger als 500 T€ und Jahresüberschuss unter 50 T€.

2 zu 1 (Aufgabe):

Welchen unterschiedlichen Aufgaben dienen Bilanz, GuV und Anhang?

3 zu 1 (Aufgabe):

Der legendäre „Ausputzer" der deutschen Nationalmannschaft Georg Hau gründet nach Ablauf seiner Profilaufbahn eine Reinigungsfirma. Ihm stehen 30 hoch motivierte Arbeiter aus der Szene und drei Bürokräfte zur Verfügung. Besteht Rechnungslegungspflicht?

lies: *Hilke*, 2. Kapitel, A I, S. 17–19 und B II, S. 42–50

1.3 Bilanzarten und deren Adressaten

Ziel muss sein, dass jede Bilanz den eigenen und den gesetzlichen Anforderungen gerecht wird. Bilanzart und Bilanzadressat richten sich nach der Aufgabe:

- Erfolgsermittlung und Zahlungsbemessung (Bemessung der Steuer, der Tantieme, der Ausschüttung, der Kapitaldienstgrenze etc.) → Fiskus, Geschäftsführung, Gesellschafter, Gläubiger etc.;
- Information (Zielerreichung, Wertansätze, Eigentumsverhältnisse etc.) → Geschäftsführung, Gesellschafter, Gläubiger, Mitarbeiter etc.;
- Dokumentation und Sicherung Staat, Gläubiger, Gesellschafter.

Funktionen eines Jahresabschlusses

Informationsfunktion	Grundlage für Dispositionen, Planungen, Vergleiche und Kontrolle (extern wie intern)
Rechenschaftsfunktion	Rechenschaft gegenüber Eigentümern, Gläubigern und dem Staat aufgrund gesetzlicher oder freiwilliger Regelungen (extern wie intern)
Dokumentationsfunktion	Nachweis von Geschäftsvorgängen und von inner- und zwischenbetrieblichen Wertbewegungen
Sicherungsfunktion	Nachweis der Kapitalerhaltung und der Kapitaldienstfähigkeit des Fremdkapitals
Ermittlungsfunktion	Erfolgsermittlung (Gewinnverteilung, Steuern, Tantieme etc.), Vermögens- und Kapitalermittlung für unterschiedliche Zwecke (Auseinandersetzung, Fusion etc.)

Bilanzarten

<table>
<tr><th>Adressdatenkreis:</th><th colspan="5">Externe Bilanz</th><th colspan="5">Interne Bilanz</th></tr>
<tr><td>Informationszweck:</td><td colspan="2">Erfolgsbilanz</td><td colspan="3">Vermögensbilanz</td><td colspan="2">Liquiditätsbilanz</td><td colspan="3">Bewegungsbilanz</td></tr>
<tr><td>Anzahl der einbezogenen Unternehmen:</td><td colspan="3">Einzelbilanz</td><td colspan="3">Gemeinschaftsbilanz</td><td colspan="4">Konzernbilanz</td></tr>
<tr><td rowspan="2">Häufigkeit</td><td colspan="4">Regelmäßige/laufende Bilanz</td><td colspan="6">Sonderbilanz</td></tr>
<tr><td>Woche</td><td>Monat</td><td>Quartal</td><td>Jahr</td><td>Gründung</td><td>Fusion</td><td colspan="2">Auseinandersetzung</td><td>Sanierung</td><td>Liquidation</td></tr>
<tr><td>Verpflichtungsgrund</td><td colspan="2">Handelsbilanz</td><td colspan="2">Steuerbilanz</td><td colspan="3">Vertragliche Bilanz</td><td colspan="3">Freiwillig erstellte Bilanz</td></tr>
</table>

1.4 Inventur

Inventur (§ 240) ist die Tätigkeit der art-, mengen- und wertmäßigen Erfassung des Vermögens und der Schulden (messen, zählen, wägen etc. und bewerten); das Ergebnis hiervon ist das Inventar. Eine fehlerhafte Inventur kann den Verlust der Ordnungsmäßigkeit der Buchführung und Bilanzierung bedeuten. Die Werte werden gewöhnlich progressiv ermittelt, also entsprechend dem fortgeschrittenen Ablauf des Leistungsprozesses. Im Einzelhandel kann aus (zulässigen) Vereinfachungsgründen die Ermittlung der Vorräte anhand eines Abschlages auf den Verkaufspreis (retrograde Methode) erfolgen.

Inventurmöglichkeiten:

- Stichtagsinventur
  - § 240 I – bei Beginn des Handelsgewerbes,
  - § 240 II – zum Schluss jeden Geschäftsjahres,
  - eine nach den Grundsätzen ordnungsmäßiger Buchführung (GoB) zulässige, auf zehn Tage ausgeweitete Stichtagsinventur inklusive Nachweis der Veränderungen;
- vor- oder nachgelagerte Stichtagsinventur – § 241 III (Rückrechnung/Fortschreibung);
- permanente Inventur – § 241 II;
- Stichprobeninventur – § 241 I.

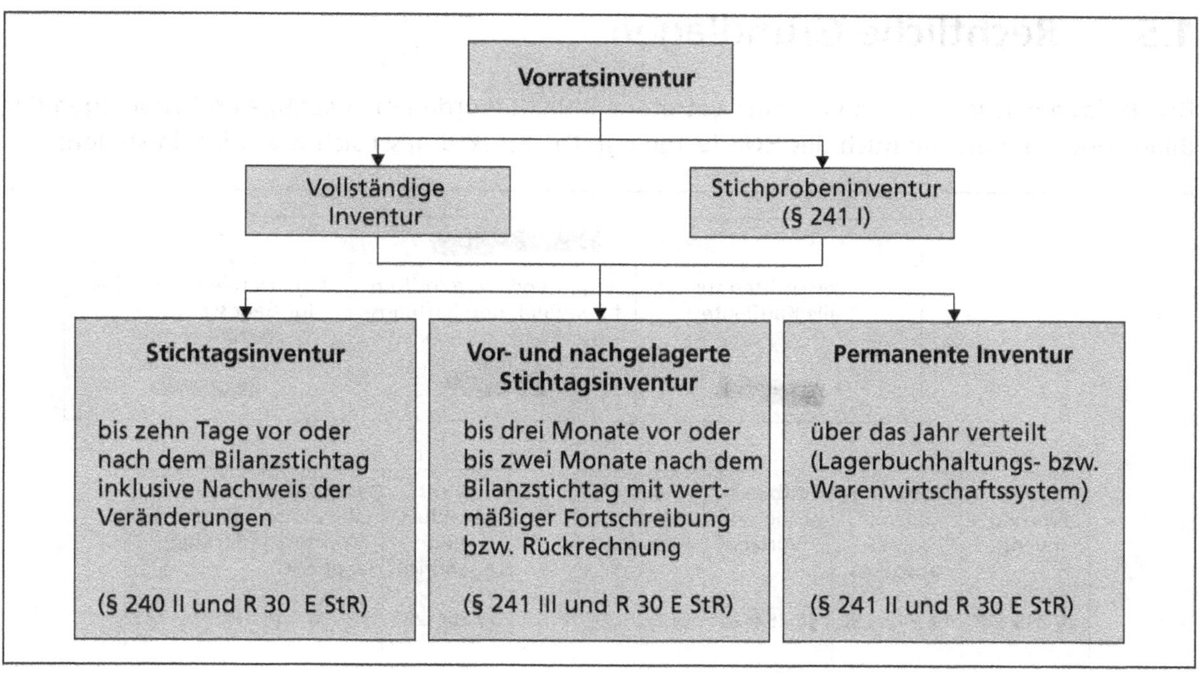

4 zu 1 (Aufgabe):

Wie erfolgt der genaue, inventurmäßige Nachweis a) der Grundstücke, b) der Kraftwagen, c) der Forderungen aus L+L, d) der Bankguthaben, e) des Kassenbestands, f) des Stammkapitals und g) der Rückstellungen? Auf was kommt es an?

5 zu 1 (Fallstudie):

Susi Schön erbt 900 T€ und richtet sich damit ein Textilhaus ein. Sie besorgt sich weitere 1 Mio. € Fremdkapital und kauft Waren und sonstige Gegenstände. Am Ende des ersten Geschäftsjahres lässt die Inventur der Warenvorräte einen alternativen Bewertungsspielraum von 1 Mio. € oder 1,2 Mio. € zu. Das restliche Vermögen beträgt 1 Mio. €. Im folgenden Jahr hat Susi Schön keine Lust mehr. Sie macht einen Totalausverkauf und liquidiert alles, sodass am Ende 2,2 Mio. € auf dem Konto stehen. Nur das Fremdkapital wurde bisher nicht getilgt und steht zur Rückzahlung an. Beantworten Sie folgende Fragen:

a) Wie sehen die Bilanzen aus, wenn keine Ausschüttung erfolgt und keine Steuerbelastung anfällt?

b) Wie wirkt sich der alternative Wertansatz im ersten Geschäftsjahr auf den Gewinn des laufenden, des folgenden Jahres und auf den Totalgewinn aus?

c) Wie nennt man diesen Effekt?

6 zu 1 (Fallstudie):

Dem Geschäftsführer eines Skifachmarkts stört es, dass wegen Inventur am Jahresende an zwei Tagen Kunden und Mitarbeiter in der Hochsaison zusätzlich belastet werden und erhebliche Umsätze verloren gehen. Welche Alternativen bieten sich?

1.5 Rechtliche Grundlagen

Durch das am 1. Januar 1986 in Kraft getretene BiRiLiG wurden die wichtigsten Grundlagen der Bilanzierung im dritten Buch des HGB festgelegt. Die Struktur lässt sich wie folgt darstellen:

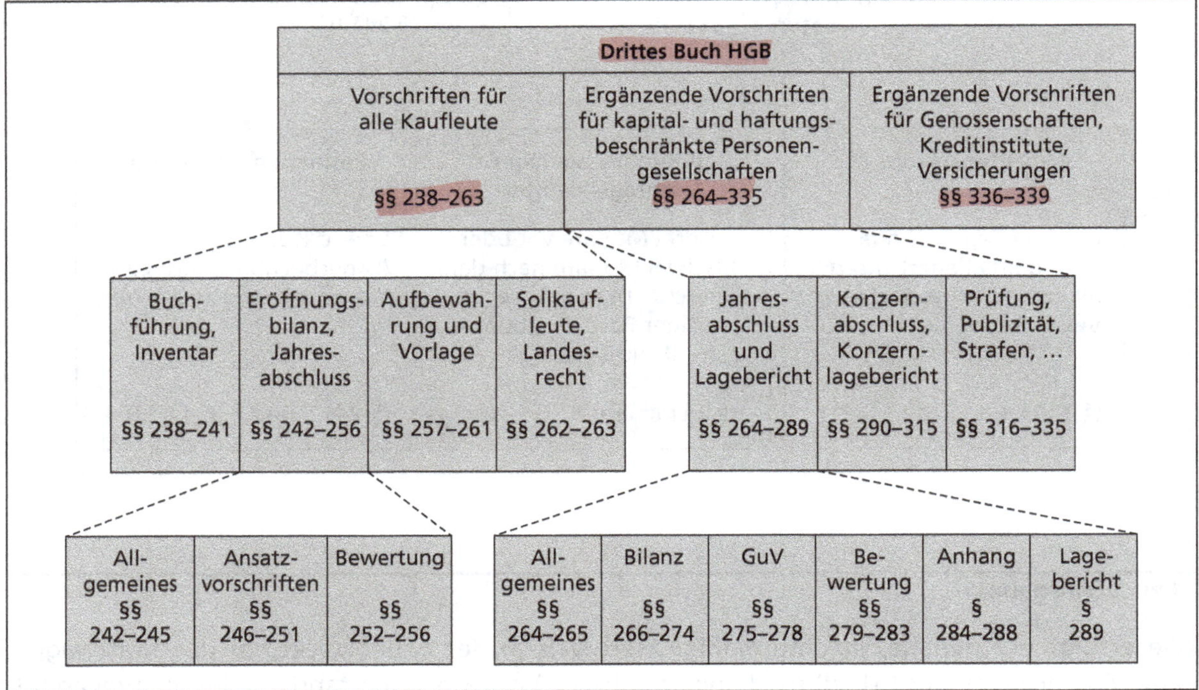

Bilanzrechtsmodernisierungsgesetz (BilMoG)

Ende Mai 2009 wurde ein grundlegender Gesetzentwurf zur Bilanzrechtsmodernisierung (BilMoG) ratifiziert. Das Gesetz hat zum Ziel, das bewährte Bilanzrecht zu einer dauerhaften und im Verhältnis zu den internationalen Rechnungslegungsstandards vollwertigen, aber kostengünstigeren und einfacheren Alternative weiterzuentwickeln. Die bisherigen Eckpunkte des Handelsgesetzbuches – Ausschüttungsbemessung, Vorsichtsprinzip und Grundsätze ordnungsmäßiger Bilanzierung – wurden beibehalten. Unternehmen wurden zudem entlastet, z.B. durch Erleichterungen und Befreiungen.

Bilanzrichtlinie-Umsetzungsgesetz (BilRUG)

Ende Juli 2015 ist das Bilanzrichtlinie-Umsetzungsgesetz (BilRUG) in Kraft getreten. Es umfasst viele Detailregelungen und Anpassungen wie erhöhte Schwellenwerte für die Größenbestimmung bei Kapitalgesellschaften, Begrifflichkeiten (a.o. Vorgänge, Umsatzerlöse), Abschreibungsdauer für selbst erstellte immaterielle Vermögensgegenstände, Änderungen bei den Angaben im Anhang und im Lagebericht.

2 *Formelles Bilanzrecht*

LEITFRAGEN

- ***Warum teilt man Gesellschaften in Größenklassen ein, und welche Konsequenzen hat dies?***
- ***Wer muss an einer rechtmäßigen Bilanz in welcher Frist und Form mitwirken?***
- ***Was umfassen die Prüfungshandlungen und Testate?***

2.1 Größenklassifizierung

Für Einzelunternehmer und reine Personengesellschaften gibt es einen privaten Haftungsdurchgriff. Insofern sind die Anforderungen an Gläubigerschutz, Prüfung und Transparenz relativ gering. Derjenige Kaufmann, der also auch privat für sein Unternehmen einsteht, ist bei der Gliederung, Prüfung und Offenlegung seiner Bilanz und Ergebnisse frei; für derartige Kaufleute gelten gemäß § 247 nur Mindestanforderungen.

Anders ist die Situation für Kapitalgesellschaften (z. B. AG oder GmbH) und haftungsbeschränkte Personengesellschaften (z. B. GmbH & Co. KG). Hier haftet nur ein Gesellschaftsvermögen, das formell festgestellt werden muss und offenzulegen ist. Für derartige haftungsbeschränkte Gesellschaften ist also ein formeller Bilanzrahmen geboten. Dabei wird aus Gründen der Vereinfachung und Wesentlichkeit auf die Größe der Gesellschaft abgestellt. Für kleinste, kleine und mittelgroße Kapitalgesellschaften bestehen Erleichterungen hinsichtlich Umfang und Fristen für Aufstellung und Veröffentlichung von Jahresabschluss und Lagebericht.

BEISPIEL

Kleine Kapitalgesellschaften können in der Gewinn- und Verlustrechnung den Umsatz, die Bestandsveränderungen und die aktivierten Eigenleistungen sowie den Materialaufwand und die sonstigen betrieblichen Erträge zum „Rohergebnis" verdichten und brauchen die GuV nicht offenlegen (§§ 276, 326).

Nach dem Kapitalgesellschaften- und Co-Richtliniegesetz von 2000 (KapCoRiLiG, vgl. § 264 a) besteht ab dem Geschäftsjahr 2000 auch die Offenlegungspflicht für haftungsbeschränkte Personengesellschaften (z. B. GmbH & Co. KG).

Ende 2012 hat der Bundestag die Micro-Richtlinie der EU betreffend der „Kleinstbetriebe" umgesetzt. Für Kleinstkapitalgesellschaften bestehen nach § 267 a weitgehende Erleichterungen im Bereich der Rechnungslegung und Offenlegung. Konkret können Kleinstbetriebe eine vereinfachte Bilanz- und GuV-Gliederung anwenden und auf die Erstellung eines Anhangs und Lageberichts verzichten, wenn sie bestimmte Angaben unter der Bilanz ausweisen (§§ 264 I 5, 275 V). Die Betriebe können auch wählen, ob sie die Offenlegung durch Veröffentlichung oder durch

Hinterlegung erfüllen (§ 326). Im Fall der Hinterlegung können Dritte auf Antrag (kostenpflichtig) eine Kopie der Bilanz erhalten.

Für die Eingruppierung einer Kapital- oder haftungsbeschränkten Personengesellschaft ist entscheidend, ob zwei der drei Merkmale an zwei aufeinanderfolgenden Geschäftsjahren jeweils unter- oder überschritten sind (§§ 267 HGB, 1, 11 PublG). Kapitalmarktorientierte Gesellschaften gelten stets als große Kapitalgesellschaften und müssen den Jahresabschluss um einen Eigenkapitalspiegel und um eine Kapitalflussrechnung erweitern (§ 264 I 2).

Die Größenklassen der Kapitalgesellschaften sind nach dem BilRUG wie folgt festgelegt:

	„kleinst"	„klein"	„mittelgroß"	„groß"
Bilanzsumme	bis 0,35 Mio. €	0,35 bis 6 Mio. €	6 bis 20 Mio. €	über 20 Mio. €
Jahresumsatz	bis 0,7 Mio. €	0,7 bis 12 Mio. €	12 bis 40 Mio. €	über 40 Mio. €
Arbeitnehmer im Ø	bis 10	11 bis 50	51 bis 250	über 250

Formelle Anforderungen an den Jahresabschluss je nach Größenklasse:

	„kleinst"	„klein"	„mittelgroß"	„groß"
Aufstellung				
– Bilanz	vereinfacht	verkürzt	ja	ja
– GuV	vereinfacht	verkürzt	verkürzt	ja
– Anhang	„kann"	verkürzt	verkürzt	ja
– Lagebericht	–	„kann"	ja	ja
– Frist	–	6 Monate	3 Monate	3 Monate
Prüfungspflicht	nein	nein	ja	ja
Ergebnisverwendung	–	ja	ja	ja
Veröffentlichung				
– Bilanz	Wahlrecht	ja	ja	ja
– GuV	–	nein	eingereicht	ja
– Anhang	–	eingereicht	eingereicht	ja
– Lagebericht	–	nein	ja	ja
– Frist	12 Monate	12 Monate	12 Monate	12 Monate

2.2 Fristen und Stadien des Jahresabschlusses

- Aufstellung des Jahresabschlusses durch Leitungsorgan innerhalb von drei Monaten (sechs Monate bei kleinen Kapitalgesellschaften, vgl. §§ 243 III, 264 I HGB, 6 PublG).
- Prüfung des Jahresabschlusses durch Abschlussprüfer innerhalb von sechs Monaten (§§ 316 ff. HGB). Beachte: Prüfungspflicht gilt nicht für kleine und kleinste Kapitalgesellschaften!
- Feststellung des Jahresabschlusses durch Gesellschafter (bei Aktiengesellschaft durch den Aufsichtsrat) inklusive Beschluss über Ergebnisverwendung innerhalb von acht (elf) Monaten (§§ 42a GmbHG, 175 AktG).
- Veröffentlichung des Jahresabschlusses innerhalb von zwölf Monaten (§§ 325, 326 HGB, 15 PublG).

Zusammenfassend ergibt sich bei der Erstellung eines Jahresabschlusses folgender Ablauf:

Vorgang	Maßnahme	Bilanzversion
Erstellung eines vorläufigen Jahresabschlusses	Abschlussbuchung	„Vorläufige Bilanz"
Austellung eines Jahresabschlusses	Beschluss des Leitungsorgans (GF bei GmbH, Vorstand bei AG)	„Aufgestellte Bilanz"
Prüfung eines Jahresabschlusses	Prüfung durch Abschlussprüfer (und des Aufsichtsorgans)	„Geprüfte Bilanz"
Feststellung eines Jahresabschlusses	Beschluss der geprüften Bilanz durch das hierfür vorgesehene Organ (i. d. R. Gesellschafter, Aufsichtsrat bei AG)	„Festgestellte Bilanz" (erst jetzt kann Gewinn ausgeschüttet werden)
Offenlegung eines Jahresabschlusses	Veröffentlichung	„Offengelegte Bilanz"

Stadien des Jahresabschlusses einer AG grafisch dargestellt

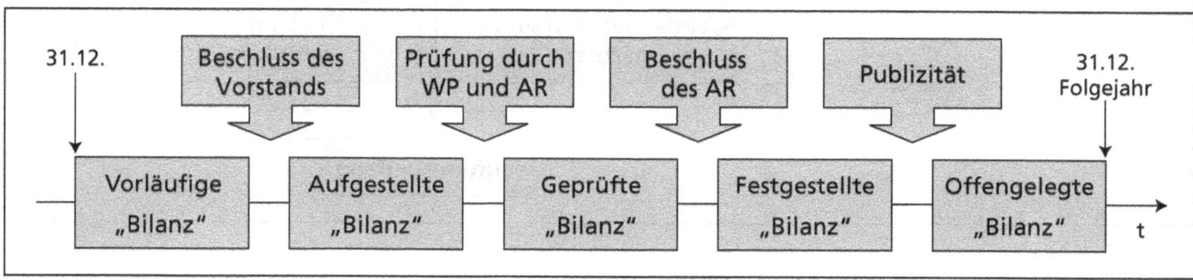

Der endgültige Jahresabschluss ist nach § 245 vom Kaufmann unter Angabe des Datums zu unterzeichnen. Sind mehrere persönlich haftende Gesellschafter vorhanden, so müssen alle unterzeichnen. Bei juristischen Personen unterzeichnen alle Vertretungsorgane. Bei kapitalmarktorientierten Gesellschaften ist noch eine „Versicherung" vorgesehen (sogenannter Bilanzeid nach § 264 II 3). Beachte: Es unterzeichnen die zum Datum der Unterschrift vertretungsberechtigten Personen.

lies: *Hilke*, 2. Kapitel, A II, S. 19–24; *Theiselmann*, Pflichten des Managements bei der Rechnungslegung, in: CF law 6/2010, S. 388–396; *Haller/Groß*, Vereinfachung der Rechnungslegung für Kleinstkapitalgesellschaften, in: DB 43/2012, S. 2412–2414

2.3 Prüfung des Jahresabschlusses und des Lageberichts

2.3.1 Prüfung des Abschlussprüfers

Die Jahresabschlüsse und der Lagebericht sind durch einen Abschlussprüfer gemäß §§ 316 ff. zu prüfen, ebenso die Konzernabschlüsse. Bei Genossenschaften werden zusätzlich die wirtschaftlichen Verhältnisse und die Ordnungsmäßigkeit der Geschäftsführung geprüft (§§ 53 ff. GenG).

Von der gesetzlichen Prüfungspflicht befreit sind Einzelunternehmen und die Personengesellschaften, die nicht dem PublG unterliegen, sowie kleinste und kleine Kapitalgesellschaften. Prüfungen können sich jedoch auch freiwillig bzw. durch Satzungsnormen ergeben. Die folgende Abbildung zeigt Gegenstand und Umfang der Jahresabschlussprüfung nach § 317.

Gegenstand und Umfang der Jahresabschlussprüfung nach § 317

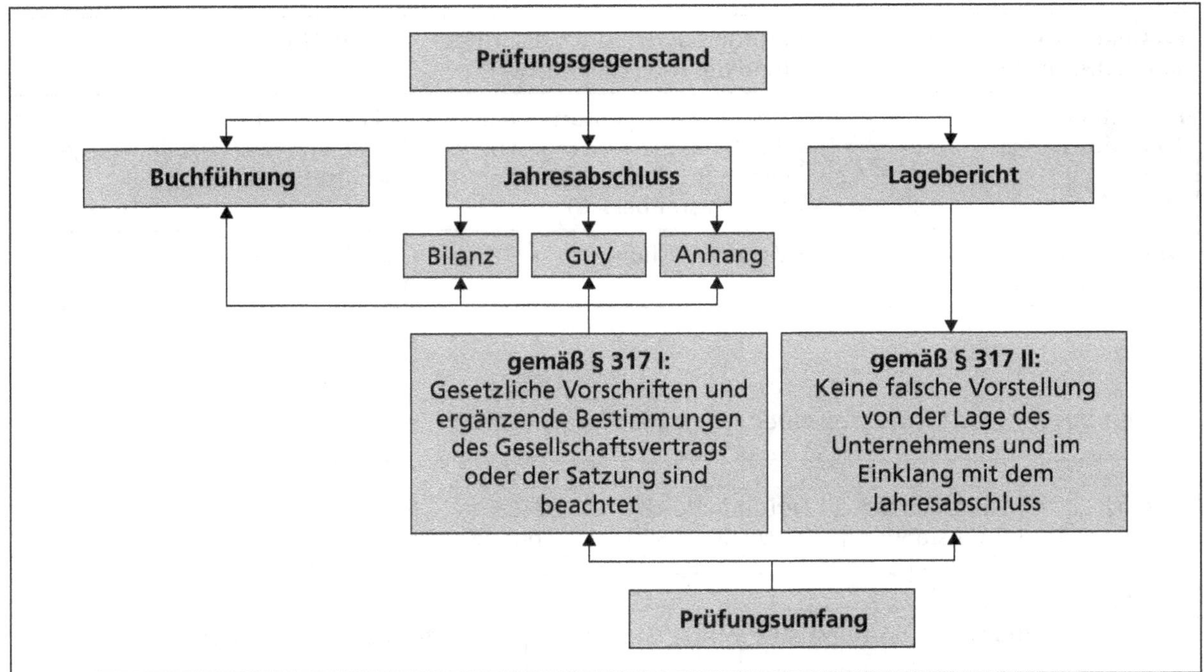

Internes Kontrollsystem

Der Abschlussprüfer prüft auch das Vorhandensein eines wirksamen Internen Kontrollsystems IKS. Das Interne Kontrollsystem umfasst alle systematischen Maßnahmen und Kontrollen zur Einhaltung des Rechts und zur Abwehr von Schäden. Die Maßnahmen beruhen auf technischen und organisatorischen Prinzipien und Systemen, zum Beispiel auf Prüfroutinen, Zugangskontrollen, Weisungen, Kompetenzregelungen, Prozessbeschreibungen, Notfallkonzept, Compliance-Organisation, Risikomanagementsystem etc. So sollten im Rechnungswesen klare Prozesse definiert sein und monatlich alle wesentlichen Geschäftsvorfälle und deren Verbuchungen sowie die Rückstellungen überprüft und verprobt werden (z. B. Umsatzsteuerverprobung).

Ziele und Aufgaben des Internen Kontrollsystems:

- Funktionsfähigkeit, Rechtmäßigkeit und Wirtschaftlichkeit der Geschäftsprozesse,
- aufbau- und ablauforganisatorische Regelungen mit klarer Abgrenzung der Verantwortungsbereiche,
- Vermögenssicherung (Schutz aller materiellen und immateriellen Vermögenswerte),
- Prozesse zur Identifizierung, Beurteilung und Steuerung der Risiken und
- alle Formen von Maßnahmen der Überwachung, Kontrolle und Schadensabwehr.

Prinzipien/Grundsätze des internen Kontrollsystems:

- Prinzip der Transparenz: Für alle wesentlichen Prozesse sollte es Sollkonzepte und Prozessbeschreibungen geben (Organigramm, Berichtswesen, Stellenbeschreibungen, Arbeitsablaufpläne, Arbeitsanweisungen, Checklisten, Formulare, technische Sicherungen etc.)

- Kontrollprinzip: umfassendes Kontrollsystem (unternehmensintern, integrativ, systembasiert, risikoorientiert)
- 4-Augen-Prinzip/Funktionstrennung: Die Funktionstrennung bedeutet, dass kein Geschäftsvorfall von einem einzigen Mitarbeiter von Anfang bis zum Ende bearbeitet wird. Ist die Funktionstrennung lückenhaft, so müssen andere Überwachungsmaßnahmen an deren Stelle treten.

Beispiele für die Funktionstrennung: Kassierer darf nicht Buchhalter sein; Lagerist darf Lagerbuchhaltung nicht führen; Lohnbuchhalter darf Löhne selbst nicht auszahlen.

Unabhängigkeit und Gewissenhaftigkeit des Abschlussprüfers

Die Abschlussprüfung soll die Verlässlichkeit der Abschlussdaten sicherstellen. Dieses wird nach außen mit dem Bestätigungsvermerk dokumentiert. Der Abschlussprüfer muss gewissenhaft prüfen, für seine Aufgabe besonders qualifiziert sein und darf kein persönliches Interesse am Ergebnis der Prüfung haben (Gebot eines objektiven Urteils). Der Abschlussprüfer hat im Prüfungsbericht seine Unabhängigkeit zu bestätigen (§ 321 IVa). Besondere Risiken für die Unabhängigkeit des Abschlussprüfers ergeben sich aus folgenden Tatbeständen (beispielhafter Katalog):

- Risiko des Eigeninteresses: Verbot von Beteiligungen des Prüfers und von erfolgsabhängigem Vergütungssystem;
- Risiko der Selbstprüfung: Verbot, Führungs- oder Kontrollaufgaben im Unternehmen zu übernehmen; kritisch: Beraterdienste von gemeinsamen Beratungs- und Prüfungsgesellschaften;
- Risiko der Interessenvertretung oder der Parteilichkeit: Verbot, Produkte, Wertpapiere zu empfehlen, Verbot der Interessenvertretung;
- Risiko der Vertrautheit, insbesondere bei sehr engen oder langjährigen Beziehungen: Gebot der internen (externen) Rotation;
- Risiko der Einschüchterung, insbesondere wenn der Prüfer aufgrund von Drohungen oder Furcht nicht objektiv handelt (Rufschädigung, Mandatsverlust, Straftaten).

Fazit: Der Abschlussprüfer darf nicht prüfen, wenn Gründe vorliegen (insbesondere Beziehungen geschäftlicher, finanzieller oder persönlicher Art), nach denen die Besorgnis der Befangenheit besteht (vgl. § 319 II bis IV).

BEISPIEL

Die Maschinen AG lädt zur Hauptversammlung. Zur Wahl steht der Abschlussprüfer. Die Schwester des Vorstandsvorsitzenden der Maschinen AG ist selbstständige Wirtschaftsprüferin und bewirbt sich bei der Maschinen AG um das Prüfungsmandat. In diesem Fall besteht die Besorgnis der Befangenheit („besondere Vertrautheit"). Die Schwester darf nach § 319 II nicht prüfen und insofern das Mandat nicht annehmen. Wenn sie dennoch als Abschlussprüferin bestellt wird, wird der Jahresabschluss der Maschinen AG aufgrund dieses Mangels nicht rechtskräftig. Somit fehlt die Rechtsgrundlage für Dividendenzahlungen, die der Vorstand an die Aktionäre überweist. Risiko: Der Vorstand haftet der Gesellschaft gegenüber privat für Zahlungen, die er ohne Rechtsgrundlage veranlasst.

Der Abschlussprüfer wird von den Gesellschaftern gewählt, bei der Aktiengesellschaft durch die Hauptversammlung (§§ 318 HGB, § 119 I Nr. 4 AktG). Die Abschlussprüfer handeln unabhängig, eigenverantwortlich und unparteiisch nach den Grundsätzen der Ordnungsmäßigkeit, Gewissenhaftigkeit, Verschwiegenheit und wirken bei der Feststellung des Jahresabschlusses mit. Insofern ist der Abschlussprüfer nach der herrschenden Meinung auch ein (hinkendes) Organ der Gesellschaft.

Ergebnis der Prüfung (§§ 321, 322):

- Prüfungsbericht (mündlich und schriftlich),
- zusammengefasstes Prüfungsergebnis,
- Testat/Bestätigungsvermerk (vgl. § 322).

2.3.2 Prüfung des Aufsichtsrats

Neben dem Abschlussprüfer hat der Aufsichtsrat zu prüfen (§ 171 AktG).

Sofern der Jahresabschluss vom Abschlussprüfer mit einem uneingeschränkten Bestätigungsvermerk versehen ist und keinerlei Hinweise oder Verstöße zu erkennen oder offenkundig sind, muss der Aufsichtsrat den Jahresabschluss nicht eigens prüfen. Seine Hauptaufgabe besteht dann darin, dass er die Bilanzpolitik und das Ermessen des Vorstands hinterfragt, überprüft und mitgestaltet.

Jedoch darf der Aufsichtsrat sich bei der Prüfung des Lageberichts nicht blind auf das Urteil des Abschlussprüfers verlassen. Hier muss der Aufsichtsrat sich selbst ein Urteil über die Lage und über die korrekte Gewichtung der Lagebeurteilung bilden. Außerdem muss er dafür sorgen, dass der Vorstand ein angemessenes Risikomanagementsystem eingerichtet hat.

Beachte: Das Prüfungsrecht des Aufsichtsrats geht über das des Abschlussprüfers hinaus. Es umfasst nicht nur die Ordnungsmäßigkeit, sondern auch die Zweckmäßigkeit von Entscheidungen.

lies: *Wöhe/Döring*, 6. Abschnitt, B VI

2.4 Feststellung des Jahresabschlusses und der Ergebnisverwendung

Bis auf den Abschluss des Einzelunternehmers bedarf es zur Rechtskraft des Jahresabschlusses eines Feststellungsbeschlusses durch die Gesellschafter (§§ 120 ff. HGB, 42a GmbHG, 8 PublG). Bei der Aktiengesellschaft wird – in der Regel – der vom Vorstand aufgestellte Jahresabschluss vom Aufsichtsrat festgestellt, die Hauptversammlung beschließt über die Gewinnverwendung (§§ 172, 174 AktG). Der Jahresabschluss ist vom Vertretungsorgan zu unterzeichnen (Unterschrift des gebundenen Exemplars bzw. der Bilanz bzw. des Kapitalkontos).

Beachte: Erst nach Feststellung des Jahresabschlusses und der Ergebnisverwendung wird der Gewinn verteilungsfähig! Ohne Feststellung und ohne Prüfung hat der Jahresabschluss keine Rechtskraft. Das Gleiche gilt bei groben Fehlern. Die Folgen eines nicht rechtskräftigen Jahresabschlusses können gravierend sein: Gewinnausschüttungen ohne Rechtsgrundlage, Kreditentscheidungen auf Basis einer falschen Grundlage, insgesamt gesehen also hohe Haftungsrisiken für die betroffenen Organe.

2.5 Offenlegung

„Offenlegung" ist der Oberbegriff für die Einreichung im Handelsregister und/oder Bekanntmachung im Bundesanzeiger (§§ 325 ff.). Als Sanktion ist ein Zwangsgeld oder die Löschung vorgesehen. Seit 2007 erfolgt die Umstellung der Handels- und Unternehmensregister auf elektronischen Betrieb. Die Bekanntmachung der Registereintragung erfolgt zentral über den elektronischen Bundesanzeiger mittels Internet (zentrales Unternehmensregister über www.unternehmensregister.de). Hierfür müssen die Unternehmen die erforderlichen Unterlagen elektronisch einreichen. Vor der Umstellung auf den elektronischen Abruf haben nicht einmal 5 % der Unternehmen den Jahresabschluss offengelegt. Nun liegt die Quote bei etwa 90 %.

2.6 Weitere Organakte (Annex)

Bestellung/Anstellung: Das Leitungsorgan (Vorstand/GF) wird vom Aufsichtsrat bzw. von der Gesellschafterversammlung bestellt. Aufgrund der Fremdorganschaft (Leitung und Vertretung eines nicht persönlich Haftenden) ist dieser Organakt (Bestellung) widerrufbar (vgl. §§ 84 AktG, 38 GmbHG, 24 ff, 40 GenG). Davon zu unterscheiden ist die Anstellung. Sie regelt das Dienstverhältnis, insbesondere die Bezüge. Das Dienstverhältnis ist im Gegensatz zur Organschaft einseitig nicht jederzeit lösbar. Im Ergebnis gibt es für Organe also wenig Recht auf Arbeit bzw. wenig Recht auf Organstellung, sondern vielmehr ein Recht auf Entgelt.

Entlastung: Der Entlastungsbeschluss ist eine einseitige organschaftliche Erklärung mit dem Inhalt, die Amtsführung eines Organs insgesamt zu billigen. Das betroffene Organ muss sich hierbei der Stimme enthalten. Nach „innen" wirkt die Entlastung als Vertrauensbeweis („gut gemacht, glückliche Hand") und als Vertrauenskundgabe für die Zukunft („weiter so"), nach „außen" bei Vereinen, Genossenschaften und bei einer GmbH als ein Verzicht auf Schadensersatz, soweit die Haftungstatbestände erkennbar waren und zwingende Gläubigerrechte nicht entgegenstehen. Aufgrund der spezialgesetzlichen Regelung gilt dies nicht für Aktiengesellschaften (§ 120 II AktG). Nach richtiger Ansicht ist die Entlastung nicht einklagbar (Vertrauen kann man nicht einklagen!). Will das betroffene Organ Klarheit, kann dieses eine negative Feststellungsklage mit dem Ziel anstrengen, keinen Sorgfaltsverstoß begangen zu haben. Der Entlastungsbeschluss kann bei eindeutigen und schwerwiegenden Gesetzesverstößen gerichtlich angefochten werden.

Bedeutung eines Entlastungsbeschlusses

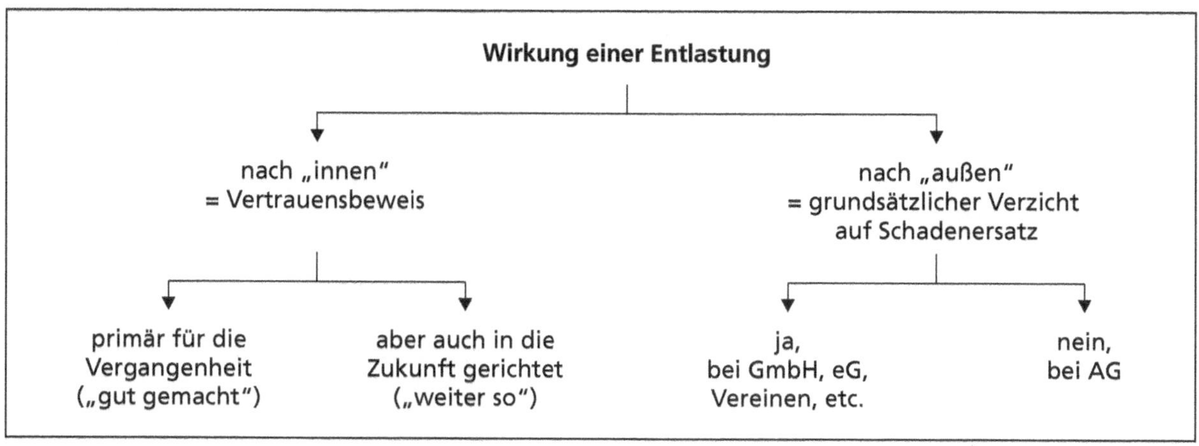

vertiefend: *Rade/Bacher*, Entlastung von Organmitgliedern, in: WiSt 1/2013, S. 41–43; *Bacher*, Entlastung und rechtliches Gehör, in: Der Steuerberater 4/1998, S. 137–140

3 *Der handelsrechtliche Jahresabschluss*

LEITFRAGEN

- *Was muss, was kann bilanziert werden?*
- *Nach welchen Kriterien ist eine Bilanz gegliedert?*
- *Was versteht man unter den „Grundsätzen ordnungsmäßiger Buchführung und Bilanzierung"?*
- *Wie sind die einzelnen Vermögensgegenstände und das Kapital zu bilanzieren?*
- *Für welche Geschäftsvorgänge können oder müssen Rückstellungen gebildet werden?*
- *Was sind latente Steuern und wie werden diese ermittelt?*
- *Welche zwei Verfahren gibt es für die Gliederung der Gewinn- und Verlustrechnung?*
- *Was steht im Anhang, was im Lagebericht?*
- *Welche Besonderheit zeigt die Bewegungsbilanz?*

3.1 Aufbau und Gliederung des Jahresabschlusses

3.1.1 Bilanzansatz (Aktivierung/Passivierung)

Die Frage nach dem Bilanzsatz von Aktiva und Passiva hat ihren Ausgangspunkt in § 242 I. Danach muss der Kaufmann jährlich einen Abschluss aufstellen, der sein Vermögen und seine Schulden zeigt (Bilanz). Die Beurteilung einer Bilanzierungsfähigkeit und die Bewertung im Einzelnen knüpfen an unterschiedliche Voraussetzungen auf unterschiedlichen Ebenen an. Ansatz- und Bewertungsvorschriften sowie Wahlrechte konkretisieren diese Pflicht zur Aufstellung einer Bilanz. Mit den Ansatzvorschriften soll die Bilanzierung dem Grunde nach geregelt werden, d.h., es ist die Frage zu beantworten, „ob" ein Vermögensgegenstand oder eine Schuld bilanziert werden muss, bilanziert werden darf oder nicht bilanziert werden darf. Es geht also um die Frage nach Bilanzierungsgeboten, Bilanzierungswahlrechten und Bilanzierungsverboten. Daneben ist die Erstellung einer Bilanz ein Bewertungsproblem (Bilanzierung der Höhe nach). Bewertung heißt, einem Bilanzposten einen Geldbetrag zuzuordnen (Die Fragen nach dem „wie hoch?"). Der Unternehmer muss also jedem Vermögens- und Schuldposten einen Wert beimessen. Einen objektiven Wert darzustellen ist schwierig, weil jeder Wert aus einer Subjekt-Objekt-Beziehung – letztlich auf einer Nutzenbetrachtung – beruht. Gesetzliche Vorschriften versuchen dieses Bewertungsproblem durch Bewertungsprinzipien zu regeln und grenzen dabei den unternehmerischen Bewertungsspielraum ein.

Hilke zeigt den Zusammenhang zwischen Bilanzierungsfähigkeit, Bilanzierungspflicht und dem Bewertungsproblem inklusive Wahlrechten anhand eines „bilanzpolitischen Entscheidungsprozesses".

Ablauf des bilanzpolitischen Entscheidungsprozesses in Anlehnung an Hilke

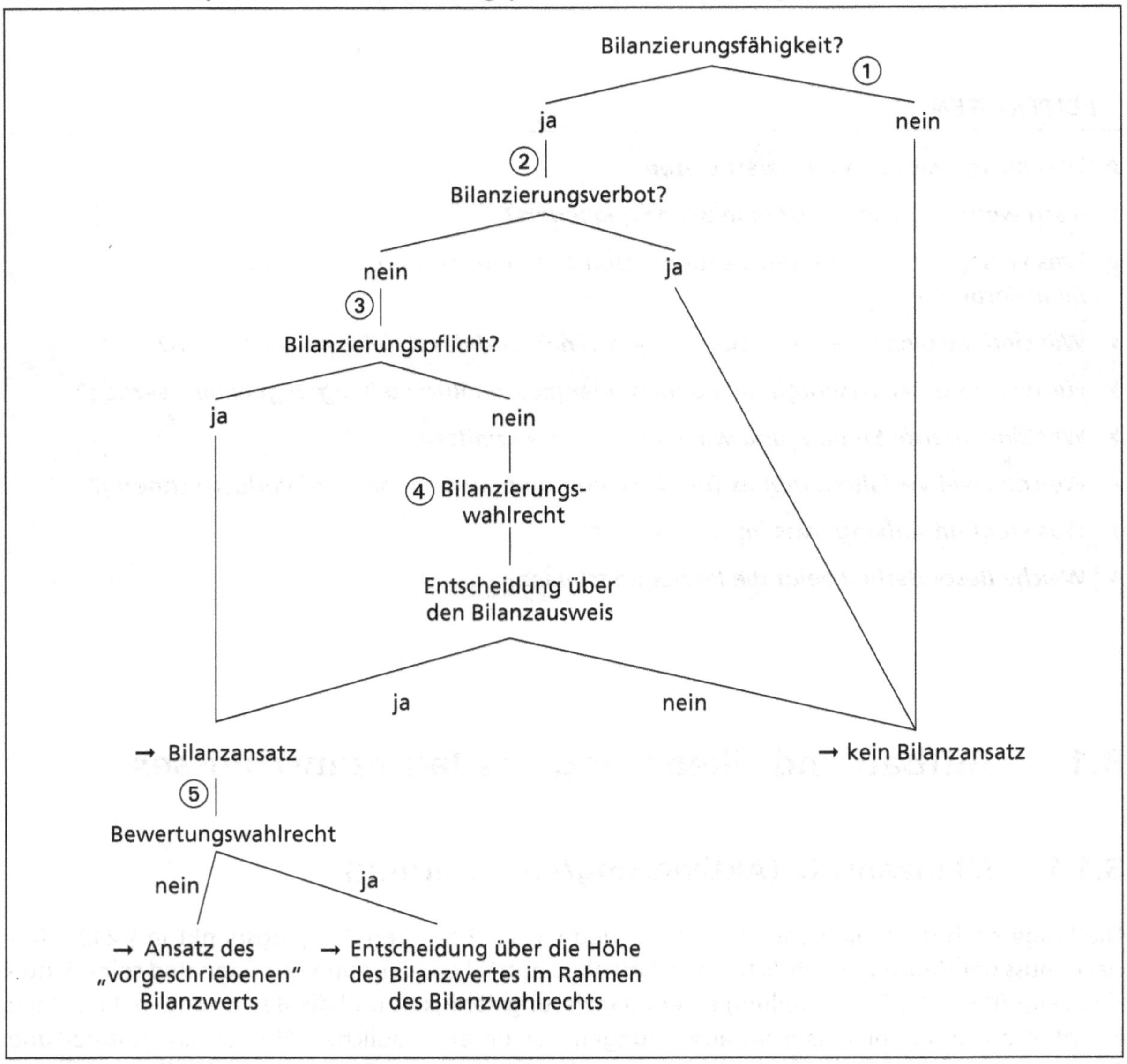

Quelle: *Hilke*, Bilanzpolitik, Wiesbaden 2002, S. 267

zu ①* Bilanzierungsfähig sind Vermögensgegenstände und Schulden (§ 246 I 1). Beide Begriffe sind gesetzlich nicht definiert. Allgemein versteht man handelsrechtlich unter einem Vermögensgegenstand (§ 246 I 1) „etwas mit wirtschaftlichem Wert", das selbstständig bewertbar und verkehrsfähig ist und einen wirtschaftlichen Nutzen hat.

Die wichtigsten Vermögensgegenstände sind in §§ 240, 247, 266 aufgeführt: Das Anlage- und Umlaufvermögen mit weiteren Untergliederungen (Grundstücke, Forderungen, Bargeld, sonstige Vermögensgegenstände etc.). Dennoch gibt es viele Zweifelfragen zur Bejahung eines Vermögensgegenstands, z. B. bei der Aktivierung von Maßnahmen der

* Siehe Abbildung „Ablauf des bilanzpolitischen Entscheidungsprozesses in Anlehnung an Hilke".

Personalentwicklung, von Marketingkonzeptionen, von Musikkompositionen und von Softwareprojekten. Zur Beantwortung der „abstrakten Aktivierungsfähigkeit" haben sich drei Merkmale in Literatur und Rechtsprechung herauskristallisiert.

1. Wirtschaftlicher Vorteil über den Bilanzstichtag hinaus: Zu aktivieren sind Sachen, Rechte und sonstige wirtschaftliche Vorteile (Erfindungen, Know-how), die einem Unternehmen Nutzen stiften.
2. Selbstständige Erfass- bzw. Bewertbarkeit: Gemäß § 252 I 3 muss jeder Gegenstand unterscheidbar und einzeln bewertbar sein.
3. Selbstständige Verwertbarkeit: Jeder einzelne Gegenstand muss im Rechtsverkehr gegen Entgelt übertragbar oder verwertbar sein. Teilweise wird auch eine Verkehrsfähigkeit verlangt.

Im Detail und bei den jeweiligen Einzelfällen ist vieles unklar und umstritten, letztlich ergebnisoffen.

BEISPIEL 1
Zuschuss zur Werkszufahrt

Die Sekt AG zahlt der Stadt einen Zuschuss von 600 T€ für den Ausbau einer Gemeindestraße, damit diese auch von schweren LKW befahren werden kann. Die Befahrbarkeit der ausgebauten Straße mit schweren LKW wird auf zehn Jahre geschätzt.

Gemessen an obigen Kriterien fällt eine Subsumtion als Vermögensgegenstand schwer, weil eine Verwertbarkeit (Verkehrsfähigkeit, Veräußerbarkeit etc.) der Nutzung der Gemeindestraße nicht gegeben ist. Die Sekt AG kann weder andere von der Nutzung der Gemeindestraße ausschließen noch ein Nutzungsrecht an der Gemeindestraße veräußern.

Die verbesserte Nutzungsmöglichkeit der Gemeindestraße (Befahrbarkeit mit schweren LKW) ist augenfällig. Dadurch hat die Sekt AG durch ihren Zuschuss unmittelbar einen Nutzen erlangt (bessere Befahrbarkeit), der auch durch Kostenaufstellungen und durch die Zahlung abgrenzbar und bewertbar ist. Fraglich ist, ob dieser Vorteil „selbstständig verwertbar" ist. Dies ist zu verneinen, da die Straße im öffentlichen Eigentum steht und die Sekt AG hierüber keine Verfügungsmacht hat. Der Ansicht ist nicht zu folgen, dass über die bessere Straße die Verwertbarkeit des Betriebes insgesamt steige und das Nutzungsrecht an der Straße mit der Übertragung des Betriebes übertragbar wird, weil diese Argumentation an den Betrieb als Ganzes anknüpft und nicht konkret an den zu beurteilenden Vermögensgegenstand (vgl. FG Hessen – Urteil vom 20.11.2003).

BEISPIEL 2
„Spielerwerte" nach Rade und Stobbe

Borussia Dortmund zahlt dem VfB Stuttgart für den Transfer eines Profifußballers eine Transferentschädigung in Höhe von 3 Mio. €. Die bilanzielle Kernfrage ist, ob diese Transferentschädigung (Spielerlaubnis) als „Spielerwert" in einem Jahresabschluss aktiviert werden kann oder muss. Der BFH hat 1992 erstmals die Aktivierbarkeit von Zahlungen für neu erworbene Fußballspieler an den abgebenden Fußballverein bestätigt. Der Spielerwert ist ein Recht, den Spieler innerhalb der Ligen einzusetzen. Der Spielerwert ist nach dem BFH ein immaterieller Vermögensgegenstand im Sinne eines konzessionsähnlichen Rechts.

Gemessen an obigen Kriterien fällt eine Subsumtion als Vermögensgegenstand schwer, weil eine Verwertbarkeit (Verkehrsfähigkeit, Veräußerbarkeit etc.) des Spielerwerts im engeren Sinne nicht gegeben ist. Grund: Um dieses Recht (Spielerlaubnis) zu erlangen, muss der neue Verein einen Arbeitsvertrag mit dem Spieler abschließen, der abgebende Verein muss den Arbeitsvertrag mit dem Spieler beenden und auf sein Einsatzrecht verzichten. Eine Übertragung des Spielerwerts findet also nicht statt. Die Spielerlaubnis mit dem alten Verein endet, sie wird mit dem neuen Verein neu geschaffen, also nicht übertragen.

Der BFH sah jedoch die Mitbestimmung des alten Vereins im Rahmen der Beendigung des Arbeitsverhältnisses als ausreichend für das Vorliegen eines Wirtschaftsguts an.

Schulden sind in der Bilanz des Schuldners auszuweisen (§ 246 I 3). In Analogie zum Vermögensgegenstand werden Schulden durch folgende Kriterien gekennzeichnet: wirtschaftliche Belastung, hinreichend konkretisierte Verpflichtung und selbstständige Bewertbarkeit.

Schwebende Geschäfte

Schwebende Geschäfte gehören grundsätzlich nicht in die Bilanz! Ein schwebendes Geschäft resultiert aus einem gegenseitigen Vertrag, bei dem noch kein Vertragspartner etwas geleistet hat. Bei einem Kaufvertrag hat also der Verkäufer noch nicht geliefert, der Käufer keinerlei Zahlung geleistet. In diesem Stadium des Vertrags („schwebendes Geschäft") wird also noch nicht gebucht! Auch bei einem Dauerschuldverhältnis – wie Miete, Leasing, Arbeitsvertrag etc. – geht man regelmäßig von einem „schwebenden Geschäft" aus. Mit dem monatlichen Entgelt bleibt am Monatsende kein Vermögensgegenstand bzw. keine Schuld übrig. Erst bei Verzug wird bilanziert.

BEISPIELE
Fixgeschäft zur Faschingszeit

Ein Elektrogroßhändler bestellt Anfang Dezember bei einem Exporteur für eine Faschingsgesellschaft 200 Kopfhörer zum Festpreis von 50 € pro Stück mit Fix-Lieferung zum 03.02. Am 31.12. (Bilanzstichtag) wird der Kopfhörer am Markt zu 60 € pro Stück gehandelt. Frage: Welcher Wert steht in der Bilanz am 31.12.? Lösung: Der Gewinn ist noch nicht realisiert (beachte: Realisationsprinzip), das Geschäft „schwebt noch". Nach § 252 I 4 erfolgen im alten Jahr keinerlei Buchungen!

Abweichung: Am 31.12. wird der Kopfhörer am Markt zu 40 € pro Stück gehandelt. Frage: Welche Konsequenzen hat dies für die Handels- und Steuerbilanz am 31.12.? Lösung: Bei Verlusten und Risiken ist es anders. Diese sind aus Vorsichtsgründen frühzeitig zu berücksichtigen (Imparitätsprinzip). Der Verlust bzw. das Risiko wird also vorweggenommen und in einer handelsrechtlichen Drohverlustrückstellung in Höhe von 2.000 € aus einem schwebenden Geschäft dargestellt (§§ 252 I 4, 249 I 1, 2. Alt). Steuerrechtlich wird die Drohverlustrückstellung nicht anerkannt (§ 5 IVa EStG). Steuerlich wird der Gewinn nach oben korrigiert.

Abgrenzung Privat- und Betriebsvermögen

Das notwendige Betriebsvermögen muss, das Privatvermögen (von personenbezogenen Unternehmen) darf nicht bilanziert werden. Beim Betriebsvermögen von personenbezogenen Unternehmen ist zwischen dem notwendigen und dem gewillkürten Betriebsvermögen zu unterscheiden. Bilanzpolitisch genutzt werden kann dabei allein das gewillkürte Betriebsvermögen, das an folgende Voraussetzungen geknüpft ist:

- Das Gut ist nicht wesentlich oder unentbehrlich für die unternehmerische Zielsetzung bzw. darf nicht unmittelbar und ausschließlich (betriebliche Nutzung über 50 %!) dem Betrieb dienen (dann notwendiges Betriebsvermögen).
- Das Gut darf weder seiner Natur noch seiner Nutzung nach nur privat genutzt werden (dann notwendiges Privatvermögen).
- Das Gut muss in „einem gewissen objektiven Zusammenhang" mit dem Betrieb stehen (objektiv zum Betrieb geeignet sein und mindestens eine 10%ige betriebliche Nutzung aufweisen).
- Das Gut muss dazu „bestimmt" sein, subjektiv dem Betrieb zu dienen oder ihn zu fördern (nach Ermessen des Inhabers, dokumentiert durch Einbuchung).

BEISPIEL

Ein Unternehmer fährt einen Sportwagen. Nutzt er ihn zu 70 % betrieblich und zu 30 % für private Zwecke, gehört der PKW ganz zum notwendigen Betriebsvermögen. Nutzt er ihn nur 5 % betrieblich (95 % privat), gehört er ganz zum notwendigen Privatvermögen. Nutzt er ihn ein Drittel betrieblich und zwei Drittel privat, kann er ihn zum gewillkürten Betriebsvermögen bestimmen, und zwar zu 100 % (str.).

Wirtschaftliches Eigentum

Beachte, dass beim Vermögensgegenstand das wirtschaftliche Eigentum im Zweifel entscheidend ist und nicht das rechtliche Eigentum (vgl. § 246 I 2, vgl. auch § 39 AO). Unter „wirtschaftlichem Eigentum" versteht man die tatsächliche Herrschaft über einen Gegenstand. Die Kernfragen lauten dabei: Wer zieht Nutzungen? Wer trägt die Gefahr des Gegenstandes? Wer hat die tatsächliche Verfügungsgewalt?

BEISPIELE
für wirtschaftliches Eigentum

Geschäftsvorfall	Rechtlicher Eigentümer	Wirtschaftlicher Eigentümer, bei dem Gegenstand bilanziert wird
Erwerb unter Eigentumsvorbehalt	Verkäufer	Käufer
Sicherungsübereignung einer Maschine	Sicherungsnehmer (Bank)	Sicherungsgeber (Unternehmen)
Sicherungsabtretung einer Forderung	Sicherungsnehmer (Bank)	Sicherungsgeber (Unternehmen)
Treuhandverhältnisse	Treuhänder	Treugeber
Bauten auf fremdem Grundstück	Grundstückseigentümer	Mieter (Unternehmen)
Leasinggeschäfte	Leasinggeber (Leasinggesellschaft)	abhängig von der Vertragsgestaltung

zu ② Lies § 248 und § 249 II: Es bestehen Bilanzierungsverbote für Aufwendungen für die Gründung eines Unternehmens, dessen Eigenkapitalbeschaffung und für den Abschluss von Versicherungen sowie für andere Rückstellungen.

Das bisherige generelle Verbot selbst geschaffener immaterieller Vermögensgegenstände des Anlagevermögens wird durch das BilMoG teilweise aufgehoben, soweit diese Gegenstände einzeln verwertbar sind. Die auf die Entwicklungsphase entfallenden Herstellungskosten können dabei aktiviert werden, wohingegen die auf die Forschungsphase entfallenden Aufwendungen nicht aktiviert werden dürfen (vgl. §§ 255 II a, II 4).

Beachte: Das Aktivierungsverbot gilt für Marken, Verlagsrechte, Kundenlisten und vergleichbare immaterielle Vermögenswerte des Anlagevermögens weiter, soweit diese nicht entgeltlich erworben wurden.

zu ③ Lies § 247 I: Unterscheide Ansatzgebote für das Anlage- und Umlaufvermögen, Eigenkapital, Schulden etc. (§ 247 I), Ansatzverbote für Gründungsaufwendungen und selbst geschaffene Marken etc. (§ 248) und Ansatzwahlrechte. Das Ansatzgebot wird in § 240 konkretisiert (Grundstücke, Forderungen, Schulden etc.). Für Kapitalgesellschaften ist eine detaillierte Gliederung vorgeschrieben (vgl. § 266).

Gesetzesformulierung:

- Gebot: „muss, ist ...".
- Wahlrecht
  „soll, in der Regel ..." (Regelvorschrift: Ausnahme nur in begründeten Fällen!),
  „kann, darf, braucht oder muss nicht ..." (echtes Wahlrecht),
- Verbot: „darf nicht, kann nicht ...".

zu ④ Aktivierungswahlrechte, z. B.

- selbst geschaffene immaterielle Vermögensgegenstände des Anlagevermögens nach § 248 II 1,
- Disagio bei Krediten § 250 III,

- geringstwertige Wirtschaftsgüter (handelsrechtlich zulässige Vereinfachungsregel bis zu einem Wert von etwa 100 €).

zu ⑤ Bewertungswahlrechte, z. B.

- Teile der Gemeinkosten bei Bemessung der Herstellungskosten nach § 255 II,
- geringwertige Wirtschaftsgüter (handelsrechtlich zulässige Vereinfachungsregel, steuerrechtlich bestehen nach § 6 II EStG Sonderregelungen).

1 zu 3 (Aufgabe):

Wie wirkt sich ein Wahlrecht bilanz- und gewinnmäßig im Berichtsjahr und in den Folgejahren aus? Stellen Sie die Zweischneidigkeit der Bilanz am Beispiel einer billigen Bohrmaschine (30 €, ND drei Jahre) dar! Gehen Sie von folgender – stark vereinfachter – Bilanz aus: Kasse 30 €, Eigenkapital 30 €.

2 zu 3 (Aufgabe):

Bei wem sind folgende Gegenstände zu aktivieren?

a) Lieferung von Ware unter Eigentumsvorbehalt,

b) sicherungsübereignete Vorräte,

c) sicherungsabgetretene Forderung,

d) Rechte aus einem noch nicht erfüllten Kaufvertrag.

lies: *Hilke*, 3. Kapitel, B und C I, S. 96–102; *Meyer*, II A 1 und 2; vertiefend zu den „Spielerwerten" und zur Aktivierung immaterieller Vermögensgegenstände: *Rade/Stobbe*, in: DStR 22/2009, 1109–1115

3.1.2 Aufbau einer Bilanz

Für Einzelunternehmen und echte Personengesellschaften gibt es keine speziellen Vorschriften über die Bilanzgliederung. Der Kaufmann ist bei der Bilanzgliederung also grundsätzlich frei. Die Grobgliederung ergibt sich aus den §§ 246 ff. als Minimalanforderung. Bürgt oder haftet ein Unternehmen für die Verbindlichkeiten von Dritten, dann werden solche Haftungsverhältnisse (Eventualverbindlichkeiten) nicht in der Bilanz, sondern gemäß § 251 unter dem Bilanzstrich ausgewiesen.

Bilanzstruktur nach § 247*	
Anlagevermögen Umlaufvermögen Rechnungsabgrenzung	Eigenkapital Schulden Rechnungsabgrenzung
Eventualverbindlichkeiten nach § 251	

* Beziehungen und Reihenfolge sind relativ frei!

Zudem muss die Bilanzgliederung nachvollziehbar sein und den GoB entsprechen. Allgemein haben sich Gliederungsprinzipien eingebürgert:

- Liquidierbarkeit, z. B. Anlage- vor Umlaufvermögen, Barmittel zuletzt!
- Fristigkeit, z. B.
  - EK: Nominalkapital, Rücklagen, ausschüttungsfähiger Gewinn,
  - FK: langfristiges vor kurzfristigem Fremdkapital!
- Zweckbestimmung, z. B.
  - Sachvermögen vor Finanzvermögen!
  - Unbewegliches vor beweglichem Vermögen!
- Prozessgliederung, z. B. im Umlaufvermögen (Rohstoffe → unfertige Erzeugnisse → fertige Erzeugnisse → Forderungen → Kasse).

Für Kapitalgesellschaften und haftungsbeschränkte Personengesellschaften nach § 264 a ergibt sich die Bilanzgliederung zwingend nach § 266 II, womit mindestens folgende Grobgliederung der Bilanz vorgeschrieben ist:

Aktiva — **Bilanzstruktur nach § 266**	**Passiva**
A. Anlagevermögen	**A. Eigenkapital**
I. Immaterielle Vermögensgegenstände	I. Gezeichnetes Kapital
II. Sachanlagen	II. Kapitalrücklagen
III. Finanzanlagen	III. Gewinnrücklagen
	IV. Gewinnvortrag/Verlustvortrag
B. Umlaufvermögen	V. Jahresüberschuss/Jahresfehlbetrag
I. Vorräte	
II. Forderungen und sonstige Vermögensgegenstände	**B. Rückstellungen**
	C. Verbindlichkeiten
III. Wertpapiere	**D. Rechnungsabgrenzung**
IV. Schecks, Kassen- und Bankguthaben	**E. Passive latente Steuern**
C. Rechnungsabgrenzung	
D. Aktive latente Steuern	
Eventualverbindlichkeiten nach § 251	

Mittelgroße und große Kapitalgesellschaften haben gemäß §§ 265, 266 eine dreigliedrige Bilanz in Kontoform aufzustellen. Eine weitere Untergliederung ist möglich, zu jedem Bilanzposten sind die Vorjahresbeträge anzugeben (§ 265). Die Bilanzgliederung nach § 266 ergibt sich – etwas vereinfacht – wie folgt:

Gliederung der Aktivseite (Aktiva)

A. Anlagevermögen

I. Immaterielle Vermögensgegenstände:

1. Selbst geschaffene gewerbliche Schutzrechte
2. Entgeltlich erworbene Konzessionen, gewerbliche Schutzrechte sowie Lizenzen
3. Geschäfts- oder Firmenwert
4. Geleistete Anzahlungen auf immaterielle VG

II. Sachanlagen:
   1. Grundstücke und Bauten
   2. Technische Anlagen und Maschinen
   3. Betriebs- und Geschäftsausstattung
   4. Geleistete Anzahlungen auf Sachanlagen und Anlagen im Bau

III. Finanzanlagen:
   1. Anteile an verbundenen Unternehmen
   2. Ausleihungen an verbundene Unternehmen
   3. Beteiligungen
   4. Ausleihungen an Unternehmen, mit denen ein Beteiligungsverhältnis besteht
   5. Wertpapiere des Anlagevermögens
   6. Sonstige Ausleihungen (= Sammelposten)

B. Umlaufvermögen

I. Vorräte:
   1. Roh-, Hilfs- und Betriebsstoffe
   2. Unfertige Erzeugnisse, unfertige Leistungen
   3. Fertige Erzeugnisse und Waren
   4. Geleistete Anzahlungen auf Vorräte

II. Forderungen und sonstige Vermögensgegenstände:
   1. Forderungen aus Lieferungen und Leistungen
   2. Forderungen gegen verbundene Unternehmen
   3. Forderungen gegen Unternehmen, mit denen ein Beteiligungsverhältnis besteht
   4. Sonstige Vermögensgegenstände (= Sammelposten)

III. Wertpapiere:
   1. Anteile an verbundenen Unternehmen
   2. Sonstige Wertpapiere

IV. Kassenbestand, Bankguthaben

C. Rechnungsabgrenzungsposten

D. Aktive latente Steuern

E. Aktiver Unterschiedsbetrag aus der Vermögensverrechnung nach § 246 II 3

Gliederung der Passivseite (Passiva)

A. Eigenkapital:

I. Gezeichnetes Kapital

II. Kapitalrücklage

III. Gewinnrücklagen:
   1. Gesetzliche Rücklage
   2. Rücklage für Anteile an einem beteiligten Unternehmen

3. Satzungsmäßige Rücklagen
4. Andere Gewinnrücklagen

IV. Gewinnvortrag/Verlustvortrag

V. Jahresüberschuss/Jahresfehlbetrag

B. Rückstellungen:

1. Rückstellungen für Pensionen
2. Steuerrückstellungen
3. Sonstige Rückstellungen

C. Verbindlichkeiten:

1. Anleihen
2. Verbindlichkeiten gegenüber Kreditinstituten
3. Erhaltene Anzahlungen auf Bestellungen
4. Verbindlichkeiten aus Lieferungen und Leistungen
5. Wechselverbindlichkeiten
6. Verbindlichkeiten gegenüber verbundenen Unternehmen
7. Verbindlichkeiten gegenüber beteiligten Unternehmen
8. Sonstige Verbindlichkeiten (= Sammelposten)

D. Rechnungsabgrenzungsposten

E. Passive latente Steuern

Obige Bilanzposten werden in den jeweiligen Kapiteln beschrieben, z.B. das „Anlage- und das Umlaufvermögen" unter Kapitel „3.3.1 Bilanzierung des Vermögens". Weitere Anmerkungen zu den Bilanzposten:

- Die Posten Aktiva A III 6 „sonstige Ausleihungen" und B II 4 „sonstige Vermögensgegenstände" und Passiva C 8 „sonstige Verbindlichkeiten" sind Sammelposten der Aktiva bzw. Passiva.
- Eine Beteiligung an einem Unternehmen verlangt das dauerhafte Halten von mindestens 20 % an einer Kapitalgesellschaft (vgl. § 271 I).
- Unter einem „verbundenen Unternehmen" versteht man nach §§ 271 II, 290 ein Konzernunternehmen (Mutter- bzw. Tochtergesellschaft). Beachte: Bei einer Beteiligung von mehr als 50 % besteht immer ein Konzernverhältnis.
- Briefmarken werden wie Bargeld behandelt und zählen zur Kasse.

3 zu 3 (Fallstudie):

Die Chaos AG hat folgenden verkürzten Bilanzentwurf zum 31. Dezember aufgestellt. Die übliche Nummerierung und weitere Differenzierungen erfolgen erst noch. Nennen und erläutern Sie kurz Mängel des verkürzten Bilanzentwurfs.

Kurzbilanz der Chaos AG zum 31.12. gerundet auf T€

Aktiva			Passiva
A. Anlagevermögen	**500**	**A. Eigenkapital**	**600**
Maschinen	200	Stammkapital	100
Gewinnrücklagen	50	Gewinnrückstellungen	300
Roh-, Hilfs- und Betriebsstoffe	50	Verlustvortrag	100
Beteiligungen	100	Jahresüberschuss	100
Erhaltene Anzahlungen	100		
B. Umlaufvermögen	**900**	**B. Verbindlichkeiten**	**800**
Vorräte	300	Anlagen in Bau	100
Forderungen	600	Pauschalwertberichtigungen	50
Kasse	100	Rückstellungen	200
		Bankverbindlichkeiten	300
		Verbindlichkeiten aus L+L	100
		Eventualverbindlichkeiten	50
Bilanzsumme	**1.500**	**Bilanzsumme**	**1.400**

4 zu 3 (Aufgabe):

In welchen Bilanzposten der mittelgroßen Muster-AG finden sich folgende Sachverhalte:

a) 300 T€ langfristige Darlehensforderung gegenüber einer 51%igen Tochtergesellschaft,

b) 100 T€ GmbH-Anteil (= 22%ige Beteiligung),

c) 200 T€ zu viel bezahlte Körperschaftsteuer,

d) 100 T€ für eine in das Fabrikgebäude verankerte Presse,

e) 800 T€ für Bauleistungen für eine Fabrikhalle auf gepachtetem Grund und Boden,

f) 400 € Briefmarken,

g) 300 T€ für noch abzuführende Sozialabgaben,

h) 100 T€ Bürgschaft für einen guten Geschäftsfreund gegenüber dessen Hausbank.

3.2 Grundsätze und Maßstäbe der Bilanzierung und Bewertung

lies: *Hilke*, 2. Kapitel, B, S. 40–79; *Wöhe/Döring*, 6. Abschnitt, B II, *Meyer*, II A 3; *Hirschberger/Lenz*, Der Grundsatz der Wesentlichkeit, in: DB 45/2012, S. 2529–2535

3.2.1 Grundsätze ordnungsmäßiger Buchführung und Bilanzierung

Der Jahresabschluss ist jährlich in Euro und in deutscher Sprache zu erstellen (§§ 240 II, 244) und hat den Grundsätzen ordnungsmäßiger Buchführung zu entsprechen (§§ 243 I, 264 II). Die Rechtsqualität dieser Grundsätze ist umstritten. Heute sind die Grundsätze größtenteils kodifiziert und jederzeit richterlich nachprüfbar. Die Grundsätze ordnungsmäßiger Buchführung und Bilanzierung zielen auf ein Regelwerk eines „bedachten" Kaufmanns – ordentlich und ehrenwert. So soll man jederzeit eine Übersicht über die Lage seines Vermögens, seiner Handelsgeschäfte und seines Gewinns erlangen können.

BEISPIEL

Der ehrbare Kaufmann: In Europa gibt es seit dem 12. Jahrhundert ein historisch gewachsenes Leitbild für verantwortungsvolles Verhalten von Kaufleuten im Wirtschaftsleben (ehrbarer Kaufmann). Der ehrbare Kaufmann steht für sein eigenes Unternehmen, für seine Mitarbeiter und die Gesellschaft. Sein Ziel: langfristig gute Beziehungen und Unternehmenssicherung über Generationen hinweg. Dies entspricht auch der alten Kaufmannsregel „gute Qualität währt länger als die Freude über ein schnelles Ergebnis".

Städte stellten für Kaufleute tugendhafte Verhaltensnormen auf. Gab es keine Verstöße, konnte sich ein Kaufmann „ehrbar" nennen. Ein ehrbarer Kaufmann ist ein „wahrer, guter, sittlicher oder königlicher Kaufmann". Ein schlechter Kaufmann wurde geächtet („Schande").

Charakterzüge eines verantwortungsvollen, ehrbaren Kaufmanns: Höflichkeit, Sparsamkeit, fehlerloses Rechnen, Redlichkeit, Ehrlichkeit, Vorsicht, Gerechtigkeit, Reinlichkeit, Pünktlichkeit, Mäßigung, Schweigen, Fleiß, Klugheit, Gemütsruhe, Demut und Gottesfurcht.

Auszug aus dem Verständnis eines Hamburger ehrbaren Kaufmanns: „Er ist der Kaufmann, dessen Wort und Handschlag gelten. Seine Prinzipien sind: nüchtern kalkulieren, hart verhandeln, pünktlich liefern, sauber abrechnen. Er denkt und handelt langfristig, nicht selten über Generationen hinweg. Er engagiert sich selbstverständlich für das Gemeinwesen, ohne dafür Anerkennung zu beanspruchen. Die Firma und deren Mitarbeiter sind ihm im Zweifel wichtiger als die eigene Person."

Die Grundsätze ordnungsmäßiger Bilanzierung GoB legen fest,

- was in den Jahresabschluss aufzunehmen ist (Bilanzansatz),
- wo die Posten im Jahresabschluss stehen und welche Informationen offenzulegen sind (Bilanzausweis/Bilanzangaben),
- wie im Jahresabschluss zu bewerten ist (Bewertung).

Die GoB lassen sich in formelle und materielle Grundsätze untergliedern (Grundsätze der Dokumentation bzw. Grundsätze der Rechenschaft).

GoB nach *Leffson:*

- Grundsätze der Dokumentation:
  - Formelle Ordnungsmäßigkeit (erkennbares System, Belegprinzip, doppelte Buchführung, Zeitnähe, Veränderungsschutz, Kontrollsystem, eindeutige Bezeichnungen, geordnete Ablage etc.),
  - Grundsätze ordnungsmäßiger Inventur (vollständig, richtig, genau, klar, nachprüfbar).
- Grundsätze der Rechenschaft (materielle GoB):

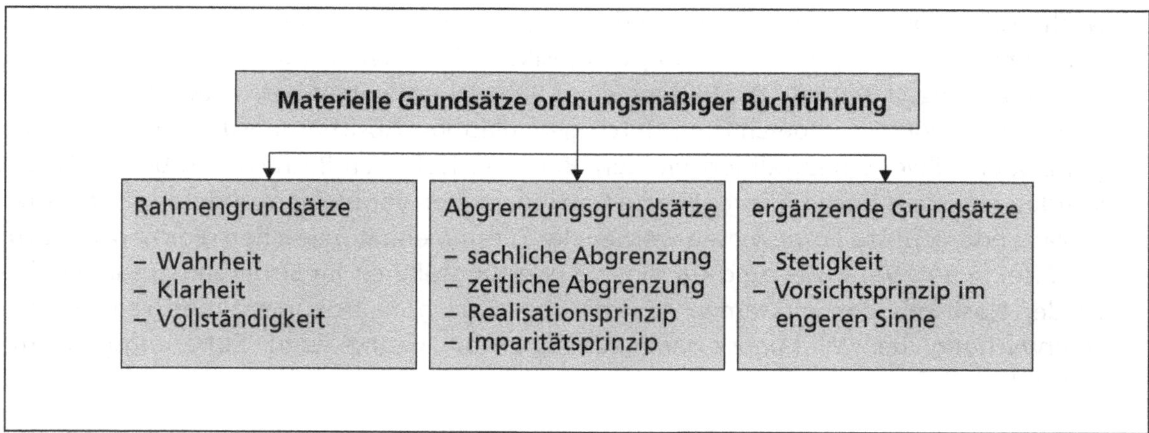

Die Grundsätze der Rechenschaft sollen sicherstellen, dass der Kaufmann „vorsichtig" ist und sich nicht „reicher" rechnet, als er tatsächlich ist. Im Einzelnen kann man diese Grundsätze kurz wie folgt umschreiben (unvollständige Auflistung):

- Der Grundsatz der Wahrheit umfasst den Grundsatz der Richtigkeit und der Willkürfreiheit. Die „Richtigkeit" ergibt sich aus dem richtigen Zahlenmaterial und der richtigen Berechnungsart. „Willkürfrei" ist eine Bilanz, wenn Manipulationen unterbleiben und das Bilanzwerk der „inneren Überzeugung" des Kaufmanns entspricht. Da in der Praxis erhebliche Erfassungsprobleme bestehen, kann es eine „absolut exakte" Bilanz nicht geben. Vereinfachungen, Pauschalierungen etc. sind also zulässig und notwendig!
- Der Grundsatz der Bilanzklarheit bedeutet, dass die Jahresabschlussposten zutreffend bezeichnet und geordnet sind (§ 243). Saldierungen sind unzulässig (§§ 246 II, 252 I 3), eine äußere Gestaltungsqualität und grundsätzliche Ordnung sind einzuhalten (§§ 238 I, 243 II).

BEISPIEL

Ein Unternehmen erhält am 31. Dezember einen Auszug mit einer Abrechnung in Höhe von insgesamt 12 €, die taggleich abgebucht werden. Im Einzelnen errechnet sich dieser Betrag aus dem Sollzins in Höhe von 10 €, einem Habenzins in Höhe von 3 € und Kontoführungsgebühren in Höhe von 5 €. Der Buchhalter Oliver Schludrig verbucht diesen Beleg in einer Summe (12 €) als „sonstiger betrieblicher Aufwand". Das ist falsch: Nach § 246 II dürfen Erträge und Aufwendungen nicht saldiert werden, nach den Grundsätzen ordnungsmäßiger Bilanzierung ist eine sachliche Abgrenzung der GuV-Posten geboten. Richtig ist also folgende Buchung: Zinsertrag 3 €, Zinsaufwand 10 €, sonstiger betrieblicher Aufwand 5 €.

Vom Saldierungsverbot wird abgewichen, wenn Vermögensgegenstände auszuweisen sind, die dem Zugriff aller übrigen Gläubiger entzogen sind und ausschließlich der Erfüllung von Schulden aus Altersversorgungsverpflichtungen oder vergleichbaren Verpflichtungen dienen (§ 246 II 2). Praktisch ist die Verrechnung bei sogenanntem Pensionsvermögen für Pensions-, Lebensarbeitszeit- und Altersteilzeitverpflichtungen. Dieses Pensionsvermögen (auch „Planvermögen" genannt) ist für die Mitarbeiter bzw. für das Management reserviert und dem Zugriff von Gläubigern entzogen (vgl. auch 3.3.3.2). Praxisrelevant sind insolvenzfest gesicherte Ansprüche aus Rückdeckungsversicherungen, Fonds- und Treuhandkonstruktionen. Die Saldierung führt faktisch zu einer Bilanzverkürzung, zumal weder die Höhe der Pensionsrückstellung noch der Wert der Wertpapiere, die zu deren Erfüllung gehalten werden, ohne Weiteres aus der Bilanz ersichtlich sind.

Nach §254 können Vermögensgegenstände, Schulden und schwebende Geschäfte mit Finanzinstrumenten zur Absicherung von Risiken (Zins-, Währungs- und Ausfallrisiken etc.) zusammengefasst werden. Die Bildung einer Bewertungseinheit basiert auf der Überlegung, dass Risiken von Grundgeschäften durch gegenläufige Absicherungsgeschäfte im Ergebnis ganz oder teilweise neutralisiert werden. Bei einer isolierten Betrachtung beider Geschäfte würden einerseits noch nicht realisierte Gewinne außen vor bleiben, andererseits müssten zu erwartende Verluste ausgewiesen werden. Im Zusammenhang gesehen gleichen sich oftmals die Effekte aus. Voraussetzung für eine „Bewertungseinheit im Sicherungszusammenhang" ist der Nachweis der wirksamen Absicherung. Eine gute Dokumentation samt effektiver Überwachung der Wirkungszusammenhänge von Grund- und Sicherungsgeschäft ist anzuraten.

- Der Grundsatz der Vollständigkeit verlangt, dass alle Jahresabschlussposten (sachlich und zeitlich) richtig erfasst sind. Zum Vollständigkeitsgrundsatz gehören das „Prinzip der Bilanzidentität" (§252 I 1) sowie das „Jahresprinzip" (§240 II 2) und das „Stichtagsprinzip" (§252 I 3) inklusive dem „Prinzip der Wertaufhellung" (§252 I 4 fünfter HS).

  Unter dem Prinzip der Bilanzidentität versteht man die Forderung, dass die Eröffnungsbilanz einer Periode mit der Schlussbilanz der Vorhergehenden übereinstimmt.

  Aus dem Grundsatz der Bilanzidentität resultiert die Zweischneidigkeit der Bilanz, wonach jeder Bilanzierungsvorgang unter einer Gewinn- oder Verlustverlagerung zu sehen ist. Höhere oder niedere – ja sogar falsche – Wertansätze von Bilanzposten wirken sich in Folge entgegengesetzt aus. Wird z.B. ein Gegenstand um 20 € abgewertet, so drückt das aktuell den Gewinn um 20 €. Sobald der Gegenstand zum Einstandspreis verkauft wird, erhöht sich der Gewinn wieder um 20 €. Der Gewinn hat sich also nur verlagert.

  Die Grundsätze der Abgrenzung der Sache und der Zeit nach regeln die Zuordnung des Erfolgs zu den einzelnen Perioden.

- Hinsichtlich der Bewertung gilt, dass jeder Gegenstand grundsätzlich einzeln zu erfassen und zu bewerten ist (§252 I 3) und dabei von der Fortführung des Unternehmens auszugehen ist (Going-concern-Prinzip nach §252 I 2). Ein niedriger Zerschlagungswert ist nur im konkreten Fall einer Insolvenz oder Abwicklung anzusetzen.

- Das Realisationsprinzip ist eine besondere Ausprägung des Vorsichtsprinzips. Bei einem „positiven Wertsprung" (ein Wirtschaftsgut steigt im Preis – z.B. von 100 € auf 120 €) dürfen einerseits die Anschaffungs- bzw. Herstellungskosten nicht überschritten werden (Anschaffungswertprinzip), andererseits dürfen Gewinne erst dann ausgewiesen werden, wenn sie tatsächlich realisiert sind (§252 I 4 letzter HS). Eine Realisation entsteht erst im Zeitpunkt eines Umsatzes. Hierfür müssen folgende Bedingungen erfüllt sein:
  - abgeschlossener Vertrag,
  - Leistungserfüllung,
  - Güter müssen den Verfügungsbereich des Verkäufers verlassen haben,
  - Abrechnungsfähigkeit ist gegeben.

BEISPIEL
Realisation

Ein Sporthaus handelt mit Skiern. Am 20.12. bestellt ein Stammkunde verbindlich ein paar Ski der Marke „Forest-Tiger-SL" zum Preis von 640 €. Die Skier werden am 28.12. gegen Rechnung abgeholt, der Kunde überweist die Rechnung am 04.01. Die Frage ist nun: Wann ist der Gewinn des Geschäftes realisiert? Antwort: Zeitpunkt der Realisation ist die Abholung am 28.12. (altes Jahr), da zu diesem Zeitpunkt der Verkäufer seine Leistungen erfüllt hat.

- Das Imparitätsprinzip ist eine besondere Ausprägung des Vorsichtsprinzips. Bei einem „negativen Wertsprung" (ein Wirtschaftsgut fällt im Preis – z. B. von 100 € auf 80 €) müssen etwaige Verluste antizipiert und verbucht werden (§ 252 I 4 – Prinzip der Verlustantizipation bzw. Niederstwertprinzip). Auch für Risiken aus schwebenden Geschäften müssen Rückstellungen gebildet werden (Drohverlustrückstellungen nach § 249 I 1, 2. Alt.).

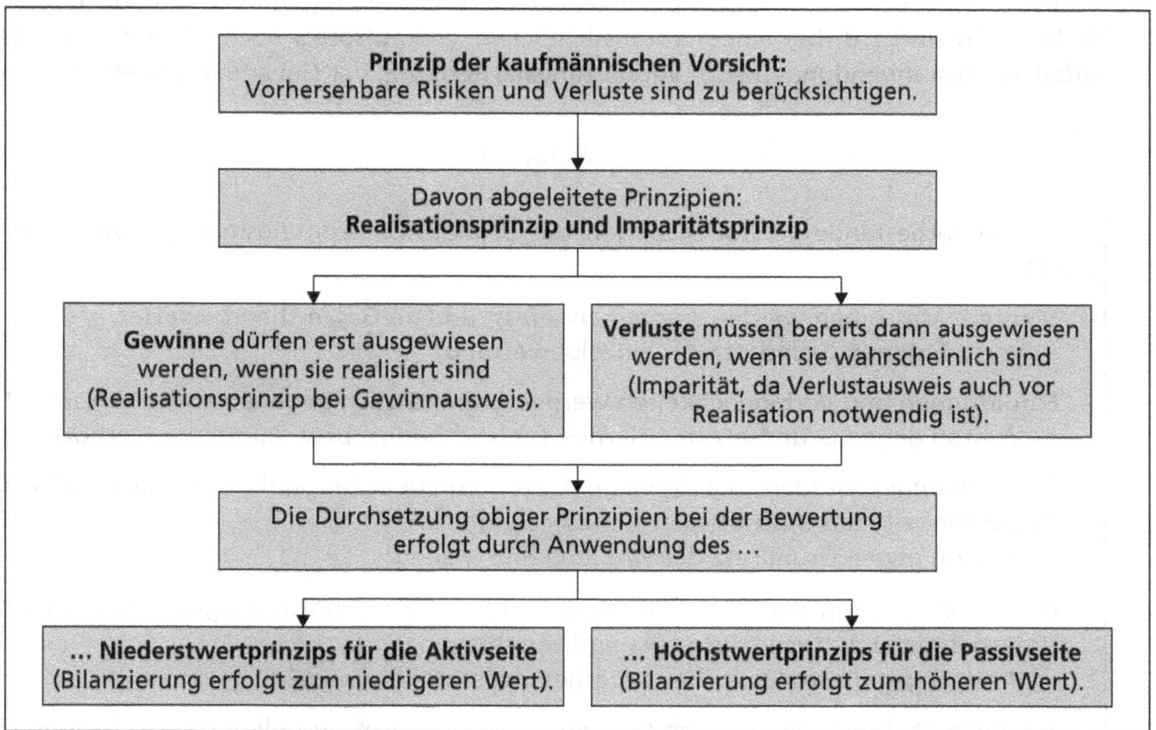

- Der Grundsatz der Stetigkeit leitet sich aus der Forderung nach Vergleichbarkeit ab. Er verlangt
  - formelle und inhaltliche Bilanzierungs- und Bewertungskontinuität (§ 252 I 6),
  - außergewöhnliche Vorgänge zu kennzeichnen bzw. auszusondern,
  - einen einheitlichen Geldmaßstab (Nominalprinzip).

  Sofern die Stetigkeit durchbrochen wird, ist dies zu erläutern.

  Für Kapitalgesellschaften gelten besondere Vorschriften: Schemazwang nach §§ 266 und 275, Darstellungsstetigkeit nach § 265 I und Pflicht der Vorjahresangabe nach § 265 II.

- Der Grundsatz der Wesentlichkeit besagt, dass alle Tatbestände im Jahresabschluss berücksichtigt werden müssen, die für die Adressaten des Jahresabschlusses von Bedeutung sind. Grundsatz: Alles Wesentliche muss in die Bilanz. Sachverhalte von untergeordneter Bedeutung, die wegen ihrer Größenordnung keinen Einfluss auf das Jahresergebnis und auf die Rechnungslegung haben, können vernachlässigt, verkürzt oder verdichtet werden. Die Wesentlichkeit richtet sich danach, ob der Jahresabschluss das nach den tatsächlichen Verhältnissen entsprechende Bild der Vermögens-, Finanz- und Ertragslage nicht mehr vermittelt und die Bilanzadressaten möglicherweise falsche Entscheidungen treffen. Der Grundsatz der Wesentlichkeit bezieht sich somit auf entscheidungserhebliche Sachverhalte im jeweiligen Einzelfall. In Betracht kommen gängige Größen des Jahresabschlusses (z. B. Bilanzsumme, Eigenkapital, Umsatz, Jahresüberschuss) und daraus abgeleitete Kennzahlen. Beispiele für die Wesentlichkeitsgrenze könnten sein: 5 % des Ergebnisses, 0,5 % des Umsatzes.
- In Zweifelsfällen ist stets vorsichtig zu bewerten (Vorsichtsprinzip im engeren Sinne). Gerade bei Zukunftsprognosen (Schätzung der Nutzungsdauer, von Forderungsausfällen etc.) ist von der unteren Bandbreite der positiven Erwartungen auszugehen. Es ist auch „vorsichtig verlustfrei" zu bewerten. Eine verlustfreie Bewertung verlangt das Vorziehen möglicher Verluste. So sind z. B. bei einem voraussichtlichen Verkaufspreis noch alle bis zum Absatz anfallenden Aufwendungen (z. B. Verwertungskosten) und der Gewinn abzuziehen.

BEISPIEL

Folgende Tatbestände verstoßen gegen die Grundsätze ordnungsmäßiger Bilanzierung (GoB):

- Mehrere Maschinen werden zusammengefasst und als Gesamtheit bewertet:
  → Verstoß gegen Grundsatz der Einzelbewertung!
- Forderungen und Verbindlichkeiten werden grundsätzlich gegeneinander verrechnet:
  → Verstoß gegen Grundsatz der Klarheit (Verrechnungs- bzw. Saldierungsverbot)!
- Aufwendungen werden nicht immer entsprechend dem Zeitpunkt ihrer wirtschaftlichen Zugehörigkeit zum Geschäftsjahr berücksichtigt:
  → Verstoß gegen Grundsatz der Periodenabgrenzung!
- Bei der Bewertung der Wirtschaftsgüter wird grundlos davon ausgegangen, dass das Unternehmen kurzfristig aufgelöst und zerschlagen wird:
  → Verstoß gegen Grundsatz der Unternehmensfortführung (Going-concern)!
- Am Bilanzstichtag werden auch Gewinne aus noch nicht ausgelieferten Aufträgen verbucht:
  → Verstoß gegen Grundsatz der Vorsicht (Realisationsprinzip)!
- Die Wertansätze der Schlussbilanz des Vorjahres stimmen nicht genau mit den Werten der Eröffnungsbilanz des Folgejahres überein:
  → Verstoß gegen Grundsatz der Bilanzidentität!

5 zu 3 (Aufgabe):

Ist es mit den Grundsätzen ordnungsmäßiger Buchführung vereinbar,

a) Forderungen gegen eine Firma mit Verbindlichkeiten einer Firma zu saldieren?

b) den Jahresabschluss in japanischer Sprache aufzustellen?

c) den Bilanzstichtag vom 31. Dezember 01 auf 31. Januar 03 in einem Schritt umzustellen?

d) Verbindlichkeiten, die wahrscheinlich sind, aber deren Entstehung und/oder Höhe am Bilanzstichtag noch ungewiss sind, in der Bilanz zu berücksichtigen?

3.2.2 Grundsätze der Bewertung

Allgemeine Grundsätze der Bewertung

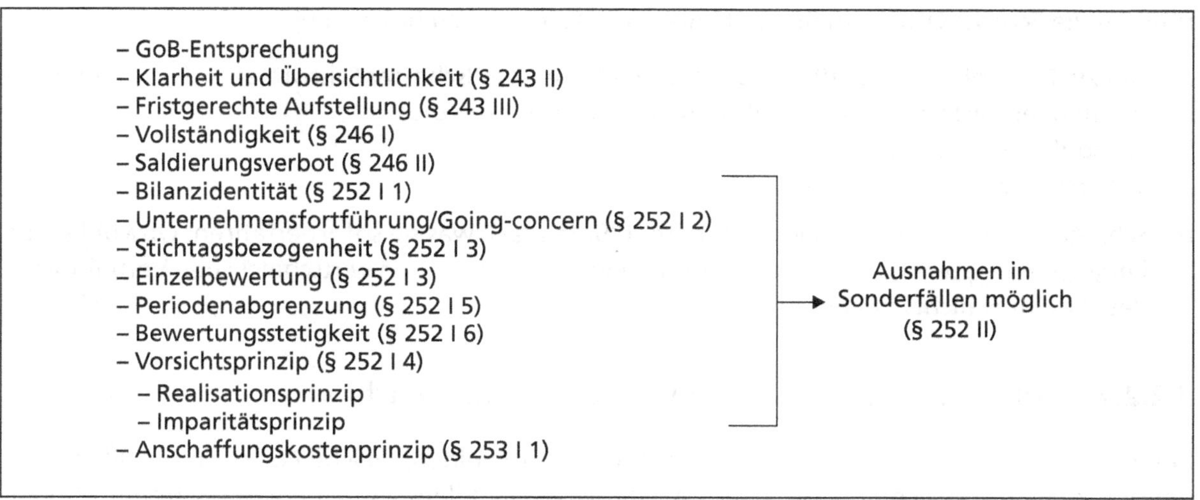

– GoB-Entsprechung
– Klarheit und Übersichtlichkeit (§ 243 II)
– Fristgerechte Aufstellung (§ 243 III)
– Vollständigkeit (§ 246 I)
– Saldierungsverbot (§ 246 II)
– Bilanzidentität (§ 252 I 1)
– Unternehmensfortführung/Going-concern (§ 252 I 2)
– Stichtagsbezogenheit (§ 252 I 3)
– Einzelbewertung (§ 252 I 3)
– Periodenabgrenzung (§ 252 I 5)
– Bewertungsstetigkeit (§ 252 I 6)
– Vorsichtsprinzip (§ 252 I 4)
– Realisationsprinzip
– Imparitätsprinzip
– Anschaffungskostenprinzip (§ 253 I 1)
Ausnahmen in Sonderfällen möglich (§ 252 II)

3.2.2.1 Bewertungszeitpunkt

Maßgebender Zeitpunkt der Bewertung ist der Abschlussstichtag (§ 252 I 3). Zur Konkretisierung dieses Stichtagsprinzips beschreibt § 252 I 4 eine Wertaufhellung. Danach sind Wert aufhellende Tatsachen (Ursache im alten Jahr, Kenntnis im neuen Jahr, aber vor Aufstellung des Jahresabschlusses) zu berücksichtigen, nicht aber Wert beeinflussende Tatsachen (Ursache und Kenntnis im neuen Jahr, vgl. § 252 I 4).

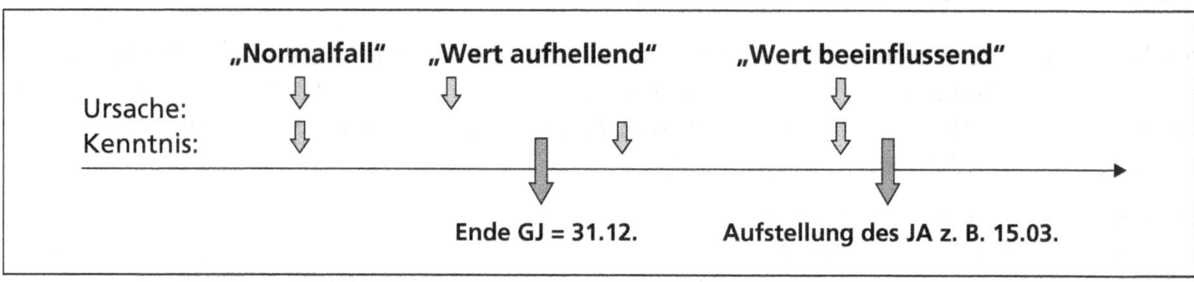

BEISPIELE
zur Wertaufhellung

Wert beeinflussend: Ein Gebäude brennt Mitte Januar ab – also nach dem Bilanzstichtag. Die Wertminderung (Abschreibung) wird im neuen Jahr gebucht, da die Ursache für den Wertverfall nach dem 31.12. (Bilanzstichtag) erfolgte.

Wert aufhellend: Stellt der Kaufmann Mitte Januar fest, dass sein Gebäude von einem schlimmen „Mauerschwamm" befallen ist, wird die Wertminderung (Abschreibung) noch im alten Jahr gebucht, weil die Wertminderung schon im alten Jahr bestand und nur die Kenntnis zwischen Bilanzstichtag und Bilanzaufstellung erfolgte.

6 zu 3 (Aufgabe):

Sie stellen die Bilanz im März auf. Bewerten Sie die folgende Forderung aus einer Warenlieferung an die Schrott OHG zum Bilanzstichtag 31. Dezember zu brutto 119 T€:

a) Am 29. Dezember erschießt sich der maßgebliche Gesellschafter Schrott, als sich die Zahlungsunfähigkeit nicht mehr verheimlichen lässt. Sie erfahren dies
   aa) sogleich bzw.
   ab) erst zwei Monate später.

b) Schrott erschießt sich einen Monat später (29. Januar), was sie sofort erfahren. Obwohl schon lange „pleite", war bis zu diesem Zeitpunkt von den schlechten wirtschaftlichen Verhältnissen des Vorjahres nichts bekannt.

3.2.2.2 Grundsätze der Bilanzierung dem Grunde nach

Bei der Aufstellung der Bilanz muss der Kaufmann entscheiden, welche Posten in die Bilanz aufgenommen werden. Die Kernfrage lautet: Was ist in die Bilanz aufzunehmen? Er geht also zunächst der Frage der Bilanzierungsfähigkeit nach (vgl. hierzu Kap. 3.1.1). Zur Bilanzierung „dem Grunde nach" zählen auch die Grundsätze

- der Bilanzidentität (Anfangsbestand des aktuellen Geschäftsjahres und Endbestand des vorhergehenden Geschäftsjahres stimmen wert- und mengenmäßig überein – § 252 I Nr. 1),
- der Vollständigkeit (§ 246 I),
- des Bruttoprinzips (Verrechnungsverbot (§ 246 II) und
- der formalen Bilanzkontinuität (Darstellungsstetigkeit).

3.2.2.3 Grundsätze der Bilanzierung der Höhe nach

Nachdem der Bilanzierende entschieden hat, welche Posten er in die Bilanz aufnehmen will, muss er anschließend noch den Wert der einzelnen Posten bestimmen. Die Kernfrage lautet: Wie ist etwas zu bewerten? Man spricht in diesem Zusammenhang auch von der „Bilanzierung der Höhe nach" und zählt hierzu die Grundsätze

- des Going-concern (§ 252 I Nr. 2),
- der Einzelbewertung (§ 252 I Nr. 3),
- der Vorsicht (Realisations-, Imparitäts-, Niederstwertprinzip – § 252 I 4),
- der nominalen Kapitalerhaltung (Anschaffungswertprinzip – § 253 I),
- eines einheitlichen Geldwertmaßstabs (Nominalprinzip – „DM/€" gleich „DM/€"),
- der materiellen Bilanzkontinuität (Bewertungstetigkeit).

3.2.2.4 Bewertungsmaßstab

Die Anschaffungs- oder Herstellungskosten stellen die Grundlage für die Bewertung der Gegenstände des Anlage- und Umlaufvermögens dar. Einerseits bilden sie die absolute Obergrenze für den bilanziellen Ansatz der Vermögenswerte (§ 253 I 1), andererseits sind sie der Ausgangswert, von dem Abschreibungen abzusetzen sind, um den Bilanzwert zu ermitteln. Die ermittelten Anschaffungs- oder Herstellkosten nennt man „historisch", zumal sie zu den jeweiligen Bilanzstichtagen „folgebewertet" werden. Bei dauerhaften Wertminderungen (Unfall, Kurseinbrüchen, Preiszerfall etc.) sind außerplanmäßige Abschreibungen vorzunehmen, abnutzbare Vermögensgegenstände unterliegen generell planmäßigen Abschreibungen. Nach dem Vorsichtsprinzip wird in der Regel der niedrige Wertansatz in der Bilanz angesetzt (Niederstwertprinzip).

Anschaffungskosten

Vermögensgegenstände, die ein Unternehmen von dritter Seite beschafft, sind höchstens mit den Anschaffungskosten zu bewerten. Anschaffungskosten sind Aufwendungen, die geleistet werden und einzeln zuordenbar sind, um den Gegenstand zu erwerben und in den betriebsbereiten Zustand zu versetzen (§ 255 I – „Prinzip der Pagatorik"). Mittelbare Aufwendungen des Erwerbs wie Reise- und Besichtigungskosten zählen nicht zu den Anschaffungskosten.

(Fortgeschriebene) Anschaffungskosten (§ 255 I: Anschaffungspreis – Preisminderungen + Nebenkosten)

Anschaffungspreis	– Nettopreis (Bruttopreis abzüglich Umsatzsteuer bei Vorsteuerberechtigung)
– **Preisminderungen**	– Rabatte, Skonti, Boni, Zuschüsse etc.
+ **Nebenkosten**	– aktivierungspflichtige Aufwendungen (z. B. Verpackungs- und Transportkosten, Transportversicherung, Montagekosten inklusive Fundament, Provisionen, Aufwendungen für Beurkundung, Zölle und Abgaben etc.)
+ **nachträgliche Anschaffungskosten**	– Erschließungsbeiträge, Um- und Ausbaukosten
= **Anschaffungskosten (zugleich i. d. R. Abschreibungsbasis)**	– Aufwendungen für den Erwerb eines Gegenstands und seine Versetzung in den betriebsbereiten Zustand

BEISPIELE
zum Umfang der Anschaffungskosten

Autokauf: Zu den Anschaffungskosten eines PKW zählt der Nettopreis des Fahrzeugs (Rabatte und Skonto abziehen!) zuzüglich der Nettopreise für Zubehörteile (Radio, Klimaanlage, Schiebedach, Anhängerkupplung etc.) und Nummernschilder sowie der Kosten für Überführung und Zulassung.

Grundstückskauf: Unmittelbar durch den Anschaffungsvorgang entstanden (damit aktivierungspflichtige Anschaffungskosten) sind der Grundstückspreis, die Grunderwerbsteuer, die Notar- und Grundbuchkosten, die Maklerkosten und die vom Verkäufer „übernommenen Finanzierungskosten". Keine Anschaffungskosten sind die selbst aufgenommenen Kredit- und Finanzierungskosten, also nicht eigene Zinsen und die Bestellungskosten einer Sicherheit.

Beachte: Unternehmensinterne Kosten einer Anschaffung – z. B. Kosten der Beschaffungsabteilung – bleiben bei der Berechnung der Anschaffungskosten außen vor. Interne Kosten, die entstehen, um die Betriebsbereitschaft des Vermögensgegenstandes zu erreichen, z. B. Montage und Anschluss einer Maschine durch den Werkstattmeister, dürfen jedoch mit den Einzelkosten aktiviert werden.

Bei Wertpapieren zählen Courtagen, Bankprovisionen etc. zu den Anschaffungsnebenkosten.

Sonderfall Zerobonds

Zerobonds sind Anleihen ohne laufende Zinszahlung. Die Zinszahlungen werden thesauriert und in den Kurs eingerechnet. Der Ertrag für den Investor liegt in der Differenz zwischen Emissions- bzw. Kaufkurs und dem Rückzahlungskurs, letzterer liegt gewöhnlich bei 100 %. Nach h. M. gilt die Obergrenze von § 253 I 1 nicht für Zerobonds. Für den Bilanzansatz von Zerobonds werden in jedem Jahr die Anschaffungskosten rechnerisch um die planmäßigen Zinsen ergänzt.

7 zu 3 (Aufgabe):

Eine Maschinen-GmbH kauft eine Eisenpresse zu 30 T€ zuzüglich Umsatzsteuer. Nach Abzug von 2 % Skonto werden 34.986 € bezahlt. Die Eisenpresse muss einbetoniert werden, was 500 € zuzüglich Umsatzsteuer kostet. Zuvor wird an den Spediteur der Maschine 119 € in bar ausbezahlt (inklusive Umsatzsteuer). Wie hoch sind die Anschaffungskosten?

Herstellungskosten

Vermögensgegenstände, die im Unternehmen selbst hergestellt werden, sind höchstens mit den Herstellungskosten zu bewerten (§§ 253 I 1, 255 II). In die Herstellungskosten dürfen nur tatsächlich angefallene, nicht aber kalkulatorische Kosten einbezogen werden. Es ist insofern zwischen den Herstellkosten in der Kostenrechnung und den bilanziellen Herstellungskosten zu unterscheiden. Beachte: Zinsen gehören grundsätzlich nicht zu den Herstellungskosten (§ 255 III).

Zu den (nachträglichen) Herstellungskosten zählen auch die Kosten der Erweiterung oder Verbesserung eines Vermögensgegenstandes, nicht aber dessen Erhaltung. Die Abgrenzung ist nicht ganz einfach. Nachträglicher Herstellungsaufwand liegt in der Regel vor, wenn der Gegenstand in seiner Substanz verbessert, seine Wesensart wesentlich verändert oder die Nutzungsdauer wesentlich verlängert wird. Erhaltungsaufwand liegt vor, wenn die Aufwendungen nur dazu dienen, einen Gegenstand in ordnungsmäßigem Zustand zu erhalten oder auszubessern. Bei Aufwendungen, die in zeitlicher Nähe zum Anschaffungsvorgang (drei Jahre) erfolgen, wird ohne weiteren Nachweis Erhaltungsaufwand angenommen, wenn die Aufwendungen insgesamt nicht mehr als 15 % der AHK ausmachen.

(Fortgeschriebene) Herstellungskosten – bisherige Regelung: Einzelkosten als Aktivierungspflicht; Gemeinkosten als Wahlrecht; Forschungs- und Vertriebskosten dürfen nicht aktiviert werden.

	Materialeinzelkosten (Rohstoffe, Hilfsstoffe, etc.)	
+	Fertigungseinzelkosten (Löhne + Sondereinzelkosten)	
+	Materialgemeinkosten (Einkauf, Lager, etc.)	
+	Fertigungsgemeinkosten (Energie, Instandhaltung, etc.)	
+	Abschreibungen (Werteverzehr des Anlagevermögens)	
=	**Wertuntergrenze nach BilMoG**	
+	Aufwendungen der allgemeinen Verwaltung	**Wahlbestandteile nach BilMoG**
+	Aufwendungen für soziale Einrichtungen und Leistungen	
+	Aufwendungen für betriebliche Altersvorsorge	
=	**Wertobergrenze**	

Die Herstellungskosten wurden durch das BilMoG neu geregelt, insbesondere wird der Aktivierungsumfang erweitert (vgl. § 255 II). Zu den Pflichtbestandteilen zählen auch die Materialgemeinkosten und die Fertigungsgemeinkosten inklusive Abschreibungen. Aktivierungsverbote bestehen für die Vertriebs- und Forschungskosten. Angemessen sind nur notwendige Gemeinkosten, deren Zuordnung sich klar nachvollziehen lässt und nicht zu einer Überbewertung führt (Vorsichtsprinzip). Nicht zu aktivieren sind betriebs- und periodenfremde, unangemessen hohe Aufwendungen sowie offensichtliche Unterbeschäftigungskosten (Leerkosten). Als Anhaltspunkt dienen Kostenszenarien bei weniger als 70 % der Normalkapazität.

Die bilanziellen Herstellungskosten sind von den Herstellkosten der Kostenrechnung zu trennen. Grundsätzlich bildet der für die Zwecke der Kostenrechnung aufgestellte Betriebsabrechnungsbogen BAB die Grundlage der Herstellungskosten. Für bilanzielle Zwecke dürfen aber nur tatsächlich angefallene Aufwendungen zum Ansatz kommen (effektive, pagatorische Aufwendungen). Die Daten der Kostenrechnung sind also für Zwecke der Rechnungslegung, insbesondere um kalkulatorische Kosten zu korrigieren.

Beachte: Die Anschaffungs- oder Herstellungskosten bilden in jedem Fall die Wertobergrenze (Anschaffungskostenprinzip nach § 253 I 1). Als Wertvergleich für einen niederen Wert werden insbesondere herangezogen:

- der aus dem Markt- oder Börsenpreis abgeleitete Wert (§ 253 III 1 bzw. IV),
- der am Bilanzstichtag beizulegende Wert (§§ 253 IV, 255 IV).

8 zu 3 (Aufgabe):

Ein Unternehmen stellt eine Maschine zu nachfolgenden Kosten her:

Materialeinzelkosten:	100 €
Fertigungslöhne:	300 €
Aufwendungen für soziale Leistungen:	150 €
Sondereinzelkosten der Fertigung:	100 €
allgemeine Verwaltungskosten:	70 €
Vertriebskosten:	50 €
Abschreibungen:	80 €

a) Können oder müssen obige Kosten als Herstellungskosten aktiviert werden?
b) Welcher Wertansatz ist in der Bilanz möglich?

3.3 Bilanzierung und Bewertung im Einzelnen

3.3.1 Bilanzierung des Vermögens

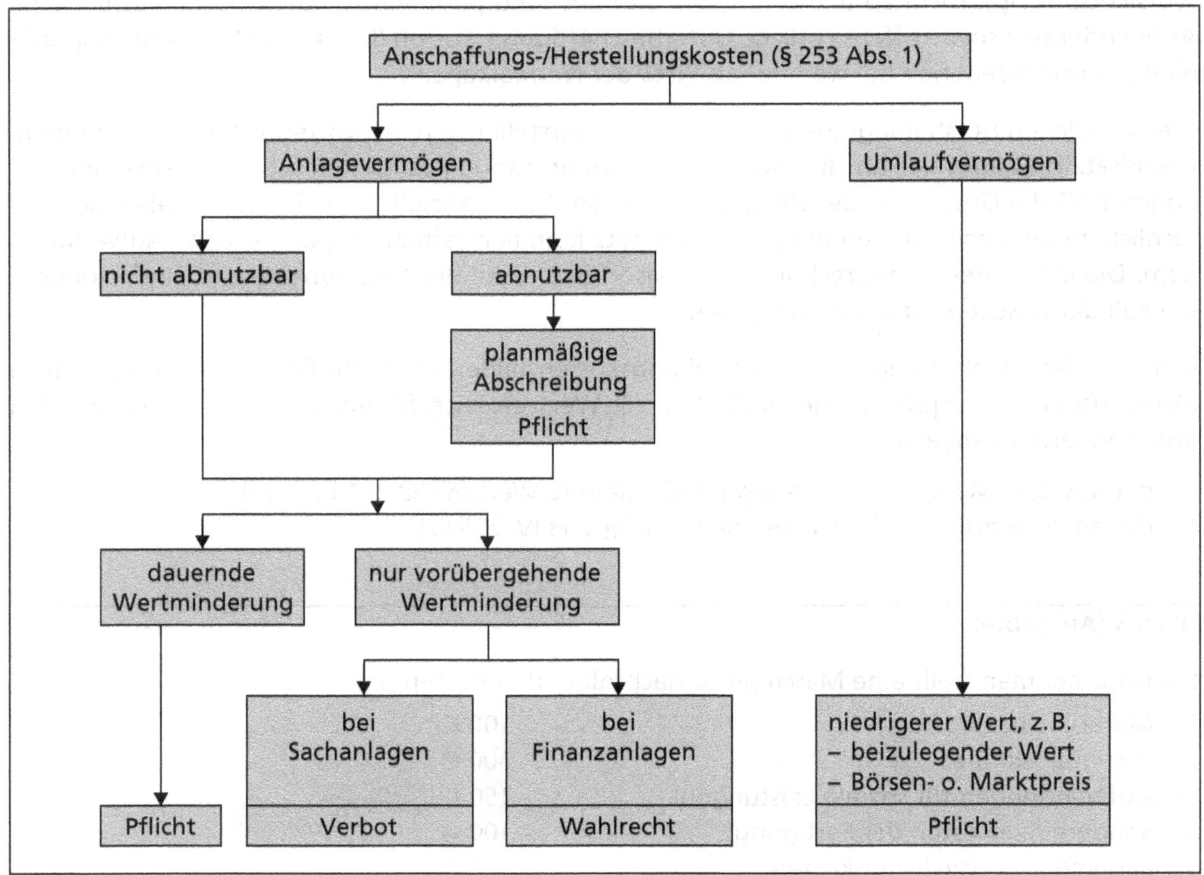

Bewertungsvereinfachungen

Vereinfachungsart	Voraussetzung des Vereinfachungsverfahrens
Festbewertung nach § 240 III (fixe Menge × fixer Wert)	– Anlagevermögen bzw. Roh-, Hilfs- und Betriebsstoffe – regelmäßiger Ersatz – nachrangige Bedeutung – geringe Veränderungsrate bezüglich Wert, Größe und Zusammensetzung – Bestandsaufnahme alle drei Jahre
Gruppenbewertung nach § 240 IV (Menge × Durchschnittswert)	Gleichartige* Vermögensgegenstände des Vorratsvermögens oder sonstige gleichartige oder annähernd gleichwertige bewegliche Vermögensgegenstände
Sammelbewertung nach § 256	Verbrauchsfolgebewertung für gleichartige* Vermögensgegenstände des Vorratsvermögens

* Die Gleichartigkeit wird konkretisiert durch eine annähernde Preisgleichheit (≤ 20 %) und die Zugehörigkeit zur gleichen Warengattung oder einer Funktionsgleichheit.

- Fest- und Gruppenbewertung: summarische Gruppen- statt Einzelbewertung
  - nach § 240 III Festwert: gleich bleibende Menge × gleich bleibender Wert (Wert = Durchschnittspreis/mittlere Nutzungsdauer),
  - nach § 240 IV Gruppenbewertung (Verbrauchsfolgebewertung nach § 256 bzw. gewogener Durchschnittspreis);
- Retrograde Inventurmethode: Ermittlung der Anschaffungskosten über die Verkaufspreise durch Rückrechnung des Wareneinsatzes im Einzelhandel mittels üblichem Abschlag;
- bis 2003: volle Abschreibung bei Anschaffung im ersten Halbjahr, halber Jahresbetrag bei Anschaffung im zweiten Halbjahr (Wahlrecht), ab 2004: nur noch volle Monatsabschreibung möglich (Vereinfachungswahlrecht)!

BEISPIEL
Festbewertung

Ein großes Bauunternehmen (Bilanzsumme über 20 Mio. €) nutzt etwa 5.000 Schaltafeln zur Herstellung von Betonwänden. Die Tafeln sind auf viele Bau- und Lagerstellen verteilt. Jede Schaltafel kostet neu etwa 8 €. Da es aufwendig wäre, jede Tafel körperlich und wertmäßig zu erfassen, kann man die Schaltafeln mit einem Festwert bewerten, z. B. pro Tafel mit etwa 4 €. Insgesamt kann man damit die Schaltafeln zu einem Festpreis von 20 T€ in der Bilanz ansetzen (5.000 Stück je 4 €). Alle drei Jahre muss eine Inventur erfolgen.

3.3.1.1 Bilanzierung des Anlagevermögens

Beim Anlagevermögen sind Gegenstände auszuweisen, die dauernd dem Geschäftsbetrieb dienen. Die Kernfrage lautet: Dient der Vermögensgegenstand dem Unternehmen dauerhaft? Daraus ergibt sich, dass die Zuordnung nach der Zweckbestimmung erfolgt. Die Zweckbestimmung kann sich aus der Sache selbst ergeben, teilweise ist sie auch vom Willen der Geschäftsleitung abhängig. So gehört ein Auto bei einem Handelsvertreter gewöhnlich zum Anlagevermögen, beim Autohändler zählen die allermeisten Autos zum Umlaufvermögen. Bei Wertpapieren ist die Zuordnung meist nicht eindeutig. Üblicherweise können Wertpapiere wahlweise dem Anlage- oder auch dem Umlaufvermögen zugeordnet werden. Entscheidend ist, mit welcher Absicht die Papiere gehalten werden und wie die Papiere mittels Einbuchung konkret zugeordnet wurden (dispositionsbedingte Zuordnung).

Legaldefinition des Anlagevermögens nach § 247 II: Gegenstände, die bestimmt sind, dauernd dem Geschäftsbetrieb zu dienen. Typische Gegenstände des Anlagevermögens: Grundstücke, Gebäude, Maschinen, Vorrichtungen, Büro- und Geschäftsausstattungen. Wichtig ist dabei Folgendes:

- Bestimmungsermessen obliegt Unternehmer, sofern Sacheigenart nicht dagegen spricht und sich Zweckbestimmung objektiv niederschlägt (Verwendung, Bilanzierung etc.).
- „Dauernd" bedeutet nicht für „immer" oder für „alle Zeiten", sondern zum längerfristigen Gebrauch (in der Regel länger als eine Periode sowie nicht für den Umsatzprozess oder zur Be- oder Verarbeitung bestimmt).
- Das Wort „dienen" impliziert eine längerfristige Nutzung des Gegenstandes i. S. eines Gebrauchs. Soll ein Gegenstand nur für den Verkauf oder Verbrauch bestimmt sein, so gehört er zum Umlaufvermögen.

Einteilung des Anlagevermögens nach § 266 II

- Immaterielle Vermögensgegenstände: Software, Schutzrechte, Konzessionen, Lizenzen, derivativer Geschäfts- oder Firmenwert, geleistete Anzahlungen auf solche Gegenstände
- Sachanlagen: Grundstücke und Bauten, Maschinen, Betriebs- und Geschäftsausstattung, geleistete Anzahlungen auf solche Gegenstände
- Finanzanlagen: langfristige Anlagen (Anteile an verbundenen Unternehmen, Beteiligungen, Wertpapiere des Anlagevermögens), langfristige Forderungen (Ausleihungen)

Immaterielle Vermögensgegenstände

Immaterielle Vermögensgegenstände sind Vermögenswerte, die keine physische Substanz haben und auch nicht monetär sind. Sie sind nicht greifbar und nicht sichtbar. Sie sind durch ihren schöpferischen oder rechtlichen Gehalt gekennzeichnet. In einer wissensbasierten Gesellschaft werden immaterielle Wirtschaftsgüter – z. B. Softwareprogramme, Patente, Produktionsverfahren, Marken, Werbekampagnen – immer wichtiger. Zu unterscheiden sind die entgeltlich erworbenen immateriellen von den selbst geschaffenen immateriellen Vermögensgegenständen. Für die entgeltlich erworbenen immateriellen Vermögensgegenstände (Konzessionen, gewerbliche Schutzrechte, Lizenzen etc.) gelten keine Besonderheiten. Sie sind mit den Anschaffungskosten zu aktivieren. Der entgeltlich erworbene Geschäfts- oder Firmenwert gilt als zeitlich begrenzt nutzbarer Vermögensgegenstand (§ 246 I 4, vgl. unten).

Bei selbst geschaffenen immateriellen Vermögensgegenständen ist zu differenzieren, ob sie dem Anlage- oder dem Umlaufvermögen zuzuordnen sind. Immaterielle Gegenstände des Umlaufvermögens sind zu aktivieren, unabhängig davon, ob sie entgeltlich erworben oder selbst geschaffen wurden. Die Ungleichbehandlung im Anlagevermögen und im Umlaufvermögen beruht darauf, dass Güter des Umlaufvermögens im Umsatzprozess regelmäßig nur kurze Zeit in der Bilanz erscheinen, und einen Marktwert haben, der nach § 253 IV anzupassen ist (strenges Niederstwertprinzip). Eine Verletzung des Vorsichtsprinzips ist hier also nicht sehr wahrscheinlich. Für immaterielle Gegenstände des Anlagevermögens besteht ein Aktivierungswahlrecht (§§ 248 II 1, II a). Nicht aktiviert werden dürfen jedoch selbst geschaffene (originäre) Marken, Drucktitel, Verlagsrechte, Kundenlisten und Vergleichbares sowie Forschungskosten. Nach dem BilRUG sind selbst geschaffene immaterielle Vermögensgegenstände des Anlagevermögens, deren Nutzungsdauer nicht verlässlich bestimmbar ist, über zehn Jahre abzuschreiben (§ 253 III 3 HGB).

Selbst geschaffene immaterielle Vermögensgegenstände bergen eine Reihe von Bilanzierungsproblemen in sich:

- die Problematik einer abstrakten Bilanzierungsfähigkeit an sich (vgl. 3.1.1),
- die Unterscheidung der Gegenstände in Anlage- oder Umlaufvermögen,
- im Anlagevermögen ist bei den immateriellen Vermögensgegenständen zu unterscheiden, ob sie entgeltlich erworben oder selbst geschaffen wurden,
- die Trennung von Herstellungs- und Sofortaufwand generell und
- die Trennung von Forschungs- und Entwicklungsaufwand im Speziellen.

Die auf die Entwicklungsphase entfallenden Herstellungskosten können dabei aktiviert werden, wohingegen die auf die Forschungsphase entfallenden Aufwendungen nicht aktiviert werden dürfen (vgl. §§ 248 II 1, 255 II 4, II a). Steuerrechtlich darf für selbst geschaffene immaterielle Vermögensgüter des Anlagevermögens keine Aktivierung erfolgen, die Entwicklungsaufwendungen sind also voll abzugsfähig (§ 5 II EStG). Insofern kommt es bei der Aktivierung von selbst erstellten immateriellen Vermögensgegenständen des Anlagevermögens zu (passiven) Steuerlatenzen.

„Entwicklung" ist die Anwendung von Wissen bzw. Forschungsergebnissen, „Forschung" ist hingegen die Suche nach neuen wissenschaftlichen oder technischen Erkenntnissen und Erfahrungen (vgl. § 255 IIa 2). Zu den Forschungsaufwendungen zählen auch die Aufwendungen für die Marktforschung, für die Suche nach Alternativen für Materialien, Vorrichtungen und Verfahren samt deren Dokumentation. Da grundsätzlich eine Unwissenheit über den Erfolg und die Verwertbarkeit von Forschungsergebnissen besteht, ist ein Vermögensgegenstand und damit verbunden ein Bilanzansatz zu verneinen. Die Forschungsaufwendungen sind sofort in voller Höhe gewinnmindernd als Aufwand zu verbuchen (Sofortaufwand). Nach § 255 IIa 4 ist eine Aktivierung ausgeschlossen, wenn Forschung und Entwicklung nicht verlässlich voneinander unterschieden werden können. Entscheidend ist also der zeitliche Übergang dieser beider Phasen. Charakteristisch für diesen Übergang ist das systematische Erproben und Testen gewonnener Erkenntnisse oder Fertigkeiten. Indizien für den Übergang sind: Abschluss der Forschungsaktivitäten, Testverfahren, Bau von Prototypen oder Pilotanlagen, Entwurf von ersten Werkzeugen, Gussformen und Vorrichtungen etc. Die Aktivierung von Entwicklungsleistungen darf aber nicht generell erfolgen, sondern gemäß dem Vorsichtsprinzip erst dann, wenn mit hoher Wahrscheinlichkeit davon ausgegangen werden kann, dass ein verwertbarer Vermögensgegenstand (Produkt) entsteht.

Aktivierungsschema bei selbst geschaffenem immateriellem VG im Anlagevermögen

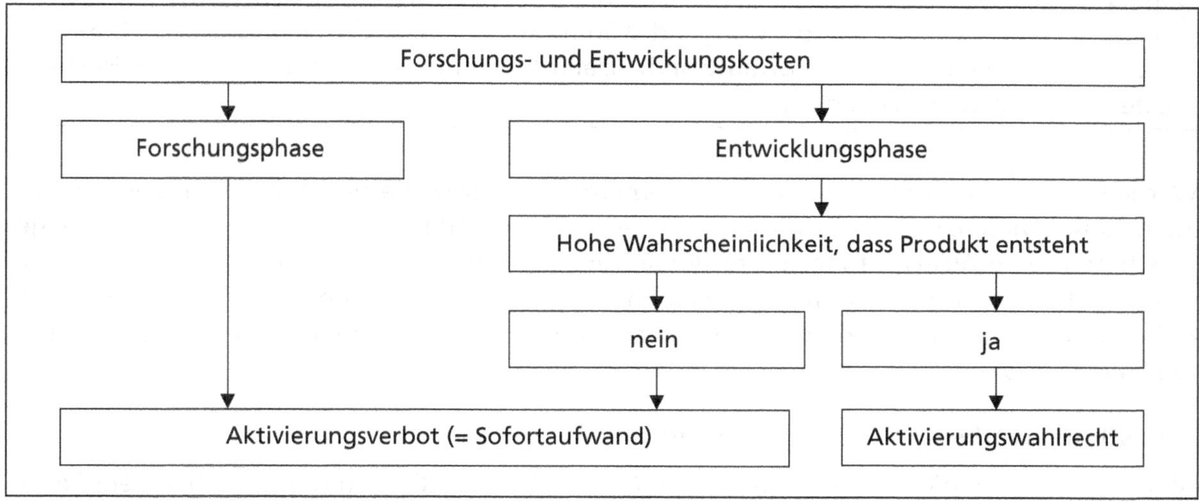

Das Gesetz geht von einer sequentiellen Vorgehensweise aus: Zuerst wird geforscht, dann entwickelt, dann produziert, zuletzt verkauft. Oftmals sieht die Anwendungsforschung in der Praxis anders aus, sodass eine Abgrenzung von Maßnahmen der Forschung von der Entwicklung äußerst schwierig ist. Da der Übergang der Forschungs- zur Entwicklungsphase Gelegenheit zur Sachverhaltsgestaltung bietet, empfiehlt es sich, gerade diesen Übergang hinreichend nachvollziehbar und plausibel zu dokumentieren inklusive Kostenzuordnung. Für eine Aktivierung notwendig ist eine Zukunftsprognose, konkret dahingehend, dass mit hoher Wahrscheinlichkeit ein Vermögensgegenstand entstehen wird.

BEISPIEL 1

Die IT-Abteilung der Industrie AG arbeitet Anfang des Jahres 03 an einer neuen Software-Oberfläche. Die Aufwendungen für Forschung und Entwicklung belaufen sich je auf 1 Mio. €. Das Projekt begann im Jahr 01 als Forschungsvorhaben und ist im Jahr 02 zunehmend in die Entwicklungsphase übergegangen. Sofern die Oberfläche eigene Anwendungen betrifft (Gegenstand des Anlagevermögens), hat die Industrie AG hat folgende Möglichkeiten:

- Sie erfasst die gesamten 2 Mio. € als Sofortaufwand mit dem Argument nach § 255 II a 4, dass der Übergang fließend erfolgte und eine klare Trennung dieser Phasen nicht möglich war.
- Sie definiert die Aufwendungen und den Übergang der Phasen nachvollziehbar. Zum Beispiel definiert sie 1 Mio. € als Forschungsaufwand (Sofortaufwand) im Jahr 01 und aktiviert die weiteren 1 Mio. € als Entwicklungsleistung (selbst geschaffener immaterieller Vermögensgegenstand).

BEISPIEL 2
Selbst geschaffener „Spielerwert" nach Rade und Stobbe

Philipp Lahm war von Jugend an beim FC Bayern München und wurde hier gezielt finanziell und sportlich gefördert. Ein „Spielerwert" stellt nach dem BFH einen immateriellen Vermögenswert dar (vgl. 3.1.1) und unterliegt nicht dem Aktivierungsverbot nach § 248 II 2. Der Übergang von Forschung und Entwicklung könnte man anhand der Jugendklassen vornehmen. Bei A- und B-Junioren liegt der Profieinsatz nur noch wenige Jahre weit entfernt. Zuverlässige Prognosen über einen Einsatz und/oder eine Verwertung sind jetzt in Einzelfällen möglich, sodass ab diesen Altersklassen kriteriengestützt eine Zuordnung zu den Entwicklungsleistungen erfolgen könnte. Bis zur C-Jugend wären danach die Aufwendungen des FC Bayern Forschungsaufwendungen (Sofortaufwand). Danach könnte eine Aktivierung der Herstellkosten zum „Spielerwert" erfolgen.

Werden selbst geschaffene immaterielle Vermögensgegenstände des Anlagevermögens in der Bilanz ausgewiesen, so besteht für Kapitalgesellschaften und haftungsbeschränkte Personengesellschaften eine Ausschüttungssperre (§ 268 VIII). Gewinne dürfen nur ausgeschüttet werden, wenn nach Ausschüttung noch frei verfügbare Rücklagen (± Gewinn- bzw. Verlustvortrag) in Höhe der ausschüttungsgesperrten Beträge abzüglich der hierauf abgebildeten passiven latenten Steuern bestehen.

Entgeltlich erworbener Geschäfts- oder Firmenwert

Als derivativer Geschäfts- oder Firmenwert („Goodwill") wird die Differenz zwischen dem für die Übernahme eines Unternehmens gezahlten Kaufpreis und dem Wert der einzelnen Vermögensgegenstände abzüglich der Schulden in der Bilanz angesetzt.

Der derivative Geschäfts- oder Firmenwert gilt als zeitlich begrenzt nutzbarer (immaterieller) Vermögensgegenstand (§ 246 I 4), obwohl er das Kriterium der selbstständigen Verkehrsfähigkeit bzw. Verwertbarkeit (vgl. Kap. 3.1.1) nicht erfüllt. Nach dem BilMoG gilt für einen entgeltlich erworbenen Geschäfts- oder Firmenwert ein Ansatzgebot. Für ihn gelten die allgemeinen Regeln der Erst- und Folgebewertung, insbesondere die allgemeinen Abschreibungsregeln. Beträgt die Nutzungsdauer mehr als fünf Jahre (nach dem BilRUG beträgt die Nutzungsdauer im Zweifel zehn Jahre (§ 253 III 4)), sind die Gründe hierfür anzugeben (§ 285 Nr. 13). Als Ausnahme vom allgemeinen Zuschreibungsgebot besteht nach erfolgter außerplanmäßiger Abschreibung gemäß 253 V 2 ein Zuschreibungsverbot.

Ein selbst geschaffener Geschäfts- oder Firmenwert (originärer Firmenwert) darf nicht aktiviert werden (Umkehrschluss aus § 246 I 4). Dies gilt selbst dann, wenn es für einen selbst geschaffenen Firmenwert gute Gründe gibt (z. B. Vorteile über Stammkunden, Produktqualitäten, Standort).

lies: *Grefe* 2.1 und 2.2, Vertiefend zum „Spielerwert" von Fußballprofis: *Rade/Stobbe* in: DStR 22/2009, S. 1109–1115

Anlagegitter/Anlagespiegel

Über die Entwicklung des Anlagevermögens im Zeitablauf berichtet eine Kapitalgesellschaft im „Anlagespiegel/Anlagegitter" (§ 268 II). Gewöhnlich findet man den Anlagespiegel im Anhang. Ausgehend von den historischen Anschaffungs- oder Herstellungskosten sind die Zu- und Abgänge, Umbuchungen und Zuschreibungen eines Geschäftsjahres sowie die Abschreibungen – kumuliert und pro Jahr – anzugeben.

Beispielhafter Aufbau eines Anlagespiegels nach § 268 II

Anfangs bestand (AK/HK)	Zugänge zu AK/HK	Abgänge zu AK/HK	Umbuchungen zu AK/HK	Abschreibungen kumuliert	Zuschreibungen des GJ	Buchwert am Ende des GJ	Abschrei bungen des GJ	Buchwert des Vorjahres
AB	+	–	±	–	+			

BEISPIEL
eines Anlagespiegels

	Jahr	Bilanzposten	AK/HStK	Zugänge	Abgänge	Kumulierte Abschreibungen	Zuschreibungen	Abschreibung Abschlussjahr	Kumulierte Abschreibungen auf Abgänge	Buchwert Abschlussjahr	Buchwert Vorjahr
Beispiel 1 AW: 200.000,– ND: 5 Jahre AfA: linear Ausscheidung: im 7. Jahr	1	A II 1 (Anbau Fuchsweg 5, …)	–	200.000	–	40.000	–	40.000	–	160.000	–
	2		200.000	–	–	80.000	–	40.000	–	120.000	160.000
	3		200.000	–	–	120.000	–	40.000	–	80.000	120.000
	4		200.000	–	–	160.000	–	40.000	–	40.000	80.000
	5		200.000	–	–	200.000	–	40.000	–	0	40.000
	6		200.000	–	–	200.000	–	–	–	0	0
	7		200.000	–	–200.000	200.000	–	–	– 200.000	–	–
Beispiel 2 AW: 150.000,– ND: 5 Jahre	1	A II 2 (MAN, PF-M1)	–	150.000	–	30.000	–	30.000	–	120.000	–
	2		150.000	–	–	60.000	–	30.000	–	90.000	120.000
AfA: linear Ausscheidung: im 3. Jahr und 8. Monat zum Buchwert 70.000,–	3a		150.000	–	–150.000	80.000	–	20.000	–80.000	–	90.000

Neue Regelung für geringwertige Wirtschaftsgüter seit 2010

Ein geringwertiges Wirtschaftsgut ist wie folgt gekennzeichnet: beweglicher, abnutzbarer, selbst nutzbarer Vermögensgegenstand des Anlagevermögens der einen Wert von 1.000 € nicht übersteigt. Schwierigkeiten bereitet manchmal das Abgrenzungskriterium „selbstständige Nutzbarkeit" des Gegenstandes. Hier kommt es auf die Zweckbestimmung im Betrieb an. Nicht selbstständig nutzbar und deshalb als Einheit zu aktivieren, sind Gegenstände, die technisch aufeinander abgestimmt sind und nur in Kombination genutzt werden können (z. B. Maus bei einem Computer, Hebebühne bei einem LKW).

Lange Zeit gab es für geringwertige Wirtschaftsgüter des Anlagevermögens ein steuerrechtliches Wahlrecht (Sofortaufwand oder Bilanzansatz bei Gegenständen im Wert bis zu 410 € netto). 2007 fiel das bisherige Wahlrecht und wurde 2008 durch ein neues Verfahren geregelt, das 2010 erneut wie folgt gefasst wurde (§ 6 II und II a EStG):

- Geringwertige Wirtschaftsgüter mit AHK bis 150 € netto können sofort als „Aufwand" berücksichtigt werden – oder auch – nach der gewöhnlichen Nutzungsdauer abgeschrieben werden. Das Wahlrecht kann für jedes Wirtschaftsgut gesondert in Anspruch genommen werden.

- Wirtschaftsgüter mit AHK zwischen 150 € und 410 € netto: Wahlrecht zwischen Sofortabschreibung (zwingend: Führung eines Verzeichnisses), planmäßige Abschreibung oder Bildung eines Sammelpostens. Das Wahlrecht kann nur einheitlich für alle Wirtschaftsgüter dieser Gruppe ausgeübt werden.
- Wirtschaftsgüter mit AHK zwischen 410 und 1.000 € netto: Wahlrecht zwischen planmäßiger Abschreibung oder Bildung eines Sammelpostens. Das Wahlrecht kann nur einheitlich für alle Wirtschaftsgüter dieser Gruppe ausgeübt werden.
- Gegenstände mit Anschaffungskosten von über 1.000 € netto werden aktiviert und gemäß dem jeweiligen Abschreibungsplan einzeln abgeschrieben und bewertet.
- Bei Überschusseinkünften gilt weiterhin die ganz alte Regelung: Wahlrecht „Sofortaufwand" oder „Bilanzansatz" für Wirtschaftsgüter mit AHK bis 410 € netto.

Bei Bildung eines Sammelpostens werden alle Gegenstände jährlich in einer Summe zusammengefasst (Poolbildung) und müssen im Anschaffungsjahr und den folgenden vier Jahren gleichmäßig abgeschrieben werden. Dieser Sammelposten wird jährlich gebildet und aus Vereinfachungsgründen bereits im Jahr der Bildung voll mit 20 % abgeschrieben. Das Schicksal des einzelnen Gegenstandes geht dabei verloren, aufgrund der zwingenden Poolbildung ist die tatsächliche Nutzungsdauer jeweils unbeachtlich. Dies gilt selbst dann, wenn der jeweilige Einzelgegenstand in den fünf Jahren verkauft wird oder untergeht. Im Rahmen des Sammelpostens wird der Gegenstand bzw. dessen Wert auch in diesem Extremfall weiter abgeschrieben.

BEISPIEL

In 2013 sammeln und errechnen sich GWG-Gegenstände im „Pool" zu einem Gesamtwert von 25 T€. Dieser „Sammelposten 2013" wird jährlich mit 5 T€ (20 %) abgeschrieben, mit einem Restbuchwert von 20 T€ im Jahr seiner Bildung (2013) angesetzt (weitere Buchwerte: 15 T€ in 2014, 10 T€ in 2015, 5 T€ in 2016) und Ende 2017 aufgelöst. Für GWG-Gegenstände in 2014 und in den Folgejahren wird jeweils ein neuer Sammelposten gebildet.

lies: *Sorg/Schlachter*, Erneute Änderung der Abschreibungsregeln für GWG, in: WiSt 4/2011, S. 213–215; *Bacher/Scholz*, Geringwertige Wirtschaftsgüter, in: WISU 7/2008, S. 985–991

Das Problem der Abschreibungen

Wird ein Vermögensgegenstand angeschafft, fließen gewöhnlich liquide Mittel ab (Aktivtausch). Kommt es bei diesem Gegenstand zu einer Wertsteigerung, darf eine Zuschreibung nicht vorgenommen werden, zumal § 253 I 1 eine strenge Wertobergrenze setzt (Anschaffungskostenprinzip). Kommt es jedoch zu einer Wertminderung, muss i. d. R. eine Abschreibung erfolgen (Niederstwertprinzip).

Bei Vermögensgegenständen des Anlagevermögens stellt sich meist das Problem, dass sie aufgrund ihrer langen Lebensdauer nicht in einer Periode des Leistungserstellungsprozesses verbraucht werden. Der Werteverzehr erstreckt sich also auf mehrere Perioden, sodass die Anschaffungs- oder Herstellungskosten (AHK) dann auf mehrere Perioden verteilt werden müssen (Abnutzungsabschreibung). Anders ausgedrückt: Man schreibt die AHK auf mehrere Jahre ab. Die

Abnutzungsabschreibung ist also die buchhalterische Erfassung des Werteverzehrs. Die Ursache des Werteverzehrs kann dabei unterschiedlich sein; meist ist es eine Kombination von Effekten.

- Verbrauchsbedingter, technischer Werteverzehr
  (Beispiele: Abrieb, Verschleiß, Substanzverringerung);
- wirtschaftlich bedingter, kaufmännischer Werteverzehr
  (Beispiele: Fehlinvestition, technischer Fortschritt, fallende Preise);
- zeitlich bedingter Werteverzehr
  (Beispiel: Ablauf von Patenten);
- wirtschaftspolitisch bzw. steuerpolitisch bedingter Werteverzehr
  (Beispiel: Sonderabschreibungen zur Schaffung von Mietwohnungen, für Baudenkmale und zum besonderen Schutz der Umwelt).

	„Bilanzielle Abschreibungen" (Abschreibungen im Jahresabschluss)	**„Kalkulatorische Abschreibungen" (Abschreibungen in der Kostenrechnung)**
Erfasst …	… als Aufwand (Verringerung des Reinvermögens/Eigenkapitals)	… als Kosten (leistungsbedingter Werteverzehr)
Basis „Kosten" (Wertansatz)	Anschaffungskosten bzw. Herstellungskosten („pagatorische Kosten")	Wiederbeschaffungswert oder Tageswert (kalkulatorisch)
Ermittlung	→ planmäßig über Abschreibungsplan → daneben außerplanmäßige Abschreibungen	→ planmäßig/kalkulatorisch: nutzungs- oder zeitbedingte Abschreibungen → außerplanmäßig über die Verrechnung von Wagniskosten
Zielsetzung	vorsichtige Bemessung des Werteverzehrs	Preisgestaltung und andere betriebliche Dispositionen

- Wirkungen von Abschreibungen auf den ersten Blick:
  - niedrigerer Wertansatz des Anlagevermögens,
  - Erhöhung des Periodenaufwands, damit Verringerung des Periodenerfolgs,
  - Einfluss auf den Zeitpunkt der Versteuerung und auf die Gewinnverwendung,
  - positiver Liquiditätseffekt: Als Aufwendungen, die nicht auszahlungswirksam werden, bewirken Abschreibungen die Ansammlung liquider Mittel, durch die Ersatzinvestitionen finanziert werden können – sogenannte Finanzierung aus Abschreibungen (vgl. 11.3.5).
- Wirkungen von „höheren" Abschreibungen auf den zweiten Blick:
  - Vorverlagerung von Aufwand – Folgen: früherer Rückfluss von Mitteln aus dem erzielten Umsatz, dadurch frühere Risikodeckung,
  - aufschiebende Wirkung für Steuerforderungen,
  - Ausgleich der Aufwandsbelastung über die Zeit (fallende Abschreibungen kompensieren steigenden Reparatur- und Wartungsaufwand).
- Ergebnis: Insgesamt bieten Abschreibungen eine gewisse Flexibilität beim Wertansatz des Vermögens und stellen damit ein bilanzpolitisches Instrument dar!

Wertansatz des Anlagevermögens:

- Gegenstände des nicht abnutzbaren Anlagevermögens (Grundstücke, Wertpapiere …) werden zu Anschaffungs- oder Herstellungskosten angesetzt (eventuell außerplanmäßig Abschreibungen).

- Gegenstände des abnutzbaren Anlagevermögens (Gebäude, Maschinen ...) sind grundsätzlich zu Anschaffungs- oder Herstellungskosten, vermindert um Abschreibungen, anzusetzen.

Gegenüberstellung von planmäßigen und außerplanmäßigen Abschreibungen:

Planmäßige Abschreibungen	Außerplanmäßige Abschreibungen
– abnutzbares Anlagevermögen – Berechnung je nach Methode und je nach geschätzter Nutzungsdauer (Abschreibungsplan) – steuerrechtliche Bezeichnung: „AfA – Absetzung für Abnutzung"	– jedes Anlage- und/oder Umlaufvermögen – Berechnung nach Bewertungsvorschriften – steuerrechtlich: Absetzungen für außergewöhnliche Abnutzungen („AfaA") bzw. Teilwertabschreibungen

Niederstwert als Bilanzierungsprinzip

Bei Gegenständen, deren Nutzung zeitlich beschränkt ist, sind planmäßige Abschreibungen vorzunehmen. Bei Gegenständen des Anlagevermögens sind zudem (nur) bei voraussichtlich dauernden Wertminderungen außerplanmäßige Abschreibungen vorzunehmen (§ 253 III 5 – „mildes Niederstwertprinzip"). Bei Finanzanlagen besteht ein Wahlrecht auch bei nicht dauerhaften Wertminderungen (§ 253 III 6). Begründung: Da das Anlagevermögen in der Laufzeit gewöhnlich nicht veräußert wird, sondern im Unternehmen verbleibt, ist nur bei dauerhaften Wertminderungen abzuschreiben. Auch wird ein abnutzbarer Gegenstand planmäßig abgeschrieben und verliert damit kontinuierlich an Wert.

Eine Ausnahme bilden Finanzanlagen – vor allem Wertpapiere – die fungibel sind. Hier ist nach § 253 III 6 ein Wahlrecht auch bei voraussichtlich nur vorrübergehender Wertminderung vorgesehen.

Problem der „dauernden" Wertminderung

Von einer dauernden Wertminderung ist dann auszugehen, wenn ein besonderes Ereignis vorliegt – z.B. Beschädigung, Umweltlast, Kursverfall – und der Wert des beizulegenden Gegenstandes künftig über einen erheblichen Zeitraum hinweg unter den (fortgeführten) Anschaffungs- oder Herstellungskosten liegen wird. Auf jeden Fall muss die Wertminderung bis zum Zeitpunkt der Bilanzaufstellung bestehen. Aus Sicht eines gewissenhaften Kaufmanns müssen mehr Gründe für als gegen eine Dauerhaftigkeit des Wertverlusts sprechen. Bei Beschädigungen, Katastrophen und grundlegenden Innovationssprüngen (Sprung im technischen Fortschritt etc.) ist von einer Dauerhaftigkeit der Wertminderung auszugehen.

Steuerrechtlich hat sich für eine „voraussichtlich dauernde Wertminderung" ein besonderes Ermittlungsverfahren etabliert (vgl. 4.4.1). Nach der Rechtsprechung liegt bei abnutzbaren Gegenständen eine dauernde Wertminderung vor, wenn der niedrige Stichtagswert die planmäßigen Buchwerte während eines erheblichen Teils der Restnutzungsdauer (z.B. Wert zur halben Restnutzungsdauer oder für die nächsten fünf Jahre) unterschreiten wird. Bei nicht abnutzbaren Gegenständen (Immobilien, Wertpapiere etc.) ist kein laufender Werteverzehr vorhanden. Hier müssen nach h. M. die Gründe für den Wertverlust erheblich sein und über einen längeren Zeitraum (mehrere Jahre) anhalten. Übliche Kursschwankungen allein führen in der Regel nicht zu einer dauerhaften Wertminderung. Dauernd ist also an den Kriterien „erheblicher" und „nachhaltiger" Wertverlust zu messen! Steuerrechtlich besteht dann ein Abwertungswahlrecht!

Zuschreibungen: Entfällt der Grund für eine Abschreibung, sind Zuschreibungen notwendig (Wertaufholungsgebot nach § 253 V). Zuschreibungen betreffen immer die Rückgängigmachung einer vorausgegangenen nicht planmäßigen Abschreibung und sind nur im Umfang von Werterhöhungen bis zur Wertobergrenze (fortgeschriebene AHK nach § 253 I 1) erlaubt. Beim Wegfall der Gründe einer zuvor erfolgten außerplanmäßigen Abschreibung erfolgt also eine Zuschreibung!

BEISPIEL

Eine Mineralölgesellschaft AG hat an einer Bundesstraße am Stadtrand eine Tankstelle errichtet. Der Grunderwerb kostete wegen der verkehrsgünstigen Lage 2000 T€, die Baukosten betrugen 2500 T€. Mit guten Argumenten wird mit einer Nutzungsdauer von 20 Jahren gerechnet und linear abgeschrieben.

a) Welcher Wert steht nach vier Jahren in der Bilanz?

Nach § 266 II Aktiva A II 1 steht für das Grundstück und das Gebäude nur ein Wert in der Bilanz. Planmäßig unterliegt nur das Gebäude der Abschreibung (Jahresabschreibung: 2500 T€/20 Jahre = 125 T€). Gemäß § 253 III 1 steht die Tankstelle nach Ablauf von vier Jahren also mit 4000 T€ in der Bilanz.

b) Welcher Wert steht nach sechs Jahren in der Bilanz, wenn im sechsten Jahr eine Umgehung neu gebaut wurde, die den Verkehr weiträumig an der Tankstelle vorbeileitet? Aufgrund der neuen Lage würde der Grund und Boden dauerhaft nur noch 800 T€ kosten.

Aufgrund des neuen „Lagerisikos" ist für das Grundstück eine außerplanmäßige Abschreibung nach § 253 III 5 in Höhe von 1200 T€ zu bilden. Da keine Anhaltspunkte für eine künftige (sichere) Werterholung erkennbar sind, ist von einer dauernden Wertminderung auszugehen (Vorsichtsprinzip). Das Grundstück ist daher nur noch mit 800 T€ anzusetzen, das Gebäude planmäßig mit 1750 T€. Insgesamt steht damit die Tankstelle mit 2550 T€ in der Bilanz.

c) Die Stadt wächst schneller als geplant, sodass nach zehn Jahren eine erneute Straßentrasse notwendig wird, die direkt neben der Tankstelle einmündet. Das Grundstück gewinnt dadurch deutlich an Wert und würde jetzt sogar 4000 T€ kosten. Welcher Wert steht nach zehn Jahren in der Bilanz?

Der Grund für die außerplanmäßige Abschreibung ist durch die neue Straßentrasse entfallen, sodass die AG (= Kapitalgesellschaft) zur Zuschreibung auf die Anschaffungskosten gezwungen ist (Wertaufholungsgebot nach § 253 V). Das Grundstück wird also wieder mit 2000 T€ (= AK) angesetzt, das Gebäude planmäßig mit 1250 T€. Die Tankstelle steht demnach mit 3250 T€ in der Bilanz. Nach § 52 (16) S. 3 EStG kann der Zuschreibungsgewinn in Höhe von 1200 T€ auf fünf Jahre verteilt werden (Bildung einer Wertaufholungsrücklage).

Die Bemessung der planmäßigen Abschreibung (Abnutzungsabschreibung)

Abschreibungsbasis: Gewöhnlich bilden gemäß § 253 die Anschaffungs- bzw. Herstellungskosten (bei Gebäuden: ohne Grund und Boden) die Abschreibungsbasis. Nach dem Vorsichtsprinzip und aus Gründen der Vereinfachung muss ein Rest- oder Schrottwert grundsätzlich nicht berücksichtigt werden!

Die Regel lautet: Restwerte sind grundsätzlich nur für die Kalkulation (z. B. in der Kosten- und Investitionsrechnung) beachtlich, nicht aber für die Bilanz! Ausnahme: z. B. Schiffe mit hohem Stahlanteil.

Beachte: Grund und Boden ist beständig und obliegt grundsätzlich keiner gewöhnlichen Abnutzung. Es sind also für Grundstücke keine planmäßigen Abschreibungen zu verbuchen; hierfür kommen allenfalls außerplanmäßige Abschreibungen in Betracht!

Abschreibungsdauer: voraussichtliche Nutzungsdauer. Maßgeblich ist die wirtschaftliche und nicht die technische Nutzungsdauer. Die Schätzung der Nutzungsdauer ist regelmäßig zu überprüfen (Grenze: GoB). In der Praxis greifen die steuerrechtlichen Vorgaben für die betriebsgewöhnliche Nutzungsdauer in Form von AfA-Tabellen (vgl. unten).

Abschreibungsmethode: Nach dem Handelsrecht gilt der Grundsatz der Methodenfreiheit des HGB. Erlaubt sind Methoden, die den GoB entsprechen, also

- „lineare Abschreibung" als Regelfall. Der Abschreibungsbetrag pro Jahr errechnet sich wie folgt: AHK / Nutzungsdauer;
- „geometrisch-degressive Abschreibung" mit einem Übergang zur linearen Abschreibung (beachte jeweils die steuerrechtliche Zulässigkeit). Beachte: Der jährliche Abschreibungsbetrag fällt und errechnet sich aus dem Produkt eines festen Prozentwerts vom jeweiligen Buchwert. Beim Übergang zur linearen Methode erfolgt ein Vergleich der degressiven Jahresrate mit der – in Bezug auf die Restlaufzeit – errechneten linearen Jahresrate. Wenn die lineare Jahresrate gleich oder größer als die geometrische Jahresrate ist, geht man auf die lineare Methode über;
- „arithmetisch-degressive (digitale) Abschreibung" (praktisch geringe Bedeutung, da steuerlich unzulässig). Der jährliche Abschreibungsbetrag der digitalen Abschreibung errechnet sich wie folgt: AHK / Summe der Jahresziffern × jeweilige Jahresziffer;
- „progressive Abschreibung" (praktisch geringe Bedeutung, da Vorsichtsprinzip und GoB zu beachten sind);
- „Abschreibung nach der Inanspruchnahme (Maßstab meist Maschinenstunden oder Kilometer) bzw. Substanzverringerung (Maßstab meist Gewicht oder Kubikmeter)".

Beachte: Eine einmal gewählte Abschreibungsmethode ist bis zum Ende der Nutzungszeit beizubehalten.

9 zu 3 (Aufgabe):

Ein Kfz zu einem Nettopreis von 12 T€ soll auf sechs Jahre linear, digital oder geometrisch-degressiv (20 bzw. 30 %) abgeschrieben werden.

a) Wie sieht der jeweilige Abschreibungsplan aus?
b) Wie wirkt sich die „Zweischneidigkeit der Bilanz" auf die jeweiligen Periodengewinne und auf den Totalgewinn aus?
c) Welche Abschreibungsalternative bietet sich noch an?
d) Angenommen das Unternehmen schreibt linear ab. Welcher Wert ist am Ende des vierten Jahres in der Bilanz anzusetzen, wenn der abgeleitete Marktwert für ein vergleichbares (gebrauchtes) Auto 5.000 € (alternativ 1.000 €) beträgt?

BEISPIEL

Abschreibungspläne bei unterjähriger Anschaffung einer Maschine

Eine Maschine verursacht Anschaffungskosten von 90 T€ und hat eine gewöhnliche Nutzungsdauer von sechs Jahren. Die Anlieferung und der Aufbau der Maschine erfolgt im Jahr 1 am 30. Juni. Sie wird noch am späten Nachmittag in einen betriebsbereiten Zustand versetzt. Wie könnte ein Abschreibungsplan bei linearer Methode aussehen, alternativ bei geometrisch-degressiver Methode (20 %) samt Übergang zur linearen Methode?

1. Möglichkeit: Lineare Abschreibung monatsgenau (Vereinfachungsregel), d. h. Abschreibung rückwirkend zum 1. Juni (7/12 Jahresabschreibung im ersten Jahr). Die Abschreibung beginnt mit der theoretischen Nutzbarkeit der Maschine.

Jahr	BW zu Beginn des Jahres	Abschreibung	BW am Ende des Jahres
Jahr 1	90.000 €	15.000 € × (7 ÷ 12) = 8.750 €	81.250 €
Jahr 2	81.250 €	Jahresabschreibung = 15.000 €	66.250 €
Jahr 3	66.250 €	15.000 €	51.250 €
Jahr 4	51.250 €	15.000 €	36.250 €
Jahr 5	36.250 €	15.000 €	21.250 €
Jahr 6	21.250 €	15.000 €	6.250 €
Jahr 7	6.250 €	15.000 € × (5 ÷ 12) = 6.250 €	0 €

2. Möglichkeit: Lineare Abschreibung monatsgenau zum 1. Juli aus Gründen der Wesentlichkeit, da die Maschine erst ab dem 1. Juli effektiv genutzt werden kann. Die Abschreibung beginnt mit der praktischen Nutzbarkeit der Maschine.

Jahr	BW zu Beginn des Jahres	Abschreibung	BW am Ende des Jahres
Jahr 1	90.000 €	15.000 € × (6 ÷12) = 7.500 €	82.500 €
Jahr 2	82.500 €	15.000 €	67.500 €
Jahr 3	67.500 €	15.000 €	52.500 €
Jahr 4	52.500 €	15.000 €	37.500 €
Jahr 5	37.500 €	15.000 €	22.500 €
Jahr 6	22.500 €	15.000 €	7.500 €
Jahr 7	7.500 €	7.500 €	0 €

3. Möglichkeit: Lineare Abschreibung taggenau zum 30. Juni. Beachte: Eine taggenaue Abschreibung ist immer möglich. Dies verursacht jedoch einen hohen Rechenaufwand.

Jahr	BW zu Beginn des Jahres	Abschreibung	BW am Ende des Jahres
Jahr 1	90.000 €	15.000 € × (181 ÷ 360) = 7.542 €	82.458 €
Jahr 2	82.458 €	15.000 €	67.458 €
Jahr 3	67.458 €	15.000 €	52.458 €
Jahr 4	52.458 €	15.000 €	37.458 €
Jahr 5	37.458 €	15.000 €	22.458 €
Jahr 6	22.458 €	15.000 €	7.458 €
Jahr 7	7.458 €	15.000 € × (179 ÷ 360) = 7.458 €	0 €

4. Möglichkeit: Lineare Abschreibung taggenau zum 1. Juli. Dies entspricht der linearen monatsgenauen Abschreibung zum 1. Juli (vgl. oben 2.).

5. Möglichkeit: Geometrisch-degressive Abschreibung monatsgenau zum 1. Juni. Die jeweils relevanten Abschreibungsbeträge sind fett dargestellt. Exemplarisch wird mit 20 % gerechnet! Beachte jeweils die steuerrechtliche Zulässigkeit.

Jahr	BW Beginn	Abschreibung	Abschreibung linear	BW Ende
Jahr 1	90.000 €	**90.000 € × 20 % × (7 ÷ 12) = 10.500 €**	90.000 € ÷ 6 × (7 ÷ 12) = 8.750 €	79.500 €
Jahr 2	79.500 €	**79.500 € × 20 % = 15.900 €**	79.500 € ÷ (5 Jahre 5 Monate Restlaufzeit) = 14.677 €	63.600 €
Jahr 3	63.600 €	12.720 €	**14.400 €**	49.200 €
Jahr 4	49.200 €	–	**14.400 €**	34.800 €
Jahr 5	34.800 €	–	**14.400 €**	20.400 €
Jahr 6	20.400 €	–	**14.400 €**	6.000 €
Jahr 7	6.000 €	–	**14.400 € × (5 ÷ 12) = 6.000 €**	0 €

Im dritten Jahr erfolgt der Wechsel von der geometrisch-degressiven Abschreibung auf die lineare, da der Abschreibungsbetrag der linearen Abschreibung hier erstmals den der geometrisch-degressiven Abschreibung übersteigt. Dieser Grundsatz gilt auch für die folgenden Varianten.

6. Möglichkeit: Geometrisch-degressive Abschreibung (exemplarisch 20 %) monatsgenau zum 1. Juli aus Gründen der Wesentlichkeit. Die jeweils relevanten Abschreibungsbeträge sind fett dargestellt.

Jahr	BW Beginn	Abschreibung	Abschreibung linear	BW Ende
Jahr 1	90.000 €	**90.000 € × 20 % × (6 ÷ 12) = 9.000 €**	90.000 € ÷ 6 × (6 ÷ 12) = 7.500 €	81.000 €
Jahr 2	81.000 €	**81.000 € × 20 % = 16.200 €**	81.000 € ÷ (5 Jahre 6 Monate Restlaufzeit) = 14.727 €	64.800 €
Jahr 3	64.800 €	12.960 €	**14.400 €**	50.400 €
Jahr 4	50.400 €	–	**14.400 €**	36.000 €
Jahr 5	36.000 €	–	**14.400 €**	21.600 €
Jahr 6	21.600 €	–	**14.400 €**	7.200 €
Jahr 7	7.200 €	–	**14.400 € × (6 ÷ 12) = 7.200 €**	0 €

7. Möglichkeit: Geometrisch-degressive Abschreibung (exemplarisch 20 %) taggenau zum 30. Juni. Die jeweils relevanten Abschreibungsbeträge sind fett dargestellt.

Jahr	BW Beginn	Abschreibung	Abschreibung linear	BW Ende
Jahr 1	90.000 €	**90.000 € × 20 % × (181 ÷ 360) = 9.050 €**	90.000 € ÷ 6 × (181 ÷ 360) = 7.541 €	80.950 €
Jahr 2	80.950 €	**80.950 € × 20 % = 16.190 €**	80.950 € ÷ (5 Jahre 179 Tage Restlaufzeit) = 14.726 €	64.760 €
Jahr 3	64.760 €	12.952 €	**14.400 €**	50.360 €
Jahr 4	50.360 €	–	**14.400 €**	35.960 €
Jahr 5	35.960 €	–	**14.400 €**	21.560 €
Jahr 6	21.560 €	–	**14.400 €**	7.160 €
Jahr 7	7.160 €	–	**14.400 € × (179 ÷ 360) = 7.160 €**	0 €

8. Möglichkeit: Geometrisch-degressive Abschreibung (exemplarisch 20 %) taggenau zum 1. Juli. Sie entspricht der geometrisch-degressiven monatsgenauen Abschreibung zum 1. Juli (vgl. oben 6.).

Abschreibungen nach dem Steuerrecht

Das Steuerrecht redet nicht von „Abschreibungen", sondern von einer „Absetzung für Abnutzung (AfA)" (vgl. § 7 EStG). Zulässig ist das, was wirtschaftlich begründbar und nachweisbar ist. Der Normalfall ist die lineare AfA. Bis 2007 war eine degressive AfA zulässig (max. 20 % und höchstens das Zweifache des linearen Satzes bis im Jahr 2000 und in 2006 und 2007 30 % bzw. das Dreifache). Für Anschaffungen im Jahr 2008 und in 2011 ff. gibt es keine degressive AfA. Nach dem Konjunkturprogramm I kehrte für 2009 und 2010 die degressive Abschreibung vorübergehend zurück. Deren Höhe: 2,5-Faches der linearen Abschreibungen, maximal 25 %.

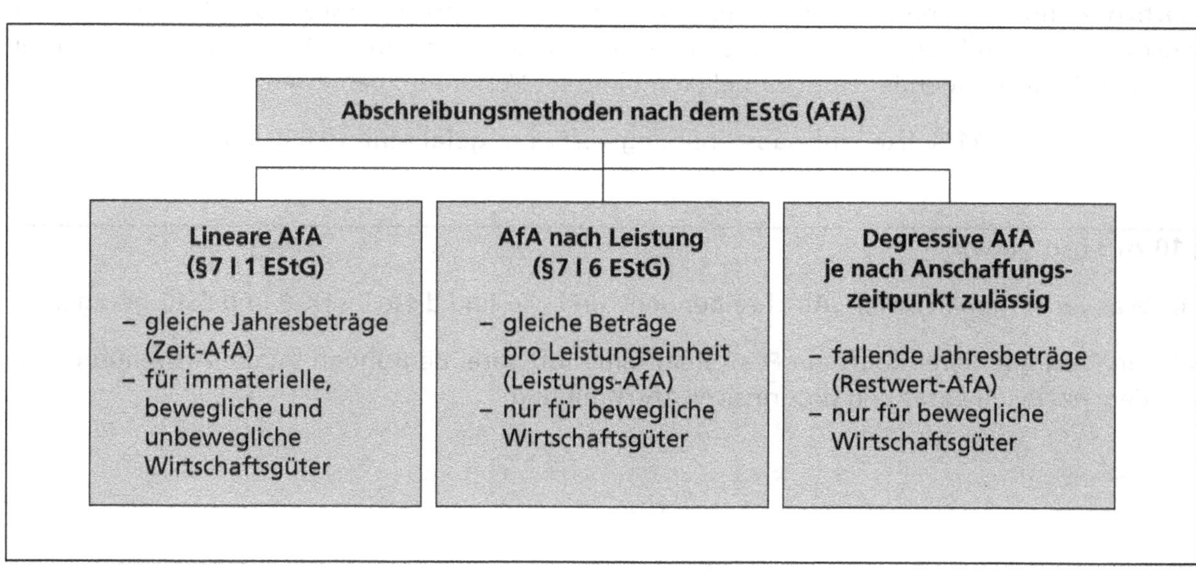

Für Gebäude gelten Sondervorschriften, die stark steuerpolitisch motiviert sind und von der allgemeinen Haushaltslage abhängen. Der lineare AfA-Satz beträgt für Gebäude im Privatvermögen 2 % und für Gebäude im Betriebsvermögen 3 % p. a. Die Finanzverwaltung geht also grundsätzlich von einer voraussichtlichen Nutzungsdauer von 50 bzw. 33 Jahren aus. Neben der linearen

Gebäudeabschreibung kennt das Steuerrecht bei Vorliegen besonderer Voraussetzungen für Gebäude degressive und erhöhte Abschreibungssätze (vgl. §§ 7 IV und V, 7a ff. EStG).

Für sonstige allgemein verwendbare Anlagegüter werden von der Finanzverwaltung Abschreibungstabellen erstellt, die eine „betriebsgewöhnliche Nutzungsdauer" indizieren. Für etliche Branchen gibt es abweichende Tabellen. Die Abschreibungstabelle für allgemeine Wirtschaftsgüter wurde mit Wirkung für das Jahr 2001 neu gefasst. Für Maschinen im Doppel- oder Dreifachschichtbetrieb kann die Nutzungsdauer verkürzt bzw. der lineare Abschreibungssatz erhöht werden.

Beispielhafter Auszug der allgemeinen Abschreibungstabelle der Finanzverwaltung („AfA-Tabelle")	ab 2001	bis 2000
PKW	6 Jahre	5 Jahre
LKW	9 Jahre	7 Jahre
Traktoren	12 Jahre	8 Jahre
Ladeneinbauten	8 Jahre	7 Jahre
Bohrmaschine stationär	16 Jahre	10 Jahre
Bohrmaschine mobil	8 Jahre	5 Jahre
Drehbänke	16 Jahre	10 Jahre
Großrechner	7 Jahre	5 Jahre
PC und Notebooks	3 Jahre	4 Jahre
TV-Geräte, CD-Player	7 Jahre	5 Jahre
Büromöbel	13 Jahre	10 Jahre

Beachte: Das HGB redet nur von Abschreibungen. Damit ist jedes Abschreibungsverfahren, das nachvollziehbar ist und den allgemeinen Grundsätzen entspricht, anwendbar. Auch Kombinationsformen sind zulässig, solange sie realitätsnah sind. So könnte man für Kfz die Jahresabschreibung auch nach folgender Faustformel (kombiniertes Verfahren) bemessen:

11 % fixe Jahresabschreibung + 2 % pro gefahrene 10.000 km.

10 zu 3 (Aufgabe):

a) Was versteht man unter „Abschreibungen" und wie sind diese im HGB und EStG geregelt?

b) Ein Programmierer kauft ein PC-System samt Software. Begründen sie die Anwendung von degressiver, linearer und progressiver Abschreibung.

11 zu 3 (Fallstudie):

Es wird eine Spezialmaschine zum Preis von netto 30 T€ abzüglich 10 % Rabatt gekauft. Für Transport und Aufstellung werden zusätzlich 3 T€ netto berechnet. Die Firma ist vorsteuerberechtigt. Die Nutzungsdauer wird mit guten Argumenten auf sechs Jahre veranschlagt. Lösen Sie die Fallvariationen jeweils in Abweichung zum Ausgangsfall (lineare Abschreibungsmethode)!

a) Wie hoch sind die Abschreibungen bei aa) linearer Abschreibung oder ab) geometrisch-degressiver Abschreibung (20 bzw. 30 %) samt Übergang zur linearen Methode?

b) Wie sieht der Anlagespiegel bei linearer Abschreibungsmethode aus?

c) Wie sieht der Abschreibungsplan aus, wenn nach Ablauf der Nutzungsdauer Ausbaukosten von 1 T€ anfallen und mit einem Veräußerungserlös mit 7 T€ gerechnet wird (nur Variation aa)?

d) Zu Beginn des dritten Jahres stellt sich heraus, dass die Drehbank nur noch zwei Jahre genutzt werden kann. Welche Konsequenzen ergeben sich für den Abschreibungsplan?

e) Am Ende des sechsten Jahres erkennt man, dass die Maschine noch für weitere drei Jahre einsetzbar ist. Was ist die Abschreibungskonsequenz?

f) Am Ende des zweiten Jahres fällt (steigt) der Wiederbeschaffungszeitwert (beizulegender Wert) auf 8 T€ (40 T€). Welche Konsequenzen ergeben sich bei Anwendung der linearen Abschreibungsmethode?

lies: *Grefe*, B 2; *Meyer*, II A 4; *Hilke*, 3. Kapitel, D V bis IX, S. 164–192; zu den Abschreibungstabellen vgl. BMF BStBl 2000 I, S. 1532; kritisch zur Auslegung „dauernde" Wertminderung: *Hoffmann/Lüdenbach* in: Der Betrieb DB 12/2009, S. 577–580

3.3.1.2 Bilanzierung des Umlaufvermögens

Indirekte Legaldefinition des Umlaufvermögens (arg e § 247 II): Zum Umlaufvermögen zählen Gegenstände, die nicht bestimmt sind, dauernd dem Geschäftsbetrieb zu dienen. Die Kernfrage lautet: Dient der Vermögensgegenstand dem Unternehmen nur vorübergehend? Diese Gegenstände (Umlaufvermögen) stehen im Mittelpunkt des Umsatzprozesses, dienen also dem Verbrauch, der Verarbeitung (Rohstoffe) oder der direkten Veräußerung (Waren). Außerdem gehören die „Kasse" und die „Forderungen" zum Umlaufvermögen.

Einteilung des Umlaufvermögens

- Vorräte: Roh-, Hilfs- und Betriebsstoffe; unfertige Erzeugnisse und Leistungen, fertige Erzeugnisse und Waren, geleistete Anzahlungen von Kunden
- Forderungen aus Lieferungen und Leistungen sowie sonstige Vermögensgegenstände
- Wertpapiere des Umlaufvermögens
- Kassenbestand und Bankguthaben

Strenges Niederstwertprinzip als Grundsatz

Basis für die Bewertung bilden die Anschaffungskosten. Wertminderungen im Umlaufvermögen müssen in jedem Fall berücksichtigt werden („strenges Niederstwertprinzip" – § 253 IV 1). Die Dauer der Wertminderung spielt handelsrechtlich – anders steuerrechtlich (vgl. 4.4.1) – keine Rolle.

Abschreibungen auf das Umlaufvermögen werden in der Regel nur ausgewiesen, wenn sie über das übliche Maß hinausgehen. Sie werden gewöhnlich auch nicht im GuV-Posten 7 („Abschreibungen") erfasst, sondern sind den sachlichen Aufwandspositionen zuzuordnen.

BEISPIEL
der Zuordnung von Abschreibungen im Umlaufvermögen nach § 275 II

Abschreibungen auf Erzeugnisse:	GuV-Posten Nr. 2	„Bestandsveränderungen"
Abschreibungen auf Vorräte:	GuV-Posten Nr. 5	„Materialaufwand"
Abschreibungen auf Forderungen:	GuV-Posten Nr. 8	„sonstige betr. Aufwendungen"
Abschreibungen auf Wertpapiere:	GuV-Posten Nr. 12	„Finanzergebnis"

Sonderfälle:

1. Bewertungsvereinfachung bei Vorräten (Sammelbewertung)

Zur Bestimmung der (pauschalen) Anschaffungs- oder Herstellungskosten sind abweichend vom Prinzip der Einzelbewertung Bewertungsvereinfachungen bei Vorräten möglich (Durchschnittsmethode, nachvollziehbare Verbrauchs- und Veräußerungsfolgen (§ 256 – Lifo, Fifo)). Nach § 256 wird die Verbrauchsfolgebewertung auf das Lifo- und das Fifo-Verfahren beschränkt. Zulässig ist auch der Ansatz mit dem gewogenen Durchschnitt (vgl. §§ 256, 240 IV).

Steuerrechtlich sind grundsätzlich das Lifo-Verfahren (§ 6 I 2a EStG) und die Durchschnittsmethode (gewogener Durchschnitt) zulässig. Das Fifo-Verfahren ist steuerrechtlich nur erlaubt, wenn die tatsächliche Lagerung der betreffenden Gegenstände diesem Prinzip entspricht (z. B. Sand im Silo).

Berechnungsbeispiel des Durchschnittspreises:

Gegeben sei folgende Verbrauchsfolge von gleichwertigen Standardstahlteilen:

- Anfangsbestand 100 × 40 €
- 1. Zugang 200 × 42 €
- 1. Abgang 100
- 2. Zugang 300 × 38 €
- 2. Abgang 400

Bewerten Sie die Abgänge und den Endbestand zu Durchschnittspreisen!

Lösung:

a) Einfacher gewogener Periodendurchschnittspreis:

Anfangsbestand	100 × 40,00 € =	4.000 €
+ Zugang 1	200 × 42,00 € =	8.400 €
+ Zugang 2	300 × 38,00 € =	11.400 €
	600	23.800 €

= einfach gewogener Durchschnittspreis (39,66 € = 23.800 € ÷ 600)

Bewertung:

– Endbestand	100 × 39,66 € =	3.967 €
– Abgänge	500 × 39,66 € =	19.833 €

b) Gleitender Durchschnittspreis:

Anfangsbestand	100 × 40,00 € =	4.000 €
+ Zugang 1	200 × 42,00 € =	8.400 €
= Saldo 1	300 × 41,33 € =	12.400 €
– Abgang 1	100 × 41,33 € =	4.133 €
= Saldo 2	200 × 41,33 € =	8.267 €
+ Zugang 2	300 × 38,00 € =	11.400 €
= Saldo 3	500 × 39,33 € =	19.667 €
– Abgang 2	400 × 39,33 € =	15.733 €
= Endbestand	100 × 39,33 € =	3.933 €

Bewertung:

– Endbestand	100 × 39,33 € =	3.933 €
– Abgänge	500 × 39,73 € =	19.866 €

Für die Bestimmung einer Verbrauchsfolge (Sammelbewertung) gibt es mehrere Vereinfachungsmöglichkeiten:

- Lifo-Verfahren (last in, first out): Es wird unterstellt, dass stets die zuletzt beschafften Gegenstände zuerst wieder verbraucht oder veräußert werden („Sandhaufen- oder Bierkastenprinzip"). Die „alte" Ware ist noch da und wird bilanziert.
- Fifo-Verfahren (first in, first out): Es wird unterstellt, dass stets die zuerst beschafften Gegenstände zuerst wieder verbraucht oder veräußert werden („Trichterprinzip"). Die „neue" Ware ist noch da und wird bilanziert.
- Hifo-Verfahren (highest in, first out): Es wird unterstellt, dass stets die teuersten Gegenstände zuerst wieder verbraucht oder veräußert werden (besonders „vorsichtiges Bewertungsprinzip" – nach BilMoG nicht mehr zulässig!).

Zum Beispiel oben – Bilanzansatz von 100 Stück:

Lifo-Wertansatz: Die alte Ware ist noch da, Bilanzansatz also 100 Stück × 40 € = 4.000 €

Fifo-Wertansatz: Die neue Ware ist noch da, Bilanzansatz also 100 Stück × 38 € = 3.800 €

Beachte: Egal welches Vereinfachungsverfahren gewählt wird, stets ist der ermittelte Vereinfachungswert (pauschale Anschafffungskosten) mit dem (niedrigeren) Verkehrswert zu vergleichen (strenges Niederstwertprinzip nach § 253 IV).

12 zu 3 (Aufgabe):

a) Bewerten Sie den Schlussbestand von 150 Mengeneinheiten (ME) der Vorräte nach Fifo, Lifo, Hifo und nach dem gewogenen Durchschnitt: Anfangsbestand 100 ME je 4 €; erster Zugang 100 ME zu je 7 €, zweiter Zugang 50 ME zu je 6 €, dritter Zugang 150 ME zu je 5 €.

b) Abweichung: Welche Werte ergeben sich für einen Schlussbestand von 50 ME (200 ME)?

13 zu 3 (Aufgabe):

Sie lagern Sand im Silo (erste Alternative) bzw. auf dem Haufen (zweite Alternative). Welche Bewertungsvereinfachungen sind möglich?

2. Anzahlungen

Anzahlungen teilen hinsichtlich der Bilanzgliederung das Schicksal des ihnen zugrunde liegenden Geschäfts. Leistet der Bilanzierende einer Kapitalgesellschaft im Rahmen eines Kaufs eine Anzahlung, ist je nach Kaufgegenstand (z. B. Software, Gebäude oder Maschine) der Bilanzposten „A I 4", „A II 4" oder „B I 4" einschlägig.

Ist der Bilanzierende der Verkäufer und erhält er eine Anzahlung, handelt es sich um eine Schuld („sonstige Verbindlichkeit", passiver Bilanzposten C 3). Nach § 268 V 2 können erhaltene Anzahlungen auch aktivisch offen vom Posten „Vorräte" abgesetzt werden. Da der Abzug offengelegt und damit für jedermann ersichtlich ist, greift das Saldierungsverbot nach § 246 II nicht. Durch diese Alternative wird die Bilanzsumme gekürzt! Folgen: Die Eigenkapitalquote erhöht sich dadurch. Bei Kapitalgesellschaften ist die Bilanzsumme für die Größenklasseneinstufung relevant.

Unterscheide die Posten „unfertige Erzeugnisse" und „erhaltene Anzahlungen" bei einem Produktionsbetrieb. „Unfertige Erzeugnisse" (halbfertige Arbeiten, unfertige Bauten) können noch nicht verkauft bzw. endgültig abgerechnet werden. Hier erbringt der Unternehmer Vorleistungen, auf die er allenfalls eine Abschlagsrechnung stellen kann. Hat der Unternehmer Zahlungen erhalten, obwohl er rechtlich noch nicht erfüllt hat, hat der Kunde vorgeleistet. Diese Vorleistung wird als „erhaltene Anzahlung" gebucht.

3. Bewertungsvereinfachung bei Forderungen

Forderungen werden zum Nominalbetrag (Anschaffungskosten) abzüglich Wertberichtigungen (= Abschreibungen auf Forderungen, gebucht als „Sonstiger betrieblicher Aufwand") bewertet und in der Bilanz inklusive Umsatzsteuer angesetzt. Den Wert einer Forderung bestimmt vor allem das Ausfallwagnis. Das bedeutet, je höher das Risiko ist, den geforderten Betrag nicht zu erhalten, desto geringer ist der Wert der Forderung. Ein potenzieller Erwerber des Unternehmens würde für eine risikobehaftete Forderung weniger als den Nennwert bezahlen. Im Einzelnen gilt:

- Einwandfreie (vollwertige) Forderungen werden zum Bruttorechnungsbetrag angesetzt, also inklusive Umsatzsteuer.
- Zweifelhafte Forderungen sind mit dem wahrscheinlichen Wert zu bilanzieren (inklusive voller Umsatzsteuer). Forderungen werden dann als zweifelhaft bezeichnet, wenn am Bilanzstichtag nur noch ein teilweiser Zahlungseingang erwartet wird. Beispiel: Schuldner reagiert auf Mahnungen nicht, Schecks oder Wechsel platzen, Vergleichsverfahren steht kurz bevor.
- Uneinbringliche Forderungen sind „voll abzuschreiben" und können zudem ausgebucht werden. Die Umsatzsteuer ist gemäß § 17 II UStG zu berichtigen.
- Berücksichtigung des speziellen Risikos: entweder durch Einzelbewertung (Einzelwertberichtigung EWB) und/oder pauschal (Pauschalwertberichtigung PWB) mit nachvollziehbarem Instrumentarium. Die Finanzverwaltung akzeptiert ohne konkreten Nachweis grundsätzlich eine pauschale Wertminderung in Höhe von 1 %.
- Beachte: Bemessungsgrundlage der Wertberichtigung ist grundsätzlich der Netto-Nettobetrag einer Forderung (also ohne EWB und ohne Umsatzsteuer). Die Umsatzsteuer wird erst bei Uneinbringlichkeit der Forderung gemäß § 17 II UStG korrigiert.

BEISPIEL
Stadien einer Rechnung bzw. Forderung

Rechnung → Zahlungserinnerung/Mahnung → Mahnbescheid → Vollstreckungsbescheid → erfolglose Pfändung → Eidesstattliche Versicherung/Offenbarungseid

BEISPIELE
für die Uneinbringlichkeit

Insolvenzverfahren mangels Masse eingestellt, fruchtlose Zwangsvollstreckung, Vermögensauskunft nach § 802c ZPO; Schuldner ist vermögenslos gestorben oder ausgewandert, Forderung ist verjährt und Schuldner beruft sich darauf.

Verfahren: Das Erfordernis der Einzelbewertung von Vermögensgegenständen nach § 252 I 3 stößt bei Forderungen in der Praxis gewöhnlich auf große Schwierigkeiten, da bei einem großen Kundenkreis die wirtschaftliche Lage jedes einzelnen Kunden im Detail unbekannt ist. Da aber mit einem gewissen Ausfall zu rechnen ist, wird der Forderungsbestand pauschal abgewertet. Üblich ist ein gemischtes Verfahren bei dem zuerst die bekannten Berichtigungen von einzelnen Forderungen (Einzelwertberichtigungen) Berücksichtigung finden. Von diesem verminderten Bestand (ohne Umsatzsteuer) wird pauschal ein Erfahrungsprozentsatz als Ausfall (PWB) abgezogen.

Berechnung und Ausweis der Forderungen in der Bilanz (vereinfachtes Schema):

	Bruttoforderungsbestand
–	Vollabschreibung (Einzelwertberichtigung) auf die uneinbringlichen Forderungen inklusive Korrektur der Umsatzsteuer
–	Einzelwertberichtigung, in angemessener Höhe auf die zweifelhaften Forderungen ohne Korrektur der Umsatzsteuer. Beachte: Zur Berechnung der PWB werden zweifelhafte Forderungen voll abgezogen.
=	Zwischensumme (= Basis für Pauschalwertberichtigungen: „netto" ohne Umsatzsteuer)
–	pauschale Abschreibungen (Pauschalwertberichtigungen)
=	Forderungsausweis in der Bilanz

14 zu 3 (Aufgabe):

Warum sind Pauschalwertberichtigungen vorgeschrieben und wie werden sie berechnet?

15 zu 3 (Aufgabe):

Unser Autohaus hat Forderungen zum Bilanzstichtag in Höhe von insgesamt 1,19 Mio. €. Folgende Besonderheiten bestehen:

- Gegen den Kunden A ist ein Insolvenzverfahren eingeleitet worden. Wir haben auch erfahren, dass A vor zwei Jahren einen Offenbarungseid geleistet hat. Unsere Forderung gegen A, die bisher nicht wertberichtigt wurde, beträgt 11.900 €.

- An Kunde B wurde ein Mittelklassewagen gegen Eigentumsvorbehalt zum Preis (netto) von 50.000 € geliefert. Trotz mehrfacher Mahnung zahlt B nicht. Wir haben nun einen Mahnbescheid erlassen und werden das Auto bald bei B abholen. Wir messen dem Auto noch einen Wert von 30.000 € zu. Wir rechnen, dass B die Differenz nur zur Hälfte begleichen kann.
- Erfahrungsgemäß rechnet das Autohaus und die Branche mit einem Ausfallrisiko von 2 %.

  a) Wie hoch sind die „Abschreibungen" auf die Forderungen?

  b) Mit welchem Wert stehen die „Forderungen" des Autohauses in der Bilanz? Gehen Sie vereinfachend von einer erstmaligen Verbuchung der PWB aus!

4. Sonstige Vermögensgegenstände

Die sonstigen Vermögensgegenstände stellen einen Sammelposten des Umlaufvermögens dar, also einen Auffangposten für Gegenstände, die nicht unter einem vorhergehenden Posten ausgewiesen werden. Wichtige Anwendungsbereiche sind:

- Forderungen an Gesellschafter und deren Angehörige,
- Ansprüche, die nicht aus Lieferungen und Leistungen resultieren, z. B. Steuerrückerstattungen, Forderungen aus dem Verkauf von Gegenständen des Anlagevermögens, Schadensersatzansprüche, Ansprüche auf Investitionszuschüsse etc.,
- Personaldarlehen, Gehaltsvorschüsse etc.,
- Ansprüche auf Boni, Warenrückvergütung etc.

5. Ermessensspielräume bei Wertpapieren

Bei Wertpapieren obliegt die Zuordnung zum Anlage- oder zum Umlaufvermögen meist dem nachvollziehbaren Ermessen der Geschäftsleitung und ist ausschlaggebend für die Bewertung (strenges oder gemildertes Niederstwertprinzip, Nennung im Anlagespiegel). Je nach Zuordnung der Wertpapiere ergeben sich weitreichende Ermessensspielräume:

Finanzanlage/Anlagevermögen	**Liquiditätsreserve/Umlaufvermögen**
1. Ermessensspielraum bei der Zuordnung zur Wertpapierkategorie	
Finanzanlage nach § 253 III (gemildertes Niederstwertprinzip = Kernfrage nach der dauerhaften Wertminderung)	Liquiditätsreserve nach § 253 IV (strenges Niederstwertprinzip = bei jeder Art der Wertminderung ist abzuschreiben)
2. Ermessensspielraum bei der Nutzung von Bewertungswahlrechten	
Abwertungswahlrecht bei vorübergehender Wertminderung (§ 253 III 6). Kernfrage: Ist die Wertminderung vorübergehend?	

Das gemilderte Niederstwertprinzip greift insbesondere bei Anleihen. Eine Anleihe (festverzinsliches Wertpapier, Rentenpapier, Bond) gibt ein Recht auf Verzinsung und auf Rückzahlung. Im Kern hat eine Anleihe zwei Risiken: das Zinsänderungsrisiko und das Bonitätsrisiko. Nur bei Zinsänderungen ist das Kursrisiko zeitlich beschränkt, da eine Anleihe gewöhnlich zum Nennwert zurückbezahlt wird (nur vorübergehendes Schwankungsrisiko nach § 253 III 6). In allen anderen Fällen ist bei erheblichen Kursverlusten, die länger anhalten (Vorsichtsprinzip), i. d. R. von dauerhaften Wertminderungen auszugehen, sodass abzuwerten ist (§ 253 III 5). Die hierfür notwendigen Abschreibungen werden als „Finanzaufwand" gebucht. Wird die Anleihe im Umlaufvermögen gehalten, ist stets auf den niedrigen Wert abzuschreiben.

Zusammenspiel von Zinsänderungen und Kurs:

- Änderungen des Zinses bewirken gegenläufige Bewegungen des Kurses: steigt (sinkt) der Marktzins, dann sinken (steigen) die Kurse.
- Das Ausmaß der Kursänderung ist von der Laufzeit (Duration) der Zinsfestschreibung abhängig: je länger die Laufzeit, desto größer sind die relativen Kursänderungen.
- Mit abnehmender Laufzeit nimmt das Zinsänderungsrisiko ab. Sofern die Bonität des Anleiheschuldners „gut" ist, wird die Anleihe am Laufzeitende zurückbezahlt. Das Zinsänderungsrisiko besteht zu diesem Zeitpunkt nicht mehr – es ist „null". Die Abwertungsdiskussion hat sich damit erledigt.

16 zu 3 (Aufgabe):

Ein Unternehmen hat überschüssige Liquidität und kauft Ende Dezember für 100 T€ ein Rentenpapier mit einem 5%igen Zinskupon zum Kurs von 100 %, Laufzeit fünf Jahre. Am Tag nach dem Kauf, noch im alten Jahr, steigen die Zinsen auf 6 % (Abweichung: fallen die Zinsen auf 4 %). Der Kurs fällt im ersten Jahr auf 95 % und steigt pro Jahr wieder um etwa 1 %, bis die Rückzahlung zu pari (= 100 %) erfolgt (Abweichung: Der Kurs steigt auf 105 % und fällt pro Jahr um etwa 1 %). Mit welchem Wert (Annäherungswert) stehen die Papiere in der aktuellen Bilanz und in den vier Folgejahren? Beachte, dass die Anleihe am Laufzeitende zu pari (= 100 %) zurückgegeben wird.

lies: *Grefe*, B 3; *Meyer*, II A 5

3.3.2 Bilanzierung des Eigenkapitals

Bilanzielles Eigenkapital nach *Coenenberg*:

Nominalkapital:	Nennkapital*			
rechnerisches Eigenkapital:	Nennkapital*	offene Rücklagen	Gewinn (Verlust)	
effektives Eigenkapital:	Nennkapital*	offene Rücklagen	Gewinn (Verlust)	stille Reserve**

* Nennkapital, z. B. Grund- oder Stammkapital

** Ansatz gewöhnlich zur Hälfte

Quelle: *Coenenberg*, Jahresabschluss und Jahresabschlussanalyse, Landsberg 2003, S. 259

lies: *Grefe*, B 5.1; *Meyer*, II A 6

3.3.2.1 Bilanzierung des Eigenkapitals nach Rechtsform

Eigenkapital ist das „Herz" der Bilanz. Der Gesetzgeber hat davon abgesehen, eine allgemein verbindliche Definition für das Eigenkapital zu formulieren. Es ist das von Gesellschaftern dem Unternehmen auf Dauer zur Verfügung gestellte Geld- oder Sachkapital, das mit dem Risiko behaftet ist, durch Verluste aufgebraucht zu werden (Haft- bzw. Risikokapital). Anders ausgedrückt: Das Aktivvermögen bildet zwar das Haftungspotential und die Grundlage für Kreditsicherheiten (vgl. hierzu Kap. 11.2.4.4.2), das Eigenkapital stellt jedoch das ureigene Verlustauffangpotential dar. Auf dieses Konto werden Verluste gebucht (Haftungsfunktion des Eigenkapitals). Was das Eigenkapital zudem auszeichnet, ist sein Nachrang, d. h., in der Insolvenz haben die Gesellschafter nur Anspruch auf das, was nach Erfüllung aller Verbindlichkeiten übrig bleibt.

Personengesellschaften besitzen keine volle Rechtsfähigkeit. Das in seiner Höhe variable Eigenkapital wird auf den Eigenkapitalkonten der Gesellschafter zugeführt oder entnommen. Eine Entnahme ist jederzeit möglich, zumal die Hauptgesellschafter auch mit ihrem Privatvermögen haften. Bei mehreren Gesellschaftern hat sich die Praxis vom Modell eines variablen Kapitalkontos weitgehend gelöst. Verbreitet ist ein Drei-Konten-Modell mit einem festen Kapitalkonto (Kapitalkonto I), das für das Stimmrecht, den Gewinnanteil etc. maßgeblich ist. Dazu kommen ein Rücklagenkonto (Kapitalkonto II) auf dem Gewinne thesauriert bzw. Verluste verrechnet werden und schließlich ein sehr variables Privatkonto, das den jeweiligen Stand von Einlagen und Forderungen bzw. Entnahmen und Verbindlichkeiten im Verhältnis zwischen Gesellschafter und Gesellschaft abbildet.

Kapitalgesellschaften weisen eine eigene Rechtsfähigkeit auf und verfügen über ein festes Nominalkapital (vgl. § 272 I). Daher besitzen Kapitalgesellschaften ein eigenes Haftkapital, die beteiligten Gesellschafter haften hierbei nur mit ihrem Anteil. Dieser Anteil ist unkündbar und steht der Gesellschaft unbefristet zur Verfügung.

Gewinne dürfen bei Kapitalgesellschaften erst nach Feststellung des Jahresabschlusses und nur auf Grundlage eines Gewinnverwendungsbeschlusses ausgeschüttet werden.

BEISPIEL
zur Gewinnverwendung je nach Rechtsform

Ein Unternehmen macht ein Geschäft und hat einen Gewinn von über 300 T€ erzielt. Die Gesellschafter A, B und C wollen sofort auf ihren Gewinnanteil zugreifen.

Bei einer Personengesellschaft werden die Gewinnanteile ohne Beschluss den Gesellschaftern direkt zugeordnet. Ein Gesellschafter einer Personengesellschaft kann seinen Gewinnanteil also sofort verwenden, es sei denn, im Gesellschaftsvertrag ist etwas anderes vereinbart.

Bei einer Kapitalgesellschaft ist das anders. Der Gewinn steht zunächst einmal allein der Gesellschaft zu. Das Geschäftsjahr muss zunächst einmal formell abgelaufen sein. Dann muss eine Gesellschafterversammlung einberufen werden, die den Jahresabschluss formal feststellen muss. Danach muss über die Gewinnverwendung (Ausschüttung) entschieden werden (vgl. Kap. 3.3.2.3).

Ausführlich ist die Zusammensetzung des Eigenkapitals in der Bilanz von Kapitalgesellschaften darzustellen (§ 272). Gesondert auszuweisen sind das gezeichnete Kapital, die ausstehenden Einlagen mit Angabe der davon eingeforderten Beträge, die Kapital- und Gewinnrücklagen, der Gewinn- bzw. Verlustvortrag sowie je nach Beschlusslage der Jahresüberschuss oder der Bilanzgewinn.

Das Eigenkapital wird je nach Rechtsform wie folgt bilanziert:

eK bewegliches Kapitalkonto:

Einzelunternehmen eK	
Aktiva	Passiva
(Negativkapital*)	Anfangskapital ± Einlagen/Entnahmen ± Gewinn/Verlust = Endkapital*

* Negatives Eigenkapital (Negativkapital) wird aktivisch ausgewiesen.

OHG bewegliches Kapitalkonto aus folgender Summe:
Festkonto + Verrechnungskonto + Einlage – Entnahme + Gewinn

Gesellschafter A und B OHG	
Aktiva	Passiva
(Negativkapital*)	Kapitalkonto I für A + B (Festkonto) Kapitalkonto II für A + B (Verrechnungskonto) ± Einlagen/Entnahmen ± Gewinn/Verlust = Endkapital*

* Negatives Eigenkapital (Negativkapital) wird aktivisch ausgewiesen.

KG fest: Einlagen der Kommanditisten
beweglich: Kapitalkonto des Komplementärs (vgl. OHG)

Kommanditgesellschaft KG	
Aktiva	Passiva
(Negativkapital*)	Komplementär: Konten wie OHG + Kommanditeinlage ± Gewinn/Verlust = Endkapital*

* Negatives Eigenkapital (Negativkapital) wird aktivisch ausgewiesen.

AG fest: Grundkapital (mindestens 50 T€)
beweglich: Rücklagen und Ergebniskonto

Aktiengesellschaft AG		
Aktiva		**Passiva**
		Grundkapital
	+	Rücklagen
	±	Gewinn- bzw. Verlustvortrag
(Negativkapital*)	±	Jahresüberschuss/Jahresfehlbetrag
	=	Endkapital* (Haftkapital)

* Negatives Eigenkapital (Negativkapital) wird aktivisch ausgewiesen, soweit stille Reserven in Höhe des Negativkapitals nachgewiesen werden können.

GmbH fest: Stammkapital (mindestens 25 T€)
beweglich: Rücklagen und Ergebniskonto

Gesellschaft mit beschränkter Haftung GmbH		
Aktiva		**Passiva**
		Stammkapital
	+	Rücklagen
	±	Gewinn- bzw. Verlustvortrag
(Negativkapital*)	±	Jahresüberschuss/Jahresfehlbetrag
	=	Endkapital* (Haftkapital)

* Negatives Eigenkapital (Negativkapital) wird aktivisch ausgewiesen, soweit stille Reserven in Höhe des Negativkapitals nachgewiesen werden können.

Seit 2008 lässt das GmbH-Gesetz es zu, dass eine „Unternehmergesellschaft haftungsbeschränkt" oder kurz „UG haftungsbeschränkt" mit einem Mindestkapital von 1 € gegründet werden kann. Diese „Mini-" oder „Ein-Euro-GmbH" kann schnell und kostengünstig in einem vereinfachten Verfahren unter Verwendung eines Musterprotokolls gegründet werden. Die „kleine" GmbH darf aber ihre Gewinne nicht voll ausschütten, sie soll weiteres Stammkapital nach und nach ansparen, sodass nach erfolgreichen Geschäftsjahren ein Übergang in die reguläre GmbH erfolgen kann (vgl. § 5a GmbHG). Konkretes Verfahren: Ein Viertel des Jahresüberschusses der Unternehmergesellschaft muss in eine gesetzliche Gewinnrücklage eingestellt werden. Dadurch soll sichergestellt werden, dass die Mini-Gesellschaft im Zeitablauf aus eigener Kraft eine höhere Eigenkapitalausstattung erreicht. Sobald das Eigenkapital die 25.000-€-Grenze überschreitet, kann mittels einer formellen Kapitalerhöhung ein identitätswahrender Übergang der Unternehmergesellschaft zur regulären GmbH erfolgen.

eG bewegliches Eigenkapital aus Summe Geschäftsguthaben + Rücklagen + Gewinn

eingetragene Genossenschaft eG	
Aktiva	Passiva
(Negativkapital*)	Geschäftsguthaben + Rücklagen ± Gewinn- bzw. Verlustvortrag ± Jahresüberschuss/Jahresfehlbetrag = Endkapital* (Haftkapital)

* Negatives Eigenkapital (Negativkapital) wird aktivisch ausgewiesen, soweit stille Reserven in Höhe des Negativkapitals nachgewiesen werden können.

Sind die Passiva ohne Eigenkapital größer als die Aktiva, so liegt eine Unterbilanz vor (Negativkapital).

Problem einer Überschuldung

Ein Überschuldungstatbestand ist bei einer Kapitalgesellschaft wesentlich kritischer zu beurteilen als bei einer Personengesellschaft. Während bei einer (echten) Personengesellschaft mindestens eine natürliche Person mit dem gesamten Vermögen unbeschränkt haftet, ist die Haftung bei einer Kapitalgesellschaft auf das Gesellschaftsvermögen beschränkt. Um die Gläubiger zu schützen, ist daher bei einer Überschuldung das Leitungsorgan verpflichtet, zeitnah einen Insolvenzantrag zu stellen (vgl. § 15 a InsO).

Die Berechnung der Überschuldung ist dabei schwierig. Der Ausweis einer Unterbilanz (negatives Eigenkapital) und eine weiterhin schlechte Ertragslage sind deutliche Signale für eine Überschuldung. Sofern keine stillen Reserven nachweisbar sind bzw. sofern weitere Einzahlungen der Gesellschaft in das Eigenkapital nicht erfolgen, wird es für die Kapitalgesellschaft und auch „privat" für das jeweilige Leitungsorgan kritisch. Eine fachkundige Beratung durch den Wirtschaftsprüfer und/oder spezialisierter Anwälte ist geboten.

lies: *Meyer II A 6*, vertiefend: *Coenenberg/Haller/Schultze* I 6

3.3.2.2 Die Rücklagen

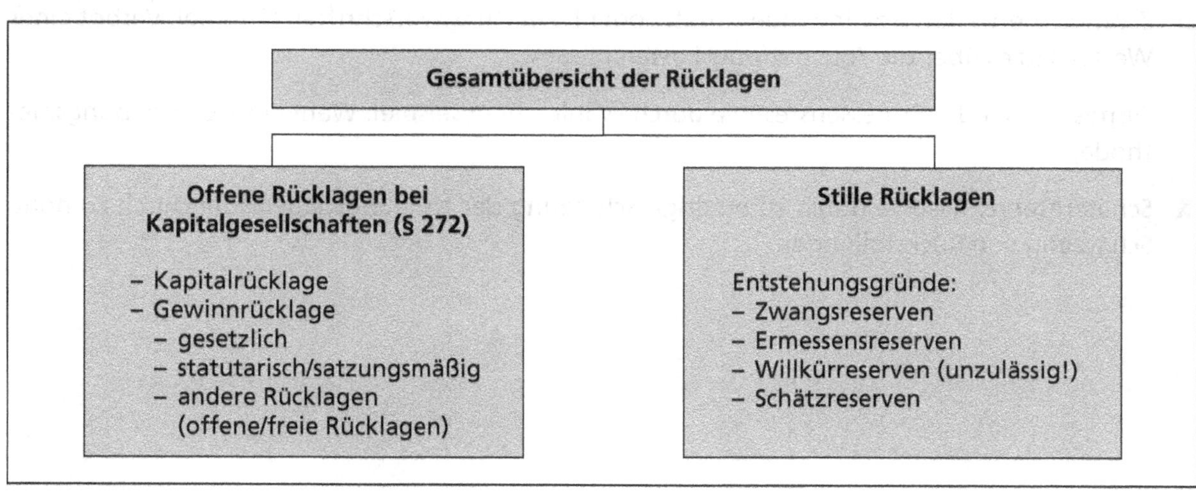

Rücklagen bilden einen wesentlichen Bestandteil des Eigenkapitals. Man unterscheidet offene und stille Rücklagen. Offene Rücklagen ergeben sich bei Kapitalgesellschaften aus der Bilanz unmittelbar und gliedern sich in die Kapitalrücklage und in die Gewinnrücklagen. Die Kapitalrücklage wird von „außen" mittels Emission oder Zuzahlungen von Gesellschaften der Gesellschaft zugeführt (§ 272 II – z. B. Agioeffekt bei der Außenfinanzierung). Die Gewinnrücklage entsteht hingegen von „innen" dann, wenn Gewinne endgültig einbehalten werden (§ 272 III – Innenfinanzierung ad infinitum).

Bei der GmbH ist man bei der Rücklagendotierung grundsätzlich frei.

Bei Aktiengesellschaften gilt: Unabhängig vom Willen des Gesellschafters

- erfordert § 150 AktG, dass eine gesetzliche Rücklage gebildet wird (5 % des Gewinns so lange, bis 10 % des Grundkapitals der Gesellschaft erreicht sind).
- kann die Satzung weitere Rücklagendotierungen vorsehen.
- haben der Vorstand und der Aufsichtsrat nach § 58 AktG das Recht, bis zu 50 % des Jahresüberschusses einzubehalten und in freie/offene/andere Rücklagen einzustellen.

Stille Rücklagen – gemeinhin „stille Reserven" genannt – sind in der Bilanz nicht unmittelbar ausgewiesen und unterliegen bei Aufdeckung noch der Ertragsbesteuerung. Aufgrund der Bewertungsunsicherheit und der Besteuerungspflicht bei Auflösung ist es zweckmäßig, stille Reserven nur zur Hälfte dem Eigenkapital zuzurechnen.

Quellen der stillen Reserven

- Generell entstehen stille Reserven durch eine Unterbewertung von Vermögen bzw. Überbewertung von Schulden.
- Nicht ausgenutzte Gewinnerhöhungsmöglichkeiten im Sinne eines möglichst geringeren Ausweises der nicht zahlungswirksamen Erträge, z. B. Unterlassen von Zuschreibungen oder Nichteinbezug von Gemeinkosten bei Eigenleistungen.
- Ausgenutzte Gewinnverwendungsmöglichkeiten im Sinne eines möglichst hohen Ausweises der nicht zahlungswirksamen Aufwendungen, z. B. Ansatz von Sonderabschreibungen; pessimistische Bemessung von Rückstellungen; Ansatz der Verbrauchsfolgefiktion mit dem geringsten Wertansatz.

Entstehung der stillen Reserven

- Zwangsreserve durch zwingende Ansatz- oder Bewertungsvorschriften (Beispiel: Verbot eines Wertansatzes über die Anschaffungskosten hinaus).
- Dispositions- oder Ermessensreserve durch Wahlrechte (Beispiel: Wahl der Abschreibungsmethode).
- Schätzreserve: Reserve durch zu niedrige Schätzung der Nutzungsdauer oder durch zu hohe Schätzung von Rückstellungen.

BEISPIEL

Stille Reserven entstehen gewöhnlich durch Nichtaktivierung oder Unterbewertung von Vermögensgegenständen oder durch Überbewertung von Schulden. Gemeinhin sind stille Reserven in folgenden Bilanzposten versteckt:

- Aktiva: Immaterielle Vermögensgegenstände (z.B. wegen Aktivierungswahlrecht), Grundstücke oder Wertpapiere (z.B. wegen Wertsteigerungen), technische Anlagen (z.B. wegen zu hohen Abschreibungen)
- Passiva: Rückstellungen (z.B. wegen zu hohem Ansatz von Prozessrückstellungen, weil kalkulierte Produktrisiken nicht eintreten oder weil die Pensionsrückstellung des Geschäftsführers aufgelöst werden kann, da er kurz vor seiner Pensionierung einen tödlichen Verkehrsunfall erleidet etc.)

Charakteristika der stillen Rücklagen

Aufgaben	Bildung	Auflösung	Zulässigkeit
– Gezielte Beeinflussung des Periodenerfolgs – Gewinnbindung zur Selbstfinanzierung – Substanzerhaltung	– Unterbewertung von Vermögen durch überhöhte Abschreibungen oder zu niedriger Ansatz von Herstellungskosten – Nichtaktivierung aktivierungsfähiger Vermögenswerte – Überbewertung von Passiva (Rückstellungen)	– Durch den betrieblichen Umsatzprozess (Abnutzung etc.) – Durch Zeitablauf eintretende Wertminderungen (stille Auflösung) – Durch die Auflösung von Rückstellungen	– **Handelsrechtlich:** im Rahmen der GoB und spezieller Bewertungsvorschriften, die Wahl rechte zulassen – **Steuerrechtlich:** nur im Rahmen spezieller steuerrechtlicher Vorschriften, die meist Steuerungszwecken dienen sollen (z.B. Sonderabschreibungen)

17 zu 3 (Aufgabe):

Welche Unterschiede bestehen zwischen stillen Rücklagen und offenen Rücklagen?

Sonderfall „Sonderposten mit Rücklagenanteil"

- Sonderposten mit Rücklagenanteil (§§ 247 III alt, 273 alt) haben ihren Ursprung im Steuerrecht, zum Beispiel:
  - 6b-Rücklage (§ 6b III EStG), Rücklage für Ersatzbeschaffungen bei Untergang eines Vermögensgegenstandes,
  - Ansparabschreibungen bzw. Investitionsrücklage nach § 7 g EStG.

  Hierbei handelt es sich um die offene Bildung unversteuerter Rücklagen. Ein Sonderposten mit Rücklagenanteil hat zum Teil eigenkapitalähnlichen, zum Teil fremdkapitalähnlichen Charakter. Er ist folglich zwischen dem Eigen- und Fremdkapital auszuweisen.

  BilMoG: Die Sonderposten mit Rücklagenanteil fallen weg. Grund: Von zentraler Bedeutung für die Modernisierung des Handelsrechts ist die Aufgabe der umgekehrten Maßgeblichkeit. Damit können steuerrechtliche Wahlrechte künftig unabhängig vom Handelsrecht ausgeübt werden. Die bisherige Möglichkeit verzerrter Anschaffungs- oder Herstellungskosten mittels einer Übertragung von stillen Reserven wird aufgegeben. Die nach bisherigem Recht gebildeten Sonderposten können beibehalten oder unmittelbar zugunsten der Gewinnrücklagen aufgelöst werden. Der Unternehmer kann in Zukunft die Steuervergünstigung direkt in Anspruch nehmen. Künftig wird dieses Problemfeld im handelsrechtlichen Jahresabschluss über den Posten „latente Steuern" gelöst.

BEISPIEL

„6b-Rücklage": Beim Verkauf langlebiger Wirtschaftsgüter – Nutzungsdauer 25 Jahre oder mehr – werden vielfach Erlöse erzielt, die weit über dem Buchwert liegen. Die stillen Reserven wären zu versteuern. Um die Neuinvestition damit nicht zu belasten, kann die Steuerlast gemindert oder hinausgeschoben werden, indem man über die Bildung eines „Passivums" (Rücklagepostens) die stille Reserve voll oder teilweise auf das neue Investitionsgut überträgt.

18 zu 3 (Aufgabe):

Ein Autohaus plant einen Umzug von der Innenstadt an den Stadtrand. Der Neubau kostet 2 Mio. €. Der Altbau (Buchwert 100 T€) kann für 1 Mio. € verkauft werden; die Hausbank würde die Differenz finanzieren. Welche Möglichkeit gibt es, den Veräußerungserlös nicht sofort der Steuer zu unterwerfen?

3.3.2.3 Gewinnverwendung bei der Kapitalgesellschaft

Bei Kapitalgesellschaften wird der laufende Gewinn erst im folgenden Jahr nach Feststellung des Jahresabschlusses und der Ergebnisverwendung verteilungsfähig. Das HGB gewährt unterschiedliche Möglichkeiten der Gewinnverwendung. Endet das Geschäftsjahr einer Kapitalgesellschaft mit einem Verlust („Jahresfehlbetrag"), so kann dieser Verlust auf das nächste Jahr vorgetragen oder gegen Rücklagen verrechnet werden. Ein Gewinn („Jahresüberschuss") kann nach Kürzung um einen etwaigen Verlustvortrag ausgeschüttet, in Gewinnrücklagen eingestellt oder als Gewinnvortrag auf das nächste Jahr vorgetragen werden. Wird der Gewinn an die Gesellschafter ausgeschüttet, so hat die Kapitalgesellschaft bereits Körperschaftsteuer auf ihren Gewinn bezahlt und behält zudem eine Abgeltungsteuer ein. Auf beide Steuerarten fällt außerdem der Solidaritätszuschlag an.

Das genaue Verfahren der Gewinnverwendung ergibt sich je nach Rechtsform:

- **Personengesellschaften:** nach Gesellschaftsvertrag, subsidiär nach §§ 120 ff. und § 167 HGB,
- **GmbH:** über die Gewinnverwendung entscheidet die Gesellschafterversammlung im nächsten Jahr mit einfacher Mehrheit (§ 46 Nr. 1 GmbHG),
- **AG:** über die Gewinnverwendung entscheidet die Hauptversammlung im nächsten Jahr (§ 174 AktG). Vorstand und Aufsichtsrat schlagen die Gewinnverwendung vor. Dieser Vorschlag ist wie folgt zu gliedern (§ 170 II):
  - Verteilung an die Aktionäre in Form einer Dividende,
  - Einstellung in die Gewinnrücklagen,
  - Gewinnvortrag,
  - Bilanzgewinn.

BEISPIEL

Eine Aktiengesellschaft erwirtschaftete im letzten Jahr einen Jahresüberschuss von 1 Mio. €. Vorstand und Aufsichtsrat diskutieren in einer gemeinsamen Sitzung unterschiedliche Möglichkeiten der Gewinnverwendung. Als Möglichkeiten werden gemäß § 174 AktG diskutiert:

- Ausschüttung in Form einer Dividende;
- Einstellen in die Gewinnrücklagen (gesetzliche, satzungsmäßige oder andere Gewinnrücklage);
- auf neue Rechnung vortragen (Gewinnvortrag), damit würde die Entscheidung „offen" bleiben und vertagt werden;
- Kombinationen, z. B. 300 T€ Dividende, 500 T€ Einstellen in Gewinnrücklagen, 200 T€ Gewinnvortrag.

In Abhängigkeit vom Zeitpunkt der Aufstellung des Jahresabschlusses ergeben sich für Kapitalgesellschaften zwei Bilanzierungsalternativen (vgl. § 268 I):

1. Der Jahresabschluss wird vor der Entscheidung über die Verwendung des Jahresüberschusses aufgestellt (§ 266 III). In diesem Fall wird der vollständige Jahresüberschuss unter dem Eigenkapital ausgewiesen. Die GuV zeigt als letzte Position den „Jahresüberschuss bzw. Jahresfehlbetrag" (§ 275).

2. Der Jahresabschluss wird nach – teilweiser oder vollständiger – Verwendung des Jahresüberschusses aufgestellt. Eine Verwendung des Jahresüberschusses liegt dann vor, wenn die Gewinnrücklagen aufgestockt werden. Bei einer solchen Vorgehensweise tritt an die Stelle des Jahresüberschusses der Posten „Bilanzgewinn bzw. -verlust". Bei der AG müssen nach § 158 AktG im Anschluss an den Posten „Jahresüberschuss" der Gewinn- bzw. Verlustvortrag die Rücklagenveränderungen aufgeführt werden (§ 275 IV). Die GuV endet dann mit dem Bilanzgewinn bzw. -verlust. Eine solche Darstellung ist für die GmbH gemäß § 29 I 2 GmbHG auch möglich.

Die Ausweismethoden verdeutlicht *Coenenberg* anhand nachfolgenden Beispiels:

Ausgangsfall: Aufstellung des Jahresabschlusses vor Gewinnverwendung:

Aktiva	**in Mio. €**	**Passiva**		**in Mio. €**
Aktiva	**100**	**Eigenkapital**		**30**
		– gezeichnetes Kapital	10	
		– Kapitalrücklage	3	
		– Gewinnrücklage	12	
		– Gewinnvortrag	2	
		– Jahresüberschuss	3	
		Fremdkapital		**70**

Erste Variante: Aufstellung des Jahresabschlusses nach teilweiser Gewinnverwendung (Beschluss: 1 Mio. € in die Rücklagen einzustellen):

Aktiva	**in Mio. €**	**Passiva**		**in Mio. €**
Aktiva	**100**	**Eigenkapital**		**30**
		– gezeichnetes Kapital	10	
		– Kapitalrücklage	3	
		– Gewinnrücklage	13	
		– Bilanzgewinn	4	
		Fremdkapital		**70**

Zweite Variante: Aufstellung des Jahresabschlusses nach vollständiger Gewinnverwendung (Beschluss: 3 Mio. € in die Rücklagen einzustellen und 2 Mio. € auszuschütten):

Aktiva	in Mio. €	Passiva		in Mio. €
Aktiva	**98**	**Eigenkapital**		**28**
		– gezeichnetes Kapital	10	
		– Kapitalrücklage	3	
		– Gewinnrücklage	15	
		Fremdkapital		**70**

Quelle: *Coenenberg,* Jahresabschluss und Jahresabschlussanalyse, Landsberg 2003, S. 307

3.3.3 Bilanzierung des Fremdkapitals

Das Handelsrecht definiert den Begriff der Schulden nicht. Schulden im engeren Sinne sind Zahlungs- und Leistungsverpflichtungen. Weiter formuliert liegen Schulden vor, wenn künftige Vermögensminderungen zu erwarten sind. Dabei ist unerheblich, ob es sich um rechtliche oder faktische Verpflichtungen handelt. Schulden sind in der Bilanz des Schuldners auszuweisen (§ 246 I 3). Etwaige Haftungsverpflichtungen sind nach § 251 (Eventualverbindlichkeiten) „unter" dem Bilanzstrich auszuweisen. Entscheidend für die Abgrenzung ist die Wahrscheinlichkeit der Inanspruchnahme: Wenn gute Gründe für die Inanspruchnahme des Unternehmens sprechen, liegt eine Verbindlichkeit vor, wenn berechtigte Gründe für eine Nichtinanspruchnahme vorliegen, liegt eine Eventualverbindlichkeit vor. Ungewisse, aber wahrscheinliche Schulden werden als Rückstellungen gebucht. Verbindlichkeiten aus schwebenden Geschäften (noch kein Vertragspartner hat erfüllt) werden grundsätzlich nicht bilanziert.

Verbindlichkeiten im Überblick

Grund und/oder Höhe der Verpflichtungen	Art des Ausweises	Art der Verpflichtungen
„sicher" ↑	Posten in der Bilanz	Verbindlichkeiten (FK)
		Rückstellungen (FK)
	Vermerk unter dem Bilanzstrich	Haftungsverhältnisse („Eventualverbindlichkeit")
„unsicher"	Angabe im Anhang	Sonstige finanzielle Verpflichtungen

3.3.3.1 Bilanzierung der Verbindlichkeiten

Kann die Höhe einer Verpflichtung exakt und punktuell definiert werden, liegt eine Verbindlichkeit vor. Die Verbindlichkeit erlischt mit Zahlung bzw. anderweitiger Erfüllung.

Bei Verbindlichkeiten ist grundsätzlich der Erfüllungsbetrag anzusetzen. Dies gilt gerade dann, wenn der Erfüllungsbetrag höher ist als der Ausgabebetrag, z. B. bei einem Disagio („Höchstwertprinzip"). Fremdwährungsverbindlichkeiten sind ebenfalls zum Erfüllungsbetrag, gerechnet in einheimischer Währung, anzusetzen. Steigt der Fremdwährungskurs, so ist der durch die Wechselkursänderung höhere Erfüllungsbetrag anzusetzen. Die Differenz zum ursprünglichen Wertansatz ist als sonstiger betrieblicher Aufwand gewinnmindernd zu verrechnen. Dieses

Höchstwertprinzip bei Verbindlichkeiten ist das Äquivalent zum Niederstwertprinzip bei Vermögensgegenständen. Es ist gesetzlich nicht geregelt, lässt sich aber aus analoger Anwendung nach § 252 I Nr. 4 und aus dem Gebot der kaufmännischen Vorsicht herleiten.

Entsprechend dem Realisationsprinzip, wonach Gewinne nur zu berücksichtigen sind, wenn sie am Abschlussstichtag realisiert sind, darf eine Herabsetzung des Wertansatzes bei Verbindlichkeiten – z. B. bei einer fallenden Fremdwährung – nicht vorgenommen werden.

Bei Kapitalgesellschaften sind die Verbindlichkeiten ihrer Art und Fristigkeit nach zu unterscheiden, ebenso die Art und Form der Besicherung (vgl. §§ 268 Abs. 5; 285 Nr. 1 und 2). Diese Angaben erfolgen gewöhnlich im Rahmen eines „Verbindlichkeitenspiegels", der als solcher nicht obligatorisch, aber empfehlenswert ist.

Bei den Verbindlichkeiten sind unter anderem zu unterscheiden:

- Bankschulden (Verbindlichkeiten gegenüber Kreditinstituten),
- Lieferantenschulden (Verbindlichkeiten aus Lieferungen und Leistungen),
- sonstige Verbindlichkeiten (Sammelposten).

Muster eines Verbindlichkeitenspiegels

Art der Verbindlichkeit	Gesamtbetrag	davon mit einer Restlaufzeit			gesicherte Beträge	Art der Sicherheit
		bis 1 J.	1 bis 5 J.	über 5 J.		
– gegenüber Kreditinstituten	400.000 €	250.000 €	80.000 €	70.000 €	70.000 €	Grundpfandrechte
– aus Lieferungen und Leistungen	350.000 €	350.000 €			350.000 €	Eigentumsvorbehalt
– gegenüber Gesellschaftern (Darlehen)	120.000 €			120.000 €	60.000 €	Sicherungsabtretung von Forderungen
– sonstige Verbindlichkeiten	100.000 €	100.000 €			–	–
Summe	970.000 €	700.000 €	80.000 €	190.000 €	480.000 €	

Bilanzangabe — freiwillige Angabe — Pflichtangabe im Anhang

Sonderfall Darlehen

Die Verbuchung eines Darlehens zu „pari" (Auszahlung der Darlehenssumme zu 100 %, Rückzahlung der Darlehenssumme zu 100 %) stellt kein besonderes Problem dar. Ist der Rückzahlungsbetrag einer Verbindlichkeit jedoch höher als der Auszahlungsbetrag, so stellt dieses Abgeld (Disagio, Damnum) gewöhnlich Zinsaufwand dar. Dieses Disagio kann handelsrechtlich direkt als Zinsaufwand gebucht werden oder in einen aktiven Rechnungsabgrenzungsposten aufgenommen werden, der erst im Zeitverlauf „abgeschrieben" wird (§ 250 III). Steuerrechtlich muss eine Rechnungsabgrenzung erfolgen. Nach dem BFH-Urteil vom 27.07.2011 gilt dies auch bei langfristigen Darlehen mit fallenden Zinssätzen (Stufenzins step-down).

19 zu 3 (Aufgabe):

Für eine Investition benötigt ein Unternehmen einen Kredit in Höhe von etwa 100 T€. Die Hausbank bietet ein Darlehen zu 4 % Zins pari an. Alternativ bietet sie eine Niedrigzinsvariante zu 2 % Zins bei 94%iger Auszahlung (Disagio) an. Die Laufzeit beträgt drei Jahre. Wie ist handels- und steuerrechtlich diese Disagiovariante zu verbuchen?

lies: *Grefe*, B 4

3.3.3.2 Bilanzierung der Rückstellungen

Rückstellungen sind Passivposten der Bilanz. Sie stellen ungewisse Verbindlichkeiten dar, deren Eintritt, Höhe oder Fälligkeit nicht feststehen. Die Höhe der Schuld, ja sogar deren Bestand ist ungewiss, aber nach den Grundsätzen vorsichtiger Bilanzierung und nach vernünftiger kaufmännischer Beurteilung wahrscheinlich. Bei den Rückstellungen handelt es sich um einen Passivposten in der Bilanz, der die Aufgabe hat, den Aufwand zeitgerecht der betreffenden Periode zuzuordnen, dessen Zahlungsvorgang jedoch erst in einem späteren Abrechnungszeitraum liegt. Ziel ist es also, Aufwendungen der Periode der Verursachung nach vernünftiger kaufmännischer Beurteilung zuzurechnen (Bewertungsmaßstab in Höhe des nach vernünftiger kaufmännischer Beurteilung notwendigen Erfüllungsbetrages nach § 253 I 2). Um zu verhindern, dass der Kaufmann sich je nach Bedarf arm oder reich rechnet, soll sich die Risikoanalyse auf Tatsachen, anerkannte Erfahrungssätze, externe Expertise oder auf logische Schlussfolgerungen stützen. Freilich besteht bei der Schätzung des Erfüllungsbetrages, des Erfüllungszeitpunktes, der Bemessung der Warhscheinlichkeit der Inanspruchnahme sowie bei der Kosten- und Preisentwicklung ein unternehmerisches Ermessen.

Damit sind der Ansatz und die Bewertung von Rückstellungen häufig Gegenstand einer ausgeprägten Bilanzpolitik von Unternehmen. Da Rückstellungen stets mit Aufwandsbuchungen einhergehen, sind mit der Verbuchung von Rückstellungen die wirtschaftlichen Verhältnisse eines Unternehmens betroffen: Der Ausweis von Rückstellungen (= Schulden) betrifft die Vermögenslage – konkret die Eigenkapitalquote bzw. den Verschuldungsgrad; die Verrechnung von Aufwendungen betrifft die Ertragslage – konkret den Gewinn. Damit fallen vorübergehend auch weniger Steuern an. Somit ist auch die Finanzlage (Liquidität) eines Unternehmens betroffen.

Ziele von Rückstellungen:

- Vollständiger Schuldenausweis
- Periodenabgrenzung
- Gestaltung des Jahresabschlusses (Bilanzpolitik)
- Wegen Zukunftsbezug und notwendigem Vorsichtsprinzip Bildung von stillen Reserven
- Finanzierungseffekte (vgl. 11.3.4)

Voraussetzungen für die Bildung von Rückstellungen

Die Einschätzung, Bewertung und Verbuchung von Risiken, die sich gewöhnlich in Rückstellungen abbilden, haben gravierende Auswirkungen für ein Unternehmen. Rückstellungen sind eine Art Abgrenzungsposten, die die Aufgabe haben, den Erfolg der Abrechnungsperiode von späteren Perioden abzugrenzen, in der sie verursacht worden sind. Die Bildung von Rückstellungen für „ungewisse Verbindlichkeiten" knüpft an mehrere Bedingungen an:

- Eine Verbindlichkeit ist dann ungewiss, wenn deren Eintritt, Höhe oder Fälligkeit noch nicht genau feststeht, aber nach den Grundsätzen „vorsichtiger Bilanzierung" und nach „vernünftiger kaufmännischer Beurteilung" wahrscheinlich ist. Sie muss also bezüglich ihres Eintretens oder ihrer Höhe nach nicht völlig, aber dennoch „ausreichend sicher" und „hinreichend konkretisiert" sein. Eine bloße Möglichkeit des Bestehens oder Entstehens einer Verbindlichkeit reicht zur Bildung einer Rückstellung nicht aus!
- Für eine „hinreichende Wahrscheinlichkeit" ist maßgeblich, ob aus Sicht eines ordentlichen Kaufmanns mehr Gründe „für" als „gegen" das Bestehen einer Verbindlichkeit sprechen.
- Die Risiko- und Wahrscheinlichkeitsanalyse muss sich auf Tatsachen, anerkannte Erfahrungssätze, externe Expertise etc. und auf logische Schlussfolgerungen stützen.
- Das Unternehmen (= Schuldner) muss ernsthaft mit der Inanspruchnahme der Verbindlichkeit rechnen. Zur Wahrscheinlichkeit des Be- oder Entstehens der Verbindlichkeit muss also auch die Wahrscheinlichkeit der Inanspruchnahme aus der Verbindlichkeit hinzukommen. Ist die Inanspruchnahme einer Verbindlichkeit gewiss – also der Höhe und der Fälligkeit nach genau definiert –, ist keine Rückstellung zu buchen, sondern sie ist als „sonstige Verbindlichkeit" normal zu passivieren. Konkretisiert sich eine ungewisse Verbindlichkeit im Laufe der Zeit, ist sie von einer Rückstellung (ungewisse Verbindlichkeit) in eine normale (= gewisse) Verbindlichkeit umzubuchen.
- Als Grundsatz für die Bewertung gilt: Es ist der Betrag anzusetzen, für den die größte Wahrscheinlichkeit besteht. Sind die Wahrscheinlichkeiten in etwa gleich, so ist nach dem Vorsichtsprinzip der höhere Wert anzusetzen.
- Die wirtschaftliche Verursachung der Verbindlichkeit muss in der Zeit vor dem Bilanzstichtag liegen und somit zeitlich richtig zugeordnet sein. Welcher Periode ein Aufwand zuzurechnen ist, ist bei ungewissen Verbindlichkeiten nicht immer evident und kann zu Abgrenzungsproblemen führen. Grundsätzlich gilt: Der Aufwand ist demjenigen Zeitraum zuzuordnen, der ihn wirtschaftlich betrifft.
  - Der Aufwand muss mit dem betrieblichen Geschehen eng verknüpft sein und die ungewisse Verbindlichkeit muss im abgelaufenen Wirtschaftsjahr verursacht – also realisiert – worden sein. Konkret muss also eine wirtschaftliche Belastung eingetreten sein.
  - Dabei muss die Verpflichtung nicht nur an das Vergangene anknüpfen, sondern auch definitiv abgelten.
  - Eine Zuordnung zum aktuellen Jahr als Aufwand darf nur erfolgen, wenn sie nicht zukünftigen Erträgen zuzurechnen ist.

Mit anderen Worten: Es muss ein direkter Zusammenhang von Verbindlichkeit, Aufwand und Ertrag sein. Aus dem Realisationsprinzip erfolgt auch, dass ein künftiger Beitrag bzw. Aufwand im aktuellen Wirtschaftsjahr nicht gebucht werden darf, soweit er künftigen Erträgen zuzuordnen ist. So ist eine wirtschaftliche Verursachung dann zu verneinen, wenn die Entstehung der Verpflichtung wirtschaftlich eng mit der künftigen Gewinnsituation des Unternehmens verknüpft ist.

BEISPIEL
zur Periodenabgrenzung

Ein Bauunternehmen kauft für einen Bauleiter einen Geländewagen, dessen Nutzungsdauer sechs Jahre beträgt. Im Jahr der Anschaffung verursacht der Bauleiter einen kleinen Unfall, weshalb die Versicherungsprämie künftig steigt. Die Versicherung teilt im Jahr der Anschaffung auch mit, dass künftig die Beiträge für Geländewagen generell steigen werden, zumal man sich beim Risiko verschätzt habe. Für beide Beitragserhöhungen darf man keine Rückstellungen ansetzen, weil die künftigen Jahresbeiträge von weiteren Faktoren abhängen und das Vergangene nicht definitiv abgelten. Die Beiträge sind also dem jeweiligen Geschäftsjahr als Aufwand zuzuordnen. Es darf also nur der Teil des Versicherungsbeitrags als Aufwand gebucht werden, für den ihn die Versicherung anfordert.

20 zu 3 (Aufgabe):

Die Uni-Bank berät vermögende Privatkunden im Wertpapiergeschäft. Ein Kunde erleidet Kursverluste und klagt auf Schadensersatz in Höhe von 1 Mio. € wegen Falschberatung. Die Prozesskosten inklusive der Anwälte belaufen sich auf 100 T€. Es ist sehr unwahrscheinlich, dass der Klage in „vollem" Umfang stattgegeben wird. Wahrscheinlich wird die Klage sogar abgelehnt, weil die Vorwürfe bisher zu pauschal vorgetragen wurden. Wegen eines Ausfalls von Derivaten in Höhe von 60 T€ und einer „Mittelmeeranleihe" in Höhe von 40 T€ kann es aber genauso sein, dass die Unibank zu 40, 60 oder 100 T€ verklagt wird. Die Uni-Bank hätte dann die Prozesskosten prozentual zu tragen.

a) Muss eine Rückstellung gebildet werden? Wenn ja, in welcher Höhe?

b) Die Uni-Bank ist versichert. Die Versicherung verlangt einen Selbstbehalt von 20 %. Muss eine Rückstellung gebildet werden, wenn ja, in welcher Höhe?

Für Rückstellungen gibt es nach dem BilMoG beachtliche Änderungen:

- Nach § 253 II sind Rückstellungen mit einer Laufzeit von mehr als einem Jahr abzuzinsen (generelles Abzinsungsgebot von langfristigen Rückstellungen). Den Abzinsungszinssatz ermittelt und veröffentlicht die Deutsche Bundesbank (Höhe: durchschnittlicher Marktzinssatz der (max.) vergangenen sieben Jahre entsprechend der Laufzeit), bei Pensionsrückstellungen 15 Jahre).

BEISPIEL

Ein Kieswerk muss aufgrund einer Vereinbarung ein altes Betonbecken zum Beginn des vierten Jahres entsorgen. Der notwendige Erfüllungsbetrag für diese Pflicht schätzt der Geschäftsführer mit guten Argumenten auf 300 T€. Der von der Bundesbank ermittelte Zinssatz soll über die Laufzeit unverändert 5 % betragen. Die Rückstellung bemisst sich – vereinfacht – über die drei Jahre hinweg wie folgt:

Jahr	Barwert (=Bilanzwert) der Rückstellung in €	Zuführung in €
1. Jahr	100.000 ÷ $1{,}05^2$ = 90.703	90.703
2. Jahr	200.000 ÷ 1,05 = 190.476	99.773
3. Jahr	300.000	109.524
Gesamt	**300.000**	**300.000**

Im vierten Jahr erfolgt dann die Entsorgung des Betons, und die Rückstellung wird aufgelöst. Kostet die Entsorgung weniger, z. B. 250 T€, entsteht ein sonstiger betrieblicher Ertrag. Kostet die Entsorgung mehr, entstehen im vierten Jahr zusätzliche Aufwendungen.

- § 253 I 2 nennt erstmalig für Rückstellungen einen ausdrücklichen Bewertungsmaßstab („in der Höhe des nach vernünftiger kaufmännischer Beurteilung notwendigen Erfüllungsbetrages"). Damit sollen künftige Entwicklungen – insbesondere Preis- und Kostenänderungen – berücksichtigt werden (Dynamisierung). Um Unterdeckungen zu vermeiden muss das Unternehmen also Preis- und Kostenänderungen antizipieren. Basis für die Bewertung sind dabei die Vollkosten.

Die Bildung von Rückstellungen ist im Gesetz abschließend geregelt (Nummerus Clausus der zulässigen Rückstellungszwecke). Im Einzelnen unterscheidet man folgende Rückstellungen:

Rückstellungen mit Verpflichtungscharakter gegenüber Dritten

- Ungewisse Verbindlichkeiten – Oberbegriff (§ 249 I 1, 1. Alt.)

  Beispiele: Gewährleistungen, Garantieversprechen, Prozessrisiken, ausstehende Rechnungen, Pensionsrückstellungen, Jubiläumszuwendungen, Urlaubsansprüche, Jahresabschlussaufwendungen, Steuerrückstellungen etc.

BEISPIELE für Rückstellungen

Steuerschulden: Steuern werden durch Vorauszahlungen nur annähernd bezahlt. Am Ende des Jahres ergibt sich also ein Saldo. Besteht noch eine offene Steuerschuld, ist diese abzuschätzen und hierfür eine Rückstellung zu bilden.

Aufbewahrung von Geschäftsunterlagen: Der Kaufmann ist zur Aufbewahrung von Geschäftsunterlagen verpflichtet. Hierfür ist eine Rückstellung nach § 249 I 1, 1. Alt. zu bilden. Als zu berücksichtigende Aufwendungen kommen in Betracht: Unterhaltskosten für einen Archivraum (anteilige Miete), Abschreibungen für die Einrichtungsgegenstände, Kosten des Archivierungs- bzw. Datensystems. Aus Vereinfachungsgründen werden für die jeweiligen Unterlagen die Kosten pro Jahr ermittelt und gemäß einer OFD-Verfügung (Hannover 27.06.2007) mit dem Faktor 5,5 multipliziert.

- Drohverluste aus schwebenden Geschäften (§ 249 I 1, 2. Alt.): Wenn ein Vertrag geschlossen ist, aber noch keine Partei geleistet hat, handelt es sich um ein schwebendes Geschäft. Hierfür wird grundsätzlich keine Buchung vorgenommen, ein Bilanzausweis erfolgt nicht. Eine Ausnahme besteht jedoch dann, wenn Verluste aus dem schwebenden Geschäft zu erwarten sind (sogenannte Drohverluste).

  Beachte: Steuerrechtlich werden Drohverluste nicht anerkannt.

BEISPIELE
für Drohverlustrückstellungen

Bei Beschaffungsgeschäften drohen Verluste, wenn die Einkaufsbedingungen sich über den Bilanzstichtag verbessern, z.B. wenn für den Käufer die Preise fallen oder die zu bezahlende Währung im Kurs fällt. Auch bei Dauerschuldverhältnissen können Verluste drohen, z.B. bei Überkapazitäten oder überholter Technik bei einem lang laufenden Leasingvertrag.

- Kulanzregelungen bei Mängeln (§ 249 I 2, Nr. 2).

Rückstellungen ohne Verpflichtungscharakter gegenüber Dritten (Aufwandsrückstellungen)

- Nach § 249 I 2 Nr. 1 für unterlassene Instandhaltung (Nachholung innerhalb von drei Monaten) bzw. für Abraumbeseitigung (Nachholung innerhalb des Geschäftsjahres) – Passivierungspflicht.

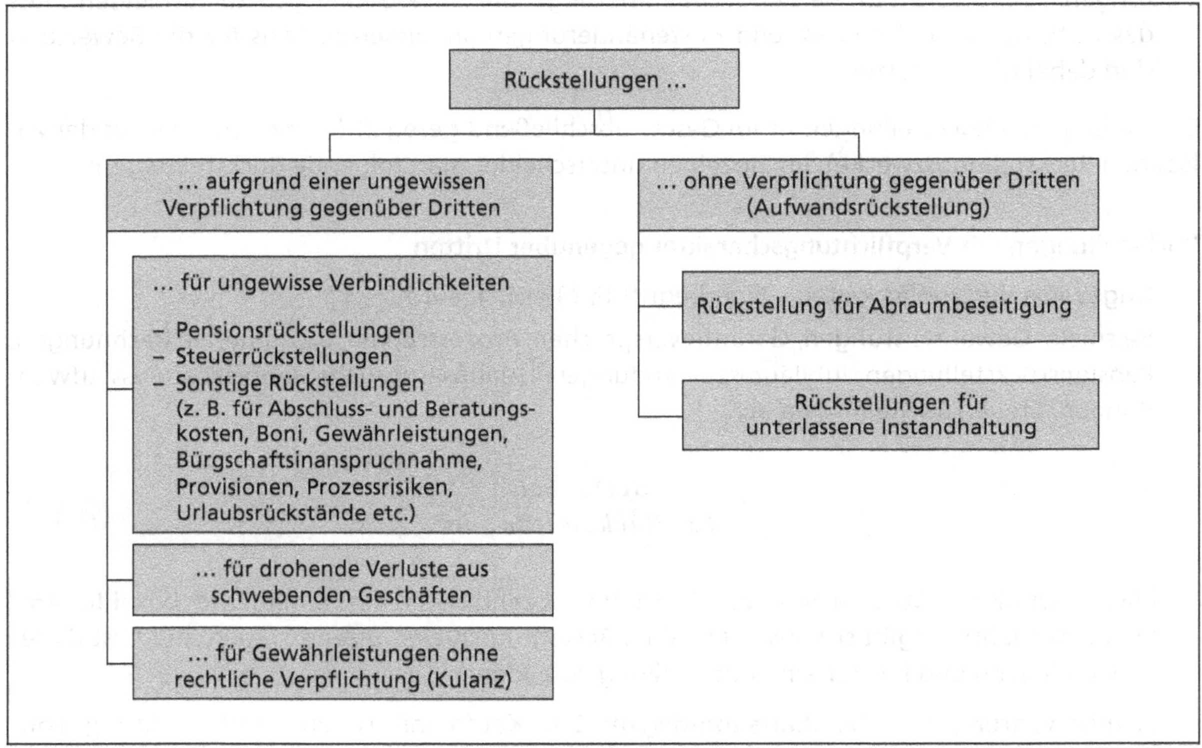

Rückstellungen werden gegen ein Aufwandskonto gebucht. Der Buchungssatz lautet:

Aufwandskonto *an* Rückstellungen.

Rückstellungen sind nach § 249 II 2 aufzulösen, soweit ihr Grund entfallen ist (Erledigung, Verbrauch, Wegfall der Verpflichtung etc.). Die Erfolgswirksamkeit von Rückstellungen ergibt sich nach dem Zeitablauf.

- Erstbuchung bzw. Erhöhung: Zuführung (= Aufwand)
- Inanspruchnahme (Verbrauch, z.B. durch Eintritt des Schadensfalls): erfolgsneutral, da bereits früher als Aufwand gebucht.
- Auflösung (Grund für Rückstellung ist entfallen): erfolgswirksames Ausbuchen (= sonstiger betrieblicher Ertrag)

BEISPIEL

Eine Bauschlosserei wird von einem Bauherrn wegen eines Baumangels verklagt. Der Geschäftsführer stellt hierfür sofort 10 T€ zurück. Der Buchungssatz lautet:

Sonstige betriebliche Aufwendungen (Rechtskosten) 10 T€ *an* Rückstellung 10 T€.

Entscheidet ein Gericht im nächsten Jahr über den Baumangel definitiv, sind vier Fälle zu unterscheiden:

1. Sofern der Baumangel nicht besteht und die Klage abgewiesen wird, wird die Rückstellung nicht in Anspruch genommen und aufgelöst (Buchungssatz: Rückstellungen 10 T€ an sonstige betriebliche Erträge 10 T€).
2. Sofern der Baumangel besteht und die Schlosserei zur Zahlung von 10 T€ verklagt wird, wird die Rückstellung in Anspruch genommen und aufgelöst (Buchungssatz: Rückstellungen 10 T€ an Bank 10 T€).
3. Sofern der Baumangel besteht und die Schlosserei zur Zahlung von 7 T€ verklagt wird, wird die Rückstellung nur teilweise in Anspruch genommen, aber ganz aufgelöst (Buchungssatz: Rückstellungen 10 T€ an Bank 7 T€ und sonstige betriebliche Erträge 3 T€).
4. Sofern der Baumangel besteht und die Schlosserei zur Zahlung von 11 T€ verklagt wird, wird die Rückstellung in Anspruch genommen und aufgelöst und es werden weitere Aufwendungen gebucht (Buchungssatz: Rückstellungen 10 T€ und sonstiger betrieblicher Aufwand (Rechtskosten) 1 T€ an Bank 11 T€).

Das Unternehmen ist verpflichtet, zur Rechtfertigung der gebuchten Rückstellungen konkrete Tatsachen für ihren Grund und ihre Höhe darzulegen. Nicht verbindlich, aber empfehlenswert ist die Aufnahme eines Rückstellungsspiegels in den Anhang. Er zeigt die Zuführungs- und Auflösungsbeträge für die wesentlichen Rückstellungsarten und die Zinseffekte.

Muster eines Rückstellungsspiegels (Werte in T€)

Art der Rückstellung	Buchwert zum 01.01.	Verbrauch	Auflösung	Zinseffekte	Zuführung	Buchwert zum 31.12.
Jahresabschluss	30	28	2	–	32	32
Offener Urlaub	70	70	–	–	80	80
Steuern	110	107	3	–	40	40
Rechtsstreit	120	70	50	–	50	50
Garantien	60	10	10	...	...	...
Pensionen	250	50	30	...	...	...
...	...	...	...	...	...	...
Gesamt	820	640	...	...	...	...

Pensionsrückstellungen

Sagt ein Unternehmen einem Manager oder Mitarbeiter eine Pension nach dessen Ausscheiden im Unternehmen zu (Direktzusage), ist hierfür eine Rückstellung zu bilden. Besteht ein Pensionsvermögen (auch „Planvermögen" genannt), so erfolgt eine Saldierung der Pensionsrückstellung mit dem Pensionsvermögen, wenn dieses Pensionsvermögen dem Gläubigerzugriff entzogen ist

(§ 246 II und Kap. 3.2.1). Das Pensionsvermögen wird nach dem beizulegenden Wert (Fair Value) bewertet.

Der Begriff des Plan- oder Pensionsvermögens kommt aus der internationalen Rechnungslegung und meint Investitionen – meist in Wertpapier- oder Fondskonstruktionen –, aus deren Ertrag Leistungen an bisherige oder ehemalige Beschäftigte bezahlt werden. Nach § 285 Nr. 25 sind im Anhang die Anschaffungskosten und die Ermittlung des Fair Values des Pensionsvermögens sowie der Erfüllungsbetrag des Pensionsvermögens anzugeben. Erfolgt die Altersvorsorge über Dritte (Direktversicherung, Pensionskasse, Unterstützungseinrichtung etc.), so ist keine Rückstellung zu bilden, zumal das Unternehmen laufend Beiträge entrichtet und der „Dritte" Schuldner der Vorsorgeleistung für die Mitarbeiter ist.

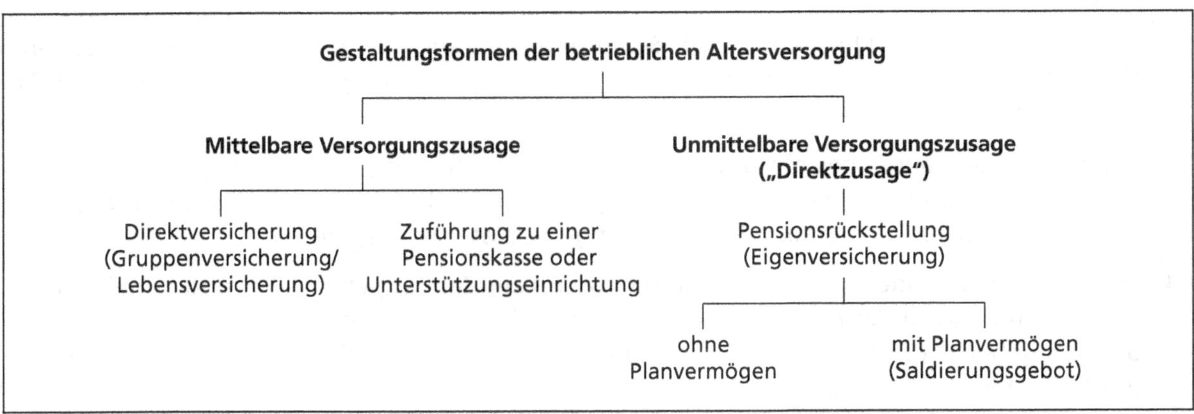

Für die Bewertung von Pensionsrückstellungen sind Methoden anerkannt, die auf versicherungsmathematischen Grundlagen beruhen. Auch Pensionsrückstellungen müssen abgezinst werden (durchschnittlicher Marktzins für eine Laufzeit von 15 Jahren), künftige Entwicklungen müssen angemessen Berücksichtigung finden. Die konkreten Leistungen hängen in der Regel von der Beschäftigungsdauer und vom Entgelt des Beschäftigten ab.

21 zu 3 (Aufgabe):

a) Halten Sie die Passivierung von Pensionsrückstellungen betriebswirtschaftlich für richtig?

b) Welche Rechtsvoraussetzungen müssen gegeben sein, damit sie auch in der Steuerbilanz passiviert werden dürfen?

lies: *Wöhe/Döring*, 6. Abs., B III 7c; *Meyer*, II A 7; zur Periodenabgrenzung von laufenden Beiträgen vgl. auch Bacher/Jautz, Zur Bilanzierung von Beiträgen zu Garantiefonds, in: BKR 3/2011, S. 9–102

3.3.3.3 Bilanzierung der sonstigen Verbindlichkeiten

Verbindlichkeiten bestehen in der Regel gegenüber Banken oder Lieferanten. Die sonstigen Verbindlichkeiten stellen einen Sammelposten des Fremdkapitals dar, also einen Auffangposten für (konkrete) Verbindlichkeiten, die nicht unter einem vorhergehenden Posten ausgewiesen werden. Wichtige Anwendungsbereiche sind

- noch nicht abgeführte, aber bereits festgesetzte Steuern,
- noch nicht ausbezahlte Löhne, Gehälter, Tantiemen, Gratifikationen,
- noch nicht abgeführte Sozial-, Renten- und Versicherungsbeiträge,

- noch nicht bezahlte Miete oder Pacht,
- noch nicht bezahlte Zinsaufwendungen,
- noch nicht ausbezahlte Aufsichtsrats- und Beiratsvergütungen,
- noch nicht ausbezahlte Provisionsverpflichtungen,
- Schulden gegenüber Gesellschaftern.

3.3.4 Rechnungsabgrenzungsposten

Die Rechnungsabgrenzungsposten (RAP) dienen der periodengerechten Gewinnermittlung. Zwei Geschäftsjahre werden so gegeneinander abgegrenzt, dass jeder Periode nur derjenige Aufwand und Ertrag zugeordnet wird, der in ihr wirtschaftlich verursacht worden ist.

Aktive Rechnungsabgrenzungsposten (ARAP) liegen gemäß § 250 I dann vor, wenn Ausgaben vor dem Bilanzstichtag entstanden sind, die die Zeit nach dem Abschlussstichtag betreffen und dann erst erfolgswirksam werden (Ausgaben jetzt im Voraus, Aufwand erst später). Beispiele: Im Voraus bezahlte Mieten und Mietnebenkosten, Gebühren, Versicherungsprämien und Steuern. Ebenso nach § 250 III das Disagio bei einem Unter-Pari-Darlehen.

BEISPIEL

Ein Auto wird im Oktober angeschafft und die Kfz-Steuer und Vollkaskoversicherung (je 1.500 €) werden bereits für ein Jahr im Voraus bezahlt. Im Rahmen der Abschlussbuchungen sind am Jahresende drei Viertel dieser Aufwendungen abzugrenzen und in den ARAP zu buchen.

Auch auf der Passivseite der Bilanz sind nach § 250 II sogenannte passive Rechnungsposten (PRAP) anteilig anzusetzen, wenn Einnahmen vor dem Bilanzstichtag vorliegen, die die Zeit danach betreffen und erst in der Folgezeit erfolgswirksam werden (Einnahmen jetzt im Voraus, Ertrag erst später). PRAP dienen dazu, Erträge zwischenzuparken, sie gehören nicht in diese Periode. Beispiele: Im Voraus erhaltene Lizenzgebühren, Mieten, Zuschüsse, Wartungszuschläge.

BEISPIEL

Die Cola AG erhält aufgrund von Lizenzverträgen Anfang Juli von ihren Lizenznehmern vorschüssig die jährlichen Lizenzeinnahmen in Höhe von 500 Mio. €. Von diesen Erträgen ist am Jahresende bei den Abschlussbuchungen die Hälfte abzugrenzen und in den PRAP zu buchen.

Wirtschaftlich gesehen sind die Rechnungsabgrenzungsposten Korrekturposten, also weder Vermögensgegenstände noch Verbindlichkeiten. Im Folgejahr werden die Rechnungsabgrenzungsposten gewöhnlich wieder aufgelöst.

Übersicht über periodenübergreifende Zahlungen

Zahlung vor einer Warenauslieferung (Buchung stets mit Umsatzsteuer):

- Buchung beim Lieferanten als „erhaltene Anzahlung" (Wahlrecht nach § 268 V2: Passivposten C 3 oder als Aktivposten – bei „Vorräte" offen abgesetzt)
- Buchung beim Kunden als „geleistete Anzahlung" (Aktivposten B I 4)

Zahlung von einer sonstigen Leistung:

- Buchung als „ARAP", wenn es um einen vorausbezahlten Aufwand geht.
- Buchung als „PRAP", wenn es um einen im Voraus erhaltenen Ertrag geht.

Zahlung nach der Gegenleistung (Buchung stets mit Umsatzsteuer):

- Buchung als „Forderung“, wenn der Bilanzierende eine Leistung auf Ziel erbracht hat.
- Buchung als „Verbindlichkeit“, wenn der Bilanzierende eine Leistung auf Ziel erhalten hat.

BEISPIEL
zur Periodenabgrenzung

Am Jahresende 01 führt ein Unternehmen eine große Image- bzw. Werbekampagne durch. Die Ausgaben belaufen sich auf 5 Mio. €. Wie ist zu buchen?

Denkbar wäre die Buchung als ARAP (vorausbezahlte Aufwendungen). § 250 I verlangt aber „eine bestimmte Zeit“. Da bei einer Werbung oder Öffentlichkeitskampagne die zeitliche Wirkung nicht klar bestimmt ist – man weiß nicht wie lange die Wirkung genau anhält –, sind die Werbeausgaben „laufender Aufwand“ des Jahres 01 und nicht periodenübergreifend abzugrenzen (Vorsichtsprinzip).

3.3.5 Latente Steuern

bearbeitet von Marcus Scholz

Die handelsrechtliche und die steuerliche Gewinnermittlung weichen in vielen Punkten voneinander ab. Der handelsrechtliche Jahresabschluss dient der Information der Abschlussadressaten und soll ein den tatsächlichen Verhältnissen entsprechendes Bild der Vermögens-, Finanz- und Ertragslage vermitteln. Die Steuerbilanz hingegen soll die Bemessungsgrundlage für die Ertragsteuern ermitteln. Die Steuerbilanz hat daher nicht den Anspruch, betriebswirtschaftlich „richtig“ zu sein, sondern dient lediglich dem fiskalischen Interesse einer möglichst hohen Steuererzielung.

Wenn Handelsbilanz und Steuerbilanz voneinander abweichen und sich die Differenzen zu einem späteren Zeitpunkt wieder ausgleichen, kommt es zu Steuerlatenzen (vgl. § 274). Aktive latente Steuern sind zukünftig entstehende Steuerentlastungen. Das Unternehmen wird Steuerrückzahlungen für vergangene Jahre erhalten. Passive latente Steuern sind zukünftig entstehende Steuerbelastungen. Das Unternehmen hat eine Bringschuld an den Fiskus. Es müssen noch Steuern für vergangene Jahre bezahlt werden.

Die Logik von latenten Steuern lässt sich wie folgt darstellen: Ist das handelsrechtliche Eigenkapital größer als das steuerliche Eigenkapital, dann sieht das Unternehmen in der Handelsbilanz wohlhabender aus als in der Steuerbilanz. Das handelsrechtlich gezeigte „Mehrvermögen“ muss später noch versteuert werden; nämlich dann, wenn es auch in der Steuerbilanz sichtbar wird und das steuerliche Eigenkapital erhöht. Diese spätere Steuerbelastung muss handelsrechtlich bereits heute berücksichtigt werden, indem eine Rückstellung für ungewisse Verbindlichkeiten oder eine passive latente Steuer gebildet wird.

Die tatsächlichen Steuerzahlungen, die ein Unternehmen zu leisten hat, richten sich nach dem steuerlichen Ergebnis. Sie sind sowohl im handelsrechtlichen als auch im steuerlichen Jahresabschluss unter den „Steuern vom Einkommen und vom Ertrag“ zu erfassen. Je nachdem, ob Handelsbilanz und Steuerbilanz übereinstimmen (Handelsbilanz = Steuerbilanz), ob das Unternehmen in der Handelsbilanz ein höheres Reinvermögen ausweist als in der Steuerbilanz (Handelsbilanz > Steuerbilanz) oder ob es sich umgekehrt verhält (Handelsbilanz < Steuerbilanz), ergeben sich die nachstehend dargestellten Bilanzierungsfolgen:

Fall 1: Handelsbilanz = Steuerbilanz

Wenn Handelsbilanz und Steuerbilanz nicht voneinander abweichen, ergibt sich in beiden Rechenwerken ein identischer Gewinn vor Steuern. Die festzusetzenden Ertragsteuern, die auch in dem handelsrechtlichen Jahresabschluss erfasst werden, korrespondieren mit dem handelsrechtlichen Gewinn vor Steuern.

Fall 2: Handelsbilanz > Steuerbilanz

Wenn in der Handelsbilanz ein Vermögensgegenstand aktiviert wird, der in der Steuerbilanz nicht aktivierungsfähig ist (z. B. ein selbst erstellter immaterieller Vermögensgegenstand des Anlagevermögens nach § 248 II), führt dies handelsrechtlich zu einem Ertrag (GuV-Posten: andere aktivierte Eigenleistungen). Im Jahr der Aktivierung ist der handelsrechtliche Gewinn vor Steuern ceteris paribus höher als der steuerliche Gewinn vor Steuern. Gleichzeitig sind die tatsächlichen Ertragsteuern niedriger, als es der handelsrechtliche Gewinn vor Steuern erwarten lassen würde.

In den Folgejahren wird der aktivierte Vermögensgegenstand abgeschrieben. Dann wird der handelsrechtliche Gewinn vor Steuern ceteris paribus niedriger sein als der steuerliche Gewinn vor Steuern. Somit werden die tatsächlichen Ertragsteuern höher sein, als es der handelsrechtliche Gewinn vor Steuern erwarten lassen würde. Es liegt eine Steuerbelastung vor.

Beachte: Bei Aktivierung des Vermögensgegenstands in der Handelsbilanz ist die zukünftig entstehende Steuerbelastung zu passivieren. Dies führt zu passiven latenten Steuern (§ 274 II 1).

Fall 3: Handelsbilanz < Steuerbilanz

Wenn in der Handelsbilanz eine Schuld passiviert wird, die in der Steuerbilanz nicht passivierungsfähig ist (z. B. eine Rückstellung für drohende Verluste aus schwebenden Geschäften nach § 249 I 1, 2. Alt. – oder – höhere handelsrechtliche als steuerliche Abschreibungen), führt dies handelsrechtlich zu einem Aufwand. Im Jahr der Passivierung ist der handelsrechtliche Gewinn vor Steuern ceteris paribus niedriger als der steuerliche Gewinn vor Steuern. Gleichzeitig sind die tatsächlichen Ertragsteuern höher, als es der handelsrechtliche Gewinn vor Steuern erwarten lassen würde.

In den Folgejahren wird der erwartete Verlust tatsächlich eintreten. Handelsrechtlich wurde der Verlust bereits antizipiert. Steuerlich konnte der Verlust nicht antizipiert werden. In der Steuerbilanz wird der Verlust daher erst in dem Jahr erfasst, in dem er tatsächlich eintritt. Dann wird der handelsrechtliche Gewinn vor Steuern ceteris paribus höher sein als der steuerliche Gewinn vor Steuern. Somit werden die tatsächlichen Ertragsteuern niedriger sein, als es der handelsrechtliche Gewinn vor Steuern erwarten lassen würde. Es liegt eine Steuerentlastung vor.

Beachte: Bei Passivierung einer Schuld in der Handelsbilanz ist die zukünftig entstehende Steuerentlastung zu aktivieren. Dies führt zu aktiven latenten Steuern (§ 274 II 1).

Beispiele für aktive und für passive latente Steuern

Beispiele für aktive latente Steuern		
	Handelsrecht	Steuerrecht
Rückstellungen für drohende Verluste aus schwebenden Geschäften	Passivierungspflicht nach § 249 I 1	Passivierungsverbot nach § 5 Abs. 4 a EStG
Pensionsrückstellungen	Abzinsung mit dem durchschnittlich gewichteten Marktzins führt zu höherem Barwert	Abzinsung mit 6 % führt zu niedrigerem Barwert
Aktiver Rechnungsabgrenzungsposten aus einem Disagio	Aktivierungswahlrecht	Aktivierungspflicht
Steuerliche Verlustvorträge	Soweit innerhalb von 5 Jahren realisierbar	
Steuergutschriften		
Zinsvorträge (bei der Zinsschranke)		

Beispiele für passive latente Steuern		
	Handelsrecht	Steuerrecht
Selbst erstellte immaterielle Vermögensgegenstände des Anlagevermögens	Aktivierungswahlrecht nach § 248 II	Aktivierungsverbot nach § 5 Abs. 2 EStG
Steuerliche Sonderabschreibungen	Planmäßige Abschreibung führt zu höherem Buchwert	Sonderabschreibung führt zu niedrigerem Buchwert

22 zu 3 (Aufgabe):

Eine mittelgroße GmbH weist folgende Bilanzposten in der Handelsbilanz (HB) bzw. in der Steuerbilanz (StB) aus:

a) HB: Selbst erstellte Software, die der Lagerbestandsverwaltung dient 100 T€

b) HB: Drohverlustrückstellung 50 T€

c) StB: aktiver RAP (ARAP) aus Disagio (handelsrechtlich voll als Aufwand erfasst) 20 T€

Führen die dargestellten Sachverhalte zu einer aktiven oder zu einer passiven latenten Steuer? Gehen Sie davon aus, dass die GmbH nachhaltig Gewinne erzielt und die Ertragsteuerquote der GmbH 30 % beträgt.

Bilanzierung von latenten Steuern dem Grunde nach

Die Bildung latenter Steuern folgt bei Kapitalgesellschaften nach § 274 der Bilanzpostenmethode. Nach der Bilanzpostenmethode werden nicht nur die Differenzen zwischen Handelsbilanz und steuerlichem Wertansatz erfasst, die sich in der GuV auswirken, sondern jede Bilanzierungs- und Bewertungsabweichung. Somit werden auch erfolgsneutral direkt im Eigenkapital erfasste Abweichungen berücksichtigt.

Wenngleich gewöhnlich von Differenzen zwischen Handels- und Steuerbilanz gesprochen wird, ist diese Bezeichnung nicht ganz korrekt. In § 274 ist nicht von Bilanzposten die Rede, sondern von den handelsrechtlichen und den steuerlichen Wertansätzen. Der handelsrechtliche Wertansatz entspricht dem Wertansatz in der Handelsbilanz. Der steuerliche Wertansatz kann dagegen aufgrund von außerbilanziellen Korrekturen von dem Wertansatz in der Steuerbilanz abweichen.

Die Differenzen zwischen handelsrechtlichem und steuerlichem Wertansatz werden in folgende Kategorien unterteilt:

Zeitlich befristete Differenzen	Sie gleichen sich in späteren Perioden voraussichtlich aus.	Sie führen zu latenten Steuern.
Quasi permanente Differenzen	Sie gleichen sich erst bei Liquidation des Unternehmens aus oder bedürfen zu ihrer Umkehrung einer unternehmerischen Disposition (z. B. Verkauf eines Teilbetriebs).	Sie führen zu latenten Steuern.
Permanente Differenzen	Sie werden selbst bei Aufgabe des Unternehmens und Besteuerung des Liquidations- oder Aufgabegewinns nicht ausgeglichen.	Sie führen nicht zu latenten Steuern.

Sonderfall „Steuerliche Verlustvorträge" nach § 272 I 4

Steuerliche Verlustvorträge können mit zukünftigen Gewinnen verrechnet werden. Das führt dazu, dass zukünftige Gewinne ohne Steuerbelastung vereinnahmt werden können, bis der steuerliche Verlustvortrag aufgebraucht ist. Für die innerhalb der nächsten fünf Jahre erwartete, zukünftig entstehende Steuerentlastung kann eine aktive latente Steuer gebildet werden.

BEISPIEL

Die mittelgroße Baumarkt GmbH hat zum 31.12.00 einen gewerbesteuerlichen und körperschaftsteuerlichen Verlustvortrag von je 500 T€. Die künftigen steuerlichen Ergebnisse werden mit guten Argumenten wie folgt angenommen:

01	0 T€
02	0 T€
03	50 T€
04	100 T€
05	150 T€
06	150 T€

Nach § 274 I 2 und 4 darf eine aktive latente Steuer gebildet werden (Aktivierungswahlrecht). Latente Steuern auf den Verlustvortrag können im Beispiel angesetzt werden, da der Verlustvortrag in den nächsten fünf Jahren voraussichtlich genutzt bzw. mit guten Gründen verrechnet werden kann. Die Summe der erwarteten Gewinne in den Jahren 01 bis 05 beträgt 300 T€. Der Verlustvortrag kann also in Höhe von maximal 300 T€ genutzt werden.

Angenommen, der erwartete Ertragsteuersatz beträgt während der nächsten fünf Jahre 30 %, berechnet sich eine aktive latente Steuer in Höhe von 90 T€ (300 T€ × 30 %).

Eingeschränktes Aktivierungswahlrecht für aktiven Überhang

Aktive und passive latente Steuern sind zunächst separat zu ermitteln. Ergibt sich ein Überhang der aktiven über die passiven latenten Steuern, besteht ein Aktivierungswahlrecht für diesen Überhang. Aktive latente Steuern können völlig vernachlässigt oder aktiviert werden. Wenn sie aktiviert werden, ist der gesamte Überhang zu aktivieren, d. h. die Aktivierung von Teilbeträgen ist nicht zulässig.

Alternativ zu dem Aktivierungswahlrecht für den aktiven Überhang kann auch ein unverrechneter Ausweis der latenten Steuern erfolgen. In diesem Fall werden die aktiven und die passiven latenten Steuern separat ausgewiesen. Mit anderen Worten: Wenn die passiven Steuern separat ausgewiesen werden, besteht eine Aktivierungspflicht für die aktiven latenten Steuern.

Bestehen zeitlich befristete oder quasi permanente Differenzen, so ist eine sich daraus insgesamt ergebende Steuerbelastung als passive latente Steuer anzusetzen. Passive latente Steuern dürfen demnach nur in der Höhe angesetzt werden, in der sie die aktiven latenten Steuern übersteigen. Alternativ dazu ist ein unverrechneter Ausweis aktiver und passiver latenter Steuern zulässig.

BEISPIEL

Eine mittelgroße Handels-GmbH hat aktive latente Steuern in Höhe von 40 T€ und passive latente Steuern in Höhe von 70 T€. Damit ergibt sich ein passiver Überhang der Steuerbelastung in Höhe von 30 T€ (passive latente Steuer in Höhe von 70 T€ und aktive latente Steuer in Höhe von 40 T€). Für diesen passiven Überhang in Höhe von 30 T€ ergeben sich zwei Bilanzierungsvarianten:

Variante A: verrechneter Ausweis der passiven latenten Steuer, d. h. 30 T€ Überhang

Bilanz

		passive latente Steuer	30 T€

Variante B: unverrechneter Ausweis der aktiven und der passiven latenten Steuer

Bilanz

aktive latente Steuer	40 T€	passive latente Steuer	70 T€

23 zu 3 (Aufgabe):

Eine mittelgroße Anlagen-GmbH hat aktive latente Steuern in Höhe von 50 T€ und passive latente Steuern in Höhe von 30 T€.

a) Wie hoch ist der Überhang der Steuerentlastung?

b) In welcher Höhe besteht ein Aktivierungswahlrecht?

c) Wie kann bilanziert werden?

Befreiung für kleine Kapitalgesellschaften und für Personengesellschaften

Kleine Kapitalgesellschaften und Personengesellschaften sind von der Anwendung des § 274 befreit (§ 274a Nr. 5). Freilich dürfen die Regelungen zu aktiven und passiven latenten Steuern freiwillig angewendet werden. Wenn die Befreiung in Anspruch genommen wird, haben die betreffenden Unternehmen passive latente Steuern anzusetzen, soweit die Tatbestandsvoraussetzungen für den Ansatz einer Rückstellung für ungewisse Verbindlichkeiten (§ 249 I 1) vorliegen. In diesem Fall sind aktive Steuerlatenzen und Vorteile aus steuerlichen Verlustvorträgen rückstellungsmindernd zu berücksichtigen. Für quasipermanente Differenzen sind in diesem Fall nach den allgemein für Rückstellungen geltenden Grundsätzen keine latenten Steuern zu bilden.

Bilanzierung von latenten Steuern der Höhe nach (Bewertung)

Die Bewertung latenter Steuern erfolgt mit dem unternehmensindividuellen Steuersatz im Zeitpunkt des Abbaus der Differenz (§ 274 II). Sind die unternehmensindividuellen Steuersätze im Zeitpunkt der Umkehrung nicht bekannt, sind die am Bilanzstichtag gültigen unternehmensindividuellen Steuersätze anzuwenden. Dabei ist zu berücksichtigen, dass je nach Rechtsform des Unternehmens unterschiedliche Steuern auf Unternehmensebene anfallen. Aktive und passive latente Steuern sind nicht abzuzinsen (§ 274 II 1).

Steuersatz in Abhängigkeit der Rechtsform

Kapitalgesellschaften		Personenhandelsgesellschaften	
GewSt (bei 400 % Hebesatz)	14,000 %	GewSt (bei 400 % Hebesatz)	14,000 %
KSt	15,000 %		
SolZ	0,825 %		
	29,825 %		
	rund 30 %		

Ausweis der latenten Steuern

In der Bilanz sind die latenten Steuern jeweils nach den Rechnungsabgrenzungsposten auszuweisen (§ 266 II D „Aktive latente Steuern"; § 266 III E „Passive latente Steuern"). In der GuV ist der Aufwand oder Ertrag aus der Veränderung bilanzierter latenter Steuern gesondert unter dem Posten „Steuern vom Einkommen und vom Ertrag" auszuweisen (§ 274 II 4). Im Anhang ist zudem anzugeben, auf welchen Differenzen oder steuerlichen Verlustvorträgen die latenten Steuern beruhen und mit welchen Steuersätzen die Bewertung erfolgt ist (§ 285 Nr. 29).

Ausschüttungssperre

In Höhe des Überhangs der aktiven über die passiven latenten Steuern besteht eine Ausschüttungssperre (§ 268 VIII 1 und 2).

24 zu 3 (Fallstudie):

Die mittelgroße Bau AG hat folgende vorläufige Bilanz:

Vorläufige Kurzbilanz der B AG zum 31.12.01

Aktiva		T€	Passiva		T€
A. Anlagevermögen		**400**	**A. Eigenkapital**		**210**
Beteiligungen	100		Grundkapital	150	
Maschinen	200		Gewinnrücklagen	39	
Anlagen in Bau	100		Jahresüberschuss	21	
B. Umlaufvermögen		**1.010**	**B. Verbindlichkeiten**		**1.200**
Vorräte	650		Rückstellungen	50	
Forderungen	310		Bankverbindlichkeiten	1.050	
Kasse	50		Verbindlichkeiten aus L+L	100	
Bilanzsumme		**1.410**	**Bilanzsumme**		**1.410**

a) Zeigen Sie, wie sich die Eigenkapitalquote verändert, wenn aktive latente Steuern in Höhe von 150 T€ und passive latente Steuern in Höhe von 60 T€ bestehen.

b) Wie beurteilen Sie Ihr Ergebnis, wenn mit der finanzierenden Bank ein Financial Covenant vereinbart ist, nach dem sich die Kreditzinsen ab dem Jahr 02 um 2 %-Punkte erhöhen, wenn die Eigenkapitalquote unter 20 % liegt?

Vertiefend: Entwurf IDW Stellungnahme zur Rechnungslegung: Einzelfragen zur Bilanzierung latenter Steuern nach den Vorschriften des HGB in der Fassung des Bilanzrechtsmodernisierungsgesetzes (IDW ERS HFA 27) Stand: 29.05.2009

3.4 Aufbau und Gliederung der Gewinn- und Verlustrechnung

Bei der Gewinn- und Verlustrechnung (GuV) handelt es sich um eine zeitraumbezogene Rechnung, die Art und Quellen des Periodenerfolges wertmäßig zeigt. Die GuV ist neben der Bilanz ein wesentlicher Teil des Jahresabschlusses und soll einen Einblick in die Ertragslage eines Unternehmens geben. Sie stellt die Erträge und Aufwendungen eines bestimmten Zeitraumes – in der Regel eines Geschäftsjahres – gegenüber (§§ 242 II, 252 I 5). Überwiegen die Erträge, ist der Erfolg ein „Gewinn", andernfalls entsteht ein „Verlust". Gewinn ist also definiert als die Differenz von Erträgen und Aufwendungen oder formelmäßig:

Gewinn (Verlust) = Erträge – Aufwendungen

Der Gewinn kann weiter untergliedert werden in den „Rohgewinn/Rohergebnis" (vereinfacht: Umsatz minus Wareneinsatz) und den „operativen Vorsteuergewinn" (vor dem Finanzergebnis = Betriebsergebnis, nach dem Finanzergebnis = Ergebnis gewöhnlicher Geschäftstätigkeit). Nach Abzug der Steuern ergibt sich der Nachsteuergewinn („Jahresüberschuss").

Die Erträge gliedern sich gewöhnlich in den Umsatz, auch Erlöse genannt. Das sind die Gegenwerte für den Umsatzprozess bzw. der Ertrag für das Leistungsangebot (Produkte oder Dienstleistungen) eines Unternehmens. Nach dem BilRUG ist der Umsatzbegriff „weit" und umfasst auch untypische Erlöse wie Verkaufserlöse an Mitarbeiter, Kostenerstattungen, Mieteinnahmen und Erlöse aus Schrottverkäufen (vgl. § 277 I). Andere Erträge fließen in den GuV-Posten „sonstige betriebliche Erträge". Daneben existiert der Zins- bzw. Finanzertrag als dritte Ertragsart. Bei den Aufwendungen ist eine weitere Differenzierung geboten. Gemäß dem unterschiedlichen Einsatz von Produktionsfaktoren wird gemeinhin zwischen Materialaufwand, Personalaufwand, Abschreibungen, sonstigen betrieblichen Aufwendungen, Zinsen und Steuern unterschieden.

Mögliche Differenzierung von Erträgen und Aufwendungen	
Aufgliederung der Erträge: – Umsatz als Hauptertrag – sonstiger betrieblicher Ertrag – Zins- bzw. Finanzertrag	Aufwendungen nach Einsatzfaktoren: – Materialaufwand – Personalaufwand – Abschreibungen – sonstiger betrieblicher Aufwand – Zins- bzw. Finanzaufwand

Beachte zudem folgende Einzelheiten:

- Während eine Personengesellschaft bei der Gegenüberstellung der Aufwendungen und Erträge (§ 242 II) im Rahmen der GoB eine gewisse Flexibilität hat und gewöhnlich nur den Vorsteuergewinn ausweist, bestehen für eine Kapitalgesellschaft strenge Ausweisvorschriften (vgl. § 275 ff.).
- Nach herrschender Meinung gehören Geschäftsvorfälle wie Ab- und Zuschreibungen, Erfolge aus Anlageabgängen, Erträge aus Auflösungen von Rückstellungen oder Sonderposten mit Rücklagenanteilen zum Posten „sonstiger betrieblicher Aufwand bzw. Ertrag" und sind damit Bestandteil des ordentlichen Gewinns. Der Begriff „Geschäftstätigkeit" wird weit ausgelegt und umfasst grundsätzlich die gesamte unternehmerische Tätigkeit. Nach dem BilRUG entfallen die GuV-Posten „außerordentliche Erträge und Aufwendungen" – also Erträge bzw. Aufwendungen außerhalb der gewöhnlichen Geschäftstätigkeit. Insgesamt wird der Gewinn damit sehr weit gefasst. Aussagen über den operativen Gewinn werden damit erschwert, zumal „Einmaleffekte" in der GuV nicht immer klar abgegrenzt werden. Jedoch sind im Anhang außergewöhnliche Erträge und Aufwendungen anzugeben und zu erläutern, ebenso GuV-Posten, die einem anderen Geschäftsjahr zuzurechnen sind.
- Die sonstigen betrieblichen Erträge bzw. Aufwendungen sind Sammelposten und enthalten Erträge bzw. Aufwendungen, die nicht den anderen GuV-Posten zuzuordnen sind.
- Typische Anwendungsfälle für den Sammelposten „Sonstige betriebliche Erträge": Erträge aus dem Abgang von Gegenständen, Erträge aus der Auflösung von Rückstellungen, erhaltener Schadenersatz.
- Typische Anwendungsfälle für den Sammelposten „Sonstige betriebliche Aufwendungen": Verluste aus dem Abgang von Vermögensgegenständen, Abschreibungen auf Forderungen, übrige betriebliche Aufwendungen (Anwalts- und Beratungskosten, Fracht, Bankgebühren, Bürobedarf, EDV, Telefonkosten, Versicherungen, Mieten, Messekosten etc.).
- Besonderheiten für Konzernunternehmen: Um zu verhindern, dass Konzerne Gewinnverschiebungen mittels Darlehen vornehmen, ist nach § 8 a KStG eine „Zinsschranke" normiert.

BEISPIELE
für die Zuordnung von GuV-Posten

Geschäftsvorfall	**GuV-Posten**
Herabsetzung der PWB-Quote auf Forderungen	Sonstige betriebliche Erträge
Zahlungseingang einer ausgebuchten Forderungen	Sonstige betriebliche Erträge
Bildung einer Rückstellung für Garantieleistungen	Sonstige betriebliche Aufwendungen
Bildung einer Pensionsrückstellung	Personalaufwand
Gutschrift einer Dividende aus einer Beteiligung	Erträge aus Beteiligungen
Abwertungen von Vorräten	Materialaufwand
Abschreibung einer Forderung	Sonstiger betrieblicher Aufwand
Nachzahlung von Gewerbesteuer	Steuern vom Einkommen und vom Ertrag
Außerplanmäßige Abschreibung einer Beteiligung	Abschreibung auf Finanzanlagen und auf Wertpapiere des Umlaufvermögens

Ein Kaufmann muss nach § 242 II am Schluss des Geschäftsjahres eine Gegenüberstellung von Aufwendungen und Erträgen (GuV) erstellen. Diese Aufstellung kann in Konto- oder in Staffelform erfolgen. Bei Kapitalgesellschaften ist die Staffelform vorgeschrieben (§ 275 I), die im Gesamtkostenverfahren wie folgt aussehen könnte:

	Umsatzerlöse
±	Bestandsveränderungen
=	Gesamtleistung
–	Materialaufwand
=	Rohergebnis (§ 276)
+	sonstiger betrieblicher Ertrag
–	Personalaufwendungen
–	Abschreibungen
–	sonstige betriebliche Aufwendungen
=	Betriebsergebnis ohne Finanzergebnis (EBIT)
±	Finanzergebnis
=	Gewinn vor Steuern
–	Steuern
=	Jahresüberschuss (Gewinn nach Steuern)

zusätzlich bei einer Aktiengesellschaft (§ 158 AktG)
oder bei einer GmbH (§ 29 I 2 GmbH)

±	Gewinn- bzw. Verlustvortrag
±	Rücklagenauflösung/-zuführung
=	Bilanzgewinn

BEISPIEL
Verbuchung von Steuern

Die Frage, wie Steuern verbucht werden, bestimmt sich nach der Steuerart. Mit dem Umsatz direkt verbundene Steuern (Steuern für Energie, Strom, Tabak, Kaffee, Bier etc.) sind von den Umsatzerlösen abzuziehen. Abzugsfähige Betriebssteuern („sonstige Steuern") wie Grundsteuer, Kfz-Steuer und Zölle sind durch das Unternehmen veranlasst und damit Aufwand. Nichtabzugsfähige Steuern sind hingegen „Steuern vom Einkommen und vom Ertrag" wie Gewerbesteuer, Körperschaftsteuer etc. Privatsteuern haben nichts mit dem Unternehmen zu tun und bleiben generell außen vor bzw. werden als Privatentnahme verbucht.

25 zu 3 (Aufgabe):

Worin unterscheiden sich Betriebsgewinn, Jahresüberschuss und Bilanzgewinn?

Auf Basis dieser handelsrechtlichen GuV-Gliederung kann man sich dem international üblichen EBITDA-Schema (Earnings Before Interest, Taxes, Depreciation and Amoritization) wie folgt annähern:

	Jahresüberschuss
+	Ertragsteuern
=	Gewinn vor Steuern
+	Zinsaufwand
=	EBIT (ordentliches Ergebnis vor Zinsen und Steuern)
+	Abschreibungen auf das Anlagevermögen (Depreciation)
+	Abschreibungen auf den Goodwill (Amoritization)
=	EBITDA

Bei der GuV-Gliederung können

- entweder die Erträge in einer Periode (Zeitraumbetrachtung) dem Mengengerüst der Aufwendungen produktionserfolgsorientiert angepasst werden (Gesamtkostenverfahren) oder
- die Aufwendungen absatzerfolgsorientiert an die Erträge angeglichen werden (Umsatzkostenverfahren).

Das Gesamtkostenverfahren beruht auf der deutschen Tradition (Gliederung nach der Aufwandsart/Einsatz der Produktionsfaktoren), das Umsatzkostenverfahren auf der angelsächsischen (Gliederung nach den Funktionsbereichen „Herstellung, Vertrieb, allgemeine Verwaltung"). Der Gewinn ist vom gewählten Verfahren grundsätzlich unabhängig (vgl. grafische Darstellung unten nach *Coenenberg*).

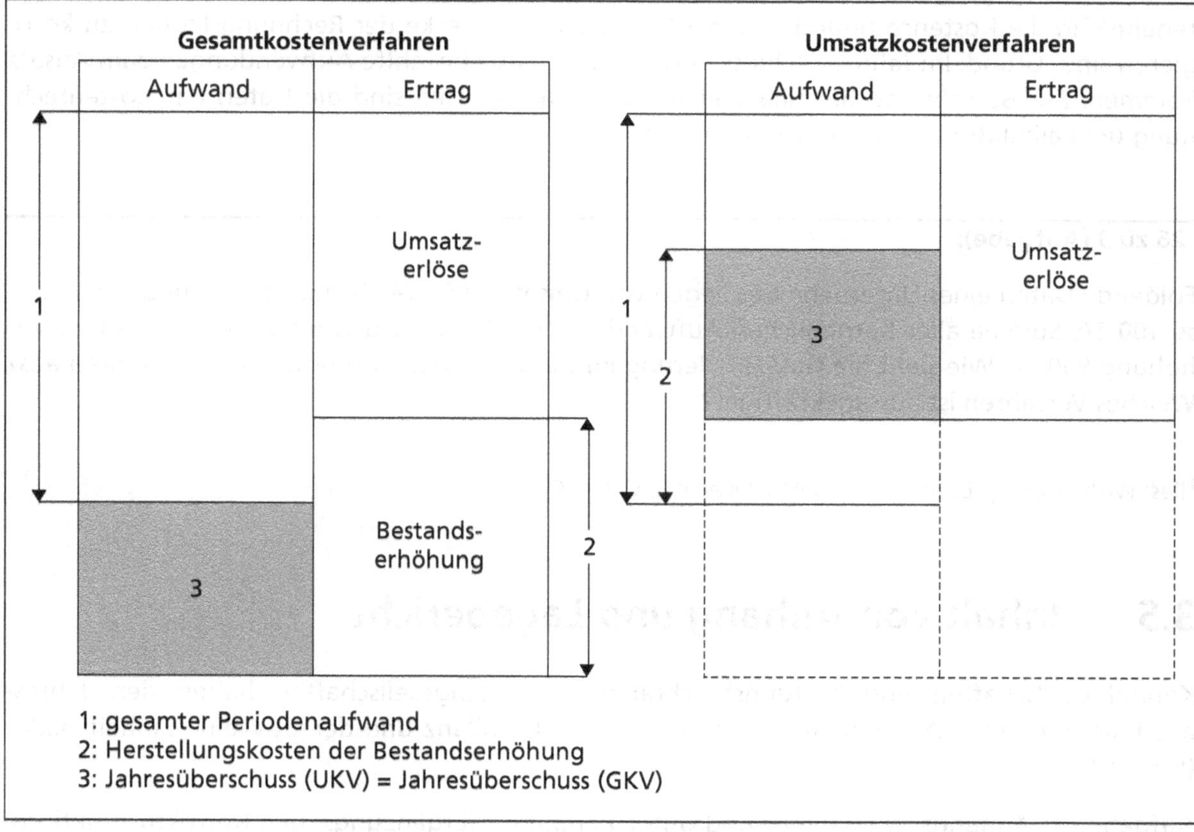

Quelle: *Coenenberg*. Jahresabschluss und Jahresabschlussanalyse, Landsberg 2003, S. 435

Gliederungsschemata des Gesamtkosten- bzw. Umsatzkostenverfahrens (§ 275 II oder III)

Gesamtkostenverfahren nach § 275 II	Umsatzkostenverfahren nach § 275 III
Umsatzerlöse ± Bestandsveränderungen + aktivierte Eigenleistungen + sonstige betriebliche Erträge – Materialaufwand – Personalaufwand – Abschreibungen – sonstige betriebliche Aufwendungen	Umsatzerlöse – Herstellungskosten des Umsatzes = Bruttoergebnis vom Umsatz – Vertriebskosten – allgemeine Verwaltungskosten + sonstige betriebliche Erträge – sonstige betriebliche Aufwendungen
= **Betriebsergebnis (ohne Finanzergebnis)** ± Finanzergebnis	
= **Gewinn vor Steuern** – Steuern	
= **Jahresüberschuss bzw. Jahresfehlbetrag**	

Im Umsatzkostenverfahren nach § 275 wird der Begriff „Herstellungskosten des Umsatzes" verwendet, der von den Herstellkosten der Kostenrechnung etwas abweicht. Im Industriebetrieb umfassen die „Herstellungskosten des Umsatzes" Einzel- und Gemeinkosten, insbesondere Material- und Fertigungskosten. Grundlage der Wertermittlung für die Herstellungskosten bildet regelmäßig die Kostenrechnung, deren Werte aber für Zwecke der Rechnungslegung zu korrigieren sind. Grund: Im Jahresabschluss dürfen nur effektiv bezahlte Aufwendungen zum Ansatz kommen. Zur Berechnung der bilanziellen Herstellungskosten sind die Daten der Kostenrechnung um kalkulatorische Kosten zu korrigieren.

26 zu 3 (Aufgabe):

Folgende Daten eines Unternehmens liegen vor: Umsatz 1.000 T€, Bestandserhöhung Erzeugnisse 100 T€, Summe aller betrieblichen Aufwendungen inklusive Aufwendungen für Bestandserhöhung 900 T€. Wie sieht die GuV-Gliederung im Gesamt- bzw. im Umsatzkostenverfahren aus? Welches Verfahren ist aussagekräftiger?

lies: *Wöhe/Döring*, 6. Abschnitt, B IV; *Meyer*, II B, *Grefe*, C

3.5 Inhalt von Anhang und Lagebericht

Kapitalgesellschaften und haftungsbeschränkte Personengesellschaften haben den Jahresabschluss um einen Anhang zu erweitern, der mit der Bilanz und der GuV eine Einheit bildet (§ 264 I 1).

Aufgabe des **Anhangs** ist es, Bilanz und GuV zu erläutern (Ergänzungs- und Korrekturfunktion), insbesondere hinsichtlich deren Einzelposten und Wahlrechten sowie Bilanzierungs- und Bewertungsmethoden (§§ 284 ff).

- Ergänzungsfunktion des Anhangs aufgrund Informationen über Vorgänge, die nicht in der Bilanz oder GuV stehen.

- Interpretationsfunktion des Anhangs aufgrund einer Analyse, Aufschlüsselung oder Bewertung von Vorgängen, die in der Bilanz oder GuV stehen (qualitative Ergänzung).
- Entlastungsfunktion des Anhangs (Straffung der Bilanz/GuV).

Der Anhang stellt im Rahmen der Jahresabschlussanalyse eine „Fundgrube" dar, die es dem Bilanzadressaten ermöglicht, stille Reserven bzw. Risiken zu identifizieren.

Beachte: Nur für Kapitalgesellschaften und für haftungsbeschränkte Personengesellschaften ist ein Anhang Pflicht, für mittelgroße und insbesondere kleine und kleinste Kapitalgesellschaften bestehen erhebliche Erleichterungen (vgl. §§ 264, 274a, 288), in Ausnahmefällen dürfen sogar Angaben ganz unterbleiben (z. B. § 286). Kleinstgesellschaften müssen keinen Anhang erstellen.

Art und Umfang der Berichtspflichten

„Ausweis": Quantitative Nennung

„Angabe": Verbale oder quantitative Nennung ohne weitere Zusätze

„Aufgliederung": Quantitative Aufgliederung (Segmentierung) in einzelne Komponenten

„Erläuterung": Verbale Kommentierung und Interpretation von Inhalt, Zustandekommen bzw. Ursache

„Darstellung": Verbale bzw. quantitative Angabe, verbunden mit Aufgliederungen oder Erläuterungen

„Begründung": Nachvollziehbare, verbale Darlegung von Motiven und Argumenten für eine bestimmte Verhaltens- oder Vorgehensweise

Angaben im Anhang (beispielhafter Katalog):

- Anlagespiegel § 268 II (Regelfall)
- Pflichtangaben nach § 284
  - II 1/3 Ausweis der Bilanzierungs- und Bewertungsmethoden
  - II 5 Angabe der Zinsen für das Fremdkapital bei Herstellungskosten
- Sonstige Pflichtangaben nach § 285
  - Nr. 1/2 Ausweis der Verbindlichkeiten nach Restlaufzeit und Besicherung (Verbindlichkeitenspiegel)
  - Nr. 3 Risiken und Vorteile von nicht in der Bilanz enthaltenen Geschäften (insbesondere Finanzmaßnahmen), sofern bedeutend
  - Nr. 3a Gesamtbetrag sonstiger Verpflichtungen, sofern bedeutend (z. B. Leasingverpflichtungen)
  - Nr. 4 Aufgliederung des Umsatzes
  - Nr. 6 Einfluss steuerrechtlicher Vergünstigungen
  - Nr. 7 Aufgliederung der Mitarbeiteranzahl
  - Nr. 9/10 Nennung der Organmitglieder und deren Bezüge (vgl. auch § 286 IV)
  - Nr. 11 Auflistung des Beteiligungsbesitzes
  - Nr. 12 Erläuterung der „sonstigen Rückstellungen", sofern erheblich
  - Nr. 13 Gründe zur Abschreibung erworbener Geschäfts- und Firmenwerte
  - Nr. 16 Erklärung zum Corporate Governance Codex
  - Nr. 17 Honorar des Abschlussprüfers
  - Nr. 18–20 Angaben zu Finanzanlagen und Finanzinstrumenten

- Nr. 21 Angaben zu wesentlichen Geschäften mit nahe stehenden Unternehmen/ Personen
- Nr. 22 Gesamtbetrag der Forschungs- und Entwicklungskosten sowie davon der Anteil für selbst geschaffene immaterielle Vermögensgegenstände
- Nr. 23 Art von Bewertungseinheiten bei Absicherungsgeschäften
- Nr. 24 grundlegende Angaben für Pensionsrückstellungen (Zinssatz, erwartete Lohn- und Gehaltssteigerung, Sterbetafel, mathematisches Verfahren)
- Nr. 26 Angaben zum Investmentvermögen
- Nr. 27 weitere Angaben zu den Haftungsverhältnissen, insbesondere Gründe der Einschätzung des Risikos der Inanspruchnahme
- Nr. 28 Ausschüttungsbegrenzungen
- Nr. 29–30 Hinweise zu Steuerlatenzen
- Nr. 31–32 Betrag, Art und Erläuterung von außergewöhnlichen GuV-Posten bzw. GuV-Posten, die einem anderen Geschäftsjahr zuzuordnen sind
- Nr. 34 Vorschlag bzw. Beschluss zur Gewinnverwendung

Beispiel für eine Segmentberichterstattung/Umsatzspiegel:

Umsatz in Mio. €	Gesamtmarkt		Deutschland		Andere EU-Länder		Übrige Gebiete	
	Jahr	Vorjahr	Jahr	Vorjahr	Jahr	Vorjahr	Jahr	Vorjahr
Motorräder	110	120	50	48	30	32	30	40
Fahrräder	150	130	65	60	50	52	...	
Zubehör	60	55	30	30	22	...		
Dienste	40	40	15	14	...			
Gesamt	360	345	160	...				

BEISPIEL
für die Strukturierung des Anhangs

Abschnitt 1: Angaben und Begründungen zur Form des Jahresabschlusses

Abschnitt 2: Angaben, Aufgliederungen, Darstellungen, Erläuterungen und Begründungen zu einzelnen Posten
- A: Posten der Bilanz
- B: Posten der GuV

Abschnitt 3: Angaben zum Jahresergebnis
- A: Ausmaß der Beeinflussung des Jahresergebnisses durch steuerliche Vergünstigungen
- B: Darstellung der Ergebnisverwendung

Abschnitt 4: Zusätzliche Angaben zur Vermittlung eines den tatsächlichen Verhältnissen entsprechenden Bildes der Vermögens-, Finanz- und Ertragslage

Abschnitt 5: Ergänzende Angaben
- A: Sonstige finanzielle Verpflichtungen
- B: Beteiligungen und Unternehmensverbindungen
- C: Zusammensetzung der Organe samt Organkrediten und Organvergütung
- D: Angaben zur Arbeitnehmerschaft/Personalwesen

Ziele und Grundlagen des Lageberichts

Der Informationsgehalt des Jahresabschlusses ist durch das Stichtagsprinzip eingeschränkt (strenge Vergangenheitsorientierung!). Der Lagebericht löst sich von dieser Fessel, berichtet über das vergangene Jahr, stellt aber auch die notwendige Brücke zur Zukunft und zu den Risikopotenzialen dar.

Beachte: Nur mittelgroße und große Kapitalgesellschaften sowie haftungsbeschränkte Personengesellschaften haben ihren Jahresabschluss um einen Lagebericht zu ergänzen (§ 289). Ziel ist es, aus den vorliegenden Informationen eine Gesamtbeurteilung des Unternehmens darzustellen. Der Lagebericht soll dabei ein den tatsächlichen Verhältnissen entsprechendes Bild vermitteln und die künftige Entwicklung sowie die Risikolage darstellen. Er hat eine ausgewogene und umfassende, dem Umfang und der Komplexität der Geschäftstätigkeit entsprechende Analyse des Geschäftsverlaufs und der Lage der Gesellschaft zu enthalten. In die Analyse sind die für die Geschäftstätigkeit bedeutsamen finanziellen Leistungsindikatoren einzubeziehen und zu erläutern. Der Lagebericht umfasst auch den Risikobericht und soll auf Vorgänge besonderer Bedeutung nach dem Schluss des Geschäftsjahres, auf die voraussichtliche Entwicklung und auf den Bereich „Forschung und Entwicklung" eingehen (§§ 264 I, 289).

Der Lagebericht umfasst zwingend

- den Wirtschaftsbericht: Hier ist vergangenheitsbezogen auf den Geschäftsverlauf einzugehen. Inhalt einer solchen Analyse können die gesamtwirtschaftlichen und branchentypischen Verhältnisse und Entwicklungen sein sowie ein Bericht über wichtige unternehmerische Ereignisse, über den Geschäftsverlauf in den jeweiligen Unternehmensfunktionen, die Darstellung wichtiger Verträge und Beteiligungen sowie der Personal- und Sozialbericht. Neben dem Geschäftsverlauf ist die Lage des Unternehmens darzustellen. Diese Ausführungen sind zeitpunktbezogen – also vergangenheitsbezogen auf den Bilanzstichtag – darzustellen. Angaben sollen sich dabei auf die Organisationsstruktur des Unternehmens, die Absatzlage (Marktanteile, Auftragslage ...), die Vermögens-, Finanz- und Ertragslage des Unternehmens und auf weitere wichtige Vorgänge (z. B. schwebende Geschäfte) beziehen. Die wirtschaftlichen Verhältnisse sind durch geeignete finanzielle Leistungsindikatoren (Kennzahlen) abzubilden.
- den Risikobericht: Hier ist gesondert auf das Risikomanagementsystem, insbesondere auf die Chancen und Risiken der zukünftigen Entwicklung einzugehen. Auf bestandsgefährdende Risiken und Risiken mit wesentlichem Einfluss auf die Vermögens-, Finanz- und Ertragslage ist gesondert einzugehen.
- den Nachtragsbericht: In diesem Berichtsteil ist auf wesentliche – positive und negative – Vorgänge nach dem Bilanzstichtag einzugehen (Gegenwartsbezug, z. B. neue Beteiligungen, Auftragseinbrüche, besondere Ereignisse).
- den Prognosebericht: Auf Grundlage des wirtschaftlichen Umfeldes ist eine Entwicklung des Unternehmens (Zukunftsbezug: Prognosen, Trends ...) abzuleiten.
- den Forschungs- und Entwicklungsbericht: In diesem Bericht sind die Aktivitäten im Bereich Forschung und Entwicklung darzustellen.
- den Bericht über die Grundzüge des Vergütungssystems (bei einer börsennotierten Gesellschaft).
- den Zweigniederlassungsbericht: Anzuführen sind Gegenstand, Sitz, Errichtung, Auflösung etc. von Zweigniederlassungen und deren wesentlichen Eckdaten.

BEISPIEL
für die Gliederung des Lageberichts

A. Darstellung des Geschäftsverlaufs und des Ergebnisses
- I. Entwicklung von Branche und Gesamtwirtschaft
- II. Darstellung des Umsatzes und der Auftragslage
- III. Darstellung des Geschäftsergebnisses
- IV. Analyse und Erläuterung von finanziellen Leistungsindikatoren
- V. Bericht aus den betrieblichen Funktionsbereichen (Marketing, insbesondere Produktpolitik, Fertigung, Materialwirtschaft, Investitionen, Finanzierung, Personal- und Sozialwesen, Umweltschutz ...)
- VI. Sonstige wichtige Ereignisse und Entwicklungen im Geschäftsjahr

B. Darstellung der Lage des Unternehmens
- I. Darstellung der Ertragslage, Finanzlage und Vermögenslage im Einzelnen
- II. Darstellung der Absatzlage (Marktstellung, Marktanteil, Auftragslage)

C. Nachtragsbericht

D. Risikobericht
- I. Darstellung des Risikomanagementsystems
- II. Risikoidentifikation (Preisänderungsrisiken, Ausfallrisiken, Liquiditätsrisiken, operationelle und sonstige Risiken)
- III. Risikobewertung und Risikotragfähigkeit

E. Prognosebericht
- I. Umsatz- und Ergebnisentwicklung der nächsten zwei Jahre
- II. Sonstige Trends und Entwicklungen
- III. Sonstige Pflichtangaben

F. Sonstige Pflichtangaben
- I. Forschungs- und Entwicklungsbericht
- II. Zweigniederlassungsbericht
- III. Bericht über die Grundzüge des Vergütungssystems

27 zu 3 (Aufgabe):

Umfasst der Jahresabschluss auch den Anhang und den Lagebericht?

Als Reaktion auf Schieflagen und in Ergänzung zur InsO wurde erstmals für 1999 die Entwicklung eines Risikocontrollings vorgeschrieben (KonTraG). Die geänderten Vorschriften betreffen vor allem Berichterstattungs- und Offenlegungsverpflichtungen im Anhang und im Lagebericht, verschärfen aber zudem die Haftung für Vorstände und Aufsichtsräte (vgl. insbesondere §§ 289 I, 317 II, 321, 322 HGB, 91 II AktG).

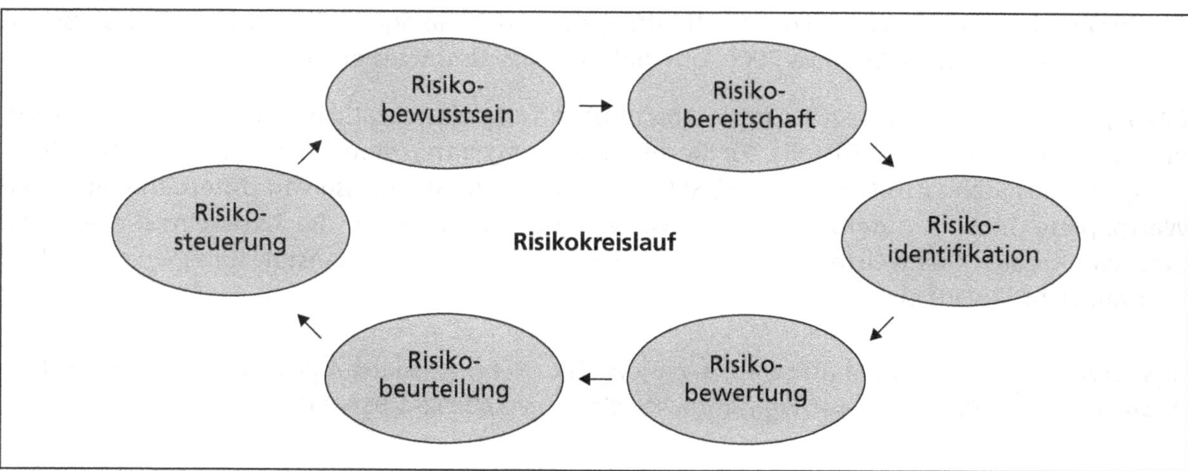

Die zur Jahrhundertwende auftretenden Bilanzskandale haben die Verantwortung der Leitungs- und Überwachungsorgane sowie die Kompetenz der Wirtschaftsprüfer infrage gestellt.

- Beispiele in Deutschland sind Metallgesellschaft, Balsam, Holzmann, Bayerische Hypobank, Berlinhyp/Bankgesellschaft Berlin, Flowtex, Schmidtbank, Metallbank und Comroad.
- International spektakulär sind Enron, Worldcom und Parmalat.

Ausgewählte Negativbeispiele deutscher Jahresabschlüsse:

- **Holzmann AG** – Geschäftsbericht für 1998: „Durch konsequentes Risikomanagement hat sich die Qualität neuer Aufträge im Vergleich zu den Vorjahren deutlich verbessert und liefert somit die Grundlage für die stetige Steigerung der Ergebnisse unserer Konzerngesellschaften. [...] All dies wird unser Ergebnis 1999 sowie die in den kommenden Jahren deutlich verbessern und die Risiken erheblich reduzieren."
  Der Jahresabschluss wurde am 22. April 1999 uneingeschränkt testiert, Ende November 1999 musste die Holzmann AG Insolvenzantrag stellen!
- **Berlinhyp/Bankgesellschaft Berlin** – Geschäftsbericht 1999: „Zur Bewältigung der Kredit- und Ausfallrisiken bildete die Bank Wertberichtigungen, die den Risiken in ausreichender und angemessener Höhe Rechnung tragen. Daher gehen wir für die nächste Zukunft davon aus, dass unser künftiger Bewertungsbedarf tendenziell entlastet wird. [...] Für den Konzern Bankgesellschaft Berlin erwarten wir für das Geschäftsjahr 2000, dass wir uns gut behaupten können und eine stabile Ergebnisentwicklung erreichen können."
  Einzel- und Konzernabschluss wurden im März 2000 mit dem uneingeschränkten Bestätigungsvermerk versehen. Kurze Zeit später überschlugen sich die Ereignisse. Es folgte eine Regierungskrise und die bisher teuerste Bankensanierung in Deutschland!
- **Schmidtbank** – der am 23. März 2001 von einem WP mit dem uneingeschränkten Bestätigungsvermerk versehene Jahresabschluss 2000 weist einen Millionengewinn aus. Der erstmals veröffentlichte Risikobericht nach dem KonTraG lautet zusammenfassend: „Aufgrund der im Berichtsjahr stattgefundenen voll umfänglichen Aufnahme und Katalogisierung der Risiken der Bank sind keine den Bestand der Bank gefährdenden Tatsachen bekannt geworden." Im Herbst 2001 musste die Schmidtbank durch eine groß angelegte Sanierungsaktion vor dem Zusammenbruch gestützt werden. Nach der Sanierung wurde die Schmidtbank zerschlagen.
- **Flowtex** – Buchung nicht vorhandener Bohrsysteme, dadurch Milliardenschaden. Die WP-Gesellschaft zahlte etwa 50 Millionen € an Banken und Leasinggesellschaften.

- **Comroad** – Vortäuschen von Großaufträgen und Scheingeschäfte. Die WP-Gesellschaft testierte den Jahresabschluss 2000, obwohl 97 % des Umsatzes erfunden waren.

Bilanzpolizei: Ende 2004 wurde für die Abschlussprüfung eine staatliche Bilanzkontrolle verordnet (§ 342b). Eine neue Prüfstelle für Rechnungslegung unter dem Dach des Deutschen Rechnungslegungs Standards Committee (DRSC) prüft die Jahresabschlüsse von Unternehmen, deren Wertpapiere an Börsen gelistet werden. Verweigern Unternehmen die Akteneinsicht oder widersetzen sie sich einem Urteil der Prüfstelle, schaltet sich die Bundesanstalt für Finanzdienstleistungsaufsicht (BaFin) ein.

lies: *Grefe, D* und *E; Wöhe,* 6. Abschnitt, B V; *Meyer,* II C; *Hilke,* 2. Kapitel A IV/V; vertiefend: *Adam,* Der Lagebericht – ein Buch mit sieben Siegeln? in: Kreditwesen: 17/2002, S. 857–861

3.6 Annex: Muster eines Jahresabschlusses mit beispielhaftem Lagebericht

Vor über zehn Jahren haben der 42-jährige Kaufmann Otto Fix und die gleichaltrige Buchhändlerin Anja Fertig den Kinderbuchverlag Adolf Meier übernommen und in die „Verlagsgesellschaft mbH" umgewandelt. Das Verlagsprogramm wurde vor fünf Jahren grundlegend umstrukturiert. Die aktuellen wirtschaftlichen Verhältnisse ergeben sich vereinfacht aus beiliegendem Jahresabschluss.

1. Bilanz der Verlagsgesellschaft mbH

Aktiva		**Werte in T€ zum 30.06.03**	**Werte in T€ zum 30.06.03**		**Passiva**
A. Anlagevermögen			**A. Eigenkapital**		
I. Immaterielle VG			I. Gezeichnetes Kapital		25
1. Lizenzen		380	II. Gewinnvortrag		500
II. Sachanlagen			III. Jahresfehlbetrag		–25
1. Maschinen	15				
2. Geschäftsausstattung	175	190	**B. Rückstellungen**		
			1. Steuerrückstellungen	70	
B. Umlaufvermögen			2. Sonstige Rückstellungen	80	150
I. Vorräte		2.600			
II. Forderungen/sonstige VG			**C. Verbindlichkeiten**		
1. Forderungen aus L+L	2.700		1. Bankverbindlichkeiten	1.700	
2. Sonstige VG	100	2.800	2. VB aus L+L	3.600	
III. Kasse und Bankguthaben		10	3. Sonstige VB	50	5.350
C. Rechnungsabgrenzungsposten		10			
D. Aktive latente Steuern		10			
Bilanzsumme		6.000	Bilanzsumme		6.000

2. Gewinn- und Verlustrechnung der Verlagsgesellschaft mbH

	Werte in T€	30.06.03	31.12.02
1.	Umsatzerlöse	11.500	22.400
2.	Bestandsveränderungen	–200	1.300
	= Gesamtleistung	**11.300**	**23.700**
3.	Materialaufwand	8.700	17.600
	= Rohertrag	**2.600**	**6.100**
4.	Sonstige betriebliche Erträge	+250	+110
5.	Personalaufwand	1.700	3.000
6.	Abschreibungen auf Sachanlagen	200	110
7.	Sonstige betriebliche Aufwendungen	950	2.500
	= Betriebsergebnis	**0**	**600**
8.	Zinsaufwendungen	40	100
9.	**Gewinn vor Steuern**	**–40**	**500**
10.	Steuern	+15	300
11.	**Jahresfehlbetrag/Jahresüberschuss**	**–25**	**200**

3. Anhang für das Rumpfgeschäftsjahr der Verlagsgesellschaft mbH (stark verkürzt)

Die Verlagsgesellschaft mbH mit Sitz in Pforzheim ist eine mittelgroße Kapitalgesellschaft nach § 267 II HGB. Die Bücher werden elektronisch geführt (System SAP XY), für alle Buchungen liegen Belege vor.

Bilanzierungs- und Bewertungsmethoden: Der Jahresabschluss wird systemisch aus den Büchern entwickelt. Die Eröffnungsbilanzwerte wurden aus dem Vorjahresabschluss übernommen. Die Bilanz und die GuV sind nach den handelsrechtlichen Vorschriften aufgestellt. Das Sachanlagevermögen wurde zu Anschaffungskosten vermindert um planmäßige lineare Abschreibungen bewertet. Die Entwicklung des Anlagevermögens ergibt sich aus dem Anlagespiegel.

Anlagespiegel zum 30.06.03	Anfangsbestand	Zugänge zu AK/HK	Abgänge zu AK/HK	...	Abschreibungen kumuliert	...
I 1 – Lizenz für Eigenmarke XYZ... (Erwerb 12.04.01)	600	600	–	...	220	...
...						
II 1 – Hochregalwagen (Erwerb 15.08.02)	30	30	–	...	20	...
II 1 – Kopiergerät...	...					

Geringwertige Wirtschaftsgüter werden in einem Sammelposten zu einer Summe zusammengefasst und mit 20 % abgeschrieben. Die Höhe beträgt [...]

Die Bewertung der Vorräte erfolgte zu Anschaffungskosten. Die Inventur erfolgt über das branchenübliche Warenwirtschaftssystem [...] Das strenge Niederstwertprinzip wurde beachtet. Die Forderungen und sonstigen Vermögensgegenstände wurden mit dem Nominalbetrag oder mit dem am Bilanzstichtag niedrigeren Wert angesetzt. Die Einzelwertberichtigungen der Forderungen belaufen sich auf 10 T€, darüber hinaus wurden die Forderungen – wie in den Vorjahren –

pauschal mit 0,3 % abgewertet. Das für das Umlaufvermögen geltende strenge Niederstwertprinzip wurde beachtet. [...]

Für alle erkennbaren ungewissen Verbindlichkeiten sind Rückstellungen gebildet worden. Die zurückgestellten Beträge sind nach vernünftiger kaufmännischer Beurteilung bemessen. Die sonstigen Rückstellungen betreffen Garantierückstellungen (20 T€), Abschlussarbeiten (30 T€) und Verpflichtungen aus Boni und Rabatten (30 T€).

Die Verbindlichkeiten sind mit ihrem Rückzahlungsbetrag angesetzt. Die Verbindlichkeiten sind wie folgt besichert:

- Bankverbindlichkeiten der Sparkasse mittels unbeschränkter und befristeter selbstschuldnerischer Bürgschaften der Gesellschafter-Geschäftsführer,
- Lieferantenverbindlichkeiten mittels branchenüblichen Eigentumsvorbehalts.

Weitere Einzelheiten hierzu ergeben sich aus dem Verbindlichkeitenspiegel:

Art der Verbindlichkeit	Gesamtbetrag	davon mit einer Restlaufzeit			gesicherte Beträge	Art der Sicherheit
		bis 1 J.	1 bis 5 J.	über 5 J.		
– gegenüber Kreditinstituten	1.700 T€	1.100 T€	–	600 T€	1.700 T€	Bürgschaften
– aus Lieferungen und Leistungen	3.600 T€	3.600 T€	–	–	3.600 T€	Eigentumsvorbehalt
– sonstige VB	50 T€	50 T€	–	–	–	–
Summe	**5.350 T€**	**4.750 T€**	–	**600 T€**	**5.300 T€**	

Sonstige Angaben:

Im Jahresdurchschnitt waren 85 Mitarbeiter beschäftigt, davon sind 30 männlich und 55 weiblich. Von den 85 Mitarbeitern stehen fünf in einem Ausbildungsverhältnis, 15 in einem Angestelltenverhältnis mit Verwaltungs- und Vertriebsfunktion, 65 Mitarbeiter sind im Lagergeschäft oder in Hilfsdiensten eingesetzt.

Geschäftsführer waren im Berichtsjahr: Herr Otto Fix (Sprecher), Frau Anja Fertig. Ihre Bezüge betrugen im Berichtszeitraum insgesamt 220 T€ p. a.

Sonstige finanzielle Verpflichtungen: 20 T€ Leasingrate p. a. für Gabelstapler und 30 T€ p. a. für den Fuhrpark. [...] Der Mietvertrag für das Büro und Lager wurde im Geschäftsjahr für weitere fünf Jahre verlängert. Der Mietzins beträgt [...]

4. Lagebericht der Verlagsgesellschaft mbH (stark verkürzt)

Unser konjunkturelles Umfeld wird gut durch den Bundesbankbericht 9/03 beschrieben. [...] Die Branche konnte im [...]

Das Wirtschaftsjahr war ein Rumpfgeschäftsjahr und schließt mit einem Fehlbetrag in Höhe von 25 T€. Erfahrungsgemäß ist das erste Kalenderhalbjahr wegen Saisonschwankungen nicht so umsatz- und ertragsstark wie das zweite Kalenderhalbjahr [...]

Finanzielle Leistungsfaktoren: Die Eigenkapitalquote beträgt gerundet 8 %. Die Renditekennzahlen sind negativ und aus Gründen der Umstellung des Bilanzstichtags nicht aussagefähig.

Mit einem Marktanteil von etwa 40 % ist die Verlagsgesellschaft Marktführer für Kinderbücher in Süddeutschland. Die Auftragslage (Stand 11/03) ist sehr gut [...] Die weitere positive Entwicklung in allen Bereichen lässt uns für das neue Geschäftsjahr ein positives Jahresergebnis erwarten. Die Geschäftsentwicklung verläuft planmäßig, Vorgänge von besonderer Bedeutung sind nach dem Schluss des Rumpfgeschäftsjahres nicht eingetreten. Das Unternehmen betreibt keine Forschung und Entwicklung [...]

Prognosebericht: Die Prognosen der Branche für die nächsten drei Jahre sind positiv. Die Gesellschaft rechnet für das laufende Jahr mit einem Umsatzplus von 5 %, im folgenden Jahr sogar mit 8 %. Der Ertrag wird dabei überproportional ansteigen [...]

Risikobericht: Operationale Risiken und Produktrisiken sind versichert, nennenswerte Zinsänderungsrisiken aufgrund von variablen Kreditverträgen bestehen nicht. Nennenswerte Währungsrisiken bestehen nicht [...]

5. Ergebnisverwendung der Verlagsgesellschaft mbH

Die Geschäftsleitung schlägt vor, den Jahresfehlbetrag in Höhe von 25 T€ auf neue Rechnung vorzutragen.

30. Nov. 03 *Otto Fix* *Anja Fertig*

Geschäftsführer Geschäftsführer

6. Abschlussprüfung mit uneingeschränktem Bestätigungsvermerk

„[...] Die Prüfung hat zu keinen Einwendungen geführt. Nach unserer Prüfung und Überzeugung vermittelt der Jahresabschluss unter Beachtung der Grundsätze ordnungsmäßiger Buchführung ein den tatsächlichen Verhältnissen entsprechendes Bild der Vermögens-, Finanz- und Ertragslage der Gesellschaft. Der Lagebericht gibt insgesamt eine zutreffende Vorstellung von der Lage der Gesellschaft und stellt die Risiken zutreffend dar. [...] Wir haben den uneingeschränkten Bestätigungsvermerk erteilt."

Stuttgart, im Oktober 03 *Hans Wissen* *Dr. Know-How*

Schwäbische WP Treuhand Hans-Peter Wissen WP Dr. Berta Know-How WP

3.7 Kapitalflussrechnung/Bewegungsbilanz

Kapitalflussrechnungen stellen Zeitraumrechnungen dar, bei denen im Gegensatz zur zeitpunktbezogenen Bilanz nicht Bestände, sondern Bestandsveränderungen bzw. Bewegungen der einzelnen Bilanzpositionen ausgewiesen werden. Die Kapitalflussrechnung ist auch nicht auf Erfolgsvorgänge beschränkt, sondern zielt auf Finanzmittelbewegungen (Mittelverwendung). Die Grundform der Kapitalflussrechnung ist die Bewegungsbilanz, in der die Veränderungen der Bilanzwerte zwischen zwei Bilanzstichtagen dargestellt und nach liquiditätswirksamer Mittelverwendung (+ Aktiva, – Passiva) und Mittelherkunft (+ Passiva, – Aktiva) geordnet wird. Sie ergänzt den herkömmlichen Jahresabschluss um eine spezifische dritte (finanzwirtschaftliche) Dimension abgelaufener Geschäftsvorfälle (vgl. auch Teil B, Kapitel 12.2.3.3).

4 *Grundzüge der Steuerbilanz*

LEITFRAGEN

- ***Welche Unterschiede bestehen zwischen der Handels- und der Steuerbilanz?***
- ***Wie sind die Handels- und Steuerbilanz durch die Maßgeblichkeitsgrundsätze verknüpft?***
- ***Welche unterschiedlichen Bilanzansätze bestehen zwischen Handels- und Steuerbilanz?***
- ***Welche Auswirkungen ergeben sich für die Bilanz nach dem Steuerentlastungsgesetz 1999/2000/2002?***

4.1 Die Steuerbilanz als unselbstständige Bilanz

Die Steuerbilanz ist meist keine eigenständige Bilanz, sondern ausschließlich für die Steuerbemessung eine vom Handelsrecht abgeleitete Bilanz bzw. notwendige Bilanzkorrektur (Einheitsbilanzprinzip). Ziel der Steuerbilanz ist Ermittlung der Bemessungsgrundlage für Subventionen (Lenkungsfunktion des Staates) und für Steuern (Fiskalfunktion). Beachte hierbei: Der Gläubigerschutz ist kein Primat der Steuerbilanz! Der Fiskus will den vollen Periodenerfolg des Unternehmens besteuern und schließt daher bestimmte Wahlrechte und Ermessensspielräume aus.

Im Einzelnen: Die Legaldefinition der „Steuerbilanz" (StB) findet sich in § 60 II EStDV als „eine den steuerlichen Vorschriften entsprechende Bilanz (Steuerbilanz)". Je nach Art der Buchführungspflicht wird zwischen der originären und derivativen Steuerbilanz unterschieden.

Kaufleute sind nach §§ 238 ff. nach handelsrechtlichen Vorschriften zur Rechnungslegung verpflichtet. Die Steuerbilanz wird gewöhnlich aus der Handelsbilanz abgeleitet. Hierfür findet man die Bezeichnung derivative oder abgeleitete Steuerbilanz. Der für steuerliche Zwecke relevante Gewinn wird gewöhnlich auf einem Korrekturbogen ermittelt.

Schema zur Überleitung vom handelsrechtlichen zum steuerlichen Ergebnis

	handelsrechtliches Ergebnis vor Steuern und vor Rückstellung
+/–	Veränderungen nach bilanzsteuerlichen Vorschriften
=	**steuerbilanzielles Ergebnis**
–	steuerfreie Einnahme
+	nichtabziehbare Betriebsausgabe
=	**steuerlicher Gewinn**

Wird eine eigenständige Steuerbilanz unabhängig von der Handelsbilanz aufgestellt, so spricht man von der originären Steuerbilanz. Diese findet man gewöhnlich bei Großunternehmen oder bei Steuerpflichtigen, die ausschließlich nach steuerlichen Vorschriften (vgl. § 141 I AO) buchführungspflichtig sind.

Insgesamt hat der Unternehmer in der Handelsbilanz eine größere Bewertungsfreiheit als in der Steuerbilanz. Anknüpfungspunkt für Zielprämien von Managern – Tantiemen und anderen Gewinnbeteiligungen – ist daher oft der „steuerliche Gewinn", denn dieser ist für die Gewinnbemessung meist besser geeignet, zumal der Fiskus Bewertungswahlrechte einschränkt und willkürliche Unterbewertungen verhindert. Betriebswirtschaftlich könnte dieser Steuergewinn um kalkulatorische Gesichtspunkte noch korrigiert werden, z. B. um eine Mindestverzinsung des Eigenkapitals, kalkulatorische Miete, Risikoprämien etc.

4.2 Maßgeblichkeitsprinzipien

§ 5 I 1 EStG fordert, dass der Bilanzierende das Betriebsvermögen im Steuerrecht so ansetzt, wie es nach den handelsrechtlichen Grundsätzen ordnungsmäßiger Buchführung erfolgt. Aufgrund der Formulierung im § 5 I EStG spricht man vom

Grundsatz der Maßgeblichkeit der Handelsbilanz für die Steuerbilanz

Dieses Maßgeblichkeitsprinzip besagt, dass grundsätzlich die handelsrechtliche Bilanzierung und Bewertung für die Steuerbilanz maßgeblich ist. Einschränkungen erfährt diese Maßgeblichkeit durch

- übergeordnete Gewinnermittlungsgrundsätze,
- Bilanzierungs- und Bewertungsvorbehalte.

Der Staat will mit steuerlichen Vorschriften, insbesondere mit Sonderabschreibungen, lenken (Investitionsanreize, Ankurbelung des Wohnungsbaus, des Arbeitsmarkts, der Konjunktur, des Umweltschutzes etc.). Wenn und soweit von diesen steuerrechtlichen Sondervorschriften Gebrauch gemacht wird – meist mit der Auswirkung einer Gewinnverschiebung in die Zukunft – muss der Ansatz gewöhnlich auch in der Handelsbilanz erfolgen. Damit erfolgt ein Eingriff in das Maßgeblichkeitsprinzip. Freilich gilt dies auch für Einschränkungen oder Verschärfungen, insbesondere in Bezug auf Rückstellungen, Entnahmen, Abgrenzungs- und Bewertungsfragen.

Folgende Ausprägungen der Maßgeblichkeit der Handels- für die Steuerbilanz und deren Eingriffe sind zu unterscheiden:

- **Uneingeschränkte Maßgeblichkeit** (§ 5 I 1 EStG): Eine handelsrechtlich zwingende Vorschrift schlägt, wenn sie einem steuerlichen Wahlrecht oder keiner ausdrücklichen steuerlichen Vorschrift gegenübersteht, auf das Steuerrecht durch.

- **Durchbrochene Maßgeblichkeit** (§ 5 VI EStG): Explizite steuerliche Regelungen (z. B. §§ 6 bis 7 k EStG) gehen stets handelsrechtlichen Bestimmungen vor. Insoweit wird der Maßgeblichkeitsgrundsatz durchbrochen.

BEISPIEL

Nach § 248 II können bestimmte, selbst geschaffene immaterielle Vermögensgüter des Anlagevermögens handelsrechtlich aktiviert werden, steuerrechtlich ist nach § 5 II EStG eine Aktivierung verboten.

- **Eingeschränkte Maßgeblichkeit** auf Grundlage der Rechtsprechung: Die eingeschränkte Maßgeblichkeit bezieht sich auf Fälle, in denen bei einem handelsbilanziellen Wahlrecht im Bereich des Steuerrechts eine ausdrückliche Regelung fehlt. Grundsätzlich gilt: Hat der Bilanzierende nach dem Handelsrecht ein Aktivierungs- oder Passivierungswahlrecht, besteht im Steuerrecht grundsätzlich ein Aktivierungsgebot bzw. ein Passivierungsverbot (ständige Rechtsprechung des BFH seit dem 3. Februar 1969, grundlegend BFH BStBl II 1969, 291 ff.). Dies bedeutet, dass Wahlrechte generell in einer den Gewinn erhöhenden Weise in die Steuerbilanz zu übernehmen sind, denn
  - aus handelsrechtlichen Aktivierungswahlrechten werden steuerliche Aktivierungsgebote. Der Gewinn wird in Folge über die Abschreibungen gestreckt!
  - aus handelsrechtlichen Passivierungswahlrechten werden steuerliche Passivierungsverbote. Der Gewinn mildert sich dadurch nicht.

Auswirkung von Bilanzierungswahlrechten

Wahlrecht	Wirkung auf die GuV	Wirkung auf die Bilanzsumme
Unterlassene Aktivierung	Sofortige Verschlechterung der GuV (Sofortaufwand)	Bilanzverkürzung bei Barkauf, Passivtausch bei Zielkauf
Ausübung eines Aktivierungswahlrechts	Es erfolgen planmäßige Abschreibungen.	Aktivtausch bei Barkauf, Bilanzverlängerung bei Zielkauf Folge: Bilanzverkürzung durch Abschreibungsbuchung
Ausübung eines Passivierungswahlrechts (Bildung von Rückstellungen)	Verschlechterung der GuV (Aufwand über Rückstellung)	Bilanzsumme bleibt konstant (Rückstellungen steigen, EK geht zurück)

vertiefend: *Haberstock/Breithecker,* Einführung in die Betriebswirtschaftliche Steuerlehre, 12. Auflage, S. 158; *Grefe,* Unternehmenssteuern, 7. Auflage, 5.1.3

4.3 Bilanzierungsunterschiede im Handels- und Steuerrecht

Es existieren steuerliche Bewertungsvorschriften, die von den handelsrechtlichen Vorschriften abweichen. Die Ursache hierfür liegt in den unterschiedlichen Zielsetzungen beider Bilanzen – nämlich vorsichtige Rechenschaftslegung einerseits und staatliche Einnahmenerzielung unter Beachtung des Gleichmäßigkeitsprinzips andererseits. Hierauf sind die Hauptunterschiede der Bewertung in HB und StB zurückzuführen. Oder etwas überspitzt formuliert:

- Das Handelsrecht will ein zu günstiges Bilanzbild, d. h. einen zu großen Gewinn, verhindern!
- Das Steuerrecht will ein zu ungünstiges Bilanzbild, d. h. einen zu niedrigen Gewinn, verhindern!

Die Wertbegriffe der Steuerbilanz sind:

- Anschaffungskosten,
- Herstellungskosten,
- (niedrigerer) Teilwert.

Beachte: Auch steuerlich stellen die Anschaffungs- oder Herstellungskosten (AHK) die Wertobergrenze dar (§ 253 I HGB; § 6 I EStG). Sie bilden die Ausgangsgröße für die Bewertung!

Bilanzierungsansätze für die Anschaffungskosten nach Handels- und Steuerrecht:

Die handelsrechtliche Definition in § 255 I HGB ist mangels expliziter steuerlicher Definition auch für das Bilanzsteuerrecht maßgebend. Bei den Anschaffungsnebenkosten muss es sich um Einzelkosten handeln. Aufwendungen, die Gemeinkostencharakter haben – also nicht direkt zurechenbare Aufwendungen –, sind sofort abzugsfähige Betriebsausgaben (z. B. betriebliche Personal- und Sachausgaben für Transport mit betrieblichem Kfz, Aufstellung durch eigene Arbeitnehmer, Kosten der Beschaffungsabteilung).

Bilanzierungsansätze für die Herstellungskosten nach Handels- und Steuerrecht:

Nach § 255 II gehören auch die Materialgemeinkosten und die Fertigungsgemeinkosten samt Abschreibungen zu den handelsrechtlichen Pflichtbestandteilen der Herstellungskosten. Unterschiede bestehen bei der Herstellung von immateriellen Vermögensgegenständen des Anlagevermögens (steuerliches Aktivierungsverbot nach § 5 II EStG). Streitig ist auch, inwieweit allgemeine Verwaltungskosten und Sozialaufwendungen einbezogen werden müssen („Angemessenheit"). Bisher bestand steuerlich wie handelsrechtlich ein Wahlrecht, jetzt besteht steuerlich für diese Kosten eine Aktivierungspflicht (vgl. R 6.3 EStR und BMF-Schreiben vom 12.03.2010 und 25.03.2013).

Teilwert nach § 6 I Nr. 1 EStG:

Die Wertuntergrenze stellt nach dem Willen des Gesetzgebers der (niedrigere) Teilwert dar. Die Definition des Teilwertes nach § 6 I Nr. 1 S. 3 EStG lautet: Teilwert ist der Betrag, den ein Erwerber des ganzen Betriebs im Rahmen des Gesamtkaufpreises für das einzelne Wirtschaftsgut ansetzen würde; dabei ist davon auszugehen, dass der Erwerber den Betrieb fortführt. In der Praxis orientiert sich der Teilwert an den betrieblichen Verhältnissen. Beim Erwerb eines Gegenstandes orientiert sich der Teilwert an den AHK, danach an den Marktpreisen. Seine untere Grenze ist der Einzelveräußerungspreis („gemeiner Wert"), die Obergrenze wird durch die Wiederbeschaffungskosten bestimmt.

vertiefend: *Haberstock/Breithecker*, Einführung in die Betriebswirtschaftliche Steuerlehre, 12. Auflage, S. 158–161; *Stobbe*, Steuern kompakt, 4.4.1.4

4.4 Steuerentlastungsgesetz 1999/2000/2002

Im Steuerentlastungsgesetz 1999/2000/2002 sind zahlreiche Änderungen zur steuerrechtlichen Gewinnermittlung enthalten, die zu einer Verbreiterung der steuerlichen Bemessungsgrundlage führten. Die Änderungen betreffen sowohl den Bilanzansatz (§ 5 EStG) als auch die Bewertung (§ 6 EStG). Verabschiedet wurden Einschränkungen der Teilwertabschreibung, die Einführung eines Wertaufholungsgebots sowie Regelungen zur Einschränkung von Rückstellungen.

4.4.1 Teilwertabschreibung und Wertaufholung

Bisherige Regelung: Die praktische Bedeutung des Wertaufholungsgebots war bis Ende der 1990er-Jahre gering, denn die Wertaufholung entfiel, wenn der niedrige Wertansatz steuerlich beibehalten werden konnte (z. B. Beibehaltung des niedrigen Teilwerts/Wahlrecht nach § 6 I Nr. 1 S. 4/Nr. 2 S. 3 EStG a. F.) und es für die steuerlich bessere Regelung Voraussetzung war, dass der niedrige Teilwert in der Handelsbilanz fortgeführt wurde (Regelfall).

Jetzige Regelung: Das Zuschreibungswahlrecht ist aufgehoben. Grundsätzlich gilt steuerlich nun für Einzelunternehmen, Personengesellschaften und Kapitalgesellschaften ein Wertaufholungsgebot (vgl. §§ 6 I Nr. 1 S. 4 und Nr. 2 S. 3 bzw. § 7 I 7 EStG).

Wertansätze nach EStG (neue Rechtslage):

- § 6 I Nr. 1 S. 1: AHK vermindert um Absetzungen, Sonderabschreibungen etc.
- § 6 I Nr. 1. S. 2: Abwertungswahlrecht bei voraussichtlich dauerhafter Wertminderung
- § 6 I Nr. 1 S. 4: „Alte" Wirtschaftsgüter des abnutzbaren Anlagevermögens sind in den Folgejahren gemäß S. 1 anzusetzen (Wertaufholungsgebot!).
- § 6 I Nr. 2 S. 3: Obiges gilt auch für das Umlaufvermögen und für das sonstige Vermögen.
- § 7 I S. 7: Absetzungen für außergewöhnliche technische oder wirtschaftliche Abnutzung sind zulässig; soweit der Grund hierfür entfällt, ist eine entsprechende Zuschreibung vorzunehmen.

Bevor über eine Wertaufholung entschieden wird, muss zunächst geprüft werden, ob überhaupt eine Teilwertabschreibung erfolgen kann.

Teilwertabschreibung: Das Wahlrecht zur Vornahme einer Teilwertabschreibung wurde erheblich eingeschränkt. Nach § 6 I Nr. 1 S. 2 und Nr. 2 S. 2 EStG kann ein niedriger Teilwert nur noch aufgrund einer dauernden Wertminderung angesetzt werden. „Dauernd" ist hier steuerrechtlich zu verstehen. Das handelsrechtliche Vorsichtsprinzip (handelsrechtliche dauernde Wertminderung) steht dabei nicht im Vordergrund. Die Gründe für den Wertverlust müssen beachtlich sein.

Problem der Dauerhaftigkeit der Wertminderung

Eine voraussichtlich dauernde Wertminderung verlangt ein nachhaltiges Absinken des Wertes, eine nur vorübergehende Wertminderung reicht nicht aus (vgl. ausführlich mit konkreten Anwendungsbeispielen das BMF-Schreiben vom 16. Juli 2014). Für die Wertminderung muss es objektive Anzeichen geben (Katastrophen, Unfall, Kurseinbruch, Preiszerfall aufgrund technischer Veralterung etc.), die Gründe für den Wertverlust müssen also nachvollziehbar, beachtlich und dauerhaft sein. Eine nur vorübergehende Wertminderung reicht nicht aus. Aus der Sicht eines gewissenhaften Kaufmanns müssen mehr Gründe für als gegen eine nachhaltige Wertminderung sprechen. Eine Wertminderung aus einem besonderen Anlass (Unfall, technischer Fortschritt) ist in der Regel von Dauer. Die Nachweispflicht für die voraussichtlich dauernde Wertminderung trifft den Steuerpflichtigen.

Generell kommt der jeweiligen Eigenart des Wirtschaftsgutes eine maßgebliche Bedeutung zu. Im Einzelnen ist wie folgt zu differenzieren:

- Bei dauernder Wertminderung besteht steuerlich keine Abwertungspflicht, sondern ein Abwertungswahlrecht!

- Es ist auf den Bilanzstichtag abzustellen. Zu diesem Zeitpunkt dürfen keine Anhaltspunkte für eine alsbaldige Werterholung vorliegen.
- Ein niedriger Wert darf nicht beibehalten werden, wenn sich der Wert wieder erholt. Eine Abschreibung muss also rückgängig gemacht werden, es muss zugeschrieben werden (Wertaufholungsgebot).
- Bei abnutzbarem Anlagevermögen kann von einer voraussichtlichen dauernden Wertminderung ausgegangen werden, wenn der Wert mindestens für die „halbe Restnutzungsdauer unter dem planmäßigen Restbuchwert" liegt (BFH Urteil vom 29.04.2009). Der niedrige Wert muss also erheblich sein und lang anhalten. Das ist in der Regel dann der Fall, wenn der niedrige Wert unter dem planmäßigen Restbuchwert der halben Restnutzungsdauer liegt (vgl. unten Beispiel 1).
- Bei Aktien gilt für Kursveränderungen eine Bagatellgrenze von 5 %. Bei Wertpapieren gelten widerlegbare Indizien:
  - Stark negativ abweichender Kursverlauf vom allgemeinen Trend.
  - Substanzverlust des Emittenten oder schlechte Zukunftsaussichten des Emittenten.
  - Lediglich vorübergehende Wertminderungen (z. B. Zinsänderungsrisiken) werden steuerlich nicht oder nur teilweise anerkannt. Beispiel: Eine Anleihe wird zu 103 % angekauft. Aufgrund einer allgemeinen Zinssteigerung fällt die Anleihe auf 96 %. Da die Anleihe zum Nennwert (100 %) zurückbezahlt wird, ist eine Teilwertabschreibung nur auf 100 % zulässig.

BEISPIEL 1
Preiszerfall einer Maschine

Im Januar des Jahres 01 wird eine Maschine zu 240 T€ erworben. Die Nutzungsdauer beträgt sechs Jahre. Die Maschine wird linear abgeschrieben, pro Jahr also mit 40 T€. Zum Ende des zweiten Jahres bricht der Wert der Maschine auf 100 T€ ein (Abweichung: 70 T€). Der Abschreibungsplan ergibt sich wie folgt:

Jahr	Jahres-Afa in T€	Restbuchwert in T€
Ende 1. Jahr	40	200
Ende 2. Jahr	40	160 ←
Ende 3. Jahr	40	120
Ende 4. Jahr	40	80 ←
Ende 5. Jahr	40	40
Ende 6. Jahr	40	0
Gesamt	**240**	

Zum Ende des relevanten zweiten Jahres verbleiben noch vier Restjahre, die halbe Restnutzungsdauer beträgt demnach zwei Jahre. Für die Beurteilung der Dauerhaftigkeit ist folglich der Buchwert in Höhe von 80 T€ zum Ende des vierten Jahres entscheidend.

Im Fall übersteigt der niedrige Verkehrswert 100 T€ diesen Grenzwert in Höhe von 80 T€. Es handelt sich also nur um eine vorübergehende Wertminderung, eine außerplanmäßige Abschreibung hat zu unterbleiben. Es wird weiterhin planmäßig nach obiger Tabelle abgeschrieben.

In der Abweichung liegt der niedrige Verkehrswert (70 T€) unter dem Grenzwert von 80 T€. Somit ist von einer dauernden Wertminderung auszugehen. Im zweiten Jahr kann eine außerplanmäßige Abschreibung in Höhe von 90 T€ erfolgen (Wahlrecht). In den Folgejahren vermindert sich die Jahresabschreibung dann auf 17,5 T€, der Abschreibungsplan ist anzupassen. Bezogen auf die Totalperiode gleicht sich der Effekt wieder aus (Zweischneidigkeit der Bilanz).

BEISPIEL 2
Kursschwankungen bei Aktien

Es werden Aktien zum Kurs von 500 € gekauft. Zum Jahresende steigt der Kurs auf 700 €. Aufgrund von Ertragseinbrüchen sinkt der Kurs im Jahr darauf auf 300 €. Im Folgejahr kann an die gute Zeit von früher angeknüpft werden, der Börsenkurs steigt auf 800 €.

Welcher Wert ist in den jeweiligen Jahren in der Handels- und Steuerbilanz (HB/StB) anzusetzen, wenn die Aktien aa) im Anlagevermögen bb) im Umlaufvermögen gehalten werden?

Im ersten Jahr:

- Ansatz 500 € Anschaffungswertprinzip (max. AHK) – HB wie StB.

Im zweiten Jahr:

- UV-HB: Ansatz 300 € – strenges Niederstwertprinzip (§ 253 IV 1 HGB).
- AV-HB: Ansatz 300 € oder 500 €, je nachdem, ob
  - Regelfall (Vorsichtsprinzip!) Wertminderung dauernd, dann: 300 € (§ 253 III 5 HGB) oder
  - nicht dauernd, dann: Wahlrecht 300 € oder 500 € – gemildertes Niederstwertprinzip (§ 253 III 6 HGB).
- StB: Unabhängig, ob Wertpapiere im Anlage- oder Umlaufvermögen gehalten werden, ist die zentrale Frage, die nach der dauerhaften Wertminderung. Wenn sich zum Zeitpunkt der Bilanzerstellung der Kurs bereits wieder erholt hat (Wertaufholung), besteht ein steuerliches Abschreibungsverbot (Wert dann zwingend 500 € – § 6 I Nr. 1 S. 2 (nicht abnutzbares Anlagevermögen) oder Nr. 2 S. 2 EStG (sonstiges Vermögen/Umlaufvermögen). Bei voraussichtlich dauernder Wertminderung besteht steuerlich ein Abwertungswahlrecht.

Im dritten Jahr:

- Wertaufholung (siehe Beispiel unten).

Übersicht über Abwertungsprinzipien im Handels- und Steuerrecht

	Wertminderung voraussichtlich …	Handelsrecht	Steuerrecht
Sachanlagevermögen	… nicht dauerhaft	Abwertungsverbot	Abwertungsverbot
Finanzanlagevermögen	… nicht dauerhaft	Abwertungswahlrecht	Abwertungsverbot
Anlagevermögen	… dauerhaft	Abwertungspflicht	Abwertungswahlrecht
Umlaufvermögen	… nicht dauerhaft	Abwertungspflicht	Abwertungsverbot
	… dauerhaft	Abwertungspflicht	Abwertungswahlrecht

Wertaufholung: Eine der zentralen Gegenfinanzierungen der Steuerreform 1999/2000/2002 war die Aufhebung des Zuschreibungswahlrechts. Es gilt ein striktes Wertaufholungsgebot (beachte aber stets die Wertobergrenze: AHK). Um den Zuschreibungseffekt abzumildern, gilt eine fünfjährige Zuschreibungsfrist: Danach können Zuschreibungsgewinne gemäß § 52 Abs. 16 S. 3 EStG auf fünf Jahre gestreckt werden (sogenannte Wertaufholungsrücklage).

weiter BEISPIEL 2
Kursschwankungen bei Aktien

zu Beispiel 2: im dritten Jahr, unter der Annahme bisheriger Bilanzwert 300 €:

Wenn steuerlich abgewertet worden ist, besteht ein Gleichlauf von HB und StB (§§ 253 V HGB, 6 I Nr. 1 S. 4 EStG (abnutzbares AV) bzw. Nr. 2 S. 3 (sonstiges Vermögen), 7 I S. 7 EStG). Danach besteht Zuschreibungspflicht auf 500 € (AHK). Der Zuschreibungsgewinn kann auf fünf Jahre nach § 52 Abs. 16 S. 3 EStG verteilt werden (Sonderposten mit Rücklagenanteil), die Wertaufholungsrücklage beträgt maximal 4/5 von 200 € also 160 €.

BEISPIEL 3
Kurssprünge bei Vorräten

Eine GmbH stellt Telefonadapter zu Herstellungskosten von 20 €/Stück her. Durch einstweilige Verfügung wird ein Vertriebsverbot in Europa verhängt; dadurch sinkt der Wert der Adapter dauerhaft auf 1 €/Stück. Überraschend ergibt sich zum Ende des Folgejahres eine Trendwende: das Vertriebsverbot wird aufgehoben. Dadurch und durch neue Anwendungsmöglichkeiten der Adapter steigt der Wert auf 30 €/Stück. Die GmbH hat 100.000 Adapter. Wie sind die Adapter im ersten Jahr und zweiten Jahr zu bewerten? Welche Möglichkeiten ergeben sich in der GuV im zweiten Jahr?

Im ersten Jahr:

- Wertansatz 1 € × 100.000 = 100.000 € (strenges NWP) in der HB (§ 253 IV HGB), Abwertungswahlrecht in der StB (§ 6 I Nr. 2 S. 1 EStG)
- GuV: –1,9 Mio. € (außerplanmäßige Abschreibung)

Im zweiten Jahr: Zuschreibungspflicht auf max. AHK (20 €)

- HB: nach § 253 V; sofern Abschreibung erfolgte StB: nach §§ 6 I Nr. 2 S. 3 i. V. m. Nr. 1 S. 4 und S. 1 EStG
- Wertansatz 20 € × 100.000 = 2 Mio. €, Zuschreibungsbetrag 1,9 Mio. €
- GuV: +1,9 Mio. € (Zuschreibung) einmalig.
  Alternativ: Wertaufholungsrücklage 4/5 von 1,9 Mio. = 1,52 Mio. €
  – im ersten Folgejahr 3/5 von 1,9 Mio. = 1,14 Mio. €
  – im vierten Folgejahr 0
- GuV: +380 T€ (Zuschreibung) fünf Jahre lang (vgl. § 52 Abs. 16 S. 3 EStG)

lies: *Hilke*, 3. Kapitel D IX und XVIII, S. 186–192, 215–217; *Stobbe/Loose*, Steuerentlastungsgesetz 1999/2000/2002 – Auswirkungen auf die handels- und steuerrechtliche Gewinnermittlung, in: FR 8/1999, S. 405–420; zum selben Thema: *Groh*, in: DB 19/1999, S. 978–984; *Schulze*, in: Die Wirtschaftsprüfung, 17/1999, S. 689–698; *Reichert*, in: Steuer und Studium 3/2000, S. 107–112

4.4.2 Einschränkungen bei den Rückstellungen

Die Änderungen der Steuerreformgesetze 1999/2000/2002 bei den Rückstellungen sind wesentlich. Die Änderungen betreffen sowohl den Bilanzansatz generell als auch die Bewertung von Rückstellungen im Einzelnen.

Insbesondere sind folgende Änderungen eingetreten:

- Verbot der Drohverlustrückstellungen nach § 5 Abs. 4a EStG, obwohl diese nach § 249 I 1 HGB handelsrechtlich zwingend sind. Insofern besteht auch ein Eingriff in das Realisations- und Imparitätsprinzip!
- Verbot für Rückstellungen nach § 5 Abs. 4 b EStG, insbesondere für „Anlagen für die Verwertung von Radioaktivität".
- Aber: Garantierückstellungen mit (§ 249 I 1 HGB) und auch ohne rechtliche Verpflichtung (§ 249 I S. 2 Nr. 2 HGB) sind weiterhin handelsrechtlich und aufgrund fehlender steuerrechtlicher Spezialregelungen zu passivieren (Prinzip der Maßgeblichkeit).
- Begrenzung der Rückstellungsbewertung (§ 6 EStG), insbesondere werden Rückstellungen generell mit 5,5 % abgezinst (§ 6 I Nr. 3a EStG).

1 zu 4 (Fallstudie):

Die Metall-GmbH weist im letzten Jahr einen handelsrechtlichen Gewinn i. H. v. 300 T€ aus. Hierbei ist Folgendes anzumerken: Am Ende des letzten Jahres wurden wegen erwarteter Ölpreissteigerungen 100 TL Heizöl für das Folgejahr geordert. Der Ölmarkt hat sich kurz nach Bestellung wider Erwarten entspannt, sodass im letzten Jahr Drohverlustrückstellungen in Höhe von 20 T€ verbucht worden sind. An einen wichtigen Geschäftsfreund wurde zu dessen runden Geburtstag eine Modellturbine gefertigt. Die Kosten des Modells belaufen sich insgesamt brutto auf 1.000 €. Wie hoch ist der steuerbilanzielle, wie hoch der steuerliche Gewinn?

2 zu 4 (Aufgabe zur Bilanzierungsfähigkeit):

Geben Sie bei nachfolgenden Geschäftsvorfällen mit der richtigen Abkürzung analog zum Beispiel – jeweils für die Handels- und für die Steuerbilanz getrennt – an, ob ein

- Aktivierungsgebot (AG), Aktivierungswahlrecht (AW), Aktivierungsverbot (AV),
- Passivierungsgebot (PG), Passivierungswahlrecht (PW), Passivierungsverbot (PV)

richtig ist.

Geschäftsvorfall	Handelsbilanz	Steuerbilanz
Beispiel *Anschaffungskosten:* Eine AG kauft ein Grundstück in Polen, um die Produktion zu verlagern.	AG	AG
Disagio 4 %: Eine GmbH nimmt ein Darlehen auf, das zu 96 % ausgezahlt wird.		
Gegenstände unter Eigentumsvorbehalt: Ein Kaufhaus kauft Regalsysteme unter Eigentumsvorbehalt.		

Schwebendes Geschäft: Ein Möbelhaus erhält von einem Kunden die Zusage einer Anzahlung in Höhe von 10 T€ und wartet vor Auslieferung auf das Geld.		
Aufwandsrückstellung: Eine zu Ende des Geschäftsjahres aufgetretene Frostbeschädigung am Verwaltungsgebäude soll erst in den Sommerferien beseitigt werden.		

lies: *Grefe,* Unternehmenssteuern, 7. Auflage, 5.1.3; vertiefend *Horst,* Teilwertabschreibung bei Aktien, in DB 3/2012, S. 542–545, zum Steuerentlastungsgesetz 1999/2000/ 2002: *Stobbe/Loose,* Auswirkungen auf die handels- und steuerrechtliche Gewinnermittlung, in: FR 8/1999, S. 405–420

5 *Grundzüge des Konzernabschlusses*

bearbeitet von Marcus Scholz

LEITFRAGEN

- ***Warum braucht man einen Konzernabschluss?***
- ***Was macht einen Konzern und eine Konzernrechnungslegung aus?***
- ***Wie können im Konzern Gewinn- und Liquiditätsverschiebungen erfolgen?***
- ***Was ist ein „Summenabschluss"?***
- ***Welche Konsolidierungsarten gibt es?***
- ***Was und wie wird konsolidiert?***
- ***Was versteht man unter einer Betriebsaufspaltung?***
- ***Welche steuerlichen Besonderheiten bestehen bei einer Betriebsaufspaltung?***
- ***Was ist bei der Bilanzanalyse zu beachten, wenn eine Betriebsaufspaltung vorliegt?***

5.1 Begriff und Aufgaben des Konzernabschlusses

Wenn zwei oder mehrere rechtlich selbstständige Unternehmen unter einheitlicher Leitung stehen, besteht ein Konzern. Rechtlich ist der Konzern keine eigene Rechtspersönlichkeit. Diese Eigenschaft kommt nur den einzelnen Unternehmen zu, die in ihrer Gesamtheit den Konzern bilden. Wirtschaftlich agieren die in dem Konzern zusammengefassten Unternehmen nicht einzeln, sondern als Einheit, zumal die Einzelunternehmen in Bezug auf ihre Strategie und Willensbildung nicht frei sind, sondern von der Konzernmuttergesellschaft gesteuert werden. Man spricht von der „rechtlichen Vielheit" der im Konzern zusammengefassten Unternehmen und der „wirtschaftlichen Einheit" des Konzerns. Die in einem Konzern einbezogenen Unternehmen werden als „verbundene Unternehmen" bezeichnet. Nach der „Einheitstheorie" wird ein Jahresabschluss (Konzernabschluss) so aufgestellt, als ob alle einbezogenen Unternehmen ein einziges Unternehmen wären.

Adressat des Konzernabschlusses ist nicht der Fiskus, da die steuerliche Betrachtung auf das Einzelunternehmen zielt. Hauptadressat des Konzernabschlusses sind die Gläubiger, im Kern die Kapitalgläubiger (Investoren). Hinsichtlich der Rechnungslegung bestehen folgende Besonderheiten: Jedes einzelne Konzernunternehmen ist für sich nach §§ 238 ff. verpflichtet, Rechnung zu legen (Pflicht zur Aufstellung eines Jahresabschlusses). Bei einem verbundenen Unternehmen reicht der Jahresabschluss oft nicht aus, um ein den tatsächlichen Verhältnissen entsprechendes Bild von der Vermögens-, Finanz- und Ertragslage zu vermitteln.

Da jedes Konzernunternehmen zwar rechtlich selbstständig, wirtschaftlich aber in einen Unternehmensverbund integriert sind, können Gewinne, Vermögen und Zahlungsmittel bewusst gesteuert werden. Durch die enge Verflechtung von Mutter und Tochter im Konzern und die Möglichkeit des einheitlichen Direktionsrechts ergeben sich viele Möglichkeiten des Gewinn-, Liquiditäts- und Risikotransfers. So könnte z. B. innerhalb eines Konzerns durch entsprechende Verrechnungspreise für Lieferungen und Leistungen zwischen den Konzernunternehmen dafür gesorgt werden, dass die Gewinne in Niedrigsteuerländern anfallen. Dadurch würden dem einen Konzernunternehmen Eigenkapital und wirtschaftliche Substanz entzogen, die einem oder mehreren anderen Konzernunternehmen zugeführt würden. Um Gewinnverschiebungen im Rahmen von Darlehensbeziehungen einzuschränken, wurde gemäß § 8a KStG eine Zinsschranke eingeführt: Übersteigen die Zinsaufwendungen und die Zinserträge zwischen Mutter und Tochter den gesetzlich festgelegten Betrag von 1 Mio. €, sind die Schuldzinsen nur noch beschränkt abzugsfähig.

BEISPIEL
Gewinn-, Liquiditäts- und Risikotransfer im Konzern

Um ein einheitliches Controlling im Konzern darzustellen, entsendet die Konzernmutter an die Tochtergesellschaften Berater und führt konzernweit ein IT-System ein. Dafür erhält die Mutter Zahlungen, die deren Zahlungsmittel (Liquidität) sowie Gewinn und Eigenkapital (Risikopuffer) erhöhen. Für die Tochtergesellschaften sind diese Zahlungen belastend.

BEISPIEL
Gewinnverschiebung internationaler Konzerne

Internationale Konzerne (z. B. Apple, Google, Amazon, Starbucks, IKEA) zahlen kaum Steuern. Dies geschieht mittels eines Offshore-Tricks: Einer Tochtergesellschaft in einem Niedrigsteuerland wird das Recht eingeräumt, Produkte exklusiv zu vermarkten. Die Offshore-Tochtergesellschaft organisiert „margenstark" den weltweiten Produktvertrieb. Die operativen Vertriebsgesellschaften in den jeweiligen Heimatländern müssen die Produkte bei der Offshore-Tochter relativ teuer einkaufen oder Lizenzgebühren zahlen. Die Gewinne fallen bei der Offshore-Tochter an. Die operativen Vertriebsgesellschaften machen in ihren Heimatländern relativ wenig Gewinn und zahlen deshalb kaum Steuern. Die Offshore-Tochtergesellschaft (im Ergebnis auch der Konzern) verbucht den Gewinn weitgehend steuerfrei.

BEISPIEL
Risikotransfer im Konzern

Konzerne mit Tochtergesellschaften in verschiedenen Währungsräumen unterliegen Risiken aufgrund von Wechselkursschwankungen. Wird der Euro als Konzernwährung festgelegt, müssen die Konzerngesellschaften das Währungsrisiko tragen, in deren Heimatland eine andere Währung gilt. Dadurch können sich Wechselkursgewinne oder Wechselkursverluste ergeben.

Um Verzerrungen im Einzelabschluss für die Bilanzadressaten transparent zu machen, muss die Muttergesellschaft für den Konzern zusätzlich Rechnung legen (§§ 290 ff.). Im Konzernabschluss werden die einzelnen Geschäftsvorfälle der Rechnungslegungsperiode aus Sicht des Konzerns als wirtschaftliche Einheit abgebildet (Einheitsprinzip). Der Konzernabschluss hat somit das Ziel, die

Rechnungslegung verbundener Unternehmen für die Abschlussadressaten zusammengefasst und transparent darzustellen.

1 zu 5 (Fallstudie):

Ein Produkt erzielt 1.000 T€ Erlös und wird im Konzern hergestellt. Die Mutter A und die Tochter B haben je Kosten von 400 T€.

a) Zeigen Sie, wie durch Transferpreise innerhalb des Konzerns beliebig Gewinnverschiebungen möglich sind.

b) Nennen Sie ein Beispiel für einen Risikotransfer in einem internationalen Konzern.

Der Konzernabschluss dient der Information der Kapitalgeber, d. h. der Kreditgeber und der Investoren (Informationsfunktion des Konzernabschlusses). Er hat keine Zahlungsbemessungsfunktion, weder für Gewinnausschüttungen noch für Steuerzahlungen, die sich ausschließlich aus den Einzelabschlüssen der Konzernunternehmen ergeben.

In Deutschland werden Konzernabschlüsse entweder nach HGB oder nach IFRS aufgestellt. Die Anwendung der IFRS für den Konzernabschluss ist verpflichtend, wenn ein Unternehmen aus dem Konzern den organisierten Kapitalmarkt in Anspruch nimmt, d. h., seine Aktien oder festverzinsliche Wertpapiere an der Börse handeln lässt.

5.2 Pflicht zur Aufstellung eines Konzernabschlusses

Eine Kapitalgesellschaft ist verpflichtet, einen Konzernabschluss aufzustellen, wenn sie die einheitliche Leitung über mindestens ein weiteres Unternehmen inne hat (§ 290 I) oder wenn ein „Control-Verhältnis" gegeben ist (§ 290 II).

Das Control-Konzept führt zur Konzernrechnungslegungspflicht, wenn mindestens eine der folgenden drei Voraussetzungen erfüllt ist:

1. Dem Mutterunternehmen steht die Mehrheit der Stimmrechte bei dem Tochterunternehmen zu.
2. Das Mutterunternehmen hat das Recht, die Mehrheit der Mitglieder des Leitungs- oder Aufsichtsorgans des Tochterunternehmens zu bestellen.
3. Das Mutterunternehmen kann einen beherrschenden Einfluss aufgrund eines Beherrschungsvertrags oder einer Satzungsbestimmung auf das Tochterunternehmen ausüben.

Auf die tatsächliche Ausübung eines dieser Rechte kommt es nach dem Control-Konzept nicht an. Die bloße Möglichkeit reicht aus, um die Konzernrechnungslegungspflicht zu begründen.

Verpflichtung zur Aufstellung eines Konzernabschlusses

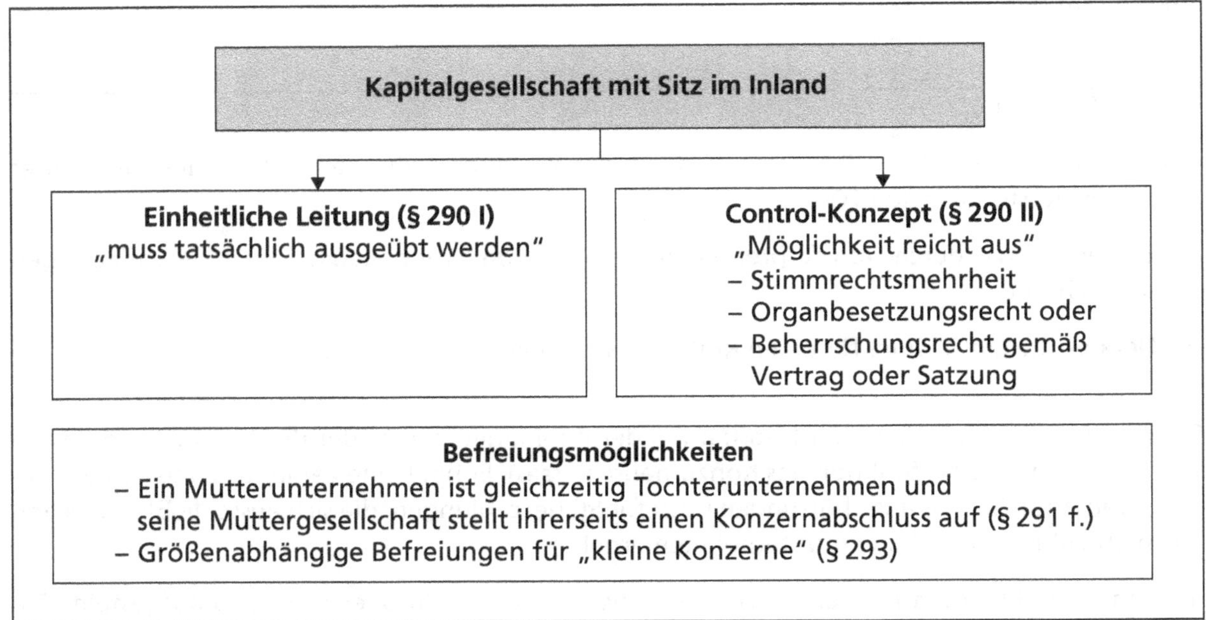

5.3 Konsolidierungskreis

Für den Konzernabschuss gilt das Weltabschlussprinzip. Demnach sind neben dem Mutterunternehmen alle Tochterunternehmen einzubeziehen, unabhängig davon, ob sie ihren Sitz im In- oder im Ausland haben (§ 294). Tochterunternehmen, die für die Darstellung der Vermögens-, Finanz- und Ertragslage des Konzerns von untergeordneter Bedeutung sind, müssen nicht einbezogen werden (§ 296 II). Gleiches gilt, wenn Beschränkungen hinsichtlich der Ausübung der Rechte des Mutterunternehmens bestehen, das Tochterunternehmen ausschließlich zum Zweck der Weiterveräußerung gehalten wird oder unverhältnismäßig hohe Kosten mit der Einbeziehung des Tochterunternehmens verbunden wären (§ 296 I).

5.4 Inhalt und Form des HGB-Konzernabschlusses

Der HGB-Konzernabschluss setzt sich aus Konzernbilanz, Konzern-GuV, dem Konzernanhang, der Kapitalflussrechnung und dem Eigenkapitalspiegel zusammen (§ 297 I). Er kann um eine Segmentberichterstattung erweitert werden. Daneben tritt nach § 315 der Konzernlagebericht.

Für den Konzernabschluss gelten die GoB. Ergänzend sind die Grundsätze ordnungsmäßiger Konzernbilanzierung zu beachten, die in den Deutschen Rechnungslegungsstandards (DRS) formuliert sind.

Die meisten Bestandteile der Konzernrechnungslegung werden nach den gleichen oder vergleichbaren Kriterien erstellt wie im Einzelabschluss. Dies gilt für Konzernbilanz, Konzern-GuV, Konzernanhang, Konzernkapitalflussrechnung und Konzernlagebericht. Bei der Kapitalflussrechnung handelt es sich um eine liquiditätsorientierte Form der Rechnungslegung, die auf Zahlungsströme ausgerichtet ist. Sie gibt zusätzlich Auskunft über die Herkunft und Verwendung der liquiden Mittel in einer Periode (vgl. auch Kap. 12.3.3). Konzernspezifische Abschlussinhalte sind zudem der Eigenkapitalspiegel und die Segmentberichterstattung.

Der Eigenkapitalspiegel informiert über die Veränderung des Konzerneigenkapitals zwischen zwei Bilanzstichtagen. Die Segmentberichterstattung zeigt, wie sich bestimmte im Konzernabschluss konsolidierte Posten auf die einzelnen Segmente des Konzerns verteilen. Der Bilanzadressat kann anhand der Segmentberichterstattung die vom Management vorgenommene Diversifizierung analysieren. Das Management kann über die Segmentberichterstattung kommunizieren, wie sich der Konzern in aussichtsreichen Geschäftsfeldern positioniert und welche Renditen in diesen Geschäftsfeldern angestrebt und erreicht wurden. Daneben dient die Segmentberichterstattung auch der internen Führung des Konzerns.

5.5 Vollkonsolidierung

Der Konzernabschluss zeigt den wirtschaftlichen Erfolg des Konzerns als eigenständige Unternehmung. Es dürfen nur die Geschäftsvorfälle abgebildet werden, die der Konzern mit fremden Dritten abgewickelt hat. Die Geschäftsbeziehungen, die zwischen den verbundenen Konzernunternehmen stattgefunden haben, dürfen im Konzernabschluss nicht gezeigt werden. Sie sind durch Konsolidierungsmaßnahmen zu eliminieren.

BEISPIEL

Die Muttergesellschaft hat ihrer Tochtergesellschaft im abgelaufenen Geschäftsjahr 100 T€ für zentral erbrachte Managementleistungen in den Bereichen „Recht, Human Resources und Finanzen" in Rechnung gestellt. Das Geld wurde von der Tochter umgehend an die Mutter überwiesen. Dieser Sachverhalt wirkt sich aus Konzernsicht wie folgt aus: Auch im Konzernabschluss gelten die GoB. Somit gilt für den Konzern das Realisationsprinzip. Der Konzern hat keinen Ertrag realisiert, da der Geschäftsvorfall nicht mit einem konzernfremden Dritten abgewickelt wurde, sondern mit einem verbundenen Konzernunternehmen. Im Konzernabschluss darf sich dieser Geschäftsvorfall nicht auswirken. Im Einzelnen wirkt das auf die betroffenen Posten wie folgt:

- Bank: Aus Konzernsicht ist es egal, ob die 100 T€ auf dem Bankkonto der Mutter oder der Tochter sind, da im Konzernabschluss nur ein Bilanzposten „Bank" ausgewiesen wird.
- Sonstige betriebliche Erträge: Die Mutter hat in ihrem Einzelabschluss 100 T€ an sonstige betriebliche Erträge gebucht. Aus Konzernsicht gibt es diese Erträge nicht. Sie müssen bei der Erstellung des Konzernabschlusses eliminiert werden.
- Sonstige betriebliche Aufwendungen: Die Tochter hat in ihrem Einzelabschluss 100 T€ als sonstigen betrieblichen Aufwand erfasst. Aus Konzernsicht gibt es diesen Aufwand nicht. Er muss bei der Erstellung des Konzernabschlusses eliminiert werden.

Der Weg von den Einzelabschlüssen der verbundenen Unternehmen zum Konzernabschluss wird in der nachstehenden Grafik dargestellt.

Konsolidierung: Von den Einzelabschlüssen zum Konzernabschluss

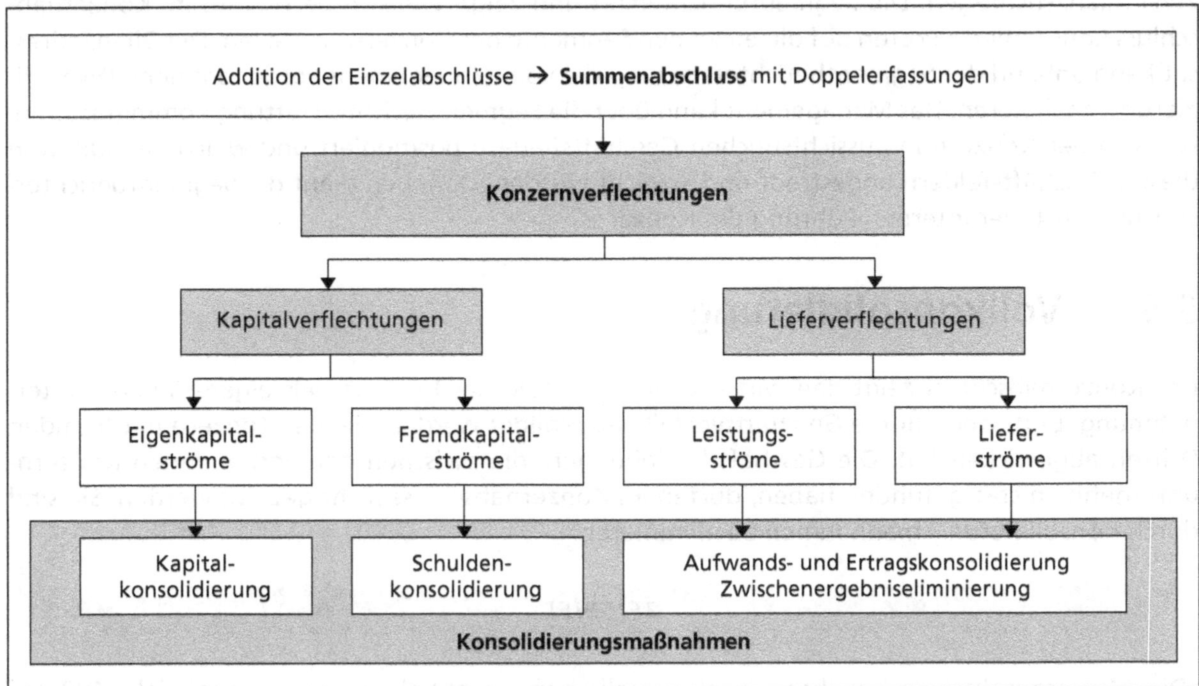

- 1. Schritt: Bevor die Jahresabschlüsse der Konzernunternehmen (üblicherweise als „Handelsbilanzen I" bezeichnet) zusammengefasst werden, müssen sie an die konzerneinheitlichen Bilanzierungs- und Bewertungsmethoden angepasst werden. Dazu gehören beispielsweise die Umstellung auf einen einheitlichen Bilanzstichtag und einheitliche Bewertungsverfahren bei den Vorräten. Durch die Anpassung der Einzelabschlüsse (Handelsbilanzen I) auf die konzerneinheitlichen Bilanzierungs- und Bewertungsmethoden erhält man die „Handelsbilanzen II" der einzelnen Konzernunternehmen. In anderen Worten: Die an einheitliche Grundsätze angepassten Einzelbilanzen werden als „Handelsbilanzen II" bezeichnet. Mit ihrer Aufstellung ist auch die entsprechende Anpassung der GuV verbunden.

- 2. Schritt: Durch Addition der „Handelsbilanzen II" erhält man den Summenabschluss (Summenbilanz und Summen-GuV). Der Summenabschluss enthält nicht nur die Geschäftsvorfälle mit konzernfremden Dritten, sondern auch die Transaktionen und Verflechtungen zwischen den verbundenen Konzernunternehmen.

- 3. Schritt: Um Doppelzählungen und den Ausweis von Gewinnen zu vermeiden, die nicht mit konzernfremden Dritten realisiert wurden, müssen bestimmte Posten konsolidiert werden. Dabei sind vier Konsolidierungsarten zu unterscheiden (vgl. §§ 300 ff.):
  - Kapitalkonsolidierung: Verrechnung der Kapitalbeteiligung der Muttergesellschaft an Tochtergesellschaften mit dem jeweiligen Eigenkapital der Tochter (§ 301),
  - Schuldenkonsolidierung: Eliminierung von Forderungen und Verbindlichkeiten zwischen den Konzernunternehmen (§ 303),
  - Zwischenergebniseliminierung: Neutralisierung/Eliminierung von Gewinnen/Verlusten aus Geschäften zwischen den Konzernunternehmen, die noch nicht am Markt realisiert sind (§ 304),
  - Aufwands- und Ertragskonsolidierung: Eliminierung von Aufwendungen und Erträgen zwischen den Konzernunternehmen (§ 305).

Verfahren zur Erstellung des Konzernabschlusses

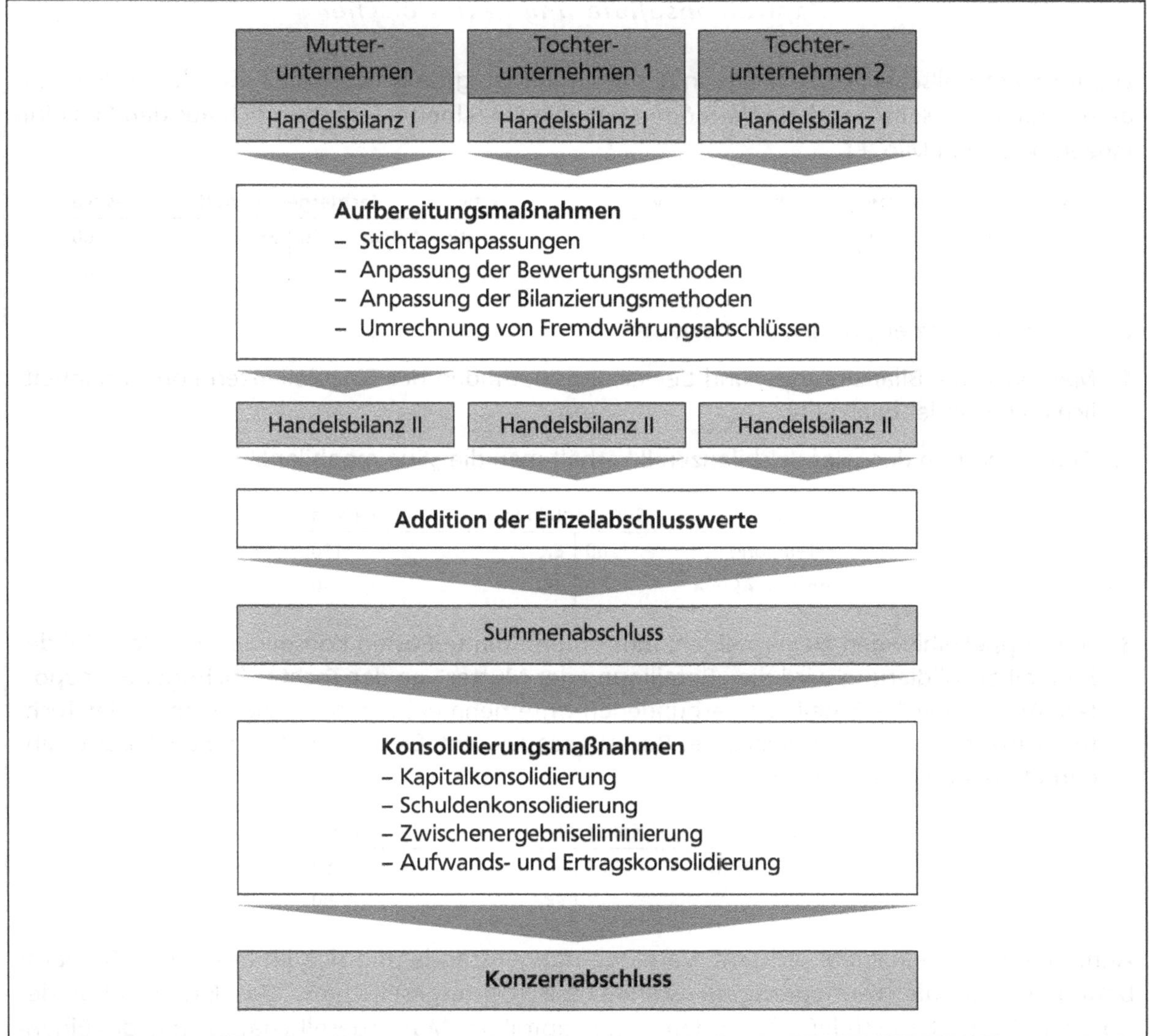

Quelle: *in Anlehnung an Küting/Weber*, 2000

5.5.1 Kapitalkonsolidierung

In den Summenabschluss werden alle Aktiva, Passiva, Aufwendungen und Erträge der Muttergesellschaft und der Tochtergesellschaften übernommen. Somit sind neben dem Vermögen der Tochtergesellschaften auch die im Einzelabschluss der Muttergesellschaft ausgewiesenen Beteiligungen im Summenabschluss enthalten. Aus Konzernsicht stellt der gleichzeitige Bilanzansatz von „Vermögensgegenständen" und „Schulden" einer Tochtergesellschaft und der sie repräsentierenden Beteiligung eine unzulässige Doppelerfassung dar. Der Konzernabschluss soll die Vermögens-, Finanz- und Ertragslage des Konzerns so darstellen, als ob er nicht nur wirtschaftlich, sondern auch rechtlich ein Unternehmen bildet (rechtliche Fiktion). Durch die Kapitalkonsolidierung werden die Mehrfacherfassungen aufgrund von Kapitalverflechtungen beseitigt. Mit anderen Worten: Um eine Doppelzählung von Teilen des EK zu vermeiden, sind die Beteiligungen der Muttergesellschaft gegen die entsprechenden Eigenkapitalanteile der Tochtergesellschaft aufzurechnen. Im Ergebnis wird die Kapitalbeteiligung der Mutter an deren Tochtergesellschaften mit dem anteiligen Eigenkapital der Tochtergesellschaft konsolidiert (Buchungssatz: Eigenkapital „an" Beteiligung).

BEISPIEL
Kapitalkonsolidierung nach Hölscher

Die Tochtergesellschaft ist zu 100 % in Besitz der Muttergesellschaft, die außer der Beteiligung an der Tochtergesellschaft kein Vermögen hat. Die Einzelheiten ergeben sich aus den Einzelbilanzen (Werte in Mio. €).

Aktiva	**Muttergesellschaft**		Passiva
Beteiligung	60	EK	50
		FK	10

Aktiva	**Tochtergesellschaft**		Passiva
sonstige Aktiva	100	EK	60
		FK	40

Die Konzernbilanz ergibt sich schrittweise:

1. Man passt die Bilanzierungs- und Bewertungsmethoden der Einzelbilanzen konzerneinheitlich an („Handelsbilanz II").
2. Durch Addition der „Handelsbilanzen II" erhält man die „Summenbilanz".

Aktiva	**Summenbilanz**		Passiva
Beteiligung	60	EK	110
sonstige Aktiva	100	FK	50

3. Um Doppelzählungen zu vermeiden, müssen bestimmte Posten konsolidiert werden. Bei der Kapitalkonsolidierung wird die „Beteiligung der Mutter" an der Tochter (richtiger Bilanzposten: Aktiva A III 1 – Anteile an verbundenen Unternehmen) mit dem „Eigenkapital der Tochter" verrechnet, d. h., eliminiert. Der Buchungssatz lautet: EK 60 an Beteiligung 60. Das ergibt dann folgende Konzernbilanz:

Aktiva	**Konzernbilanz**		Passiva
sonstige Aktiva	100	EK	50
		FK	50

Anmerkung: Die einzigen „echten" Vermögensgegenstände, die sich im Besitz des Konzerns befinden, sind die Vermögensgegenstände der Tochtergesellschaft. Das Eigenkapital des Konzerns besteht ausschließlich aus dem Eigenkapital der Muttergesellschaft, zumal das Eigenkapital der Tochter vollständig von der Mutter bereitgestellt wurde und dieser zugerechnet wird und von dieser als „Beteiligung" ausgewiesen wird. Diese konzerninterne Verflechtung ist zu eliminieren.

Besonderheit: Die Beteiligung der Mutter kann das anteilige Eigenkapital der Tochter übersteigen, wenn die Mutter einen Kaufpreis für den Anteil an der Tochter an einen Dritten gezahlt hat, der über das anteilige Eigenkapital der Tochtergesellschaft hinausgeht. Dafür kann es z. B. folgende Gründe geben:

- In der Bilanz der Tochter sind stille Reserven enthalten.
- Die Tochter hat gute Ertragsaussichten (z. B. bestes Image, viele Stammkunden etc.), die einen entsprechend hohen Kaufpreis rechtfertigen.
- Das strategische Interesse der Mutter an der Tochter rechtfertigt einen über dem anteiligen Eigenkapital liegenden Kaufpreis.

In diesen Fällen kann nicht die gesamte Beteiligung mit dem anteiligen Eigenkapital der Tochter konsolidiert werden. Es kommt zunächst zu einem aktiven Unterschiedsbetrag. Anschließend wird der aktive Unterschiedsbetrag aufgelöst, indem stille Reserven im Abschluss der Tochter aufgedeckt werden. Ein verbleibender aktiver Unterschiedsbetrag wird als Goodwill (Geschäfts- oder Firmenwert) aktiviert. Die Verteilung des Kaufpreises auf das anteilige Eigenkapital der Tochter, auf stille Reserven und stille Lasten sowie den Goodwill bezeichnet man als „Kaufpreisaufteilung" (Purchase Price Allocation).

2 zu 5 (Fallstudie):

Wie sieht bei nachfolgenden Einzelbilanzen (in T€) die konsolidierte Bilanz aus? Die Bilanzen beinhalten keine stillen Reserven.

Muttergesellschaft

Aktiva			Passiva
Beteiligung	700	Eigenkapital	1.000
sonstige Aktiva	850	Fremdkapital	550

Tochtergesellschaft

Aktiva			Passiva
Aktiva	800	Eigenkapital	700
		Fremdkapital	100

a) Die Muttergesellschaft ist zu 100 % an der Tochtergesellschaft beteiligt.

b) Die Muttergesellschaft ist zu 50,01 % an der Tochtergesellschaft beteiligt. Gehen Sie vereinfacht von einer Beteiligung in Höhe von 50 % aus! Die Beteiligung der Mutter besteht aus 50 % Goodwill!

5.5.2 Schuldenkonsolidierung

Im Summenabschluss sind alle Forderungen und Verbindlichkeiten enthalten, die die einbezogenen verbundenen Unternehmen untereinander haben. Aufgrund der Einheitsfiktion dürfen im Konzernabschluss nur die Forderungen und Verbindlichkeiten stehen, die der Konzern als Einheit gegenüber konzernfremden Dritten hat. Forderungen und Verbindlichkeiten gegen sich selbst darf der Konzern nicht ausweisen. Deshalb werden durch die Schuldenkonsolidierung die konzerninternen Fremdkapitalverflechtungen beseitigt (§ 303). Dazu werden die Forderungen gegen verbundene Unternehmen mit den Verbindlichkeiten gegenüber verbundenen Unternehmen konsolidiert, d. h. gegeneinander aufgerechnet/weggelassen (Buchungssatz: Verbindlichkeiten gegenüber verbundenen Unternehmen „an" Forderungen gegen verbundene Unternehmen).

BEISPIEL
Schuldenkonsolidierung

Das Mutterunternehmen Volkswagen liefert laufend an die Tochter Skoda Motoren und hat insofern eine offene „Forderung gegen verbundene Unternehmen" in Höhe von 200 Mio. €. Die Tochter Skoda bilanziert entsprechend eine „Verbindlichkeit gegenüber verbundenen Unternehmen" in gleicher Höhe. In der konsolidierten Konzernbilanz werden diese beiden Posten eliminiert, sie tauchen dann nicht mehr auf.

3 zu 5 (Fallstudie):

Wie sieht bei nachfolgenden Einzelbilanzen die konsolidierte Bilanz aus? Die Bilanzen beinhalten keine stillen Reserven, Werte sind in T€ angegeben.

Muttergesellschaft

Aktiva			Passiva
Beteiligung	700	Eigenkapital	1.000
sonstige Aktiva	850	Fremdkapital	550

Tochtergesellschaft

Aktiv			Passiva
Aktiva	800	Eigenkapital	700
		Fremdkapital	100

Die Muttergesellschaft ist zu 100 % an der Tochtergesellschaft beteiligt. In den Aktiva der Tochtergesellschaft sind 200 T€ Forderungen gegen die Muttergesellschaft enthalten. Korrespondierend dazu sind im Fremdkapital der Muttergesellschaft 200 T€ Verbindlichkeiten gegenüber verbundenen Unternehmen (d.h. gegenüber der Tochtergesellschaft) enthalten.

5.5.3 Zwischenergebniseliminierung

Nach den GoB dürfen Gewinne aus Lieferungen von Vermögensgegenständen erst im Jahresabschluss gezeigt werden, wenn sie an Außenstehende verkauft worden sind (Realisationsprinzip). Solange sie noch nicht veräußert sind, werden sie mit ihren Anschaffungs- oder Herstellungskosten aus Konzernsicht bewertet. So werden beispielsweise hergestellte Vorräte mit ihren Herstellungskosten oder dem niedrigeren Zeitwert bilanziert (strenges Niederstwertprinzip).

Das Realisationsprinzip gilt auch für den Konzernabschluss. Daher müssen innerhalb des Konzerns gelieferte Vermögensgegenstände mit den Anschaffungs- oder Herstellungskosten bewertet werden, die sich aus Konzernsicht ergeben (§ 304 I). Gewinne oder Verluste, die aus Lieferungen zwischen den konsolidierten Konzernunternehmen resultieren, sind zu eliminieren. Erst wenn ein konzernintern gelieferter Vermögensgegenstand an einen konzernfremden Dritten weiterveräußert wird, sind Gewinne oder Verluste, die zuvor bei konzerninternen Lieferungen entstanden sind, tatsächlich am Markt realisiert. Dann ist eine Zwischenergebniseliminierung nicht mehr erforderlich. Mit anderen Worten: Eine Zwischenergebniseliminierung kommt nur in Betracht, wenn der konzernintern gelieferte Vermögensgegenstand am Bilanzstichtag noch im Konzern ist (also in der Summenbilanz enthalten ist).

BEISPIEL

Die Motoren GmbH (Tochtergesellschaft 1) entwickelt und produziert Kfz-Motoren, die sie ausschließlich an die Auto GmbH (Tochtergesellschaft 2) liefert. Im abgelaufenen Geschäftsjahr hat die Motoren GmbH der Auto GmbH 2.000 Motoren geliefert. Für jeden gelieferten Motor wurden der Auto GmbH 5 T€ in Rechnung gestellt. Die Herstellungskosten der Motoren GmbH belaufen sich auf 4 T€ pro Motor. Die Motoren GmbH hat also für jeden verkauften Motor 1 T€ Gewinn realisiert, insgesamt 2 Mio. € während des abgelaufenen Geschäftsjahres. Am Bilanzstichtag hat die Motoren GmbH keine Motoren mehr, und die Auto GmbH hat noch 100 Motoren auf Lager.

Aus Konzernsicht wird unterstellt, die Motoren GmbH und die Auto GmbH seien Betriebsteile ein und derselben wirtschaftlichen Einheit (Auto-Konzern). Der Auto-Konzern hat somit am Bilanzstichtag 100 Motoren auf Lager, die bei der Tochtergesellschaft „Auto GmbH" mit deren Anschaffungskosten von 5 T€ bilanziert sind. Gleichzeitig hat der Auto-Konzern vor Konsolidierung Gewinne aus der Motoren GmbH in Höhe von 2 Mio. € (2.000 Motoren × 1 T€ Gewinn pro Motor).

Die Zwischenergebniseliminierung setzt an den Bilanzbeständen an, die am Bilanzstichtag noch im Konzern sind. 1.900 Motoren haben den Konzern bis zum Bilanzstichtag verlassen. Diese Motoren wurden in Autos eingebaut, welche an Drittkunden verkauft wurden. Der Gewinn ist insofern realisiert. Für den Konzernabschluss ist es irrelevant, ob der insgesamt erzielte Gewinn aus der Motoren GmbH oder aus der Auto GmbH in den Konzernabschluss kommt. Für die 100 Motoren, die noch auf Lager sind, gilt Folgendes:

- Der Lagerbestand von 100 Motoren wurde von der Auto GmbH mit ihren Anschaffungskosten in Höhe von 500 T€ bewertet. Die Motoren GmbH hat für diese 100 Motoren Herstellungskosten von 400 T€ als Aufwand erfasst und einen Veräußerungsgewinn von 100 T€ erzielt. Aus Konzernsicht dürfen diese Motoren nur mit den Konzern-Herstellungskosten von 4 T€ pro Motor bewertet werden.
- Die Motoren GmbH hat aus der Lieferung dieser 100 Motoren einen Veräußerungsgewinn von 100 T€ erzielt. Da es sich um eine Lieferung einer Konzerngesellschaft an eine andere Konzerngesellschaft handelt, spricht man von einem Zwischengewinn. Aus Konzernsicht ist der Zwischengewinn noch nicht mit fremden Dritten realisiert worden und muss daher für den Konzernabschluss eliminiert werden. Die Zwischenergebniseliminierung erfolgt hier mit dem Buchungssatz: Ertrag 100 T€ an Vorräte 100 T€.

4 zu 5 (Fallstudie):

Nachstehend sind die Einzelabschlüsse einer Mutter- und ihrer Tochtergesellschaft in T€ abgebildet. Die Summenbilanz ist bereits erstellt. Kapitalkonsolidierung und Schuldenkonsolidierung wurden bereits durchgeführt. Wie sieht die Konzernbilanz aus, wenn die Mutter eine von der Tochter hergestellte Maschine mit ihren Anschaffungskosten von 150 T€ im Anlagevermögen aktiviert hat? Die Herstellungskosten der Tochtergesellschaft für die Maschine beliefen sich auf 100 T€.

Bilanzposten	Mutter	Tochter	Summen-bilanz	Konsolidierung Soll	Konsolidierung Haben	Konzern-bilanz
Beteiligung	700		700		700	?
Sonstige Aktiva	850	850	1.700		200	?
Summe Aktiva	1.550	850	2.400			?
Eigenkapital	1.000	750	1.750	700		?
Fremdkapital	550	100	650	200		?
Summe Passiva	1.550	850	2.400	900	900	?

5.5.4 Aufwands- und Ertragskonsolidierung

Aufwendungen und Erträge, die aus konzerninternen Transaktionen resultieren, müssen im Konzernabschluss nach der Einheitstheorie gekürzt (konsolidiert) werden (§ 305). Sie wurden nicht mit fremden Dritten realisiert, sondern innerhalb der wirtschaftlichen Einheit „Konzern". Daher sind sie aus der Summen-GuV herauszurechnen. Die Verrechnung von konzerninternen Aufwendungen und Erträgen ist immer erfolgsneutral, da dem Ertrag der leistenden Konzerngesellschaft korrespondierende Aufwendungen der empfangenden Konzerngesellschaft gegenüberstehen. Dabei können drei Fallgruppen unterschieden werden:

1. Sachverhalte aufgrund von Kapitalverflechtungen, z. B. Ergebnisübernahmen zwischen Mutter- und Tochterunternehmen
2. Sachverhalte aufgrund von Kreditbeziehungen, z. B. Zinszahlungen für konzernintern gewährte Kredite
3. Sachverhalte aufgrund von Lieferungs- und Leistungsbeziehungen, z. B. Lieferungen von Erzeugnissen bzw. Erbringen von konzerninternen Dienstleistungen

5 zu 5 (Fallstudie):

Wie sieht bei nachfolgenden Gewinn- und Verlustrechnungen in T€ die konsolidierte GuV aus? Die Tochtergesellschaft hat für einen von der Muttergesellschaft gewährten Kredit 50 T€ Zinsen gezahlt. Es bestehen keine weiteren Lieferungs- und Leistungsverflechtungen.

Muttergesellschaft

Aufwendungen			Erträge
Materialaufwand	400	Umsatzerlöse	1.000
Personalaufwand	350		
Zinsaufwand	150	Zinsertrag	50
Gewinn	**150**		

Tochtergesellschaft

Aufwendungen			Erträge
Materialaufwand	250	Umsatzerlöse	700
Personalaufwand	200		
Zinsaufwand	50		
Gewinn	**200**		

5.6 Quotenkonsolidierung und Equity-Methode

Neben der Vollkonsolidierung gibt es die Quotenkonsolidierung und die Equity-Methode.

Die Quotenkonsolidierung darf angewendet werden, wenn ein Konzernunternehmen ein anderes (quotal zu konsolidierendes) Unternehmen gemeinsam mit einem oder mehreren anderen Unternehmen führt, die nicht in den Konzernabschluss einbezogen werden (§ 310). Gemeinschaftlich geführte Unternehmen (Gemeinschaftsunternehmen) kommen in der Praxis vor allem in Form von Joint-Ventures und Arbeitsgemeinschaften vor. Bei der Quotenkonsolidierung werden die Aktiva, Passiva, Aufwendungen und Erträge des Gemeinschaftsunternehmens mit dem prozentualen Anteil in den Summenabschluss übernommen, der der Höhe der Beteiligung aller Konzernunternehmen an dem Gemeinschaftsunternehmen entspricht.

Die Equity-Methode gilt für assoziierte Unternehmen. Das sind Unternehmen, an denen ein in den Konzernabschluss einbezogenes Unternehmen eine Beteiligung zwischen 20 % und 50 % hält (Beteiligung nach § 271 I). Assoziierte Unternehmen werden nicht konsolidiert, sondern als „Beteiligung" im Konzernabschluss ausgewiesen. Die Equity-Methode regelt die Bewertung dieser „Beteiligungen" im Konzernabschluss. Dabei orientiert sich die Beteiligungsbewertung am anteiligen Eigenkapital (Equity) des assoziierten Unternehmens. Daher kann der Beteiligungsbuchwert der at equity bilanzierten Unternehmen deren historische Anschaffungskosten übersteigen (zulässige Durchbrechung des Anschaffungskostenprinzips).

lies: *Wöhe/Döring,* 6. Abschnitt, B VIII

5.7 Annex: Betriebsaufspaltung

In Familienunternehmen und im Mittelstand kommt es häufig vor, dass das unternehmerische Familienvermögen und die unternehmerischen Aktivitäten auf zwei separate Unternehmen verteilt werden (meistens in eine Betriebskapitalgesellschaft und eine Besitzpersonengesellschaft). Folgende Besonderheiten bestehen:

- Die Betriebsgesellschaft (auch Betriebskapitalgesellschaft genannt) führt die eigentlichen betrieblichen Aktivitäten aus.
- In der Besitzgesellschaft (auch Besitzpersonengesellschaft genannt) werden wertvolle Vermögensgegenstände gebündelt, z.B. die betrieblich genutzten Immobilien. Die Besitzgesellschaft überlässt ihr Vermögen der Betriebsgesellschaft zur Nutzung.
- Die Beteiligungsverhältnisse in beiden Unternehmen sind gleich oder ähnlich.

Zivilrechtlich und handelsrechtlich bestehen zwei selbstständige Unternehmen. Die Gesellschafter halten zum einen die Gesellschaftsanteile an der Kapitalgesellschaft (Betriebsgesellschaft) und zum anderen sind sie Eigentümer des überlassenen Vermögens (Besitzgesellschaft). Eine steuerliche Betriebsaufspaltung liegt vor, wenn die Voraussetzungen der „personellen und der sachlichen Verflechtung" erfüllt sind.

- Eine „personelle Verflechtung" ist gegeben, wenn ein einheitlicher geschäftlicher Betätigungswille von der Betriebsgesellschaft und der Besitzgesellschaft vorliegt. Davon wird ausgegangen, wenn an beiden Gesellschaften die gleichen Personen beteiligt sind.
- Eine „sachliche Verflechtung" liegt vor, wenn das von der Besitzgesellschaft zur Nutzung überlassene Vermögen eine wesentliche Betriebsgrundlage der Betriebsgesellschaft darstellt. Neben Grundstücken kann es sich dabei z. B. auch um Maschinen, Patente oder Marken handeln.

Die steuerlichen Regelungen zur Betriebsaufspaltung gehen nicht aus dem Gesetz hervor, sondern sind eine richterrechtliche Figur (grundlegend BFH Urteile vom 09.07.1970, 08.11.1971 und 02.08.1972). Einnahmen aus der Vermietung werden nicht etwa als „Einkünfte aus Vermietung und Verpachtung" angesetzt, sondern als „Einkünfte aus Gewerbebetrieb" (sogenannte gewerbliche Infizierung). So werden etwaige Immobilien nicht als Privatvermögen, sondern als Betriebsvermögen behandelt, sie sind somit „steuerverstrickt". Bei Verkauf oder Beendigung der Betriebsaufspaltung müssen die stillen Reserven der Immobilie versteuert werden (also die Differenz zwischen ihrem aktuellen Wert und ihren ursprünglichen Anschaffungskosten). Im Privatvermögen ist ein Veräußerungsgewinn steuerfrei, wenn zwischen Anschaffung und Veräußerung der Immobilie mehr als zehn Jahre liegen!

Gründe für eine Betriebsaufspaltung

Betriebsaufspaltungen können zur Risikoreduzierung, aus steuerlichen Gründen oder auch unbeabsichtigt entstanden sein. Gehört ein Vermögensgegenstand nicht zum Betriebsvermögen, sondern zum Privatvermögen, dann gehört er nicht zur Haftungsmasse des Betriebsvermögens. Im Insolvenzfall haben die Gläubiger der Betriebsgesellschaft keinen Zugriff auf diesen Vermögensgegenstand!

BEISPIEL

A und B sind Gesellschafter der AB-GmbH. Das Firmengebäude und die Freifläche, auf der die AB-GmbH ihren Geschäftsbetrieb führt, gehören nicht der AB-GmbH, sondern anteilig dem A und dem B. A und B haben die Immobilie an die AB-GmbH vermietet. Damit bestehen rechtlich zwei selbstständige Unternehmen: Einerseits die AB-GmbH als Betriebsgesellschaft, die das betriebliche Geschäft betreibt, andererseits die AB-GbR als Besitzgesellschaft, die die Immobilie hält und an die AB-GmbH vermietet.

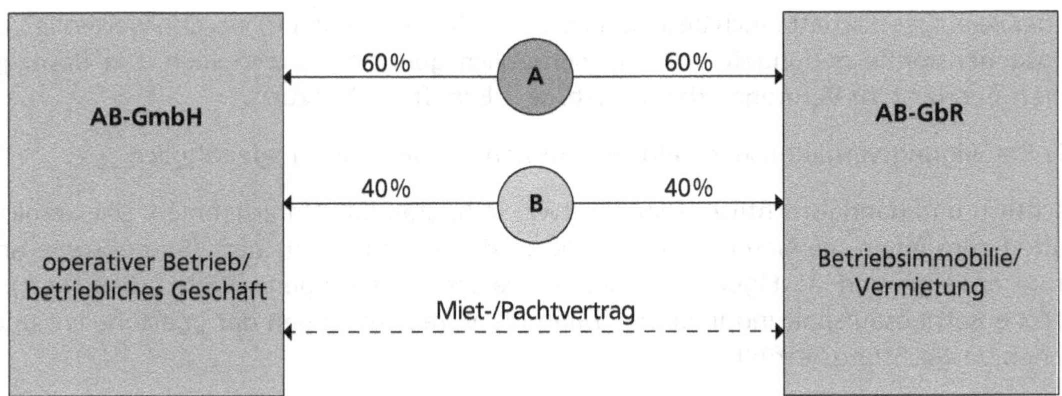

Steuerlich werden diese beiden Unternehmen als Betriebsaufspaltung behandelt. A und B erzielen aus der Vermietung nicht etwa „Einkünfte aus Vermietung und Verpachtung", sondern „Einkünfte aus Gewerbebetrieb" wie die AB-GmbH (sogenannte gewerbliche Infizierung). Die Immobilie wird nicht als Privatvermögen, sondern als Betriebsvermögen behandelt und ist somit steuerverstrickt.

Bilanzierung der Betriebsaufspaltung

Die handelsrechtliche und die steuerliche Rechnungslegung von Betriebsaufspaltungen unterscheiden sich. Zivil- bzw. handelsrechtlich ist für beide Gesellschaften (Betriebsgesellschaft und Besitzgesellschaft) jeweils separat Rechnung zu legen, d.h., es werden zwei Jahresabschlüsse bzw. Rechenwerke erstellt. Die Miete bzw. die Pacht, die für die Überlassung von Vermögenswerten gezahlt wird, ist bei der Betriebsgesellschaft abzugsfähiger Aufwand, und bei der Besitzgesellschaft gewinnerhöhende Einnahme bzw. Ertrag.

Steuerlich werden die Betriebsgesellschaft und die Besitzgesellschaft als Einheit betrachtet und daher zusammen bilanziert. Mit der Einheitsbilanzierung will der Gesetzgeber vermeiden, dass Wertsteigerungen von betrieblich genutztem Privatvermögen, wie einer Immobilie, steuerfrei realisiert werden können. Das Vermögen der Besitzgesellschaft wird durch die steuerliche Einheitsbilanzierung zu Betriebsvermögen. Dadurch unterliegen Wertsteigerungen, die bei einem Verkauf des Vermögens oder bei Beendigung der Betriebsaufspaltung realisiert werden, der Besteuerung.

Analyse der Jahresabschlüsse

Die Bank analysiert im Rahmen der Kreditentscheidung die Vermögens-, Finanz- und Ertragslage des betreffenden Kreditnehmers. Bei der Bilanzanalyse eines Unternehmens, das Teil einer Betriebsaufspaltung ist, kommt es gegenüber der Bilanzanalyse eines Einheitsunternehmens zu Verzerrungen bei der Vermögens- und der Ertragslage:

- Die Vermögenslage einer Betriebsgesellschaft ist schlechter als die Vermögenslage eines Einheitsunternehmens. Dies liegt daran, dass die eigentlich wertvollen Vermögensgegenstände nicht bei der Betriebsgesellschaft bilanziert sind, sondern bei der Besitzgesellschaft.

- Die Ertragslage der Besitzgesellschaft kann schlechter oder besser sein als die Ertragslage eines Einheitsunternehmens. Dies liegt daran, dass die Besitzgesellschaft lediglich Miet- oder Pachterträge generiert, während die Gewinne oder Verluste aus der betrieblichen Unternehmenstätigkeit in der Betriebsgesellschaft realisiert werden.

Für die Bilanzanalyse müssen die Betriebsgesellschaft und die Besitzgesellschaft als wirtschaftliche Einheit betrachtet werden. Dazu sind die Jahresabschlüsse der beiden Unternehmen zusammen zu fassen. Dies erfolgt in folgenden Schritten:

- Addition der beiden Jahresabschlüsse zum Summenabschluss,
- Verrechnung der Mieterträge der Besitzgesellschaft mit den Mietaufwendungen der Betriebsgesellschaft (wie bei der Aufwands- und Ertragskonsolidierung im Konzern),
- Verrechnung von gegenseitig bestehenden Forderungen und Verbindlichkeiten zwischen der Besitz- und der Betriebsgesellschaft (wie bei der Schuldenkonsolidierung im Konzern).

6 zu 5 (Fallstudie):

Die Heaven GmbH betreibt ein Schlossresort für den gehobenen Erholungs- und Wellnessurlaub. Die Gesellschafter der Heaven GmbH, Adam und Eva, halten die Betriebsimmobilie (Grundstück, Schloss und Außenanlagen) in ihrem Privatvermögen. Die Betriebsimmobilie ist an die Heaven GmbH verpachtet.

a) Wer bilanziert?

b) Liegt eine Betriebsaufspaltung vor?

c) Welche steuerlichen Konsequenzen ergeben sich aus der Konstruktion?

d) Wie beurteilen Sie die Fragen b) und c), wenn Adam seine GmbH-Anteile auf Eva überträgt?

e) Wie haften das Schloss und das zugehörige Grundstück für Verbindlichkeiten der Heaven GmbH? Worauf sollten Kreditgeber der GmbH achten?

f) Wie ist bei der Analyse von Vermögens- und Ertragslage der Heaven GmbH vorzugehen?

g) Was ist der Unterschied zwischen der Zusammenfassung der Jahresabschlüsse von Heaven GmbH und Besitzpersonengesellschaft zu einer Konsolidierung im Konzern?

Vertiefend: *Crezelius*, Einheitsbilanzierung bei Betriebsaufspaltung?, in: DB 12/2012, S. 651–654

6 Grundzüge der internationalen Rechnungslegung

LEITFRAGEN

- *Welche Bilanzauffassungen gibt es, und welcher ist der Gesetzgeber gefolgt?*
- *Warum ist die Wiederbeschaffung eines Gegenstands bei steigenden Preisen in Deutschland problematisch?*
- *Was bedeutet die Globalisierung und Kapitalmarktorientierung für die Rechnungslegung?*
- *Welche Ziele verfolgen die IAS/IFRS und die US-GAAP?*
- *Worin liegen die Unterschiede der angelsächsischen Regelungen zum deutschen HGB?*
- *Wie heißen die wesentlichen Bilanzpositionen in UK, USA und Frankreich?*

6.1 Kulturunterschiede in der Rechnungslegung

6.1.1 Prinzipienorientierung des HGB

Das HGB ist von drei Grundprinzipien geprägt:

1. **Nominalprinzip:** Das Nennwertprinzip („DM/€" gleich „DM/€") ist aus dem Anschaffungskostenprinzip abgeleitet und besagt, dass eine Schuld nur zahlenmäßig erfüllt werden muss. Ein Kaufkraftausgleich findet nicht statt. Problembereiche:
   - Ist das Kapital inflationsgeschützt?
   - Kann die Unternehmenssubstanz gegenständlich erhalten bleiben?
2. **Vorsichtsprinzip:** Es ist vorsichtig zu bewerten, alle Risiken sind einzubeziehen. Gegenstände sind maximal mit ihren Anschaffungs- oder Herstellungskosten anzusetzen, Verluste sind bereits bei ihrer Entstehung zu bilanzieren, Gewinne erst nach ihrer Realisierung (Anschaffungskostenprinzip, Imparitätsprinzip, Realisationsprinzip).
3. **Gläubigerschutz:** Ziel: Erhaltung der Haftungssubstanz über:
   - Publizitätspflicht (Informations- und Dokumentationsfunktion).
   - negative Zahlungsbemessung (Ausschüttungsbeschränkung). An bestimmte Verträge und Ergebnisgrößen sind regelmäßige Zahlungsverpflichtungen geknüpft. In der Regel haben Gläubiger kein (positives) Zahlungsbemessungsinteresse, da sich die Zahlungsbemessung bzw. -verpflichtung ja explizit aus den schuldrechtlichen Verträgen ergibt, z.B. aus dem Kauf-, Kredit- oder Arbeitsvertrag. Bei Kapitalgesellschaften erkennt der Gesetzgeber jedoch eine „negative" Zahlungsbemessungsfunktion an (keine freie Schmälerung des Nettokapitals im Sinne einer Pflicht, Rücklagen zu dotieren, Ausschüttungen zu beschränken, Vermögensgegenstände vorsichtig zu bewerten, Liquiditätspostulat etc.).

- positives Zahlungsbemessungsinteresse der Gesellschafter des Managements (Tantieme/ Boni) und des Fiskus.

Ergebnis: Bilanzen stellen auch Instrumente zur Regelung finanzieller Ansprüche dar.

1 zu 6 (Aufgabe):

Eine Maschine wird zu 10 T€ angeschafft. Folgende Annahmen werden getroffen:

- die voraussichtliche Nutzungsdauer beträgt fünf Jahre (lineare Abschreibung),
- die allgemeine Preissteigerungsrate wird mit 3 % p. a. prognostiziert,
- der Wiederbeschaffungswert in fünf Jahren wird mit guten Gründen mit 12 T€ veranschlagt.

Zeigen Sie die Wiederbeschaffungsproblematik der Maschine bei 0%iger und alternativ bei 50%iger Steuerbelastung! Annahmen: Der Gewinn ist null, der Kontostand vor Anschaffung der Maschine ist 10 T€.

6.1.2 Kapitalmarktorientierung bedingt internationale Rechnungslegungsvorschriften

In den letzten zwanzig Jahren haben internationale Rechnungslegungsvorschriften zunehmend an Bedeutung gewonnen. Im Vordergrund stehen dabei die Normen des International Accounting Standards Board (IASB) sowie die US-amerikanischen Rechnungslegungsvorschriften (US-GAAP: United States – Generally Accepted Accounting Principles).

Die Entwicklung zur internationalen Rechnungslegung ist vor allem auf die zunehmende Internationalisierung großer Konzerne zurückzuführen. Diese sind die im Rahmen einer permanenten Ausweitung ihrer Tätigkeit auch auf eine weltweite Kapitalaufnahme angewiesen und mussten sich somit den Anforderungen internationaler Investoren stellen. Hierbei spielte die immer größere Bedeutung internationaler Börsen eine bedeutende Rolle.

Es erfolgte relativ schnell eine Abkehr der deutschen Konzerne weg von der HGB-Konzernrechnungslegung hin zu den international standardisierten Regeln. Anfänglich erfolgte noch eine Parallelberichterstattung (IAS/IFRS bzw. US-GAAP parallel zum HGB). Mittlerweile ist ein IFRS-Abschluss Pflicht für kapitalmarktorientierte Unternehmen.

Die Pflicht zur Verwendung internationaler Rechnungslegungsvorschriften wird besonders aus Anlegersicht verständlich: Beim Aktienkauf orientieren sich die Investoren insbesondere am Erfolg des Unternehmens. Wird die Gewinnermittlung nach unterschiedlichen Vorschriften vorgenommen, ist ein direkter Unternehmensvergleich, ohne zeit- und kostenaufwendige Umrechnungen, unmöglich.

Rechnungslegung im Vergleich		
	Kontinentaleuropäische Rechnungslegung	**Angloamerikanische Rechnungslegung**
Rahmenbedingungen		
1. Kultur	Etatistisch	Individualistisch
2. Finanzierungsform	Hausbankfinanzierung	Kapitalmarktfinanzierung
3. Rechtssystem	Code Law (Gesetzes-Bilanzrecht)	Case Law (Verbands-Bilanzrecht)
4. Steuerrecht	Enge Verbindung von Handels- und Steuerbilanzrecht (Maßgeblichkeitsprinzip)	Trennung von Handels- und Steuerbilanzrecht
Funktion der Rechnungslegung		
1. Ziel	Gläubigerschutz im Vordergrund (stark staatsbezogen)	Vermittlung von entscheidungsrelevanten Informationen (stark investorenbezogen)
2. Information		
– Adressaten	Stakeholder (Bilanzadressat)	Shareholder (Investor)
– Grundsätze	Vorsichtsprinzip	True and Fair View
– Offenlegung	Tendenziell niedrig	Tendenziell hoch
– Bilanzpolitik	Bilanzierungs- und Bewertungswahlrecht	Eher Verzicht auf Wahlrechte
3. Ausschüttungsbemessung	Vorsichtig (Ausschüttungssperren, relativ hohe Reserven)	Marktgerecht (True and Fair View; keine Ausschüttungssperren, tendenziell geringe stille Reserven)
Beispielländer	Deutschland, Belgien, Frankreich, Italien, Portugal, Schweiz, Japan	USA, Kanada, Großbritannien, Irland, Australien, Neuseeland, Singapur

Quelle: *Schierenbeck/Wöhle*, Betriebswirtschaftslehre, München/Wien 2008, S. 642

Einheitliche Rechnungslegungsvorschriften haben somit eine Standardisierungsfunktion und führen zu Zeit- und Kostenersparnissen, wenn sie von allen Unternehmen in der gleichen Weise angewendet werden. Eine wichtige Voraussetzung der Standardisierungsfunktion ist der vollständige Verzicht auf Bilanzierungs- und Bewertungswahlrechte. Denn schon wenige Wahlrechte, bei denen das Vermögen und der Erfolg unterschiedlich behandelt werden, machen Umrechnungen erforderlich. Daher sehen internationale Vorschriften auch nur wenige direkte Bewertungswahlrechte vor.

Durch die HGB-Reform 2009 (BilMoG) hat sich die deutsche Rechnungslegung an die internationalen Regeln zwar angenähert, dennoch ebbt die Kritik an den internationalen Vorschriften nicht ab.

Kritikpunkte am IFRS-Regelwerk:

- Die internationalen Regeln sind zu komplex – zu umfassend, zu detailliert – und daher sehr aufwendig und fehleranfällig.
- Die internationalen Regeln sind durch unbestimmte Rechtsbegriffe charakterisiert und zeichnen sich durch permanente Änderungen aus.
- Die internationalen Regeln haben einen stärkeren Zukunftsbezug als das HGB. Die Zukunft verlangt Prognosen und Schätzungen und ist naturgemäß mit hohen Unsicherheiten behaftet.

- Die internationalen Regeln führen zu einer erhöhten Volatilität der Ergebnisse und damit zu einer Verstärkung der Krisen.
- Die internationalen Regeln weisen den Gewinn tendenziell früher aus als der Abschluss nach HGB. Dies ist jedoch ein Einmaleffekt und wird oft verkannt. Durch den Bilanzzusammenhang gleichen sich in der Totalperiode die Unterschiede wieder aus.
- Die internationalen Regeln sind weniger objektiv und öffnen einen höheren Gestaltungsspielraum.
- Der „faire Wert" ist ein Mythos, den es nicht gibt. Für die allermeisten Vermögensgegenstände gibt es keinen transparenten Marktwert. Modelle zur Annäherung der Wertbestimmung an den Marktwert sind scheingenau.

Da die deutsche Wirtschaft mittelständisch geprägt ist, ist die Bedeutung der internationalen Rechnungslegungsvorschriften relativ und differenziert zu sehen. Für die deutschen mittelständischen Unternehmen – je nach Definition sind das bis zu 99 % aller Unternehmen – sind internationale Rechnungslegungsvorschriften irrelevant, da sie keinen Zugang zum Kapitalmarkt haben oder anstreben. Es ist aber durchaus möglich, dass der Anwendungskreis der internationalen Rechnungslegung immer mehr ausgeweitet und auf Dauer kein Zweiklassensystem vorgehalten wird.

Zweck eines Jahresabschlusses:

- Enge Fassung: „... zeige Werte (Vermögen + Schulden)."
- Traditionell deutsche Fassung: „... zeige (vorsichtige) Werte (Vermögen + Schulden) **und** Erfolg (Gewinn)."
- Angelsächsische Fassung: „... zeige (faire) Werte (Vermögen + Schulden) **und** Erfolg (Gewinn) **und** Kapitalfluss."

Saarbrücker BWL-Professoren warnen vor der generellen Anwendung der IAS/IFRS für den Mittelstand, zumal die Internationalisierung der Rechnungslegung zu Parallel- und Nebenbuchhaltungen führt, die einen erheblichen Mehraufwand erfordern.

Dieser Gefahr soll durch die „Saarbrücker Thesen" begegnet werden:

- Konzept: Die Rechnungslegung von kapitalmarkt- und eigentümerorientierten Unternehmen sollte strikt getrennt werden.
- Einzelabschluss: Handels- und Steuerbilanz sollten nicht voneinander getrennt, sondern noch enger verzahnt werden. Angestrebt wird eine steuerlich geprägte Einheitsbilanz.
- Gewinnausschüttung und Haftung: Diese Einheitsbilanz dient auch für Zwecke der Gewinnausschüttung und gesellschaftsrechtlichen Fragestellungen wie der Haftung.
- Konzernabschluss: Dieser sollte nur noch von kapitalmarktorientierten Unternehmen nach IFRS-Regeln erstellt werden.
- Mittelstand: Die Notwendigkeit der internationalen Rechnungslegung entfällt für den Mittelstand.

6.2 Zielsetzung und Aufbau der US-GAAP

Die amerikanischen Rechnungslegungsvorschriften wurden nicht mit der Absicht entwickelt, einen einheitlichen Rechnungslegungsstandard für alle Länder der Welt zu schaffen. Sie sind eine nationale Normierung, die für amerikanische und ausländische Unternehmen zwingend war, deren Aktien insbesondere an der New Yorker Börse notiert werden. Die internationale Bedeutung der amerikanischen Börsen führte dazu, dass die US-GAAP eine faktische Weltgeltung aufweisen. Seit Ende 2007 gelten US-GAAP und IFRS als gleichwertige Systeme, sodass ausländische Unternehmen mit einem IFRS-Abschluss keine Überleitung zu den US-GAAP mehr erstellen müssen.

Der Zweck der US-amerikanischen Rechnungslegung liegt in der Information der Kapitalgeber und anderer Jahresabschlussadressaten (Potential Users) über die Finanz-, Vermögens- und Ertragslage. Insbesondere die Entstehung und Zusammensetzung des Periodenergebnisses wird ausführlich dokumentiert. Dadurch soll die Fähigkeit des Unternehmens gezeigt werden, liquide Mittel dauerhaft zu erwirtschaften. Gleichzeitig soll eine Aussage über die Fähigkeit der Unternehmensleitung ermöglicht werden, das ihr anvertraute Kapital sinnvoll und ertragreich einzusetzen.

Entstanden sind die amerikanischen Rechnungslegungsnormen nach der Weltwirtschaftskrise und dem verheerenden Börsenkrach in 1929. Als Antwort hierauf wurde 1934 die Börsenaufsicht SEC gegründet (Securities and Exchange Commission). Die SEC hat 1938 die Formulierung von materiellen Rechnungslegungsgrundsätzen an das AICPA (American Institute of Certified Public Accountants) delegiert, die US-GAAP entstanden. Seit 1973 übernimmt das FASB (Financial Accounting Standards Board) die Aufgabe der AICPA.

6.3 Zielsetzung und Aufbau der IAS/IFRS

Zu Beginn der 1990er-Jahre wurden die internationalen Vorschriften für die Rechnungslegung harmonisiert. Maßgeblich sind die vom International Accounting Standards Board IASB bzw. International Accounting Standard Committee Foundation IASCF erarbeiteten Regelungen (IAS), die als International Financial Reporting Standards (IFRS) bezeichnet werden. Der IASB/IASCF – bis 2001 IASC – wurde 1973 gegründet und ist ein freiwilliger, privatrechtlicher Zusammenschluss (Stiftung) von derzeit über 150 Berufsverbänden aus über 100 Ländern. Das erklärte Ziel ist die Schaffung eines einheitlichen Weltstandards der Rechnungslegung für alle Unternehmen.

Aus deutscher Sicht ist neben dem Institut der Wirtschaftsprüfer und der Wirtschaftsprüferkammer auch das Deutsche Rechnungslegungs Standards Committee (DRSC) nach § 342 I HGB Mitglied des IASC.

Die ursprüngliche Zusammensetzung des IASC war ausschlaggebend für die Struktur der IAS. Da die angelsächsisch geprägten Länder bereits bei der Gründung des IASC über die Mehrzahl der Stimmen verfügten, werden die IAS/IFRS auch von angelsächsischen Vorstellungen dominiert, insbesondere von den US-amerikanischen Normen (US-GAAP).

Der Abschluss nach IFRS soll einem breiten Adressatenkreis, dessen Kern die Investoren bilden, einen Einblick in die Vermögens- und Finanzlage (Financial Position) sowie die Veränderungen dieser Lage (Changes in Financial Position) und die wirtschaftliche Leistungsfähigkeit (Performance) des Unternehmens ermöglichen. Gegenwärtige und zukünftige Kapitalgeber sollen darüber informiert werden, ob das Unternehmen langfristig ausreichende Mengen an Zahlungsmitteln und damit eine ansprechende Verzinsung des eingesetzten Kapitals erwirtschaften kann. Eine Maßgeblichkeit des IAS/IFRS-Abschlusses für nationale steuerliche Belange ist aufgrund der bisher nicht vorhandenen Anerkennung durch den Fiskus in der Regel nicht gegeben.

Die EU hat ab 2005 folgende Regelung festgelegt (vgl. auch § 315 a): Alle börsennotierten Mutterunternehmen müssen die IAS/IFRS-Vorschriften ab 2005 verbindlich anwenden. Die EU-Mitgliedsstaaten können die Anwendung der IAS/IFRS auch für Konzernabschlüsse nicht kapitalmarktorientierter Unternehmen sowie für Einzelabschlüsse gestatten.

Zwischenzeitlich wurden über 40 Standards mit folgender Zielsetzung verabschiedet: Vermittlung entscheidungsrelevanter Informationen (Decision Usefulness) für einen breit gefächerten Adressatenkreis, gerade aber für Investoren.

Grundlegende Prinzipien der IAS/IFRS sind

- als Ziel: „Fair Presentation“ und der „True and Fair View“,
- als grundlegende Annahmen: „Going Concern“ und das „Accrual Basis“ (periodengerechte Verrechnung).

Für die Relevanz einer Information sind ihre „Materiality“ (Wesentlichkeit) und „Reliability“ (Zuverlässigkeit) entscheidend.

Normenhierarchie im IASC bzw. Grundprinzipien der IAS/IFRS nach Schierenbeck

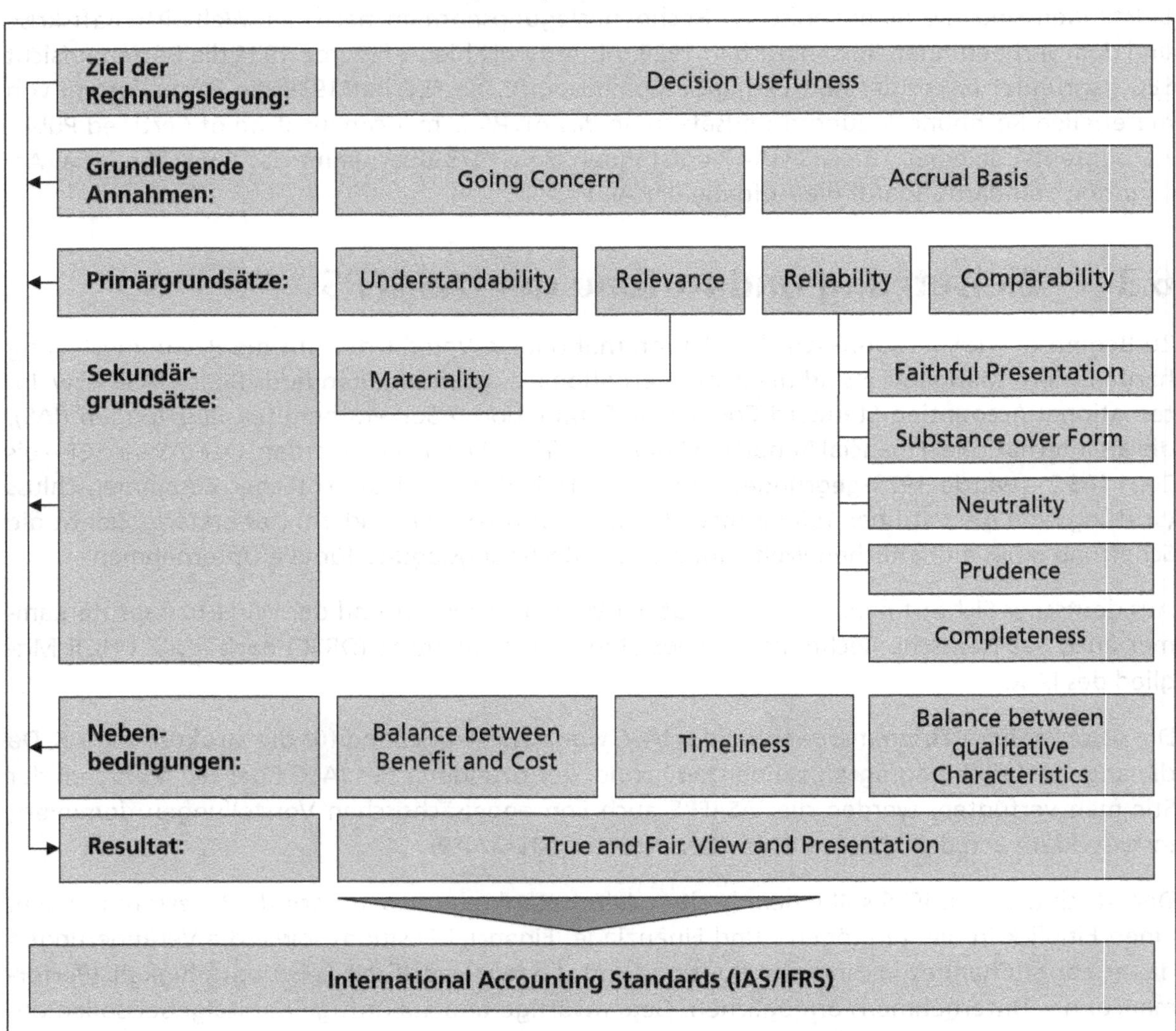

Quelle: *Schierenbeck/Wöhle,* Betriebswirtschaftslehre, München/Wien 2008, S. 635

2 zu 6 (Aufgabe):

Gegeben ist nachfolgend in deutscher Sprache der vereinfachte Abschluss einer Muster-AG nach HGB bzw. IAS/IFSR (Werte in T€).

HGB-Abschluss

Aktiva			Passiva
Aktivia 1	270	Nominalkapital	400
Aktivia 2	350	Gewinnrücklagen	120
Aktivia 3	140	Jahresüberschuss	240
Bilanzsumme	760	Bilanzsumme	760

IAS/IFRS-Abschluss

Aktiva			Passiva
Aktivia 1	320	Nominalkapital	400
Aktivia 2	380	Gewinnrücklagen	200
Aktivia 3	170	Jahresüberschuss	310
Aktivia 4	40		
Bilanzsumme	910	Bilanzsumme	910

a) Welcher Betrag kann nach HGB bzw. IAS/IFRS maximal ausgeschüttet werden?

b) Wie kommen die unterschiedlichen Zahlen zustande?

c) Wie sind die Ausschüttungen aus Sicht der Gläubiger zu beurteilen?

6.4 Rechnungslegung im internationalen Vergleich

Die internationalen Rechnungslegungsvorschriften US-GAAP und IAS/IFRS ähneln sich in den Grundzügen sehr. Es darf jedoch nicht übersehen werden, dass beide Regelwerke bisher in einem Konkurrenzverhältnis zueinander stehen. IASB und FASB haben eine Zusammenarbeit mit dem Ziel vereinbart, einheitliche Standards zu entwickeln. Nach langen Verhandlungen erkennt die amerikanische Börsenaufsicht SEC IFRS-Abschlüsse an. Seit 2009 dürfen sie die US-GAAP-Vorschriften ersetzen. Insgesamt werden sich beide Systeme noch mehr annähern und langfristig in einem einheitlichen Regelwerk aufgehen.

Wichtige Gründe für eine einheitliche internationale Rechnungslegung:

- steigender Kapitalbedarf von global tätigen Unternehmen,
- internationale Geschäftsbeziehungen verlangen vergleichbare Abschlüsse, besonderes Interesse haben Investoren und Gläubiger,
- international tätige Unternehmen verlangen einheitliche Regelwerke zur Verbesserung der Unternehmenssteuerung,
- Harmonisierung des internationalen Wirtschaftsrechts, insbesondere einheitliches EU-Konzernrecht ab 2005.

Besonderheiten der IAS/IFRS (unvollständig):

- rechtsform- und größenunabhängig,
- Ansatz nach Nutzen und Messbarkeit (auch immaterielle Werte),
- Vollkostenansatz,

- Neubewertung von Vermögen auch über die Anschaffungs- oder Herstellungskosten hinaus (Neubewertungsrücklage),
- kein Ansatz steuerlicher Sonderposten,
- keine Rückstellung ohne Drittverpflichtung,
- bei Pensionsrückstellungen werden künftige Preisentwicklungen berücksichtigt,
- strikte Periodenabgrenzung.

Wichtige Unterschiede zwischen HGB und IAS/IFRS

Posten	HGB	IAS/IFRS
Bestandteile des Jahresabschlusses	Bilanz, GuV und Anhang; Kapitalflussrechnung für Konzerne nach § 297 I	Bilanz, GuV, EK-Veränderungen, Bewertungsmethoden, Kapitalflussrechnung und Notes
GuV	Umsatz- oder Gesamtkostenverfahren	Umsatz- oder Gesamtkostenverfahren
Lagebericht	Für Kapitalgesellschaften vorgeschrieben	Nicht vorgeschrieben, jedoch „Notes"
Gründungskosten	Aktivierungsverbot	Aktivierungspflicht unter bestimmten Bedingungen
Selbst erstellte immaterielle Vermögensgegenstände	Aktivierungswahlrecht bzw. Aktivierungsverbot für bestimmte Gegenstände des Anlagevermögens	Unter bestimmten Voraussetzungen Aktivierungspflicht der Entwicklungskosten
Finanzielle Vermögenswerte	Bewertung zu (fortgeführten) Anschaffungskosten	Je nach Vermögensgegenstand Bewertung auch zum beizulegenden Zeitwert (Marktwert)
Wertaufholung	Gebot	Gebot
Einfluss steuerlicher Vorschriften	Prinzipien der Maßgeblichkeit	Kein Einfluss
Bewertung von Pensionsrückstellungen	Deckungsverfahren, Abzinsung mit einem Zinsfuß von 3 % bis 6 %	Barwertverfahren, Abzinsung mit dem langfristigen Kapitalmarktzins; Einbeziehung künftiger Gehaltssteigerungen
Sonstige Rückstellungen	Ansatzpflicht bzw. Ansatzwahlrecht für Aufwandsrückstellungen mit einem „vorsichtigen" Wert	Ansatzverbot für Aufwandsrückstellungen (wahrscheinlichster Wert oder Erwartungswert)

So vielfältig die Abweichungen in den Einzelregelungen auch erscheinen, im Ergebnis kristallisieren sich nur wenige wirklich ins Gewicht fallende Bereiche heraus, in denen ein Jahresabschluss nach IAS oder US-GAAP deutlich von einem HGB-Abschluss abweicht:

- Abschreibungen der Sachanlagen: Im HGB-Abschluss sind die Abschreibungen deutlich durch steuerliche Einflüsse geprägt, welche nach IAS und US-GAAP nicht in Betracht kommen.

- Bewertung der Vorräte: Durch den Ansatz der Vollkosten ergibt sich im Einzelabschluss nach IAS und nach US-GAAP ein höherer Ansatz gegenüber dem HGB-Abschluss im Allgemeinen.

- Rückstellungen für Pensionen und ähnliche Verpflichtungen: Durch die Anwendung des Anwartschaftsdeckungsverfahrens ergeben sich nach IAS und nach US-GAAP gegenüber dem HGB-Abschluss höhere Rückstellungen.

- Sonstige Rückstellungen: Reine Risikorückstellungen ohne bestehende Verpflichtungen gegenüber Dritten sind nach IAS und nach US-GAAP nicht zulässig. Derartige Rückstellungen lässt das HGB in beschränktem Maße zu.
- Steuerlich bedingte Posten: Die rein auf die Besteuerung ausgerichteten Sonderposten mit Rücklageanteil kommen in den Abschlüssen nach IAS und nach US-GAAP nicht vor.

3 zu 6 (Aufgabe):

Ein Investor verfügt über einen vorgegebenen Investitionsbetrag, den er zum Aktienkauf verwenden möchte. Ihm liegen die Abschlüsse einer deutschen und einer US-amerikanischen Aktiengesellschaft vor. Die Unternehmen weisen folgende Gewinne nach den jeweiligen nationalen Rechnungslegungsvorschriften aus: deutsche AG: 800.000 €, amerikanische AG: 600.000 €. Die Gewinne werden voll ausgeschüttet. Die wirtschaftlichen Daten der Unternehmen sind ansonsten miteinander vergleichbar. Mit dem Investitionsbetrag könnte der Anleger folgende Beteiligungsquoten erwerben: deutsche AG: 6 %, amerikanische AG: 8 %.

a) Welche Aktien sollte der Anleger kaufen, wenn er sich am Gewinn orientiert?

b) Welches Problem stellt sich für den Anleger?

c) Inwieweit können internationale Rechnungslegungsvorschriften das Problem lösen?

lies: *Coenenberg/Haller/Schultze*, 1. Kapitel D II; *Meyer*, IV Teil; *Schierenbeck/Wöhle*, 8. Kapitel; *Wöhe/Döring*, 6. Abschnitt, B VII; vertiefend *Buchholz*, Internationale Rechnungslegung, 3. Auflage; *Baetge/Beermann*, Auswirkungen der Rechnungslegung von Firmenkunden nach IAS bzw. US-GAAP, in: Sparkasse 2/2000, S. 79–81; *Selchert/Erhardt*, Internationale Rechnungslegung; *Ditges/Arendt*, Internationale Rechnungslegung nach IFRS; *Pellens/Fülbier/Gassen*, Internationale Rechnungslegung

Gliederung der Bilanz deutscher Kapitalgesellschaften nach § 266 HGB

Deutsch: Bilanz	Amerikanisch: Balance Sheet
Aktivseite	**Assets**
A. Anlagevermögen	A. Fixed assets
I. Immaterielle Vermögensgegenstände	I. Intangible assets
1. Konzessionen, gewerbliche Schutzrechte und ähnliche Rechte und Werte sowie Lizenzen an solchen Rechten und Werten	1. Concessions, industrial and similar rights and assets on licences in such rights and assets
2. Geschäfts- oder Firmenwert	2. Excess of purchase price over fair value of net assets of business acquired
3. Geleistete Anzahlungen	3. Prepayments on intangible assets
II. Sachanlagen	II. Tangible assets
1. Grundstücke, grundstücksgleiche Rechte und Bauten einschl. der Bauten auf fremden Grundstücken	1. Land, land rights and buildings including buildings on third party land
2. Technische Anlagen und Maschinen	2. Technical equipment and machines
3. Andere Anlagen, Betriebs- und Geschäftsaustattung	3. Other equipment, factory and office equipment
4. Geleistete Anzahlungen und Anlagen im Bau	4. Prepayments on langable assets and construction in progress
III. Finanzanlagen	III. Financial assets
1. Anteile an verbundenen Unternehmen	1. Shares in affiliated companies
2. Ausleihungen an verbundene Unternehmen	2. Loans to affiliated companies
3. Beteiligungen	3. Participations
4. Ausleihungen an Unternehmungen, mit denen ein Beteiligungsverhältnis besteht	4. Loans to companies in wich participations are held
5. Wertpapiere des Anlagevermögens	5. Long term investments
6. Sonstige Anleihungen	6. Other Loans
B. Umlaufvermögen	B. Current assets
I. Vorräte	I. Inventories
1. Roh-, Hilfs- und Betriebsstoffe	1. Raw materials and supplies
2. Unfertige Erzeugnisse, unfertige Leistungen	2. Work in process
3. Fertige Erzeugnisse und Waren	3. Finished goods and merchandise
4. Geleistete Anzahlungen	4. Prepayments on inventories
II. Forderungen und sonstige Vermögensgegenstände	II. Receivables and other assets
1. Forderungen aus Lieferungen und Leistungen	1. Trade receivables
2. Forderungen gegen verbundene Unternehmen	2. Receivables from affiliated companies
3. Forderungen gegen Unternehmen, mit denen ein Beteiligungsverhältnis besteht	3. Receivables from companies in wich participations are held
4. Sonstige Vermögensgegenstände	4. Other assets
III. Wertpapiere	III. Securities
1. Anteile an verbundenen Unternehmen	1. Shares in affiliated companies
2. Eigene Anteile	2. Treasury stock
3. Sonstige Wertpapiere	3. Other abort term investments
IV. Schecks, Kassenbestand, Bundesbank- und Postgiroguthaben,Guthaben bei Kreditinstituten	IV. Cash
C. Rechnungsabgrenzungsposten	C. Prepaid expenses
Passivseite	**Equity and liabilities**
A. Eigenkapital	A. Equity
I. Gezeichnetes Eigenkapital	I. Subscribed capital
II. Kapitalrücklage	II. Capital reserve
III. Gewinnrücklagen	III. Revenue reserve
1. Gesetzliche Rücklage	1. Legal reserve
2. Rücklage für eigene Anteile	2. Reserve for own shares
3. Satzungsmäßige Rücklagen	3. Statutory reserves
4. Andere Gewinnrücklage	4. Other revenue reserves
IV. Gewinnvortrag/Verlustvortrag	IV. Retained profits/accumulated losses brought forward
V. Jahresüberschuss/Jahresfehlbetrag	V. Net income/net loss for the year
B. Rückstellungen	B. Accruals
1. Rückstellungen für Pensionen und ähnliche Verpflichtungen	1. Accruals for pensions and similar obligations
2. Steuerrückstellungen	2. Tax accruals
3. Sonstige Rückstellungen	3. Other accruals
C. Verbindlichkeiten	C. Liabilities
1. Anleihen, davon kovertibel	1. Loans, of which €... convertible
2. Verbindlichkeiten gegenüber Kreditinstituten	2. Liabilities to banks
3. Erhaltene Anzahlungen auf Bestellungen	3. Payments on bills on account of orders
4. Verbindlichkeiten aus Lieferungen und Leistungen	4. Trade payables
5. Verbindlichkeiten aus der Annahme gezogener Wechsel und der Ausstellung eigener Wechsel	5. Liabilities on bills accepted and drawn
6. Verbindlichkeiten gegenüber verbundenen Unternehmen	6. Payable to affiliated companies
7. Verbindlichkeiten gegenüber Unternehmen, mit denen ein Beteiligungsverhältnis besteht	7. Payable to companies in which participations are held
8. Sonstige Verbindlichkeiten davon aus Steuern davon im Rahmen der sozialen Sicherheit	8. Other liabilities of which €... taxes of which €... relating to social security and similar obligations
D. Rechnungsabgrenzungsposten	D. Deferred income

Englisch: Balance Sheet	Französisch: Bilan
Assets	**Actif**
A. Fixed assets	A. Actif immobilisé
I. Intangible assets	I. Immobilisations incorporelles
1. Concessions, patents, licences, trade marks and similar rights and assets	1. Concessions, droits de propriété industrielle et droits et valeurs similaires ainsi que licences permettant l'exploitation de ces droits et valeurs
2. Goodwill	2. Fonds commercial ou Goodwill
3. Payment on account	3. Acomptes versés
II. Tangible assets	II. Immobilisations corporelles
1. Land, leasehold rights and buildings including buildings on third party land	1. Terrains, droits assimilés et constructions y compris constructions sur sol d'autrui
2. Plant and machinery	2. Installations techniques, matériel et outilage industriels
3. Fixtures, fittings, tools and equipment	3. Autres immobilisations corporelles et immobilisations en cours
4. Payment on account and assets in course of construction	4. Acomptes versés
III. Investments	III. Immobilisations financières
1. Shares in group undertakings	1. Parts dans des entreprises liées
2. Loans in group undertakings	2. Prêts à des entreprises liées
3. Participating interests	3. Participations
4. Loans to undertakings in which the company has a participating interest	4. Prêts à des entreprises apparentées
5. Other investments other than loans	5. Titres de placement immobilisés
6. Other loans	6. Autres prêts
B. Current assets	B. Actif circulant
I. Stocks	I. Stocks
1. Raw materials and supplies	1. Matières premières et autres approvisionnements
2. Work in progress	2. Produits intermediales et travaux en cours
3. Finished goods and goods for resale	3. Produits finis et marchandises
4. Payments on account	4. Acomptes versés
II. Debtors and other assets	II. Créances et autres éléments de l'actif
1. Trade debtors	1. Créances résultant de ventes de biens ou de prestations de services
2. Amounts owed by group undertakings	2. Créances sur des entreprises liées
3. Amounts owed by undertakings in which the company has a participating interest	3. Créances sur des entreprises apparentées
4. Other assets	4. Autres éléments de l'actif
III. Investments	III. Valeurs mobilières de placement
1. Shares in group undertakings	1. Parts dans des entreprises liées
2. Own shares	2. Actions propres
3. Other investments	3. Autres valeurs mobilières de placement
IV. Cheques, Cash at bank and in hand, postal giro balances and central bank balances	IV. Chèques, caisse, baque d'émission et chèques postaux, banques
C. Prepayments and accrued income	C. Comptes de régularisation
Liabillities	**Passif**
A. Shareholders' equity	A. Capitaux propres
I. Share capital	I. Capital souscrit
II. Share premium account	II. Réserves ayant un caractère de capital
III. Appropriated surplus	III. Réserves prélevées sur les bénéfices
1. Statutory reserves	1. Réserve légale
2. Reserve for own shares	2. Réserves pour actions propres
3. Reserves provided for by the articles of association	3. Réserves statutaires
4. Other reserves	4. Autres réserves prélevées sur les bénéfices
IV. Retained earnings brought forward	IV. Report à nouveau
V. Net income for the year	V. Bénéfice figurant au bilan/Perte figurant au bilan
B. Provisions	B. Provisions pour risques et charges
1. Provisions for pensions and similar obligations	1. Provisions pour pensions et obligations similaires
2. Provisions for taxation including deferred taxation	2. Provisions pour impôts
3. Other provisions	3. Autres provisions
C. Creditors	C. Dettes
1. Loans payable, of which €... is convertible	1. Emprunts obligataires, dont €... convertible
2. Bank loans and overdraft	2. Dettes auprès d'établissements financiers
3. Payments received on account	3. Accomptes recue sur commandes
4. Trade creditors	4. Dettes sur achats de biens ou de prestations de services
5. Bills of exchange payable	5. Effets à payer
6. Amounts owed to group undertakings	6. Dettes envers des entreprises liées
7. Amounts owed to undertakings in which the company has a participating interest	7. Dettes envers des entreprises apparentées
8. Other creditors including taxation and social security	8. Dettes diverses dont €... impôts; dont €.... charges sociales
D. Deferred income	D. Comptes de régularisations

Quelle: *Handelsblatt vom 11. März 1992*, Gliederung der Bilanz und der GuV

Gliederung der Gewinn- und Verlustrechnung deutscher Kapitalgesellschaften nach § 275 HGB

Deutsch: Gewinn- und Verlustrechnung	Amerikanisch: Profit and Loss Account
Bei Anwendung des Gesamtkostenverfahrens sind auszuweisen:	**For the type of expenditure format there must be disclosed:**
1. Umsatzerlöse 2. Erhöhung oder Verminderung des Bestandes an fertigen und unfertigen Erzeugnisssen 3. Andere aktivierte Eigenleistungen 4. Sonstige betriebliche Erträge 5. Materialaufwand a) Anwendungen für Roh-, Hilfs- und Betriebsstoffe und für bezogene Waren b) Anwendungen für bezogene Leistungen 6. Personalaufwand a) Löhne und Gehälter b) Soziale Abgaben und Aufwendungen für Altersversorgung und für Unterstützung davon für Altersversorgung 7. Abschreibungen a) auf immaterielle Vermögensgegenstände des Anlagevemögens und Sachanlagen sowie auf aktivierte Aufwendungen für die Ingangsetzung und Erweiterung des Geschäftsbetriebes b) auf Vermögensgegenstände des Umlaufvermögens soweit diese die in der Kapitalgesellschaft üblichen Abschreibungen überschreiten 8. Sonstige betriebliche Aufwendungen 9. Erträge aus Beteiligungen davon aus verbundenen Unternehmen 10. Erträge aus anderen Wertpapieren und Ausleihungen des Finanzanlagevermögens, davon aus verbundenen Unternehmen 11. Sonstige Zinsen und ähnliche Erträge, davon aus verbundenen Unternehmen 12. Abschreibungen aus Finanzanlagen und auf Wertpapiere des Umlaufvermögens 13. Zinsen und ähnliche Aufwendungen, davon aus verbundenen Unternehmen 14. Steuern von Einkommen und vom Ertrag 15. Sonstige Steuern 16. Jahresüberschuss/Jahresfehlbetrag	1. Sales 2. Increase or decrease in finished goods inventories and work in process 3. Own work capitalized 4. Other operating income 5. Cost of materials a) Cost of raw materials, consumables and of purchased merchandise b) Cost of purchased services 6. Personnel expenses a) Wages and salaries b) Social security and pension expenses, there of €... pension expenses 7. Depreciation and amortization a) on intangible fixed assets and tangible assets as well as on capitalized start-up and business expansion expenses b) exceptional write downs on current assets 8. Other operating expenses 9. Income from participations, of which €... from affiliated companies 10. Income from other investments and long-term loans, of which €... relating to affiliated companies 11. Other interest and similar income, of which €... from affiliated companies 12. Write downs on financial assets and short term investments 13. Interest and similar expenses, of which €... to affiliated companies 14. Taxes on income 15. Other taxes 16. Net income/net loss for the year
Bei Anwendung des Umsatzkostenverfahrens sind auszuweisen:	**For the type of expenditure format there must be disclosed:**
1. Umsatzerlöse 2. Herstellungskosten der zur Erzielung der Umsatzerlöse erbrachten Leistungen 3. Bruttoergebnis vom Umsatz 4. Vertriebskosten 5. Allgemeine Verwaltungskosten 6. Sonstige betriebliche Erträge 7. Sonstige betriebliche Aufwendungen 8. Erträge aus Beteiligungen davon aus verbundenen Unternehmen 9. Erträge aus anderen Wertpapieren und Ausleihungen des Finanzanlagevermögens davon aus verbundenen Unternehmen 10. Sonstige Zinsen und ähnliche Erträge davon aus verbundenen Unternehmen 11. Abschreibungen und Finanzanlagen und auf Wertpapiere des Umlaufvermögens 12. Zinsen und ähnliche Aufwendungen, davon aus verbundenen Unternehmen 13. Steuern von Einkommen und vom Ertrag 14. Sonstige Steuern 15. Jahresüberschuss/Jahresfehlbetrag	1. Sales 2. Cost of sales 3. Gross profit or loss 4. Selling expenses 5. General administrative expenses 6. Other operating income 7. Other operating expenses 8. Income from participations, of which €... affiliated companies 9. Income from other investments and long-term loans, of which... relating to affiliated companies 10. Other interest and similar income, of which... from affiliated companies 11. Write downs on financial assets and short term investments 12. Interest and similar expenses, of which... to affiliated companies 13. Taxes on income 14. Other taxes 15. Net income/net loss for the year

Englisch: Profit and Loss Account	Französisch: Compte de résultat
For the type of expenditure format there must be disclosed:	**A faire figurer en cas d'application du modèle présentant les charges par nature de dépenses:**
1. Turnover 2. Change in stock of finished goods and work in progress 3. Own work capitalized 4. Other operating income 5. Cost of materials a) Cost of raw materials, consumables and of purchased merchandise b) Cost of purchased services 6. Staff costs: a) Wages and salaries b) Social security, pensions and other benefit costs, of which €... is for pension costs 7. Depreciation a) written off tangible and intangible fixed assets b) written off current assets 8. Other operating charges 9. Participating interests, of which €... is for shares in group undertakings 10. Income from fixed asset investments and long-term loans, of which €... relates to shares in group undertakings 11. Other interest receivable and similar income, of which €... relates to shares in group undertakings 12. Amounts written off investments 13. Interest payable and similar charges 14. Tax on profit 15. Other taxes 16. Profit or loss for the financial year	1. Chiffre d'affaires (hors TVA) 2. Augmentation des stocks ou diminution des stocks 3. Production immobilisée 4. Autres produits d'exploitation 5. Coût des achats consommés a) Coût des matières premières et autres approvisionnements ainsi que des achats de marchandises b) Coût des achats de prestations de services 6. Charges de personnel a) Salaires et appointements b) Charges de sécurité, de prévoyance-vieillesse et d'assistance dont €... prévoyance-vieillesse 7. Dotations aux amortissements et aux provisions pour dépréciation a) Dotations aux amortissements des immobilisations corporelles et incorporelles ainsi que des frais d'établissement et de développement de l'entreprise portés à l'activ b) Dotations aux provisions pour dépréciation des éléments de l'activ circulant, dépassant le cadre habituel des dépréciations pratiquées dans l'entreprise 8. Autres charges d'exploitation 9. Produits de participations dont €... d'entreprises liées 10. Produits des autres titres de placement et prêts immobilisés dont €... d'entreprises liées 11. Autres intérêts et produits assimilés dont €... d'entreprises liées 12. Dotations aux provisions pour dépréciation des éléments financiers 13. Intérêts et charges assimilés dont €... d'entreprises liées 14. Impôts et taxes sur le revenue et les bénéfices 15. Autres impôts et taxes 16. Bénéfice/Perte
For the operational format there shall be disclosed:	**Sont à faire figurer en cas d'application du modèle du coût production:**
1. Turnover 2. Cost of sales 3. Gross profit or loss 4. Distribution costs 5. General administrative expenses 6. Other operating income 7. Other operating expenses/charges 8. Income from participating interests, of which €... is for shares in group undertakings 9. Income from fixed asset investments and long-term loans, of which €... relates to shares in group undertakings 10. Other interest receivable and similar income, of which €... relates to shares in group undertakings 11. Amounts written off investments 12. Interest payable and similar charges 13. Tax on profit 14. Other taxes 15. Profit or loss for the financial year	1. Chiffre d'affaires (hors TVA) 2. Frais des ventes 3. Marge brute 4. Frais de commercialisation 5. Frais d'administration 6. Autres produits d'exploitation 7. Autres charges d'exploitation 8. Produits de participations dont €... d'entreprises liées 9. Produits des autres titres de placement et prêts immobilisés dont €... d'entreprises liées 10. Autres intérêts et produits assimilés dont €... d'entreprises liées 11. Dotations aux provisions pour dépréciation des éléments financiers 12. Intérêts et charges assimilés dont €... d'entreprises liées 13. Impôts et taxes sur le revenue et les bénéfices 14. Autres impôts et taxes 15. Bénéfice/Perte

Quelle: *Handelsblatt* vom 11. März 1992, Gliederung der Bilanz und der GuV

7 *Einführung in die Politik und Analyse des Jahresabschlusses*

LEITFRAGEN

- *Welche Ziele verfolgt die Jahresabschlusspolitik, und welche Instrumente stehen zur Verfügung?*
- *Wie können Bilanzkennzahlen ermittelt werden, und wo liegen deren Grenzen?*
- *Warum hat der Cashflow eine zentrale Aussagekraft?*
- *Wie kann eine Jahresabschlussanalyse strukturiert werden?*

7.1 Jahresabschlusspolitik

7.1.1 Ziele der Jahresabschlusspolitik

Ein Jahresabschluss muss jedes Jahr zu einem Stichtag erstellt werden. Zu diesem Stichtag sind viele Geschäftsvorfälle noch unklar. So sind viele Erzeugnisse bereits produziert, liegen aber noch im Lager, neues Material ist schon bestellt, aber noch nicht bezahlt, Steuerzahlungen sind noch ungewiss und Gewährleistungsansprüche offen etc. Ob und wie diese offenen Sachverhalte gebucht werden, bestimmen die Gesetze. Der Unternehmer hat jedoch in vielen Fällen ein Gestaltungspotenzial.

Die bewusste ziel- und interessenorientierte Gestaltung des Jahresabschlusses nennt man Jahresabschlusspolitik. Damit sollen die Empfänger des Jahresabschlusses gezielt informiert werden. Der Unternehmer kann mit den Mitteln der Jahresabschlusspolitik den Jahresabschluss auf generelle Unternehmensziele ausrichten.

Finanzpolitische Ziele eines Unternehmens können sein: die nominale oder substanzielle Kapitalerhaltung, eine Verstetigung von Gewinn und Dividende, eine Steuerlastminimierung, eine generelle Unabhängigkeit und/oder die Erhöhung der Kreditwürdigkeit.

Jahresabschlusspolitik und Jahresabschlussanalyse stehen in einer besonderen Beziehung zueinander. Die Ziele der Bilanzpolitik sind:

- die Gestaltung der Bilanzstruktur – insbesondere der Eigenkapitalstruktur – unter Berücksichtigung von Finanzierungs-, Investitions- und Liquiditätsaspekten,
- die Gestaltung des Ergebnisses, insbesondere des Gewinns.

Gewinngestaltung samt Auswirkung auf die stillen Reserven

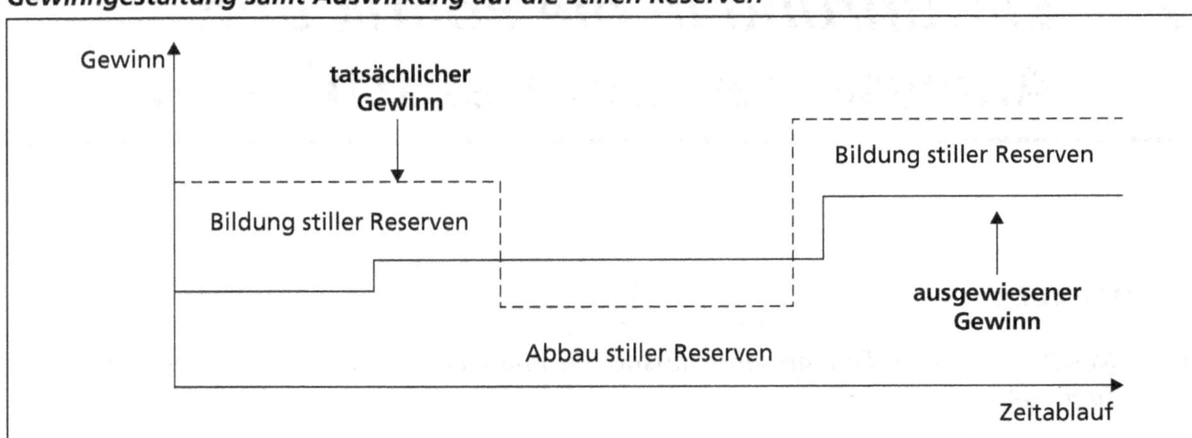

Das Transparenzverhalten kann wie folgt unterschieden werden:

- Progressive Bilanztransparenz: „Man zeigt, was man hat."
- Restriktive Bilanztransparenz: „Man publiziert nur so viel, wie unbedingt notwendig."

Bonmots und Erfahrungssätze rund um den Jahresabschluss:

- „Gute Bilanzen sind besser als sie aussehen, schlechte Bilanzen sind noch schlechter als sie sind."
- „Eine Bilanz ist nichts, was ist, sondern etwas, was gemacht wird."
- „Reich ist ein Unternehmer erst dann, wenn er sich in seiner Bilanz um einige Millionen Euro irren kann, ohne dass es auffällt."

Window Dressing

Beim „Window Dressing" handelt es sich um bilanzpolitische Maßnahmen (Bilanztricks bzw. Bilanzkosmetik), die ausschließlich der Gestaltung des Bilanzbildes und nicht der dauerhaften Verbesserung der Bilanzstruktur dienen. Früher wurde die Bilanzkosmetik vorwiegend zur Gestaltung des steuerlichen Ergebnisses angewandt. Seit Mitte der 1990er-Jahre dient das Window Dressing auch dazu, Vorgaben von Investoren zu erfüllen. Window Dressing ist nicht ungefährlich: Die Maßnahmen sind rechtlich oft problematisch. Auch können unlautere Vorfälle bei Bekanntwerden das Image eines Unternehmens sehr belasten.

Beispiele für Maßnahmen, die nach dem Bilanzstichtag rückgängig gemacht werden:

- Rückzahlung eines Kredits kurz vor Bilanzstichtag, um diesen nach dem Bilanzstichtag wieder aufzunehmen,
- vorübergehende Kapitaleinlagen von Gesellschaftern,
- Abschluss von Scheingeschäften vor dem Bilanzstichtag, die nach dem Bilanzstichtag wieder storniert werden,
- Kauf bzw. Verkauf auf Probe.

Beispiele für Maßnahmen, deren Wirkung von Dauer ist:

- Sale-and-Lease-back-Transaktionen,
- Outsourcing von Forschung- und Entwicklungsleistungen, um dem Aktivierungswahlrecht bzw. Aktivierungsverbot selbst erstellter Vermögensgegenstände im Anlagevermögen zu entgehen,
- Vorziehen von Anschaffungen, um Abschreibungen noch im Abschlussjahr geltend machen zu können (seit 2004 stark eingeschränkt).

1 zu 7 (Aufgabe):

Ein Jungunternehmen weist nach drei Jahren harter Arbeit bei einer Bilanzsumme von 200 T€ eine 50%ige Eigenkapitalquote und eine 50%ige Anlageintensität aus. Die „Kasse" ist gut gefüllt und stellt im Wesentlichen das Umlaufvermögen dar. Der Unternehmer überlegt, sich einen Lebenstraum zu verwirklichen, und möchte einen Porsche als Geschäftsführerauto anschaffen. Der Porsche kostet 96 T€, die Nutzungsdauer beträgt sechs Jahre. Der Gewinn bemisst sich vor der Anschaffung für das laufende Jahr auf 20 T€. Die Eigenkapitalquote umfasst bereits den laufenden Gewinn. Zeigen Sie die bilanzpolitischen Änderungen, wenn der Porsche Ende Oktober in bar (Var. a), mit zwölfwöchigem Ziel (Var. b) oder erst im Januar (Var. c) angeschafft wird. Lassen Sie dabei steuerliche Betrachtungen außen vor und errechnen Sie die wichtigsten Bilanzkennzahlen!

7.1.2 Instrumente der Jahresabschlusspolitik

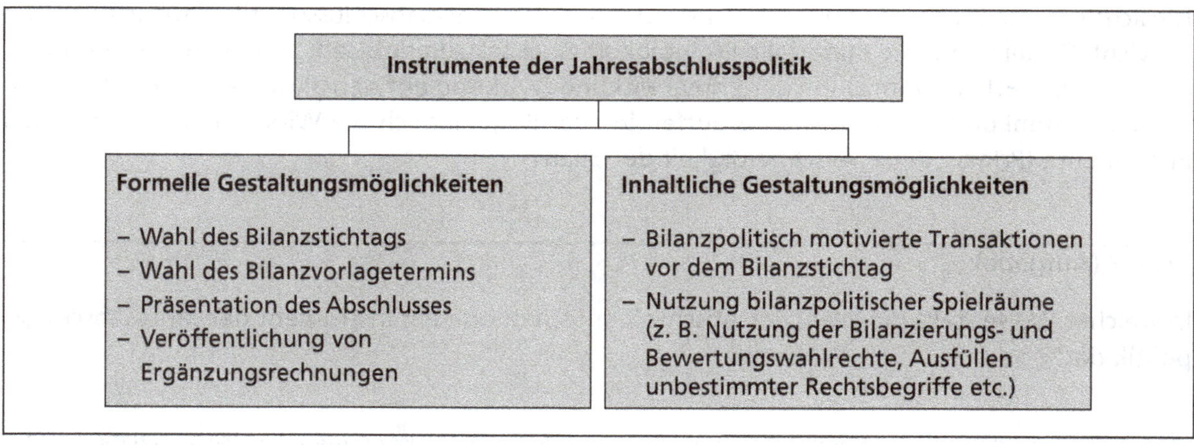

Formelle Mittel der Jahresabschlusspolitik beziehen sich auf Möglichkeiten der äußeren Bilanzgestaltung. So ist der Unternehmer bei der Wahl des Bilanzstichtags (§§ 242, 240 II HGB, § 4a EStG), dem Vorlagetermin (§§ 243 III, 264 I) und der Präsentation der Bilanzergebnisse relativ frei. Der Unternehmer darf über die Mindestvorschriften jederzeit hinausgehen und Ergänzungs- und Vergleichsrechnungen vorlegen (§ 265).

Materielle Mittel der Jahresabschlusspolitik beziehen sich auf die Möglichkeiten, die wirtschaftlichen Verhältnisse des Unternehmens zu beeinflussen. Zu den materiellen Mitteln zählen alle Maßnahmen vor und nach dem Bilanzstichtag (Beispiel: Verlagerung von Investitionen), die Bildung bzw. Auflösung von stillen Reserven und die unterschiedlichen Möglichkeiten der Ergebnisverwendung. Für die Bildung stiller Reserven bieten sich Bilanzierungswahlrechte, Bewertungswahlrechte und Methodenwahlrechte an.

BEISPIELE
Jahresabschlusspolitische Einzelmaßnahmen

- Veränderung des Bilanzstichtags,
- Darstellung einer Kapitalflussrechnung,
- bewusste Gestaltung und Darstellung unklarer Sachverhalte,
- Verlagerung von Geschäftsvorfällen: Verschiebung einer Werbekampagne, vorzeitige Auslieferung von Waren, Verzögerung einer Investition etc.,
- Leasing statt Kauf von Vermögensgegenständen,
- Factoring (Verkauf von Forderungen),
- Sale-and-Lease-back-Verfahren bezüglich des Geschäftsgebäudes,
- Thesaurierung von Gewinnen (Rücklagendotierung) als Grundsatz,
- Herunterrechnen eines Prozessrisikos,
- pauschalierte Gesamtdarstellung des Lageberichts,
- Umsatzkostenverfahren statt Gesamtkostenverfahren,
- einfach gewogener Durchschnitt als Standardmethode bei gleichartigen Gegenständen,
- vorsichtige Schätzung der Nutzungszeit einer Spezialmaschine,
- Ausübung von Wahlrechten, z.B. bei latenten Steuern,
- Wahl der Abschreibungsmethode,
- Nutzung von größen- oder rechtsformabhängigen Erleichterungen,
- Aktivierung selbst geschaffener immaterieller Vermögensgegenstände,
- Definition von Forschungs- und Entwicklungsaufwendungen.

Hinsichtlich der Intensität haben die Instrumente der Jahresabschlusspolitik unterschiedliches Gewicht. Dabei hängt die materielle Ergiebigkeit eines Instruments sehr stark von der Wirkungsdauer ab. Die Effizienz im Sinne der Primärwirkung (Wirkung auf den aktuellen Jahresabschluss) ist meist offenkundig. Langfristig verpuffen in aller Regel jedoch die Wirkungen der einzelnen Instrumente (Prinzip der Zweischneidigkeit der Bilanz).

2 zu 7 (Aufgabe):

In welcher Weise stellt die Wahl der Abschreibungsmethode ein Instrument der Jahresabschlusspolitik dar?

lies: *Schierenbeck/Wöhle,* 8. Kapitel C I/II, Veit, Bilanzpolitische Aktionsparameter, in: WISU 2/2003, S. 211–220

7.2 Die Jahresabschlussanalyse

7.2.1 Überblick über die klassischen Kennzahlen

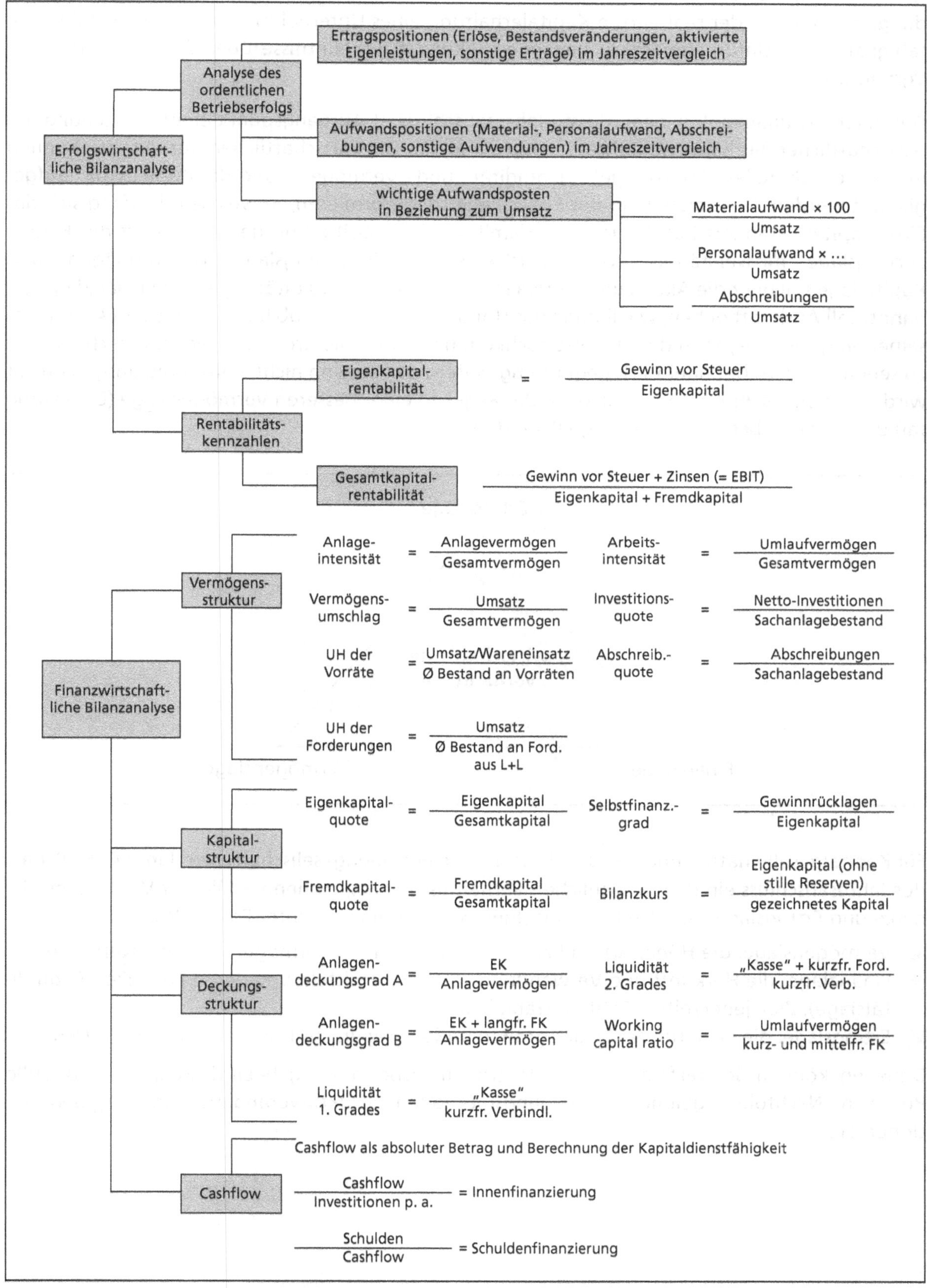

Quelle: *Luckey*, Bilanzen und Steuern, Stuttgart 1987, S. 110/111

7.2.2 Kennzahlen zur Beurteilung der wirtschaftlichen Verhältnisse

Das Ziel der Jahresabschlussanalyse besteht darin, zutreffende Erkenntnisse über den betrieblichen Erfolg und dessen Entwicklung, die Art und Struktur der Mittelherkunft und Mittelverwendung, das Ausmaß der realisierten Kapitalerhaltung eines Unternehmens und um die Zahlungsfähigkeit eines Unternehmens zu gewinnen – kurzum Erkenntnisse über die wirtschaftlichen Verhältnisse.

Der durch die Bilanzpolitik beeinflusste Jahresabschluss ist Ausgangspunkt einer Beurteilung der wirtschaftlichen Verhältnisse (Jahresabschlussanalyse). Die wirtschaftlichen Verhältnisse können in die drei Eckpfeiler „Ertragslage", „Liquidität" und „Vermögens- und Kapitalstruktur" aufgegliedert werden. Die Darstellung der Ertragslage soll informieren, in welchem Umfang sich das Eigenkapital verändert hat. Da im Kern damit die Gewinnsituation gemeint ist, ist der Begriff „Ertragslage" missverständlich. Gemeint ist eigentlich die „Erfolgslage". Die Vermögens- und Kapitallage soll über die Aktiva und Passiva informieren. Die Liquiditätslage (auch Finanzlage genannt) soll Auskunft geben, wie liquide das Unternehmen ist und ob bzw. in welchem Ausmaß es seinen Verpflichtungen in der Zukunft nachkommen kann. Die drei Eckpfeiler sind nicht isoliert zu sehen, sondern beflügeln sich gegenseitig: Sofern der Gewinn nicht vollständig ausgeschüttet wird, führt eine sehr gute Ertragslage in der Regel zu einer besseren Vermögenslage (Eigenkapital) und zu einer besseren Finanzlage (Liquidität).

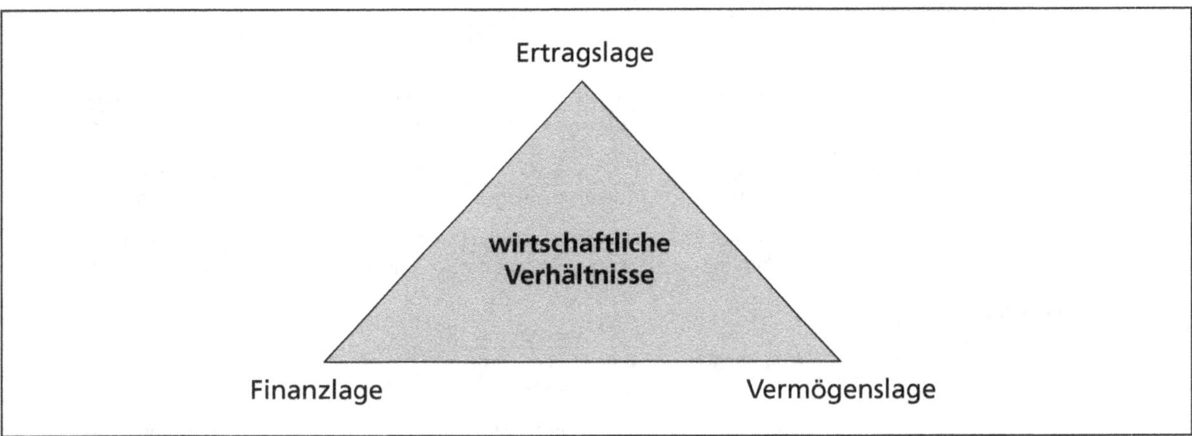

Für Kapitalgesellschaften und haftungsbeschränkte Personengesellschaften verlangt § 264 II, dass der Jahresabschluss ein den tatsächlichen Verhältnissen entsprechendes Bild der Vermögens-, Finanz- und Ertragslage vermittelt. Im Einzelnen versteht man darunter Folgendes:

- Vermögenslage: die Höhe, Art und Zusammensetzung des Vermögens und Reinvermögens;
- Finanzlage: die Herkunft und Verwendung von Finanzmitteln und deren Fristigkeit (Liquiditätslage); Ziel: jederzeitige Zahlungsfähigkeit;
- Ertragslage: die Struktur der Erfolgsgrößen und Aussagen zur Nachhaltigkeit des Erfolgs.

Daneben können Sonderfaktoren die Unternehmensbeurteilung beeinflussen, wie z. B. stille Reserven, Nachfolgeregelungen, Fertigungsmethoden, Strukturveränderungen, Engpasssituationen etc.

BEISPIELE
Eckpfeiler für ein gesundes Unternehmen

Der Unternehmenserfolg steht auf mehreren Beinen. Kern des Unternehmens ist sein Geschäftsmodell, auf das die Kernkompetenzen ausgerichtet werden sollten. Wenn man das Unternehmen mit einem menschlichen Körper vergleicht, könnte man seine Bereiche wie folgt darstellen:

- Die Technik ist vergleichbar mit dem Herz und den Muskeln des Menschen.
- Der Vertrieb ist vergleichbar mit der Nahrung.
- Die Finanzen sind vergleichbar mit der Lunge.
- Das Management ist vergleichbar mit dem Nervensystem und der Niere.

Ob ein Unternehmen gesund ist, kann an jedem der oben genannten Bereiche liegen. An der „Technik" (Entwicklung, Produktion, Montage etc.) als Herzstück des Unternehmens fehlt es meistens nicht, da deutsche Unternehmen mit ausgeprägten Fachkompetenzen gesegnet sind. Herausforderungen liegen in der Marktwirtschaft schon eher beim „Vertrieb". Mal sind zu viel, mal zu wenig Aufträge da. Oft sind die Aufträge zu klein, manchmal werden große Aufträge zu Dumpingpreisen angeboten. Richtig kalkulieren (Mengenstaffeln, Mindestgrößen, richtiges Ermitteln und Anwenden der Stundensätze etc.) und effektives Marketing sind angesagt. Jedes Unternehmen braucht solide Finanzen, also eine stabile Eigenkapitalbasis, die von Banken unabhängig macht, Risiken absichert und durch stete Gewinne kontinuierlich verbessert werden sollte. Eine Liquiditätsplanung, das Wissen um den Cashflow und um die aktuelle Kapitaldienstgrenze sind für das Unternehmen so wichtig wie die Luft zum Atmen. Das eigentliche Management, also das Trennen des Wichtigen vom Unwichtigen, das Prioritätensetzen und das Aussortieren, das Anleiten und Motivieren von Mitarbeitern macht oft den Unterschied. Die Betriebswirtschaftslehre stellt zwar viele Hilfsmittel bereit, z. B. im Rechnungswesen (z. B. IT- und Controlling-Systeme, ABC-Analyse, Kennzahlen), in der Organisation (z. B. Organigramm, Ablaufbeschreibungen, Datentechniken) und im Personalwesen (z. B. Stellenanforderungen, Führungstechniken), letztlich geht es aber bei Führungskräften um Menschen, deren Talente, Wirkungen und Erfolgschancen unterschiedlich sind.

Kennzahlen sind Messgrößen, die als bewusste Verdichtung der komplexen Realität über zahlenmäßig erfassbare Sachverhalte informieren. Neben absoluten Kennzahlen (wie z. B. Cashflow, Umsatz, Gewinn) und relative Kennzahlen (wie z. B. Umsatzrendite, Eigenkapitalquote) werden in der Praxis gesamte Kennzahlensysteme eingesetzt.

Gerade Kreditinstitute verwenden für die Analyse der wirtschaftlichen Verhältnisse ihrer Kreditkunden Branchenkennzahlensysteme. Beispielsweise haben die Sparkassen eine Datensammlung von etwa 200.000 Unternehmen. Die DATEV eG hat über die Steuerberater Daten von über zwei Millionen Unternehmen. Übersichtsartig werden Kennzahlen für die wirtschaftlichen Verhältnisse eines Unternehmens erläutert, die im Zeit- und Branchenvergleich ein gutes Bild der Lage eines Unternehmens vermitteln.

Die Analyse der wirtschaftlichen Verhältnisse erfolgt üblicherweise schrittweise:

- Erster Schritt: Aufbereitung der Daten des Jahresabschlusses (Definition, Abgrenzungen etc.)
- Zweiter Schritt: Berechnung der Kennzahlen, Vergleiche, Zwischenergebnisse
- Dritter Schritt: Kennzahlensysteme, Gesamtbewertung

Arten von Kennzahlen:

- Gliederungskennzahlen geben Einblick in die Strukturen (z. B. Eigenkapitalquote);
- Beziehungskennzahlen geben Einblick in kausale Zusammenhänge (z. B. Rentabilität);
- Indexzahlen geben Einblicke in zeitliche Entwicklungen.

Ziele von Kennzahlen:

- Kennzahlen zur Operationalisierung von Zielen und deren Erreichung (Operationalisierungsfunktion),
- Ermittlung von kritischen Kennzahlenwerten als Zielgröße (Vorgabefunktion),
- laufende Erfassung von Kennzahlenausprägungen und Erkennen von Anfälligkeiten (Anregungsfunktion),
- Kennzahlen zur Vereinfachung von Steuerungsprozessen (Steuerungsfunktion).

Analyse der Ertragslage

Die Ertragslage untersucht die Art, Höhe und das Zustandekommen des Erfolgs. Bei den Renditen wird der Erfolg auf den Umsatz oder auf einen (durchschnittlichen) Kapitalbestand in Bezug gesetzt. Aus Vereinfachungsgründen wird im Buch der Stand zum 31.12. gewählt.

Basis der Ertragslage sind die Posten der Gewinn- und Verlustrechnung und deren differenzierte Betrachtung. Zunächst beginnt man mit der Analyse des Umsatzes (Umsatzentwicklung, Bestandsveränderungen, Segmentdarstellung etc.) und der Erfolgsspaltung. Aufwandsquoten werden ermittelt, um die Bedeutung der einzelnen Aufwandsarten für den Erfolg eines Unternehmens zu erkennen. Dabei werden einzelne Aufwandsarten in Relation zum Umsatz gesetzt. Beispiele: Materialaufwandsquote (Materialaufwand ÷ Umsatz × 100), Personalaufwandsquote (Personalaufwand ÷ Umsatz × 100), Abschreibungsquote (Abschreibungen ÷ Umsatz × 100) etc.

Mit der Umsatzrentabilität (Gewinn ÷ Umsatz × 100) kann die betriebliche Ertragskraft bewertet werden. Sie zeigt, wie viel vom Umsatz als Gewinn verbleibt und zeigt Spielräume für Preisnachlässe oder einen Zwang zur Kosteneinsparung.

Die Eigenkapitalrentabilität (Gewinn ÷ Eigenkapital × 100) gibt Aufschluss, wie sich das im Unternehmen gebundene Eigenkapital verzinst. Aus Gründen der Vereinfachung wird im Buch stets der „Gewinn vor Steuern" gewählt. Da der Gesellschafter haftet, ist für die „Unternehmerrendite" eine Verzinsung über dem Geld- oder Kapitalmarkt angemessen. Bei der Berechnung des Eigenkapitals sind stille Reserven zu berücksichtigen. Üblich ist eine 50%ige Berücksichtigung, da die stillen Reserven noch nicht versteuert und generell noch ungewiss sind.

Während die Eigenkapitalrendite sich nur auf das Eigenkapital bezieht, wird bei der Gesamtkapitalrendite untersucht, wie erfolgreich das Unternehmen mit dem ihm insgesamt zur Verfügung gestellten Kapital gewirtschaftet hat („Unternehmensrendite"). Beachte: Die Fremdkapitalzinsen sind als Aufwand verbucht und haben den Gewinn bereits reduziert. Um die Kennzahl unabhängig von der konkreten Finanzierung interpretieren zu können, werden die Fremdkapitalzinsen dem Gewinn wieder zugerechnet (Gewinn + Zins = EBIT („Kapitalgewinn")).

Aus den Kapitalrenditen kann ein Kennzahlensystem abgeleitet werden (vgl. ROI-Konzept gemäß Kap. 7.2.5). Die Gesamtkapitalrendite ist auch Basis für den Leverage-Effekt. Dieser besagt, dass eine „billige" Fremdfinanzierung dann zur Erhöhung der Eigenkapitalrendite führt, wenn die Gesamtkapitalrendite über dem vergleichbaren Fremdkapitalzinssatz liegt. Kostet das Fremdkapital auf Dauer mehr als das, was das Unternehmen erwirtschaften kann, sollte die Geschäftstätigkeit hinterfragt werden (Details vgl. unten).

Aufgrund der Dualität von Erfolgs- und Finanzkennzahl kann auch der Cashflow als Ertragskennzahl eingeordnet werden (vgl. Kap. 7.2.4 und 11.2.3.1). Interessant ist auch, wie der Gewinn verwendet wird. Bei Kapitalgesellschaften ist die Rücklagendotierung von Interesse, bei Personengesellschaften die Entwicklung des Kapitalkontos und die Aufgliederung der Entnahmen.

BEISPIELE
„Ein Gewinn ist nicht alles"

Der selbstbewusste Bauunternehmer erläutert beim „Bilanzgespräch", er habe im letzten Jahr eine 4-prozentige Umsatzrendite erzielt und 400 T€ Gewinn vor Steuern gemacht. Dies sei doch sehr positiv, zumal der Gewinn doch das wichtigste sei. Als Betriebswirt wissen Sie, wie wichtig ein guter Gewinn ist. Im Kern argumentiert der Bauunternehmer sehr einseitig: Bei einer 4-prozentigen Umsatzrendite errechnet sich ein Umsatz von 10 Mio. €. Hierbei bieten 400 T€ Gewinn wenig Risikopuffer! Dieser Gewinn muss noch versteuert werden. Auch ist nicht klar, aus welchen Quellen der Gewinn entstanden ist und ob der Gewinn „nachhaltig" ist und im Unternehmen verbleibt. Neben einer guten Ertragslage ist für ein Unternehmen die jederzeitige Zahlungsfähigkeit (Liquidität) und eine nachhaltige Zahlungskraft (Cashflow) wichtig, ebenso eine gute Eigenkapitalausstattung (Vermögenslage). Neben guten wirtschaftlichen Verhältnissen zählen langfristig für ein Unternehmen weitere Erfolgsfaktoren wie die Branchensituation, das Geschäftsmodell, das Management, das Betriebsklima, die Innovationskraft, das Qualitätsmanagement etc.

BEISPIELE
Umsatz und Gewinn: von unten nach oben rechnen!
Prinzip: „von der Ernte hängt die Saat ab"

Ein Bauer muss bereits bei der Saat wissen, wie viel er ernten will. Auf den künftigen Ertrag muss er seine Aussaat und den Boden abstellen. Ähnliches gilt für einen mittelständischen Unternehmer. Braucht der Unternehmer für die persönliche Lebenshaltung, Urlaub und Hobby, Vorsorge etc. etwa 120 T€ pro Jahr, so kann er über die Kostenstruktur seinen Umsatz und damit das Leistungsziel ermitteln. Konkret: Machen die Materialkosten 40 %, die Personalkosten (ohne Unternehmerlohn) 35 % und die sonstigen Kosten 15 % aus, ist seine Gewinnmarge inklusive Steuerlast 10 %. Ohne Berücksichtigung von Steuern muss er mindestens 1,2 Mio. € Umsatz im Jahr erzielen. Wenn die Steuerlast insgesamt 5 % vom Umsatz beträgt, so verdoppelt sich das Umsatzziel auf 2,4 Mio. €.

Analyse der Vermögenslage

Die Vermögenslage beschreibt die Art, Höhe und Zusammensetzung des Vermögens und des Reinvermögens. Von zentraler Bedeutung hierbei sind das Eigenkapital und das Verhältnis von Aktiva und Passiva.

Die Eigenkapitalquote (EK ÷ Gesamtkapital × 100) ist eine Kennziffer für die Robustheit eines Unternehmens. Die Eigenkapitalquote gibt an, in welchem Umfang die Eigentümer selbst in unmittelbarer Haftung stehen. Eine hohe Eigenkapitalquote zeigt eine besondere Stabilität, dient als Risikopuffer und begrenzt die Risiken der Gläubiger. Die Verschuldung ist das Spiegelbild des Eigenkapitals. Eine hohe Fremdkapitalquote zeigt Abhängigkeiten und ist riskant. Gemeinsam ergeben die Eigenkapital- und die Fremdkapitalquote 100 %.

Die Anlageintensität (AV ÷ Gesamtvermögen × 100) zeigt, wie hoch das Anlagevermögen gemessen an der Bilanzsumme ist. Die Vermögensstruktur hängt maßgeblich von der Branche ab.

Anlageintensive Unternehmen wie Industriebetriebe haben eine viel höhere Anlagequote als z. B. Handelsbetriebe. Die Arbeitsintensität (UV ÷ Gesamtvermögen × 100) ist das Spiegelbild der Anlageintensität. Eine hohe Arbeitsintensität deutet an, dass relativ viel Vermögen zeitnah liquidiert werden kann. Gemeinsam ergeben beide Größen immer 100 %. Allgemein gilt: Das Umlaufvermögen ist leicht liquidierbar, das Anlagevermögen besteht eher aus schwer liquidierbaren Vermögensgegenständen wie Immobilien, Rechten und Maschinen.

Beim Vermögen empfiehlt sich eine Untersuchung der Umschlagshäufigkeiten. Umschlagshäufigkeiten geben an, wievielmal sich ein Vermögensposten in der Periode umschlägt – oder als eine Art Kehrwert – in welcher Zeit sich der Bestand des Vermögenspostens umgeschlagen hat. Zähler und Nenner können daher drehen. Als Bezug dient meist der „Umsatz". Der Kapitalumschlag – auch Vermögensumschlag genannt – ergibt sich aus Umsatz geteilt durch das Gesamtvermögen. Bei Handelsunternehmen ist der Umschlag der Ware von zentraler Bedeutung. Hier bietet sich statt dem „Umsatz" als besserer Bezug für Vorräte der „Wareneinsatz" an, zumal dann sowohl deren Warenbestand als auch die verkaufte Ware zu Einkaufspreisen verglichen werden. Beispiel: Umschlagshäufigkeit des Warenbestandes = Wareneinsatz ÷ Vorräte – oder Lagerdauer der Ware in Tagen = Vorräte ÷ Warenumschlag × 365 Tage. Eine hohe Umschlagshäufigkeit deutet auf geringe Warenrisiken hin, der Kapitaleinsatz ist zeitlich kürzer gebunden.

Auch das Management („Umschlagshäufigkeit") der Forderungen und der Verbindlichkeiten kann man messen. Das Debitorenziel (durchschnittliche Kundenforderungen ÷ Umsatz × 365 Tage) gibt die durchschnittliche Dauer in Tagen an, bis die Kunden die Rechnungen bezahlen und ist ein guter Indikator über die finanzielle Leistungsfähigkeit der Kunden und des unternehmerischen Mahnwesens. Umgekehrt bemisst das Kreditorenziel (durchschnittliche Lieferantenverbindlichkeiten ÷ Wareneinsatz × 365 Tage) die Dauer bis ein Unternehmen durchschnittlich die Rechnungen seiner Lieferanten bezahlt.

Zieht man die langfristigen Aktiva und Passiva ins Verhältnis, erhält man den Anlagendeckungsgrad. Er gibt an, inwieweit das Unternehmen die „goldene" Bilanzregel „langfristiges Vermögen soll langfristig finanziert sein" einhält. Der Anlagendeckungsgrad A oder I bezieht sich nur auf das Eigenkapital (EK ÷ AV × 100), der Anlagendeckungsgrad B oder II nimmt im Zähler auch das langfristige Fremdkapital (Darlehen ÷ lfr. Rückstellungen) mit auf ((EK + lfr. FK) ÷ AV × 100).

Analyse der Finanzlage

Die Finanzlage beschreibt die Herkunft und Verwendung der Finanzmittel sowie deren Fristigkeit. Ziel der Finanzlage ist die Darstellung der jederzeitigen Zahlungsfähigkeit des Unternehmens.

Traditionell werden Liquiditätskennzahlen errechnet, bei denen die einbezogenen Aktiv- und Passivposten sich durch unterschiedliche Fristigkeiten unterscheiden. So stellt die Liquidität 1. Grades die „Barmittel" in Bezug zum „kurzfristigen Fremdkapital" (Barmittel ÷ kfr. FK × 100). Bei der Liquidität 2. Grades werden die Barmittel um die „Forderungen" ergänzt.

Diese Liquiditätskennzahlen sind jedoch mit Vorsicht zu genießen und haben Schwachstellen. In der Praxis kommt es weniger auf die Barmittel, sondern eher auf das Kontolimit an, und das hängt von der gesamten Kreditwürdigkeit (Bonität) ab. Auch der „Nenner" der Kennzahlen bildet die Realität nicht sauber ab, weil er laufende Zahlungsverpflichtungen (Personalaufwendungen, Miete, Leasingraten etc.) außen vor lässt. Zudem sind die Liquiditätskennzahlen auf den Bilanzstichtag fixiert und in ihrer Fristigkeit zu grob. Sie verkennen den Umstand, dass die Zahlungsfähigkeit zu jeder Zeit von einem Unternehmen darzustellen ist! Insgesamt bilden der Cashflow (in Form der Kapitaldienstfähigkeit) und Zahlungspläne die Finanzlage viel besser ab.

So zeigen Liquiditätspläne liquiditätsmäßige Über- und Unterdeckungen im künftigen Jahresverlauf auf.

Beispiel eines Liquiditätsplans einer selbstständigen Marketingberaterin

Monatlicher Liquiditätsplan	Januar		Februar		März ...	
	Plan	Ist	Plan	Ist	Plan	Ist
Zahlungsmittel Monatsanfang	10	10	23	19	38	35
Einzahlungen						
Umsatz	20	15	30	33	30	25
Einlage	10	10	–	–	–	–
Kredit	–	–	–	–	30	40
Summe	30	25	30	33	60	65
Auszahlungen						
Personalkosten	4	4	4	4	4	6
Miete	1	1	1	1	2	2
Gemeinkosten	3	3	1	1	1	1
Zinsen	1	1	1	1	4	4
Steuern	4	4	4	4	14	14
Entnahmen	4	3	4	6	4	4
Investitionen	–	–	–	–	60*	65*
Summe	17	16	15	17	89	96
Zahlungsmittel, Kontolimit und Zahlungskraft						
Zahlungsmittel Monatsende	23	19	38	35	9	4
Kontolimit	10	10	10	10	10	10
Zahlungskraft	33	29	48	45	19	14

* Ersatzinvestition (Kauf eines neuen PKW)

3 zu 7 (Fallstudie):

Die Gartencenter GmbH legt folgende Geschäftszahlen vor:

Kennzahlen der Gartencenter GmbH	**Jahr 02**	**Jahr 01**
Eigenkapitalquote (inkl. Jahresüberschuss)	23 %	25 %
Umsatzrentabilität	6 %	4 %
Bilanzsumme	20 Mio. €	18 Mio. €
Kapitalumschlag (UH des Vermögens)	2,1	2,0

a) Wie hoch errechnet sich für beide Jahre jeweils das Fremdkapital?

b) Wie hoch errechnet sich für beide Jahre jeweils die Eigenkapitalrendite?

7.2.3 Grenzen von Kennzahlen

Kennzahlen dienen der Analyse und Steuerung von Unternehmen. Eine Kennzahl allein hat nur einen begrenzten Aussagewert. Sie muss stets kontextabhängig interpretiert und kommuniziert werden. Grenzen von Kennzahlen:

- mangelnde Zukunftsbezogenheit der Daten;
- Kennzahlen sind nicht immer in die Unternehmensstrategie und in die Vision eingebunden;
- Kennzahlen sind meist eindimensional;
- mangelnde Vollständigkeit und Bestimmtheit der Daten; notwendig ist daher eine Aufbereitung der Daten (genaue Begriffsbestimmung, Einbindung der Kostenrechnung, Berücksichtigung stiller (Netto-)Reserven etc.);
- mangelnde Objektivität der Daten; notwendig ist daher eine Aufbereitung der Daten (einheitliche Bewertungsmaßstäbe, Kontrollkennziffern, z. B. Cashflow);
- Berücksichtigung von Faktoren, die sich im Finanzprozess nicht unmittelbar widerspiegeln, z. B. Unternehmensgrundsätze, Qualitätsmaßstäbe, Fertigungs- und Managementmethoden, Nachfolgeregelungen, Engpasssituationen etc.

Neben die klassischen Kennzahlen treten neuerdings wertorientierte Kennzahlen. Wertorientierte Kennzahlen sollen die Aktivitäten und Leistungen von Unternehmen noch transparenter und besser abbilden. Der Grundgedanke ist folgender: Ein Unternehmen ist erfolgreich, wenn die erreichte Vermögensrendite den Kapitalkostenersatz übersteigt. Beim CFROI-Konzept (Cashflow Return on Investment) erfolgt eine Gegenüberstellung der Vermögensrendite mit dem Kapitalkostenersatz. Beim EVA-Konzept (Economic Value Added) dagegen wird ein Residualgewinn durch Multiplikation des betriebsnotwendigen Vermögens mit der Differenz aus Vermögensrendite und Kapitalkostenersatz ermittelt.

7.2.4 Cashflow und Kapitaldienstfähigkeit

Der Begriff des „Cashflow" stammt aus den USA und wird auch in der deutschsprachigen Literatur verwendet. Ausgehend vom Zahlenwerk des Jahresabschlusses gibt die Cashflow-Analyse Einblicke sowohl in die Erfolgs- bzw. Ertragskraft als auch in die Liquiditätskraft eines Unternehmens (Zweckdualismus des Cashflows). Der Cashflow bezieht sich auf einen Zeitraum (meist Jahresperiode) und genießt somit Vorteile gegenüber der sonst üblichen statischen Liquiditätsbetrachtung (Zeitpunktbetrachtung, gewöhnlich zum Bilanzstichtag).

Seine drei Grundversionen lassen sich wie folgt ermitteln (weitere Details vgl. Teil B: Kapitel 12.2.3.1):

	Jahresüberschuss
+	Abschreibungen und Wertberichtigungen
=	**Cashflow I**
±	Veränderungen der langfristigen Rückstellungen
±	Veränderung des Sonderpostens mit Rücklagenanteil
=	**Cashflow II**
±	a. o. Ergebnis/Entnahmen
=	**Cashflow III**

Banken stellen bei der Kreditwürdigkeitsprüfung auf die Kapitaldienstfähigkeit ab. Kapitaldienstfähigkeit ist die Fähigkeit, die Zins- und Tilgungsleistungen des vereinbarten Finanzierungsmodells tatsächlich und nachhaltig zu erbringen. Sie errechnet sich wie folgt:

	Gewinn vor Steuern (Betriebsergebnis v. St.)
+	Abschreibungen auf Sachanlagen
±	Veränderung der langfristigen Rückstellungen
+	Zinsdienst
=	**Erweiterter Cashflow nach Bankart**
–	Entnahmen, Ausschüttungen, Steuern und Abgaben
+	Einlagen und Steuerrückerstattungen
±	zahlungswirksame Sonderfaktoren (z. B. Investitionen)
=	**Kapitaldienstgrenze (rechnerisch)**
–	tatsächlicher Kapitaldienst (Zinsdienst und Tilgung)
=	**Über- bzw. Unterdeckung**

Bei beabsichtigten Investitionen ist die künftige Kapitaldienstfähigkeit wichtig. Da Investitionen in der Regel Abschreibungen und Zinsaufwendungen bedingen, ist es zweckmäßig, bei Planrechnungen mit der Ermittlung des „Gewinns vor Abschreibung und vor Zinsaufwand" zu beginnen, um so die Finanzierungs- und Steuereffekte ermitteln zu können.

4 zu 7 (Aufgabe):

Ein Fensterbauer baut Holz-Standardfenster nach folgender Kalkulation: Materialkosten (Glas, Holz, Beschlag) 30 €, Lohnkosten 30 €, Abschreibungen 20 €, sonstiger Aufwand 10 € (Werbung, RA/StB, Versicherungen, Porti etc.). Für ein Standardfenster erzielt er 100 €.

a) Wie viel bringt ein Standardfenster am Jahresende in die „Kasse"?

b) Nach einem kleinen Streik sagt er den Mitarbeitern eine Lohnerhöhung in Form einer Betriebsaltersrente zu, zumal es das Unternehmen „liquiditätsmäßig nicht belastet". Stimmt das? Pro Fenster macht die Betriebsrente 5 € aus. Der Umsatz erhöht sich nicht!

c) Wie ist der „Kassenbestand" bei 40 % Steuerlast (Var. a) und b))?

7.2.5 Leverageeffekt

Als Leverage wird eine Hebelwirkung der Finanzierungskosten des Fremdkapitals auf die Verzinsung des Eigenkapitals bezeichnet. Ziel ist es, durch den Einsatz von relativ „billigem" Fremdkapital die Eigenkapitalrendite zu steigern. Das trifft dann zu, wenn das Unternehmen bzw. der Investor, Fremdkapital zu günstigeren Konditionen aufnehmen kann, als das Unternehmen bzw. die beabsichtigte Investition an Gesamtrendite erzielt.

Positiver (negativer) Leverageeffekt: Liegt die Rentabilität des Gesamtkapitals über (unter) dem Fremdkapitalzinssatz, so ist jeder weitere Einsatz (Tausch!) von Fremdkapital unter sonst gleichen Bedingungen vorteilhaft (nachteilig).

Der Leverageeffekt bewirkt, dass bei einem vorgegebenen Fremdkapitalzins die Rendite des Eigenkapitals durch einen Tauschvorgang in Fremdkapital erhöht werden kann, wenn die Kosten für das zusätzliche Fremdkapital niedriger als die erzielte Gesamtkapitalrentabilität sind. Liegt der Fremdkapitalzins über der Gesamtkapitalrendite, ist die Aufnahme von Fremdkapital nachteilig.

Die Eigenkapitalrendite nimmt also mit steigender Verschuldung zu, solange die Gesamtkapitalrendite größer als der Fremdkapitalzinssatz ist. Formal kann die Beziehung der Kapitalrenditen wie folgt hergeleitet werden:

1. Kapitalgewinn (EBIT) = R_{GK} × (EK + FK)
2. Gewinn = R_{EK} × EK = Kapitalgewinn – Zinsaufwand = Kapitalgewinn – (FK × Zinssatz)

Setzt man die erste Gleichung (1) in die zweite (2) ein, erhält man Folgendes:

$$R_{EK} \times EK = R_{GK} \times (EK + FK) - (FK \times \text{Zinssatz})$$

aufgelöst nach R_{EK} ergibt sich die Leverage-Formel:

$$R_{EK} = R_{GK} + (R_{GK} - \text{Zinssatz}) \times FK \div EK$$

Der Verschuldungsgrad (FK ÷ EK) wirkt wie eine Art Hebel. Im Falle eines positiven Leverageeffekts verstärkt er die EK-Rendite. Allerdings wirkt der Verschuldungshebel im negativen Fall auch umgekehrt.

Ausgewählte Renditeberechnungen (Leverageeffekt) nach Schierenbeck

Leverage-effekt	FK zu EK (EK-Quote)	0 (100 %)	1 (50 %)	2 (33 %)	10 (9 %)	20 (5 %)
„Positiv"	R_{GK}	10 %	10 %	10 %	10 %	10 %
	Zinssatz FK	5 %	5 %	5 %	5 %	5 %
	R_{EK}	**10 %**	**15 %**	**20 %**	**60 %**	**110 %**
„Negativ"	R_{GK}	3 %	3 %	3 %	3 %	3 %
	Zinssatz FK	8 %	8 %	8 %	8 %	8 %
	R_{EK}	**3 %**	**–2 %**	**–7 %**	**–47 %**	**–97 %**

Der Leverageeffekt gibt eine eindeutige Handlungsempfehlung und ist einfach zu errechnen. Ein Risiko besteht aber dann, wenn die Zinsen oder die Gewinnstrukturen sich verändern. Die Eigenkapitalrendite ist bei einem positiven Leverageeffekt umso höher, je weniger Eigenkapital vorhanden ist. Dies ist deshalb zu kritisieren, weil sich das Verhältnis von Eigen- zu Fremdkapital nicht nur an der Rendite zu orientieren hat, sondern auch an existenziellen Größen wie der „Unabhängigkeit" und der „Kreditwürdigkeit".

Beachte: Der Kapitalgewinn (EBIT) ändert sich durch den Tauschvorgang nicht, bleibt also gleich.

5 zu 7 (Aufgabe):

Gegeben sei: EK 10 Mio. €, FK 0 €, Gewinn 1 Mio. €. Der Unternehmer entnimmt 5 Mio. € und ersetzt sie durch FK, das er langfristig mit 6 % finanziert. Zeigen Sie den Leverageeffekt und kritisieren Sie seine Aussagekraft.

7.2.6 Kennzahlensysteme (ROI-Analyse)

Ein Kennzahlensystem verkettet Kennzahlen und setzt sie in Beziehungen. Ziel ist es dabei, einen schnellen und transparenten Überblick über das Unternehmen und seine wirtschaftlichen Verhältnisse zu erhalten. Üblicherweise steht dabei die „Kapitalrendite" im Mittelpunkt der Überlegung. Da die Gesamtkapitalrendite den Gewinn vor Zins (Kapitalgewinn = EBIT) zum durchschnittlich eingesetzten Gesamtkapital setzt, ist diese Renditekennzahl „finanzierungsneutral", also unabhängig von der Eigenkapitalquote und der konkreten Verzinsung des Fremdkapitals. Durch die Erweiterung im Nenner und Zähler mit dem Umsatz kann die Gesamtkapitalrendite weiter in den „Kapitalumschlag" und in die „Bruttoumsatzrendite" aufgespalten werden. Auch diese Kennzahlen können weiter differenziert werden, so bis letztlich absolute Unternehmensgrößen wie der Umsatz, das Eigenkapital, das Fremdkapital etc. übrig bleiben, die weitere Wirkungszusammenhänge und Rückschlüsse auf Unternehmensziele (Image, Marktanteile, Unabhängigkeit etc.) zeigen.

Zusammenhang einzelner Faktoren ausgehend von der Gesamtkapitalrentabilität (finanzierungsneutral)

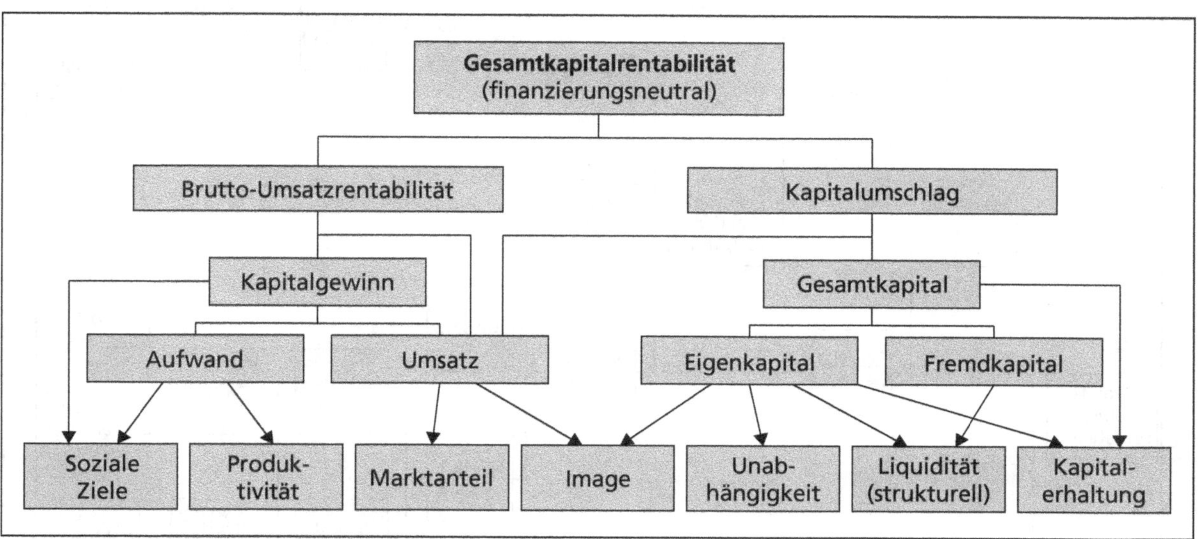

1919 wurde vom amerikanischen Chemiekonzern DuPont ein vernetztes System von Kennzahlen entwickelt. Hierbei werden Kennzahlen verkettet, deren gegenseitige Beziehungen werden transparent. Im Mittelpunkt steht die Renditekennzahl „Return on Investment (ROI)", die aus dem Produkt der Netto-Umsatzrendite (also ohne Zins) und dem Kapitalumschlag gebildet wird.

$$\text{ROI} = \frac{\text{Gewinn} \times 100}{\text{investiertes Kapital}} = \frac{\text{Gewinn} \times 100}{\text{Umsatz}} \times \frac{\text{Umsatz}}{\text{investiertes Kapital}} = \text{Umsatzrendite} \times \text{Kapitalumschlag}$$

Die Umsatzrendite und der Kapitalumschlag lassen sich (fast beliebig) weiter aufspalten, sodass durch die mathematische Zerlegung die Einflussfaktoren auf die Rendite übersichtlich dargestellt werden können.

Aufspaltung der Erfolgskomponenten nach dem DuPont-Kennzahlen-System („ROI"-Analyse):

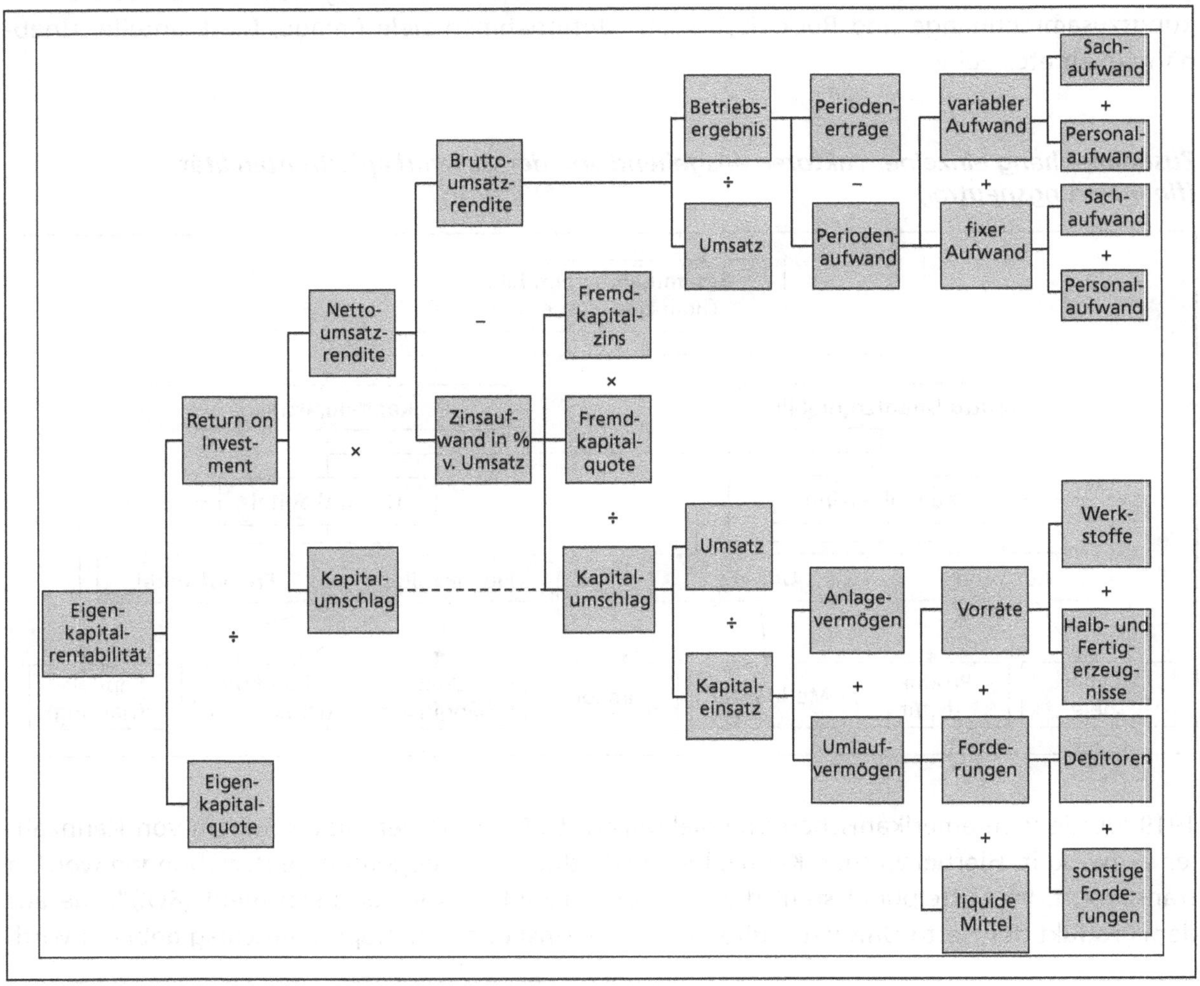

Multipliziert man den ROI mit der Eigenkapitalquote, erhält man die Eigenkapitalrendite. Durch dieses System von Kennzahlen erhält man schnell eine Übersicht über Ertrags- und Kostentreiber des Unternehmens und kann so den Gewinn des eingesetzten Kapitals steuern und optimieren. Aufbauend auf dem Du-Pont-System hat der Zentralverband der Elektro- und Elektronikindustrie ein branchenneutrales Kennzahlensystem entwickelt (ZVEI-System). Oft ist das ROI-Konzept auch der betriebswirtschaftliche Kern eines Management-Informations-Systems bzw. Management-Cockpits.

6 zu 7 (Aufgabe):

Mit welchen Maßnahmen lässt sich generell die Eigenkapitalrentabilität verbessern?

7.2.7 Durchführung der Jahresabschlussanalyse – Fallstudien

Als Vergleichsmaßstab können dienen:

- Perioden- bzw. Zeitvergleich,
- Branchenvergleich (Branche oder Marktführer als Benchmark),
- Soll-Ist-Vergleich.

lies: *Schierenbeck/Wöhle*, 8. Kapitel C III; *Wöhe*, 6. Abschnitt, B IX 3; *Eberle*, Die Analyse des Jahresabschlusses anhand von Kennzahlen, in: Steuer und Studium 3/2004, S. 166–172

7 zu 7 (Fallstudie): Foto Müller eK (Einzelhandel)

Der 40-jährige Kaufmann Hans Müller hat sich vor vier Jahren selbstständig gemacht und betreibt mit seiner Ehefrau in Mühlacker ein Fotogeschäft. Er ist Mitglied beim Foto-Ring, über den er hauptsächlich seinen Einkauf tätigt. Zuvor war er in der Branche erfolgreicher Handelsvertreter. Die bisher guten Einkünfte wurden konsumiert, nennenswerte Ersparnisse waren nicht vorhanden. Der Jahresabschluss seines Einzelunternehmens für das Geschäftsjahr = KJ 05 stellt sich wie folgt dar:

Aktiva	**Jahr 05**	**T€**	Passiva	**Jahr 05**	**T€**
Maschinen		1	Rückstellungen		5
Geschäftsausstattung		46	Bankverbindlichkeiten	– langfristig	100
Beteiligung „Foto-Ring"		9		– kurzfristig	106
Vorräte		94	Lieferantenverbindlichkeiten		53
Forderungen		1	Sonstige kurzfristige Schulden		6
Kasse		1			
Aktive RAP		2			
Kapital		116			
– Anfangskapital	96				
– Entnahmen	55				
– Gewinn	35				
		270			270

Nachrichtlich:	**Jahr 02**	**Jahr 03**	**Jahr 04**	**Jahr 05**
Vorräte	62	72	83	94
Kapital	–61	–77	–96	–116
Bank-VB (Zusage/KK-Limit)	150 (175/75)	170 (175/75)	190 (200/100)	206 (200/100)

Gewinn- und Verlustrechnung	**Jahr 05**	**Jahr 04**	**Branche**	
Umsatzerlöse	520	460		
– Materialaufwand	310	270	62 %	
– Personalaufwand	64	65	18 %	ohne Unternehmerlohn
– Abschreibungen	17	15	2 %	
– Miete/Raumaufwendungen	37	37		
– Werbekosten	15	13		
– KFZ	10	5		
– Sonstige betriebliche Aufwendungen	17	15		
– Zinsaufwand	15	15	2 %	
Gewinn	35	25	4 %	

Erläuterungen: Die **Inventur** der Warenvorräte erfolgte in der ersten Januarwoche auf Grundlage der Preisauszeichnung (branchenüblicher Abschlag auf den Verkaufspreis – retrograde Methode). Sonderabschreibungen bei Auslaufmodellen und Restposten wurden jeweils auf den zulässig niedrigsten Wert vorgenommen.

Maschinen (Kopiergerät): Anschaffungskosten Jahr 03: 2,5 T€, ND 5 Jahre, lineare AfA;
Geschäftsausstattung: Buchwert Jahr 04: 46 T€, Zugang 17 T€, degressive AfA p.a. 16 T€;
Aktive RAP: bereits bezahlte Mietnebenkosten 2 T€;
Rückstellungen: Urlaubsrückstellungen 2 T€, Jahresabschlussarbeiten 3 T€;
Sonstige kurzfristige Schulden: Geldtransferunternehmen 2 T€, Steuern 3 T€, sonstige 1 T€;
Sonstige betriebliche Aufwendungen: Versicherungen 2 T€, Beiträge 2 T€, Telefon 2 T€, Steuerberater 8 T€, Porto 1 T€, Sonstiges 2 T€;
Entnahmen: allgemeine Entnahmen 24 T€, Steuern 12 T€, Ärzte 3 T€, Versicherungen 16 T€, davon Lebensversicherung 8 T€;
Ehefrau: An die Ehefrau wurden Personalaufwendungen i. H. v. 18 T€ verbucht und 10 T€ ausbezahlt.

Das Unternehmen wächst weiterhin kontinuierlich (Planumsatz für 06: 600 T€). Mit der Hausbank laufen derzeit Verhandlungen wegen höheren Kreditzusagen. Maßnahmen in „Forschung und Entwicklung" werden nicht angestrengt. Risiken wegen der Digitaltechnik sind noch nicht quantifizierbar.

a) Führen Sie eine Jahresabschlussanalyse durch!

b) Eine Betriebsverlagerung in ein Einkaufszentrum würde 250 T€ kosten. Dem Konzept nach würden die Abschreibungen um 25 T€, der Gewinn (nach Zins und Abschreibungen) um 5 T€ steigen. Kann die Bank eine Neukreditierung vertreten, wenn die Steuerlast 40 % beträgt, die Bank 8 % Zinsen verrechnet und im Übrigen die Bedingungen in etwa gleich bleiben. Wie viel bleibt für Tilgung übrig?

8 zu 7 (Fallstudie): Spielwaren Meier eK (Einzelhandel)

Das alteingesessene Spielwarenfachgeschäft Meier wird als Einzelunternehmen vom 57-jährigen Hubert Meier geleitet. Die Ehefrau hilft tatkräftig mit. Das Geschäft befindet sich in zentraler Lage im Zentrum einer Kreisstadt mit 20.000 Einwohnern (Mittelzentrum). Immer mehr Geschäfte des klassischen Einzelhandels hören auf, sodass sich für Hubert Meier die Möglichkeit ergibt, den Nachbarn aufzukaufen. Bevor Herr Meier eine derart weitreichende Entscheidung trifft, möchte er seinen Jahresabschluss analysieren. Hierzu liegt die neueste Bilanz vor. Die GuV zeigt seit fünf Jahren dem Grunde nach ein unverändertes Bild.

Bilanz im Jahr X:

Aktiva	T€	Passiva		T€
Gebäude	100	Kapital		1.300
Geschäftsausstattung	20	– Anfangskapital	1.350	
Vorräte	1.250	– Entnahmenüberschuss	90	
Forderungen	10	– Gewinn	40	
Bank	10	Verbindlichkeiten		100
Kasse	10	– Bank	30	
		– Lieferanten	50	
		– Umsatzsteuer	20	
Bilanzsumme	1.400	Bilanzsumme		1.400

GuV im Jahr X:

auf 10 T€ gerundet:		**Branche:**
Umsatzerlöse	1.200	
– Materialaufwand	800	65–67 %
– Personalaufwand	250	20–22 % ohne Unternehmerlohn
– Abschreibungen	10	Sonstiges:
– Werbung/Deko. etc.	30	bis 10 %
– Rechnungswesen/Recht	20	
– Sonstige betriebliche Aufwendungen	50	
= Gewinn	40	

Erläuterungen:

- Das Gebäude ist ein Wahrzeichen der Stadt und etwa 200 Jahre alt. Es wurde in den 1980er-Jahren grundlegend renoviert. Der in der Bilanz angesetzte Wert ist der historische Anschaffungswert am Grund und Boden; das Gebäude ist seit Jahren voll abgeschrieben.
- Die Ladeneinrichtung wurde vor acht Jahren neu eingebaut (Anschaffungswert 100 T€) und linear auf zehn Jahre abgeschrieben.
- Die Inventur der Warenvorräte erfolgte in der ersten Januarwoche auf Grundlage der Preisauszeichnung (branchenüblicher Abschlag auf den Verkaufspreis – retrograde Methode). Sonderabschreibungen wurden keine vorgenommen.
- Der Entnahmeüberschuss errechnet sich wie folgt:
  - Einlagen in T€: Ehegattengehalt 30,
  - Entnahmen in T€: allgemein 50, Steuern 20, Ärzte 10, Versicherungen 40 (davon Lebensversicherung 25).
- Der Geschäftsverlauf ist seit Jahren konstant. Auch in der Folgezeit wird mit gravierenden Änderungen nicht gerechnet. Besondere Risiken sind nicht erkennbar.

a) Führen Sie eine Jahresabschlussanalyse durch!

b) Marktuntersuchungen haben ergeben, dass durch eine Vergrößerung der Verkaufsfläche und durch neue Marketingmaßnahmen der Umsatz in Folge um bis zu 40 % ausgeweitet werden könnte. Positive Aspekte ergeben sich daraus, weil die „Personalkosten" und der „sonstige Kostenblock" (ohne Abschreibungen und Zinsen) nur um 50 % zulegen würden, bei 40%igem Umsatzsprung also nur um 20 % steigen. Wie viel darf der Nachbar samt Umbau maximal kosten, wenn der Steuersatz 50 % beträgt, die sonstigen Entnahmen unverändert bleiben, die Bank einen Zinssatz von 7 % und eine Minimalannuität von 10 % (anfängliche Tilgung 3 %) verlangt? Die Investition soll auf zehn Jahre linear abgeschrieben werden!

9 zu 7 (Fallstudie): BIKE-Ring GmbH – Einkaufsverbundgruppe im Fahrradhandel (Großhandel)

Der deutsche Fahrradhandel wird dominiert von einer Vielzahl kleiner Fahrradfacheinzelhändler. Alle wichtigen Facheinzelhändler sind einem von drei Einkaufsverbänden angeschlossen.

Aufgabe des BIKE-Rings ist die Vermittlung von Geschäften, Zahlungs- und Haftungsübernahme beim Einkauf bei Herstellern und Lieferanten (Streckengeschäft), wofür Provisionen bezahlt werden. Die Zentralregulierung und Haftungsübernahme wird an eine Zentralregulierungsbank übertragen (Outsourcing). Der BIKE-Ring betreibt ein Lager mit den gängigsten Ersatz- und Zubehörteilen (Eigen- und Lagergeschäft). Im Übrigen übernimmt der BIKE-Ring strategische Fragen für die jeweiligen Fachhändler und wichtige Marketingaufgaben, insbesondere einen aufwändigen Messestand. Primäres Ziel des BIKE-Rings ist die Schaffung günstiger Markt- und Einkaufsbedingungen für die angeschlossenen Fachhändler, nicht die Erzielung einer hohen Rendite.

Die über 500 Facheinzelhändler sind über einen Verein nach mehreren Einlagenerhöhungen nunmehr mit 10.000 € über einen eingetragenen Verein mittelbar am BIKE-Ring beteiligt.

Bilanz

(Kurzbilanz im Zeitvergleich jeweils zum Stichtag 31.12. gerundet auf T€)

Aktiva	Jahr 03	02	01	Passiva	Jahr 03	02	01
A. Anlagevermögen	**614**	**619**	**595**	**A. Eigenkapital**	**5.834**	**4.650**	**4.469**
I. Immaterielles AV	107	83	183	I. gez. Kapital	5.000	4.000	4.000
II. Sachanlagen	507	536	412	II. Rücklagen	650	469	370
				III. JÜ	184	181	99
B. Umlaufvermögen	**19.256**	**20.698**	**12.245**				
I. Vorräte	8.909	8.475	5.129	**B. Rückstellungen**	**774**	**482**	**250**
II. 1 Forderungen	9.213	11.206	6.645	I. Steuer-RS	68	61	31
II. 2 sonstige VG	626	714	454	II. Langfristige RS	706	421	219
III. Kasse/Bank	508	303	17				
				C. Verbindlichkeiten	**13.347**	**16.299**	**8.177**
C. Aktive RAP	**85**	**114**	**56**	I. Bank-VB	9.974	6.995	1.840
				II. VB aus L+L	1.195	6.884	4.517
				III. Sonstige VB	2.178	2.420	1.820
Bilanzsumme	19.955	21.431	12.896		19.955	21.431	12.896

Gewinn- und Verlustrechnung

(Kurz-GuV im Zeitvergleich jeweils zum Zeitraum 1.1. bis 31.12. in T€)

	Jahr 03		Jahr 02		Jahr 01	
1. Umsatzerlöse inkl. Provisionen	47.517	100 %	44.025	100 %	33.233	100 %
2. Materialaufwand	37.185	78,3 %	35.311	80,2 %	26.445	79,6 %
3. Personalaufwand	3.062	6,4 %	2.818	6,4 %	2.484	7,5 %
4. Abschreibungen	266	0,6 %	285	0,6 %	230	0,7 %
5. Sonstige betr. Aufwendungen	6.095	12,8 %	4.836	11 %	3.478	10,5 %
6. Zinsgutschriften/Finanzertrag	13	0 %	18	0 %	1	0 %
7. Zinsbelastungen/Finanzaufwand	481	1 %	335	0,8 %	278	0,8 %
8. Betriebsergebnis	443	0,9 %	457	1 %	320	1 %
9. Steuern	259	0,5 %	276	0,6 %	221	0,7 %
10. Jahresüberschuss	184	0,4 %	181	0,4 %	99	0,3 %
Nachrichtlich Streckenumsatz in Mio. €:	180		145		116	

a) Beurteilen Sie die Ertrags- und Liquiditätslage sowie die Vermögens- und Kapitalstruktur!

b) Der BIKE-Ring möchte für 3 Mio. € ein neues Lagersystem (ND zehn Jahre) auf Kredit anschaffen, um unter sonst gleichen Bedingungen den Umsatz wenigstens halten zu können. Wie ist zu verfahren, wie ist zu entscheiden, wenn durch die Investition neue Abschreibungen i. H. v. 300 T€ hinzukommen, der Zins für ein Darlehen bei etwa 7 % liegt und der Steuersatz 25 % beträgt? Welche Sicherheiten bieten sich an?

Teil B: Investition und Finanzierung

8 Betrieblicher Finanzprozess

LEITFRAGEN

- *Welcher Zusammenhang besteht zwischen der Güter- und Finanzwirtschaft?*
- *Welcher Zusammenhang besteht zwischen Investition und Finanzierung?*
- *Warum spielt die Finanzplanung innerhalb der Unternehmensplanung eine besondere Rolle?*
- *Wie wird der Kapitalbedarf für ein Unternehmen ermittelt?*
- *Welche Aufgabe hat die Liquiditätsplanung?*
- *Wie erfolgt die Liquiditätsplanung, und wie kann diese ergänzt werden?*

8.1 Interdependenzen von Finanz- und Güterwirtschaft

Dem (leistungswirtschaftlichen) Güterstrom (Input/Output) steht ein gegenläufiger Geldstrom entgegen. Der Geldkreislauf ist insofern das Spiegelbild des Güterkreislaufs und geht, da er fiskalische und finanzielle Zwecke abdeckt, sogar darüber hinaus.

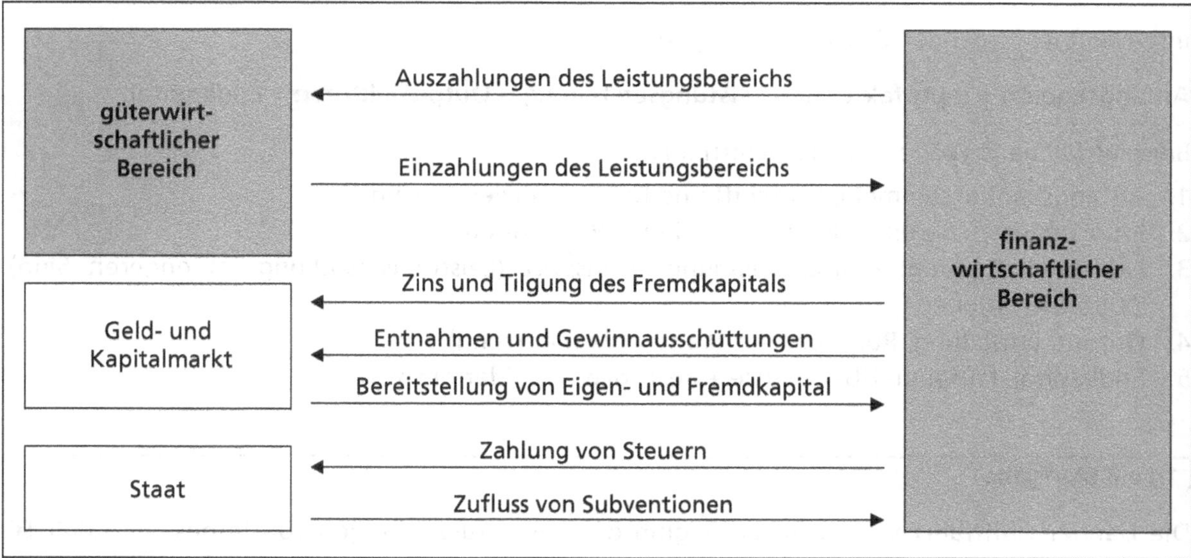

Unter Produktionsfaktoren (Inputfaktoren) versteht man alle Mittel und Leistungen, die an der Produktion und Bereitstellung von Gütern und Dienstleistungen mitwirken. Die Betriebswirtschaftslehre differenziert dabei anders als die Volkswirtschaftslehre.

Einteilung der Produktionsfaktoren (vereinfachte Darstellung)

<table>
<tr><td>VWL</td><td>Boden</td><td colspan="2">Kapital</td><td colspan="2">Arbeit</td><td>–</td></tr>
<tr><td>BWL</td><td colspan="2">Betriebsmittel</td><td>Material</td><td>Ausführende Arbeit</td><td>Führung</td><td>Externe Dienste</td></tr>
</table>

Finanzierungs- und Investitionskreislauf nach Luger/Geisbüsch/Neumann

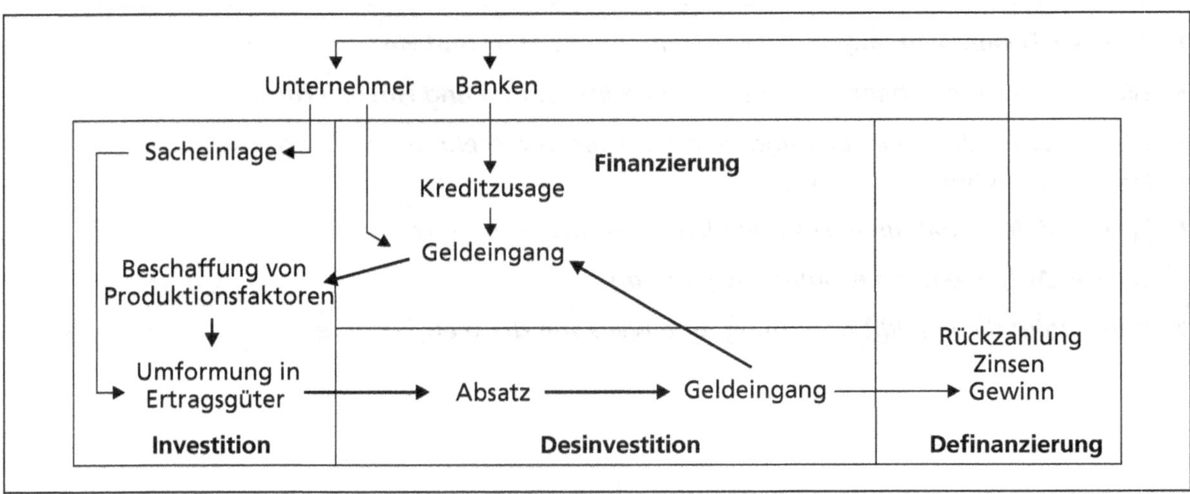

Quelle: *Luger u. a.*, Allgemeine Betriebswirtschaftslehre, Band 2, München 1999, S. 259

Die Gestaltung des Finanzbereichs betrifft die Thematik „Investition und Finanzierung", wobei die Finanzierung im Kern die Mittelbereitstellung (Kapitalbeschaffung) und die Investition die Mittelverwendung (Kapitalverwendung) betrifft. Beide Vorgänge sind meist unmittelbar miteinander verknüpft und insofern zwei Seiten einer Medaille.

Insgesamt ist folgender Wertekreislauf gegeben:

Anfangskapital > Inputfaktoren > Leistungserstellung > Outputfaktoren > Endkapital

Beispielsfall nach *Wöhe* „Handelsschifffahrt":

1. Anfangskapital sammeln, bis Schiff und Reise finanzierbar sind.
2. Inputfaktoren: Bereitstellung Schiff, Heuer, Proviant etc.
3. Leistungserstellung: Route, Beladung, Transport (Leistungserstellung im engeren Sinn), Zwischenstationen
4. Output: Entladung, Rückkehr etc. (Leistungsverwertung)
5. Endkapital: laufende Überschüsse + Rest- bzw. Liquidationswert

1 zu 8 (Aufgabe):

Die Handelsschifffahrt verursacht zu Beginn der Reise Auszahlungen von insgesamt 1.000 T€. Nach drei Jahren kehrt das Schiff zurück und dann werden 1.400 T€ Einzahlungen fällig.

a) Wie ist der Zahlungsstrom zu strukturieren?

b) Angenommen, die Reise wäre fremdfinanziert und die Kapitalgeber hätten sich 11 % Zinsen ausbedungen. Wäre die Reise dennoch rentabel gewesen?

Kreislauf der finanziellen Ströme in einem Industriebetrieb nach Schierenbeck

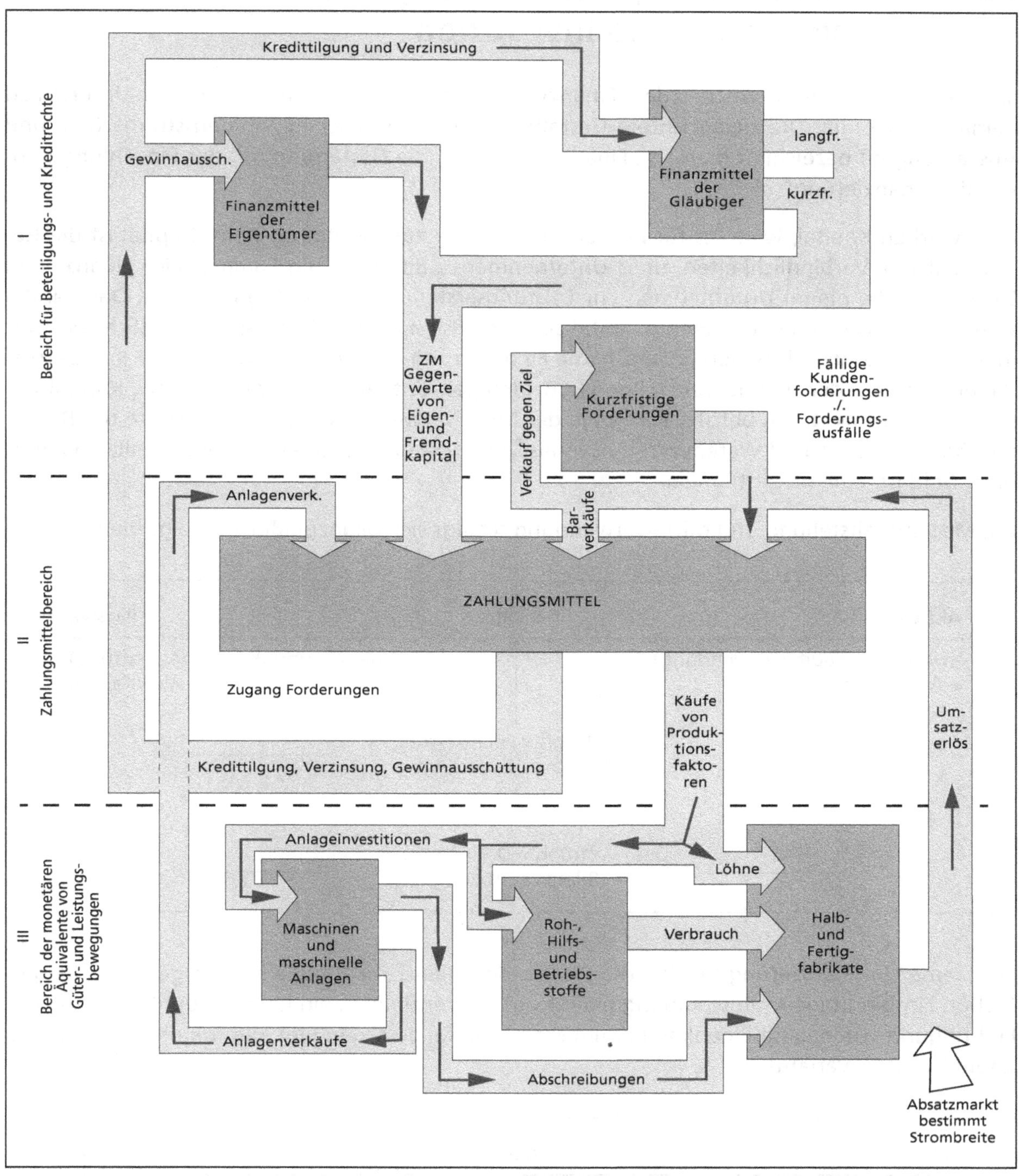

Quelle: *Schierenbeck/Wöhle*, Grundzüge der Betriebswirtschaftslehre, München/Wien 2008, S. 366

8.2 Zusammenhang zwischen Kapital, Finanzierung und Investition

Sofern im Finanzwesen zwischen der „Finanzwirtschaft" und der „Finanzierung" ein Unterschied gemacht wird, gilt: Die zielgerichtete Gestaltung aller betrieblichen Zahlungsströme (Ein- und Auszahlungen) bezeichnet man als „Finanzwirtschaft", die Gestaltung nur der Einzahlungsströme als „Finanzierung".

Geld wird zu Kapital, wenn es für betriebliche Zwecke zur Verfügung steht. Kapital ist die Gesamtheit der Verbindlichkeiten eines Unternehmens und somit die Summe aller Finanz- und Sachmittel, die einem Unternehmen zur Leistungserstellung zur Verfügung steht. Das Kapital steht in Form von Eigen- und Fremdkapital auf der Passivseite der Bilanz, spiegelbildlich zum Vermögen zeigt es die Mittelherkunft, d. h. die Finanzierung im Engeren. Die Finanzierung betrifft dabei Vorgänge der Mittelbereitstellung (z. B. Einlagen, Entnahmen, Kapitalstruktur, Kapitalfreisetzung), die Investition betrifft Vorgänge der Mittelverwendung auf der Aktivseite der Bilanz, z. B. für Maschinen und Warenvorräte. Das als Vermögen konkretisierte Kapital stellt, soweit es nicht Geld ist, eine Investition dar.

Die Mittelbereitstellung und Mittelverwendung schlägt sich bilanzmäßig wie folgt nieder:

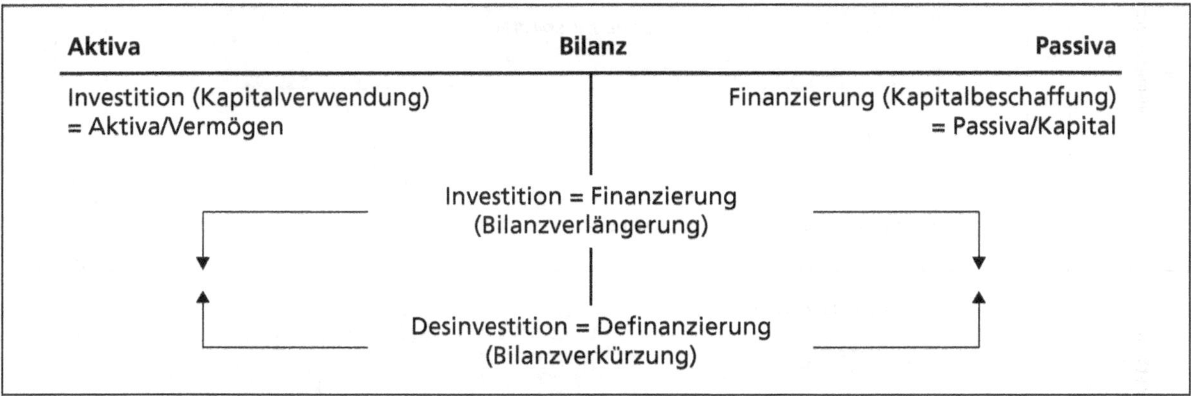

Eine reine Umfinanzierung betrifft die Passiva der Bilanz. Als Beispiele seien genannt: längerfristige Zinsbindungen, Umschuldung einer Kontokorrentlinie in ein langfristiges Darlehen oder Einbringung von neuem Eigenkapital, um Fremdkapital zu tilgen (vgl. die folgende Abbildung: Kapitalstruktur Variante II).

Aktiva	Bilanz	Passiva
Investition	Finanzierung	
	Variante I	Variante II
keine Veränderung	Eigenkapital	Eigenkapital
	Fremdkapital	
		Fremdkapital

Insgesamt beschäftigt sich das Finanzwesen mit der Planung, Steuerung von Ein- und Auszahlungen, also mit den Geldströmen. Dabei sind zu unterscheiden:

- **Auszahlungen:** unmittelbarer Zahlungsmittelabfluss
- Einzahlung: unmittelbarer Zahlungsmitteleingang
- **Ausgabe:** schuldrechtliche Zahlungspflicht (geldwerter Zahlungsmittelabfluss) gebucht als Auszahlung oder als Verbindlichkeit (Zugang)
- Einnahme: schuldrechtliche Zahlungsforderung (geldwerter Zahlungsmittelzugang) gebucht als Einzahlung oder als Forderung (Zugang)
- **Aufwand:** jeder Gewinn mindernde Werteverzehr in einer Periode (bewerteter Werteverzehr)
- Ertrag: jeder Gewinn erhöhende Wertezugang in einer Periode (bewerteter Wertezugang)
- **Kosten:** zum Zwecke der betrieblichen Leistungserstellung bewerteter Werteverzehr in einer Periode
- Leistung/Erlös: aus der betrieblichen Leistungserstellung bewerteter Wertezugang/Erlös in einer Periode

Abgrenzung

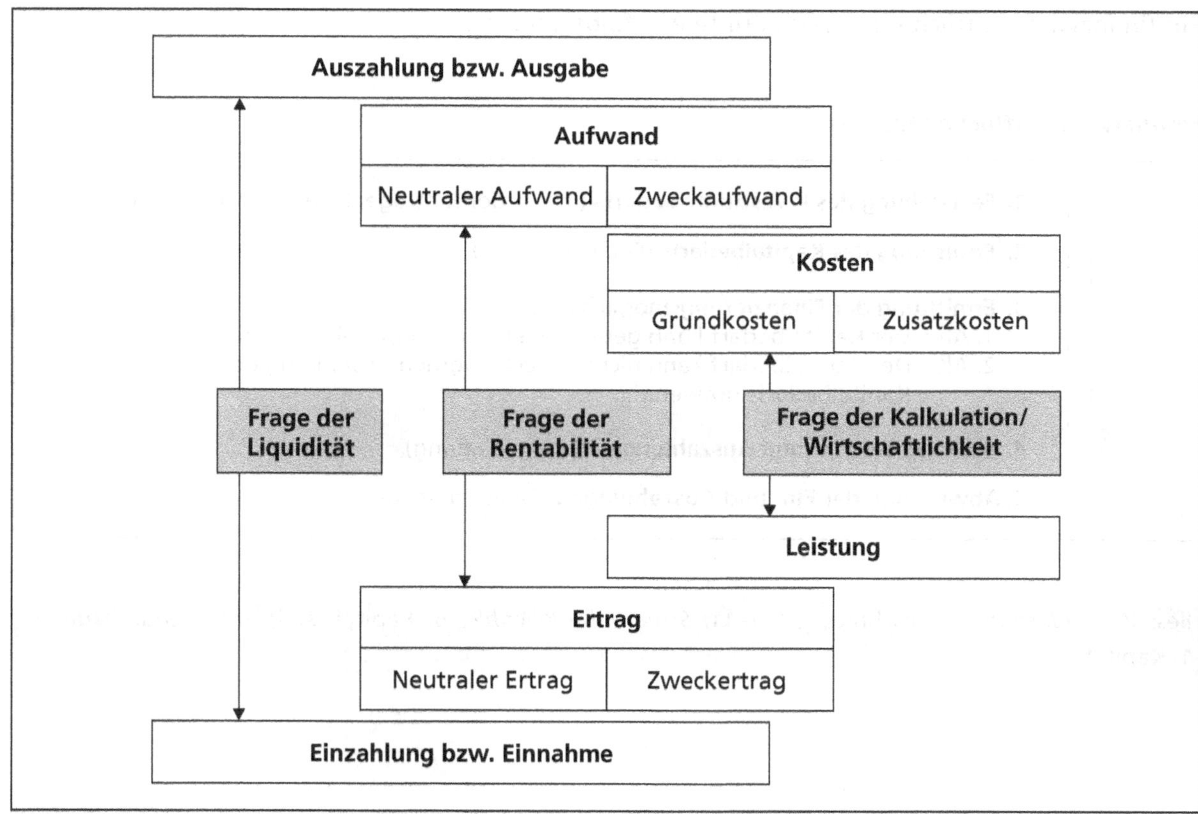

Beispiele für die Abgrenzung:

- Auszahlungen, die kein Aufwand sind: Privatentnahmen, Darlehensrückzahlung;
- Auszahlungen zugleich neutraler Aufwand: Steuernachzahlung, Spenden;
- Auszahlungen zugleich Zweckaufwand: Energie-, Telefon-, Materialkosten;
- Zusatzkosten: kalkulierter Unternehmerlohn, kalkulierte Zinsen;
- Einzahlungen, die kein Ertrag sind: Subvention, Bankdarlehen;
- Einzahlungen, zugleich neutraler Ertrag: Mieteinnahme, Zinsertrag, Steuererstattung;
- Einzahlungen, zugleich Zweckertrag: Umsatzerlös.

Systematisierung der betrieblichen Zahlungsströme vereinfacht nach Schierenbeck

Kapitalbindende Auszahlungen	Kapitalfreisetzende Einzahlungen	Kapitalzuführende Einzahlungen	Kapitalentziehende Auszahlungen
– Auszahlungen zur Bezahlung der Leistungsfaktoren (Arbeit, Betriebsmittel, Werkstoffe, Fremddienste) – Kapitalgewährung an Dritte (Beteiligungen, Darlehen)	– Einzahlungen aus Umsatzgeschäften – Einzahlungen aus der Veräußerung von Vermögensgegenständen und Kapitalrückzahlungen von Dritten	– Gewinne aus Umsatz- oder aus Veräußerungsgeschäften – Zins- und Divideneinnahmen – Subventionen – Aufnahme von Beteiligungen oder von Darlehen	– Verluste aus Umsatz oder aus Veräußerungsgeschäften – Zins- und Dividendenausgaben – Steuern – Kapitalrückzahlungen an Dritte

Quelle: *Schierenbeck/Wöhle,* Grundzüge der Betriebswirtschaftslehre, München/Wien 2008, S. 367

Ein finanzwirtschaftlicher Prozess könnte wie folgt ablaufen:

Finanzwirtschaftlicher Prozess

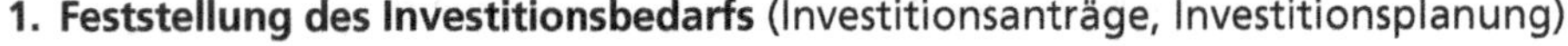

1. **Feststellung des Investitionsbedarfs** (Investitionsanträge, Investitionsplanung)
2. **Ermittlung des Kapitalbedarfs** (Finanzplanung)
3. **Ermittlung der Finanzierungsmöglichkeiten**
   1. Alt.: Der Kapitalbedarf kann gedeckt werden → unproblematisch
   2. Alt.: Der Kapitalbedarf kann nicht gedeckt werden → Senkung des Kapitalbedarfs notwendig
4. **Planung der Ein- und Auszahlungen** (Finanzplanung)
5. **Abwicklung der Ein- und Auszahlungen** (Zahlungsverkehr)

lies: *Wöhe/Bilstein,* 1. Abschnitt, I, S. 1–11; *Schierenbeck/Wöhle,* 6. Kapitel, A 1; vertiefend: *Däumler,* 1. Kapitel

8.3 Finanzplanung

8.3.1 Finanzwirtschaftliches Gleichgewicht als Führungsaufgabe

Die in der Praxis feststellbaren Unternehmensziele sind insbesondere:

- Rentabilitätsstreben (z. B. Streben nach Gewinn),
- Liquiditätsstreben (z. B. Streben nach Kassenüberschuss),
- Sicherheitsstreben (z. B. Streben nach Eigenkapital),
- Streben nach Flexibilität (ständiges Anpassen an Technologie und Marktveränderungen),
- Streben nach Unabhängigkeit,
- Streben nach gutem Image (insbesondere in den Bereichen „Marketing, Personal und Finanzen").

Diese Unternehmensziele bilden gewöhnlich die Hauptelemente eines Zielsystems. Als Finanzierungsziele kann Folgendes abgeleitet werden:

- Das Rentabilitätsstreben (Kapital- und Umsatzrentabilität) führt auch zum finanzwirtschaftlichen Ziel, die „Finanzierungskosten" zu minimieren. Dabei bestehen die Finanzierungskosten des Eigenkapitals in den Entnahmen und Gewinnausschüttungen einschließlich der gewinnabhängigen Steuern. Finanzierungskosten des Fremdkapitals sind die Zinsen und die Tilgungen (Kapitaldienst).

- Das Liquiditätsstreben ist das Streben nach einem kurz- und langfristigen finanziellen Gleichgewicht. Kurzfristig bedeutet dies, dass die Zahlungsbereitschaft ständig aufrechterhalten wird. Die Liquidität ist gesichert, wenn die Zahlungsverpflichtungen jederzeit uneingeschränkt erfüllt werden können. Ist dies nicht der Fall, besteht ein Insolvenzrisiko (vgl. §§ 15 a, 16 InsO, 92 AktG, 64 GmbHG).

  Ein langfristiges finanzielles Gleichgewicht besteht, wenn eine Kapitalstruktur geschaffen worden ist, die den Kapitalbedarf deckt und so zusammengesetzt ist, dass finanzielle Risiken minimiert werden, also das Problem der optimalen Kapitalstruktur wenigstens näherungsweise gelöst ist. Es ist gestört, wenn die Gefahr des plötzlichen Kapitalabzugs bei Eigen- und Fremdkapital eintritt, das Eigenkapital durch ständige Verluste aufgezehrt wird und die rechtzeitige und volle Tilgung von Krediten nicht mehr möglich ist.

Finanzielles Gleichgewicht	
Dispositiv: Sicherung der Zahlungsfähigkeit durch Steuerung des Liquiditätsbestands	**Strukturell:** Sicherung der Ertragskraft durch eine geeignete Kapitalstruktur unter Einhaltung „anerkannter Finanzierungsregeln"

- Das Unabhängigkeitsstreben führt zum finanzwirtschaftlichen Ziel möglichst geringer Einflüsse auf das Unternehmen von außen. Unabdingbar für eine Unabhängigkeit ist ein gutes Risikomanagement und möglichst der Erhalt des Eigenkapitals.

- Die Sicherheit umfasst eine Risikoerwartung und korrespondiert mit dem Risiko. Ziel ist es, gegen alle Risiken gewappnet zu sein. Beachte: Das Eigenkapital hat auch die Funktion, Verluste aufzufangen und für Unvorhergesehenes vorzusorgen. Eine gesunde Eigenkapitalausstattung ist also für jedes Unternehmen notwendig!

Beachte: Eine Mindestrendite ist Voraussetzung für die Existenzsicherung eines Unternehmens. Nur dadurch werden Eigenkapital und Finanzüberschüsse (Cashflow) aus eigener Kraft erwirtschaftet. Eine fehlende oder rückläufige Rentabilität ist Folge von betrieblichen Fehleinschätzungen des Managements. Die Folgen sind Umsatzrückgang, Marktanteilsverluste, Auslastungsprobleme, Kostensprünge, Gewinneinbruch etc.

Typischer Verlauf einer Unternehmenskrise (in Anlehnung an GenoConsult):

Handlungsspielraum
hoch
Fehlentscheidung
Umsatzrückgang
Unterauslastung
Gewinneinbruch
Ausmaß der Bedrohung
Liquiditätsproblem
niedrig
Zusammenbruch
Zeitverlauf in Monaten
Strategische Krise
Rentabilitätskrise
Liquiditätskrise
Insolvenz

Wenn und soweit die Kostenstruktur an die neuen Umsatzgegebenheiten angepasst werden, drohen Verluste und die führen schnell zu Liquiditätsengpässen. Das Ausmaß der Bedrohung ist in dieser Phase hoch, Gegenmaßnahmen sind dringend geboten, auch wenn der unternehmerische Handlungsspielraum zu dieser Zeit meist eingeschränkt ist. Ein einfaches und deutlich sichtbares Zeichen einer Krise sind Kontoüberziehungen. Unverzichtbar für jedes Unternehmen ist daher ein Liquiditätsmanagement.

8.3.2 Ziele und Aufgaben der Finanzplanung

Die finanzwirtschaftlichen Aufgaben sind:

- Ermittlung des Kapitalbedarfs,
- Deckung des Kapitalbedarfs,
- Schaffung einer optimalen Kapitalstruktur,
- Steuerung der Ein- und Auszahlungen,
- Management des Zahlungsverkehrs und der Zahlungsmittelverwaltung.

Der Finanzplan lässt sich in zwei Teilpläne aufteilen: den Kapitalbedarfsplan und den Liquiditätsplan. Nach Zeiträumen ist folgende Einteilung möglich:

	Liquiditätsplan	Kapitalbedarfsplan
Prognosezeitraum	bis ein Jahr	mehrere Jahre
Planungseinheit	Tage, Wochen oder Monate	Jahr
Berechnungsgrundlage	Ein- und Auszahlungen	Bilanzbestände
Ziel	Zahlungsfähigkeit	Deckung des Kapitalbedarfs

Im Kapitalbedarfsplan werden die beabsichtigten Investitionen aufgeführt. Er bildet das Kernstück der Finanzplanung, da hier das Kapital auf längere Zeit gebunden ist und in der Regel nicht ohne Verluste umdisponiert werden kann. Alle Ein- und Auszahlungen einer Periode werden im Liquiditätsplan festgehalten. Er dient der Überwachung der Zahlungsfähigkeit der Unternehmen und der kurzfristigen Finanzdisposition. Beide Finanzpläne gehen aus den betrieblichen Teilplänen hervor. Maßgebend ist dabei der Teilbereich des Engpassbereichs (meist Vertriebs- und Absatzplan).

Zusammenhang des Finanzplans mit den betrieblichen Teilplänen

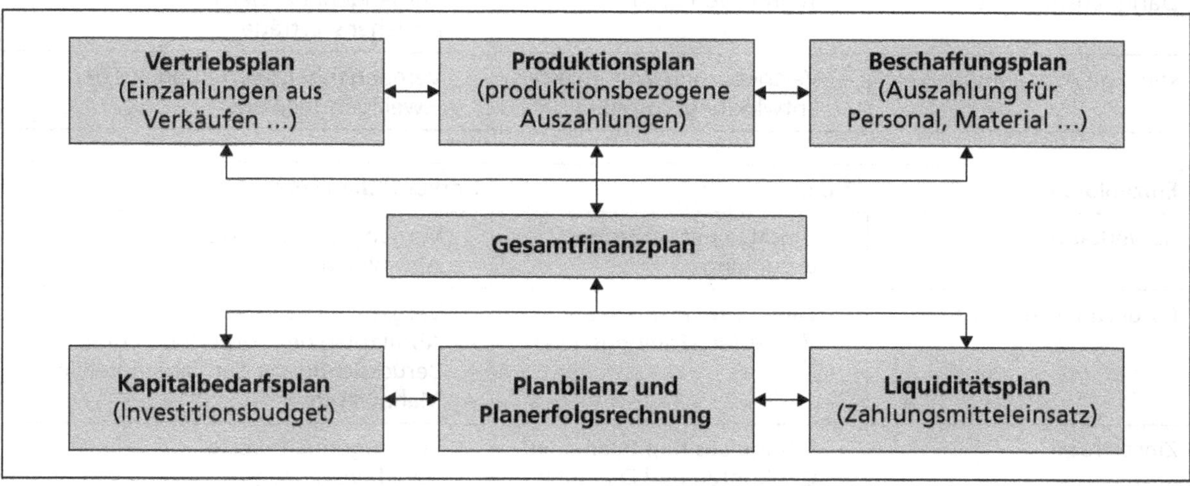

Herkunft der in die Finanzplanung eingehenden Daten nach Luger/Geisbüsch/Neumann

Auszahlungen für	Inhalt	Herkunft der Daten
Material	– Rohstoffe – Hilfs- und Betriebsstoffe	– aus Vertriebs- und Beschaffungsplan – Umsatzprognose auf Basis der Materialaufwandsquote
Personal	– Löhne und Gehälter – Personalnebenkosten	– Vergangenheitswerte – Dienstverträge – Personalplanung
Fremdleistungen	– Mieten, Energie, Versicherungen etc.	– Vergangenheitswerte korrigiert um Planwerte
Steuern	– ESt, KSt, GewSt, USt, GrdSt etc.	– Vergangenheitswerte – Steuerbescheide
Sachinvestitionen	– Grundstücke und Gebäude – Maschinen, BGA etc.	– Investitionsplan – ersatzweise aus Absatzplan
Zinsen und Finanzierung	– Zinsaufwand – Bankspesen etc.	– Vergangenheitswerte – Darlehensverträge
Darlehenstilgungen	– Tilgung von Krediten	– Vergangenheitswerte – Darlehensverträge
sonstige Auszahlungen	– Vertriebs- und Werbekosten – Entwicklungskosten etc.	– Vergangenheitswerte und aus den jeweiligen Teilplänen

Einzahlungen	Inhalt	Herkunft der Daten
Barverkäufe	– Umsätze mit sofortiger Bezahlung	– Vergangenheitswerte – Absatzplan
Forderungsausgleich	– Zahlungseingang aus Verkäufen (Zahlungsziele)	– Vergangenheitswerte – Absatzplan der Vorperiode unter Berücksichtigung der Zahlungsziele – Mahnwesen
Zinserträge	– Erträge aus Kapitalanlagen, Girokonten und Darlehen	– Vergangenheitswerte – Darlehensverträge
Beteiligungserträge	– Gewinne bzw. Zahlungen aus Beteiligungen	– Vergangenheitswerte – Gewinnabführungsverträge
aus Neukrediten	– Neue Kreditaufnahme	– Kreditverträge
sonstige Einzahlungen	– Verkauf von Sachanlagen – betriebsfremde Einzahlungen etc.	– Vergangenheitswerte und aus den jeweiligen Teilplänen

Quelle: *Luger* u. a., Allgemeine Betriebswirtschaftslehre, Band 2, München 1999, S. 302

lies: *Wöhe/Döring,* 5. Abschnitt, IV; vertiefend: *Jahrmann, E.*

8.3.3 Kapitalbedarfsplanung

8.3.3.1 Überblick

Würden in einer Unternehmung die laufenden Aus- und Einzahlungsbeträge der Höhe und der Fälligkeit nach übereinstimmen, so würde kein Finanzproblem auftreten. Die Einzahlungs- und Auszahlungsströme sind jedoch normalerweise in einem Unternehmen nicht deckungsgleich. Meist entsteht ein Kapitalbedarf, zumal die Auszahlungen des laufenden Geschäftsbetriebs meist früher als die Einzahlungen anfallen. Die einfachste Formulierung des Kapitalbedarfs könnte wie folgt aussehen:

$$\text{Kapitalbedarf} = \sum \text{Einzahlungen} - \sum \text{Auszahlungen}$$

BEISPIEL

Bei einem Existenzgründer sind die Auszahlungen in den ersten zwei Monaten (t_1 und t_2) höher als die Einzahlungen (Werte in T€). Erst nach dem dritten Monat (t_3) übertreffen die Einzahlungen die Auszahlungen, sodass danach der Kapitalbedarf sinkt.

	t_1	t_2	t_3	t_4	t_5	t_6	t_7	t_8	t_9	t_{10}	...
Einzahlungen pro Periode	–	1	3	10	12	11	11	9	12	12	...
Auszahlungen pro Periode	–6	–7	–9	–9	–9	–8	–7	–9	–9	–9	...
Kreditbedarf pro Periode	6	6	6	–1	–3	–3	–4	0	–3	–3	...

Hat der Unternehmer „flüssige" Eigenmittel von 8 T€ und eine Kreditlinie von 10 T€, so kann er stets den Kapitalbedarf decken. Der Jungunternehmer ist also immer „liquide".

Im Einzelnen: Im ersten Monat reicht das Guthaben, um die Auszahlungen zu bestreiten. Bereits in der zweiten Periode muss der Unternehmer jedoch die Kreditlinie teilweise in Anspruch nehmen, das Bankkonto geht ins „Soll". Erst nach der dritten Periode übersteigen die Einzahlungen die Auszahlungen, sodass die Bankschulden wieder getilgt werden können. Im siebten bis zehnten Monat kann das Bankkonto wieder im Guthaben geführt werden.

	t_0	t_1	t_2	t_3	t_4	t_5	t_6	t_7	t_8	t_9	t_{10}	...
Bankguthaben	+8	+2	–	–	–	–	–	+1	+1	+4	+7	...
Bankschulden	–	–	–4	–10	–9	–6	–3	–	–	–	–	...
Kreditlinie (nachrichtlich)	10	10	10	10	10	10	10	10	10	10	10	...

Grundlage der Finanzplanung ist die Ermittlung des Kapitalbedarfs im Zeitablauf. Der Kapitalbedarf setzt sich aus dem Kapitalbedarf für das Anlagevermögen und für das Umlaufvermögen in einer Periode unter Berücksichtigung der Kapital entziehenden Maßnahmen zusammen. Unter Berücksichtigung von Kapitalzuführungen ergibt sich die Kapitalbedarfsdeckung.

Schema zur Ermittlung des Kapitalbedarfs

	Kapitalbindende Maßnahmen, insbesondere → Kapitalbedarf für Investitionen in das Anlagevermögen → Kapitalbedarf für Investitionen in das Umlaufvermögen
+	**Kapitalentziehende Maßnahmen, insbesondere für** → Rückzahlungen von Eigen- oder Fremdkapital → Zahlung von Dividenden, Zinsen und Steuern → real zu deckende Verluste
=	**Kapitalbedarf der Planperiode**
–	**Finanzierungsquellen der Planperiode, insbesondere für** → ordentlichen Umsatzüberschuss → Zuführung von Eigen- oder Fremdkapital
=	**Kapitalbedarfsdeckung**

8.3.3.2 Ermittlung des Kapitalbedarfs für das Anlagevermögen

Wertgröße für die jeweiligen Anlagegüter sind die Anschaffungs- oder Herstellungskosten inklusive Transport- und Montagekosten sowie aller Vor- und Anlaufkosten (Schulung, Probeläufe etc.). Die Ermittlung des Kapitalbedarfs für das Anlagevermögen bereitet in der Regel wenige Probleme. Im laufenden Geschäftsbetrieb ergibt sich also der Kapitalbedarf aus dem geplanten Investitionsvolumen in Sach- und Finanzanlagen zuzüglich der Anlaufkosten. Sonderfaktoren, die den Kapitalbedarf für das Anlagevermögen ändern: Änderung der Rechtsform, des Standorts, der Unternehmensgröße und des Leistungsprogramms.

8.3.3.3 Ermittlung des Kapitalbedarfs für das Umlaufvermögen

Investitionen binden nicht nur Kapital im Anlagevermögen (Gebäude, Maschinen, Rechte etc.), sondern auch im Umlaufprozess (Vorräte, Forderungen etc.).

Während der Kapitalbedarf im Anlagevermögen sich durch die langfristige Bindung der Investitionssumme auszeichnet, umfasst der Kapitalbedarf für die Finanzierung des Umlaufvermögens diejenigen finanziellen Mittel, die im Durchschnitt der täglich auflaufenden Ausgaben gebunden werden (Sicherung des Leistungserstellungsprozesses). Gewöhnlich ist der Unternehmer vorleistungspflichtig: Er muss Vorräte einkaufen, Mitarbeiter anstellen und Fertigerzeugnisse auf Ziel bereitstellen. Dadurch baut sich ein Kapitalbedarf im Umlaufvermögen auf. Ziel ist es, den Kapitalbedarf zu optimieren, indem die Kapitalbindungszeit so kurz wie möglich gehalten wird (vgl. grafische Darstellungen für einen Industriebetrieb; vgl. auch Kap. 11.3.6).

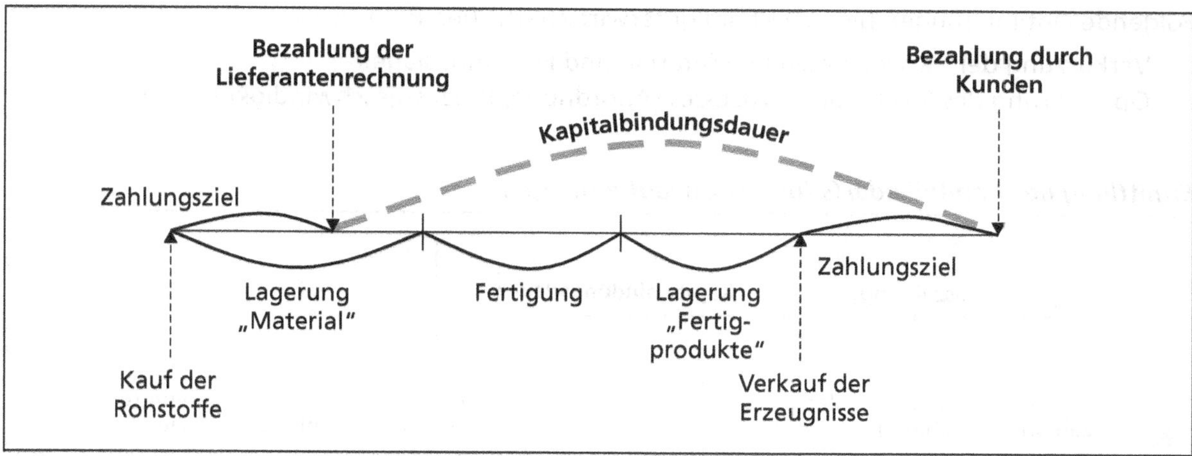

Für die Berechnung des Kapitalbedarfs stehen unterschiedliche Methoden zur Verfügung. Die einfachste und bekannteste Faustformel geht auf Rieger zurück. Nach ihm errechnet sich der Kapitalbedarf wie folgt:

Kapitalbedarf = täglicher Werteinsatz × Bindungsdauer

Der Werteinsatz stellt die Summe der täglichen Aufwendungen für Werkstoffe, Arbeits- und Dienstleistungen dar (kumulative Methode). Die Bindungsdauer umfasst die Tage bis zum Zahlungseingang. In der Regel sind dies Lagerdauer, Produktionszeit und Zielgewährung. Erhalten wir von unseren Lieferanten ein Zahlungsziel, so verkürzt sich die Kapitalbindungsdauer. Der gleiche Effekt tritt ein, wenn Kunden Vorauszahlungen leisten.

Die Berechnung des Kapitalbedarfs wird genauer, wenn für jede Kostenart einzeln der Kapitalbedarf ermittelt wird und im nächsten Schritt der Gesamtbedarf ermittelt wird (sogenannte elektive Methode).

Elektive Methode

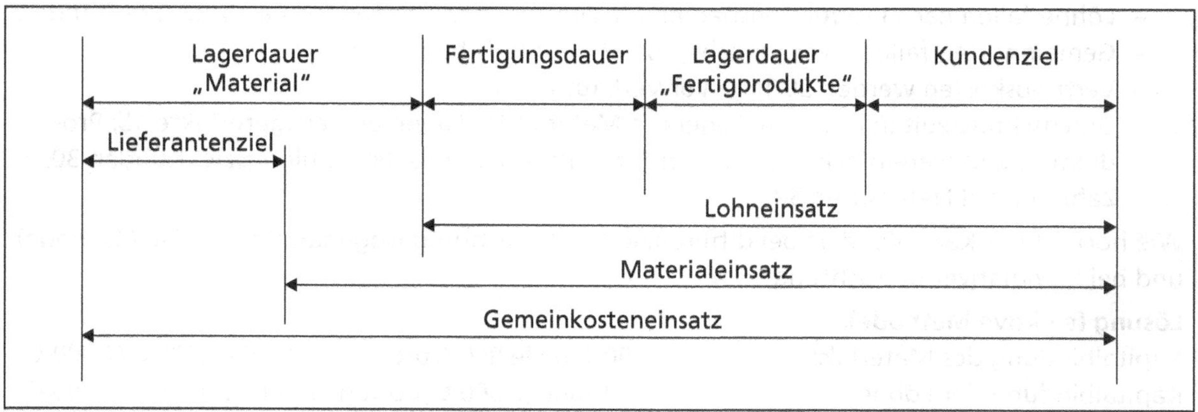

Folgende Optimierungen bieten sich im finanzwirtschaftlichen Bereich an:

- Ausnutzung bzw. Verlängerung des Zahlungsziels der Vorlieferanten (Kapitalbedarf „Material"),
- Verkürzung der Zahlungsfristen für die Kunden (Kapitalbedarf „Gesamt").

Folgende Optimierungen bieten sich im güterwirtschaftlichen Bereich an:

- Verkürzung der Verweilzeiten im Material- und Fertigungslager,
- Optimierung des Produktionsprozesses (Anordnung, Prozessgeschwindigkeit etc.).

Ermittlung des Kapitalbedarfs für das Umlaufvermögen

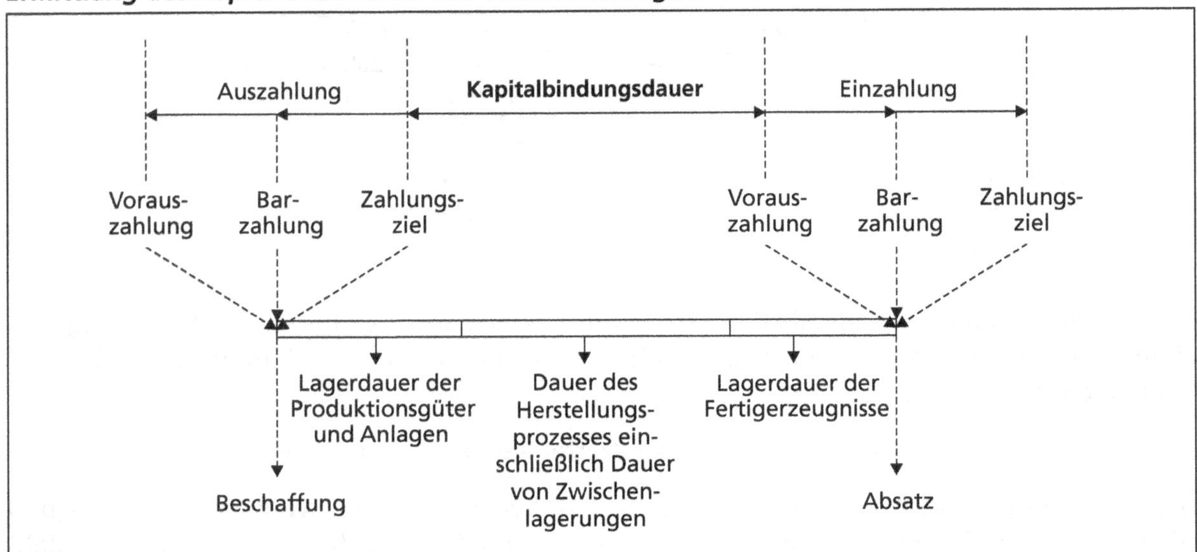

BEISPIEL

Ermittlung des Kapitalbedarfs beim Umlaufvermögen:

Gegeben seien folgende Daten:

- Zahlungsprognose in T€ p. a.: Umsatz +720; Material –288; Löhne (Produktion) –180; Gemeinkosten –108; Vertriebskosten –72.
- Bei der Fälligkeit der Auszahlungen ist von folgender Vereinfachung auszugehen:
  - Löhne fallen nach Produktionsbeginn an. Durchschnittlich werden sie 15 Tage gestundet.
  - Gemeinkosten fallen – vereinfacht – bei Produktionsbeginn an.
  - Vertriebskosten werden 20 Tage vor Verkauf fällig.
  - Durchschnittszeiten in Tagen: Lagerzeit Material 15; Lagerzeit Fertigprodukte 15; Produktionszeit (vereinfacht: einstufiger Produktionsprozess) 60; Zahlungsziel Kunden 30; Zahlungsziel Lieferanten 30.

Wie hoch ist der Kapitalbedarf bei differenzierter Betrachtung (sogenannte elektive Methode) und bei kumulativer Betrachtung?

Lösung (elektive Methode):

Kapitalbindung des Materials:	90 Tage je 800 € pro Tag (288 T€ ÷ 360) = 72.000 €
Kapitalbindung der Löhne:	90 Tage je 500 € pro Tag (180 T€ ÷ 360) = 45.000 €
Kapitalbindung des Vertriebs:	50 Tage je 200 € pro Tag (72 T€ ÷ 360) = 10.000 €
Kapitalbindung der Gemeinkosten:	105 Tage je 300 € pro Tag (108 T€ ÷ 360) = 31.500 €
Kapitalbindung des UV (gesamt)	= 158.500 €

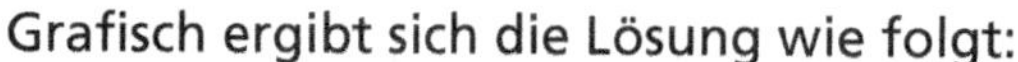

Grafisch ergibt sich die Lösung wie folgt:

Kapitalbedarf für das Umlaufvermögen

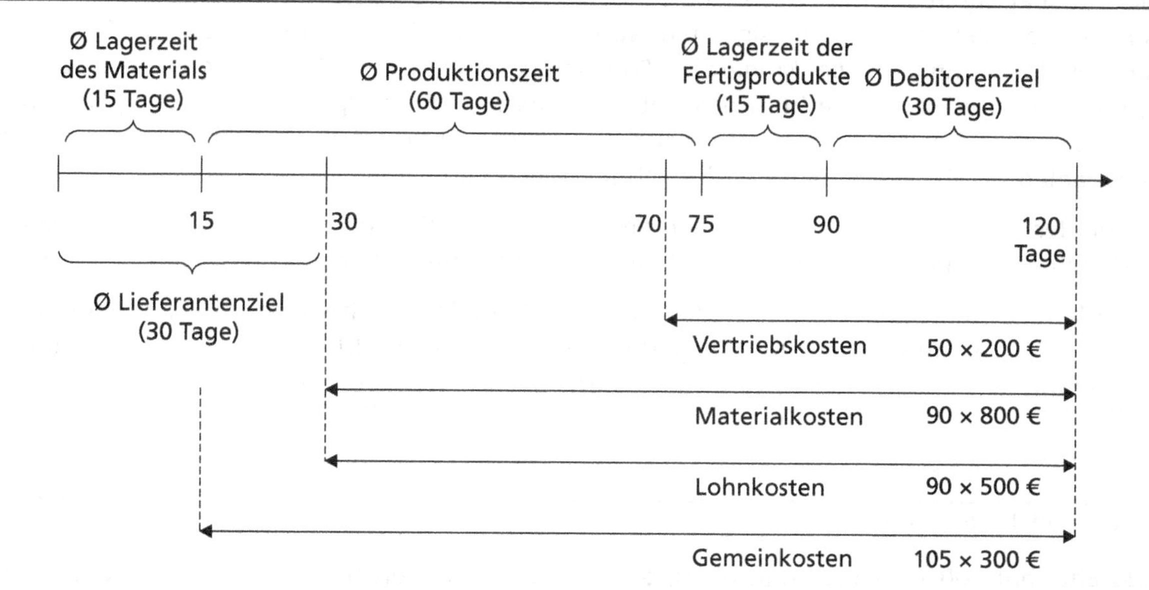

Lösung (kumulative Methode): Durchschnittlicher Werteinsatz pro Tag i. H. v. 1.800 € × 90 Tage durchschnittliche Kapitalbindungsdauer = 162.000 € (alternativ sind auch 216 T€ (120 Tage) möglich).

Quelle: *Wöhle*, BWL 21 „Finanzplanung", in: Bank*COLLEG*, Wiesbaden 2008, S. 11

2 zu 8 (Fallstudie „Industrie" – Ermittlung des Kapitalbedarfs beim Umlaufvermögen):

Gegeben sei folgendes vereinfachtes Modell eines gestaffelten fünftägigen Produktionsablaufs:

- Es fallen nur Einzelkosten für Material und Fertigungslöhne an. Gemeinkosten bleiben außen vor.
- Der tägliche Materialeinsatz beträgt 4 T€.
- Der Materialbestand muss eine zehntägige Produktion ermöglichen (Materiallager = dauernder Bestand).
- Der tägliche Lohnaufwand je Produktionsstufe beläuft sich auf 1 T€, für eine fünfstufige Produktion also auf 5 T€.
- Die durchschnittliche Produktionsdauer beträgt pro Produktionsstufe einen Tag (ein Produktdurchlauf dauert also fünf Tage).
- Die durchschnittliche Lagerdauer der fertigen Erzeugnisse beträgt 15 Tage.
- Die durchschnittliche Kreditinanspruchnahme der Kunden beträgt 30 Tage (Kundenziel).
- Lieferantenkredit (Lieferantenziel) wird nicht in Anspruch genommen.
- Löhne werden täglich ausbezahlt.

a) Ermitteln Sie den Kapitalbedarf elektiv!

b) Wie ändert sich der Kapitalbedarf, wenn ein Lieferantenzahlungsziel von 30 Tagen in Anspruch genommen wird?

c) Welche Besonderheit bringt die Berechnung des Kapitalbedarfs der Fertigungslöhne mit sich?

BEISPIEL
Umsatzverdoppelung und fast kein neues Kapital

Die Stahlhändlerin Friederike Eisenhart hat ihr Lager- und Beschaffungswesen und ihren Vertrieb optimiert. Bisher hatte sie einen Wareneinsatz von 3 Mio. € im Jahr und die Stahlteile lagerten durchschnittlich vier Monate. Im Folgejahr konnte sie ihren Umsatz verdoppeln. Durch Optimierungsmaßnahmen erhöht sich trotz des enormen Umsatzsprungs das Lager (Warenbestand) nur um 0,5 Mio. €. Insgesamt hat sich die Lagerdauer um einen Monat verkürzt, auch die Kennzahlen sind besser. Konkret ergibt sich folgendes Bild:

- Vor der Lageroptimierung: Wareneinsatz von 3 Mio. €, Lagerdauer vier Monate (damit Umschlagshäufigkeit der Ware von 3) und ein durchschnittlicher Lagerbestand von 1 Mio. €.
- Nach der Lageroptimierung: Wareneinsatz von 6 Mio. € (doppelter Umsatz, verlangt doppelt so viel Ware), durchschnittlicher Lagerbestand (neu) von 1,5 Mio. €. Die Lagerdauer (neu) sinkt auf drei Monate (damit Umschlagshäufigkeit der Ware von 4).

3 zu 8 (Fallstudie „Handel"):

Bodo Eitel hat 200 T€ geerbt und plant, einen Bodyshop zu eröffnen. Mit guten Argumenten errechnet er einen Planumsatz von 1 Mio. €; hierzu wird ein Wareneinsatz i. H. v. 600 T€ benötigt. Bodo überlegt, ob die Erbschaft für die „Ware" reicht, wenn die Zahlungsströme der laufenden Kosten mit denen der laufenden Überschüssen übereinstimmen.

a) Wie hoch ist der Kapitalbedarf für die Ware bei einer Umschlagshäufigkeit von 2?
b) Wie verändert sich der Kapitalbedarf im Folgejahr im Vergleich zu a),
   - wenn der Umsatz sich um 50 % erhöht und die Umschlagshäufigkeit ebenso von 2 auf 3 steigt (erste Alternative)?
   - wenn der Umsatz zwar konstant bleibt, die Umschlagshäufigkeit aber durch den Eintritt in eine Einkaufsgesellschaft und mit Hilfe moderner Technik verdoppelt werden kann (zweite Alternative)?

Determinanten des Kapitalbedarfs: Neben den Fälligkeiten der Ein- und Auszahlungen stellen die jeweilige Prozessanordnung und die Prozessgeschwindigkeit Hauptdeterminanten des Kapitalbedarfs im Umlaufvermögen dar. Denn diese Faktoren haben direkten Einfluss auf die finanzielle Zeitordnung der Kapitalbindungs- und Kapitalfreisetzungsdauer. Daneben bestimmen das jeweilige Beschäftigungsniveau, das konkrete Produktionsprogramm und die Betriebsgröße den Kapitalbedarf.

- **Prozessgeschwindigkeit:** Je höher die Prozessgeschwindigkeit, umso kürzer ist die Kapitalbindungsfrist und als Folge hieraus sinkt der Kapitalbedarf (vgl. auch Kap. 11.3.6).
- **Prozessanordnung:** Die Prozessanordnung organisiert den zeitlichen Ablauf der betrieblichen Leistungserstellung. Als betrieblicher Prozess sind die einzelnen Fertigungsschritte zu verstehen, die zur Erstellung eines Produkts notwendig werden. Bei zeitlicher Staffelung der Prozesse ist der maximale Kapitalbedarf niedriger als im Fall des gleichzeitigen Beginns der Prozesse und ist weniger Schwankungen unterworfen.

BEISPIEL

Einfluss der Prozessanordnung: Für ein Produkt oder einen Auftrag sind drei Prozessschritte mit unterschiedlichen Auszahlungsvolumen pro Schritt (40, 20, 25 T€) notwendig. Der Produktionsprozess kann sofort bei allen Produkten/Aufträgen gleichzeitig oder zeitlich gestaffelt angeordnet werden. Die Outputmengen variieren dabei, gerade zu Beginn des Prozesses. Der Abverkauf der Produkte erfolgt sofort nach Produktionsende.

Der **Ausgangsfall** ist die Produktion eines Produkts bei gleichzeitigem Prozessbeginn von drei Teilen. Durch diese Anordnung steigt der Kapitalbedarf zu Beginn sehr stark an und weist im weiteren Verlauf relativ große Schwankungen auf. Der Kapitalbedarf beträgt maximal 255 T€. Für jeden Prozessschritt ist dreifach Kapazität (z. B. Maschinenkapazität) vorzuhalten.

Gleichzeitiger Prozessbeginn	t_1	t_2	t_3	t_4	t_5	t_6	t_7	t_8	t_9	t_{10}	...
1 Auftrags- bzw. Produkt-Nr.	–40	–20	–25	85							
2	–40	–20	–25	85							
3	–40	–20	–25	85							
4				–40	–20	–25	85	} Pro Zeiteinheit			
5				–40	–20	–25	85	sind drei Produkte			
6				–40	–20	–25	85	in Bearbeitung			
7							–40	–20	–25	85	
8							–40	–20	–25	85	
9							–40	–20	–25	85	–
Auszahlungen	–120	–60	–75	–120	–60	–75	–120	–60	–75	...	
Einzahlungen	–	–	–	255	–	–	255	–	–	255	...
Kapitalbedarf	**120**	**180**	**255**	**120**	**180**	**255**	**120**	**180**	**255**	**...**	

Alternative 1: Bei gestaffeltem Ablauf der Produktion beginnt Produkt/Auftrag 1 zum Zeitpunkt 1. Im Zeitpunkt 2 tritt Produkt/Auftrag 2 hinzu. Produkt 1 bzw. Auftrag 1 wird dann mit Schritt 3 zum Zeitpunkt 3 abgeschlossen. Nach drei Tagen sind zeitgleich – wie auch im Ausgangsfall – drei Produkte in Bearbeitung. Einnahmen fließen kontinuierlich ab Zeitpunkt 4 (85 T€).

Gestaffelt: Alternative 1	t_1	t_2	t_3	t_4	t_5	t_6	t_7	t_8	t_9	t_{10}	…
1 Auftrags- bzw. Produkt-Nr.	–40	–20	–25	85							
2		–40	–20	–25	85						
3			–40	–20	–25	85			}	Pro Zeiteinheit	
4				–40	–20	–25	85		}	sind drei Produkte	
5					–40	–20	–25	85	}	in Bearbeitung	
6						–40	–20	–25	85		
7							–40	–20	–25	85	
8								–40	–20	–25	85
9									–40	–20	–25 85 …
∑ Auszahlungen	–40	–100	–185	–270	–355	–440	–525	–610	–695	…	
∑ Einzahlungen	–	–	–	85	170	255	340	425	510	…	
Kapitalbedarf	**40**	**100**	**185**	**185**	**185**	**185**	**185**	**185**	**185**	**…**	

Ergebnis: Mit der Zeit (ab t_4) werden auch drei Produkte gleichzeitig hergestellt, jedoch beträgt der Kapitalbedarf bei gestaffelter Prozessanordnung (max.) 185 T€ (ab t_3 ist der Kapitalbedarf sogar konstant!) Weiterer Vorteil: Man benötigt pro Prozessschritt nur eine Maschine, wohingegen der Ausgangsfall eine dreifache Kapazität benötigt. Bei zeitlicher Staffelung der Prozesse ist also der maximale Kapitalbedarf niedriger als im Fall des gleichzeitigen Beginns der Prozesse. Auch sind dessen Schwankungen zudem geringer oder – wie im Beispiel – nicht vorhanden (konstanter Kapitalbedarf).

Alternative 2: Beginnt ein neuer Prozess erst dann, wenn der vorausgegangene Prozess vollständig abgeschlossen ist, verringert sich der Kapitalbedarf deutlich (Kapitalbedarf: 40 T€ in t_1, 60 T€ in t_2, 85 T€ in t_3, 40 in t_4 …). In diesem Fall wird pro Zeiteinheit aber nur ein Produkt hergestellt!

Gestaffelt: Alternative 2	t_1	t_2	t_3	t_4	t_5	t_6	t_7	t_8	t_9	t_{10}	…
1 Auftrags- bzw. Produkt-Nr.	–40	–20	–25	85							
2				–40	–20	–25	85				
3							–40	–20	–25	85	
4										–40	–20 …
∑ Auszahlungen	–40	–60	–85	–125	–145	–170	–210	–230	–255	…	
∑ Einzahlungen				85	85	85	170	170	170	…	
Kapitalbedarf	**40**	**60**	**85**	**40**	**60**	**85**	**40**	**60**	**85**	**…**	

4 zu 8 (Aufgabe):

Wie hoch ist der Kapitalbedarf im obigen Beispiel bei gestaffelter Prozessanordnung, wenn durch eine Produktionsinnovation die Zusammenlegung von Schritt 2 und 3 zu einem Schritt erfolgen kann und daher die Prozessgeschwindigkeit um eine Zeiteinheit verkürzt werden kann? Wie hoch ist dann der Output pro Zeiteinheit?

5 zu 8 (Aufgabe):

Wie hoch ist der Kapitalbedarf und der Output in Aufgabe 4 zu 8, wenn ein neuer Prozess erst dann beginnt, wenn der vorausgegangene Prozess vollständig abgeschlossen ist?

lies: *Zantow/Dinauer,* 1.1.3; *Britzelmaier,* 4.2; *Olfert/Reichel,* B 1.1–1.2; *Perridon/Steiner/Rathgeber,* F III; *Braunschweig,* 1. Kapitel E, S. 24–30

8.3.4 Liquiditätsplanung

Ziel der Liquiditätsplanung ist die Feststellung der Zahlungsfähigkeit (Existenzbedingung) und die Steuerung der Zahlungsströme nach den Kriterien „Liquidität und Rentabilität". Konkret besteht die Minimalaufgabe darin, eine drohende Illiquidität (vgl. § 16 ff. InsO) bzw. im positiven Fall sich abzeichnende Liquiditätsüberschüsse rechtzeitig erkennbar zu machen und entgegenzusteuern. So können rechtzeitig geeignete Maßnahmen – wie Kreditaufnahme, Generierung zusätzlicher Barumsätze, Verschiebung von Auszahlungen – zur Sicherung der Liquidität des Unternehmens getroffen werden. Entscheidend ist die jederzeitige Feststellung der Zahlungskraft als Ergebnis von:

	Anfangsbestand an liquiden Mitteln + offene Kreditlinien
+	Summe der Einzahlungen
–	Summe der Auszahlungen
=	**Zahlungskraft (Über- und Unterdeckung)**

BEISPIEL

Liquiditätsstatus zum 15. Mai in T€

	Guthabensaldo	Kreditsaldo	Kreditlinie	Zahlungskraft
Kasse	20	–	–	20
Konto Bank 1	100	–	200	300
Konto Bank 2	–	20	100	80
Summe der Zahlungskraft (Kasse und Bankkonten)				**400**

Minimalvoraussetzung der jederzeitigen Zahlungsfähigkeit:

Bestand an liquiden Mitteln + offene Kreditlinien + Einzahlungen – Auszahlungen > 0

Der Finanzstatus stellt die gegenwärtige Zahlungsfähigkeit dar. Er zeigt die vorhandenen Barmittelbestände inklusive deren Beschaffungsmöglichkeiten über Kreditierungen. Der Finanzstatus ist weniger ein Planungsinstrument als vielmehr ein Informations- und Kontrollinstrument.

Bei einer voraussichtlichen Überdeckung werden liquide Mittel nicht benötigt und können Ertrag bringend angelegt werden, bei einer Unterdeckung besteht ein zusätzlicher Kapitalbedarf, den es zu decken gilt (z. B. Erhöhung der Kreditlinie). Empfehlenswert ist eine permanente Finanzplanung immer unter Einbezug der Ist-Werte verbunden mit einer Analyse der Soll-Ist-Abweichung.

Nach der Abstufung des wirtschaftlichen Ausmaßes der Liquidität unterscheidet man also:

- Die Unterliquidität, der keine oder nur noch eine eingeschränkte Zahlungsfähigkeit des Unternehmens zugrunde liegt. Damit entsteht ein Sicherheitsrisiko, es droht Zahlungsunfähigkeit. Die Zielsetzungen des Unternehmens sind hierbei ernsthaft gefährdet.
- Die Überliquidität als Gegenteil der Unterliquidität: Das Unternehmen verfügt über mehr liquide Mittel, als es im Moment benötigt. Hohe Liquidität bringt für das Unternehmen eine „gewisse" Sicherheit, aber wenig Ertrag.
- Die optimale Liquidität, die sowohl dem Sicherheits- als auch dem Rentabilitätsdenken gerecht wird und zwischen beiden zuvor genannten Zustandsarten liegt.

Als Arten der Liquidität lässt sich weiter unterscheiden:

- Die absolute Liquidität beschreibt die Eigenschaft von Vermögensgegenständen, als Zahlungsmittel zu dienen oder in solche umgewandelt zu werden. Kassenbestände, Bankguthaben und Wertpapiere sind absolut betrachtet also „sehr liquide".
- Die relative Liquidität knüpft an die Zahlungsverpflichtungen an und prüft die Möglichkeiten des Unternehmens, anstehenden Verpflichtungen nachzukommen. Sie kann annäherungsweise statisch in Form von „Liquiditäts- und Deckungsgraden" gemessen werden. Besser ist eine dynamische Betrachtungsweise in Form von Bewegungsbilanzen oder – noch besser – in Form von Liquiditäts- und Finanzplänen.

6 zu 8 (Aufgabe):

Um ein „finanzielles Gleichgewicht" erfüllen zu können, konkurrieren oft Aspekte der „Sicherheit" mit denen der „Rendite". Zeigen Sie grafisch den Zielkonflikt und belegen Sie den Zielkonflikt mit praktischen Beispielen.

Die Zahlungsfähigkeit ist unabdingbare, existenzielle Voraussetzung eines Unternehmens. Nicht benötigte Geldmittel sind rentabel anzulegen. Liquiditätsreserven bringen keinen Ertrag und gehen daher zulasten der Rentabilität. Es besteht also eine enge Wechselbeziehung zwischen Rentabilität und Liquidität. Der Zielkonflikt kann wie folgt pointiert werden:

- Kassenhaltung ist teuer,
- der „Siedepunkt der Liquidität" ist der „Gefrierpunkt der Rentabilität".

Für die Finanzplanung stellt dieser Zielkonflikt zwischen Rentabilität und Liquidität ein Optimierungsproblem dar. Ziel ist es, bei Wahrung der Liquidität einen möglichst guten Gewinn zu erwirtschaften.

BEISPIEL
von Risiko und Ertrag bei Finanzmitteln

100 T€ Geldguthaben
- in der Kasse bringen keinen Zinsertrag und bergen zudem ein hohes Verlustrisiko,
- erwirtschaften als Sichteinlage (KK-Guthaben) nur einen geringen Zinsertrag,
- erwirtschaften als Termineinlage (z. B. Festgeld) höhere Zinserträge,
- erwirtschaften als Wertpapieranlage (z. B. Anleihen) gewöhnlich die höchste Rendite.

7 zu 8 (Aufgabe):

Beschreiben Sie den Ertrag, den Bearbeitungsaufwand und die verbundenen Risiken obiger Anlagealternativen (Bargeld, Sicht- und Termineinlage, Anleihen).

Bei der Liquiditätsplanung bietet sich ein schrittweises Vorgehen an. Zunächst könnte man eine Auflistung aller Ein- und Auszahlungen vornehmen (Jahresvorausschaurechnung).

Jahresvorausschaurechnung	Vorjahr (Jahr 01)	Vorschau (Jahr 02)
Einzahlungen – Umsatzeinnahmen brutto – Kreditinanspruchnahme – Privateinlagen – Zinseinnahmen – sonstige Einzahlungen **Auszahlungen** – Warenlieferungen – Personalkosten – Miete – Zinsen/Tilgung/Leasingraten – Investitionen – Steuern inkl. Umsatzsteuer – sonstige Gemeinkosten – sonstige Auszahlungen – Privatentnahmen/Ausschüttungen		

Danach könnte man die Zahlungskraft nach der oben dargestellten Berechnungsform ermitteln. Die Liquiditätsplanung kann auch quartalsweise, im Zweimonatsrhythmus (Saisonausgleich!), monatlich oder wöchentlich erfolgen. Vorteilhaft ist es, den Planzahlen die jeweiligen Ist-Zahlen gegenüberzustellen und Erklärungen für die Abweichungen zu finden.

BEISPIEL

Liquiditätsvorschau nach unterschiedlichen Zeiträumen:

Zeitraum		Einzahlungen	Auszahlungen	Saldo
Montag	Tag	50	20	+30
Dienstag		100	50	+50
Mittwoch		300	300	0
Donnerstag ...		180	200	–20
1. KW	Woche	600	500	+100
2. KW		300	400	–100
3. KW		300	300	0
4. KW ...		400	300	+100
Januar	Monat	1.800	1.700	+100
Februar		1.500	1.600	–100
März		2.000	1.800	+200
April ...		1.800	1.850	–50
1. Quartal	Quartal	5.300	5.100	+200
2. Quartal		5.500	5.300	+200
3. Quartal		5.100	5.200	–100
4. Quartal		5.400	5.250	+150

BEISPIEL

Ein kurzfristiger Finanzplan im Fahrradfachhandel:

Monatlicher Liquiditätsplan	**... April 01**			**Mai 01 ...**		
	Plan	**Ist**	**Diff.**	**Plan**	**Ist**	**Diff.**
Zahlungsmittel Monatsanfang	**–96**	**–96**	**0**	**–126**	**–101**	**+25**
Einzahlungen gesamt	**140**	**157**	**+17**	**220**	**214**	**–6**
– Barverkäufe brutto	120	141	+21	190	194	+4
– zusätzliche Kreditaufnahme	10	6	–4	0	0	0
– sonstige Einnahmen	0	0	0	0	0	0
– zusätzliche Privateinlage	10	10	0	30	20	–10
Auszahlungen gesamt	**170**	**162**	**–8**	**185**	**192**	**+7**
– Warenlieferungen	85	64	–21	90	97	+7
– Personalkosten	35	41	+6	35	37	+2
– Zins/Tilgung/Leasing	8	8	0	8	8	0
– Investitionen	0	0	0	0	0	0
– Steuern inkl. Umsatzsteuer	15	17	+2	25	22	–3
– Gemeinkosten	24	29	+5	24	25	+1
– a. o. Ausgaben	0	0	0	0	0	0
– Privatentnahme	3	3	0	3	3	0
Zahlungsmittel Monatsende	**–126**	**–101**	**+25**	**–91**	**–79**	**+12**
Kontokorrentkredit-Linie	**100**	**100**		**100**	**100**	
– Überziehung/Unterschreitung	–26	–1		+9	+21	

lies: *Zantow/Dinauer,* 9.2; *Schierenbeck,* 6. Kapitel, C III; *Perridon/Steiner/Rathgeber,* F IV; vertiefend: *Olfert/Reichel,* Finanzierung, B 3

8.3.5 Mobilitätsstatus

Schwachpunkt der Liquiditätsplanung ist die starke Orientierung an der Vergangenheit verbunden mit unsicheren Prognosen für die Zukunft (relativ starre Zahlungsströme). Deshalb empfehlen sich Alternativplanungen sowie ein finanzieller Mobilitätsstatus als ergänzende Instrumente.

Unter einem „finanziellen Mobilitätsstatus" ist die Fähigkeit zu verstehen, sich an umweltbedingte Veränderungen anzupassen. Im Blickfeld stehen finanzielle Reserven und Möglichkeiten, wie z. B.

- Komponenten der Liquiditätsreserven (Vermögens- und Kapitalreserven, offene Limite, zusätzliche Sicherheiten etc.),
- Abbau des „Working Capital" (z. B. Verringerung des Lagerbestands und der Debitorenlaufzeit, Verlängerung der Kreditorenlaufzeit etc.),
- sonstige Kapitalfreisetzung (z. B. Verkauf nicht benötigter Maschinen, Ablaufoptimierungen)
- Maßnahmen der Gemeinkostenreduzierung,
- Kürzung der Ausschüttung der Dividenden,
- Liquidation von Anlagevermögen (z. B. Sale-and-Lease-back-Modell).

8.4 Zusammenhang von GuV, Finanzrechnung, Bilanz und Bewegungsbilanz

Während die Bilanz als Bestandsrechnung das Vermögen und das Kapital zu einem bestimmten Stichtag erfasst (Stichtagsrechnung), bilden die Gewinn- und Verlustrechnung und die Finanzrechnung den Erfolg bzw. die Liquidität in einer Periode ab (Stromgrößenrechnung).

Nach Coenenberg ergibt sich folgender Zusammenhang der jeweiligen Rechenwerke

Finanzrechnung

Soll	Haben
Einzahlungen	Auszahlungen
	Einzahlungsüberschuss ↔

Bilanz

Aktiva	Passiva
Anlagevermögen	Eigenkapital
Umlaufvermögen (ohne Finanzmittel)	Veränderung des Eigenkapitals ↔
Finanzmittel	Schulden
↔ Veränderung des Finanzmittelbestands	

GuV

Soll	Haben
Aufwendungen	Erträge
↔ Jahresüberschuss	

Quelle: *Coenenberg*, Jahresabschluss und Jahresabschlussanalyse, Landsberg 2003, S. 711

Die Bewegungsbilanz gibt Auskunft über die Veränderungen der Bilanzwerte zwischen zwei Bilanzstichtagen, geordnet nach liquiditätswirksamer Mittelverwendung und Mittelherkunft.

Vereinfacht dargestellter Zusammenhang von GuV, Finanzrechnung, Bilanz und Bewegungsbilanz

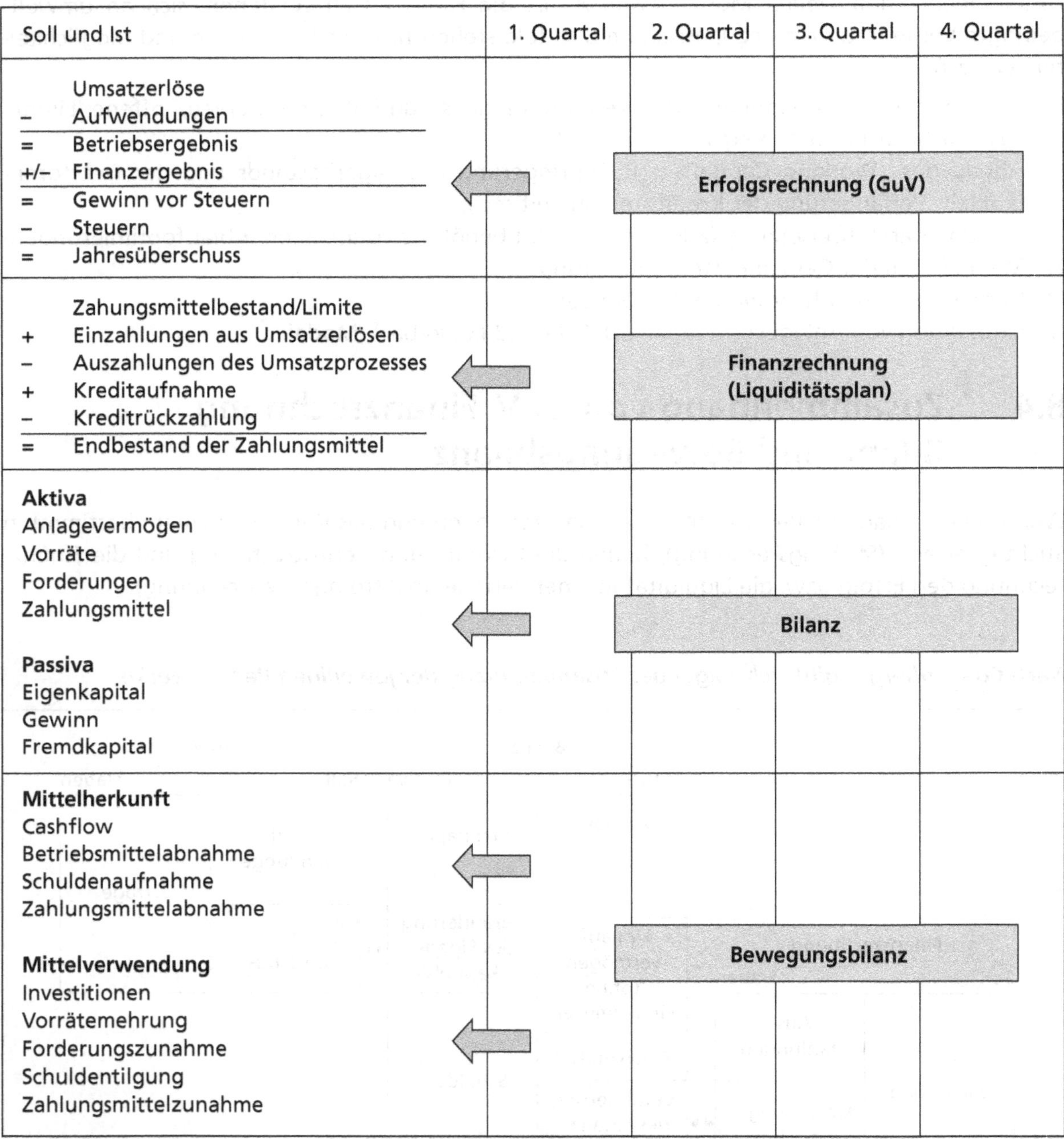

Soll und Ist
1. Quartal
2. Quartal
3. Quartal
4. Quartal
Umsatzerlöse
– Aufwendungen
= Betriebsergebnis
+/– Finanzergebnis
= Gewinn vor Steuern
– Steuern
= Jahresüberschuss
Erfolgsrechnung (GuV)
Zahungsmittelbestand/Limite
+ Einzahlungen aus Umsatzerlösen
– Auszahlungen des Umsatzprozesses
+ Kreditaufnahme
– Kreditrückzahlung
= Endbestand der Zahlungsmittel
Finanzrechnung (Liquiditätsplan)
Aktiva
Anlagevermögen
Vorräte
Forderungen
Zahlungsmittel
Passiva
Eigenkapital
Gewinn
Fremdkapital
Bilanz
Mittelherkunft
Cashflow
Betriebsmittelabnahme
Schuldenaufnahme
Zahlungsmittelabnahme
Mittelverwendung
Investitionen
Vorrätemehrung
Forderungszunahme
Schuldentilgung
Zahlungsmittelzunahme
Bewegungsbilanz

Quelle: *Perridon/Steiner/Rathgeber,* Finanzwirtschaft der Unternehmung, München 2012, S. 706

lies: *Jahrmann,* E 3.5; *Perridon/Steiner/Rathgeber,* F VI

9 *Investitionsplanung*

LEITFRAGEN

- ***Was ist unter einer „Investition" zu verstehen?***
- ***Welche Faktoren beeinflussen eine Investitionsentscheidung?***
- ***Welche Verfahren der Investitionsrechnung gibt es?***
- ***Wo liegen die Stärken und Schwächen der einzelnen Verfahren?***
- ***Warum ist es wichtig, zu welchem Zeitpunkt Zahlungsströme fließen?***
- ***Was ist ein „Barwert", was ist ein "Kapitalwert" und wie werden diese Werte berechnet?***

9.1 Investitionsbegriff

Unter einer „Investition" versteht man die Anlage eines vorhandenen oder noch zu besorgenden Geldbetrags mit dem Ziel, daraus später Einzahlungen zu erhalten. Der Geldbetrag wird in der Regel langfristig und zielgerichtet gebunden. Zum Zeitpunkt der Verwirklichung einer Investition kommt es zu einem Abfluss von Zahlungsmitteln, also einer Auszahlung. Ziel einer Investition ist es, dass nachfolgend Einzahlungen fließen, die die anfängliche Auszahlung samt Folgeauszahlungen übersteigen.

Grundstruktur des Zahlungsstroms einer Investition

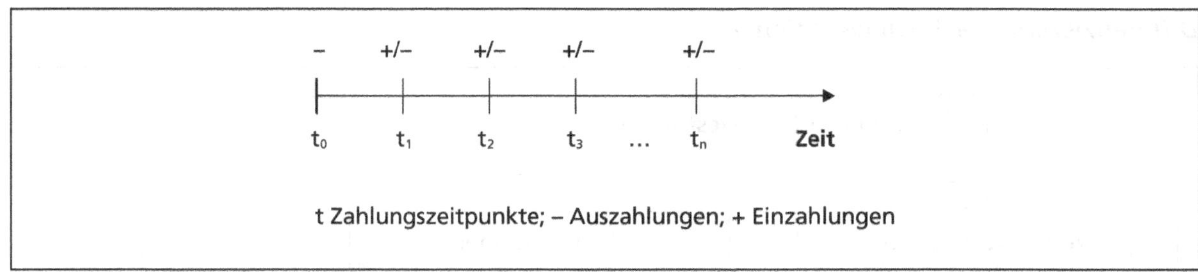

Beachte: Investition und Finanzierung sind meist zwei Seiten ein und derselben Medaille. Eine Investition betrifft die Mittelverwendung auf der Aktiva und beginnt mit einer Auszahlung, der Einzahlungsüberschüsse folgen. Eine Finanzierung betrifft die Mittelbeschaffung auf der Passiva und beginnt mit einer Einzahlung für das Unternehmen, der Auszahlungen an die Kapitalgeber folgen. Schematisch unterscheiden sich Investition und Finanzierung durch die Vorzeichen der Zahlungen.

Definition von Investition und Finanzierung:

Eine Investition (Finanzierung) ...

- ist eine betriebliche Tätigkeit, die zu unterschiedlichen Zeitpunkten Aus- und Einzahlungen verursacht.
- beginnt immer mit einer Auszahlung, der Einzahlungen folgen (et vice versa für die Finanzierung).
- kann abstrakt als Zahlungsreihe dargestellt werden.

1 zu 9 (Aufgabe):

Ein Unternehmen hat überschüssige Liquidität und steht vor der Alternative eine vierjährige Schuldverschreibung mit festem 7%igem Kupon oder einem Zerobond mit einer Restlaufzeit von vier Jahren zum Kurs von 75 % zu kaufen.

a) Wie sieht der jeweilige Zahlungsstrom bei einer Investition von 75 T€ aus?

b) Welche Alternative würden Sie aus Renditegründen wählen?

c) Welche Besonderheiten hat die Zerobond-Anleihe?

Je nachdem, in welche Richtung der Geldbetrag angelegt wird, spricht man von einer

- Sachinvestition (Geldanlage z. B. in Grundstücke, Gebäude, Maschinen, Bilder etc.),
- Finanzinvestition (Geldanlage z. B. in Bankeinlagen, Beteiligungen, Wertpapieren etc.),
- immateriellen Investition (Geldanlage in Rechte und Know-how, Software, F&E, Aus- und Weiterbildung etc.).

Nach der Wirkung kann man Investitionen unterscheiden in

- Nettoinvestitionen, auch „Errichtungs-" oder „Neuinvestitionen" genannt,
- Reinvestitionen, auch „Ergänzungs-" oder „Ersatzinvestitionen" genannt,
- Bruttoinvestitionen (Summe von Netto- und Reinvestitionen).

Differenzierung der Sachinvestitionen

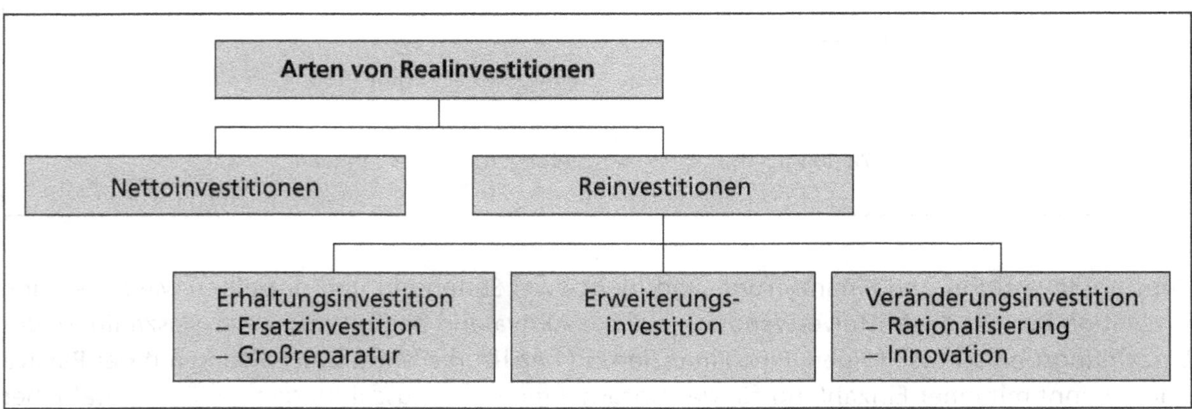

lies: *Olfert/Reichel*, Finanzierung, A 2.2; *Perridon/Steiner/Rathgeber* B I

9.2 Investitionsentscheidungsprozess

Jede Investition stellt ein Entscheidungsproblem dar, denn aus einer Vielzahl von Alternativen soll das jeweils optimale Investitionsobjekt ausgewählt werden. Die Entscheidung erfolgt im Rahmen des Investitionsbudgets. Sie ist dann optimal, wenn sie die Zielsetzung der Investition am besten erfüllt. Als Ziel einer Investition könnte beispielsweise stehen:

- ein gewisser Rentabilitätsgrad, z. B. mindestens 8 % Gesamtkapitalrentabilität,
- Erhöhung des Marktanteils, z. B. Festigung der Marktführerschaft,
- Qualitätsverbesserung, z. B. Ausschussquote unter 1 Promille,
- Mitarbeiterpotenzialverbesserung, z. B. Erhöhung der Akademikerquote.

Echte Investitionsentscheidungen sind vom Management selbst zu treffen, zumal es sich gewöhnlich um strategische Entscheidungen handelt. Eine gute Investitionspolitik besteht vor allem aus

1. dem Vorhandensein bzw. Beherrschen zuverlässiger und sinnvoller Entscheidungsverfahren (Ziel: Berechnung der Vorteilhaftigkeit bzw. des Risikos),
2. dem Vorhandensein einer guten Organisation samt gutem Informationswesen.

Bei Investitionsentscheidungen handelt es sich stets um mindestens eine der folgenden Entscheidungen:

- Wahl zwischen Investition oder Nichtinvestition,
- Wahl zwischen sofortiger oder späterer Investition,
- Wahl zwischen verschiedenen Investitionsvorhaben oder Anlageobjekten,
- Wahl zwischen Weiterbetrieb oder Liquidation einer bestehenden Investition.

Die optimale Auswahl von Investitionsobjekten lässt sich durch einen Investitionsentscheidungsprozess abbilden. Dieser Entscheidungsprozess ist relativ wichtig, weil eine Investition

- meist nicht oder schwer revidierbar ist (langfristige Wirkung),
- meist langfristig Kapital bindet (dadurch Erhöhung der Fixkosten) und
- die zur Verfügung stehenden Finanzierungsmittel beschränkt sind (Knappheit der Finanzmittel).

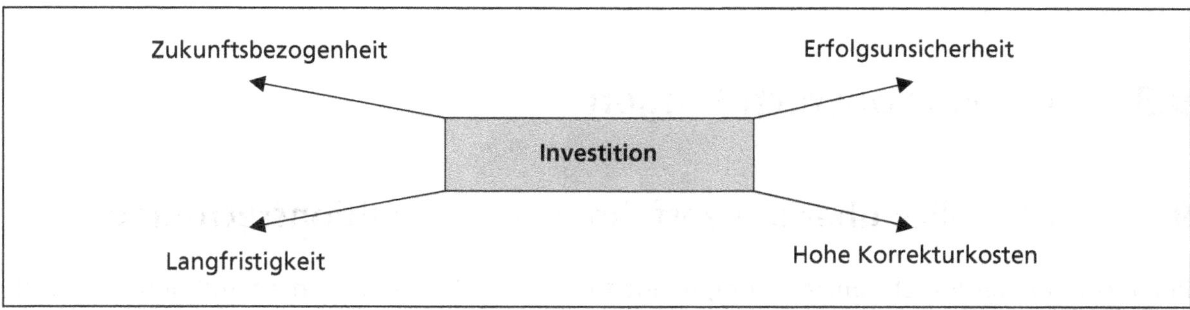

Der Investitionsentscheidungsprozess kann nach Olfert in Phasen eingeteilt werden:

- Anregungsphase (interner oder externer Anlass),
- Suchphase nach Alternativen (Kreativtechniken),
- Aufstellung von Bewertungskriterien,
- Entscheidungsphase (Welche Investitionsentscheidung trifft das Ziel am besten?),
- Realisationsphase – Durchführung der Maßnahme,
- Controllingphase – (Soll-Ist-Vergleich samt Korrekturen).

Die eigentliche Investitionsentscheidung könnte wie folgt systematisiert werden:

Systematisierung der Investitionsentscheidung nach Luger

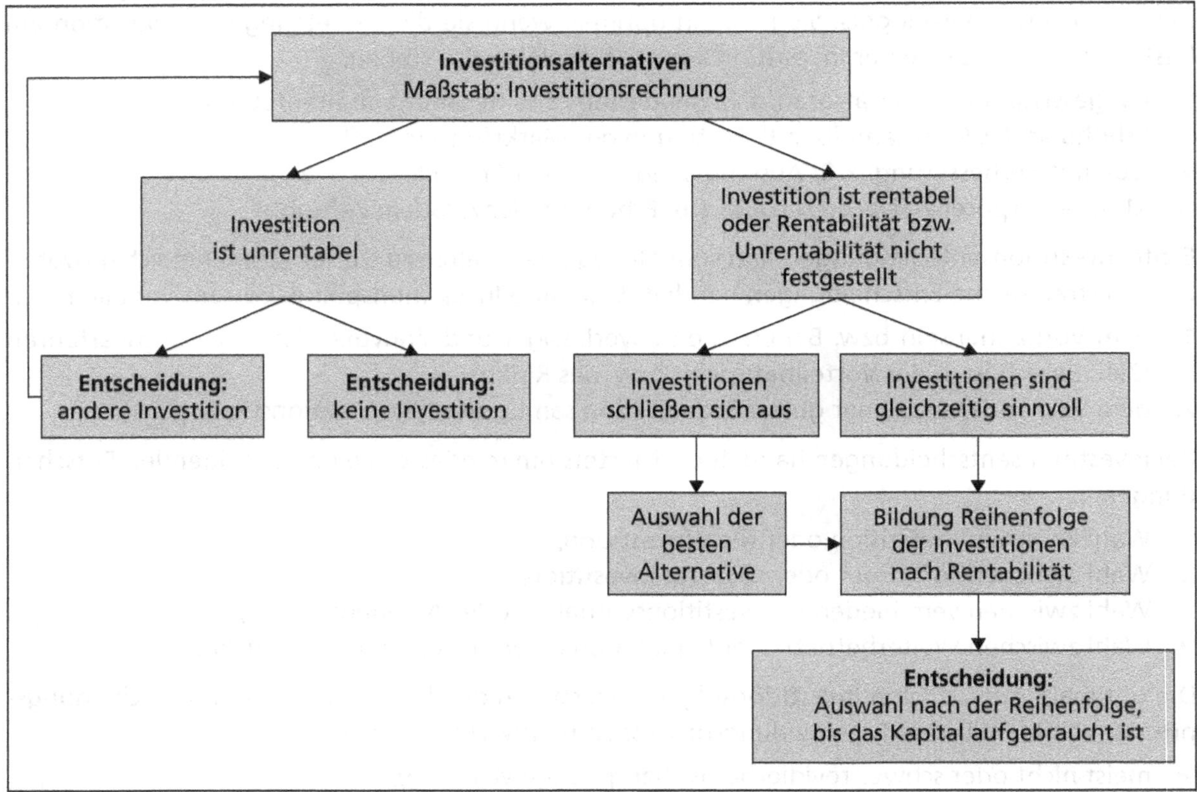

Quelle: *Luger u. a.*, Allgemeine Betriebswirtschaftslehre, Band 2, München 1999, S. 262

lies: *Wöhe/Döring*, 5. Abschnitt, II 1; *Zantow/Dinauer*, 8.1; *Olfert/Reichel*, Investition, B 1

9.3 Investitionsrechnungen

9.3.1 Überblick über die Verfahren der Investitionsrechnung

Bei Verfahren der Investitionsrechnung handelt es sich um Rechenverfahren, mit deren Hilfe die wirtschaftliche Vorteilhaftigkeit bestimmt werden soll (Wirtschaftlichkeitsrechnung). Im Mittelpunkt stehen dabei die quantitativen Auswirkungen einer Investition. Qualitative Konsequenzen werden hiervon nicht erfasst und müssen außerhalb des Rechenverfahrens gesondert bewertet werden, z. B. mit Hilfe von Nutzwertanalysen, Checklisten, Prioritätenlisten etc.

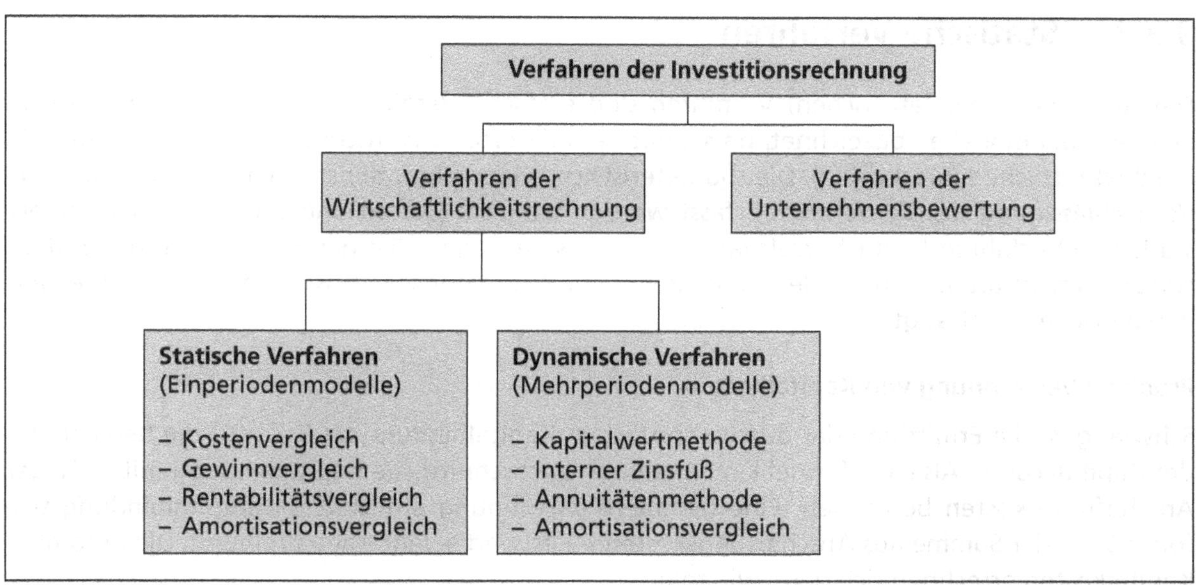

Die einzelnen Wirtschaftlichkeitsrechnungen können zur Lösung verschiedener Problemstellungen eingesetzt werden:

- Beurteilung einer einzelnen Investition (Beurteilungsproblem),
- Auswahl von mehreren Investitionsmöglichkeiten (Auswahlproblem),
- Bestimmung des Unsicherheitsspielraums (Risikoproblem),
- Bestimmung der wirtschaftlich sinnvollen Nutzungsdauer (Zeitproblem).

Bei der Investitionsentscheidung spielen Gewinnsteuern und hohe Inflationserwartungen oft eine erhebliche Rolle, denn hohe Steuerbelastungen haben Einfluss auf die Rendite und Amortisationsdauer, hohe Inflationserwartungen erschweren zudem die Kapitalerhaltung und die Wiederbeschaffung.

Zwischen den statischen (Einperioden-)Verfahren und den finanzmathematischen/dynamischen (Mehrperioden-)Verfahren bestehen folgende Besonderheiten:

	Statische Verfahren	**Dynamische Verfahren**
Verfahrensart	Näherungsverfahren (praxisnah)	Finanzmathematik
Zeithorizont	Betrachtung einer durchschnittlichen Periode	Betrachtung der gesamten Nutzungszeit (auf- oder abgezinst)
Datenbasis	Periodisierte Durchschnittswerte (Kosten und Erträge)	Konkrete Ein- und Auszahlungen
Datenproblem	Ermittlung typischer Durchschnittswerte und Faustformeln	Zahlungsprognose der konkreten Ein- und Auszahlungen (Höhe und Termin)

lies: *Schierenbeck/Wöhle*, 6. Kapitel, B I; zur Problematik der Gewinnsteuer: derselbe, B II 3

9.3.2 Statische Verfahren

Die statischen (kalkulatorischen) Verfahren sind einfache Vergleichsverfahren. Sie werden als „Einperiodenmodelle“ bezeichnet, da sie mit periodisierten Durchschnittsgrößen arbeiten (z. B. durchschnittliche Jahreskosten). Die charakteristische Eigenschaft der statischen Verfahren ist die Vernachlässigung des Zeitfaktors. Erfasst werden lediglich Kosten und Erlöse. Es ist in einem statischen Verfahren letztlich irrelevant, wann diese erfolgen. Die gesamte Investition wird als Ganzes betrachtet. Zinsen werden in der Regel nur kalkulatorisch erfasst, Zinseszinseffekte werden meist vernachlässigt.

Problem: Verrechnung von Kapitalkosten

Schwierig ist die Ermittlung der durchschnittlichen Kapitalbindung als Basis für die Berechnung der Kapitalkosten. Als Faustformel kann man die durchschnittliche Kapitalbindung mit 50 % der Anschaffungskosten berechnen. Eine genauere Berechnung ermittelt die Kapitalbindung wie folgt: 50 % der Summe aus Anschaffungskosten + Restwert + Jahresabschreibung. Die gesamten Kapitalkosten errechnen sich dann wie folgt:

Kapitalkosten = kalkulatorische Zinsen × durchschnittliche Kapitalbindung

Da es sich um eine Wirtschaftlichkeitsrechnung handelt, wird mit durchschnittlichen Abschreibungen gerechnet. Im Regelfall wird also von einer linearen Jahresabschreibung ausgegangen. Ein etwaiger Restwert wird in der Regel berücksichtigt, also ganz im Gegensatz zu der Abschreibungsermittlung für Zwecke der Bilanzierung. Die Abschreibung errechnet sich also nach folgender Formel:

Abschreibung = (Anschaffungskosten – Restwert) ÷ Nutzungsdauer

Ein weiteres Problem, das meist übersprungen wird, ist die Einrechnung der Kapitalbindung des Produktionsprozesses (Kapitalbindung des Umlaufvermögens). Teilweise wird hierbei in Theorie und Praxis unterschieden, ob es sich bei der Investition um eine Ersatzinvestition (dann keine Berücksichtigung) oder um eine Neuinvestition handelt.

Vorteile der statischen Verfahren:

Da die statischen Verfahren relativ problemlos durchzuführen und leicht verständlich sind, ist ihre praktische Relevanz relativ groß. Sie führen meist auch zu einer ersten guten Approximation.

Nachteile der statischen Verfahren:

- nur kalkulatorische Durchschnittsgrößen,
- eher kurzfristige Betrachtung,
- zeitliche Dimension findet keine oder wenig Beachtung (Einperiodenmodell),
- keine Berücksichtigung des tatsächlichen Risikos, der Ungewissheit, des Geldwertschwunds, des Zinseszinseffekts und von Interdependenzen,
- kann zu widersprüchlichen Ergebnissen und zu Fehlentscheidungen führen,
- Auswahlentscheidungen können nur bei gleichen Nutzungsdauern richtig getroffen werden.

Entscheidungsregeln

Durchführungs- bzw. Unterlassungsentscheidung:

- Führe die Investition durch, wenn sie ein vorgegebenes Kostenniveau nicht überschreitet!
- Führe die Investition durch, wenn sie ein vorgegebenes Gewinnniveau nicht unterschreitet!
- Führe die Investition durch, wenn sie ein vorgegebenes Rentabilitätsniveau nicht unterschreitet!
- Führe die Investition durch, wenn sie ein vorgegebenes Risikomaß nicht überschreitet!

Auswahlentscheidung:

- Wähle die Investition mit den geringsten durchschnittlichen Kosten!
- Wähle die Investition mit dem höheren durchschnittlichen Gewinn!
- Wähle die Investition mit der höheren durchschnittlichen Rendite!
- Wähle die Investition mit dem geringeren durchschnittlichen Risiko!

lies: *Zantow/Dinauer,* 8.2; *Olfert/Reichel,* Finanzierung, B 1.3.1; *Schierenbeck/Wöhle,* 6. Kapitel B II 1; *Wöhe/Döring,* 5. Abschnitt II 3; *Perridon/Steiner/Rathgeber,* B II 2

9.3.2.1 Kostenvergleichsrechnung

Die Kostenvergleichsrechnung ist anwendbar, wenn mehrere Investitionsmöglichkeiten verglichen werden sollen. Der Vergleich richtet sich allein nach den Kosten, zumal sich bei diesem Verfahren die zurechenbaren Erträge nicht unterscheiden oder ein gleicher Gesamterlös unterstellt wird. Die beste Investition ist die mit den geringsten Kosten.

In den Kostenvergleich sind grundsätzlich alle durch die geplante Investition verursachten Kosten einzubeziehen, also kalkulierte Abschreibungen (eventuell auch kalkulierte Zinsen), Personalaufwendungen, Kosten für Material, Energie, Raum und Werkzeuge sowie Instandhaltungs- und Reparaturkosten. Die Erträge bleiben unberücksichtigt.

Beispiel nach *Olfert*	**Alt. 1/Maschine 1**	**Alt. 2/Maschine 2**
Anschaffungskosten der Maschine in €	200.000	100.000
Nutzungsdauer in Jahren	10	10
Leistungsmenge (LE/Jahr)	20.000	20.000
Summe Fixkosten:	**42.000**	**27.500**
– Abschreibungen	20.000	10.000
– Zinsen 5 % (auf 50 % der AK)	5.000	2.500
– Gehälter	10.000	10.000
– sonstige fixe Kosten	7.000	5.000
Summe variable Kosten:	**295.000**	**326.000**
– Löhne	90.000	110.000
– Material	190.000	200.000
– sonstige variable Kosten	15.000	16.000
Kosten Gesamt	**337.000**	**353.500**
Kostendifferenz	+16.500	–16.500

Quelle: *Olfert/Reichel,* Finanzierung, 13. Auflage, Ludwigshafen 2005, S. 82

Nachteil dieser Methode: Die Wirtschaftlichkeitsbetrachtung ist sehr pauschal und da sie nicht die Erlösstruktur berücksichtigt, ist die Aussagekraft sehr eingeschränkt. Eine Investitionsentscheidung kann mit diesem Verfahren allein nicht getroffen werden.

2 zu 9 (Aufgabe):

Für die weltweite Herstellung von Hochzeitstorten wird der Kauf einer Spezialmaschine diskutiert. Hierfür gibt es zwei Alternativen mit folgenden Plandaten:

	Alternative 1	Alternative 2
Anschaffungskosten der Maschine in Mio. €	52	80
durchschnittliche Kapitalbindung in Mio. € abgerundet	30	40
Nutzungsdauer in Jahren	8	8
Restwert am Ende der Nutzungsdauer in Mio. €	6	8
Produktionsmenge p. a.	350.000	400.000
Variable Kosten €/Stück	30	19,50
Fixkosten pro Jahr in € ohne Abschreibung, ohne Zins	850.000	980.000

a) Wie gestaltet sich der Kostenvergleich, wenn
   - keine Zinskosten kalkuliert werden,
   - Zinskosten in Höhe von 10 % kalkuliert werden?

b) Welche Problematik besteht bei der durchschnittlichen Kapitalbindung. Wie könnte diese ermittelt werden?

9.3.2.2 Gewinnvergleichsrechnung

Die Gewinnvergleichsrechnung zielt auf den Investitionsgewinn grundsätzlich als Differenz von Erträgen/Erlösen und Aufwendungen/Kosten. Dabei bleiben bei den Aufwendungen gewöhnlich etwaige Zinskosten außen vor. Eine Investitionsentscheidung ist nun möglich, zumal eine Investition dann vorteilhaft ist, wenn sie einen positiven Investitionsgewinn ausweist. Von mehreren Alternativen ist diejenige am vorteilhaftesten, die den größten Gewinn erzielt.

BEISPIEL

Investition (Standortfrage für eine Optikerfiliale):

Optikerfiliale	Alternative 1	Alternative 2
Kosten in T€	100	100
Erlös in T€	150	145
Gewinn in T€	50	45

Ergebnis: Alternative 1 erhält den Vorrang.

3 zu 9 (Aufgabe):

Ausgangslage wie Aufgabe 2 zu 9 (Hochzeitstortenfall), jedoch mit folgenden unterschiedlichen Erlösstrukturen: Erlös erste Alternative: 67 €; zweite Alternative: 61 €. Welche Alternative ist vorzunehmen, wenn kalkulatorische Zinskosten ausnahmsweise verrechnet werden?

9.3.2.3 Rentabilitätsrechnung

Ein Problem der Gewinnvergleichsrechnung liegt darin, dass die Höhe der Investition nur unzureichend berücksichtigt wird; wenn überhaupt dann nur mit einer kalkulatorischen Zinsverrechnung. Beläuft sich im obigen Beispiel (Standortfrage/Optiker) das Investitionsvolumen der Alternative 1 auf 1 Mio. € und Alternative 2 auf 500 T€, so ist nach der Gewinnvergleichsrechnung Alternative 1 zu verwirklichen, obwohl Alternative 2 mit nur hälftigem Kapitaleinsatz einen um 10 % geringeren Gewinn erwirtschaftet.

Statt des Gewinnvergleichs oder ergänzend zu ihm kann der Rentabilitätsvergleich vorgenommen werden. Mit Hilfe der Rentabilitätsrechnung soll eine durchschnittliche jährliche Verzinsung einer Investition errechnet werden, weshalb Zinsen gewöhnlich außen vor bleiben.

Die Rentabilitätsrechnung berücksichtigt in besonderer Weise das jeweilig eingesetzte Kapital. Im Mittelpunkt steht die Periodenrentabilität, bei der der Gewinn bzw. die Kostenersparnis auf den durchschnittlichen Kapitaleinsatz bezogen wird:

$$\textbf{Periodenrentabilität in Prozent} = \frac{\text{Gewinn ohne Zinskosten (oder Kostenersparnis)}}{\text{Ø Kapitaleinsatz}}$$

BEISPIEL

Wird im Beispielsfall (Standortfrage/Optiker) angenommen, dass die Investition mit Eigenkapital finanziert wird und wurden kalkulatorische Zinsen nicht in den Kosten verrechnet, so ergibt sich bei Alternative 1 eine Kapitalrendite von 5 %, bei Alternative 2 eine von 9 %. Alternative 2 ist demnach vorzuziehen.

4 zu 9 (Aufgabe):

Ausgangslage wie Aufgabe 2 zu 9 (Hochzeitstortenfall). Wie hoch ist die Periodenrentabilität des eingesetzten Kapitals (durchschnittlich gebundenes Kapital) mit und ohne Berücksichtigung der kalkulatorischen Zinsen?

9.3.2.4 Statische Amortisationsrechnung

Die Amortisationsrechnung – auch „Pay-off-Rechnung", „Pay-back-" oder „Amortisationsvergleichsrechnung" genannt – verlässt die üblichen Maßstäbe des betrieblichen Wirtschaftens und zielt auf die Amortisationsdauer, d. h. Zeitdauer, bis die Anschaffungsauszahlungen von den laufenden Einzahlungsüberschüssen (Cashflows der Investition) übertroffen werden. Die Idee geht dahin, das Risiko gering zu halten und das investierte Kapital (nicht das durchschnittlich gebundene Kapital) möglichst schnell zurückzugewinnen. Eine Investition ist danach umso vorteilhafter, je kleiner die Amortisationszeit ist, d. h., je schneller das eingesetzte Kapital zurückfließt.

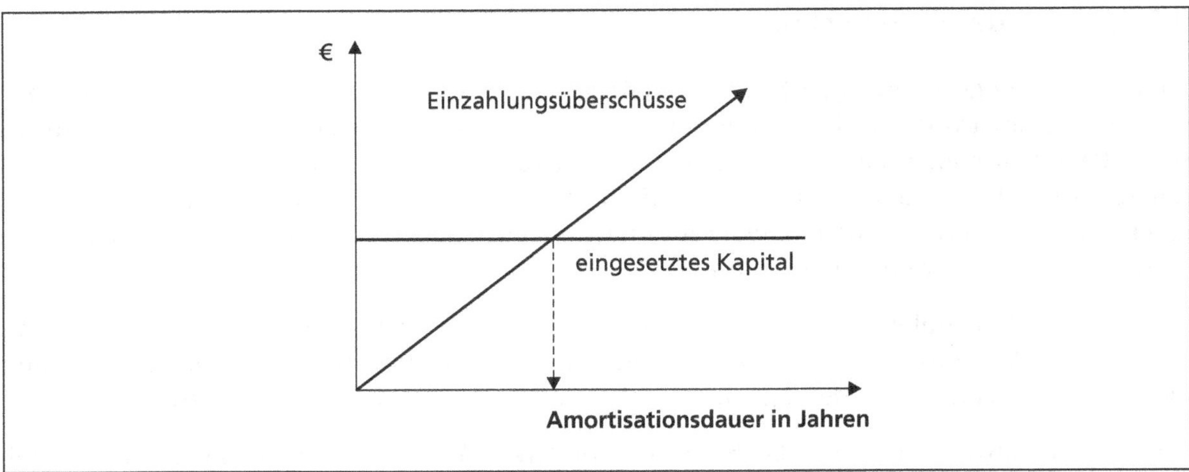

Da es sich bei den statischen Verfahren um Durchschnittsberechnungen handelt, kann die Amortisationsdauer wie folgt berechnet werden:

$$\textbf{Amortisationsdauer in Jahren} = \frac{\text{Investitionskosten}}{\text{durchschnittliche Rückflüsse}} = \frac{\text{ursprünglicher Kapitaleinsatz}}{(\text{Gewinn vor Zins} + \text{Abschreibung})}$$

BEISPIEL

Mit einer Investition i. H. v. 1 Mio. € wird ein jährlicher Gewinn von 50 T€ erzielt.

Die Nutzungsdauer beträgt fünf Jahre. Die Amortisationsdauer beträgt demnach vier Jahre (1 Mio. € ÷ (50 + 200)).

Charakteristika der Amortisationsdauer:

- Beurteilungskriterium ist die Amortisationsdauer als gute Maßzahl für das Investitionsrisiko, insbesondere dann, wenn der langfristige Erfolg unsicher ist.
- Bei einem Auswahlproblem sind Vergleiche nur aussagefähig, wenn dieselbe Nutzungsdauer vorgegeben ist.
- Aussagen zur Wirtschaftlichkeit sind nur beschränkt möglich.

5 zu 9 (Aufgabe):

Ausgangslage wie Aufgabe 2 zu 9 (Hochzeitstortenfall). Wie hoch ist die jeweilige Amortisationsdauer? Lassen Sie dabei Zinskosten außen vor!

9.3.3 Dynamische Verfahren

9.3.3.1 Charakteristika der dynamischen Verfahren

Die dynamischen Verfahren sind theoretisch wesentlich konsequenter als die bisher behandelten statischen Verfahren. Viele vereinfachende Unterstellungen, Durchschnittswerte und Faustregeln entfallen. Die dynamischen Verfahren nehmen eine zeitlich exakte Erfassung von Zahlungsströmen vor. Was die dynamischen Verfahren auszeichnet, ist ihre Zeitpräferenz, die sich im Zinssatz bzw. in einer Abzinsung ausdrückt. Da Finanzmittel verzinslich angelegt werden können, hängt der Wert einer Zahlung maßgeblich von ihrem Verfügungszeitpunkt ab. Eine Zahlung ist umso wertvoller, je früher sie anfällt.

Bei den dynamischen Verfahren werden alle Zahlungen berücksichtigt, die mit der Einführung und Nutzung einer Investition zusammenhängen. So entstehen mit der Investition in der Regel auszahlungswirksame Aufwendungen für Material, Energie, Löhne etc. Auszahlungen, die auch ohne die Investition anfallen, sind zu vernachlässigen!

Bei der Investitionsrechnung sind jedoch vier Besonderheiten zu beachten:

1. Zinskosten bleiben außen vor, weil die Wirtschaftlichkeit oder Rendite gerade mit Hilfe der dynamischen Verfahren ermittelt werden soll. Der Zinssatz steht damit im Mittelpunkt des Rechenprozesses!

2. Abschreibungen stellen keine liquiditätswirksamen Aufwendungen dar! Der Werteverzehr einer Investition verursacht in der Regel keine Auszahlungen mehr. Die Auszahlung ist bereits mit der Anschaffung erfolgt. Die Investitionssumme wird einerseits bei der Anschaffung zum Zeitpunkt t_0 (Auszahlung!) negativ berücksichtigt, andererseits geht sie positiv über den Umsatzprozess (Einzahlungen!) in die Rechnung ein.

3. Aus Vereinfachungsgründen werden „volle Jahre" als Periode gewählt. Die Ein- und Auszahlungen werden rechnerisch dem Jahresende zugeordnet, d.h., es werden nachschüssige Zahlungen unterstellt.

4. Ein etwaiger Restwert wird beachtet und geht als Einzahlung in die Rechnung ein.

Mit der Hoffnung auf neue Einzahlungen werden die Investitionen getätigt. Einzahlungen sind in erster Linie also Umsatzerlöse (Mehrumsatz, neuer Umsatz etc.). Einzahlungen können aber auch ersparte Aufwendungen (bei Rationalisierungsinvestitionen) oder Mieterträge (bei Vermietung oder Verpachtung) sowie Subventionen sein. Hat der investive Gegenstand nach Ablauf der Investition noch einen Wert, ist der Restwert wie eine Einzahlung am Schluss der Betrachtungsperiode in die Rechnung einzubeziehen. Wie oben bereits erwähnt, resultieren Auszahlungen aus der Anschaffung der Investition einschließlich aller Nebenkosten und dem Aufbau der gesamten Infrastruktur inklusive dem laufenden Einsatz für den Umsatzprozess (Materialkosten, Personalkosten, Energiekosten, Abgaben etc.), jedoch ohne Verrechnung von Abschreibungen und Zinskosten.

BEISPIEL

Eine Investorengruppe kauft zu Beginn eines Jahres ein Grundstück mit einem schönen Gebäude für 900 T€. Die Immobilie wird langfristig zu einem marktüblichen Mietzins in Höhe von jährlich 108 T€ vermietet. Die Nebenkosten (Heizung, Wasser etc.) für den Mieter belaufen sich jährlich auf 20 T€. Folgende Aufwendungen fallen jährlich für die Investorengruppe an: Zinsen 60 T€, Abschreibungen 30 T€, interne Verwaltungskosten 10 T€, Nebenkosten (Heizung, Wasser, Reparaturen etc.) 30 T€.

Im Rahmen der dynamischen Verfahren bleiben die Zinsen und Abschreibungen als Extraposten außen vor, zumal sie über den Kalkulationszins bzw. über die Investitionssumme Berücksichtigung finden. Die Einzahlungen summieren sich jährlich auf 128 T€, die Auszahlungen auf 40 T€. Insgesamt errechnen sich jährlich also Einzahlungsüberschüsse in Höhe von 88 T€. Wenn alle laufenden Zahlungen vereinfacht am Jahresende erfolgen, sieht der Zahlungsstrom wie folgt aus:

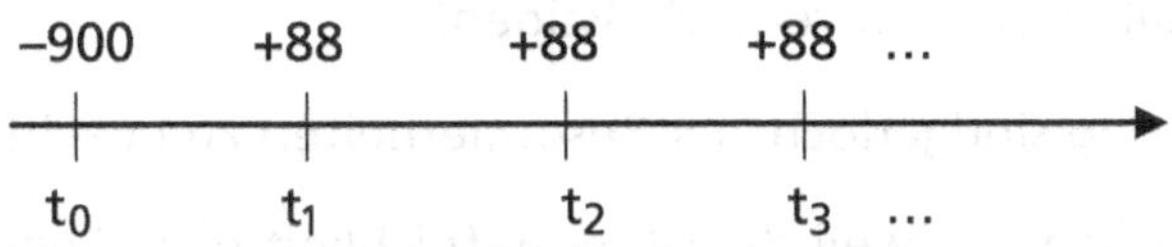

Die dynamischen Verfahren unterscheiden sich von den statischen Verfahren in vier wesentlichen Bereichen:

1. Die kalkulatorischen Größen – wie etwa Investitionen, Kosten, Erlöse – werden durch Zahlungsströme dargestellt. Kalkulatorische Zinsen und Abschreibungen bleiben dabei außen vor!
2. Die Zahlungsströme (Ein- und Auszahlungen) werden zeitgerecht verteilt. Beachte: Im Kern geht es um Zahlungen (Geldflüsse) der einzelnen Periode, nicht so sehr um Erträge bzw. Kosten.
3. Unterschiedliche Nutzungsdauern werden berücksichtigt.
4. Der zeitlichen Dimension wird durch Diskontierung Rechnung getragen.

Damit zeigen die dynamischen Verfahren wesentlich genauer die Rentabilität einer Investition auf. Freilich ist der Rechenaufwand größer und das Ergebnis genauer, letztlich jedoch auch nicht exakt, zumal auch die dynamischen Verfahren unter modellhaften Bedingungen stehen. Beispielsweise wird das Zinsniveau in der Regel als fixe Konstante unterstellt und nicht weiter differenziert (Soll- und Habenzinsen, Zinsstrukturen etc.), eine unbegrenzte Kapazität des Kapitalmarktes vorausgesetzt und letztlich das Investitionskalkül in ein Prognose- und Planmodell eingepresst (Planperiode, Zahlungsfiktionen, Schätzwerte bei Ein- und Auszahlungen). Meist wird der Kalkulationszinssatz subjektiv festgelegt. Welcher Zinssatz als „richtig" gilt, ist umstritten. Als Maßstab kann dienen: Kapitalmarktzins, Bankzinssatz, Rendite ähnlicher Investitionen, Branchensatz etc. Immer mehr findet dabei die Rendite nach dem Konzept der gewogenen Kapitalkosten Anwendung (WACC-Konzept).

Allgemein gilt: Der Abzinsungsfaktor muss den Zeitwert von Geld und auch die besonderen Risiken einer Investition reflektieren. Beachte: Eine Beteiligung an einem Unternehmen ist risikoreicher als die bloße Hingabe von Fremdkapital. Deshalb ist der kalkulierte Eigenkapitalzins in der Regel höher als der Fremdkapitalzinssatz.

lies: *Mensch*, Dynamische Verfahren, in: WISU 5/2014, S. 613–616; *Zantow/Dinauer*, 8.3; *Wöhe/Döring*, 5. Abschnitt II 4; *Olfert/Reichel*, Finanzierung, B 1.3.2; *Schierenbeck/Wöhle*, 6. Kapitel B II 2; *Perridon/Steiner/Rathgeber*, B II 3

9.3.3.2 Barwert von Zahlungsströmen

Die statischen Kalküle gehen von Durchschnittswerten, insbesondere von einer Durchschnittsperiode aus (Einperiodenmodell). Zahlungen fallen aber meist nicht durchschnittlich an, sondern zu definitiven Zeitpunkten. Wertmäßig ist bei einer Zahlung nicht nur ihr absoluter Betrag, sondern auch ihr Zeitpunkt von Interesse. Eine Einzahlung ist umso vorteilhafter, je früher sie fließt, zumal Zahlungsüberschüsse erneut angelegt werden können. An der Verzinsung dieser Überschüsse ergeben sich zusätzliche Vorteile (Zinseszinseffekt). Bei den Auszahlungen gilt das Umgekehrte.

BEISPIEL

Eine Investition von 1.000 € hat zwei Rückzahlungsalternativen: Entweder in zwei Raten von je 600 € oder eine Einmalzahlung in zwei Jahren i. H. v. 1.200 €. Welche Alternative ist besser?

Antwort: Wird auf die Berechnung von Zinsen verzichtet, ist das Ergebnis identisch, was aber nicht der Wirklichkeit entspricht. Bei der ersten Alternative hat man den Vorteil, dass eine wesentliche Zahlung bereits nach einem Jahr zur Verfügung steht. Das Risiko ist damit geringer, der Ertrag ist besser, zumal eine Wiederanlage erfolgen kann.

Um die Zinseffekte vergleichbar zu machen, werden sie auf einen einheitlichen Zeitpunkt bezogen. Auf der Hand liegt es, entweder eine Aufzinsung auf den Endwert vorzunehmen oder eine Abzinsung auf den Anfangszeitpunkt. Theoretisch wäre jeder Zeitpunkt möglich. In der Regel wird ein Bezug auf den Anfang des Planungszeitraums t_0 hergestellt. Den durch die Abzinsung ermittelten Wert nennt man „Barwert". Ziel ist die Maximierung des Gegenwartwerts.

Aus der Zinseszinsformel $K_n = K_0 \times (1 + i)^n$ errechnet sich der Barwert wie folgt:

$$\text{Barwert } K_0 = K_n \times \frac{1}{(1+i)^n} \quad \text{oder} \quad \textit{Zukunftswert} \times \textit{Abzinsungsfaktor}$$

BEISPIEL

In vier Jahren wird ein Betrag von 5.000 € benötigt. Welches Kapital ist bei einem Kalkulationszins von 8 % heute notwendig?

$$\text{Barwert } K_0 = 5.000 \times \frac{1}{1{,}08^4} = 3.675\ €$$

oder 5.000 € × Abzinsungsfaktor (nach Tabelle 0,735) = 3.675 €

Fragestellungen von Zinsfaktoren:

- Aufzinsungsfaktor $(1 + i)^t$: Wie hoch ist der Endwert eines gegenwärtigen Betrages künftig (zum Zeitpunkt t)? Was ist die heutige Zahlung später wert?
- Abzinsungsfaktor als Kehrwert des Aufzinsungsfaktors: Welchen Gegenwartswert (Barwert K_0) hat eine künftig ausfallende Zahlung? Welchen Wert hat ein künftiger Wert heute?

- Rentenbarwertfaktor: Welchen Gegenwartswert (Barwert K_0) hat eine künftige jährliche Rentenzahlung?

Für den Abzinsungsfaktor als auch für den Rentenbarwert stehen Tabellen zur Verfügung:

Abzinsungstabelle: Abzinsungsfaktoren $\frac{1}{(1+i)^t}$

i = Zinssatz in %, t = Zeit in Jahren

t/i	3	4	5	6	7	8	9	10	15	20
1	0,971	0,962	0,952	0,943	0,935	0,926	0,917	0,909	0,870	0,833
2	0,943	0,925	0,907	0,890	0,873	0,857	0,842	0,826	0,756	0,694
3	0,915	0,889	0,864	0,840	0,816	0,794	0,772	0,751	0,658	0,579
4	0,888	0,855	0,823	0,792	0,763	0,735	0,708	0,683	0,572	0,482
5	0,863	0,822	0,784	0,747	0,713	0,681	0,650	0,621	0,497	0,402
6	0,837	0,790	0,746	0,705	0,666	0,630	0,596	0,564	0,432	0,335
7	0,813	0,760	0,711	0,665	0,623	0,583	0,547	0,513	0,376	0,279
8	0,789	0,731	0,677	0,627	0,582	0,540	0,502	0,467	0,327	0,233
9	0,766	0,703	0,645	0,592	0,544	0,500	0,460	0,424	0,284	0,194
10	0,744	0,676	0,614	0,558	0,508	0,463	0,422	0,386	0,247	0,162
20	0,554	0,456	0,377	0,312	0,258	0,215	0,178	0,149	0,061	0,026
50	0,228	0,141	0,087	0,054	0,034	0,021	0,013	0,009	0,001	0,000
100	0,052	0,020	0,008	0,003	0,001	0,000	0,000	0,000	0,000	0,000

Rentenbarwerttabelle: Rentenbarwertfaktoren $\frac{(1+i)^t - 1}{i \times (1+i)^t}$

i = Zinssatz in %, t = Zeit in Jahren

t/i	3	4	5	6	7	8	9	10	15	20
1	0,971	0,962	0,952	0,943	0,935	0,926	0,917	0,909	0,870	0,833
2	1,913	1,886	1,859	1,833	1,808	1,783	1,759	1,736	1,626	1,528
3	2,829	2,775	2,723	2,673	2,624	2,577	2,531	2,487	2,283	2,106
4	3,717	3,630	3,546	3,465	3,387	3,312	3,240	3,170	2,855	2,589
5	4,580	4,452	4,329	4,212	4,100	3,993	3,890	3,791	3,352	2,991
6	5,417	5,242	5,076	4,917	4,767	4,623	4,486	4,355	3,784	3,326
7	6,230	6,002	5,786	5,582	5,389	5,206	5,033	4,868	4,160	3,605
8	7,020	6,733	6,463	6,210	5,971	5,747	5,535	5,335	4,487	3,837
9	7,786	7,435	7,108	6,802	6,515	6,247	5,995	5,759	4,772	4,031
10	8,530	8,111	7,722	7,360	7,024	6,710	6,418	6,145	5,019	4,192
20	14,877	13,590	12,462	11,470	10,594	9,818	9,129	8,514	6,259	4,870
50	25,730	21,482	18,256	15,762	13,801	12,233	10,962	9,915	6,661	4,999
100	31,599	24,505	19,848	16,618	14,269	12,494	11,109	9,999	6,666	5,000
∞	33,333	25,000	20,000	16,667	14,286	12,500	11,111	10,000	6,667	5,000

BEISPIEL 1
dynamischer Kostenvergleich

Robert Knochen und Harry Schädel fahren gerne Ski. Nach ihrem BWL-Studium arbeiten sie als Prüfungsassistenten und haben nur noch wenig Zeit für die Berge. Künftig können sie nur noch zwei Wochen pro Jahr Ski fahren. Sie überlegen sich die Anschaffung neuer Skier zum Sonderpreis für 469 € mit Zahlungsziel „Saisonende". Mit guten Argumenten können sie diese nach fünf Jahren (sechs Saisons) „geschliffen und gewachst" für 80 € im Skibasar verhökern. Die Skier werden gewöhnlich am Ende der Saison geschliffen und gewachst, was jährlich 30 € kostet.

Alternativ zum Kauf könnten sie über Beziehungen genauso gute Skier für jeweils zwei Wochen pro Jahr zum Sonderpreis von 125 € p. a. „all inclusive" ausleihen. Vereinfacht gehen sie davon aus, dass alle Zahlungen am Saisonende anfallen. Sie überlegen, welche Alternative besser ist.

Der Zahlungsstrom pro Alternative sieht wie folgt aus:

Kaufvariante: Kaufpreis 469 €, sechsmal Schleifen je 30 €, Erlös im Skibasar 80 €. Beachte: Aus Vereinfachungsgründen wird das erste Schleifen am Ende der Saison dem Kaufpreis zugeschlagen, das letzte Schleifen wird mit dem Basarerlös verrechnet.

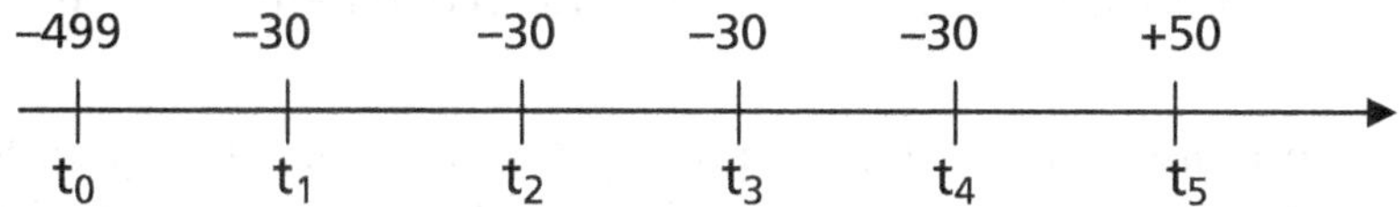

Leihvariante: sechsmal Leihgebühr in Höhe von 125 €

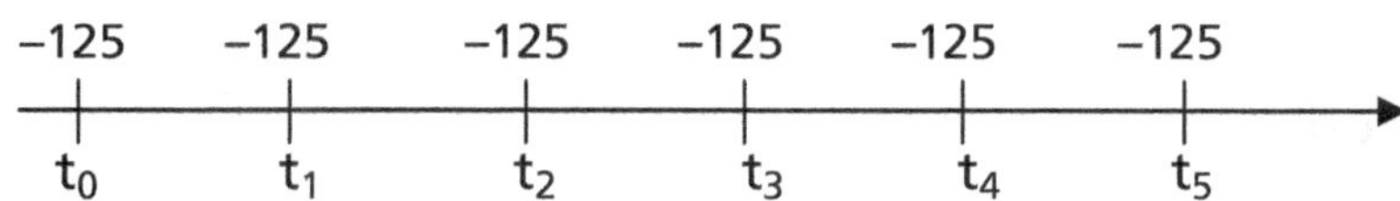

Robert hat Geld und rechnet deshalb analog seinem Anlagezinssatz mit 4 % Zinsen. Harry müsste für den Kauf der Skier einen Kredit aufnehmen, was 10 % kosten würde. Die gesamten Aufwendungen zum Zeitpunkt t_0 errechnen sich mittels Abzinsungs- und Rentenbarwertfaktoren wie folgt:

Robert (4 %):

Kosten Kauf:	499 + 30 × 3,630 – 50 × 0,822	= 566,80 €
Kosten Ausleihe:	125 + 125 × 4,452	= 681,50 €

Harry (10 %):

Kosten Kauf:	499 + 30 × 3,170 – 50 × 0,621	= 563,05 €
Kosten Ausleihe:	125 + 125 × 3,791	= 598,88 €

Ergebnis: In beiden Fällen ist der Kauf vorteilhafter. Besonders gravierend ist der Unterschied bei Robert.

BEISPIEL 2
dynamischer Kostenvergleich

Hugo Fettig absolviert mit großer Freude ein Probetraining im Fitnessstudio Schmal GmbH. Der Gesellschafter-Geschäftsführer Fritz Schmal bietet Hugo Fettig folgende Sonderkondition an:

- 1-Jahresabo, bezahlbar am Jahresende, Kosten 1.500 €
- 2-Jahresabo, bezahlbar zu Beginn des Abonnements, Kosten 2.200 €
- 5-Jahresabo, bezahlbar zu Beginn des Abonnements, Kosten 4.800 €

Hugo Fettig hat derzeit kein freies Vermögen und nimmt regelmäßig Kredite in Anspruch, für die er effektiv 8 % zahlt. Hugo verhält sich wirtschaftlich, wenn er unter seinen finanziellen Bedingungen die kostenmäßig beste Abo-Variante wählt. Eine Möglichkeit hierzu ist die Ermittlung der geringsten Jahresrate.

- Beim 1-Jahresabo beträgt die nachschüssige Jahresrate 1.500 €.
- Beim 2-Jahresabo beträgt die nachschüssige Jahresrate 1.234 €. Dies wird im Fall ermittelt, indem man den Barwert der Rente (2.200 €) durch den Rentenbarwertfaktor dividiert (2.200 ÷ 1,783).
- Beim 5-Jahresabo beträgt die nachschüssige Jahresrate 1.202 €. Dies wird analog dem 2-Jahresabo ermittelt, indem man den Barwert der Rente (4.800 €) durch den Rentenbarwertfaktor dividiert (4.800 ÷ 3,993).

Die Jahresrate ist also beim 5-Jahresabo mit 1.202 € am günstigsten. Da Hugo Fettig vorleistungspflichtig ist, ist diese Variante für ihn aber sehr risikoreich, z. B. bei Insolvenz der Schmal GmbH.

9.3.3.3 Kapitalwertmethode

Die Kapitalwertmethode ist das Grundmodell der dynamischen Verfahren. Der Kapitalwert (C_0) zeigt den Vermögenszuwachs über die gesamte Laufzeit an; genauer den Gegenwartswert (Barwert) des gesamten Zugewinns. Der Kapitalwert zeichnet sich dadurch aus, dass die periodischen Ein- und Auszahlungen einer Investition zu einer Kennzahl – dem Kapitalwert – verdichtet werden und dies unter Zins- und Zinseszinseffekten. Damit kann über den Kapitalwert eine Investition beurteilt werden. Der Kapitalwert gibt zum Zeitpunkt t_0 an, um wie viel der Investor durch die Investition insgesamt reicher geworden ist. Vorausgesetzt die einzelnen Zahlungen und die Dauer des Investitionsprojekts sind bekannt, ist eine Investition dann vorteilhaft, wenn der Barwert aller Einzahlungen den Barwert aller Auszahlungen übersteigt:

Barwert EinZ > Barwert AusZ oder **Barwert EinZ – Barwert AusZ > 0**

(oder **Kapitalwert C_0 > 0**)

Bei der zweiten Darstellung (Barwert EinZ – Barwert AusZ) wird die Differenz als „Kapitalwert" bezeichnet.

Bei einem positiven Kapitalwert und bei Eintritt der Prognose hat der Unternehmer drei Dinge erreicht:

1. Das eingesetzte Kapital ist dem Modell nach zurückgeflossen.
2. Das eingesetzte Kapital hat sich zum Kalkulationszins verzinst.
3. Neben der Wiedergewinnung und Verzinsung des Kapitals bleibt ein Überschuss in Höhe des Kapitalwerts.

Vorteilsregeln:

- Bei einer Einzelinvestition ist eine Investition mit einem Kapitalwert > 0 vorteilhaft.
- Bei konkurrierenden Investitionen ist die Alternative mit dem höchsten Kapitalwert zu wählen.

Einflussgrößen auf den Kapitalwert:

- Höhe der Ein- und Auszahlungen (Zinskosten bleiben außen vor!),
- zeitliche Verteilung der Zahlungen,
- Höhe des Kalkulationszinssatzes.

6 zu 9 (Aufgabe):

Für ein Unternehmen stellt sich folgende Investition: sofortige Anschaffung einer Maschine 100 T€; prognostizierter Erlös in vier Jahren 150 T€.

a) Rechnet sich die Investition bei einem Kalkulationszins von 10 %?

b) Bei welchem Zinssatz liegt der Break-even-Point?

7 zu 9 (Aufgabe):

Eine Investition kostet 140 T€. Erwartet werden Überschüsse (Rückzahlungen) im ersten Jahr mit 80 T€, im zweiten Jahr mit 60 T€ und im dritten Jahr mit 40 T€.

a) Rechnet sich diese Investition bei einem Kalkulationszinssatz von 10 %?

b) Wie hoch ist der Kapitalwert?

8 zu 9 (Aufgabe):

Ein Getränkeautomat kostet für vier Jahre mit Füllung, Miete und Montage 10 T€ in einem Betrag. Nach den vier Jahren soll eine neue Kostenverrechnung ausgehandelt werden. Mit Rückflüssen aus den Getränken wird jährlich in Höhe von 3 T€ gerechnet. Der Automat soll fremdfinanziert werden, wofür die Bank ein laufendes Konto für 10 % p. a. einrichtet und den Zinssatz für die Laufzeit von vier Jahren garantiert. Rechnet sich das Vorhaben in den ersten vier Jahren, wenn alle laufenden Zahlungen vereinfachend am Jahresende anfallen?

9 zu 9 (Fallstudie Windrad):

Die Ökowind AG investiert in regenerative Energiegewinnungsanlagen. Für ein relativ kurzlebiges Windrad (Prototyp mit einer Nutzungsdauer von 5 Jahren) liegen eine Baugenehmigung und die Einspeisezusage (Abnahmegarantie) der Stadtwerke vor.

Von folgenden Ausgangsdaten ist auszugehen:

■ Energieertrag pro Jahr (mindestens fünf Jahre lang)	4 Mio. kWh
■ Geschätzter Erlös je Kilowattstunde	0,2 €
■ Investitionssumme	1,5 Mio. €
■ Einmalige Strukturbeihilfe (Sofortzuschuss des Landes)	200 T€

Mit folgenden Kosten ist zu rechnen:

- Man rechnet, dass zu Ende des vierten Jahres eine Sonderreparatur (Getriebeaustausch) fällig wird. Einmalige Kosten hierfür 200 T€.
- Jährliche Kosten der Verwaltung und Instandhaltung (ohne Abschreibung und obige Sonderreparatur): 30 % der Investitionssumme.
- Regelabschreibung 20 % (Nutzungsdauer fünf Jahre).
- Es wird damit gerechnet, dass Teile des Windrades nach fünf Jahren wiederverwertet werden können und dabei ein Restwert von mindestens 200 T€ erzielt werden kann.

Rechnet sich das Vorhaben nach der dynamischen Methode, wenn die Überschüsse vereinfacht am Jahresende gebucht werden und der Betreiber eine Mindestrendite von 8 % erwartet?

Sonderfall Rationalisierungsinvestition

Beachte: Im Fall einer Veränderungsinvestition (Rationalisierung, Innovation) treten anstelle der Einzahlungen die erwarteten Auszahlungsersparnisse!

BEISPIEL

Der Geschäftsführer Felix Schlau plant die Umstellung des Rechnungswesens auf EDV. Die Investition von Soft- und Hardware samt Schulungen kostet 150 T€. Durch diese Maßnahme kann der Geschäftsführer die Einstellung einer zusätzlichen Buchhalterin mit einem jährlichen Gesamtaufwand von 44.500 € vermeiden. Mit guten Gründen ist von Folgendem auszugehen: Nutzungsdauer fünf Jahre, Restwert 5 T€. Ist die Investition aus Renditegründen zu empfehlen, wenn ein Zinssatz von 7 % (alternativ 10 %) anzusetzen ist?

Lösung:

Die Investition der Soft- und Hardware ist dann zu empfehlen, wenn sich ein positiver Kapitalwert ergibt.

Kapitalwert C_0 = –Investition + Rückflüsse (Rentenbarwerte + Barwert des Restwerts)

Kapitalwert bei 7 % = –150.000 + (44.500 × 4,100) + (5.000 × 0,713) = 36.015
Kapitalwert bei 10 % = –150.000 + (44.500 × 3,791) + (5.000 × 0,621) = 21.804

Da sich bei beiden Kalkulationsvarianten (Abzinsung mit 7 % und 10 %) ein positiver Kapitalwert ergibt, ist die Investition in beiden Varianten vorteilhaft.

9.3.3.4 Methode des internen Zinsfußes

Die Methode des internen Zinsfußes ist letztlich nur eine Sonderform der Kapitalwertmethode. Gesucht wird der interne Zinsfuß, also die Verzinsung des Kapitals einer Investition. Der interne Zinsfuß ist derjenige Zinssatz, bei dem der Kapitalwert null ist.

Die interne Zinsfußrechnung ist vergleichbar mit der (statischen) Rentabilitätsrechnung. Eine Investition ist nach dieser Methode dann vorteilhaft, wenn der interne Zinsfuß mindestens so groß ist wie der Kalkulationszins. Bei der internen Zinsfußrechnung stellen sich mehrere Fragen: Zuerst die nach der Effektivverzinsung, also nach dem (internen) Zinssatz, den die Investition (gerade noch) erwirtschaftet. Außerdem muss geklärt werden, nach was sich der Kalkulationszinssatz richtet (Mindestzins; Soll- oder Habenzins eines vollkommenen Marktzinssatzes; Benchmark (Bankzins, Industrieobligation, Eigenkapitalrentabilität, Zins für vergleichbares Risiko)).

Berechnung des internen Zinsfußes

Der interne Zinsfuß ist derjenige Diskontierungsfaktor, bei dessen Verwendung der Kapitalwert der Zahlungsreihe gleich „null“ ist. Er ist somit ein Renditemaß (Effektivverzinsung eines Zahlungsstroms). Je nach Laufzeit und Zahlungsstrom ergibt sich eine Funktion höheren Grades, die analytisch sehr schwer lösbar ist. Die Praxis bedient sich daher der Hilfe von EDV-Iterationen oder der grafischen Interpolation (Näherungsverfahren mit mehreren Versuchszinssätzen). Eine Näherungslösung, die auf dem mathematischen Modell des zweiten Strahlensatzes und der Anwendung der „regula falsi“ basiert, ist ebenso möglich.

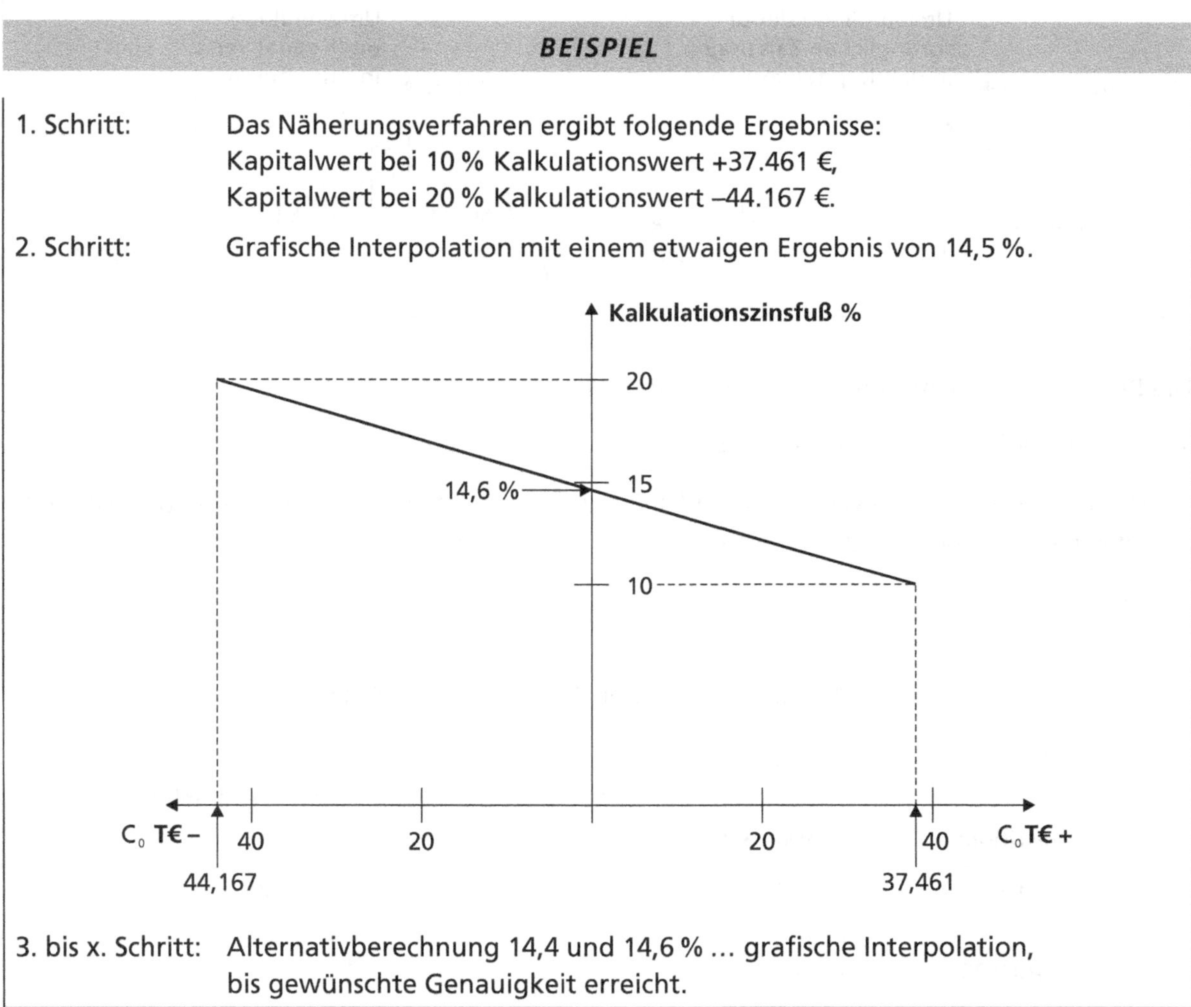

BEISPIEL

1. Schritt: Das Näherungsverfahren ergibt folgende Ergebnisse:
Kapitalwert bei 10 % Kalkulationswert +37.461 €,
Kapitalwert bei 20 % Kalkulationswert –44.167 €.

2. Schritt: Grafische Interpolation mit einem etwaigen Ergebnis von 14,5 %.

3. bis x. Schritt: Alternativberechnung 14,4 und 14,6 % ... grafische Interpolation, bis gewünschte Genauigkeit erreicht.

Vorteilsregeln:

- Bei einer Einzelinvestition ist eine Investition mit einem internen Zinsfuß > Mindestverzinsung vorteilhaft.
- Bei konkurrierenden Investitionen ist die Alternative mit dem höchsten internen Zinsfuß zu wählen.

9.3.3.5 Annuitätenmethode

Auch bei der Annuitätenmethode handelt es sich um eine Variante der Kapitalwertmethode. Die Annuität ist der Jahreserfolg einer Investition und vergleichbar mit dem (statischen) Jahresgewinn der Gewinnvergleichsrechnung. Die Annuitätenmethode geht vom Kapitalwert aus und wandelt diesen in gleich große jährliche Beträge (Annuitäten) um. Damit trägt die Annuitätenmethode dem Denken in Periodenerfolge Rechnung. Da der Gesamterfolg zu unterschiedlichen Zeiten unterschiedlich viel wert ist, darf der Kapitalwert nicht arithmetisch durch die Zahl der Jahre dividiert werden. Die Division muss barwertig erfolgen. Der Kapitalwert wird daher durch den Rentenbarwert dividiert („Verrentung des Kapitalwerts").

Annuitätenmethode

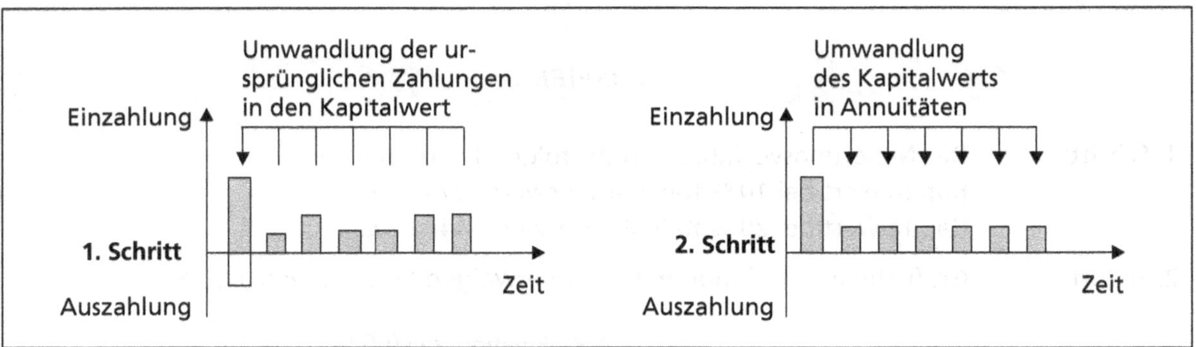

Die Berechnung der Annuitäten vollzieht sich in zwei Schritten:

1. Zunächst wird der Kapitalwert errechnet.
2. Der errechnete Kapitalwert wird mit Hilfe von Rentenbarwerten in eine neue (fiktive) Reihe gleicher Zahlungen umgerechnet („Verrentung des Kapitalwerts").

BEISPIEL

Beispielsberechnung einer Annuität: Investition 1.000 €, Zinsfuß 8 %:

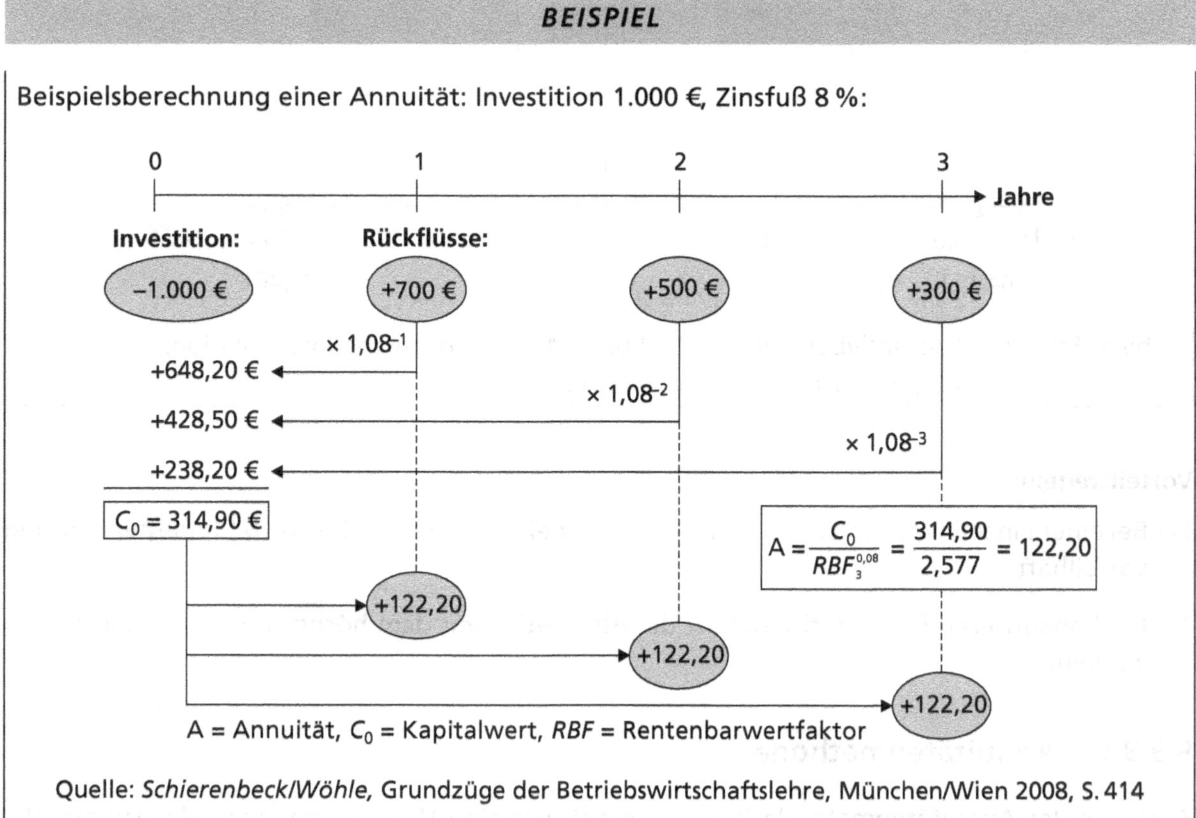

Quelle: *Schierenbeck/Wöhle*, Grundzüge der Betriebswirtschaftslehre, München/Wien 2008, S. 414

Der Vorteil der Annuitätenmethode liegt in der Anschaulichkeit, zumal der Kapitalwert auf die einzelnen Perioden verteilt wird und so ein etwas anderer Blickwinkel erfolgt („durchschnittlicher Überschuss"). Bei einer positiven Annuität ergeben sich folgende Schlussfolgerungen:

- Das eingesetzte Kapital ist zurückgeflossen.
- Das eingesetzte Kapital hat sich zum Kalkulationszins verzinst.
- Neben der Wiedergewinnung und Verzinsung des Kapitals bleibt ein Überschuss in Höhe des Kapitalwerts.
- Die Annuität ist eine Sonderform des Kapitalwerts und gibt zusätzlich zur Verzinsung den durchschnittlich barwertigen Jahresüberschuss wieder.

Probleme bereitet die Annuitätenmethode bei Investitionsalternativen mit unterschiedlichen Laufzeiten.

Eine breite Anwendung findet die Annuitätenmethode beim Bankkredit (Rückzahlung von Zins und Tilgung in einem monatlich fixen Betrag – vgl. Kapitel 11.2.4.4.1).

9.3.3.6 Dynamische Amortisationsmethode

Bei der Amortisationsrechnung wird der Zeitpunkt oder die Laufzeit ermittelt, zu dem die Einzahlungsüberschüsse einer Investition wieder zurückgeflossen sind. Bei statischen Verfahren werden die Nominalbeträge addiert, bei der dynamischen Annuitätenmethode werden die Barwerte der Überschüsse so lange addiert, bis die aufsummierten Barwerte dem Kapitaleinsatz entsprechen. Die Amortisationsdauer stellt in erster Linie ein Risikomaß dar, weniger ein Maß für die Wirtschaftlichkeit.

Vorteilsregeln:

- Eine Einzelinvestition ist dann vorteilhaft, wenn die errechnete Amortisationsdauer unterhalb einer festgelegten Amortisationsdauer liegt.
- Bei konkurrierenden Investitionen ist die Alternative mit der geringsten Amortisationsdauer zu wählen.

9 zu 9 (Aufgabe):

In einer Hochschulstadt wird ein Kopiershop eröffnet. Die ersten Maschinen kosten insgesamt 90 T€. Der Planung nach soll in den ersten drei Jahren mit diesen Maschinen Überschüsse (Gewinn + Abschreibungen) von je 30 T€ erzielt werden. In den folgenden drei Jahren betragen die Überschüsse je nur 12 T€, zumal keine Garantie mehr besteht und erhebliche Reparaturen anfallen. Wie lang ist die Amortisationsdauer

a) nach dem statischen Verfahren?
b) nach dem dynamischen Verfahren bei einem Kalkulationszinssatz von 10 %?

10 Verfahren der Unternehmensbewertung

LEITFRAGEN

- *Welche Ansätze und Verfahren zur Unternehmensbewertung gibt es?*
- *Welche Anlässe und Funktionen der Unternehmensbewertung gibt es?*

10.1 Investitionsrechnung und Unternehmensbewertung

Die Verfahren der Investitionsrechnung waren lange Zeit auf die Beurteilung von Sach- und Finanzinvestitionen beschränkt (Wirtschaftlichkeitsrechnungen). Erst in der jüngeren Vergangenheit hat sich die Erkenntnis durchgesetzt, dass die Unternehmensbewertung im Kern auch Investitionsrechnungen darstellen. Der entscheidende Unterschied ist die Fragestellung: Die Unternehmensbewertung fragt nach dem Wert eines Unternehmens, um daraus einen „fairen Preis" zu ermitteln. Die Wirtschaftlichkeitsrechnung beschäftigt sich hingegen mit der Frage, ob Investitionen vorteilhaft sind. Beim Wert eines Unternehmens kommt es entscheidend darauf an, ob das Unternehmen fortgeführt wird oder ob es in seine Einzelteile zerschlagen wird. Der Zerschlagungswert richtet sich nach der Summe der Einzelwerte. Anhaltspunkt hierfür kann der Jahresabschluss sein, zumal dieser nach demselben Grundgedanken aufgestellt wird. Bei der Fortführungsvariante steht hingegen die Einkommensquelle im Vordergrund. Maßgeblich ist hier die Summe der erzielbaren Überschüsse. Die Fortführungsvariante steht im Mittelpunkt der folgenden Ausführungen.

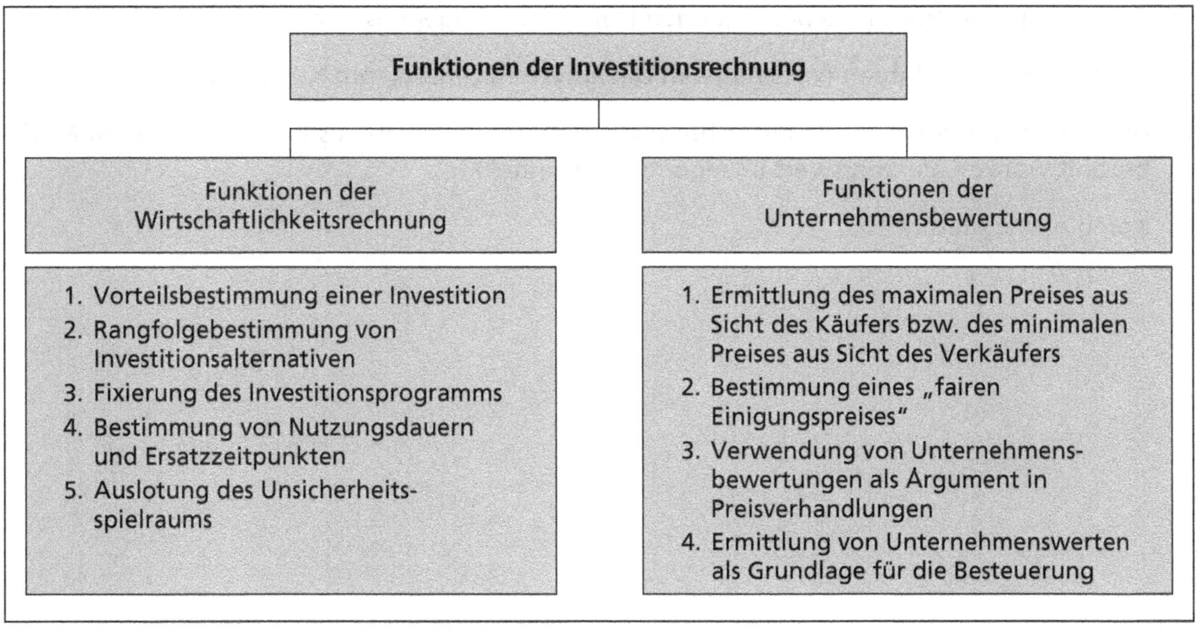

Funktionen der Investitionsrechnung

Funktionen der Wirtschaftlichkeitsrechnung	Funktionen der Unternehmensbewertung
1. Vorteilsbestimmung einer Investition 2. Rangfolgebestimmung von Investitionsalternativen 3. Fixierung des Investitionsprogramms 4. Bestimmung von Nutzungsdauern und Ersatzzeitpunkten 5. Auslotung des Unsicherheitsspielraums	1. Ermittlung des maximalen Preises aus Sicht des Käufers bzw. des minimalen Preises aus Sicht des Verkäufers 2. Bestimmung eines „fairen Einigungspreises" 3. Verwendung von Unternehmensbewertungen als Argument in Preisverhandlungen 4. Ermittlung von Unternehmenswerten als Grundlage für die Besteuerung

Quelle: *Schierenbeck/Wöhle,* Grundzüge der Betriebswirtschaftslehre, München/Wien 2008, S. 341

lies: *Schierenbeck/Wöhle*, 6. Kapitel B III, *Wöhe/Döring* 5. Abschnitt III

10.2 Anlässe und Funktionen der Unternehmensbewertung

Anlässe für eine Unternehmensbewertung können sein:

- Kauf, Verkauf, Umwandlungen von Unternehmen, Unternehmensteile oder Beteiligungen (Mergers & Acquisitions),
- Eintritt oder Austritt von Gesellschaftern,
- rechtliche Auseinandersetzungen, bei denen der Unternehmenswert eine Rolle spielt (z. B. im Eherecht, Erbrecht, Enteignungsrecht),
- steuerliche Bewertungsfragen,
- Kreditwürdigkeits- und Bonitätsprüfung von Banken oder Ratingagenturen,
- grundlegende Strukturveränderungen in einem Unternehmen (z. B. Sanierung, Liquidation, Umstrukturierung).

Funktion einer Unternehmensbewertung bzw. Aufgabe des Bewerters:

- Argumente für die Durchsetzung von Interessen (Beratungs- und Argumentationsfunktion),
- Vermittlung eines fairen Preises (Vermittlungsfunktion),
- Steuerbemessungsfunktion.

10.3 Überblick über traditionelle Verfahren

Die traditionellen Verfahren basieren auf der Überzeugung, dass es einen objektiven Unternehmenswert gibt. Während bei der Ertragswertmethode der zukünftig zu erzielende Gewinn im Vordergrund steht, orientiert sich der Substanzwert an der vorhandenen Unternehmenssubstanz. Der Vergleichswert hat den Vorteil einer direkten Bezugnahme auf eine reelle Markttransaktion.

Verfahren der Unternehmensbewertung:

- Die Ertragswertmethode ermittelt Summe der abgezinsten Gewinnprognosen.
- Die Substanzwertmethode bewertet den Unternehmensgegenstand.
- Multiplikationsverfahren (x-Faches vom Gewinn, vom Umsatz, pro Kunde usw.)
- Die Vergleichswertmethode betrachtet, was für ein vergleichbares Unternehmen am Markt bezahlt wurde („Verkehrswert im eigentlichen Sinne").
- Kombinierte Methoden.

BEISPIELE

Bewertungsverfahren: Ein Landwirt möchte seine Kuh „Elsa" verkaufen. Er diskutiert mit seiner Frau die Wertermittlung. Sie ziehen folgende Kriterien in Betracht: Gewicht (Substanzwert); Milchleistung (Ertragswert); Preis der zuletzt verkauften Kuh „Ursula" (Vergleichswert). Sie errechnen auch einen Mittelwert der unterschiedlichen Verfahren.

Ertragswertverfahren: Ein Unternehmen erwirtschaftet seit Jahren einen Gewinn von 150 T€. Man rechnet in den folgenden zehn Jahren mit ähnlich konstanten Gewinnperioden. Nach zehn Jahren wird ein Restwert (Liquidationserlös) von 700 T€ ermittelt. Als kalkulatorischer Zins wird die branchenübliche Gesamtkapitalverzinsung von 15 % angenommen. Wie hoch ist der errechnete Ertragswert?

Ertragswert = konstanter Periodengewinn × Rentenbarwert + abgezinster Restwert =
150.000 € × 5,019 + 700.000 € × 0,247 = 925.750 €

Ist der zu erwartende Periodengewinn unterschiedlich, so ist jede einzelne Gewinnerwartung gesondert abzuzinsen. Der Ertragswert ergibt sich dann aus der Summe der abgezinsten Einzelwerte.

1 zu 10 (Aufgabe):

Wie hoch ist der Ertragswert bei obigem Beispielsfall (Ertragswert), wenn der Kalkulationszinssatz dem Marktzins für zehnjährige Industrieanleihen durchschnittlicher Bonität (Annahme: derzeit 7 %) entsprechen soll? Wie hoch wäre der Ertragswert im „statischen Modell".

Folgende Probleme treten bei der Ermittlung des Ertragswerts auf:

- Prognose der erwarteten Rückflüsse (Gewinne und Restwert),
- Bestimmung des Kalkulationszinssatzes,
- Bestimmung der Laufzeit.

Bei der Substanzwertmethode entfällt das Prognoserisiko. Idee dieser Methode ist es, das zu bewertende Unternehmen „nachzubauen" (Prinzip der zeitpunktbezogenen Einzelbewertung). Der kostenmäßig festgestellte Reproduktionswert ist der Bruttounternehmenswert. Um den Nettounternehmenswert zu errechnen, muss man den Wert des Fremdkapitals abziehen. Der Kaufpreis ist mit diesem Nettowert meist nicht identisch, sondern bemisst sich meist auf einen prozentualen Anteil (meist erfolgt ein Abschlag).

Das Ertrags- und das Sachwertverfahren können auch kombiniert werden. Das Mittelwertverfahren zielt auf einen Mittelwert von Ertrags- und Substanzwert.

10.4 Moderne Verfahren

Charakteristisch für die modernen Verfahren ist, dass der Unternehmenswert als subjektiver Wert verstanden wird. Danach ist der Wert von Interessenlagen und von Entscheidungssituationen abhängig. Der Unternehmenswert wird aus den finanziellen Erträgen abgeleitet und basiert auf der Kapitalwertmethode. Der Kapitalwert einer Investition ergibt sich aus den auf den Entscheidungszeitpunkt abgezinsten Rückflüssen abzüglich der Anfangsauszahlung der Investition (DCF-Methode – Discounted-Cashflow-Methode).

Berücksichtigung finden folgende vier grundlegende Problembereiche:

1. Anpassung der Aufwendungen und Erträge an Zahlungsvorgänge mittels Abzinsung;
2. Ermittlung der zukünftigen Erfolge (Prognoseproblem) gestützt auf Marktanalysen – hieraus abgeleitet Investitionen (Abschreibungen), Umsatzprognose und Finanzbedarf;
3. Festlegung des kalkulatorischen Zinssatzes (Alternativrendite bei gleichem Risiko);
4. Berücksichtigung subjektiver Erwartungen.

11 *Finanzierung*

LEITFRAGEN

- ***Wie können Finanzierungsformen unterschieden und wie können sie systematisiert werden?***
- ***Wie können Unternehmen mit Eigenkapital versorgt werden?***
- ***Welche Möglichkeiten der Kapitalerhöhung unterscheidet man bei Aktiengesellschaften?***
- ***In welcher Weise können Unternehmen Kredit aufnehmen?***
- ***Welche Kreditarten und Kreditformen gibt es?***
- ***Wie wirkt sich ein Skontoverzicht aus, und wie lässt er sich berechnen?***
- ***Welche Zins- und Rückzahlungsmodalitäten sind in der Praxis geläufig?***
- ***Welche Voraussetzungen gelten für Kreditsicherheiten, und wie werden diese bewertet?***
- ***Wie läuft eine Kreditgewährung banküblich ab?***
- ***Welche Anforderungen stellt § 18 KWG bei der Offenlegung der wirtschaftlichen Verhältnisse?***
- ***Wie führt man traditionell und nach Basel II/III eine Kreditwürdigkeitsprüfung durch?***
- ***Was versteht man unter „Kapitaldienstfähigkeit“, und wie wird diese bestimmt?***
- ***Wie können Unternehmen aus eigener Kraft Mittel zur Deckung des Kapitalbedarfs bereitstellen?***
- ***Worin besteht der Unterschied zwischen der offenen und der stillen Selbstfinanzierung?***
- ***Warum ergeben sich aus der Bildung von Rückstellungen Finanzierungseffekte?***
- ***Wie funktioniert die Finanzierung aus Abschreibungen, und welche Effekte ergeben sich hieraus?***

11.1 Finanzierungsbegriff und Systematik der Finanzierungsformen

In enger Auslegung umfasst die Finanzierung nur die Kapitalbeschaffung. Es hat sich jedoch als zweckmäßig erwiesen, den Finanzierungsbegriff weiter zu fassen und vier Kernbereiche der Finanzierung zu unterscheiden:

1. Versorgung des Unternehmens mit dem erforderlichen Kapital (Kapitalbeschaffung):
   - von außen: Kapitalaufnahme von Eigen- oder Fremdkapital (Bilanzverlängerung),
   - von innen: Kapitalzuwachs über die Einbehaltung von Gewinnen oder durch die Bildung von Rückstellungen.
2. Freisetzung von investierten Finanzmitteln in liquidere Formen:
   - Liquidation von Vermögensteilen (Aktivtausch),
   - Kapitalfreisetzung durch Abschreibungen oder in sonstiger Weise.
3. Optimale Strukturierung des Kapitals (Kapitalumschichtung/Passivtausch)
   - von Eigenkapital in Fremdkapital oder von Fremdkapital in Eigenkapital,
   - innerhalb des Fremdkapitals oder innerhalb des Eigenkapitals.

   Ziel ist hierbei, die Zahlungsfähigkeit zu sichern und das finanzielle Gleichgewicht herzustellen. Hierzu dienen Finanzpläne (vgl. Kap. 8.3) und Finanzierungsregeln (vgl. Kap. 12.2.4). Der Leverageeffekt beschreibt die Rentabilität in Abhängigkeit vom Verschuldungsgrad (vgl. Kap. 7.2.1).
4. Kapitalabfluss (Bilanzverkürzung)
   - nach außen: Rückzahlung früher beschafften Kapitals,
   - nach innen: Kapitalverlust.

Die Finanzierungsformen können nach der Rechtsstellung der Kapitalgeber und nach der Herkunft der Mittel unterteilt werden.

- Nach der Rechtsstellung der Kapitalgeber unterteilt man sie in
  - Eigenfinanzierung (Zuführung von Eigenkapital mit Haftungsfunktion) und
  - Fremdfinanzierung (Zuführung von Fremdkapital mit Rückzahlungsverpflichtung).
- Nach der Herkunft der Mittel unterteilt man sie in
  - Außenfinanzierung (von außerhalb dem Unternehmen zugeführtes Kapital) – das Kapital und dessen Überlassungsfrist sind meist genau festgelegt;
  - Innenfinanzierung (das Unternehmen erwirtschaftet das Kapital selbst) – die genaue Höhe und der Zeitpunkt des Kapitalflusses sind eher ungewiss.

Systematisierung der Finanzierungsformen

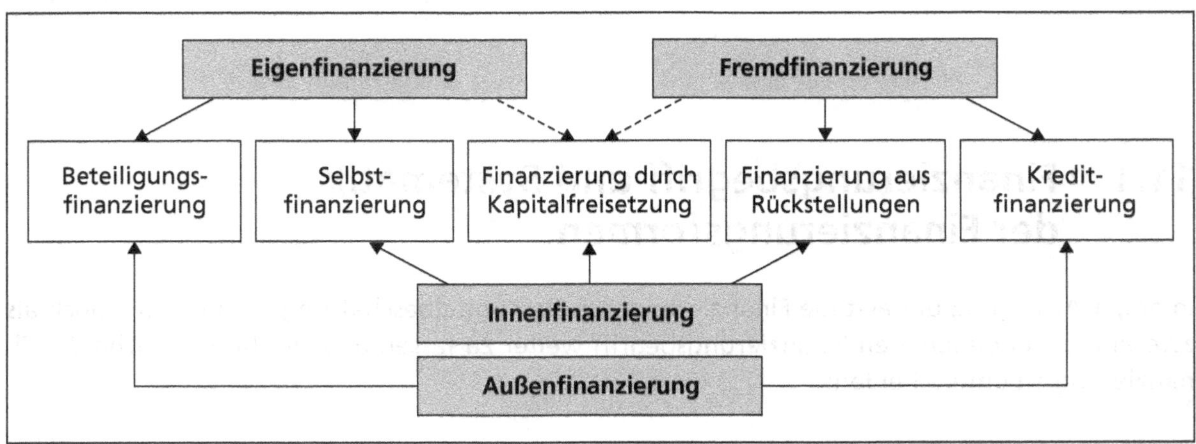

Zusammenhänge der einzelnen Finanzierungsformen nach Braunschweig

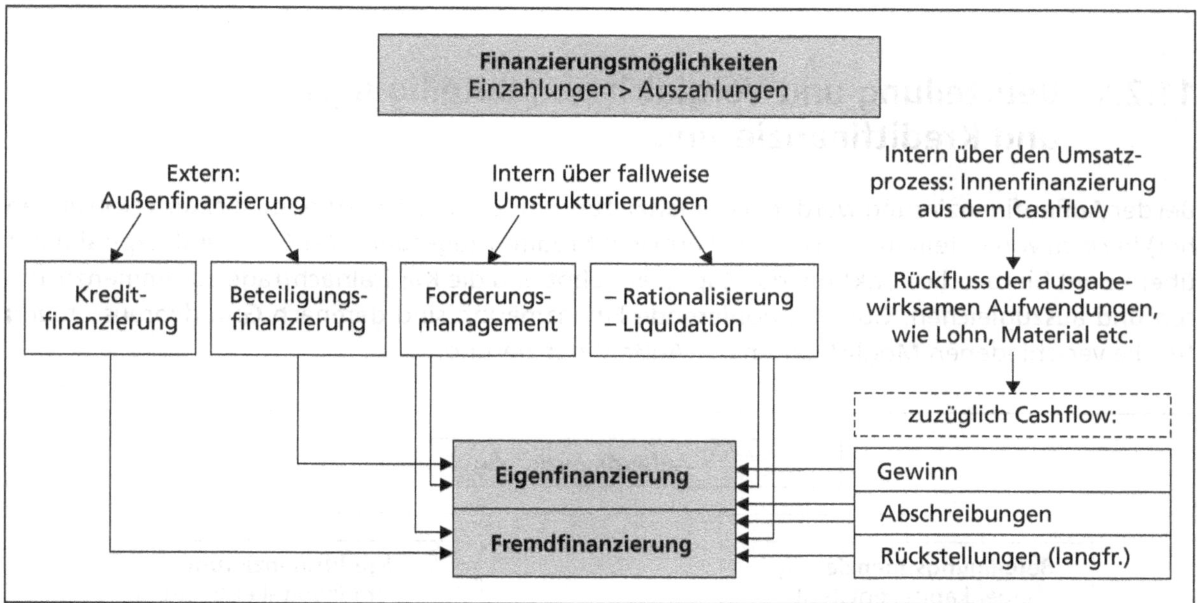

Quelle: *Braunschweig,* Grundlagen der Unternehmensfinanzierung, München 1999, S. 143

Ablaufschema des 11. Kapitels

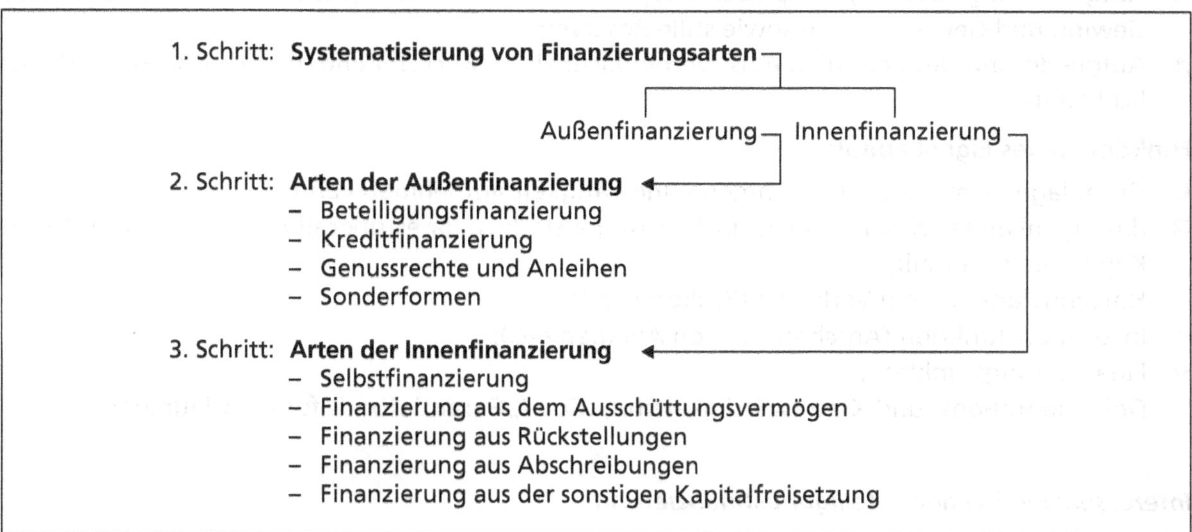

lies: *Schierenbeck/Wöhle,* 6. Kapitel, C I 1; *Perridon/Steiner/Rathgeber,* D I, S. 353–357

11.2 Außenfinanzierung

11.2.1 Beurteilung und Vergleich von Beteiligungs- und Kreditfinanzierung

Bei der Außenfinanzierung werden die Finanzierungsmittel dem Unternehmen extern (von außen her) in Form von Beteiligungen oder in Form von Krediten zugeführt. Der Geld- und Kapitalmarkt übernimmt hierbei die Funktion, das Kapitalangebot und die Kapitalnachfrage zusammenzuführen und auszugleichen. Gut funktionierende Finanzmärkte sind demnach Grundvoraussetzung für die verschiedenen Möglichkeiten der Außenfinanzierung.

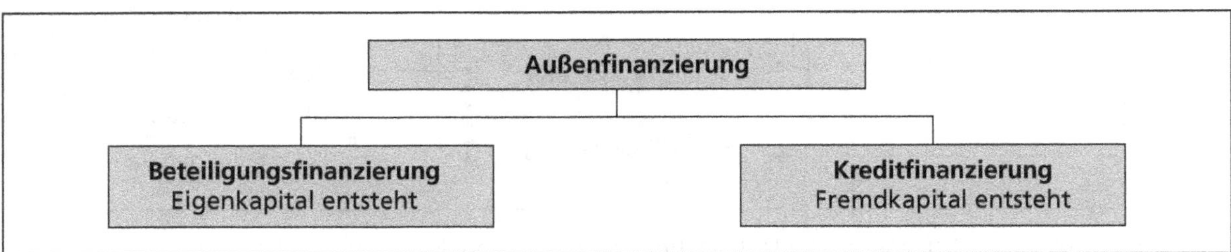

Beteiligungen zählen gewöhnlich zum Eigenkapital, Kredite zum Fremdkapital:

- Aufgliederung des Eigenkapitals: ausgewiesenes Nominalkapital, Rücklagen, laufender Gewinn und Gewinnvortrag sowie stille Reserven;
- Aufgliederung des Fremdkapitals: Verbindlichkeiten, Rückstellungen und sonstige Verbindlichkeiten.

Funktionen des Eigenkapitals:

- Grundlage, damit ein Unternehmen seine Tätigkeit aufnehmen kann;
- das Eigenkapital verleiht einen großen Aktionsradius, da es überall einsetzbar ist und kein Kapitaldienst anfällt;
- Haftungsfunktion bei Verlusten (Risikopuffer);
- Investitionsfunktion (Anschaffung von Anlagen etc.);
- Finanzierungsfunktion;
- Dokumentations- und Kreditwürdigkeitsfunktion („Garantiefonds für die Gläubiger").

Interessenlage bei der Beteiligungsfinanzierung

Interessenlage Kapitalgeber (Gesellschafter)		Interessenlage Kapitalnehmer (Gesellschaft)	
pro	**contra**	**pro**	**contra**
Anteil am Gewinn (Chance)	Anteil am Verlust (Risiko)	Kein fester Kapitaldienst	Mitspracherecht
Anteil am Firmenwert und an den stillen Reserven	Langfristige Bindung	Eigenkapital ist überall einsetzbar	Gewinnausschüttung ist steuerlich nicht absetzbar
Sachwertinvestition samt Mitspracherecht		Erhöhung der Kreditwürdigkeit	Renditestreben

Wichtige Unterschiede von Eigen- und Fremdkapital

	Eigenkapital	Fremdkapital am Beispiel Darlehen
Rechtsverhältnis	Beteiligungsverhältnis	Schuldverhältnis (Nominalanspruch)
Haftung	Je nach Rechtsform haftet für Verluste die Einlage, unter Umständen sogar das gesamte Privatvermögen	Keine Haftung für Verluste
Eigentumsrecht	z. B. Anteil am Liquidationserlös	Rückzahlungsanspruch
Entgelt	Anteil am Gewinn bzw. Verlust	Zinsanspruch
Mitbestimmung	Mitbestimmungsrecht	Kein Mitbestimmungsrecht
Verfügbarkeit	Zeitlich unbestimmt	Zeitlich begrenzt (Laufzeit)
Steuern	Gewinn unterliegt Ertragsteuer; Eigenkapitalzinsen sind nicht absetzbar	Zinsen als Aufwand absetzbar; Tilgung i. d. R. vom versteuerten Ergebnis
Volumen	Begrenzung durch finanzielle Kapazität und Bereitschaft bisheriger und neuer Gesellschafter	Begrenzung durch Kapitaldienstfähigkeit und die verfügbaren Sicherheiten von Gesellschaft und Gesellschafter
Interesse	Erhalt des Unternehmens und Steigerung des Unternehmenswerts	Erhalt des Anspruchs, wichtig hierfür: Zahlungsfähigkeit, Kapitaldienstfähigkeit und Erhalt der Sicherheiten
Liquidität	Keine regelmäßigen Zahlungen an Gesellschafter garantiert	Zins und Tilgung nach Vertrag

Beachte: Ein und dieselbe Person kann gleichzeitig Eigen- und Fremdkapitalgeberin sein. So können Gesellschafter Einlagen leisten (Eigenkapitalgeber) oder auch Darlehen gewähren (Fremdkapitalgeber in Form von Gesellschafterdarlehen), wenn sie ihr Haftkapital nicht erhöhen wollen.

BEISPIEL

Fritz Füllsack ist alleiniger Gesellschafter-Geschäftsführer einer GmbH. Seine Tante Frieda stirbt und vererbt ihm 100 T€. Dieses Geld möchte er in das Unternehmen „stecken". Er überlegt unterschiedliche Möglichkeiten, die 100 T€ und dessen Kapitalqualität einzubringen. Im Einzelnen gibt es folgende Möglichkeiten:

- Erhöhung des gezeichneten Kapitals (Stammkapitals). Besonderheiten: Sehr langfristiges Eigenkapital, Rückzahlung nur über eine Kapitalherabsetzung möglich.
- Erhöhung der Kapitalrücklage mittels einfacher Zuzahlung. Besonderheit: Eigenkapital, solange bis neuer Verwendungsbeschluss erfolgt.
- Eingehung einer stillen Beteiligung, Mezzanine-Finanzierung mittels Vertrag. Besonderheit: Mischform von Eigen- und Fremdkapital (vgl. Kap. 11.2.6).
- Begebung eines Gesellschafterdarlehens mittels Vertrag („Sonstige Verbindlichkeit"). Besonderheit: Zeitlich befristetes und verzinsliches Fremdkapital. Zinsen sind steuerlich absetzbar.
- Kombinationen der Varianten.

lies: *Wöhe/Döring*, 5. Abschnitt, V 2 c; *Olfert/Reichel*, Finanzierung, A 1

11.2.2 Die Beteiligungsfinanzierung von Unternehmen ohne Börsenzugang

In Deutschland sind viele Unternehmen mittelständisch geprägt. Im Unterschied zu den sehr großen Konzernen wird der Mittelstand vom Firmeninhaber geprägt. Er trägt das Risiko und übernimmt die unternehmerische Führung und Verantwortung. Das Wohl und Wehe des Unternehmens hängt oftmals von seinen Fähigkeiten und seinem Engagement ab. Rechtlich kann sich der Mittelstand in einer Personengesellschaft oder in einer Kapitalgesellschaft formieren.

Ausgewählte Besonderheiten der jeweiligen Rechtsform:

	Personengesellschaft (Beispiel: Einzelunternehmen „eK")	Kapitalgesellschaft (Beispiel: GmbH)
Gründung:	relativ einfach	relativ aufwendig
Startkapital:	nicht vorgeschrieben	Mindestkapital 25 T€
Haftung:	Es haftet das Gesellschafts- und das Privatvermögen.	entsprechend der Höhe des Kapitals; üblich: Bürgschaft des Gesellschafter-GF gegenüber der Hausbank
Kreditwürdigkeit:	eher hoch (abhängig vom Einzelfall)	eher niedrig (abhängig vom Einzelfall)
Geschäftsführung:	Inhaber	Selbst- oder Fremdorganschaft möglich
Auflösung:	relativ einfach	relativ aufwendig

Beteiligungsfinanzierung in Abhängigkeit ausgewählter Rechtsformen

Die Beteiligungsfinanzierung umfasst alle Beschaffungsmaßnahmen von Eigenkapital, das von außerhalb des Unternehmens zufließt. Die Beteiligung erfolgt durch Einlagen (Geld- oder Sacheinlage oder in Form von Rechten) entweder durch bereits vorhandene Gesellschafter oder durch neu eintretende Gesellschafter. Ein Verkauf von Anteilsrechten über die Börse ist nicht möglich. Offen bleibt allenfalls der enge Weg über den grauen Kapitalmarkt. Nachteil dieser Alternative: in der Regel kein Agio-Effekt, hohe Transaktionskosten, mangelnde Transparenz, enger Markt.

Einzelunternehmung (eK):

- Zusätzliche Einlagen des Inhabers,
- Aufnahme eines stillen Gesellschafters (§ 230 HGB),
- Umwandlung in andere Gesellschaft nach Aufnahme von Gesellschaftern.

Offene Handelsgesellschaft (OHG) oder BGB-Gesellschaft:

- Zusätzliche Einlagen eines oder mehrerer Gesellschafter,
- Aufnahme eines stillen Gesellschafters,
- Aufnahme neuer Gesellschafter,
- Umwandlung in KG oder in Kapitalgesellschaft nach Aufnahme neuer Gesellschafter.

Kommanditgesellschaft (KG):

- Zusätzliche Einlagen von Komplementären,
- Aufnahme neuer Gesellschafter (Komplementäre oder Kommanditisten),
- Aufnahme eines stillen Gesellschafters,
- Erhöhung der Kommanditeinlage bzw. Einforderung noch ausstehender Einlagen,
- Umwandlung in eine Kapitalgesellschaft nach Aufnahme neuer Gesellschafter.

Gesellschaft mit beschränkter Haftung (GmbH):

- Einforderung ausstehender Einlagen bzw. von Nachschüssen,
- Erhöhung des Stammkapitals, das von bisherigen oder neuen Gesellschaftern einbezahlt wird,

- Einfache Zuzahlung in die Kapitalrücklage,
- Aufnahme eines stillen Gesellschafters,
- Umwandlung in AG oder GmbH & Co. KG nach Aufnahme neuer Gesellschafter.

Nicht börsennotierte Aktiengesellschaft (AG):

- Einforderung von ausstehenden Einlagen,
- Einfache Zuzahlung in die Kapitalrücklage,
- Durchführung einer Kapitalerhöhung,
- Verkauf eigener Aktien,
- Aufnahme stiller Gesellschafter.

Genossenschaft (eG):

- Einforderung von ausstehenden Einzahlungen auf den Geschäftsanteil,
- Zulassung weiterer Geschäftsanteile,
- Aufnahme neuer Mitglieder,
- Aufnahme stiller Gesellschafter.

Doppelgesellschaften:

Doppelgesellschaften entstehen durch Aufspaltung eines Unternehmens oder einer Vereinigung in zwei juristisch selbstständige Bestandteile. Ein Teil übernimmt dabei eher operative Zwecke, der andere Teil befasst sich mit Vermögensfragen oder mit der Interessensbündelung. So managt bei einer „Betriebsaufspaltung" (vgl. Kap. 5.7) die Betriebsgesellschaft den operativen Betrieb (Produktion, Einkauf, Vertrieb etc.), die Besitzgesellschaft hält große Teile des Vermögens (meist Anlagevermögen wie Gebäude und Maschinen) und verpachtet dieses an die Betriebsgesellschaft. Bei Mitgliedervereinigungen – z. B. ADAC, Rotes Kreuz, Fußballclubs – kann die Mitgliederformation über einen Verein (e. V.) oder eine Genossenschaft (eG) erfolgen und der Geschäftsbetrieb auf eine Gesellschaft (AG, GmbH etc.) ausgegliedert werden.

BEISPIEL

Die Knapp GmbH braucht neues Kapital. Um effektiv neues Eigenkapital zu beschaffen, gibt es mehrere Möglichkeiten:

- Einfordern ausstehender Einlagen bestehender Gesellschafter,
- Erhöhung des Stammkapitals und sofortiges Einfordern der neuen Einlagen,
- einfache Zuzahlung in die Kapitalrücklage,
- Aufnahme eines stillen Gesellschafters,
- Umwandlung der Rechtsform – z. B. in eine AG, KGaA, KG – verbunden mit einer Kapitalerhöhung,
- Vermögensdispositionen, z. B. Verkauf von Vermögensgegenständen über den Buchwert.

Für Kapitalanleger an nicht emissionsfähigen Unternehmen ergeben sich folgende Nachteile:

- Das Risiko der Kapitalanlage ist sehr schwer einschätzbar.
- Die Anteile können nur schwer veräußert werden, zumal es keinen organisierten Markt gibt.
- Auch wenn es einen potenziellen Käufer gibt, wird dieser misstrauisch sein, zumal der bisherige Gesellschafter einen Informationsvorsprung hat. Er wird sich fragen, warum der bisherige Gesellschafter „aussteigt". Findet er keine klare Antwort, wird dies seine Bereitschaft senken, einen hohen Preis für die Beteiligung zu zahlen.

Das Problem des Informationsvorsprungs ist dann nicht gegeben, wenn der Käufer „Insider" ist, also bereits Anteile besitzt oder in der Geschäftsführung bereits mitwirkt. Übernehmen angestellte Manager Anteile am Unternehmen spricht man vom „Management-Buy-Out".

Eine Alternative zur Beteiligungsfinanzierung ist die Einbindung einer Venture-Capital- oder Kapitalbeteiligungsgesellschaft. Diese Gesellschaften beteiligen sich meist an nicht emissionsfähigen Unternehmen mit einer Minderheitsbeteiligung von 20 bis 49 % und beraten das Unternehmen auch betriebswirtschaftlich. Die Beteiligungsgesellschaften sind oft Tochterunternehmen von Banken, des Staates oder sie refinanzieren sich über Fonds, die bei institutionellen Anlegern platziert werden.

1 zu 11 (Aufgabe):

Einhundert Zahnärzte in Baden planen die kaufmännische Abwicklung ihrer Praxen zu professionalisieren. Hierzu soll eine professionelle Vereinigung gegründet werden, die auch Software und Mitarbeiterschulungen anbietet. Bei Erfolg soll die Vereinigung Zahnärzten bundesweit zur Verfügung stehen. Welche Rechtsform bietet sich an, wenn jeder Zahnarzt 5.000 € beisteuern will? Welche Gesellschaftsformen sind ungeeignet und warum? Begründen Sie Ihre Aussage!

lies: *Luger/Geisbüsch/Neumann,* 5.6.1, S. 304–309; *Zantow,* 2.2; *Wöhe/Bilstein,* 2. Abschnitt I; *Perridon/Steiner/Rathgeber,* D II 1 a; zur Konstruktion von Bundesligafußballvereinen vgl. *Küting/Strauß,* in: DB 15/2010, S. 793–802

11.2.3 Die Beteiligungsfinanzierung emissionsfähiger Unternehmen

11.2.3.1 Überblick

Emissionsfähige Unternehmen haben folgende Vorteile:

- Für sie ist die Eigenkapitalbeschaffung einfacher als für nicht emissionsfähige Unternehmen.
- Für Wertpapiere – insbesondere Aktien – bestehen organisierte Märkte (Börse). Die Börse übernimmt die Bewertung der Aktien und garantiert eine hohe Fungibilität (Bewertungs- und Umschlagsfunktion der Börse).
- Es besteht eine professionelle Geschäftsführung durch Fremd- oder Selbstorganschaft.
- Es existieren sichere Rahmenbedingungen durch relativ strenges Kapitalmarkt- und Aktienrecht.

Zugang zu den Wertpapierbörsen zum Zwecke der Eigenkapitalbeschaffung besitzen Aktiengesellschaften (AG, SE) und Kommanditgesellschaften auf Aktien (KGaA). Die Aktiengesellschaft besitzt ein nominell fixiertes Grundkapital (mind. 50.000 € gezeichnetes Kapital), das in einzelne Anteile (Aktien) aufgeteilt ist. Bei Nennwertaktien beträgt der Mindestnennwert 1 €.

Aktienarten:

- Nach Art der Übertragbarkeit:
  - Inhaberpapier: Übertragung durch Einigung + Übergabe (Recht aus dem Papier folgt Recht am Papier, z. B. Inhaberaktie) oder durch Zession.
  - Orderpapier bezeichnet bestimmte Person als Berechtigten, z. B. Namensaktie (§ 68 AktG): Übertragung durch Einigung + Übergabe + Indossament oder durch Zession.
  - Namens- oder Rektapapier: Übertragung durch Einigung + Umschreibung im Aktienbuch oder durch Zession samt Zessionsvermerk auf dem Wertpapier (z. B. vinkulierte Namensaktie).

Der deutsche Gesetzgeber hat mit dem Gesetz zur Namensaktie und zur Stimmrechtsausübung (NaStraG) den Begriff der Namensaktie aktualisiert und zugleich die Stimmrechtsausübung bei Hauptversammlungen erleichtert. Damit soll der Wechsel von der Inhaberaktie zur Namensaktie erleichtert werden. Aktiengesellschaften können so den Kontakt zu ihren Aktionären verbessern, z. B. Unternehmensinformationen ohne die Zwischenschaltung Dritter direkt an die Aktionäre versenden (§§ 67 ff., 125 ff. AktG).

In den USA werden praktisch keine Inhaberaktien an Börsen gehandelt. Da das deutsche Recht zweierlei Aktiengattungen nicht zulässt, haben große Konzerne – wie Daimler, Deutsche Bank, Deutsche Telekom oder Siemens – auf die Namensaktie umgestellt, um sich ihrer Vorteile zu bedienen. Der Nutzen wird jedoch durch die Möglichkeit von Treuhandschaften eingeschränkt. Das Aktienbuch wird meist von Dritten geführt.

- Nach dem Umfang der Aktionärsrechte:
  - Auskunftsrecht;
  - Beteiligung am Bilanzgewinn (Dividendenrecht) und am Liquidationserlös;
  - Bezugsrecht auf junge Aktien im Rahmen von Kapitalerhöhungen;
  - Stammaktien: Stimmrecht auf der Hauptversammlung;
  - Vorzugsaktien: kein oder eingeschränktes Stimmrecht; im Gegenzug meist erhöhte Dividende oder Vorrangdividende.
- Nach der Aufteilungsart des Grundkapitals (vgl. § 8 AktG) unterscheidet man:
  - Nennwertaktie: traditionelle Aktienart in Deutschland (Nennwert z. B. 1 €). Die Summe der Nennwerte macht das Grundkapital aus. Eine Ausgabe der Aktien darf nur zum Nennwert („zu pari") oder über dem Nennwert („über pari") erfolgen.
  - Stückaktie bzw. Quotenaktie.

lies: *Zantow/Dinauer,* 2.3; *Wöhe/Bilstein,* 2. Abschnitt Id; *Perridon/Steiner/Rathgeber,* D II 1 b; vertiefend zur Namensaktie: *DAI/Rosen* u. a.: Die Namensaktie, 2000

11.2.3.2 Börsenorganisation in Deutschland

An den deutschen Börsen gibt es streng genommen keinen einheitlichen Aktienmarkt, sondern mehrere Teilmärkte und Standards, die sich hinsichtlich ihrer Zulassungsregeln und ihrer Publizitätsregeln unterscheiden. Das Zulassungsverfahren von Aktien in das jeweilige Marktsegment ist unterschiedlich und ergibt sich aus den einschlägigen Gesetzen (AktG, HGB, BörsG, BörsO, BörsZulV, VerkProsP etc.) oder aus privatrechtlichen Vereinbarungen des jeweiligen Börsensegments. Das EU-Recht unterscheidet den „regulated" vom „unofficial market". Der regulierte Markt ist gesetzlich normiert und organisiert. Er hat strenge Zulassungsvoraussetzungen und Folgepflichten. Der Freiverkehr (Open Market) zählt nach EU-Recht nicht zum organisierten Markt, sondern stellt ein privatrechtliches Segment nach § 57 BörsG mit großen Regulierungsfreiheiten der jeweiligen Börse dar. Der Handel der Wertpapiere kann auf unterschiedlichen Plattformen erfolgen (Präsenzhandel, elektronischer Handel z. B. Xetra, Telefonhandel).

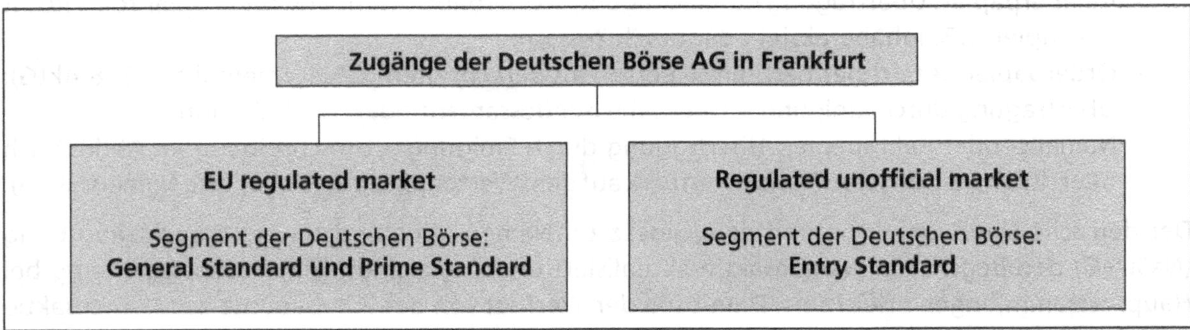

Nach der Börsenkrise 2002 wurde die Deutsche Börse in Frankfurt grundlegend neu strukturiert. Ziel der Reform war es, die Qualität der rechtlichen Bedingungen und die Transparenz des Aktienmarktes deutlich zu verbessern. Die Neusegmentierung zielte gleichzeitig auf eine höhere Integrität und Attraktivität des deutschen Kapitalmarktes für Emittenten und Investoren. Grundsätzlich entstanden zwei Börsenzulassungssegmente: der „General Standard" und der „Prime Standard" mit besonders strengen Zulassungs- und Transparenzvorschriften. Für mittelständische Unternehmen wurde im Jahr 2006 der Entry Standard im Freiverkehr neu eingerichtet.

Der General Standard ist eher national ausgerichtet. Für ihn gelten die gesetzlichen Mindestanforderungen an Transparenz und Verhaltensregeln. Für den Prime Standard, der auch international ausgerichtet ist, kommen schärfere (internationale) Regeln hinzu.

Börsensegment	Transparenzstandard
General Standard	Geeignet für Unternehmen, die nationale Investoren ansprechen, oder als Zweitnotiz für Ausländer. – Kostengünstiges Listing – Gesetzliche Mindestanforderungen an Transparenz und Verhaltensregeln – Jahresbericht bzw. Halbjahresbericht – Ad-hoc-Meldung
Prime Standard	Geeignet für Unternehmen, die sich internationalen Investoren mit hohen Transparenzanforderungen stellen wollen. – Quartalsberichterstattung in Deutsch und Englisch – Halbjahresfinanzberichterstattung nach WpHG – Internationale Rechnungslegungsstandards (IAS/IFRS oder US-GAAP) – Veröffentlichung eines Unternehmenskalenders mit den wichtigsten Terminen – Mindestens eine Analystenkonferenz pro Jahr – Ad-hoc-Mitteilungen und laufende Berichterstattung in deutscher und englischer Sprache

Parallel zur Neustrukturierung der Segmente hat die Deutsche Börse auch die Indexfamilie neu formiert. Der Prime Standard besteht zunächst aus dem DAX mit den 30 größten Standardwerten (Bluechips). Daneben werden die „klassischen Branchen" über den MDAX und SDAX – jeweils 50 Werte – und die „Technologiewerte" über den TecDAX (30 Werte) geführt. Hinzu kommen 18 Branchenindizes. Alle Indizes zusammen bilden den Composite DAX (CDAX).

Deutsche Aktienindizes und deren typische Vertreter (Stand: April 2015)	
DAX	Siemens, Deutsche Telekom, E.ON, Daimler, Deutsche Bank, Allianz, SAP, BASF …
MDAX	Südzucker, Fielmann, Fraport, Hannover Rück, MAN, Metro …
SDAX	BayWa, Indus, GfK, Grammer, Sixt, Hornbach, MLP, Puma …
TecDAX	BB-Biotech, Carl Zeiss, Qiagen, XING, Aixtron, Freenet, Jenoptik …

Aufgrund der Dominanz der Deutschen Börse Frankfurt haben sich die übrigen deutschen Börsen auf überwiegend für Privatanleger konzipierte Marktmodelle mit Best-Practices konzentriert:

Spezialisierung der Regionalbörsen – Auswahl	
Stuttgart	– EUWAX: Handel mit Derivaten – Gate-M: Segment für mittelständische Unternehmen im Rahmen organisierter Märkte
München	– M.access: Plattform für mittelständische Unternehmen
Düsseldorf	– QUOTRIX elektronisches Handelssystem für aktive Anleger

Die deutsche Indexfamilie

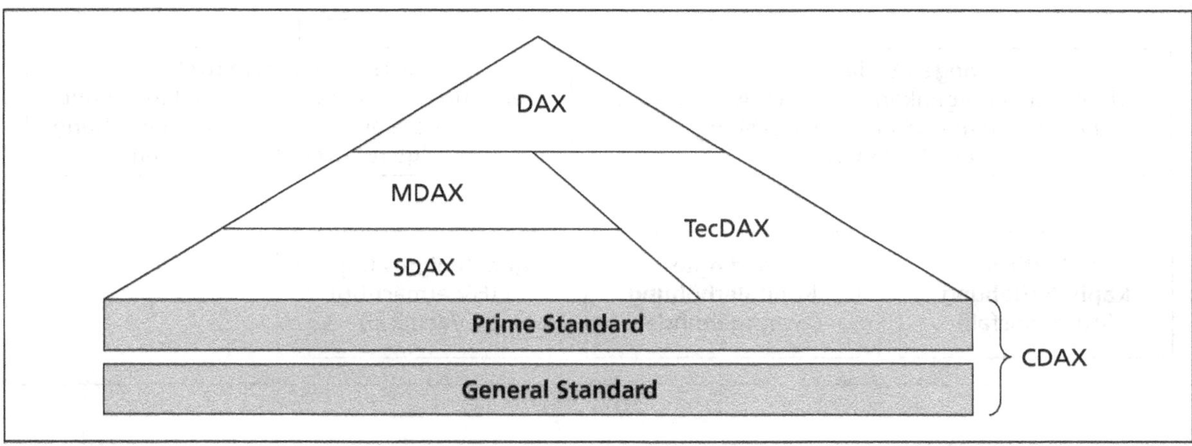

lies: *Zantow/Dinauer,* 2.3; vertiefend: *Bacher,* Bankmanagement kompakt, Konstanz 2015; *Neufeld,* Die neue Indexwelt der Deutschen Börse, in: Die Bank 1/2003, S. 18–23; vgl. auch www.dai.de und www.deutsche-boerse.de

11.2.3.3 Übersicht über Kapitalerhöhungen

Nach erfolgter Gründung erfolgt die Beteiligungsfinanzierung einer Aktiengesellschaft üblicherweise über Kapitalerhöhungen. Die Gesellschafter führen von außen dem Unternehmen entweder liquide Mittel (Bareinlage) oder Sachkapital (Sacheinlage) zu. Bei der Aktiengesellschaft wird das Grundkapital üblicherweise durch die Ausgabe neuer Aktien erhöht. Die neuen Aktien heißen „junge Aktien". Fließen aufgrund der Kapitalerhöhung Mittel zu, die den Nominalbetrag der Aktie übersteigen, werden diese als Kapitalrücklage den Rücklagen zugebucht (sogenannter Agioeffekt – vgl. auch Kapitel 3.3.2.2).

Klausur! Kleine Aufgabe

Gründe für Kapitalerhöhungen:
- Verbesserung der Liquiditätslage (= Optimierung der Aktiva),
- Verbesserung der Eigenkapitalausstattung (= Optimierung der Passiva),
- damit Erhöhung der Kreditwürdigkeit und Möglichkeit für weitere Investitionen,
- Umwandlung von Rücklagen,
- Möglichkeit der Umschuldung.

Möglichkeiten von Kapitalerhöhungen:

- Durch Verkauf „neuer" Aktien (sogenannte effektive Kapitalerhöhung, da der Gesellschaft nach Vollzug der Kapitalerhöhung neues Eigenkapital zugeführt wird). Hierzu bestehen drei Möglichkeiten:
  - Kapitalerhöhung gegen Einlagen (ordentliche Kapitalerhöhung §§ 182–191 AktG),
  - bedingte Kapitalerhöhung (§§ 192–201 AktG) nach Eintritt der Bedingung,
  - genehmigtes Kapital (§§ 202–206 AktG) nach Ausübung der Ermächtigung.
- Durch Ausgabe von Gratisaktien/Berichtigungsaktien (sogenannte nominelle Kapitalerhöhung): Kapitalerhöhung aus Gesellschaftsmitteln nach §§ 207–220 AktG.

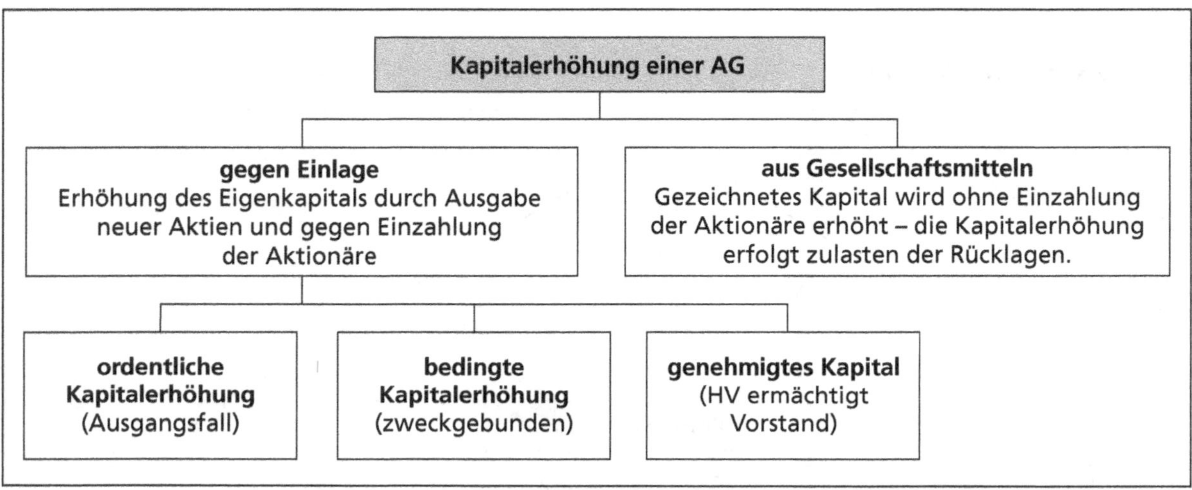

Ordentliche Kapitalerhöhung: Bei der Kapitalerhöhung gegen Einlage (ordentliche Kapitalerhöhung) werden neue (junge) Aktien gegen Bareinlage (weniger üblich: Sacheinlage) ausgegeben, um so die Eigenkapitalbasis zu erhöhen. Hierzu ist eine qualifizierte Mehrheit von 75 % in der Hauptversammlung notwendig (vgl. § 182 AktG). Um die Rechte der Altaktionäre zu wahren (Ausgleich für etwaige Vermögenseinbußen, Wahrung des Stimmanteils und des Anteils an den Rücklagen), erhalten sie entsprechend ihrer Beteiligung ein Bezugsrecht auf die jungen Aktien (§ 186 AktG). Wie viel Bezugsrechte für eine junge Aktie benötigt werden, bestimmt das Bezugsverhältnis. Das Bezugsrecht kann dem Aktionär nur mit Dreiviertel-Mehrheitsbeschluss der Hauptversammlung entzogen werden. Praktisch wird der Ausschluss von Bezugsrechten bei bedingten Kapitalerhöhungen (z. B. bei Fusionen und bei Ausgabe von „Stock Options" oder von Belegschaftsaktien, vgl. unten).

Der Bezugspreis der neuen Aktie ist in der Regel niedriger als der Börsenkurs der alten Aktie. Damit erhält das Bezugsrecht einen rechnerischen (wirtschaftlichen) Wert, dessen Höhe vom Bezugsverhältnis, dem Bezugskurs der jungen Aktie sowie dem Börsenkurs der alten Aktie abhängt.

BEISPIEL

Das Grundkapital der Muster-AG beträgt 1 Mio. € und ist in 200.000 5-€-Aktien eingeteilt. Der Kurs an der Börse notiert derzeit bei 100 €. Die Muster-AG beschließt, das Grundkapital durch Ausgabe von 40.000 jungen Aktien auf 1,2 Mio. € zu erhöhen, das entspricht 20 % oder einem Bezugsverhältnis von 5 zu 1. Der Bezugspreis wird mit 88 € festgelegt.

Jeder Altaktionär hat jetzt das Recht, für fünf „alte" Aktien (= fünf Bezugsrechte) eine „junge" für 88 € zu beziehen. Er zahlt hierfür 88 € und gibt die fünf Bezugsrechte der fünf Altaktien ab. Insgesamt hat er jetzt sechs Aktien (fünf alte und eine neue) im rechnerischen Gesamtwert von 588 € (500 € Kurswerte und 88 € Bareinlage). Die einzelne Aktie ist jetzt 98 € wert (588 € / 6). Auf diesen Wert wird sich (ceteris paribus) auch der neue Börsenkurs einpendeln.

Der rechnerische Wert des Bezugsrechts entspricht der Differenz zwischen altem und neuem Börsenkurs (100 € – 98 €), also dem Verlust in Höhe von 2 €. Das Bezugsrecht wird gewöhnlich für kurze Zeit an der Börse gehandelt. Der tatsächliche Preis des Bezugsrechts richtet sich nach der Marktlage, wird jedoch in der Nähe seines rechnerischen Werts liegen.

Die Berechnung des Bezugsrechts als Formel: Der rechnerische Wert ergibt sich aus der Differenz zwischen dem Börsenkurs der alten Aktie und dem Bezugspreis der neuen Aktie unter Berücksichtigung des Bezugsverhältnisses.

$$\text{Bezugsrecht} = \frac{\text{Kurs}_{\text{alte Aktie}} - \text{Kurs}_{\text{neue Aktie}}}{\text{Bezugsverhältnis} + 1}$$

BEISPIEL

Für das obige Beispiel:

$$\text{Wert des Bezugsrechts} = \frac{100\,€ - 88\,€}{5 + 1} = \frac{12\,€}{6} = 2\,€$$

Der Wert des Bezugsrechts beträgt 2 €.

Der Preis der jungen Aktie liegt gewöhnlich weit unter dem aktuellen Kurswert, aber weit über dem Nennwert der Aktie. Dieser Agioeffekt (Agio = Aufgeld = Differenz zwischen dem Bezugspreis und Nennwert) ist oft beachtlich und wird in die Kapitalrücklage gebucht (§ 272 II Nr. 1).

2 zu 11 (Aufgabe):

Eine AG erhöht durch Ausgabe von 6 Mio. neuen Aktien ihr Grundkapital von 600 Mio. € auf 900 Mio. €. Der Börsenkurs der Aktie beträgt 309 €, der Bezugspreis der neuen Aktie ist auf 150 € festgelegt.

a) Wie hoch ist der rechnerische Wert des Bezugsrechts?

b) Wie viel neues Geld fließt der AG zu, wie groß ist der Agioeffekt?

3 zu 11 (Aufgabe):

Eine AG möchte ihr Kapital um 20 % erhöhen.

a) Welches Bezugsverhältnis ergibt sich?

b) Wie hoch ist der Wert des Bezugsrechts, wenn die alte Aktie 23 €, die neue 20 € kostet?

c) Auf wie viel geht der neue Kurs der Aktien?

Bedingte Kapitalerhöhung: Die bedingte Kapitalerhöhung ist für den Fall vorgesehen, dass noch nicht genau feststeht, wann und wie viele junge Aktien überhaupt benötigt werden. Das Aktienrecht beschränkt die bedingte Kapitalerhöhung auf drei Fälle:

1. Vorbereitung von Unternehmenszusammenschlüssen,
2. Gewährung von Belegschaftsaktien an Mitarbeiter und an das Management,
3. Gewährung von Umtausch- bzw. Bezugsrechten an Gläubiger von Wandelschuldverschreibungen oder Optionsanleihen.

In allen drei Fällen werden junge Aktien an neue Aktionäre (an Dritte) ausgegeben. Damit wird unweigerlich das Bezugsrecht der Altaktionäre ausgeschlossen. Die Rechtsbeeinträchtigung wird hingenommen, da die Altaktionäre von dieser Maßnahme indirekt profitieren.

Wandelanleihen geben dem Gläubiger das Recht, die Schuldverschreibung in Aktien zu tauschen. Bei Ausgabe wird festgelegt: das Wandlungsverhältnis, die genauen Wandlungsbedingungen, die Wandlungsfrist.

Wandelanleihen – Vorzüge für das emittierende Unternehmen	**Wandelanleihen – Vorzüge für den Anleger**
– Zinssatz kann unter dem Marktzins liegen	– Fester Zins, solange Anleger nicht wandelt
– FK muss nicht getilgt werden, wenn der Anleger wandelt (aus FK wird dann EK)	– Kurschancen, wenn Aktie steigt, Kursrisiko durch Rückzahlungsanspruch begrenzt
– Zinsaufwand ist „Aufwand" und mindert den steuerpflichtigen Gewinn	– Kombination von Kurschance und fester Verzinsung bis zur Wandelung

Optionsanleihen verbriefen zusätzlich zum Forderungsrecht ein Bezugsrecht auf Aktien. Die Optionsrechte können von der Anleihe getrennt und selbstständig gehandelt werden. Bei Ausgabe wird festgelegt: das Bezugsverhältnis, die Optionsfrist und der Bezugspreis. Börsennotierung:

- Optionsanleihe mit Schein (volles Stück „cum"),
- Optionsanleihe ohne Schein (leeres Stück „ex"),
- reiner Optionsschein.

Genehmigtes Kapital: Nachteil der ordentlichen Kapitalerhöhung ist, dass die Aktiengesellschaft für die Erlaubnis einer Kapitalerhöhung die Hauptversammlung abwarten muss. Um diesen Nachteil zu vermeiden, kann die Hauptversammlung den Vorstand vorab ermächtigen, das Kapital zu erhöhen. Dieses Verfahren des „genehmigten Kapitals" garantiert volle Flexibilität. Beim genehmigten Kapital ermächtigt die Hauptversammlung den Vorstand quasi im Voraus, das Grundkapital bis zu einem bestimmten Zeitpunkt (maximal fünf Jahre) zu erhöhen, ohne dass ein weiterer Beschluss der Hauptversammlung notwendig wird. Jedoch muss der Aufsichtsrat in der Regel der Kapitalerhöhung zustimmen. Das genehmigte Kapital darf 50 % des bisherigen Grundkapitals nicht übersteigen.

Ausgabe von Gratisaktien – Kapitalerhöhung aus Gesellschaftsmitteln

Die Kapitalerhöhung aus Gesellschaftsmitteln ist ein rein technischer Vorgang (nominelle Kapitalerhöhung), bei dem kein neues Eigenkapital zufließt. Das in offenen Rücklagen ausgewiesene Eigenkapital wird in Grundkapital umgewandelt. Dadurch ändert sich das Verhältnis von Rücklagen zu Grundkapital, der Aktienkurs sinkt um das Verhältnis wie Gratisaktien ausgegeben werden. Das Motiv für die Kapitalerhöhung aus Gesellschaftermitteln ist häufig, den Aktienkurs nach Kursteigerungen optisch zu verbilligen. Die Ausgabe von Gratisaktien ist also kein Geschenk an die Aktionäre. Allenfalls mit einer „stillen Erhöhung der Dividende" kann gerechnet werden, wenn nämlich trotz der neuen Aktien pro Aktie die gleiche Dividende ausgeschüttet wird. Eine Verbilligung des Aktienkurses kann allerdings auch durch eine Aktienteilung (sogenannter Aktiensplitt) erreicht werden. Dabei wird z. B. eine 5-€-Nennwertaktie in fünf 1-€-Nennwertaktien gesplittet.

4 zu 11 (Aufgabe):

Eine AG hat 2 Mio. Aktien mit einem gezeichneten Kapital von 10 Mio. € und Gewinnrücklagen in gleicher Höhe. 5 Mio. € dieser Rücklagen sollen in Grundkapital (Gratisaktien) umgewandelt werden. Der Börsenkurs ist derzeit 45 €. Auf wie viel pendelt sich der Kurs der Aktie nach der Kapitalerhöhung aus Gesellschaftsmitteln ein?

Kapitalherabsetzung

Eine Kapitalherabsetzung vermindert das nominelle Haftkapital. Gründe hierfür können unterschiedlich sein, z. B. die Sanierung des Unternehmens, die Glättung oder Verminderung der Nennwertaktien. Je nach Rechtsform erfolgt die Kapitalherabsetzung auf unterschiedliche Weise. Bei Personengesellschaften erfolgt die Kapitalherabsetzung über Entnahmen und deren einfache Verbuchung, bei Kapitalgesellschaften erfolgt sie mit qualifizierter Mehrheit unter strengen gesetzlichen Voraussetzungen für Zwecke der finanziellen Sanierung (Bereinigung der Unterbilanz). Dies ist meist verbunden mit einer Erhöhung des Grundkapitals durch Einlagen, um der Gesellschaft die notwendige Liquidität zu verschaffen. Das gesetzliche Mindestkapital darf bei einer Kapitalherabsetzung nicht unterschritten werden.

Arten der Kapitalherabsetzung bei der Aktiengesellschaft:

- ordentliche Kapitalherabsetzung nach den §§ 222–228 AktG,
- vereinfachte Kapitalherabsetzung nach den §§ 229–236 AktG,
- Kapitalherabsetzung durch Einziehung von Aktien nach den §§ 237–239 AktG.

Für die GmbH ist die Kapitalherabsetzung in den §§ 58 ff. GmbHG geregelt.

lies: *Wöhe/Döring,* 5. Abschnitt, VIII 1–3; *Wöhe/Bilstein,* 2. Abschnitt, I 2b; vertiefend: *Jahrmann,* B 4.5 und C 4.2

11.2.4 Kreditfinanzierung

11.2.4.1 Überblick über die Kreditfinanzierung

Der Begriff „Kredit" geht auf das lateinische Wort „credere" zurück. „Glauben", besser noch „Vertrauen schenken", ist damit begriffsmäßig eine wesentliche Grundlage des Kreditgeschäfts, freilich nicht die einzige. Kredit ist die befristete Zurverfügungstellung von Kaufkraft im Vertrauen auf fristgerechte Rückzahlung in der Regel gegen Entgelt (Zins). Bei der Kreditfinanzierung handelt es sich um Fremdkapital, das befristet von außen zur Verfügung gestellt wird mit der Konsequenz

- eines Rückzahlungsanspruchs,
- (nur) eines Forderungsrechts (kein Miteigentum am Unternehmen, wenig Mitspracherecht).

Grundformen der Kreditfinanzierung

Abwicklung des Kreditgeschäfts			Kreditart	
	Auszahlung in	Rückzahlung in		
1	Waren	Geld	Lieferantenkredit	**Handelskredit**
2	Geld	Waren	Kundenanzahlung	
3	Geld	Geld	Geldkredit	**Bankkredit**
4	Kredittitel	Kredittitel bzw. Geld	Kreditleihe	

Einteilung der Kreditfinanzierung nach Kreditgebern

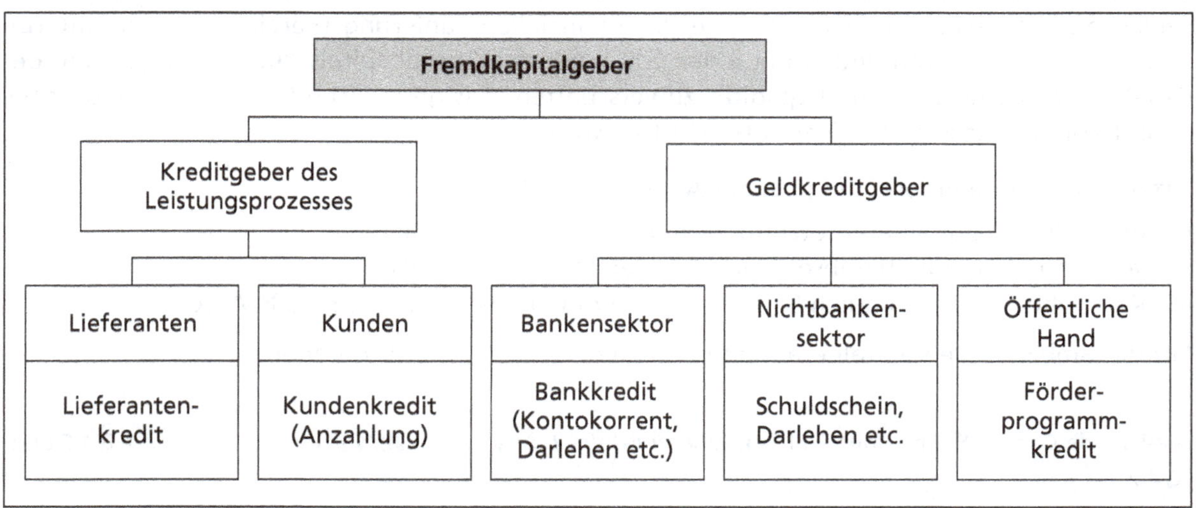

11.2.4.2 Lieferantenkredit

Beim Kauf von Gütern werden Kaufleuten oft Zahlungsziele (meist zwischen zehn und 30 Tagen, teilweise bis zu sechs Monaten) eingeräumt. Der Lieferant stundet also den Kaufpreis. Das alte kaufmännische Prinzip „erst die Ware, dann das Geld" ist für den Lieferanten risikoreich. Er kreditiert den Einkauf. Dieser Kauf ist zwar über die Kaufsumme begrenzt, ist aber ohne werthaltige Sicherheit nicht risikolos. Der geschäftsübliche Eigentumsvorbehalt als klassisches

Absicherungsmittel des Warenkredits ist eher eine schwache Sicherheit und geht insbesondere bei Weiterverarbeitung oder Weiterveräußerung oft ins Leere. Ein erweiterter oder verlängerter Eigentumsvorbehalt vergrößert die rechtliche Haftungsbasis der Lieferanten (rechtliches Konstrukt: Zession). Eine weitere Möglichkeit der Absicherung ist der Abschluss einer Warenkreditversicherung.

Der Lieferantenkredit ist auf den ersten Blick kostenfrei. Wird jedoch eine Skontiermöglichkeit eingeräumt, so ergeben sich bei Nichtinanspruchnahme zum Teil erhebliche Opportunitätskosten. Im Kern geht es um einen Kostenvergleich: Skontovorteil vs. zusätzliche Zinskosten.

BEISPIEL

Die Zahlungsbedingung „3 % Skonto bei Zahlung innerhalb zehn Tage oder 30 Tage netto" entspricht einem Jahreszins von (mindestens) 54 %. Bei Einhaltung der Fristen geht nämlich der 3%ige Vorteil in 20 Tagen verloren!

Merkmale des Lieferantenkredits	
Kosten	Durch Skontoverzicht (Opportunitätskosten) meist sehr hoch
Besicherung	Üblich ist die Vereinbarung eines (umfassenden) Eigentumsvorbehalts.
Laufzeit	Maximal: Zahlungsziel
Formvorschrift	Gering: Geregelt über Kaufvertrag, Rechnung oder AGB
Vorteil	Große Flexibilität; schnelle und relativ formlose Kreditgewährung
Nachteil	Hohe Kosten

5 zu 11 (Aufgabe):

Unternehmer Geldnot hat zwar keine freie „Kassenliquidität", aber noch ein offenes KK-Limit bei seiner Bank. Effektiv berechnet die Hausbank inklusive Kreditprovision 15 %. Geldnot hat Waren zu 100 T€ gekauft. Wenn er sofort (= am nächsten Tag) bezahlt, erhält er 2 % Skonto. Erfahrungsgemäß erhält er den ersten Mahnbescheid nach sechs Wochen, den er jedoch aus Image- und Rechtsgründen vermeiden will. Wie verhält sich Geldnot wirtschaftlich?

vertiefend: *Dt. Bundesbank*, Die Bedeutung von Handelskrediten in Deutschland, in: Monatsberichte der BB 10/2012, S. 53–66; *Bacher*, Sicher entscheiden, Kapitel 4: lohnende Skonti, Boni und andere Rabatte, S. 35–41; zur genauen Berechnung des Skontovorteils vgl. *Däumler/Grabe* 4.6

11.2.4.3 Anzahlungen von Kunden

Bei Rechtsgeschäften mit langen Fertigungszeiten oder bei Sonderanfertigungen (z. B. Spezialmaschinenbau, Baubranche etc.) sind Anzahlungen bzw. Vorauskasse üblich. Damit finanziert der Besteller (zum Teil) sein Werk vor und wird zum Fremdkapitalgeber, da er weder Gesellschafter noch (nicht) Eigentümer der Sache ist. Ohne Sicherheit (z. B. Ausführungsgarantie) ist dieses Kreditgeschäft jedoch nicht risikolos.

11.2.4.4 Bankkredit

11.2.4.4.1 *Arten und Formen des Bankkredits*

Der Bankkredit ist die wichtigste Außenfinanzierungsquelle für Unternehmen in Deutschland, weshalb eine vertiefende Behandlung der Thematik geboten ist.

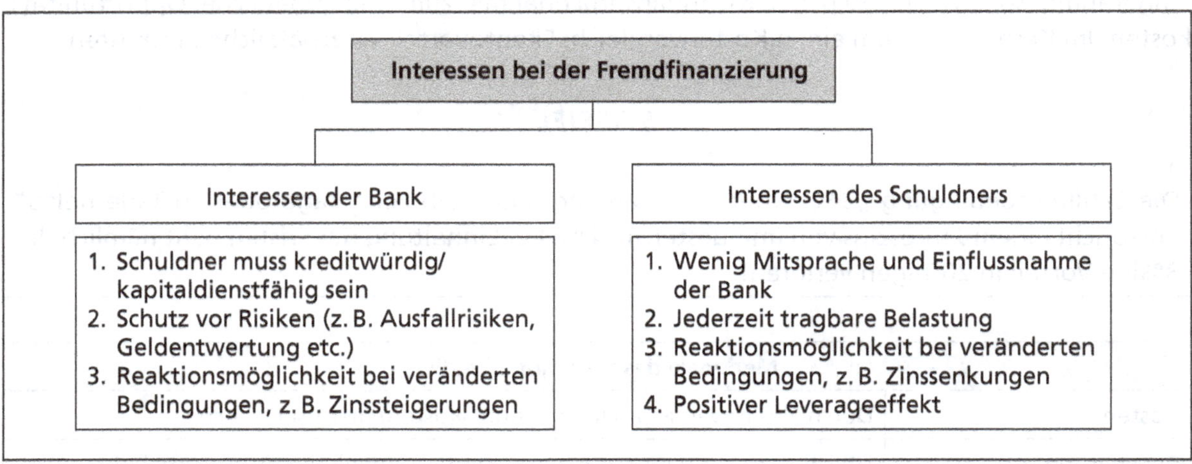

Banken gewähren Kredite an Privatleute (Konsum- und Wohnbaukredit) und an Unternehmen (Produktivkredit) als

- Investitionskredit zum Erneuern, Erweitern oder Errichten von Anlagen,
- Betriebsmittelkredit zur Finanzierung von Teilen des Umlaufvermögens,
- Saison- oder Zwischenkredit zur Überbrückung von finanziellen Engpässen.

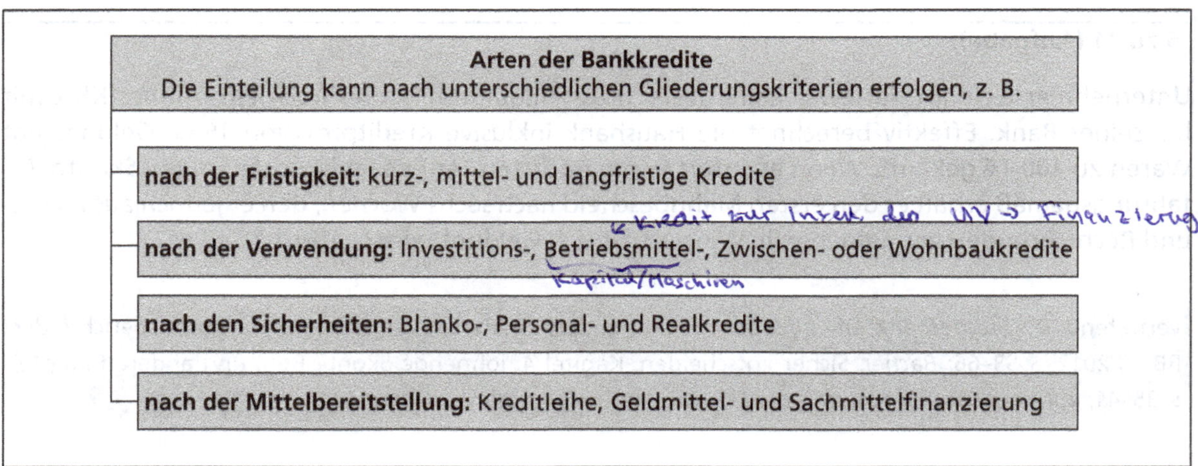

Die gebräuchlichen Kreditformen sind:

- Barkredite (sogenannte Geldleihe), wie z. B. Darlehen, KK-Kredit, Wechselkredit, Lombardkredit;
- Avalkredite (sogenannte Kreditleihe), wie z. B. Bürgschaftskredit, Akzeptkredit, Akkreditiv, Rembourskredit;
- sonstige Bankkreditformen, wie z. B. Gemeinschaftskredit, Eurokredit, Treuhandkredit;
- Handelskredite, wie z. B. Lieferantenkredit, Factoring.

Relativ einfach ist die Einteilung nach der Laufzeit, deren Zeiträume jedoch nicht eindeutig fixiert sind. Üblich ist eine Einteilung nach folgender Fristigkeit:

- kurzfristig: eng – bis 90 Tage, z. B. Handelswechsel; weit – bis 360 Tage, z. B. sechsmonatiger Saisonkredit,
- mittelfristig: bis zu vier oder fünf Jahre, z. B. dreijähriges Anschaffungsdarlehen,
- langfristig: über vier oder fünf Jahre, z. B. 15-jährige Immobilienfinanzierung.

Die Verzinsung kann wie folgt vereinbart sein:

- fixiert/festgeschrieben (in der Regel „gleichbleibend fixe Zinssätze"; möglich auch: Stufen- oder Gleitzinsen (step-up, step-down)),
- variabel je nach Zinslage (geldmarkt- oder kapitalmarktorientiert; in der Regel „geldmarktorientiert"). Die Zinsänderungsklausel muss den Referenzzinssatz, den Aufschlag der Bank („Marge") und den Anpassungszeitraum klar nennen (Transparenzgebot);
- abgezinst (Zero-Bond-Modell).

Effektivzins/Rendite

Allgemein übliche Messziffer der Verzinsung ist die Effektivverzinsung/Rendite (prozentuales Ergebnis der Gesamtaufwendungen in Bezug zum eingesetzten Kapital minus Kosten).

Annäherungsformel zur Berechnung der Effektivverzinsung (ohne Berücksichtigung von Tilgungsleistungen):

$$\text{Effektivzins} = \left(\text{Nominalzins} + \frac{\text{Kursdifferenz zwischen Rück- und Auszahlung}}{\text{Laufzeit}}\right) \times \frac{100}{\text{Auszahlungskurs}}$$

Durch ein mögliches Damnum (Disagio) und durch Bearbeitungsgebühren, die vom Kapitalgeber einbehalten werden, aber dennoch zurückzuzahlen sind, kommt es zu Abweichungen von Nominalzins zum Effektivzins. Werden Tilgungen während der Darlehenslaufzeit vereinbart, ist die Berechnung wesentlich schwieriger (Effektivverzinsung ergibt sich, wenn Barwert der Annuitäten bezogen auf den Auszahlungszeitpunkt gleich dem Auszahlungsbetrag ist). Die Berechnung ist deshalb schwierig, weil es sich um eine Gleichung n-ten Grades handelt, die praktisch nur durch mathematische Nährungsverfahren (bei $n > 3$) ermittelt werden kann. Für erste Vergleiche bedient sich die Praxis überschlägiger Berechnungen (mittlere Laufzeiten oder mittlere Kapitalbindung bzw. Gesamtkosten) oder der Kapitalwertmethode. Der Gesetzgeber veröffentlicht Approximationsformeln im Rahmen der Preisangabenverordnung.

6 zu 11 (Aufgabe):

Eine Bank bietet Ihnen folgende fünfjährige Darlehensvarianten an: 7,75 % zu pari oder 5 % bei 90%iger Auszahlung. Welche Variante ist besser, wenn keine Tilgung erfolgt und keine sonstige Kosten mehr anfallen?

a) Rechnen Sie annäherungsweise mit der Faustformel!

b) Vergleichen Sie die Alternativen mithilfe der Kapitalwertmethode genauer! Der fünfjährige Rentenbarwert beträgt bei einem Zinssatz von 7,75 % 4,0185, der fünfjährige Abzinsungsfaktor hierfür 0,6885. Rechnen Sie mit einem Kapitalnennbetrag von 100 T€!

vertiefend: *Deutsche Bundesbank*, Die Entwicklung der Unternehmensfinanzierung in Deutschland, in: Monatsbericht der BB 1/2012, S. 13–28; zur Berechnung der Effektivverzinsung vgl.: *Perridon/Steiner/Rathgeber*, D II 3 g; *Wöhe/Bilstein*, II 1 dd; zu den Finanzinnovationen vgl. *Wöhe/Döring*, 5. Abschnitt, V 3

Mit Ausnahme der Kontokorrentverzinsung richtet sich der Zins nach einem Aufschlag für Bearbeitung und Risiko nach der aktuellen Zinsstruktur (Zinsen für risikolose Geld- und Kapitalmarktprodukte, z. B. deutsche Staatsanleihen, vgl. hierzu Abbildung auf der folgenden Seite, aktuelle Zinsstruktur wird täglich von Eurostat ermittelt).

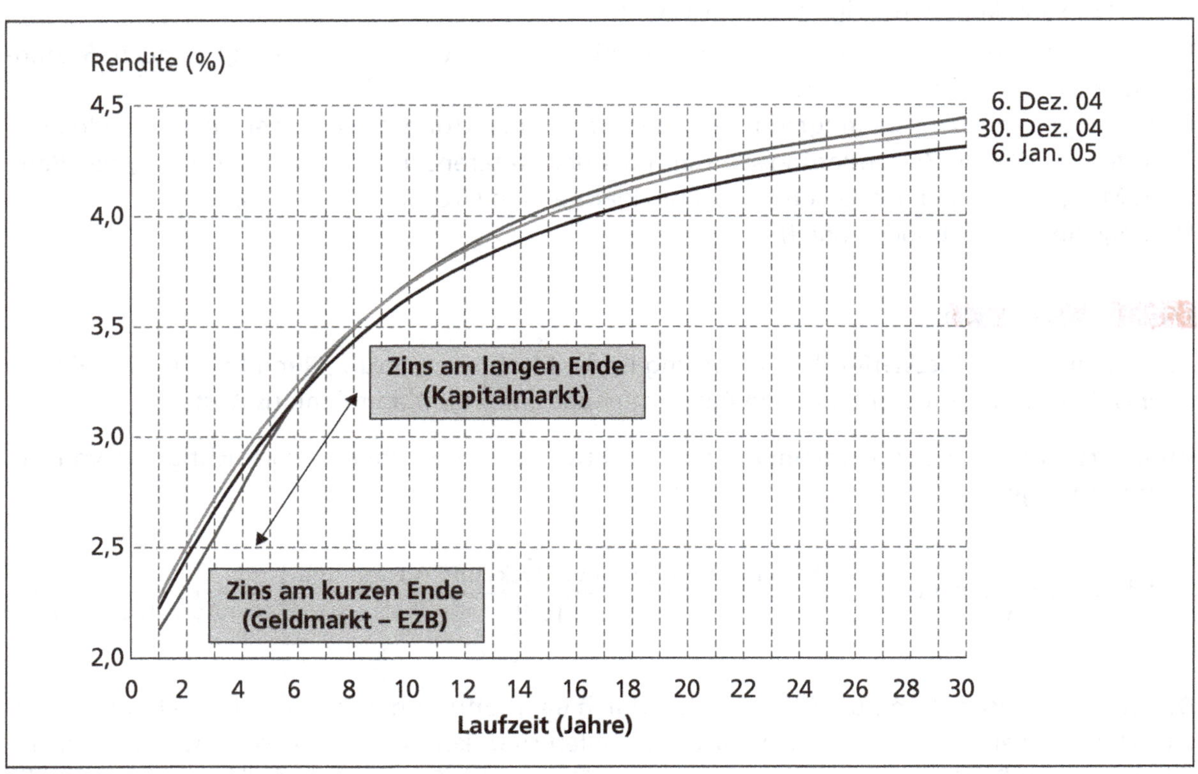

Ausgewählte Renditenstrukturkurven in Deutschland

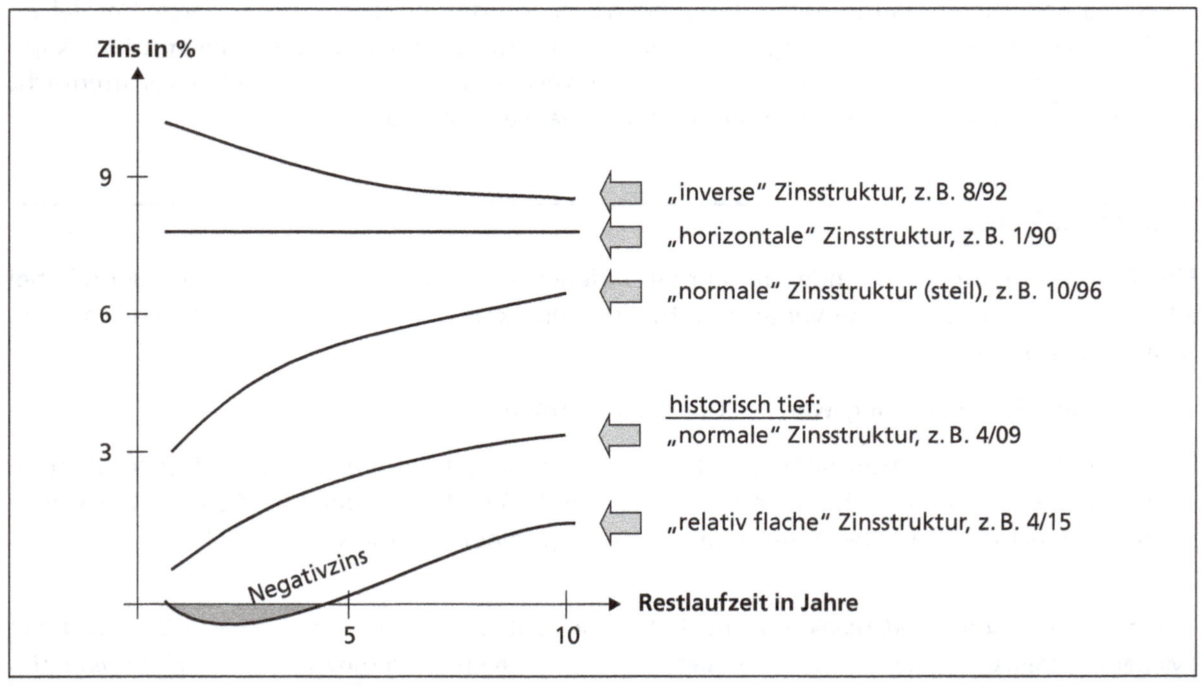

Kredite mit einer variablen Verzinsung sind meist an einen Referenzzinssatz gebunden. Referenzzinssatz könnte sein:

- Der Basiszinssatz nach § 247 BGB: Der Basiszinssatz löste den Diskontsatz ab und wird jährlich im Januar und im Juli dem Hauptrefinanzierungszinssatz der EZB angepasst.
- Euribor bzw. Libor: Beides sind maßgebliche Zinssätze des „Euro-Geldmarkts", die zwischen Banken gehandelt werden (Frankfurter Euribor = Euro Interbank Offered Rate bzw. Libor = London Interbank Offered Rate).

Um sich vor Zinsänderungsrisiken abzusichern, können moderne Zinsabsicherungsinstrumente eingesetzt werden (Zinsswaps, -optionen oder -grenzen (z. B. Zinscap, Zinscollar)).

Merkmale eines Kredits

Rechtsgrundlage für den Bankkredit sind die gesetzlichen Regelungen über das Darlehen (§§ 488 ff. BGB) und die Sicherheiten, der Darlehensvertrag und die Banken-AGB. Für Kredite an Privatpersonen (Verbraucherkredite) gelten besondere Schutzvorschriften (vgl. §§ 491 ff. BGB). Die wichtigsten qualitativen und quantitativen Merkmale eines Kredits ergeben sich aus folgender Übersicht.

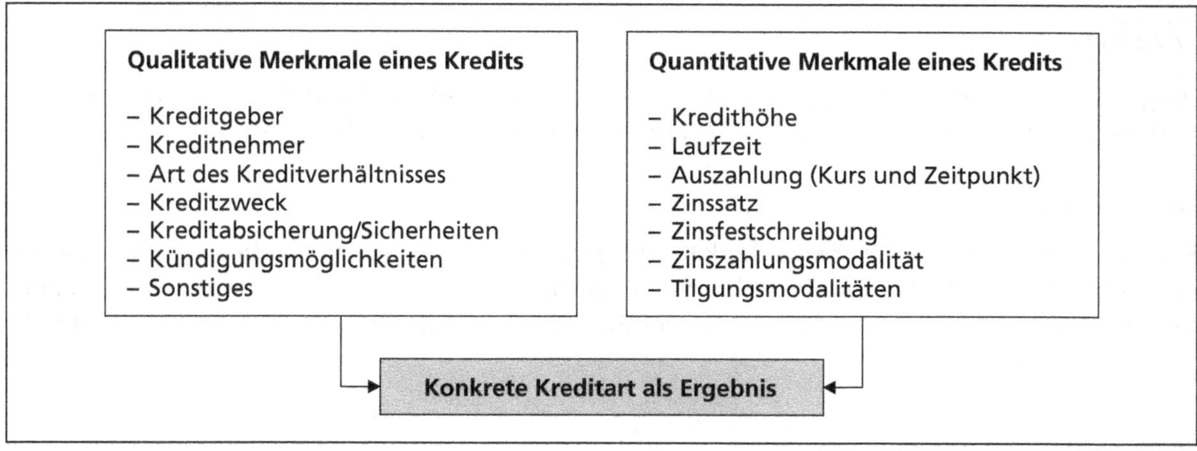

Kontokorrentkredit

Der Kontokorrentkredit (Kredit in laufender Rechnung) ist der klassische kurzfristige Kredit. Die Abwicklung erfolgt über das Girokonto (Kontokorrentkonto). Jede Zahlung ändert den Saldo dieses Kontos. Ein positiver Saldo zeigt ein Guthaben (Einlage), ein negativer Saldo eine Kreditinanspruchnahme (Schuld) an. Nicht die einzelne Zahlung, sondern der Saldo ist Gegenstand einer Abtretung, Pfändung, Aufrechnung etc. Die Kreditlinie zeigt ein vereinbarter Kreditrahmen an, darüber hinaus kann die Bank eine Überziehung dulden (sogenannter Überziehungskredit).

Die Kreditlinie kann – zeitlich beschränkt – erhöht werden. Als Sonderformen des Kontokorrentkredits redet man dann von einem

- Saisonkredit, wenn die zusätzliche Kontokorrentlinie einen saisonalen, regelmäßig wiederkehrenden Kapitalbedarf ausgleicht.
- Überbrückungskredit, wenn die zusätzliche Kontokorrentlinie einmalig und zweckgebunden einen temporären Kapitalbedarf ausgleicht.

- einem Zwischenkredit, wenn die zusätzliche Kontokorrentlinie bis zur Ablösung einer bereits zugesagten Finanzierung (meist Darlehen) bereitsteht.
- einer Vorfinanzierung, wenn die zusätzliche Kontokorrentlinie einer erwarteten Einzahlung dient (z. B. Großauftrag).

Merkmale des Kontokorrentkredits	
Kosten	Meist sehr hoch! Mehrere Kostenbestandteile: Sollzins, Kreditprovision für die Bereitstellung, Überziehungszins (meist 2 bis 4 % Zuschlag, wenn die zugesagte Kreditlinie überschritten wird), Kontoführungsgebühren
Besicherung	Bankübliche Absicherung (Sach- und Personensicherheiten) bei Unternehmen
Laufzeit	Entweder befristet – z. B. ein Jahr – oder unbefristet bis auf Weiteres. Bei unbefristeter Laufzeit Kündigung im Rahmen des Rechts relativ schnell möglich
Formvorschrift	Üblich: schriftlicher Kreditvertrag bei Unternehmen
Vorteil	Große Flexibilität, relativ schnelle Krediteinräumungsmöglichkeit, Zinskosten fallen nur für effektive Kreditbeanspruchung an
Nachteil	Hohe Kosten

7 zu 11 (Aufgabe):

Vergleichen Sie den Kontokorrent- mit dem Lieferantenkredit anhand der Kriterien: „Kosten, Besicherung, Liquiditätsbelastung, Kreditierungsverfahren und Abhängigkeit"!

Lombardkredit

Beim Lombardkredit gewährt eine Bank Kredit gegen die Verpfändung von beweglichen Sachen oder von Rechten. Als Pfandobjekte können in Betracht kommen: Waren oder Warendokumente, Wertpapiere, Wechsel, Forderungen oder Edelmetalle. In der Praxis hat vor allem der Effektenlombard eine Bedeutung.

BEISPIEL

Hugo Goldfuß hat bei der Sparkasse ein Wertpapierdepot in Höhe von 500 T€. Die Sparkasse räumt ihm gegen Verpfändung der drei wichtigsten Wertpapierpositionen einen Kredit in Höhe von 100 T€ ein.

Merkmale des Lombardkredits	
Kosten	Zins (Marktzins plus 1 bis 3 % Marge) plus Kreditprovision, Bearbeitungs- und Verwahrkosten (soweit rechtlich zulässig)
Besicherung	Verpfändeter Gegenstand mit banküblichem Beleihungswert (z. B. Standardaktien etwa 30 bis 50 %, Staatsanleihen etwa 80 %)
Laufzeit	Je nach Vertrag, meist ein Jahr mit Verlängerungsmöglichkeit (Prolongation)
Formvorschrift	Kredit- und Sicherungsvertrag (Verpfändung)
Vorteil	Schnelle Kapitalbeschaffung, relativ günstiger Kredit
Nachteil	Inflexibel, wenn Transaktionen mit verpfändetem Gegenstand geplant sind

Darlehen

Bei den Darlehen wird zwischen dem Investitions- bzw. Betriebsmittelkredit und dem Realkredit unterschieden. Das Darlehen dient der langfristigen Finanzierung von Gegenständen des Anlage- oder Umlaufvermögens. Ist ein langfristiger Kredit durch ein Grundpfandrecht besichert (Grundschuld, Hypothek, Reallast) spricht man von einem „Realkredit".

Zum Darlehen gehört auch seine Inanspruchnahme, d.h., der Kreditnehmer muss die Darlehenssumme abrufen. Sofern er nicht abruft, verlangt die Bank im Falle einer nicht rechtzeitigen Inanspruchname – meist 2 bis 3 Monate nach Vertragsschluss – eine Bereitstellungsprovision in Höhe von 2 bis 3 % der Darlehenssumme. Zahlt der Kreditnehmer sein Darlehen vor Ablauf der vertragsgemäßen Laufzeit zurück, wird grundsätzlich ein Vorfälligkeitsentgelt fällig.

Merkmale eines langfristigen Darlehens	
Kosten	Zins (Kapitalmarktzins plus 1 bis 3 % Marge) plus Bearbeitungskosten (soweit rechtlich zulässig)
Besicherung	Bankübliche Sicherheiten, meist werden finanzierte Gegenstände mitverpfändet; bei (immobilen) Realkrediten dienen Grundpfandrechte als Sicherheit
Laufzeit	Je nach Vertrag, meist identisch mit Laufzeit des Gegenstands; bei Immobilien meist feste Laufzeit (fünf, zehn, 15 Jahre); Kündigung vgl. § 489 BGB
Formvorschrift	Umfangreiche Kredit- und Sicherungsverträge; bei Grundstücksverpfändungen sind Notarakte notwendig
Vorteil	Langfristige Mittelbeschaffung, relativ günstiger Kredit, oft Einbindung von Förderprogrammen möglich
Nachteil	Hoher Aufwand an Formalitäten

Die Rückzahlung eines Darlehens kann auf unterschiedliche Weise erfolgen:

- einmalig bei Endfälligkeit (Festdarlehen: Zinsen gleich bleibend, Rückzahlung in einer Summe);
- in gleichen Raten (Annuitätendarlehen: gleich bleibende Zahlung (Annuität) durch steigende Tilgung und sinkenden Zins);
- in gleichen Tilgungsraten (Abzahlungsdarlehen: gleich bleibende Tilgung, sinkender Zins).

Zahlungsplan bei unterschiedlichen Tilgungsvarianten eines 24-T€-Darlehens bei 3 % Zins

	Endfälliges Darlehen				Abzahlungsdarlehen				Annuitätendarlehen			
Jahr	Schuld	Zins	Tilgung	**Rate**	Schuld	Zins	Tilgung	**Rate**	Schuld	Zins	Tilgung	Rate
0	24.000	–	–	–	24.000	–	–	–	24.000	–	–	–
Ende 1	24.000	720	–	**720**	20.000	720	4.000	**4.720**	20.290	720	3.710	**4.430**
Ende 2	24.000	720	–	**720**	16.000	600	4.000	**4.600**	16.469	609	3.821	**4.430**
Ende 3	24.000	720	–	**720**	12.000	480	4.000	**4.480**	12.533	494	3.936	**4.430**
Ende 4	24.000	720	–	**720**	8.000	360	4.000	**4.360**	8.479	376	4.054	**4.430**
Ende 5	24.000	720	–	**720**	4.000	240	4.000	**4.240**	4.303	254	4.176	**4.430**
Ende 6	24.000	720	24.000	**24.720**	0	120	4.000	**4.120**	0	129	4.303	**4.432**

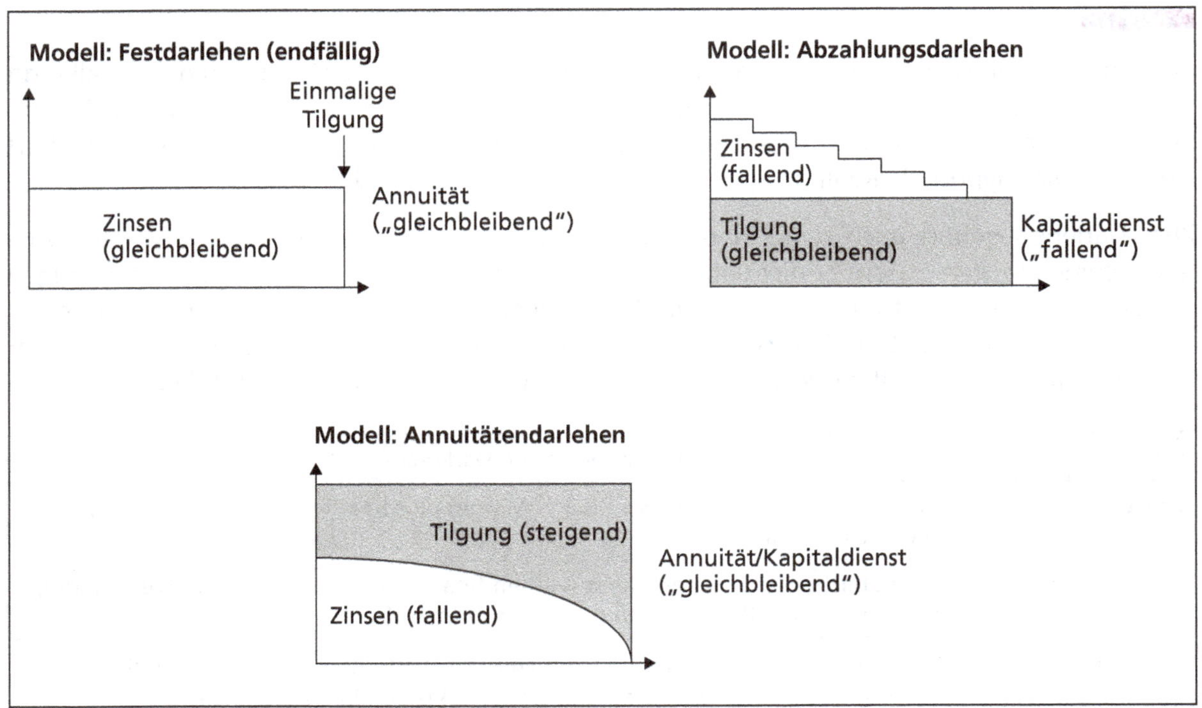

Wiedergewinnungsfaktor: Die Annuität wird durch die Multiplikation des Barwerts des Darlehens mit dem Wiedergewinnungsfaktor ermittelt. Der Barwert des Darlehens ist der vereinbarte Kreditbetrag. Fragestellung der Annuität: Wie hoch ist die jährlich gleichbleibende Zahlungsbelastung für einen gegenwärtigen Kreditbetrag?

$$\text{Wiedergewinnungsfaktor} = q^t \times \frac{(q-1)}{(q^t-1)}$$

Damit ergibt sich für die Annuität = $K_0 \times q^t \times \frac{(q-1)}{(q^t-1)}$

Legende:
i = Zinssatz in % → $q = 1 + i$
t = Laufzeit in Jahren
K_0 = Barwert

Der Wiedergewinnungsfaktor (Annuitätenfaktor) ist der Kehrwert des Rentenbarwertfaktors (vgl. Kap. 9.3.3.2). Beispiel: Der Rentenbarwertfaktor beträgt für 5 % bei fünf Jahren 4,329, hieraus ergibt sich für den Annuitätenfaktor ein Wert von 0,231 (1 ÷ 4,329) et vice versa.

Tabelle zur einfachen Errechnung der Annuitätsrate (Kehrwerte der Rentenbarwerte)

Jahre	4 %	5 %	6 %	7 %	8 %	9 %	10 %
1	1,0400	1,0500	1,0600	1,0700	1,0800	1,0900	1,1000
2	0,5302	0,5378	0,5454	0,5531	0,5646	0,5685	0,5762
3	0,3603	0,3672	0,3741	0,3811	0,3880	0,3951	0,4021
4	0,2755	0,2820	0,2866	0,2952	0,3019	0,3087	0,3155
5	0,2246	0,2310	0,2374	0,2439	0,2505	0,2571	0,2638
7	0,1666	0,1728	0,1791	0,1856	0,1921	0,1987	0,2054
10	0,1233	0,1295	0,1359	0,1424	0,1490	0,1558	0,1627

BEISPIEL

Rudi Ellen möchte sich eine neue Villa kaufen. Er benötigt hierfür einen Kredit in Höhe von 1 Mio. €. Seine Bank bietet ihm bei einer Laufzeit von fünf Jahren einen effektiven Zinssatz von 7 %. Alle Zahlungen erfolgen jährlich (nachschüssig).

Die jährliche Annuität errechnet sich wie folgt:

$$\text{Annuität} = K_0 \times q^t \times \frac{(q-1)}{(q^t-1)} = 1.000.000 \times 1{,}07^5 \times \frac{(1{,}07-1)}{(1{,}07^5-1)} = 243.891\ €$$

oder nach obiger Tabelle: Kreditbetrag × Faktor = 1.000.000 × 0,2439 = 243.900 €

Damit ergibt sich folgender Zins- und Tilgungsplan:

Jahr	Annuität	Zinsen	Tilgung	Restschuld
1	243.891	70.000	173.891	826.109
2	243.891	57.828	186.063	640.046
3	243.891	44.803	199.088	440.958
4	243.891	30.867	213.024	227.935
5	243.891	15.956	227.935	–
Insgesamt	**1.219.455**	**219.455**	**1.000.000**	–

Beim Abzahlungsdarlehen vermindern sich die jährlichen Rückzahlungsbeträge, zumal die jährlichen Tilgungen im Zeitablauf fallende Zinsen bedingen. Die Höhe der jährlichen Tilgungsraten ergibt sich aus der Division des Kreditbetrags mit der Laufzeit des Darlehens.

8 zu 11 (Aufgabe):

Wie sieht der Zins- und Tilgungsplan im obigen Finanzierungsbeispiel für ein Abzahlungsdarlehen aus (Kreditsumme 1 Mio. €, fünf Jahre Laufzeit, Zinssatz 7 %).

Financial Covenants

Als Instrument einer angemessenen Risikobepreisung und zur Risikofrüherkennung können sogenannte Financial Covenants vereinbart werden. Financial Covenants sind Erklärungen über finanzielle Zielvorgaben, Parameter bzw. Bilanzkennzahlen (wie z.B. Eigenkapitalquote, Verschuldungsgrad, Cashflow, Zinsdeckungsgrad), die dem Rechtscharakter einer eidesstattlichen Erklärung nahe kommen. Werden die vereinbarten Financial Covenants verletzt, behält sich die Bank meist einseitig Kündigungsrechte oder Nachbesicherungsrechte vor bzw. erhält das Recht auf eine höhere Risikoprämie (Margenerhöhung).

Derivative Finanzinstrumente

Die Globalisierung der Wirtschaft hat Unternehmen auch finanziell vor neue Herausforderungen gestellt und den Zugang zu den Geld- und Kapitalmärkten erleichtert. Vor allem zur Absicherung von Risiken können Unternehmen innovative Finanzinstrumente einsetzen.

- Swap-Geschäfte: Bei einem Swap tauschen die Parteien Zahlungsverpflichtungen, ohne dass das zugrunde liegende Kapital geleistet wird. So tauschen bei einem Zins-Swap die Vertragspartner nur die Zinszahlungen für einen festen Zeitraum (z. B. fünf Jahre): So zahlt ein Partner feste Zinssätze und erhält dafür vom anderen Partner den variablen Zins et vice versa. Zu einem festen Zeitpunkt – z. B. jährlich 30.06. – wird abgerechnet. Mit einem Zins-Swap kann das Zinsänderungsrisiko gemanagt werden. Bei einem Währungs-Swap werden Währungen getauscht.

- Future-Geschäfte: Im Terminmarkt fallen Geschäftsabschluss und Erfüllung zeitlich auseinander. Wenn das Geschäft für beide Parteien verbindlich ist, spricht man von einem Future-Geschäft (unbedingtes Termingeschäft). Mit einem Währungs-Future wird eine Währung bereits heute mit Wirkung auf einen künftigen Termin gekauft oder verkauft, mit Zins-Futures können Zinsen für die Zukunft gesichert werden.

- Optionen: Für den Käufer einer Option besteht nur ein Ausübungswahlrecht (bedingtes Termingeschäft). Eine Verpflichtung zur Ausübung besteht nicht. Für die Option hat der Käufer eine Optionsprämie zu zahlen, die im schlechtesten Fall verfällt. Optionen gibt es auf Rohstoffe, Währungen, Zinsen, Wertpapiere und andere Finanzinstrumente.

Sonderkredite/Förderkredite

Zur Durchführung wirtschaftspolitischer Maßnahmen werden von der öffentlichen Hand Sonderkreditprogramme aufgelegt (Subventionskredit), die von Kreditinstituten mit Sonderaufgaben betreut werden. Die Vermittlung und Betreuung des Sonderkredits übernimmt in aller Regel die Hausbank, die jedoch den Kredit weiterleitet. Sonderkredite werden deshalb auch „durchgeleitete Kredite" genannt. Besonderheiten von Förderkrediten: günstige Zinssätze, lange Zinsbindungsfristen, günstige Tilgungsmöglichkeiten, Übernahme von Sicherheiten:

- Förderbank des Bundes: KfW (Frankfurt)

- Förderbanken der Länder: L-Bank (Karlsruhe/Stuttgart), NRW-Bank (Düsseldorf/Münster), Wibank (Offenbach), LfA (München), NBank (Hannover), Bremer Aufbaubank, IB.SH (Kiel), Investitionsbank Berlin, Thüringer Aufbaubank, Sächsische Aufbaubank etc.

- Beachte auch die Programme der Landwirtschaftlichen Rentenbank und der diversen Bürgschaftsbanken.

Kurzbeschreibung wichtiger Förderbanken und deren Aufgaben:

Kreditinstitut:	Aufgaben:	Refinanzierung:
Kreditanstalt für Wiederaufbau KfW, Frankfurt am Main (www.kfw.de)	Ursprünglich: Wiederaufbau der deutschen Wirtschaft nach dem Krieg. Heute: Abwicklung der Kreditprogramme der staatlichen Wirtschaftspolitik (Regional- und Mittelstandspolitik), langfristige Exportfinanzierung. Neu: Bündelung der Förderprogramme der KfW und der DtA in der „Mittelstandsbank"	Schuldverschreibungen, Bundes- und Landesmittel
Landwirtschaftliche Rentenbank, Frankfurt am Main (www.rentenbank.de)	Versorgung der Land-, Forst-, Ernährungs- und Fischereiwirtschaft mit Krediten (Förderinstitut für die deutsche Agrar- und Ernährungswirtschaft)	Schuldverschreibungen, Darlehen
Ausfuhrkreditgesellschaft mbH, Frankfurt am Main (www.akabank.de)	Unterstützung und Finanzierung von mittel- und langfristigen Exportgeschäften	Bundesmittel, Mittel der beteiligten Kreditinstitute

Diskontkredit

Grundlage eines Diskontkredits ist der Wechsel. Der Wechsel ist ein Wertpapier, das ein Vermögensrecht verbrieft, wobei die Ausübung der Rechte an den Besitz der Wechselurkunde gebunden ist. Der Wechsel ist nicht nur ein Zahlungsmittel, sondern auch ein Kreditmittel (Diskontkredit) und wegen den strengen Vorschriften des Wechselgesetzes auch ein Sicherungsmittel.

Beim Diskontkredit zieht der Lieferant den Wechsel auf den Kunden, der ihn akzeptiert und an den Aussteller zurückgibt. Das Kreditinstitut kauft den Wechsel vor Fälligkeit an und stellt dem Wechselinhaber die abgezinste Wechselsumme bereit (sogenannte Geldleihe).

Alternativ zum Diskontkredit könnte der Aussteller den Wechsel zur Zahlung an seinen Lieferanten „erfüllungshalber" verwenden oder die Fälligkeit des Wechsels abwarten und den Wechsel ohne Diskont zum Einzug bringen.

Charakteristika eines Wechsels:

- Wechselrecht ist abstrakt, also losgelöst vom Grundgeschäft;
- Wechselindossament und Wechseldiskont bei Weitergabe an die Bank;
- Wechselstrenge (strenge Vorschriften, Zugriff auf Vorinhaber, schneller Wechselprozess etc.);
- Relativ kostengünstig (Zins am kurzen Ende + Marge).

Wechsel

Angenommen: Fritz Kettele

Stuttgart, den 20.07.01

Pforzheim (Zahlungsort) | 20.09.01 (Verfalltag)

Gegen diesen Wechsel zahlen Sie am 20.09.01
an Firma Donald Goldfinger, Pforzheim – 10.000,– €
(in Worten: zehntausend Euro)

Bezogener:
Fritz Kettele Juwelier
Ernst-Klett-Passage 5a
70211 Stuttgart

Aussteller:
Donald Goldfinger
Westliche 35
75715 Pforzheim

Zahlbar in Pforzheim bei der
Deutschen Bank
Konto Nr. 47 11

Donald Goldfinger

Ablauf eines Diskontkredits

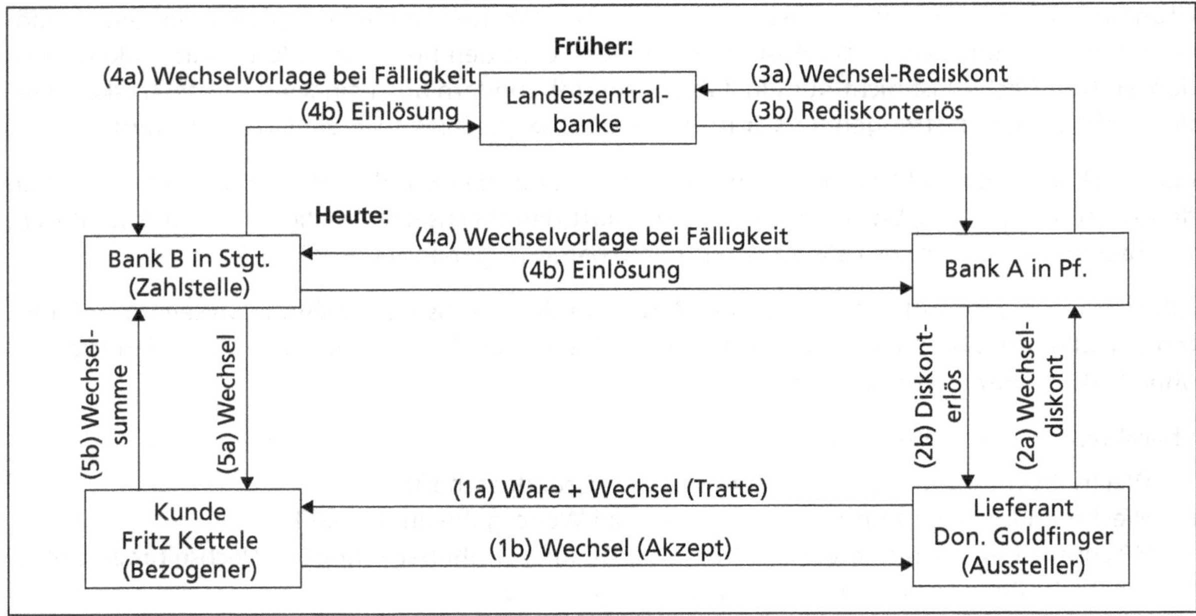

Umkehrwechsel (Scheck-Wechsel-Verfahren)

Beim Umkehrwechsel finanziert der Käufer/Abnehmer den Einkauf und wickelt den Diskontkredit selbst ab. Der Verkäufer/Lieferant ist hierbei nicht in die Finanzierung eingebunden, sondern in die Wechselhaftung.

Dem Umkehrwechsel liegt folgende Überlegung zugrunde. Der Käufer möchte sein Kreditlimit schonen und trotz angespannter Liquiditätslage die Lieferung unter Skontoeinbehalt bezahlen. Er schickt deshalb innerhalb der Skontierfrist einen Scheck über den Kaufpreis und bittet den Lieferanten zugleich, den von ihm beigefügten akzeptierten Wechsel als Aussteller zu unterschreiben und ihm den Wechsel zurückzugeben. Den zurückgeschickten Wechsel reicht der Käufer seiner Hausbank zum Diskont ein und deckt so den Scheck. An die Stelle des Kontokorrentkredits tritt also ein Wechselkredit. Für den Käufer bietet dieses Verfahren große Vorteile, während der Verkäufer aus dem Wechsel noch haftet.

Akzeptkredit

Akzeptiert die Bank einen von ihrem Kunden ausgestellten und auf die Bank gezogenen Wechsel, spricht man vom „Akzeptkredit". Der Kunde erhält hier kein Bargeld, sondern eine Wechselhaftung der Bank (sogenannte Kreditleihe). Die Bank stellt durch die Akzeptierung die eigene hohe Kreditwürdigkeit einer Bank zur Verfügung und verlangt hierfür eine Akzeptprovision und Bearbeitungsgebühren. Der Kunde kann den Wechsel als Zahlungsmittel einsetzen oder bei einer anderen Bank diskontieren lassen.

9 zu 11 (Aufgabe):

Freddy Feuer ist neuer Kunde bei Lieselotte Pulver, Feuerwerksfabrikantin, und kauft Böller für 20 T€ ein. Für diesen Betrag gewährt Lieselotte Pulver ein Zahlungsziel von 90 Tagen. Der Ware liegt ein Wechsel (Tratte) bei, den Freddy Feuer akzeptiert und an Lieselotte Pulver zurücksendet.

a) Welche Vorteile hat Lieselotte Pulver durch den akzeptierten Wechsel?

b) Was kann Lieselotte Pulver mit dem Wechsel machen? Welche Hauptfunktion erfüllt dabei der Wechsel?

Merkmale des Wechsels	
Kosten	Diskont (meist günstig, da geldmarktnah) und Diskontspesen
Besicherung	Wechselstrenge
Laufzeit	Laufzeit des Wechsels, keine Kündigungsmöglichkeit
Formvorschrift	Gering, üblich: Wechselformular
Vorteil	Große Flexibilität, schnelle Mittelbeschaffung, günstige Mittelbeschaffung
Nachteil	Strenge und schnelle Haftung im Fall des Zahlungsverzugs

Akkreditiv und Rembourskredit

Im Auslandsgeschäft erwachsen besondere Risiken, zu deren Verringerung unter Einschaltung von Banken international anerkannte Regelungen getroffen wurden. So ist ein Akkreditiv ein Auftrag an eine Bank, einen bestimmten Geldbetrag nach Vorliegen bestimmter Voraussetzungen zu zahlen. Die Abwicklung eines Akkreditivs kann folgendem Schema entnommen werden.

Abwicklung eines Akkreditivs

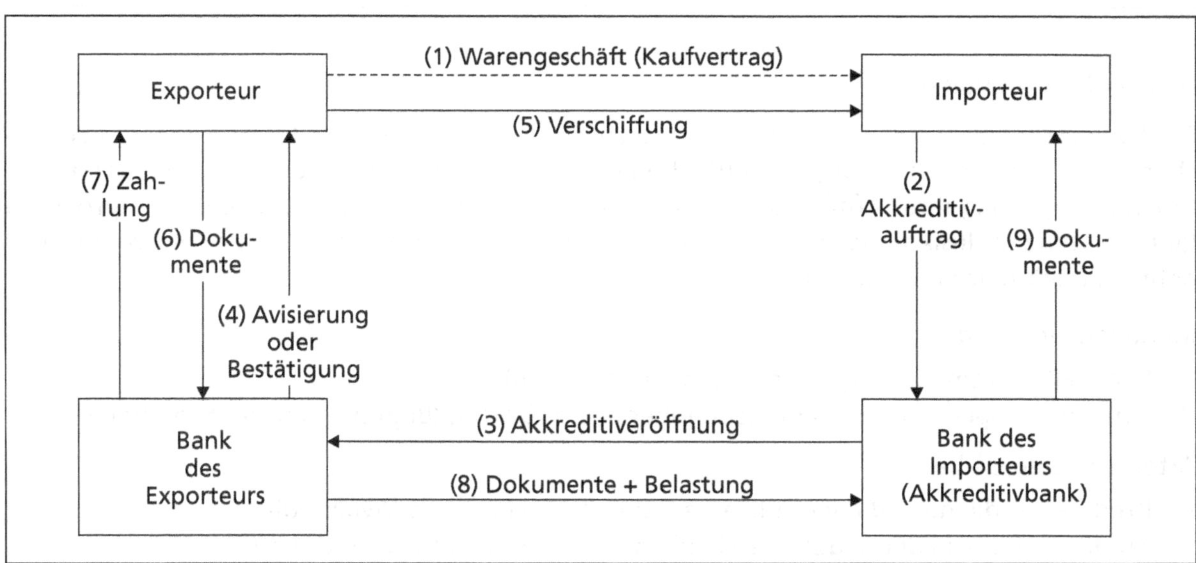

Meist wird die Auszahlung an das Vorliegen bestimmter Lieferdokumente (Konnossement, Ursprungszeugnisse, Versicherungspolicen etc.) geknüpft. Problem des Akkreditivs: Die eingeschaltete Bank zahlt bei Vorliegen „guter Papiere" auch dann, wenn Ware „schlecht" ist. Beim Rembourskredit tritt anstelle sofortiger Zahlung nach Vorlage der vereinbarten Dokumente die Aushändigung eines Bankakzepts.

Ablauf eines Rembourskredits

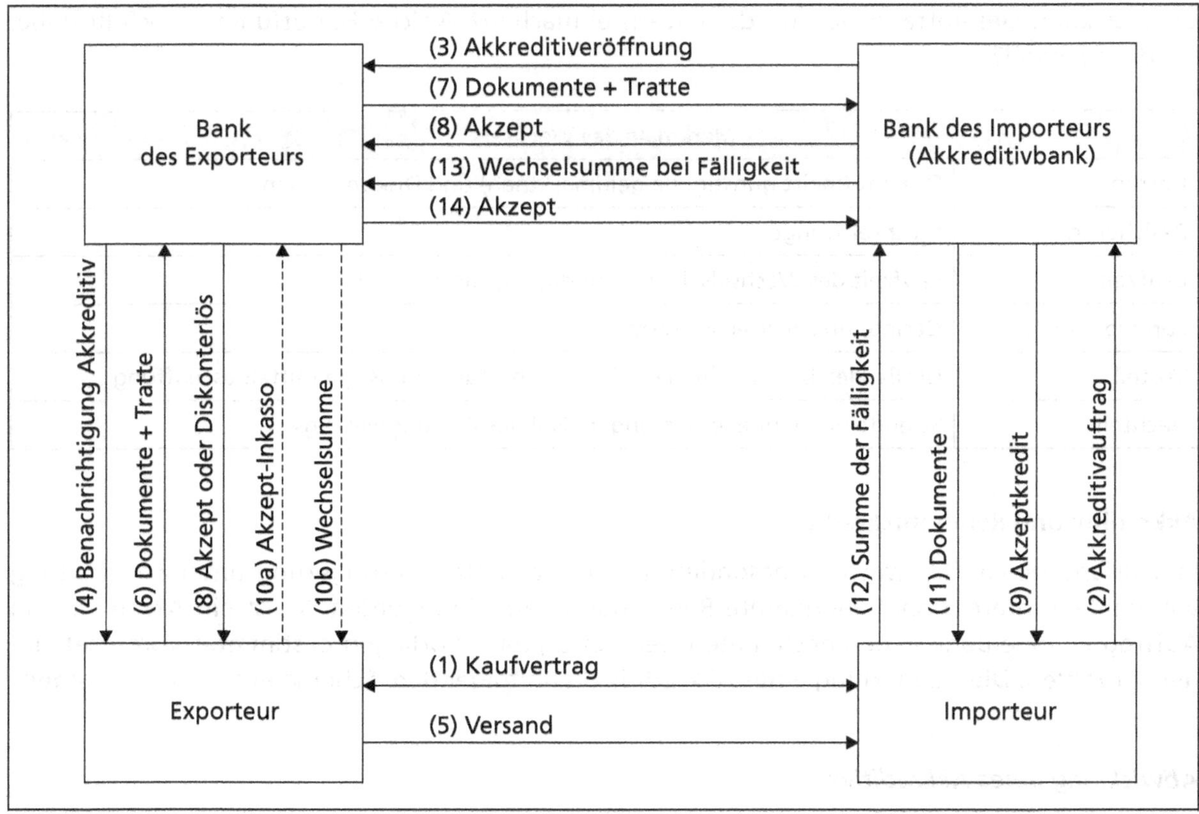

Avalkredit/Kreditleihe:

Die Bank stellt bei Avalen keinen Geldbetrag zur Verfügung, sondern gibt ein Zahlungsversprechen, meist in Form einer Bürgschaft (Bankbürgschaft) oder in Form einer Garantie (Bankgarantie). Zur Abgeltung ihrer Aufwendungen und des Risikos berechnet die Bank eine Avalprovision (je nach Laufzeit, Risiko und Höhe zwischen 0,2 und 2 %). Beachte: Auch Avale sind vom Unternehmen banküblich abzusichern!

Merkmale der Kreditleihe:

- Bank leiht ihrem Kunden nicht Geld, sondern Bonität;
- Zahlungsversprechen der Bank gegenüber einem Dritten (Begünstigter der Kreditleihe).

Arten der Kreditleihe:

- Kreditleihe, die dazu dienen soll, eine Geldleihe zu ersetzen (Avalkredit);
- Kreditleihe, die in der Regel eine Geldleihe nach sich zieht (Akzeptkredit).

Beispiele im Baugewerbe:

- Bietungsgarantie – Voraussetzung für Teilnahme an Ausschreibung,
- Anzahlungs- bzw. Sicherungsaval,
- Vertragserfüllungsbürgschaft,
- Gewährleistungsaval.

Merkmale des Avalkredits	
Kosten	Avalprovision je nach Art, Besicherung und Höhe etwa 0,5 bis 2 %
Besicherung	Banktübliche Besicherung
Laufzeit	Je nach Vertrag, meist abhängig von der Avalart
Formvorschrift	Avalvertrag und Bürgschafts- bzw. Avalurkunde
Vorteil	Erhöhung der Bonität, oft auch Erhöhung der liquiden Mittel
Nachteil	Kosten des Avalkredits, auch wenn alles glatt geht

lies: *Bacher*, Bankmanagement kompakt, Kapitel 8, Wiesbaden/Konstanz 2012; *Wöhe/Bilstein*, 2. Abschnitt, II 2 und II 3 e; *Olfert/Reichel*, Finanzierung, E 3.2 und 4.1; *Zantow/Dinauer*, 3.2; vertiefend: *Jahrmann*, B 3 und B 4

11.2.4.4.2 Kreditsicherheiten

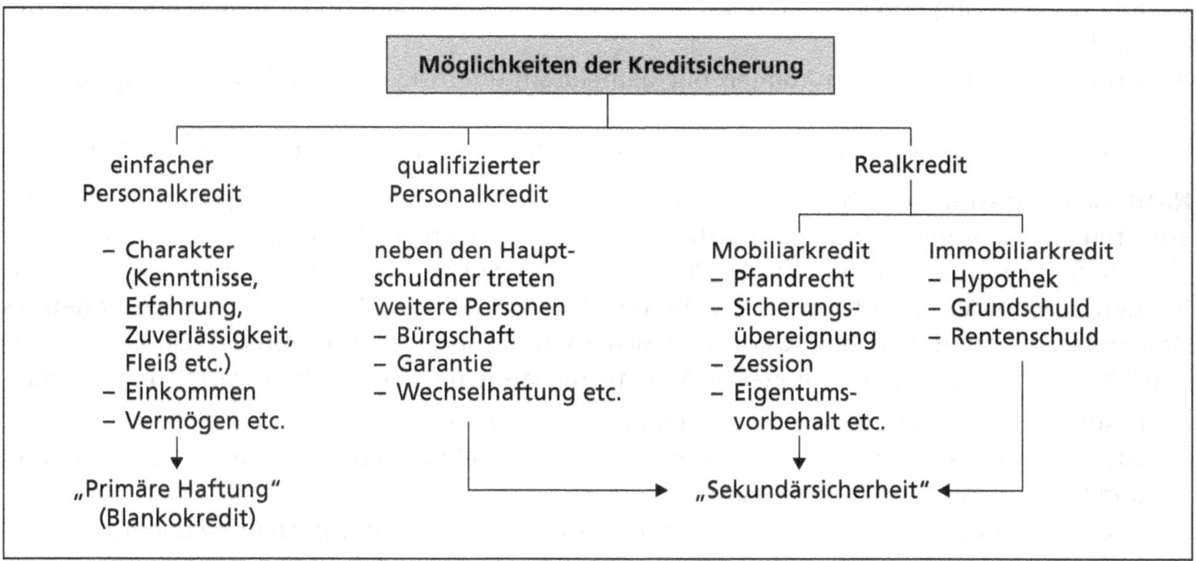

Der Hauptschuldner haftet mit seinem Vermögen (primäre Haftung). Daneben kann eine weitere Sicherheit (Sekundärsicherheit) treten, wenn der Schuldner nicht leisten will oder kann. Im Übrigen kann auch mit schuldrechtlicher Wirkung eine Negativklausel vereinbart werden. Danach verpflichtet sich der Schuldner, einem Dritten keine Sicherheit bzw. kein Pfandrecht zu übertragen. Bei einer „Positiverklärung" verpflichtet sich der Kreditnehmer bzw. ein Dritter zur Bestellung einer konkreten Sicherheit.

Beachte:

- Die zu bestellende Sicherheit muss treffend benannt und so genau wie möglich bezeichnet sein. Grund: An der Identität des verpfändeten Gegenstands darf sich kein Zweifel ergeben (Bestimmtheitsgrundsatz). Aber: Eine aus dem Vertrag sich ergebende eindeutige Bestimmbarkeit genügt!
- Bei verheirateten Kreditnehmern ist die Zustimmung beider Ehegatten notwendig, wenn (fast) das gesamte Vermögen oder Haushaltsgegenstände als Sicherheit dienen sollen und die Ehegatten keinen Ehevertrag vereinbart haben (§§ 1365, 1369).

Arten der Sicherheiten

- Personell: natürliche und juristische Personen als Hauptschuldner oder als Bürgen, Garant etc.;
- dinglich: neben der Person haftet eine Sache:
  - unbewegliche Sache (Immobilie): Grundschuld, Hypothek, Rentenschuld,
  - bewegliche Sache (Mobilie): Pfandrecht, Sicherungsübereignung, Eigentumsvorbehalt;
- Rechte: neben der Person tritt ein „Recht", meist ein Pfandrecht oder eine Zession von Forderungen.

Haftungsmöglichkeit aus einem Kredit

- Haftung aus Kreditvertrag (persönliche Haftung),
- Haftung aus Kreditsicherungsvertrag (dingliche und je nach Ausgestaltung auch persönliche Haftung, Haftungsumfang je nach Zweckerklärung).

Unterteilung in akzessorische und nicht akzessorische Sicherheiten

Akzessorische Sicherheiten: Bürgschaft, Pfandrecht, Hypothek – Grundsätze der Akzessorität:

- Bestand, Umfang und Dauer der Sicherheit richtet sich nach Bestand, Umfang und Dauer der Forderung.
- Sicherheit und Forderung können nur gemeinsam übertragen, verpfändet oder gepfändet werden.
- Leistet der Sicherungsgeber, so geht die gesicherte Forderung auf ihn über (cessio legis).

Nicht akzessorische Sicherheiten: Garantie, Grundschuld, Sicherungsübereignung, Sicherungsabtretung – Sicherheit ist mit der gesicherten Forderung nicht kraft Gesetz, sondern durch den Sicherungsvertrag (Sicherungsabrede, Zweckabrede) zwischen Bank und Sicherungsgeber verbunden. Neben dem Kredit und der Sicherheit tritt ein „dritter" Vertrag hinzu, sozusagen als Verbindungselement zwischen Kredit und Sicherheit (Sicherungszweckabrede). Darin wird vereinbart, welche Sicherheiten für welche Kredite wie lange haften. Inhalt der Sicherungsabrede:

- Bestimmung der gesicherten Forderung (Zweckerklärung);
- eingeschränktes Verwertungsrecht (Verwertung erst bei Verwertungsreife (fällige Forderung und keine rechtlichen Hindernisse);
- Deckungsgrenze (Wert der Sicherheit darf Kredithöhe nicht wesentlich übersteigen);
- Freigabe- bzw. Rückübertragungsverpflichtung (spätestens nach Beendigung des Kreditverhältnisses).

Grundsätze für nicht akzessorische Sicherheiten:

- Nicht grundsätzlich vom Bestand, Umfang und Dauer einer gesicherten Forderung abhängig; so können die Zinssätze von Forderung und Sicherheit (dingliche Zinsen einer Grundschuld) unterschiedlich sein.
- Sicherheit und Forderung können getrennt übertragen, verpfändet und gepfändet werden.
- Sicherungsnehmer bleibt Inhaber der Sicherheit, wenn die gesicherte Forderung erlischt; allerdings hat Sicherungsgeber Anspruch auf Rückübertragung aus Sicherungsabrede und nach § 812 I 2, 2. Alt. BGB.

Bürgschaft

- Akzessorisch, grundsätzlich Schriftformerfordernis (Ausnahme: im Rahmen eines Handelsgeschäfts (vgl. auch § 350));
- Arten (Vertragsfreiheit), z.B. selbstschuldnerische Bürgschaft, Höchstbetragsbürgschaft, Mitbürgschaft, Ausfallbürgschaft, befristete Bürgschaft;
- nach Befriedigung des Bürgen geht Forderung und Sicherheit auf diesen über;

- Regelsicherheit bei Geschäftsführer-Gesellschafter (Test, ob Unternehmer zu seinem Unternehmen steht – sprichwörtlich: „bürgen heißt würgen");
- oft Zusatzsicherheit, um Spielraum des Sicherungsgebers einzugrenzen (beachte: die sogenannte Ehegatten- bzw. Nahbereichsrechtsprechung, wonach die Bürgschaft eines vermögenslosen Ehegatten in der Regel gegen die guten Sitten verstößt);
- Bürgschaft endet nicht mit dem Tod des Bürgen, sondern geht auf Erben über;
- Der Bürge kann unter Umständen kündigen, was zur Beendigung der Bürgschaft mit Wirkung für die Zukunft führt. Der Bürge haftet dann nur noch für „Altschulden".

Weitere persönliche Sicherheiten

- Garantievertrag (abstrakt und formlos): Eine Garantie ist eine abstrakte Verpflichtungserklärung mit dem Inhalt, für einen bestimmten Erfolg einzustehen oder das Risiko zu übernehmen;
- Kreditauftrag (Vertrag zwischen Bank und Auftraggeber mit dem Inhalt, Drittem Kredit zu geben; Folge: Bürgschaft, akzessorisch, § 778 BGB);
- Schuldbeitritt (arg e §§ 419 BGB, 130 HGB, nicht akzessorisch, gesamtschuldnerische Haftung);
- „harte" Patronatserklärung ohne Einschränkungen:
  - Beispiel für eine „harte" Verpflichtungserklärung: „Wir verpflichten uns unwiderruflich und bedingungslos, die finanziellen Verhältnisses unserer Tochtergesellschaft stets so zu gestalten und aufrechtzuerhalten, dass diese stets in der Lage ist, all ihre Verbindlichkeiten gegenüber der Bank zu erfüllen. [...]"
  - Beispiel für eine „sehr weiche" Verpflichtungserklärung: „Wir arbeiten mit der Geschäftsführung der Gesellschaft [...] vertrauensvoll zusammen und befürworten grundsätzlich eine Kreditaufnahme für innovative Projekte."

10 zu 11 (Aufgabe):

Eine Bank will eine „Bürgschaft oder Ähnliches" als Sicherheit. Zeigen Sie die Unterschiede zwischen den Sicherheiten, die hinter folgenden Begriffspaaren stehen:

a) Ausfallbürgschaft und selbstschuldnerische Bürgschaft

b) Bürgschaft und Garantie

c) Patronatserklärung und Negativerklärung

Pfandrecht

- Akzessorisch;
- vertragliches Pfandrecht an beweglichen Sachen: Einigung + Übergabeerfordernis; Pfandrecht an Rechten: (Einigung (Vertrag) + Anzeige an Dritten);
- praxisrelevant: Verpfändung von Einlagen, Depots, Lebensversicherungen (beachte eventuelle Steuerschädlichkeit); AGB-Pfandrecht der Banken (Nr. 14 Banken-AGB); Pfändungspfandrecht nach Vorschriften der Zwangsvollstreckung; gesetzliche Pfandrechte des Vermieters, Verpächters, Lagerhalters, Frachtführers, Spediteurs, Kommissionärs;
- relativ einfache Handhabung, einfache Wertbemessung bei Kapitalforderungen.

Zession/Sicherungsabtretung

- abstrakte Sicherheit, formlos vereinbar;
- Zessionär ist Vollgläubiger, aber fiduziarischer Charakter (Treuhand = Einzug der Forderung nur dann, wenn Zedent seinen Verpflichtungen nicht nachkommt);
- Bilanzierung beim Sicherungsgeber (wirtschaftliches Eigentum);
- Einzelabtretung, Mantel- oder Globalzession;

- nicht abtretbar sind Forderungen, die gesetzlich (z.B. Renten, Beihilfen) oder vertraglich („pactum de non cendendo" nach § 399 BGB) nicht abtretbar sind, bei Handelsgeschäften gilt jedoch § 354 a HGB;
- bei offener Zession tritt die Schuld befreiende Wirkung nur bei Zahlung an den Zessionar ein (§ 407 ff. BGB);
- ein verlängerter Eigentumsvorbehalt des Lieferanten verdrängt die ältere Globalzession der Bank; Grund: Sittenwidrigkeit der Zession, denn die Bank verleitet ihren Darlehensnehmer zum Vertragsbruch (Vertragsbruchtheorie des BGH);
- einfache Handhabung, aber unsicher, da relativ einfach manipulierbar: Gefahr der Mehrfachabtretung; Warengläubiger gehen vor!

11 zu 11 (Aufgabe):

Der Großhändler liefert an den Handwerker einen Heizkessel (Wert 10 T€), den dieser sogleich beim Bauherrn einbaut. Zwischenzeitlich wird der Handwerker zahlungsunfähig. Die Bank pocht beim Bauherrn aufgrund einer Globalzession auf Zahlung der Handwerkerrechnung i. H. v. 20 T€. Ebenso will der Großhändler aufgrund des verlängerten und erweiterten Eigentumsvorbehalts 10 T€ von der Bank. Wie geht der Wettlauf der Gläubiger aus?

Sicherungsübereignung

- Besitzloses „Pfand", abstrakt und formlos vereinbar;
- Eigentumsübergang mittels Einigung und Besitzkonstitut (Sicherungsnehmer/Bank = Eigentümer und mittelbarer Besitzer, Sicherungsgeber = unmittelbarer Besitzer);
- an der Identität des verpfändeten Gegenstands darf sich kein Zweifel ergeben (Bestimmtheitsgrundsatz); aber eine aus dem Vertrag sich ergebende eindeutige Bestimmbarkeit genügt;
- Sicherungsübereignung eines Kfz: genaue Kennzeichnung, Übergabe des Kfz-Briefs (verhindert gutgläubigen Dritterwerb), Benachrichtigung der Kfz-Stelle (verhindert Ausstellung eines neuen Kfz-Briefs), Abtretung der Vollkaskoansprüche (notwendig für Wertbeimessung);
- Sicherungsübereignung eines Warenlagers: Raumsicherungsvertrag, Veräußerungsermächtigung, antizipiertes Besitzkonstitut und Vorausabtretung;
- insgesamt risikoreiches (Verlustgefahr – gutgläubiger Dritterwerb möglich!) und aufwendiges Sicherungsinstrument; daher regelmäßig hohe Wertabschläge; Eigentumsvorbehalt, Zubehörhaftung und Vermieterpfandrecht gehen vor; Verwertungsprobleme.

12 zu 11 (Aufgabe):

Im Raumsicherungsvertrag zwischen der Bank und dem Fahrradhändler Fix heißt es: zwei von den achtzehn blauen Giant-XL-Trekking-Rädern gehören der Bank; ebenso 100 der verstärkten Nirosta-Speichen – beides nach billiger Auswahl des Händlers. Hat die Bank Sicherungseigentum erworben?

Grundpfandrechte

- Die Hypothek knüpft an eine bestimmte Forderung an (akzessorisch, Bank erwirbt Hypothek erst mit Auszahlung, Darlehenszins = Hypothekenzins). In der Praxis wird deshalb eine Grundschuld vereinbart, zumal diese „abstrakt und flexibel" ist und „dingliche Zinsen" unabhängig vom Darlehenszins vereinbart werden können. Die Grundschuld ist eine Belastung eines Grundstücks in der Weise, dass an den Grundschuldgläubiger eine bestimmte Geldsumme zu zahlen ist (§ 1191);
- Entstehung: Einigung + Eintragung (bei Briefgrundschuld: + Briefübergabe);
- Haftungsumfang: Grundstück mit seinen Bestandteilen, Zubehör, Miet- und Pachtforderungen;

- Von hoher praktischer Bedeutung ist der Rang einer Grundschuld. Ein Grundstück kann mit mehreren Grundschulden oder anderen Rechten belastet sein. Im Streitfall entscheidet der Rang des Rechtes!

BEISPIEL

Ein Grundstück mit einem Verkehrswert von 500 T€ ist mit drei Grundschulden von je 200 T€ zugunsten dreier Banken belastet. Erfüllt der Kreditnehmer seine Zahlungsverpflichtungen nicht mehr und kommt es zu einer Zwangsversteigerung, so werden die Banken nicht anteilig, sondern nach Rangfolge bedient.

Wird für das Grundstück in der Vollstreckung nur 380 T€ erlöst, so wird die erstrangige Grundschuld zu 100 % befriedigt, die zweitrangige Grundschuld zu 90 %. Die dritte Grundschuld geht leer aus. Je besser im Rang ein Grundpfandrecht also ist, desto sicherer ist es für dessen Inhaber.

- üblich: zusätzlich sofortige Zwangsvollstreckungsunterwerfung (§§ 794, 800 ZPO);
- Verwertung nach den Regeln der Zwangsvollstreckung und -verwertung;
- klassisches Sicherungsmittel: Wertbeständigkeit von Grund und Boden und von Eigenheimen, Rechtssicherheit durch Grundbuch, Grundschuld durch Sicherungsabrede flexibel, Mittel zur Kundenbindung.

Prüfung und Bewertung von Sicherheiten

- Auswahl der Sicherheit;
- genaue Bezeichnung, insbesondere im Sicherungsvertrag (Bestimmtheitsgrundsatz);
- sachenrechtliche Zustimmungen und Benachrichtigungen veranlassen
- Wertbeimessung der Sicherheit. Bei Grundpfandrechten bestehen folgende Besonderheiten:
  - Verkehrswert = erzielbarer Verkaufspreis (zeitpunktbezogen);
  - Beleihungswert = nachhaltig erzielbarer Veräußerungswert (Dauerwert);
  - Beleihungsgrenze (letztlich entscheidender Sicherheitenwert) = Beleihungswert – Abschlag.

Beispiele für Beleihungsgrenzen:

■ baureifer Grund und Boden:	60 % des Beleihungswerts, 80 % bei Wohngebiet
■ anderer Grund und Boden:	50 % des Beleihungswerts
■ gewerbliche Bauten:	40 bis 60 % des Beleihungswerts
■ Einfamilienhäuser/ Eigentumswohnungen:	70 bis 80 % des Beleihungswerts, Luxuswohnungen 50 %
■ Verpfändung von Bankguthaben:	100 % des Guthabenstands
■ Verpfändung einer Lebensversicherung:	100 % des Rückkaufswerts
■ Verpfändung von Wertpapieren:	50 bis 80 % bei festverzinslichen WP, 30 bis 50 % bei Aktien
■ Zession von Forderungen:	0 bis 25 % bei stiller Zession; bis 50 % bei offener Zession; 75 bis 90 % bei Bestätigung von besten Adressen
■ Sicherungsübereignung:	20 bis 50 % bei Maschinen, 20 bis 60 % bei Waren
■ Sicherungsübereignung von Kfz:	60 % des Werts bei Vollkaskoversicherung
■ Bürgschaften von Ehegatten:	0 %, Wertansatz, nur wenn Wert unterlegt wird
■ Bürgschaften von Gesellschaftern:	0 %, Wertansatz, nur wenn Wert unterlegt wird
■ Bankbürgschaft:	100 %

Die bankgängigen Kreditsicherheiten im Überblick				
Sicherungsart	**Voraussetzungen**	**Vorteile**	**Nachteile**	**Wertansatz**
Grundschuld	Notarielle Beurkundung, Eintragung ins Grundbuch	Sehr wertbeständig, wenig überwachungsbedürftig, langfristige Sicherheit	Relativ hohe Kosten	50 bis 80 % des Beleihungswerts
Verpfändung von Geldguthaben	Einigung über das Pfandrecht und Anzeige bzw. Bestätigung	Sehr geringe Kosten, sehr sicher, einfache Bewertung	Eventuell steuer- oder prämienschädlich	100 % des Guthabens
Verpfändung von Wertpapieren	Einigung über das Pfandrecht und Anzeige bzw. Bestätigung	Geringe Kosten, transparent	Gefahr des Kursverfalls	Bis 80 % bei Anleihen, bis 50 % bei Aktien
Abtretung von Gehaltsansprüchen	Abtretungserklärung, eventuell Mitteilung an Arbeitgeber	Geringe Kosten	Oft ist nur ein Teil abtretbar; Gefahr, dass Dienstverhältnis gestört wird	In der Regel kein Wertansatz
Sicherungsübereignung	Einigung und Besitzkonstitut	Geringe Kosten	Insgesamt sehr aufwendig und risikoreich	Bis zu 50 % der AHK
Abtretungen von Forderungen	Abtretungserklärung	Geringe Kosten	Insgesamt sehr aufwendig und risikoreich	Je nach Bonität 20 bis 80 % des Nominalwerts
Bürgschaft	Bürgschaftsvertrag, Abhängigkeit von der Hauptforderung	Geringe Kosten	Laufende Bonitätsprüfung des Bürgen notwendig, Rechtsrisiken	Je nach Bonität

lies: *Bacher*, Bankmanagement kompakt, Kapitel 8.5, Konstanz 2015; Zantow/Dinauer, 3.1; *Wöhe/Bilstein*, 2. Abschnitt, II 5 b; *Olfert/Reichel*, Finanzierung, E 2

11.2.4.4.3 Bankübliches Verfahren bei der Kreditgewährung

Ablauf der Kreditierung

- Kreditantrag;
- richtige Unterlagen in Form, Umfang und Aktualität (z.B. Selbstauskunft, persönliche Vermögens- und Schuldenübersicht samt Ein- und Ausgabenrechnung (Status))
  - bei Baufinanzierungen bzw. Grundpfandrechten, zusätzlich: Grundbuchauszug, genehmigter Bauplan, Lichtbilder, Wohnfläche bzw. Kubatur, Brandversicherungsnachweis;
  - bei Firmenkrediten, zusätzlich: Registerauszug, Gesellschaftsvertrag, Jahresabschlüsse der letzten drei Jahre;
- Feststellung bzw. Überprüfung des Kreditbedarfs;
- Feststellung der Kreditwürdigkeit;
- Prüfung und Bewertung etwaiger Sicherheiten;
- Kreditgutachten/Kreditprotokoll und Kreditbewilligung vom Kreditkompetenzträger;
- Kreditvertrag und Kreditbereitstellung;
- laufende Kreditüberwachung nach Kreditgewährung.

Bankküblicher Ablauf einer Kreditierung

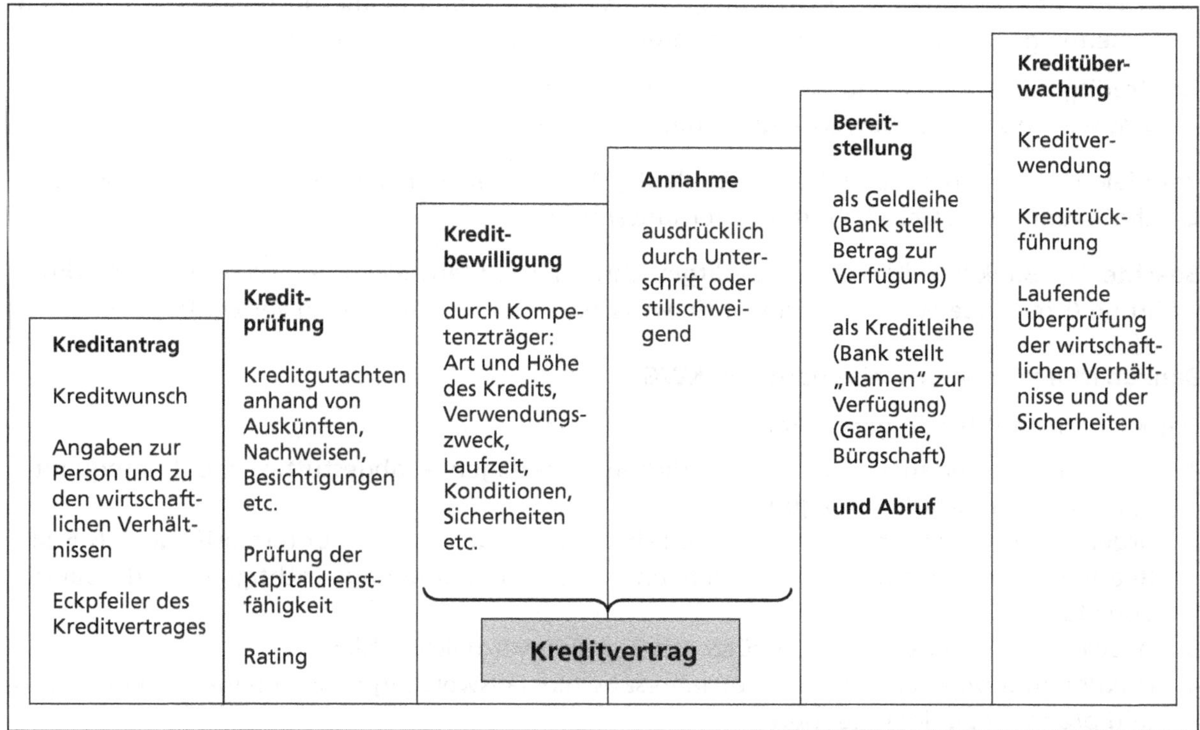

Zehn Goldene Regeln nach Hennerkes im Umgang mit der Bank:

1. Stets mit mehreren Banken zusammenarbeiten, Drei-Säulen-Prinzip verfolgen.
2. Strategiekonzept offenlegen.
3. Zukunftsfähigkeit glaubhaft darlegen.
4. Frühzeitig über Ertragseinbrüche informieren. Keine Vermögensverschiebungen während der Krise.
5. Qualität des Rechnungswesens und der Unternehmensplanung sicherstellen.
6. Niemals eine Bank bei der Sicherheitsvergabe bevorzugen.
7. Kreditlinien aller Banken gleichmäßig ausschöpfen.
8. Saisonspitzen und Einzelobjekte nicht in Linien unterbringen – gesondert finanzieren.
9. Den Jahresabschluss stets persönlich im Beisein des Managements erörtern.
10. Keine Gebührenfeilscherei – stattdessen: Hinweis auf Gesamtnutzen der Kundenverbindung.

11.2.4.4.4 Offenlegung und Prüfung der wirtschaftlichen Verhältnisse nach § 18 KWG

- § 18 KWG: „Ein Kreditinstitut darf einen Kredit von insgesamt mehr als 750 T€ nur gewähren, wenn es sich von dem Kreditnehmer die wirtschaftlichen Verhältnisse, insbesondere durch Vorlage der Jahresabschlüsse, offen legen lässt. [...]"
- § 18 KWG ist Ausfluss des bankkaufmännischen Grundsatzes, Kredite generell nur nach umfassender und sorgfältiger Bonitätsprüfung zu gewähren. Bei bestehenden Kreditverhältnissen ist die Bonität des Kreditnehmers laufend zu überwachen.

Offenlegung für Kreditengagements von insgesamt mehr als 750 T€

- Relativ umfassender Kreditbegriff:
  - alle Kreditformen werden addiert (Geld- und Kreditleihe, wie z. B. Darlehen, Akzepte, Bürgschaften, KK-Limite etc.);

- Kreditnehmereinheit bei Personenmehrheiten (rechtliche oder wirtschaftliche Abhängigkeit lässt es wahrscheinlich erscheinen, dass wenn ein Kreditnehmer in finanzielle Schwierigkeiten gerät, dies auch bei den anderen zu Zahlungsschwierigkeiten führt).

- Kreditgrenze: 750 T€ und mehr, es sei denn, jeder Euro ist nach § 18 Abs. 2 KWG abgesichert, was wegen strenger Bewertungsrichtlinien unüblich ist.

Beispiele für Kreditnehmereinheiten: Eheleute, Ärzte einer Gemeinschaftspraxis, Gesellschafter-Geschäftsführer und Gesellschaft, Konzernunternehmen.

Beachte: Die Bank hat sich vor der Kreditgewährung (Kreditausreichung) und nach der Kreditgewährung (Kreditüberwachung) Einblick in wirtschaftliche Verhältnisse zu verschaffen.

Banközbliche Vorgehensweise nach § 18 KWG

Das Kreditinstitut hat folgende Pflichten:

1. nachhaltiges Verlangen der erforderlichen Unterlagen – abgestuftes und konsequentes System (bis zur Kreditkündigung);
2. ordentliche Hereinnahme der erforderlichen Unterlagen: Kundenunterschrift gemäß § 245, Bearbeitervermerk mit Datum, richtige und vollständige Unterlage (richtige Form des Jahresabschlusses);
3. Auswertung – meist EDV-unterstützt mit Branchenvergleichszahlen;
4. Dokumentation – das Ergebnis der Jahresabschlussauswertung ist vom Bankbearbeiter kurz und prägnant zu dokumentieren;
5. Rechtzeitigkeit von Hereinnahme und Auswertung – „Zeitnähe":
   - maximal zwölf Monate ab Bilanzstichtag; Problem: Neukredite/Kreditverlängerungen unmittelbar nach dem Bilanzstichtag, z.B. im Februar des Folgejahres (Jahresabschluss ist dann 14 Monate alt!),
   - bei Krediten mit erhöhten latenten Risiken sind erhöhte Anforderungen an die Zeitnähe zu stellen;
6. empfohlen: Besprechung mit Kreditnehmer/StB/WP;
7. Inhalt des Gesprächs: wirtschaftliche Verhältnisse, Branchenentwicklung, Auftragslage, Zukunftsprognose, Sonderfaktoren etc.;
8. Zusammenfassung (Aktennotiz) in der Kreditakte;
9. abschließendes Urteil und Kreditentscheidung.

Die Operationalisierung des Regelungsinhalts von § 18 KWG erfolgt insbesondere durch die Bankenaufsicht und die Interpretation von Prüfungsverbänden und Wirtschaftsprüfern.

Beachte folgenden Grundsatz: Ein Hinauszögern der Offenlegung ist oft ein Warnsignal für eine Unternehmenskrise. Deshalb gilt die Regel: „Keine rechtzeitigen Informationen sind schlechte Informationen."

vertiefend: *Bacher,* Bankmanagement kompakt, Kapitel 8.6, Konstanz 2015; *Gschrey,* Wegfall aller Rundschreiben zu § 18 KWG, in: BankInformation BI 9/2005, S. 72–75; *Bantleon/Schorr,* Kapitaldienstfähigkeit, DG VERLAG Wiesbaden 2012; *Bacher/Stober,* Praxisfall: Kreditwürdigkeitsprüfung im Facheinzelhandel, in: BBK 19/2010, S. 925–932

11.2.4.4.5 Materielle Kreditprüfung

Im Rahmen der Kreditwürdigkeitsprüfung schätzt die Bank ein, ob der Kreditnehmer den Kapitaldienst (Zins und Tilgung) für den Kredit leisten kann. Die Einschätzung bezieht sich auf die Zukunft und ist deshalb immer mit Unsicherheit behaftet. Die Unsicherheit der Bank ergibt sich außerdem aus ihrer begrenzten Information über die Verhältnisse des Kreditnehmers. In der Regel besteht eine asymmetrische Informationsverteilung hinsichtlich der kreditrelevanten Unternehmensverhältnisse zwischen Bank und Kreditkunden. Die Bank („Prinzipal") muss befürchten, dass der Kreditnehmer („Agent") im Konfliktfall seinen Informationsvorteil ausnutzt (sogenanntes Principal-Agent-Problem). Die Kreditwürdigkeitsprüfung soll deshalb nur auf Grundlage aller relevanten Daten erfolgen (Offenlegung) und auf Grundlage anerkannter Regeln und Verfahren. Zudem ist eine laufende Kreditüberwachung notwendig. Begründung: Der Kreditnehmer (Agent) hat eine Kreditleistung erhalten und kann im Unternehmen aktiv gestalten. Diese Gestaltungsmöglichkeit stellt für den Agenten eine moralische Verführung dar („Moral Hazard"). Der Kreditnehmer hat einen Anreiz, riskantere Handlungsalternativen mit hoher Gewinnchance zu wählen. Dies liegt nicht unbedingt im Interesse der Bank (Prinzipal) und bedingt deshalb eine laufende Überwachung und die Bereitstellung von Sicherheiten.

Risiken und Anreizwirkungen im Rahmen einer Kreditbeziehung

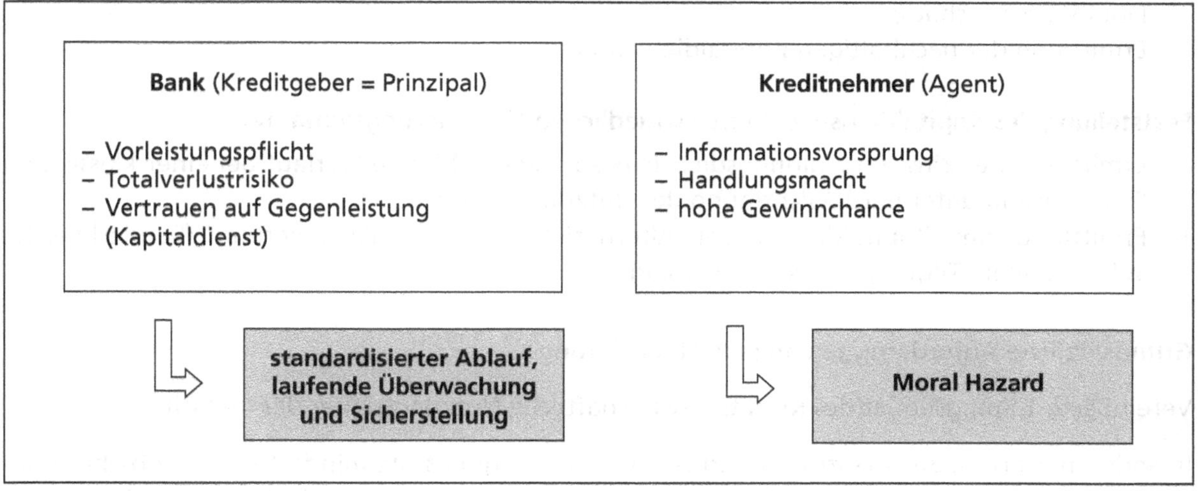

Kreditfähigkeit

Anknüpfungspunkt ist die Geschäftsfähigkeit. Wer voll geschäftsfähig ist, ist auch kreditfähig; dies gilt auch für juristische Personen und Handelsgesellschaften.

Kreditwürdigkeit

Die Kreditwürdigkeitsprüfung knüpft an subjektiv-persönliche und an wirtschaftlich-sachliche Eigenschaften an.

- persönliche Kreditwürdigkeit (typologisch): einwandfreier Ruf, Glaubwürdigkeit, Zuverlässigkeit, charakterfest, realitätsbezogen, geschäftstüchtig und branchenkundig, berufliches Können, Fähig- und Fertigkeiten, Ausbildung, Werdegang, Erfahrung, familiäres Umfeld, Geschäfts- und Zahlungsmoral etc.;
- materielle Kreditwürdigkeit: geordnete wirtschaftliche Verhältnisse; die Einkommens- und Vermögensverhältnisse müssen gewährleisten, dass der Kredit zurückbezahlt werden kann; entscheidend: Kreditbedarf, Kapitaldienstgrenze und Kapitaldienstfähigkeit, Sicherheiten.

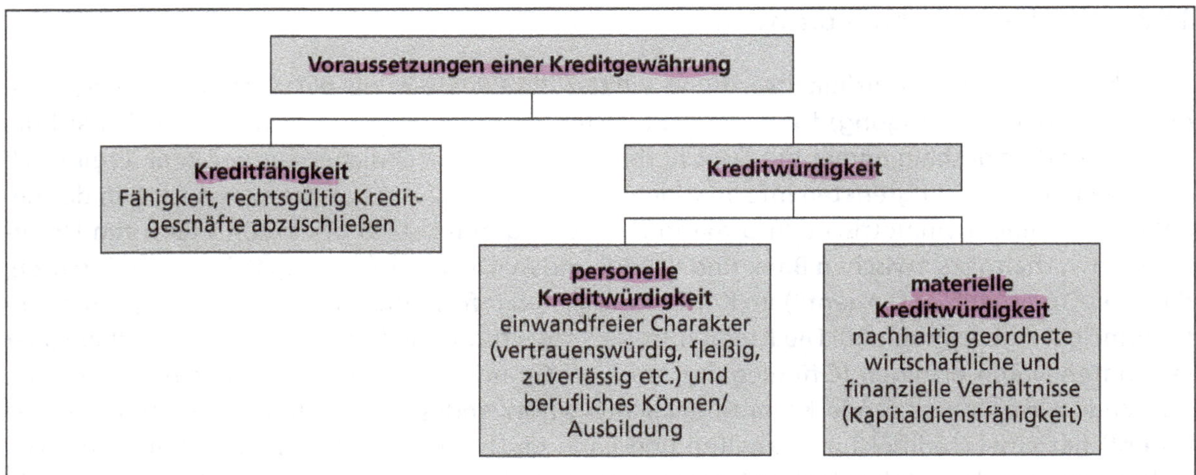

Feststellung bzw. Überprüfung des Kreditbedarfs und der Kapitaldienstgrenze

- Prüfung des Verwendungszwecks (wirtschaftliche Betrachtungsweise im Vordergrund);
- Ermittlung bzw. Überprüfung des Finanzierungsbedarfs für das Anlage- und Umlaufvermögen inklusive Sicherheitszuschlag (vgl. Kap. 8.3.3.3 und 11.3.6);
- Finanzierung (Mittelherkunft, Mittelverwendung, Investitionsrechnung, Finanzierungsplan, Liquiditätsvorschau);
- Ermittlung der nachhaltigen Kapitaldienstgrenze.

Feststellung des Kapitaldiensts bei unterschiedlichen Finanzierungsvarianten

- Ermittlung des Zins- und Tilgungsdiensts (Kapitaldienst) im Zeitverlauf bei einer klassischen Finanzierung unter Berücksichtigung der Nutzungsdauer;
- Ermittlung des Kapitaldiensts bei Alternativformen der Finanzierung (Sonderkredite, Subventionen, Tilgungsstreckung, Leasing etc.).

Grundsätzliche Anforderungen an jede Finanzierung

Vereinbarte Tilgungsdauer des Kredits ≤ wirtschaftliche Nutzungsdauer der Investition

In anderen Worten: Bei Investitionskrediten sollte die Tilgungsrate mindestens den Abschreibungen entsprechen. Grund: Wird die Investition fremdfinanziert, werden die Kosten der Investition (Abschreibungen, Zinsen etc.) kalkuliert. Diese Kosten fließen über die Preise in die Kasse des Unternehmens. Dieser Investitionsrückfluss „gehört“ betriebswirtschaftlich eigentlich der Bank.

Beispielhafte Kapitaldienstpauschalen:

- Kontokorrentkredit: Tilgung pauschal 10 % + effektiver Zinssatz
- Allzweckdarlehen: Tilgung pauschal 20 % + effektiver Zinssatz
- Gewerbliches Immobiliendarlehen: Tilgung pauschal 6 % + effektiver Zinssatz
- Wohnimmobiliendarlehen: Tilgung pauschal 4 % + effektiver Zinssatz

BEISPIEL

Hat ein PKW eines Unternehmens eine Nutzungsdauer von fünf Jahren, und wird der PKW fremdfinanziert, so sollte die jährliche Tilgungsquote mindestens 20 % sein.

Feststellung der Kapitaldienstfähigkeit

Kapitaldienstfähigkeit ist die Fähigkeit, die Zins- und Tilgungsleistungen des vereinbarten Finanzierungsmodells tatsächlich und nachhaltig zu erbringen. Die Kapitaldienstfähigkeit ist also das zentrale Bonitätskriterium, und ihre Ermittlung gehört zur täglichen Praxis der Kreditbearbeitung.

Die Kapitaldienstfähigkeit ist eine besondere Form des Cashflows. Folgende Berechnung ergibt sich:

	Gewinn vor Steuern (Ergebnis v. St.)
+	Abschreibungen auf Sachanlagen
±	Veränderung langfristiger Rückstellungen
+	Zinsdienst
=	**Erweiterter Cashflow nach Bankart**
–	Entnahmen, Ausschüttungen und Abgaben/Steuern
+	Einlagen und Steuerrückerstattungen
±	Zahlungswirksame Sonderfaktoren (z. B. Investitionen)
=	**Kapitaldienstgrenze (rechnerisch)**
–	Tatsächlicher Kapitaldienst (Zinsdienst und Tilgungen)
=	**Über- bzw. Unterdeckung**

Im Vordergrund steht die künftige Ertragsplanung, insbesondere unter Cashflow-Betrachtung. Bei einer Neuinvestition ändert sich gewöhnlich der Zins- und Tilgungsdienst, die Abschreibungen und hieraus resultierend der Gewinn und die Steuerlast. Sinnvoll ist es, die Berechnung der künftigen Kapitaldienstfähigkeit (Planrechnung) mit dem künftigen „Gewinn vor Abschreibung und vor Zinsdienst" zu beginnen. Folgendes Berechnungsschema ergibt sich für die Planrechnung:

	Plangewinn vor Abschreibung, vor Zinsen und vor Steuern	
–	Abschreibungen „neu + bisher"	
–	Zinsen „neu + bisher"	
=	Plangewinn vor Steuern (Betriebsergebnis v. St.)	Grundlage für Plansteuern
+	Abschreibungen „neu + bisher"	
±	Veränderung langfristiger Rückstellungen	
+	Zinsen „neu + bisher"	
=	**Erweiterter Cashflow nach Bankart**	
–	Entnahmen, Ausschüttungen und Plansteuern	←
+	Einlagen und Steuerrückerstattungen	
±	Zahlungswirksame Sonderfaktoren (z. B. Investitionen)	
=	**Kapitaldienstgrenze (rechnerisch)**	
–	Tatsächlicher Kapitaldienst (Zinsdienst und Tilgungen)	
=	**Über- bzw. Unterdeckung**	

Die künftige Kapitaldienstberechnung kann man um eine umfassende Planrechnung ergänzen. Die Planrechnung könnte dann wie folgt gegliedert sein:

- Grobplanung des Umsatzes, der Kosten, der Zahlungsziele, des Lagerumschlags und der Steuerbelastung für die künftigen fünf Jahre;
- daraus abgeleitet: Plan-GuV und Plan-Cashflow-Rechnung inklusive Plankapitaldienstfähigkeit für die künftigen fünf Jahre;

- ebenso: Plan-Bilanz mit den wesentlichen Aktiv- und Passivpositionen für die künftigen fünf Jahre;
- ebenso: Überprüfung des Kapitalbedarfs für die künftigen fünf Jahre.

Folgen einer unzureichenden Kapitaldienstfähigkeit

Ist die nachhaltige Kapitaldienstfähigkeit „nicht" oder „nicht in vollem Umfang" gegeben, dann stellt dies ein sehr einschneidendes Ergebnis dar. Denn grundsätzlich gilt aus Banksicht, dass ohne „nachhaltige Kapitaldienstfähigkeit"

- die Kreditwürdigkeit des Schuldners nicht mehr positiv beurteilt werden kann;
- eine Einzelwertberichtigung auf die Kreditforderung notwendig wird, wenn die Einbringlichkeit der Forderung nicht garantiert und nicht voll abgesichert ist;
- das Kreditengagement in eine „schlechtere" Bonitätsklasse – in der Regel „Ausfallklasse" – umzubuchen ist;
- der neue Einzelwertberichtigungsbedarf die Gesamtsumme der Risikovorsorge der Bank erhöht und deren Risikotragfähigkeit einschränkt;
- eine Neukreditierung nur noch dann zulässig ist, wenn hinreichend sicher ist, dass die Neukreditierung zu keiner Erhöhung des akuten Ausfallrisikos führt.

Ein zweifelhaftes Kreditengagement verlangt möglichst schnell geeignete Gegenmaßnahmen, in der Regel dargestellt durch ein schlüssiges Sanierungskonzept.

Beispielhafte Maßnahmen zur Wiedererlangung der Kapitaldienstfähigkeit:

- Leistungssteigerung (Umsatzerhöhung),
- Kostenreduzierung,
- Veräußerung nicht betriebsnotwendigen Vermögens,
- Einbringung von frischem Eigenkapital,
- Streckung des Kapitaldiensts (Umschuldung, Zinsstundung, Forderungsverzicht, Subventionen etc.),
- Verringerung der Ausschüttungen bzw. Entnahmen.

vertiefend: *Bacher,* Bankmanagement kompakt, 8.7.3, Wiesbaden/Konstanz 2012; *Bantleon/Schorr,* Kapitaldienstfähigkeit, DG VERLAG Wiesbaden 2012; *Bantleon/Schorr,* Kapitaldienstfähigkeit auch in Zeiten von Basel II, in: BankInformation BI 10/2005, S. 30–35; *Bacher/Stober,* Praxisfall: Kreditwürdigkeitsprüfung im Facheinzelhandel, in: BBK 19/2010, S. 925–932

13 zu 11 (Fallstudie Hans Holz eK):

Hans Holz, 50 Jahre alt, ist Meister im Zimmererhandwerk und hat vor 20 Jahren den Betrieb übernommen, den er mit vier Gesellen, einem Auszubildenden, zwei Aushilfen und seiner Frau betreibt. Sein LKW hat nach 200.000 km einen Motorschaden, sodass er sich schnell Gedanken über eine Ersatzbeschaffung machen muss. Ein Premium-LKW mit Anhänger, Kran, Stapler und integriertem Aufzug würde 250.000 € kosten. Die Nutzungsdauer wird mit zehn Jahren veranschlagt.

Hans Holz hat erst seine Wohnung, die im Geschäftshaus integriert ist, renoviert und daher keine flüssigen Mittel mehr für die Anschaffung frei. Der Umbau ist abgeschlossen. Jetzt schätzt er das Wohn- und Geschäftshaus mit guten Argumenten auf etwa 1 Mio. €. Im letzten Jahr hat Hans Holz sein Kreditengagement grundlegend neu geordnet und sich langfristig niedrige Zinsen gesichert.

Hans Holz will den integrierten LKW langfristig finanzieren, zumal die Zinsen als doch noch relativ günstig eingestuft werden. „Durch den LKW", so ist Hans Holz überzeugt, „kann die positive Entwicklung des Unternehmens in den letzten Jahren auch in Zukunft konsequent fortgeführt werden". Für die letzten zwei Jahre ergeben sich folgende Jahresabschlüsse:

Jahresabschluss des Einzelunternehmers Hans Holz eK in T€

Aktiva in T€	**02**	**01**	**Passiva in T€**	**02**	**01**
Wohn- und Geschäftshaus	280	300	Bankverbindlichkeiten	500	500
Maschinen	90	110	Anzahlungen von Kunden	110	90
Vorräte	70	70	Lieferantenverbindlichkeiten	160	110
Unfertige Leistungen	120	110			
Forderungen	70	30			
Bank	10	–			
Kapital	130	80			
	770	700		770	700

Gewinn- und Verlustrechnung	**02**	**01**	**Kapitalkonto**	**02**	**01**
Umsatz	950	900	Anfangsbestand	–80	–30
– Materialaufwand	400	350	+ Gewinn	70	60
= Rohertrag	550	550	– Entnahmen	120	110
– Personalaufwand	280	280			
– Sachaufwand	110	100			
– Abschreibungen des AV	50	50			
– Zinsen	40	60			
= Gewinn	70	60	= Endbestand	–130	–80

Zusätzliche Erläuterungen:

- Der Personalaufwand für die Ehefrau beträgt 30 T€, nach Abzug der Abgaben werden auf ihr Konto 20 T€ überwiesen;
- Entnahmen Vorjahr in T€: Versicherungen 30, davon Lebensversicherung 20, Steuern 35, Hausumbau 20, Zahnarzt 5, allgemeine Entnahmen 30;
- Entnahmen Vorvorjahr in T€: Versicherungen 30, davon Lebensversicherung 20, Steuern 30, Hausumbau 15, Arzt 5, allgemeine Entnahmen 30.

Weitere Anmerkungen:

Der Geschäftsverlauf ist seit Jahren relativ konstant. Auch in der Folgezeit wird mit gravierenden Änderungen nicht gerechnet. Besondere Risiken sind nicht erkennbar. Maßnahmen im Bereich „Forschung und Entwicklung" werden nicht angestrengt.

a) Ist das Kapital „positiv oder negativ" zu beurteilen?

b) Ist eine Kreditierung des Premium-LKW materiell unproblematisch? Gehen Sie von Folgendem aus: Steuersatz inklusive Gewerbesteuer 50 %, bei einem Gewinn unter 30 T€: 20 %; Zinssatz 8 %, Gewinn vor Abschreibung und vor Zins künftig 160 T€!

14 zu 11 (Fallstudie Verlagsgesellschaft mbH):

Ist die Kapitaldienstfähigkeit bei der „Verlagsgesellschaft mbH" (vgl. Kapitel 3.6 Musterbeispiel) im Jahr 2 gegeben? Wie hoch ist dabei die maximale Tilgungsleistung? Gehen Sie davon aus, dass langfristige Rückstellungen im Jahr 2 in Höhe von 20 T€ neu gebildet wurden.

15 zu 11 (Fallstudie Tim-Ball-Tenniscenter):

Tim Ball hat die Schulzeit kurz vor dem Abitur abgebrochen, um sich voll dem Tennissport widmen zu können. National blieb er chancenlos, regional hat er einen „Namen", gerade als Tennislehrer. In seiner Heimatgemeinde ergibt sich für ihn die einmalige Chance, direkt neben dem Stadion ein kleines Grundstück zu kaufen und das „Tim-Ball-Tenniscenter" zu bauen.

Der Kaufpreis des Grundstücks mit allen Nebenkosten und Steuern beträgt 100 T€, für Ausrüstungsgegenstände und Bebauung veranschlagt er mit guten Gründen 50 T€, die üblichen Abschreibungen belaufen sich auf 10 % p. a. Zum Leben benötigt Tim jährlich etwa 25 T€, laufende Betriebskosten fallen pro Saison mit 4.500 € an. Die laufenden Kosten und die Lebenshaltung kann er liquiditätsmäßig für die erste Saison noch aus seiner „eisernen Reserve" (Ersparnisse) bestreiten. Aus langjähriger Erfahrung weiß Tim: An einem schönen Tag kann er maximal zehn Tennisstunden geben, in der Woche bestenfalls aber 60. Für eine Stunde verlangt er 50 €. Tim rechnet mit maximal 30 schönen Tenniswochen im Jahr, in der restlichen Zeit fliegt er nach Übersee in eine Art „Arbeitsurlaub", den er sich vor Ort mit Tennis oder als Animateur verdient. Im Ergebnis braucht er also in diesen 22 Wochen kein Geld, kann aber auch keine Reserven anlegen.

a) Wie verläuft die Kreditierung schematisch, welche formellen Voraussetzungen sind zu erfüllen?

b) Rechnet sich das Vorhaben im besten Fall, wenn die Bank 7 % Zinsen verlangt und mindestens eine anfängliche Tilgung von 3 % voraussetzt? Ist die Plan-Kapitaldienstfähigkeit gegeben, wenn Steuern in Höhe von 30 % des Gewinns anfallen? Rechnen Sie alles ohne Umsatzsteuer!

c) Wie viele „schöne Tenniswochen" müssen Tim Ball gegönnt sein, damit er nicht in finanzielle Schwierigkeiten gerät? Bei wie vielen 60-Std.-Wochen liegt also sein Break-even-Punkt?

11.2.4.4.6 Bonität nach Basel I, II und III

Banken sind im Kern „Risikohändler". Das Risiko eines Bankgeschäfts muss die Bank durch Eigenkapital unterlegen. Das Eigenkapital einer Bank ist also eine wesentliche Bezugsgröße für ihr Leistungsvermögen und ihre Kredit- bzw. Risikotragfähigkeit. Im Interesse eines funktionsfähigen Kreditwesens und des Gläubigerschutzes müssen Kreditinstitute also laufend über eine angemessene Eigenmittelausstattung verfügen. Da die wichtigsten Industriestaaten sich in Basel auf diesen Zusammenhang von „Risiko und Eigenkapital" verständigt haben, ist dieser Zusammenhang internationaler Standard.

Hintergrund: Der internationale Ausschuss für Bankenaufsicht tagt in der Regel bei der Bank für internationalen Zahlungsausgleich (BIZ) in Basel.

Risikotragfähigkeitskonzept des Baseler Ausschusses (Solvabilitätskonzept)

Den Anstoß zur Gründung des Baseler Ausschusses gaben in den 1970er-Jahren wegen der einsetzenden Internationalisierung des Finanzwesens die Zentralbankpräsidenten der G10-Staaten. Das Ziel ist, die Sicherheit und Solidität des globalen Finanzwesens zu stabilisieren. Dabei werden als Instrumente einheitliche Empfehlungen und strategische Richtlinien verwendet.

Basel I

Im ersten Baseler Akkord von 1988 wurde für Banken eine Eigenkapitalunterlegung von Risiken mit mindestens 8 % festgelegt. Die Risiken – vorwiegend Ausfall- bzw. Bonitätsrisiken von Krediten und Anleihen – wurden schematisch, also unabhängig vom jeweiligen konkreten Risikogehalt, bestimmt (definiert und bewertet). So wurde das Risiko eines OECD-Staates als gering angesehen und pauschal mit 0 % gewertet. Kredite und Anleihen an Staaten musste also eine Bank nicht mit Eigenkapital unterlegen. Das Risikogewicht einer Privatperson oder eines privaten Unternehmens wurde hingegen pauschal mit 100 % bestimmt. Banken und Kirchen hatten ein Privileg: Ihr Risikogehalt wurde pauschal mit 20 % festgelegt.

Die Gewichtung der bilanziellen Risikoaktiva erfolgte in Basel I sehr schematisch (vereinfachte Darstellung):

Risikogewichtung	Adressat/Schuldner/Risikoaktiva
0 % (= 0 % EK)	Schulden der öffentlichen Hand (fast alle OECD-Staaten) und der Zentralbanken
20 % (= 1,6 % EK)	Schulden der Kreditinstitute und der Kirche
100 % (= 8,0 % EK)	alle sonstigen Risikoaktiva, wie z. B. Kredite an Private und Unternehmen

Basel I definierte auch die Eigenkapitalbestandteile, die in mehrere Eigenkapitalkategorien unterteilt wurden. Wichtig ist das sogenannte Kernkapital (vorwiegend Rücklagen und Einlagen), das mindestens die Hälfte des Eigenkapitals ausmachen muss (also 4 plus X %). Das Ergänzungskapital (z. B. Genussrechte, Nachrangdarlehen) wurde in diesem Konzept maximal in Höhe des Kernkapitals angerechnet.

Basel II

In den 1990er-Jahren zeigte sich schnell, dass die einfache Form der Zuordnung von Kreditrisiko und Eigenkapitalunterlegung nach Basel I zu undifferenziert ist. Sie entsprach nicht den modernen Anforderungen an ein Risikomanagement von Kreditinstituten. Eine Reform der Baseler-Regelungen wurde initiiert (Basel II). Basel II setzte den Fokus auf die „linke" Seite des Baseler Akkords („Risikogewichtung"). So war die bisher schemenhafte Erfassung der Ausfallrisiken zu grob und nicht an den tatsächlichen Risiken ausgerichtet. Eine Quersubventionierung schlechter Risiken durch gute war weder wirtschaftlich sinnvoll noch gerecht. Eine geringere Bonität verlangt einen entsprechend höheren Risikopuffer, hohe Bonitäten einen entsprechend niedrigeren. Die Folge ist eine deutlichere Spreizung der Kreditzinsen. Im Ergebnis musste die Bonität der Schuldner exakter evaluiert werden. Zum Ausfallrisiko wurden noch Marktpreisrisiken und operationale Risiken hinzuaddiert. Ein Marktpreisrisiko ergibt sich bei Änderungen der Marktpreise, insbesondere bei Zinsen, Devisen und weiteren Börsenkursen. Ein operationales Risiko (Betriebsrisiko) entsteht, wenn Verluste durch Systemversagen, durch menschliches Versagen oder externe Ereignisse entstehen.

Neben den Mindestanforderungen an Risiken und das Eigenkapital der Banken (Säule 1) wurde durch Basel II die Bankenaufsicht gestärkt (Säule 2) und die Marktdisziplin/Transparenz (Säule 3) erhöht.

Baseler Akkord I und II (stark vereinfachte Darstellung):

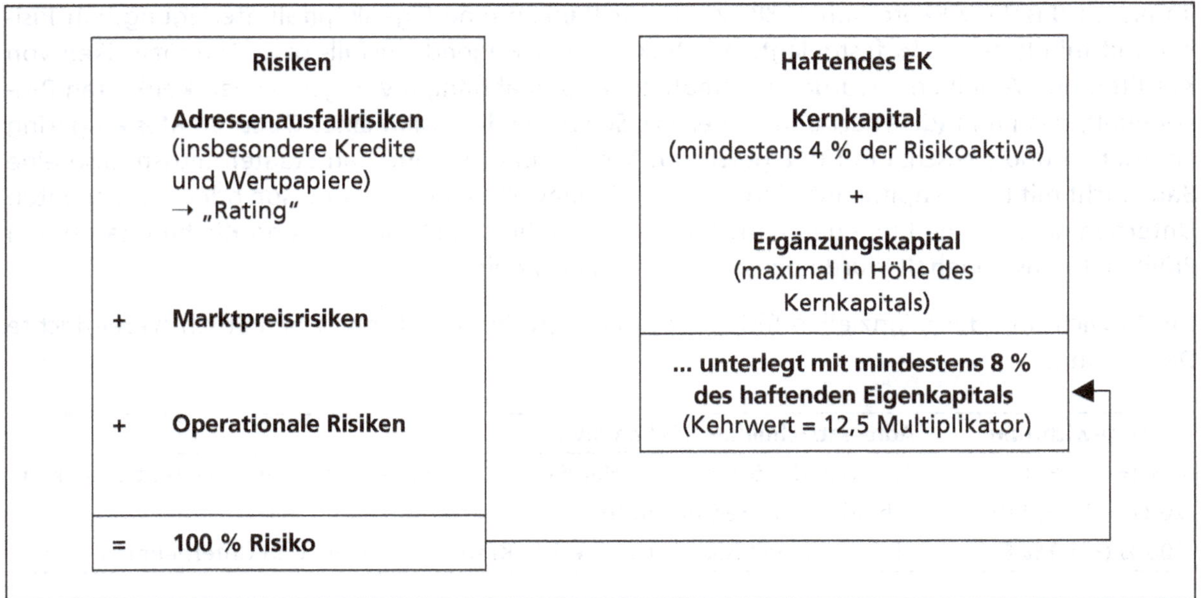

Basel III

Am 12. September 2010 einigten sich die Präsidenten der Notenbanken und Aufsichtsämter auf strengere Eigenkapitalvorschriften für Kreditinstitute. Danach muss das Eigenkapital von Banken künftig härter und die Eigenkapitalrelation höher werden als bisher. Ziel ist, die Stabilität des Finanzsystems weiter zu verbessern.

Der Baseler Ausschuss reagierte damit auf die Finanz- und Bankenkrise 2007/2008, die deutliche Schwächen im bisherigen Risikotragfähigkeitssystem der Banken aufgedeckt hatte. Ab 2013 gelten deutlich höhere und strengere Eigenkapitalanforderungen, die sukzessive zu erfüllen sind. Ab 2019 beträgt allein das Kernkapital einer Bank mindestens 8,5 %.

Kapitalpuffer: Zusätzlich zum Eigenkapital werden für ein Kreditinstitut Kapitalpuffer (Polster) verlangt, die als Notreserve für Stressphasen aufgebaut werden. Die Kapitalpuffer sollen in der Krise zuerst haften, sodass die Bank die eigentlichen Kapitalquoten nicht unterschreiten. Den Banken wird also gestattet, in Stressphasen das „Polster" unter Auflagen – z. B. Ausschüttungsverbot – abzubauen. In anderen Worten: Die Kapitalpuffer sollen die Banken in die Lage versetzen, Verluste im laufenden Geschäft abzuschreiben, ohne hierauf mit einer unmittelbaren Bilanzverkürzung oder Umschichtungen reagieren zu müssen. Die Kapitalpuffer können also nach oben und unten „atmen". Damit wird das Eigenkapital insgesamt flexibler, die Krisenresistenz erhöht sich, Ansteckungsgefahren werden reduziert! Für systemrelevante Banken und andere Systemrelevanzen können Puffer bis zur Höhe von 5 % verlangt werden.

Firmenkredite (Mittelstandspaket): Diskussionsbedarf bestand auch über das Risikogewicht von Firmenkrediten. Argument: Die klassische Unternehmensfinanzierung war weder Ursache der Finanzkrise noch hat sie diese verstärkt. Eine neue Regulierung soll nicht zulasten der Realwirtschaft gehen, schon gar nicht zulasten des Mittelstandes. Es entspräche nicht der Realität, wenn wackelige Staatsanleihen mit einem Nullrisiko gewichtet werden, Firmenkredite aber als risikoreich eingestuft werden. Da Basel III insgesamt deutlich höhere Kapitalanforderungen stellt (im Jahr 2019 hat jede Bank mit den Kapitalpuffern mindestens 10,5 % Kernkapital vorzuweisen), gibt es für Mittelstandskredite Erleichterungen. Vereinfacht formuliert werden die Risikogewichte für KMU mit einem insgesamt geschuldeten Betrag von 1,5 Mio. € mit drei Viertel multipliziert (genau: 0,7619 = 8 ÷ 10,5). Damit soll der höhere Niveaueffekt von Basel III neutralisiert werden. Der KMU-Korrekturfaktor steht im Jahr 2017 unter Prüfungsvorbehalt.

Leverage Ratio: Basel III sieht als weitere Anforderung eine „nicht risikobasierte Verschuldungsgrenze" (Leverage Ratio) in Höhe von 3 % (33-facher Hebel!) vor. Systemrelevante Banken haben höhere Anforderungen zu erfüllen. Über die Leverage Ratio als zweite Risikokennziffer kann das Risiko einfach, transparent und unabhängig („ungewichtet") gemessen werden, zumal alle Aktiva mit dem gleichen Prozentsatz Eigenkapital unterlegt werden sollen. Die Leverage Ratio entspricht der Eigenkapitalquote bei Industrieunternehmen. Diese Verschuldungskennzahl ist ab 2015 offenzulegen und soll verbindlich erst ab 2018 in Kraft treten.

Übersicht über die Entwicklung der Eigenkapitalanforderungen für Banken

Basel I (1988)	International abgestimmte Eigenkapitalnormen – weltweit anerkannter Kapitalstandard: Risiken sind generell mit 8 % Eigenkapital zu unterlegen (mind. 4 % Kernkapital, max. 4 % Ergänzungskapital). Anders ausgedrückt: Die Risikoaktiva einer Bank dürfen das 12,5-Fache des haftenden Eigenkapitals nicht überschreiten (Solvabilitätskonzept). Besonderheiten: – pauschale Risikogewichtung des Ausfallrisikos je nach Kreditnehmerart, – Harmonisierung der rechtlichen Grundlagen für die Bankaufsicht.
Basel II (2000/2007)	1. Säule: neue Gewichtung von Ausfallrisiken/Kreditierungen (Näheres unten) mittels externer (Regelfall) oder interner Ratings 2. Säule: intensivere Überwachung der Banken durch die Bankenaufsicht (permanenter Kontakt bzw. Prozess zur Nachprüfung der Kapitaladäquanz) 3. Säule: größere Transparenz der Banken durch aussagekräftigere Finanzmarktinformationen; Differenzierung der Pflichten nach der Größe der Institute (Marktdisziplin); Ziel ist eine höhere Kapital- und Risikotransparenz der Kreditinstitute.
Basel III (in Diskussion)	– Stärkung von Quantität und Qualität des Eigenkapitals (strengere Kernkapitalquote, ab 2013 soll die Kernkapitalquote bis 2019 stufenweise ansteigen) – Einführung von Kapitalpuffern in Höhe von bis zu 5 % – Neues Risikosystem mit dem Ziel höherer Risikogewichte (Verdoppelung der Marktpreisrisiken, Einführung einer Verschuldungsobergrenze („Leverage Ratio"). – Stärkung des Langfristorientierung

Eckpfeiler von BASEL II (1. Säule) und von Basel III:

- Die schemenhafte Erfassung der Ausfallrisiken bei Basel I war zu grob. Eine Quersubventionierung „schlechter" Risiken durch „gute" ist weder wirtschaftlich sinnvoll noch gerecht. Eine geringere Bonität verlangt einen entsprechend höheren Risikopuffer, hohe Bonitäten einen entsprechend niedrigeren. Die Folge ist eine wesentlich deutlichere Spreizung der Kreditzinsen.

- Mit der stärkeren Differenzierung der Risiken sorgen die Kreditinstitute nicht nur für eine größere Transparenz, Kalkulation und damit bessere Ertragslage, sondern auch für eine gesamtwirtschaftlich effizientere Verteilung der Ersparnisse.

- Die Kreditwürdigkeitsprüfung wird durch Basel II und III weiter formalisiert und systematisiert. Die Anforderungen an die zu liefernden Informationen werden anspruchsvoller. Das kommt der Wirtschaft generell, letztlich auch dem betreffenden Unternehmen zugute.

- Die Bonität bestimmt sich zunächst nach der Risikoklasse. Die Risikoklasse mit der besten Bonität sind „Staaten" als Schuldner. „Banken" werden grundsätzlich eine Kategorie schlechter als der Sitzstaat eingestuft. In die hintere Risikoklasse kommen „Unternehmen".

Folgende Risikogewichte im Standardverfahren bestehen (vereinfacht):

	AAA bis AA	A	BBB	BB bis B	unter B	ohne Rating
Staaten	0 %	20 %	50 %	100 %	150 %	100 %
Banken (Option 1)	20 %	50 %	100 %	100 %	150 %	100 %
Banken mit eigenem Rating (Option 2)	20 %	50 % bzw. 20 %	50 % bzw. 20 %	100 % bzw. 50 %	150 %	50 % bzw. 20 %
Unternehmen	20 %	50 %	100 %	100 % (B 150 %)	150 %	100 %
Qualität	→ **„investment grade"** ←			→ **„non investment grade"** ←		

- Im Ergebnis soll die statistische Ausfallwahrscheinlichkeit des Kreditnehmers durch das Ratingergebnis widergespiegelt werden (Eintrittswahrscheinlichkeit und die Schwere des Zahlungsausfalls).

Ratingskala und Bonitätsklassen der Initiative Finanzstandort Deutschland IFD

Ratingstufe	Bonität	Ausfallwahrscheinlichkeit (innerhalb eines Jahres)
1	sehr gut bis gut	bis 0,3 %
2	gut bis zufriedenstellend	0,3 bis 0,7 %
3	befriedigend bis noch gut	0,7 bis 1,5 %
4	überdurchschnittliches bis hohes Risiko	1,5 bis 3,0 %
5	hohes Risiko	3,0 bis 8,0 %
6	sehr hohes Risiko	über 8,0 %

- Als Ratingverfahren kommen externe und bankinterne Ratings in Betracht. Als Ratingkriterien dienen quantitative und qualitative Kriterien, die belegt werden müssen. Eine Ratingagentur muss strenge Anforderungen an die Objektivität, Unabhängigkeit, Transparenz, Ressourcen und Glaubwürdigkeit erfüllen. Banken können bei einem Kreditgeschäft das Ausfallrisiko auch selbst messen. Dieses interne Rating ist in zwei Ausprägungen möglich: dem Basisansatz oder in einem fortgeschrittenen Ansatz. Damit die Bank selbst raten kann, muss sie eine Menge an Anforderungen erfüllen, insbesondere muss sie zum Zeitpunkt der Zulassung eine ausreichende Datenbasis mit dreijähriger Datenhistorie vorlegen.

  Bei der Bonitätseinschätzung eines Kreditnehmers sind folgende Kriterien (mindestens) zu berücksichtigen: Ertragskraft, Kapitalausstattung und Kapitalstruktur, Qualität der Einkünfte, Qualität und rechtzeitige Verfügbarkeit von Informationen, Grad der Fremdfinanzierung und die Auswirkung von Nachfrageschwankungen auf Rentabilität und Cashflow, finanzielle Flexibilität, Qualität des Managements, Position innerhalb der Branche, zukünftige Risiken und Chancen, Risikocharakteristik des Landes in dem das Unternehmen seine Geschäfte betreibt.

- Das Risikogewicht eines Kredits hängt von der Bonität des Kreditnehmers ab. Je nach Ausprägung des Ratings variieren die Risikogewichte zwischen 0 und 150 %. Für Privatkunden ist ein pauschales Risikogewicht von 75 % vorgesehen, wohnimmobiliengesichert ist das Risikogewicht 35 %. Da in Deutschland der überwiegende Teil der Firmenkunden auf absehbare Zeit über kein Rating verfügen wird, wird das häufigste Risikogewicht hier 100 % sein, bei Absicherung mit der gewerblichen Immobilie 50 %. Sofern die Kredithöhe die Millionengrenze nicht überschreitet, gilt auch hier ein Retailportfoliogewicht von „pauschal" 75 %. Das Risiko kann durch Sicherheiten, Kreditderivate und weitere Techniken gemildert werden.

Zu beurteilende Faktoren nach Basel II und III:

Die Berechnung der Kapitaldienstfähigkeit fußt auf einer erfolgswirtschaftlichen Rechnungslegung. Damit ist ihr primäres Ziel die Identifikation von Erfolgs- und Liquiditätskrisen. Methodisch erfordert die Zukunftsorientierung die Analyse der strategischen Lage des Unternehmens. Der Informationsgehalt des Jahresabschlusses ist durch das Stichtagsprinzip eingeschränkt (Vergangenheitsorientierung). Im Gegensatz hierzu löst sich der Lagebericht von diesen Fesseln und stellt die notwendige Brücke zur Zukunft und zu den Risikopotenzialen dar.

Neben einem Kennzahlensystem und der rechnerischen Bestimmung der Kapitaldienstfähigkeit müssen abgesehen von einem quantitativen Analysebereich auch qualitative Kriterien erfasst und analysiert werden. Die qualitativen Fragen beziehen sich auf bekannte Beurteilungsbereiche, wie „wirtschaftliche Verhältnisse, Kontoführung, Rechnungswesen, Markt, Management, Planung".

Das Rating-System versucht ein Punktergebnis aufgrund folgender Eckpfeiler zu finden:

- Managementqualität und bisherige wirtschaftliche Erfolge der Unternehmensführung;
- Markt- und Branchenentwicklung;
- Qualität des Produkt- und Leistungsprogramms;
- Kundenbeziehung zur Bank (Dauer und Transparenz der Geschäftsverbindung, bisheriges Vertrauensverhältnis, bisherige Kontoführung inklusive Volatilität);
- Beurteilung der wirtschaftlichen Verhältnisse und des Rechnungswesens: Im Vordergrund steht Rendite und Cashflow (Kapitaldienstfähigkeit) sowie die Eigenkapitalausstattung;
- weitere Unternehmensentwicklung und Risiken und deren Steuerungsinstrumente;
- Sicherheiten (Blankoanteil, Verwertbarkeit).

Ein gutes Ratingsystem erkennt man daran, dass es einen großen Anteil der problembehafteten Unternehmen mit einem nennenswerten Vorlauf – z. B. von zwei Jahren – identifizieren kann und dabei möglichst wenige Firmen ungerechtfertigt als gefährdet ausweist.

Beispielhafte Ratingkriterien:

- Vergangene und künftige, zu prognostizierende Fähigkeit, Erträge zu erwirtschaften, um Kredite zurückzuzahlen und anderen Finanzbedarf zu decken
  → Kennzahl: Rendite, Cashflow, insbesondere nachhaltige Kapitaldienstfähigkeit

- Wahrscheinlichkeit, dass unvorhergesehene Umstände die Kapitaldecke aufzehren könnten und dies zur Insolvenz führt
  → Risikomanagementsystem und Kennzahl: EK-Ausstattung

- Qualität der Einkünfte: Zu welchem Grad stammen die Einkünfte und der Cashflow aus dem Kerngeschäft und nicht aus einmaligen, nicht wiederkehrenden Quellen?
  → Kennzahl: Aufwandsaufgliederung

- Qualität und rechtzeitige Verfügbarkeit von Informationen über den Kreditnehmer
  → Qualität und Verfügbarkeit von testierten Jahresabschlüssen, Bewertungsstandards und unterjährigen Rechenwerken

- Grad der Fremdfinanzierung
  → Kennzahl: Verschuldungsgrad, Cashflow, Schuldentilgungsdauer

- Auswirkungen von Nachfrageschwankungen auf Rentabilität und Cashflow
  → Branchensituation, Kundenstruktur, Ladenhüter
- Situation der Branche und Position innerhalb der Branche
  → Branchenanalyse, Marktstellung
- Finanzielle Flexibilität
  → Bonität, Ertrags- und Eigenkapitalsituation
- Fähigkeit des Managements, auf veränderte Bedingungen effektiv zu reagieren
  → Steuerungssystem, Managementbeurteilung, Fluktuationsrate
- Risikoaversion versus Risikofreude
  → Managementbeurteilung, Risikosystem

Vereinfachtes Beispiel eines „Ratingbogens“	**1**	**2**	**3**	**4**	**5**	**…**	**10**
1. Wirtschaftliche Verhältnisse		**X**					
Ertragslage (nachhaltige KDF)			x				
Eigenkapitalausstattung	x						
Liquiditätslage		x					
Qualität der Ertragslage		x					
Finanzielle Flexibilität		x					
2. Management			**X**				
Qualität des Managements		x					
Qualität der Planung				x			
Qualität des Steuerungssystems				x			
3. Informationssysteme				**X**			
Qualität des Rechnungswesens				x			
Informationsverhalten				x			
Kontoführung			x				
4. Markt und Branche			**X**				
Branchensituation		x					
Marktstellung			x				
Lieferantenstreuung			x				
Kundenstreuung		x					
Produktstandard		x					
5. Unternehmensentwicklung		**X**					
Risiko- und Steuerungssystem			x				
Besondere Unternehmensrisiken		x					
Bonitätseinstufung gesamt		**X**					
Sicherheiteneinstufung			x				
Risikoeinstufung gesamt		**X**					

Auszug des Fragenkatalogs des Bundesverbandes der Deutschen Volksbanken und Raiffeisenbanken BVR:

- Markt:
  - Wie viele Produktgruppen gibt es?
- Nachfolge:
  - Existiert eine Nachfolgeregelung?
- Geschäftsleitung:
  - Ist der Unternehmer schon einmal von einer Insolvenz betroffen gewesen?
  - Gibt es in der Geschäftsleitung eine Person mit einer betriebswirtschaftlichen Ausbildung?
  - Seit wie vielen Jahren führt der Unternehmer das Unternehmen?

- Rechnungswesen:
  - Ist der Unternehmer in der Lage, die wirtschaftliche Entwicklung auch unterjährig darzustellen?
- Termine:
  - Werden Absprachen bezüglich der Offenlegung, Limite, Kreditverwendungen, Sicherheiten, Investitionen, Personal etc. getroffen und eingehalten?
- Planung: ...

Auszug des Fragenkatalogs der Volksbank Heilbronn im Rahmen eines Ratingverfahrens:

- Wie stellt sich die aktuelle Entwicklung des Unternehmens dar?
- Wie hoch ist der aktuelle Auftragsbestand?
- Für wie lange ist Ihr Unternehmen derzeit ausgelastet?
- Wie beurteilen Sie Ihren Wettbewerb, wie Ihre Marktstellung?
- Worin sehen Sie Ihre besonderen Stärken?
- Wo wollen Sie mit Ihrem Unternehmen in fünf Jahren stehen?
- Wie viele Kunden haben Sie insgesamt?
- Auf wie viele Kunden entfallen mindestens 50 % des Umsatzes?
- Bei welchen Kunden erzielen Sie den größten Ertrag?
- Wie sichern Sie die Zufriedenheit Ihrer Kunden?
- Wie leicht können Kunden zu Wettbewerbern wechseln?
- Auf wie viele Lieferanten entfallen mindestens 50 % des Materialaufwands?
- Wie viele Ihrer Rechnungen werden skontiert?
- Wie wichtig ist Ihnen die jederzeitige Transparenz der Konten?
- Existiert ein Controlling und eine interne Revision?
- Führen sie Planrechnungen durch?
- Erfolgt eine genaue Kostenrechnung mit Vor- und Nachkalkulation?
- Wie lange dauert es bis Rechnungen erstellt, wie lange bis diese bezahlt werden?
- Welche Personalstruktur haben Sie?
- Welche Mitarbeiter mit welcher Ausbildung zählen zum Management?
- Existieren Vertretungs- und Nachfolgeregelungen?
- Was tun Sie für ein positives Betriebsklima und für eine Mitarbeiterbindung?
- Risikoabsicherung: Was sollte besser nicht passieren?
- Welche Risiken sind wie abgesichert? ...

Alle Kreditnehmer sind einer Ratingklasse auf einer „Masterskala" zuzuordnen. Die sogenannte Kalibrierung stellt den Zusammenhang zwischen dem Gesamtscore und der Masterskala her. Damit wird eine Vergleichbarkeit der Ratingurteile über Segmentgrenzen ermöglicht. Diese Masterskala kann im Controlling und direkt beim Pricing eingesetzt werden. Sie muss die strengen Anforderungen nach Basel II erfüllen, verlangt also ein stochastisch nachvollziehbares System der Einteilung aller Kredite in verschiedene Risikoklassen, welches das gesamte Spektrum von „nahezu risikolos" bis „in Abwicklung" abdeckt. Jeder Klasse wird eine erwartete Ausfallrate zugeordnet.

Masterskala des Bundesverbandes der Deutschen Volksbanken und Raiffeisenbanken (BVR)

Ratingklasse	Bezeichnung	Ausfallrate
0a bis 0e	Sehr gute Bonität	0,01 % bis 0,05 %
1a bis 1e	Gute Bonität	0,07 % bis 0,35 %
2a bis 2e	Befriedigende Bonität	0,50 % bis 2,60 %
3a bis 3e	Ausreichende bis kritische Bonität	4,00 % bis 20,0 %
4a	Forderung mehr als 90 Tage in Verzug	100 %
4b	Einzelwertberichtigte Forderung	100 %
4c	Zinsfreigestellte Forderung	100 %
4d	Insolvenz	100 %
4e	Forderung in Abwicklung/Ausbuchung	100 %

Von den 25 Klassen des BVR-Ratings sind fünf Klassen (4a bis 4e) als Ausfallklassen definiert. Die den Klassen 0a bis 3e zugeordneten Ausfallraten gehorchen einem exponentiellen Zusammenhang. Die Klassen 0a bis 0e werden dem „Mittelstand" unzugänglich bleiben. Dort sind nur Schuldner allererster Bonität – wie z. B. Staaten – einzuordnen.

Vereinfachte Zuordnung von Risikostufen der Bankgruppen und Ratingagenturen

Ratingstufen nach Wahrscheinlichkeit eines Ausfalls p. a.	**Stufe I 0 bis 0,3 %**	**Stufe II 0,3 bis 0,7 %**	**Stufe III 0,7 bis 1,5 %**	**Stufe IV 1,5 bis 3 %**	**Stufe V 3 bis 8 %**	**Stufe VI über 8 %**
Standard & Poor's	AAA bis BBB	BBB bis BB+	BB+ bis BB	BB bis B+	B+ bis B–	über B
Creditreform Index	100 bis 193	194 bis 227	228 bis 270	271 bis 291	292 bis 345	346 bis 600
Deutsche Bank	iAAA bis iBBB	iBBB bis iBB+	iBB+ bis iBB–	iBB– bis iB+	iB+ bis iB–	über iB–
Commerzbank	1 bis 2,4	2,4 bis 3	3 bis 3,4	3,4 bis 4	4 bis 4,8	über 4,8
Uni Credit	1+ bis –2	2 bis 3	3 bis 4	4 bis 5	5 bis 6	über 6–
Sparkassen	1 bis 4	4 bis 6	7 bis 8	9 bis 10	11 bis 12	über 12
Volksbanken	0 bis 1d	1e bis 2a	2b bis 2c	2d bis 2e	3a bis 3b	über 3c

lies: *Baseler Ausschuss für Bankenaufsicht,* Konsultationspapier – Die Neue Baseler Eigenkapitalvereinbarung (Übersetzung der Deutschen Bundesbank), www.bundesbank.de; *Deutsche Bundesbank,* Die Bonitätsanalyse von Wirtschaftsunternehmen durch die Deutsche Bundesbank, in: Monatsberichte der BB 9/2004, S. 59 ff.; *Deutsche Bundesbank,* Das Baseler Regelwerk in der Praxis, in: Monatsberichte der BB 1/2009, S. 59–79; vertiefend zum Rating: *Gleißner/Füser,* Leitfaden Rating, Stuttgart 2002; *del Mestre,* Rating-Leitfaden, Köln 2001; *Hückmann,* Kreditrating der Mittel- und Kleinbetriebe, Berlin 2002; *Weinrich/Jacobs,* Elemente eines betriebswirtschaftlich orientierten Ratings im Rahmen von Basel II, in: Die Bank 2/2003, S. 114–119; *Gaumert,* Grundsätze ordnungsgemäßen Ratings, Köln 2007; *Bacher,* Bankmanagement kompakt, Konstanz 2015

11.2.5 Anleihen und Schuldscheindarlehen

Ein Unternehmen kann sich Fremdmittel auch über den Kapitalmarkt holen. „Industrieschuldverschreibungen" (auch „Industrieobligationen" oder „Unternehmensanleihen" genannt) sind langfristige Darlehen, die ein Großunternehmen über die Börse aufnimmt. Eine Anleihe (auch festverzinsliches Wertpapier, Rentenpapier, Schuldverschreibung oder Bond genannt) gibt dem Investor ein Recht auf Verzinsung und auf Rückzahlung des investierten Kapitals.

Die folgende Übersicht zeigt die wichtigsten Ausstattungsmerkmale:

Ausstattungsmerkmale einer Anleihe	
Höhe der Anleihe	– Millionen oder Milliarden €
Stückelung	– 100 €, 500 €, 1.000 €... insofern redet man von Teilschuldverschreibung
Verzinsung	– fester Nominalzins – variabler Zins („Floater") – kein laufender Nominalzins („Zerobond") – weitere Zinsmodalitäten
Ausgabekurs	– zum Nennwert („pari") – unter dem Nennwert („unter pari/disagio") – über dem Nennwert („über pari/agio")
Rückzahlungskurs	– zum Nennwert – über dem Nennwert („agio")
Laufzeit	– in der Regel letzter Rückzahlungstermin
Kündigungsmodalität	– ohne Kündigungsmöglichkeit – nach Einhaltung bestimmter Bedingungen
Tilgung	– endfällige Rückzahlung – Rückzahlung in gleichen Raten – Annuitätentilgung – Tilgung durch Rückkauf
Sicherheiten/Covenants	– Grundpfandrechte, Garantien ... – Negativklauseln – Covenants

Beim Schuldscheindarlehen handelt es sich um eine Kreditform, die am Kapitalmarkt ohne Zwischenschaltung der Börse aufgrund eines individuellen Darlehensvertrags zustande kommt. Schuldscheine sind Urkunden, mit denen der Schuldner eine bestimmte Leistung, z. B. Zins- und Rückzahlung, verspricht. Schuldscheine sind keine Wertpapiere und haben keinen Kurs. Sie sind Beweisurkunden und können durch Zession übertragen werden. Als Kapitalgeber treten meist Versicherungen und Pensionskassen auf. Durch den Schuldschein bestätigt der Darlehensnehmer, den Darlehensbetrag empfangen zu haben. Damit wird die Beweislast der Forderung auf den Schuldner verlagert (Beweisurkunde).

Zusammenfassend ergibt sich folgende Übersicht über die langfristigen Kreditfinanzierungen:

	Darlehen	Schuldschein	Industrieanleihe	Wandel- oder Optionsanleihe
Charakter	Langfristiges Bankdarlehen	Langfristiges Darlehen von institutionellen Anlegern	Schuldverschreibung zur Beschaffung von langfristigem FK über die Börse	Langfristige Industrieanleihe mit Aktienbezugsrecht
Schuldner	Unternehmen und Privatpersonen	Große Unternehmen mit guter Bonität	Unternehmen mit Emissionsrecht	Unternehmen mit Emissionsrecht
Gläubiger	Kreditinstitut	Institutionelle Anleger	Anleger	Anleger
Laufzeit	Bis zu zehn Jahre	Bis zu 15 Jahre	Bis zu zehn Jahre	Bis zu zehn Jahre
Rechte	Nach Kreditvertrag	Nach Vertrag, Schuldschein ist Beweisurkunde	Verbrieftes Wertpapier	Verbrieftes Wertpapier
Publizität	Keine	Keine	Ja	Ja

lies: *Olfert/Reichel*, Finanzierung, E 4.2 und 4.3; vertiefend: *Wöhe/Bilstein*, 2. Abschnitt, 2b–f; *Zantow/Dinauer*, 4; vertiefend: *Bacher*, Bankenmanagement kompakt, Kapitel 6.3.6, Wiesbaden/Konstanz 2012

11.2.6 Stille Beteiligungen, Genussrechte und Mezzanine

Eine Beteiligung, die nach außen nicht in Erscheinung tritt, nennt man stille Beteiligung. Sie wird per Gesellschaftsvertrag geschlossen. Die Einlage des stillen Gesellschafters geht in das Vermögen der Gesellschaft über (§ 230). Bei der typischen stillen Gesellschaft hat der Gesellschafter keine Geschäftsführungskompetenzen und wenig Kontrollrechte (§ 233). Die Einlage wird zum Nominalwert zurückbezahlt, eine Beteiligung am Unternehmenswert erfolgt nicht. Gewöhnlich wird die Einlage verzinst und/oder am Gewinn bemessen. Bei der atypischen stillen Gesellschaft wird der stille Gesellschafter zum Mitunternehmer. Es werden umfangreiche Kontroll- und Zustimmungsrechte, eine Haftung für Verluste sowie eine Beteiligung am Unternehmenswert vereinbart.

Stille Beteiligungen gehören zu den hybriden Finanzinstrumenten. Es handelt sich um eine gemischte Kapitalform zwischen reinem Eigen- und reinem Fremdkapital. Man spricht auch vom „mezzaninen" Kapital. Mezzanines Kapital kann dann als Eigenkapital bilanziert werden, wenn folgende vier Bedingungen kumulativ erfüllt sind:

1. Nachrangabrede, d. h., die Rückzahlung der Einlage erfolgt in der Krise erst nach Befriedigung aller anderen Gläubiger;
2. Erfolgsabhängigkeit der Vergütung („Equity-Kicker");
3. Verlustteilnahme bis zur Höhe der Einlage;
4. Langfristigkeit der Einlage.

Besonderheiten von Mezzaninen (Nachrangdarlehen, Genussrechte, stille Gesellschaften etc.)

- Mischform zwischen Eigen- und Fremdkapital,
- kann bilanzrechtlich wie Eigenkapital zählen und damit die Finanzierungsmöglichkeiten des Unternehmens verbessern,
- im Fall der Insolvenz nachrangig gegenüber Gläubigern und vorrangig gegenüber den Gesellschaftern,
- höheres Risiko als Fremdkapital, darum Chance auf höhere Vergütung.

Nachrangdarlehen sind Darlehen, deren Rückzahlung im Fall der Insolvenz erst nach der Befriedigung aller anderen Gläubiger erfolgt (Nachrangabrede).

Genussrechte sind Gläubigerrechte mit einzelnen ausgewählten Eigentümerrechten, wie z.B. Beteiligung am Gewinn, Bezugsrecht etc. Die Ausgestaltung kann sehr vielfältig sein. Wird ein Genussrecht im Börsenhandel als Wertpapier eingeführt („Genussscheine"), so erfolgt die Notiz „flat", d.h., die zeitanteilige Ausschüttung ist im Kurs enthalten. Es werden keine Stückzinsen verrechnet und es wird (nur) 25 % Kapitalertragsteuer bei Ausschüttung einbehalten.

Genussrechte haben Eigen- und Fremdkapitalelemente. Ein Vorteil liegt darin, dass Genussrechte gewöhnlich als Eigenkapital zählen, die Zinsen hierfür jedoch als steuerlicher Aufwand geltend gemacht werden können.

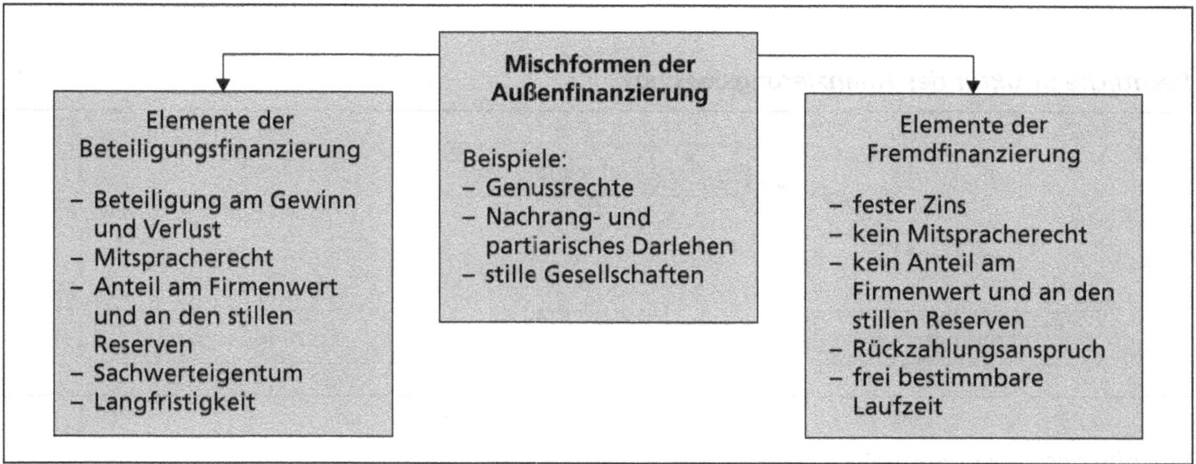

11.2.7 Sonderformen der Finanzierung

11.2.7.1 Leasing

Das Leasing ist eine Sonderform der Finanzierung und trägt dem hergebrachten Grundsatz Rechnung, dass der Reichtum einer Sache eher im Gebrauch als im Eigentum liegt (Aristoteles). Der Anteil des Leasings an den Ausrüstungsinvestitionen beträgt in Deutschland beachtliche 25 %, bei manchen Gegenständen – wie bei Kraftfahrzeugen und Werkzeugmaschinen – sogar weit darüber.

Das Leasing ist eine spezielle Form der Miete und Sonderform der Finanzierung. Beim sogenannten Finanzierungsleasing ist die Stellung des mittelständischen Unternehmers (Leasingnehmers) eigentümerähnlich: Ihm obliegen die wesentlichen Pflichten und Risiken, die normalerweise der Eigentümer (bzw. Vermieter) hat: Der Leasingnehmer sucht und spezifiziert gewöhnlich den Leasinggegenstand und wählt den Lieferanten sowie den Leasinggeber, der formal Eigentümer der Sache ist und bei dem der Gegenstand bilanziert wird und die Abschreibungen verbucht werden.

Der Leasingnehmer trägt gewöhnlich auch die Instandhaltungskosten, das Investitionsrisiko und die Gefahr der Beeinträchtigung und des Untergangs der Sache. Die Leasinggesellschaft schließt rechtlich den Kaufvertrag mit dem Lieferanten ab und überlässt dem Leasingnehmer dann die Sache aufgrund des Leasingvertrages. Mit der Leasingsache selbst hat die Leasinggesellschaft also wirtschaftlich wenig zu tun. Als Gegenleistung für die Bereitstellung und den Gebrauch bzw. die Nutzung des Leasinggegenstandes werden monatliche Leasingraten vereinbart. Die Laufzeit des Leasingvertrages beträgt gewöhnlich mindestens 40 %, maximal 90 % der betriebsgewöhnlichen Nutzungsdauer des Gegenstandes.

BEISPIEL
zur Abgrenzung von Miete und Leasing

Lisa Müller mietet für eine Woche ein Cabriolet. Schnell zeigt sich, dass die Reifen fast abgefahren und der Ölwechsel überfällig ist. Diese Wartungskosten hat die Autovermietung zu tragen, denn sie hat als Vermieterin das Auto in einem ordnungsgemäßen Zustand zu überlassen. Sofern Lisa Müller jedoch das Auto für drei Jahre „least" (Finanzierungsleasing), muss sie für diese Kosten selbst aufkommen.

Rechtliche Struktur des Finanzierungsleasings:

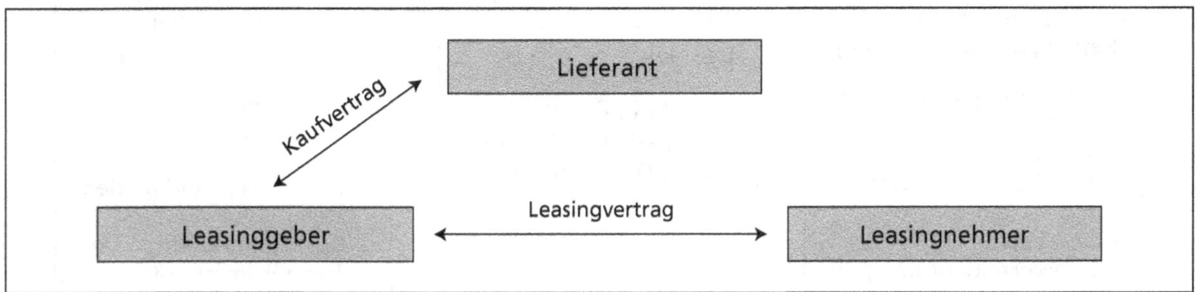

Vorteile des Leasingmodells

1. Im Vergleich zum Barkauf ist mit dieser Investition anfänglich sehr wenig Kapitalbindung verbunden („positiver Liquiditätseffekt").
2. Zu Vertragsbeginn werden weder Finanzmittel noch Sicherheiten gebunden. Es wird also anfänglich kein Eigen- oder Fremdkapital gebunden. Durch das Leasing von Sachen erweitert das Unternehmen so seinen finanziellen Spielraum und seine finanzielle Flexibilität.
3. Gewöhnlich erfolgt synchron zur produktiven Nutzung des Gegenstandes dessen Selbstfinanzierung („Pay-as-you-earn-Prinzip").
4. Mit der kürzeren Nutzungsdauer von Gegenständen sind kürzere Investitionsintervalle verbunden. Der Maschinenpark des Unternehmens bleibt damit modern und geht besser mit dem technischen Fortschritt einher.
5. Die Leasingraten werden handels- und steuerrechtlich als Aufwand anerkannt.
6. Die Investition und Leasingverbindlichkeiten erscheinen in der Regel nicht in der Bilanz. Damit sinkt die Bilanzsumme und gewöhnlich der Verschuldungsgrad, die Eigenkapitalquote erscheint positiver („Bilanz- und Kennzahleneffekt"). Freilich besteht für Kapitalgesellschaften bei bedeutenden Verpflichtungen eine Angabepflicht im Anhang nach § 285 Nr. 3a.

Die Leasinggesellschaft trägt ähnlich einem Kreditinstitut ein erhebliches Kreditrisiko. Bevor Leasingverträge geschlossen werden, findet daher oft in Abstimmung mit der Hausbank eine Kreditwürdigkeitsprüfung statt. Der Kreditspielraum ist beim Leasing höher, weil Leasinggesellschaften das Leasinggut oft zu 100 % als Sicherheit akzeptieren, während die Grenzen bei Banken wesentlich geringer sind.

Im Unterschied zu einer Bank nimmt die Leasinggesellschaft nicht die Forderung in ihre Bilanz, sondern das Objekt (Leasinggegenstand). Sie hat nicht nur ein Pfandrecht, sondern kauft das Objekt, wird damit zum Eigentümer und „verleast" es an den Leasingnehmer.

Erscheinungsformen des Leasings

- Hersteller-Leasing: Beim direkten Leasing sind Hersteller/Verkäufer und Leasinggeber identisch. Der Leasingvertrag wird mit dem Hersteller des betreffenden Leasingobjekts direkt abgeschlossen.
- Indirektes Leasing (Leasing im eigentlichen Sinne): Beim indirekten Leasing (Leasing im engeren Sinne) erfolgt die Finanzierung über eine selbstständig agierende Leasinggesellschaft. Hierbei wird der Leasingvertrag mit der Leasinggesellschaft geschlossen.
- Miete, auch Operate-Leasing genannt: Kurzfristige (Miet-)Verträge über Standardgebrauchsgegenstände (Telefonanlagen, Kopierer, Autos etc.). Üblicherweise kann der Mieter die Zeitdauer des Nutzungsrechts selbst bestimmen, das Investitionsrisiko trägt der Leasinggeber. Das Investitionsrisiko ist gemeinhin gering: In der Regel ist der Leasinggeber Hersteller des Objekts und kann dieses ohne besondere Schwierigkeiten anderwertig verkaufen oder vermieten. Steuerlich problemlos, da allgemeine Grundsätze anwendbar sind (Mieten sind beim Unternehmer Betriebsausgaben, beim Vermieter – der bilanziert und abschreibt – Umsatzerlöse).
- Financial-Leasing: Mittel- oder langfristige Grundmietzeit ohne Kündigungsrecht, die gewöhnlich mindestens 40 % und maximal 90 % der gewöhnlichen Nutzungsdauer entspricht (ständige BFH-Rechtssprechung). In der Regel trägt der Leasingnehmer die Instandhaltungskosten, das Investitionsrisiko und die Gefahr von Untergang und Beeinträchtigungen. Im Kern übernimmt der Leasinggeber die Finanzierungsfunktion. Die Leasingraten garantieren dabei die Amortisation des ausgesuchten Gegenstands (Vertragsgestaltung siehe Übersicht unten).
- Sale-and-Lease-back-Modelle: Leasingnehmer least Wirtschaftsgut, das ihm vorher gehörte (Liquiditäts- und Bilanzierungseffekte, Gewinnrealisation).

Einteilung des Leasings nach Jahrmann

- Funktionsbezogen:
  - direktes Leasing (Herstellerleasing)
  - indirektes Leasing
- Objektbezogen:
  - Investitionsgüter-Leasing (Immobilien-Leasing, Mobilien-Leasing)
  - Konsumgüter-Leasing
- Regionenbezogen:
  - Inlandsleasing
  - Export- bzw. Import-Leasing
- Vertragsbezogen:
  - Operating Leasing (Gebrauchsleasing)
  - Financial Leasing (Finanzierungsleasing)
  - Sale-and-Lease-back-Modell
- Amortisationsbezogen:
  - Vollamortisationsleasing
  - Teilamortisationsleasing

Typische Vertragsbedingungen beim „Financial Leasing" (Finanzierungsleasing)

- Vertragsdauer: mittel- oder langfristige unkündbare Grundmietzeit, die gewöhnlich mindestens 40 % und maximal 90 % der gewöhnlichen Nutzungsdauer entspricht. Gründe für die Schwellenwerte sind ein Vermeiden eines Gestaltungsmissbrauchs: Bei Unterschreiten der Schwellenwerts von 40 % sind Kosten und Risiken in der dann sehr kurzen Zeit nicht kalkulierbar und verrechenbar. Bei Überschreiten der 90 %-Grenze verliert der Leasinggeber die Nutzbarkeit und damit das „wirtschaftliche Eigentumsrecht".
- Mietsatz: so kalkuliert, dass sich das Objekt nach der Grundmietzeit inklusive Zinskosten amortisiert hat. Entscheidend: Anschaffungskosten, Restwert, Kalkulations-Zinssatz.
- Eigentumsverhältnisse: Leasinggesellschaft bleibt Volleigentümer; in Ausnahmefällen baut sich beim Leasingnehmer Anwartschaftsrecht auf.
- Änderungen am Objekt: nur nach vertragsgemäßem Gebrauch statthaft, im Übrigen nur nach Zustimmung der Leasinggesellschaft.
- Investitionsrisiko: Objektrisiko trägt der Leasingnehmer, da er gewöhnlich kein Kündigungsrecht hat und alle Gefahr auf ihn abgewälzt ist; Bonitäts- und Herausgaberisiko trägt Leasinggesellschaft.
- Verzugsfolgen: alle Mietraten werden bei Verzug unter Anrechnung ersparter Kosten auf einmal fällig; das Objekt kann entzogen werden.
- Gebühren, Beiträge, Unterhalt, Reparaturen: sind vom Leasingnehmer zu tragen.

Vielfältige rechtliche Problemstellungen

Die Leasingkonstruktion ist rechtlich nicht immer einfach. Vielfältige Problemlagen sind mit dem Leasingmodell verbunden, zumal noch viele gesetzliche Regelungslücken bestehen, die von der Rechtsprechung gefüllt werden müssen.

BEISPIEL
nach Tavakoli und Bacher

Der Viehhändler Hans Fleisch sucht beim Autohändler einen neuen Geländewagen aus und least diesen über die Leasing AG. Die Leasing AG überlässt das Auto dem Viehhändler zur Nutzung und möchte mit dem Auto möglichst wenig zu tun haben. Daher werden Gewährleistungsansprüche aus dem Leasingvertrag – was üblich ist – mittels Allgemeiner Geschäftsbedingungen ausgeschlossen. Im Gegenzug tritt die Leasing AG dem Viehhändler ihre kaufrechtlichen Gewährleistungsansprüche gegen den Lieferanten (Autohändler) ab.

Schnell zeigt sich, dass der Geländewagen mangelhaft ist, zumal er nicht die versprochene PS-Leistung hat. Nach mehrmaliger Nachbesserung erklärt der Viehhändler den Rücktritt vom Kaufvertrag. Der Autohändler widerspricht dem Rücktritt, da nach seiner Meinung der Geländewagen jetzt die Leistung annähernd erbringe und daher mangelfrei sei. Überzeugt, dass dies nicht der Fall ist, stellt der Viehhändler die Zahlung seiner Leasingraten gegenüber der Leasing AG ein, zumal er die Auffassung vertritt, dass er durch den Rücktritt vom Kaufvertrag ein Leistungsverweigerungsrecht im Leasingverhältnis hat. Die Leasing AG sieht das anders und pocht weiterhin auf Ratenzahlung und erklärt nach zwei zahlungslosen Monaten die fristlose Kündigung und will vom Viehhändler 20 T€ Schadensersatz. Wer hat Recht?

Nach dem BGH-Urteil vom 16.06.2010 ist der Fall wie folgt zu lösen:

Hans Fleisch (Leasingnehmer) stehen keine kaufrechtlichen Ansprüche – zum Beispiel aus Gewährleistung – gegen die Leasing AG (Leasinggeber) zu.

Die mietrechtliche Haftung kann die Leasing AG wirksam ausschließen. Aus der Abtretungskonstruktion folgt, dass trotz der Mängel des Leasingfahrzeugs Hans Fleisch verpflichtet ist, die Leasingraten gegenüber der Leasing AG zu bezahlen.

Erklärt Hans Fleisch aufgrund eines Mangels des Leasinggegenstands aus abgetretenem Recht den Rücktritt von dem mit dem Autohändler abgeschlossenen Kaufvertrag, ergibt sich nicht sofort ein Zurückbehaltungsrecht an den weiteren Leasingraten gegenüber der Leasing AG. Um die Interessen der Leasing AG zu wahren, muss für das Bestehen eines Leistungsverweigerungsrechts die Wirksamkeit des Rücktritts „gerichtlich" festgestellt werden.

Der BGH geht also einen Mittelweg: Tritt ein Mangel an der Leasingsache auf, kann der Leasingnehmer aus abgetretenem Recht vom Kaufvertrag zwischen dem Leasinggeber und dem Lieferanten der Sache zurücktreten. Verweigert aber der Lieferant die Rückabwicklung, sollte der Unternehmer nicht sofort die Zahlung der Leasingraten gegenüber dem Leasinggeber einstellen. Vielmehr ist dem Unternehmer zu raten, den Lieferanten zunächst aus dem Rücktritt gerichtlich in Anspruch zu nehmen. Erst nach Erhebung der Klage darf der Unternehmer dann die Leasingraten zurückbehalten.

Das folgende Beispiel zeigt einen vereinfachten Vergleich Leasing vs. Kreditkauf.

BEISPIEL

- Daten: Anschaffung einer Maschine zu folgenden Bedingungen: Kosten der Maschine 100 T€, Nutzungsdauer fünf Jahre
- Kreditbedingungen: Bankkredit zu 8 % effektiv, fünf Jahre fest, Tilgung in fünf gleichen Jahresraten
- Leasingbedingungen: Grundmietzeit vier Jahre, Leasingrate 3 % pro Monat (vereinfacht 36 % p. a.), Abschlussgebühr 5 %, Anschlussmiete pro Jahr 5 T€

Beispiel	Kredit			Leasing Gesamtkosten	Differenz
	Zins	Tilgung	Jahresrate		
Jahr 1	8.000	20.000	28.000	41.000	–13.000
Jahr 2	6.400	20.000	26.400	36.000	–9.600
Jahr 3	4.800	20.000	24.800	36.000	–11.200
Jahr 4	3.200	20.000	23.200	36.000	–12.800
Jahr 5	1.600	20.000	21.600	5.000	+16.600
Gesamt	24.000	100.000	124.000	154.000	–30.000

Ergebnis: Beim Kreditkauf hat Leasing im Gegensatz zum Barkauf keine positiven Liquiditätseffekte. Im Gegenteil: Bis auf das fünfte Jahr sind die Jahresraten des Kredits deutlich geringer als die Leasingraten. Da die Abschreibungen wertmäßig der Tilgung entsprechen, sind auch die Gesamtkosten im Kreditmodell um 30 T€ geringer als im Leasingmodell.

lies: *Zantow/Dinauer,* 6.4; *Schierenbeck/Wöhle,* 6. Kapitel, C I 4; *Olfert/Reichel,* Finanzierung, E 5.4; vertiefend: *Wöhe/Bilstein,* 2. Abschnitt, II 2 h; *Däumler,* 9. Kapitel, 9.1; *Jahrmann,* B 5.2; *Deutsche Bundesbank,* Leasing in Deutschland, in: Monatsberichte der BB 7/2011, S. 39–52; *Städtler/Schur,* 50 Jahre Leasing in Deutschland, in: Kreditwesen 10/2012, S. 482–484; *Bacher/Tavakoli,* Zur Zahlung der Leasingrate trotz mangelhafter Sache, in: BBK 14/2011, S. 688–692

11.2.7.2 Factoring und Forfaitierung

Factoring ist ein Finanzierungsgeschäft, bei dem ein Finanzierungsinstitut – meist eine Bank – (Factor) innerhalb einer Rahmenvereinbarung von seinem Kunden Warenforderungen laufend bevorschusst. Beim Factoring werden durch den Factor also laufende Forderungen aus Lieferungen und Leistungen unter Abzug eines Prozentsatzes vor ihrer Fälligkeit zum Zwecke des Einzugs angekauft und an ihn abgetreten (revolvierender Ankauf von Forderungen). Die Abtretung kann offen oder still erfolgen. Der Factor kann dabei folgende Dienstleistungen übernehmen:

- Finanzierungsfunktion (in der Regel 80 bis 90 % der Rechnungssumme werden sofort dem Verkäuferkonto gutgeschrieben (bilanziell: Aktivtausch (Kasse an Forderungen)),
- Delkrederefunktion (= echtes Factoring: Haftung des Factors für Zahlungsfähigkeit des Kunden, d.h. Ankauf der Forderung ohne Rückgriffsrechte auf den Verkäufer): Üblich ist, dass die Forderungen vor dem Ankauf einer Bonitätsprüfung unterzogen und bei Mängeln zurückgewiesen werden können. Möglich ist auch eine Beteiligung des Verkäufers am Risiko der Uneinbringlichkeit (üblich 20 bis 30 % Selbstbeteiligung),
- Dienstleistungsfunktion (professioneller Einzug, Mahn- und Inkassowesen, Statistiken etc.).

Weitere Dienstleistungen sind möglich, wie etwa Fakturierungen, Führen der Debitorenkonten, Buchhaltung, betriebswirtschaftliche Beratungen.

Problemstellungen des Factorings

- Verlängerter Eigentumsvorbehalt der Lieferanten geht vor!
- Es kann zur Störung der Kundenbeziehung bei branchenunüblichem Auftreten kommen.
- Gemäß § 435 haften Verkäufer von Forderungen stets für den rechtlichen Bestand einer Forderung. Soweit eine Forderung rechtlich nicht besteht, kann sie insoweit auch nicht an einen Factor veräußert werden.

Ähnlich dem Factoring erfolgt im Außenhandel der Ankauf von Einzelforderungen, die gewöhnlich durch Garantien oder Wechsel abgesichert sind (Forfaitierung).

16 zu 11 (Aufgabe):

Erläutern Sie den Begriff des Factoring und dessen Funktionen!

lies: *Zantow/Dinauer,* 6.1; *Olfert/Reichel,* Finanzierung, E 5; *Wöhe/Bilstein,* 2. Abschnitt, II 3 c; vertiefend: *Däumler,* 9. Kapitel, 9.2; vertiefend zum Delkredere: *Bacher,* Sicher entscheiden, Kapitel 5: Vorteile durch Zentralregulierung, 1995, S. 42–48; *Harms,* Factoring für den Mittelstand, in: Kreditwesen 6/2014, S. 289–291.

11.2.7.3 Franchising

Das Franchising ist eine Sonderform der Kooperation, im Rahmen der Finanzierung eine Sonderform des Absatzkredits. Die Anschubfinanzierung für Marketing- und Logistikleistungen entfällt, da durch den Kooperationsvertrag (Dauerschuldverhältnis) dem Franchisenehmer vom Franchisegeber das Recht eingeräumt wird, Marketingstrategien samt Schutzrechten zu übernehmen. Zudem bietet der Franchisegeber meist sein gesamtes Know-how samt Absatz- und Organisationssystem an und übernimmt oft die Werbekampagne. Der Franchisenehmer ist selbstständiger Unternehmer und hat das Recht, erprobte Marketingkonzepte samt einem bekannten Markennamen einzusetzen.

Beispiele für Unternehmensstrategien aufgebaut auf Franchise-Konzepten: Nordsee, Holiday Inn, Benetton, Coca-Cola, McDonalds, Subway, Avis, Tchibo, Hertz, DB Service Store, Anubis Haustierbestattung, O2 Germany, Aerocamera Luftbilder, Scanpoint Archivierung, Backfactory, Bagelstation.

lies: *Olfert/Reichel*, Finanzierung, E 5.1; weitere Informationen über die Verbände: Deutscher Franchisenehmerverband e. V., Deutscher Franchiseverband e. V. und internationales Centrum für Franchising & Cooperation F & C, Münster

11.3 Innenfinanzierung

11.3.1 Überblick

Die Innenfinanzierung ist die Finanzierung, die das Unternehmen aus eigener Kraft vornimmt. Liquide Mittel fließen dem Unternehmen dann zu, wenn den Einzahlungen keine oder geringere Auszahlungen gegenüberstehen.

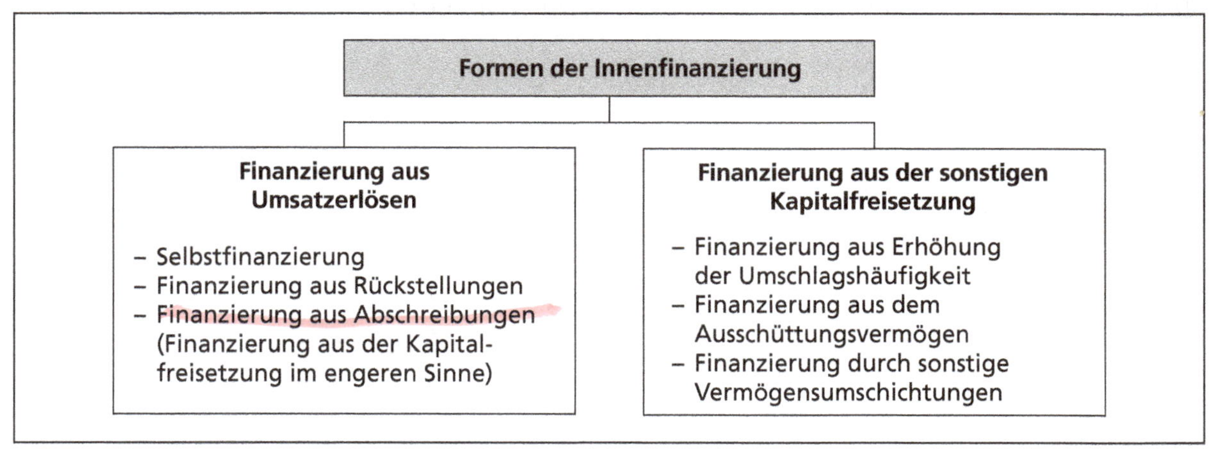

Innenfinanzierungspotenzial nach Jahrmann

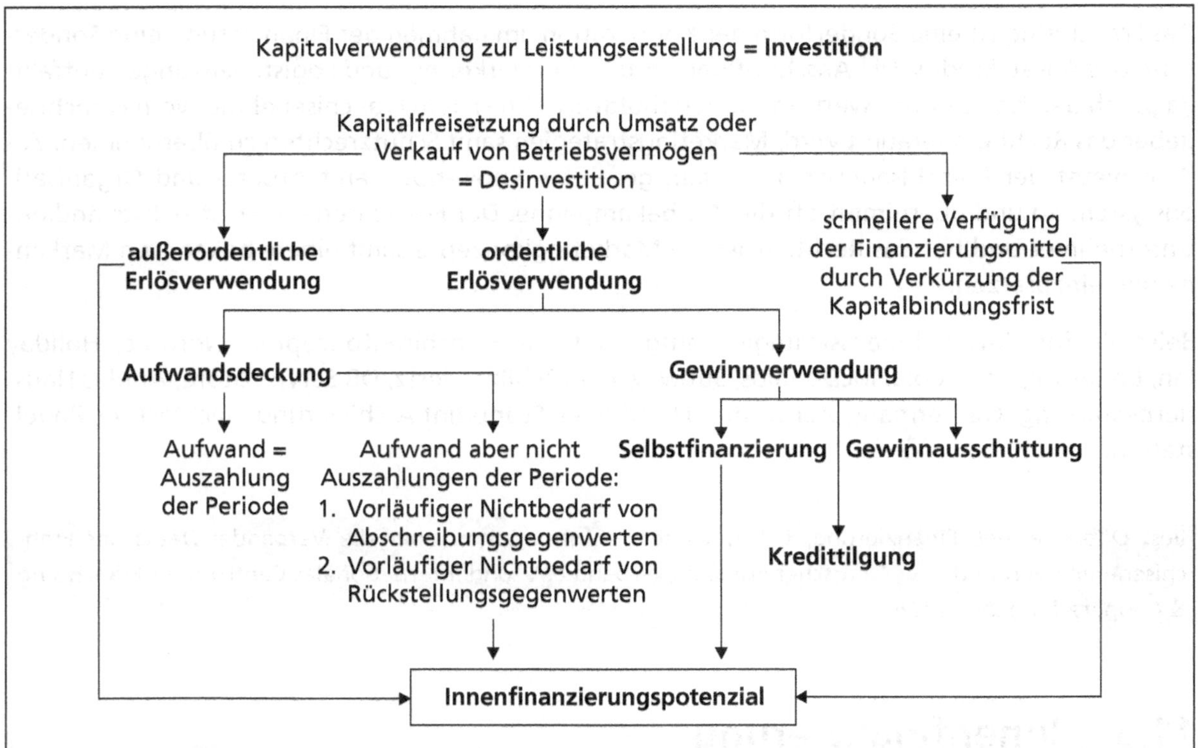

Quelle: *Jahrmann,* Finanzierung, 5. Auflage, Herne/Berlin 2003, S. 347

Der Cashflow ist der zentrale Begriff der Innenfinanzierung. Im Kern ist seine Betrachtung einfach und anschaulich. Er bezeichnet nämlich – etwas unscharf beschrieben – nichts anderes als das Geld in der „Kasse", das aus dem Umsatzprozess in einem Jahr generiert wird (Umsatzüberschuss).

Zu diesem Zweck zieht man von den Umsatzerlösen die auszahlungswirksamen Aufwendungen ab, die für den Umsatz notwendig sind (vertiefend vgl. Kapitel 13).

Finanzierungseffekte aus Formen der Innenfinanzierung

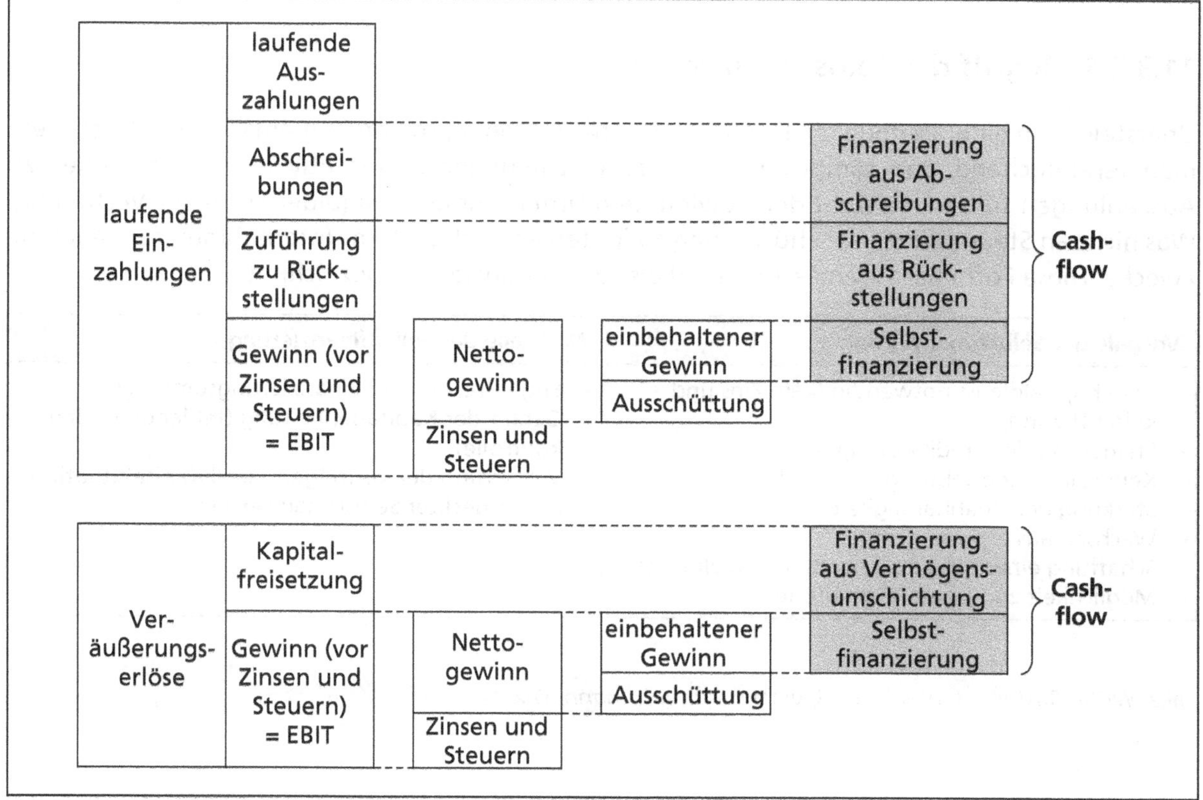

Quelle: *Hölscher,* BWL 20 „Formen der Innenfinanzierung", in: Bank*COLLEG,* Wiesbaden 2012, S. 5

Differenzierung der Innenfinanzierung nach Bilanzeffekten

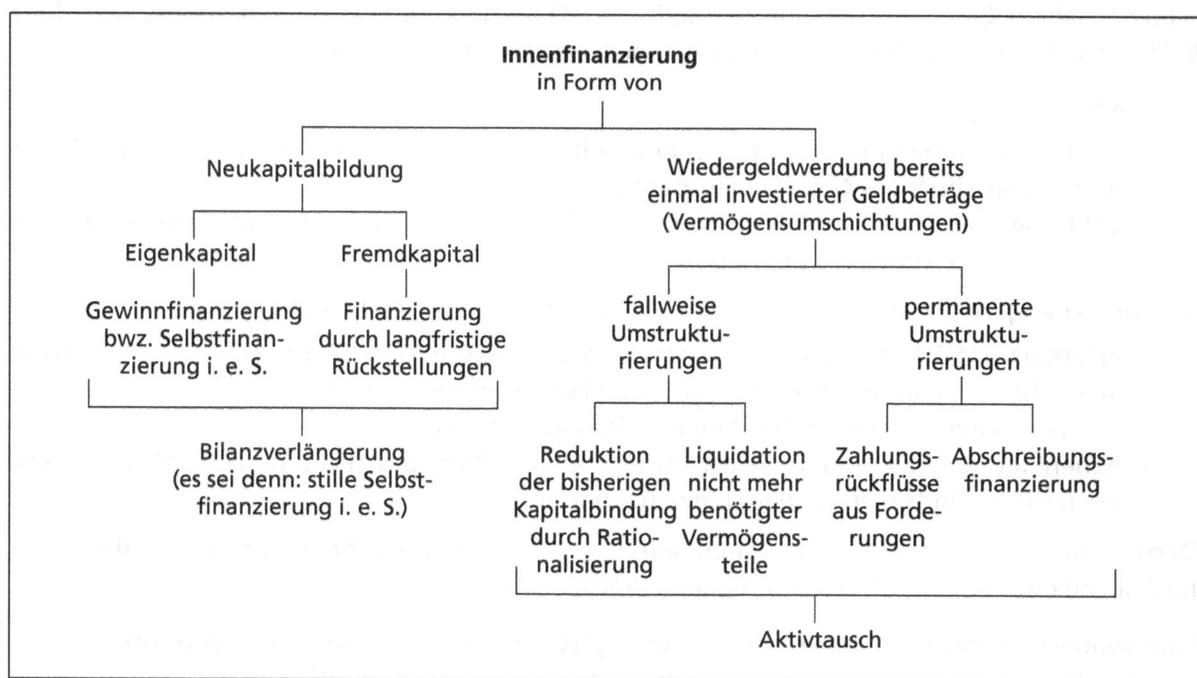

Quelle: *Braunschweig,* Grundlagen der Unternehmensfinanzierung, München 1999, S. 164

11.3.2 Selbstfinanzierung

11.3.2.1 Begriff der Selbstfinanzierung

Übersteigen in einer Periode die Erträge die Aufwendungen, so entsteht ein Gewinn. Unterstellt man vereinfachend, dass sämtliche Erträge zu Einzahlungen und sämtliche Aufwendungen zu Auszahlungen führen, so steht der Gewinn dem Unternehmen in liquider Form zur Verfügung. Was nicht an Steuern und Ausschüttungen zu leisten ist, verbleibt im Unternehmen für beliebige Zwecke. Diese Form der Finanzierung wird als Selbstfinanzierung bezeichnet.

Vorteile der Selbstfinanzierung	Nachteile der Selbstfinanzierung
– Kein Kapitaldienst notwendig (kein Zins und keine Tilgung) – Steigerung der Kreditwürdigkeit – Keine Sicherheitsleistung notwendig – Stärkung der Unabhängigkeit – Wachsen aus eigener Kraft – Schaffung eines größeren Handlungsspielraums – Möglichkeit zur Substanzerhaltung	– Enge Grenzen des Finanzierungsumfangs – Gefahr der Kapitalfehlleitung (fehlende Außenkontrolle) – Verzerrung der Vermögens- und Kapitalsituation bei verdeckter Selbstfinanzierung

lies: *Wöhe/Bilstein*, 3. Abschnitt, I; vertiefend: *Jahrmann*, D 2

11.3.2.2 Offene Selbstfinanzierung

Werden Gewinne im Unternehmen zurückgehalten, erfolgt eine Selbstfinanzierung. Die offene Selbstfinanzierung zielt auf die Einbehaltung des im Jahresabschluss ausgewiesenen Jahresüberschusses. Dieser Gewinn unterliegt bei Kapitalgesellschaften der Ertragsteuer, sodass die offene Selbstfinanzierung aus dem Gewinn nach Steuern durchgeführt werden muss.

- Die Gewinneinbehaltung erfolgt
  - bei Einzelunternehmen und Personengesellschaften durch den Verzicht von Entnahmen mittels Gutschrift des Gewinns auf das Kapitalkonto,
  - bei Kapitalgesellschaften durch Nichtausschüttung (Gewinnvortrag) oder Einstellung des Gewinns in die (freien/offenen) Gewinnrücklagen.
- Für Aktiengesellschaften gilt: Unabhängig vom Willen des Gesellschafters
  - erfordert § 150 AktG, dass eine gesetzliche Rücklage gebildet wird (5 % des Gewinns so lange, bis 10 % des Grundkapitals der Gesellschaft erreicht sind),
  - kann die Satzung weitere Rücklagendotierungen vorsehen,
  - haben der Vorstand und der Aufsichtsrat nach § 58 AktG das Recht, bis zu 50 % des Jahresüberschusses in freien Rücklagen einzubehalten.

Darüber hinaus kann die Hauptversammlung beschließen, dass der ihr zur Disposition überlassene Teil voll oder teilweise in die Rücklagen eingestellt wird.

Eine Sonderform der offenen Selbstfinanzierung ist das Schütt-aus-hol-zurück-Verfahren bei Kapitalgesellschaften, das aus steuerlichen Überlegungen betrieben wird. Hierbei werden die erzielten Gewinne an die Gesellschafter ausgeschüttet. Effekte ergeben sich dann, wenn die Steuerlast auf Ausschüttungen bevorzugt ist – so das Steuerrecht bis 2000. Die Gesellschafter bringen dann die ausgeschütteten Beträge im Rahmen einer Kapitalerhöhung wieder ein.

11.3.2.3 Stille Selbstfinanzierung

Der Vorgang der stillen Selbstfinanzierung ist aus der Bilanz nicht ersichtlich. Das bilanzielle Eigenkapital erhöht sich nicht, das tatsächliche Eigenkapital aber durch Bildung stiller Reserven sehr wohl. Die Bildung stiller Reserven erfolgt durch eine Unterbewertung oder Nichtaktivierung von Aktiva oder durch eine Überbewertung von Passiva. Stille Reserven entstehen

- zwanghaft (Zwangsreserven) durch zwingende Bilanzierungs- und Bewertungsvorschriften, z. B. Anschaffungskostenprinzip;
- durch Schätzfehler (Schätzreserven), z. B. durch zu geringe Schätzung der Nutzungsdauer;
- durch Ermessensspielraum (Ermessensreserven) aufgrund von Bilanzierungs- und Bewertungswahlrechten, z. B. degressive Abschreibung.

Vorteil der stillen Selbstfinanzierung ist, dass eine Versteuerung oder Ausschüttung der Gewinne vermieden wird. Der Finanzierungseffekt ist daher größer als bei der offenen Selbstfinanzierung. Dies gilt nicht bei „erhöhten Abschreibungen". Die Steuereffekte sind jedoch nicht endgültig (Prinzip der Zweischneidigkeit der Bilanz).

17 zu 11 (Aufgabe):

Ein PC-System wird zu 10 T€ gekauft. Es wird auf vier Jahre linear abgeschrieben. Tatsächlich wird das System fünf Jahre genutzt. Wie entwickeln sich die stillen (Schätz-)Reserven, die Liquidität und die Steuerlast bei einem konstanten Gewinn pro Jahr vor Abschreibungen von 10 T€ und einer Steuerbelastung von 50 %?

11.3.3 Finanzierung aus dem Ausschüttungsvermögen

Naturgemäß wird der Jahresabschluss erst im Folgejahr aufgestellt und gewöhnlich erst nach drei bis sechs Monaten festgestellt. Eine etwaige Ausschüttung erfolgt also frühestens im Frühjahr des Folgejahres. Bis dahin bleibt die Ausschüttungssumme im Unternehmen und steht solange dem Unternehmen für Finanzierungszwecke zur Verfügung.

11.3.4 Finanzierung aus Rückstellungen

11.3.4.1 Finanzierungseffekte von Rückstellungen

Nicht alle Aufwendungen führen gleichzeitig zu Auszahlungen. Rückstellungen zeichnen sich gerade dadurch aus, dass ihnen zugrunde liegende Aufwendungen in der laufenden Periode ihre Ursache haben, sie aber aller Voraussicht nach erst in späteren Jahren zur Auszahlung gelangen (beachtlicher Time-Lag!). Vorausgesetzt dass entsprechende Erlöse erwirtschaftet und die Aufwendungen kalkuliert wurden, treten ein Finanzierungseffekt und ein Steuerstundungseffekt ein.

BEISPIEL

Ein Unternehmen erzielt Überschüsse i. H. v. 10 T€. Zum Ende des Geschäftsjahres kommt es zu einem Maschinenschaden, der nur notdürftig behoben wird. Die Reparatur mit einem Aufwand i. H. v. 10 T€ entspricht der Kalkulation, wird aber auf Anfang des nächsten Jahres verschoben. Für die aufgeschobene Reparatur wird nach § 249 I 2 Nr. 1 HGB eine Rückstellung gebildet, die den Gewinn auf 0 mindert, sodass auch keine Ertragsteuer anfällt. Solange die Reparatur noch nicht zahlungswirksam vollzogen wird, stehen dem Unternehmen also 10 T€ liquide Mittel zur Verfügung.

Steuerstundungseffekt

Die Bildung von Rückstellungen bewirkt auch einen Steuerstundungseffekt. Durch die sofortige Verrechnung des Aufwands wird die Steuerminderung lediglich vorgezogen. Bezogen auf die Totalperiode ist die Bildung von Rückstellungen steuerneutral (Prinzip der Zweischneidigkeit der Bilanz). Das mit der Bildung einer Rückstellung verbundene Finanzvolumen hängt insgesamt von der Höhe und der Dauer der Rückstellung ab.

Finanzierungswirkungen von Rückstellungen

- Auflösungsgrund tritt eher kurzfristig ein (kurzfristiger Finanzierungseffekt):
  - Aufwandsrückstellungen (z. B. für unterlassene Instandhaltung),
  - Rückstellungen für kurzfristige ungewisse Verbindlichkeiten (z. B. für Jahresabschluss- und Prüfungsarbeiten, für Ansprüche auf ausstehenden Urlaub).
- Auflösungsgrund tritt eher mittelfristig ein (mittelfristiger Finanzierungseffekt):
  - Rückstellungen für ungewisse Verbindlichkeiten (z. B. für Garantien und Kulanzleistungen, für Produkthaftungsrisiken, für Vorruhestandsverpflichtungen).
- Auflösungsgrund tritt eher langfristig ein (langfristiger Finanzierungseffekt):
  - Rückstellungen für ungewisse Verbindlichkeiten (z. B. für Pensionsrückstellungen, Bergschäden, Grubenrekultivierung, Dekontaminierungskosten bei Kraftwerken).

Finanzierungseffekte von Rückstellungen im Überblick

- Finanzierungseffekt über den Zufluss liquider Mittel (Umsatzerlöse) infolge kalkulierter Aufwendungen.
- Finanzierungseffekt über eine Verminderung des Mittelabflusses. Die Aufwandsbuchung reduziert den ausschüttungsfähigen Gewinn und damit die Steuerlast.
- Insgesamt werden über die Bildung von Rückstellungen Finanzmittel an das Unternehmen gebunden. Das entspricht dem Vorsichtsprinzip, die Bonität des Unternehmens steigt!
- Wegen ihres Zukunftsbezugs besteht ein hohes Prognosepotenzial.

11.3.4.2 Pensionsrückstellungen als Finanzierungsquelle

Pensionsrückstellungen haben größte Bedeutung für die Finanzierung von Großunternehmen, da einerseits ein bestimmter Bodensatz dem Unternehmen dauernd zur Verfügung steht, andererseits die betriebliche Altersvorsorge einen wichtigen Eckpfeiler der Vorsorge darstellt. Zwar ist die unmittelbare Versorgungszusage nicht die einzige Möglichkeit der betrieblichen Altersvorsorge (vgl. die folgende Abbildung), sie ist jedoch für die Finanzierung des Unternehmens am wirkungsvollsten.

Verpflichtet sich ein Unternehmen, seinen Mitarbeitern aus dem eigenen Vermögen heraus Alters- oder Invalidenbezüge zu bezahlen, so sind hierfür schon vom Jahr der verbindlichen Zusage an, aber erst nach Eintritt der gesetzlichen Voraussetzungen nach § 6 a EStG (z.B. Mindestalter von 28 Jahren), Pensionsrückstellungen in die Bilanz einzustellen (unmittelbare Versorgungszusage). Die Rückstellung läuft vom Zusagezeitpunkt bis zum versprochenen Versorgungsfall auf. Da die Zeitspanne bis zur Auszahlung der Pension mehrere Jahrzehnte betragen kann, kann ein beträchtliches Finanzierungsvolumen auflaufen, das bei etlichen Gesellschaften sogar das Eigenkapital übersteigt. Zuführungen zu den Pensionsrückstellungen stellen Personalaufwendungen dar, die sofort den Gewinn mindern (Berechnung nach versicherungsrechtlichen Grundsätzen; entscheidend ist der Barwert zum Kalkulationszinssatz), aber erst bei Eintritt der Pension zur Auszahlung gelangen. Für den Fall der Insolvenz garantiert ein obligatorischer Pensionsversicherungsverein die betriebliche Rentenanwartschaft von Mitarbeitern, nicht jedoch von Geschäftsführern.

Gestaltungsmöglichkeiten der betrieblichen Altersversorgung

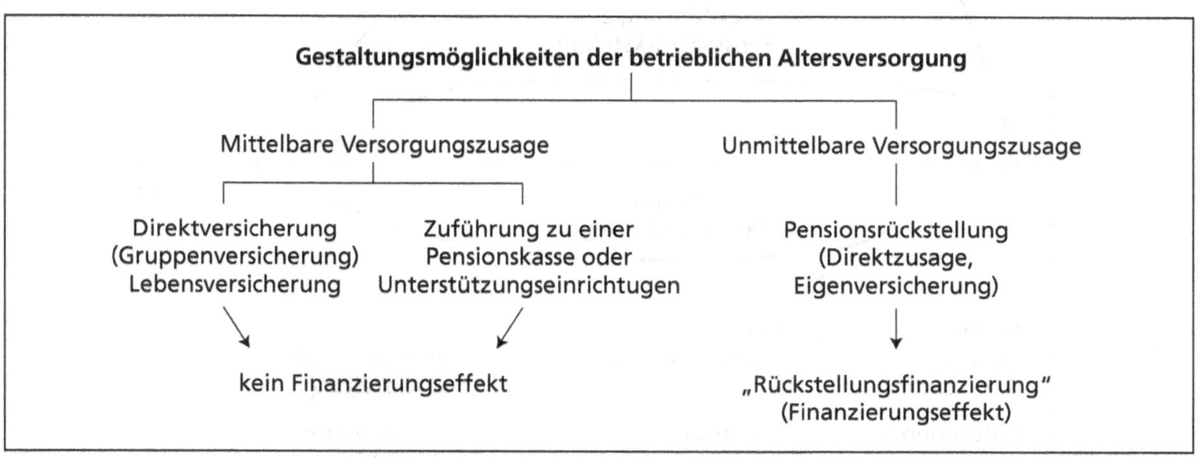

Rechtlich sind die Pensionsrückstellungen zwar ungewisse Schulden gegenüber Mitarbeitern, jedoch kann man wirtschaftlich von „eigenkapitalähnlichen Mitteln" bzw. „Posten mit Rücklagencharakter" sprechen, da sich ein beachtlicher Bodensatz wegen des Time-lags zwischen Bildung und Auszahlungszeitpunkt bildet, der dem Unternehmen langfristig zur Verfügung steht. Ein Zahlungsgleichgewicht pendelt sich erst dann ein, wenn die Pensionszahlungen in vielen Fällen zur Auszahlung gelangen und das kann über 30 Jahre dauern! Erst dann steigt der Bodensatz nicht mehr an. Der dann erreichte Bodensatz kann der langfristigen Finanzierungskraft zugerechnet werden. Da nicht alle Pensionsberechtigten die vereinbarte Pension erhalten – Gründe sind z.B. vorzeitiges Ausscheiden, Ableben etc. –, sind gewöhnlich in Pensionsrückstellungen auch stille Reserven enthalten. Insgesamt ist der Bilanzposten „Pensionsrückstellungen" eher zu „gering" ausgewiesen, zumal die Lebenserwartung stetig steigt und die bis ins Jahr 2009 übliche Diskontierung mit 6 % eher zu hoch ist.

Um für das Unternehmen das Risiko von Pensionszusagen abzumildern, werden üblicherweise Rückdeckungsversicherungen geschlossen. Moderne bilanzpolitische Instrumente sind die „Ausgliederung von Pensionsrückstellungen" in eigene Zweckgesellschaften (sogenanntes CTA-Modell – Contractual Trust Arrangements) und die Bildung von Pensions- bzw. Planvermögen („Ausfinanzierung von Pensionszusagen").

- Die Finanzierungseffekte sind besonders enorm bei Einführung von Pensionsrückstellungen. Da in dieser Phase kaum Versorgungsfälle eintreten, werden durch die Bildung von Rückstellungen mehr Mittel gebunden, als das Unternehmen durch Auszahlungen verlassen (Phase 1).
- In Phase 2 steigt die Mittelbildung insgesamt an bis die Versorgungsfälle (Auszahlungen) den Rückstellungen entsprechen (Bodensatz erreicht seinen Höchststand).
- Kritisch wird es in Phase 3: Hier beziehen Mitarbeiter mehr Pensionen als Neuzuführungen getätigt werden. Das Finanzierungsmodell wirkt in die andere Richtung: es entsteht ein Finanzierungsproblem.

Beispielhaftes Finanzierungspotenzial aus Pensionsrückstellungen

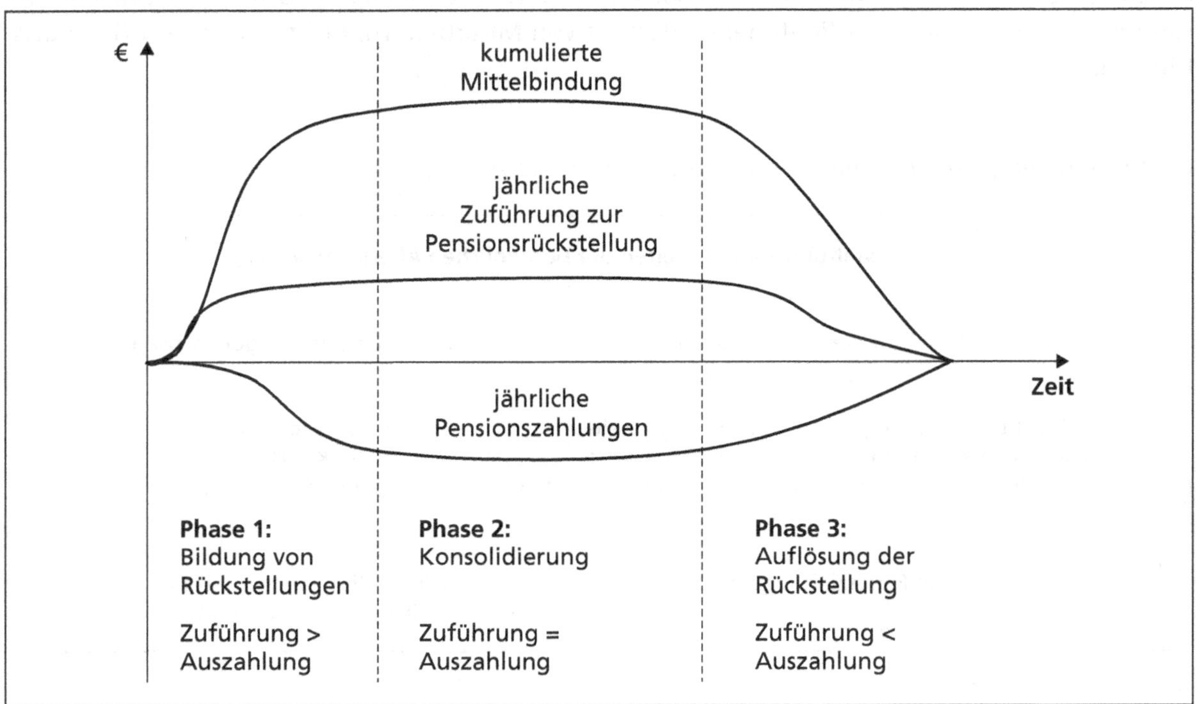

Im besonderen Blickwinkel steht bei Pensionsrückstellungen die Altersstruktur der Betroffenen und die Entwicklung des Unternehmenswachstums.

18 zu 11 (Aufgabe):

Vor Berücksichtigung von Pensionsrückstellungen hat ein Unternehmen einen Gewinn von 100 T€ erwirtschaftet. Zeigen Sie die Liquiditätseffekte bei Einführung von Pensionszusagen (Phase 1) im Fall der Gewinnthesaurierung und bei 50%iger Steuerbelastung:

- Alternative 1 – wenn keine Pensionszusagen getroffen sind;
- Alternative 2 – wenn Pensionsrückstellungen i. H. v. 100 T€ neu zugeführt werden;
- Alternative 3 – wenn Pensionsrückstellungen i. H. v. 50 T€ neu zugeführt werden.

lies: *Wöhe/Bilstein,* 3. Abschnitt, III; *Jahrmann,* D 4; vertiefend: *Bundesbank,* Die betriebliche Altersversorgung in Deutschland, in: Monatsbericht der Bundesbank 3/2001, S. 45 ff.

11.3.5 Finanzierung aus Abschreibungen

Bei der Finanzierung aus Abschreibungen handelt es sich im Gegensatz zu den bisher aufgezeigten Möglichkeiten der Innenfinanzierung nicht um die Bildung neuen Kapitals, sondern um eine Vermögensumschichtung (Rückflussfinanzierung). Kennzeichnend ist, dass eine Rückführung von Vermögen in liquide Formen erfolgt (Aktivtausch).

Insgesamt sind drei Effekte auszumachen:

- genereller Finanzierungseffekt aus Abschreibungen,
- Kapitalfreisetzungseffekt nach Ruchti,
- Kapazitätserweiterungseffekt nach *Lohmann.*

Genereller Finanzierungseffekt aus Abschreibungen:

Abschreibungen sind Kosten und gehen wie alle Kostenarten in die Kalkulation eines Produkts ein. Beim Verkauf eines Produkts fließen dem Unternehmen liquide Mittel zu. Im Gegenzug fließen liquide Mittel für die Bezahlung der zur Herstellung nötigen Kosten (Material, Löhne etc.). Nicht so bei den Abschreibungen! Abschreibungen betreffen nur noch den Buchungsvorgang, sie sind auszahlungslose Aufwendungen. Die Auszahlung hat bereits bei Investition stattgefunden, sodass dem Unternehmen neben dem Gewinn noch zusätzliche Liquidität in Höhe der Abschreibung verbleibt.

Anders formuliert: Sofern die Verkaufspreise kostendeckend kalkuliert und am Markt durchgesetzt werden können, fließen Investitionen in Sachgüter über die im Preis kalkulierten Abschreibungen zurück. Da die Investition bereits zu einem früheren Zeitpunkt erfolgte und bezahlt wurde, können in Folge die zufließenden liquiden Mittel anderweitig genutzt werden (genereller Finanzierungseffekt).

BEISPIEL

Eine Maschine kostet 10 T€ und wird in fünf Jahren ersetzt. Um dem Wertverlust zu begegnen, werden Abschreibungen verbucht und kalkuliert. Die Verbuchung bewirkt eine Gewinnminderung in jedem Jahr der gewöhnlichen Nutzungsdauer. Aus dem Produktverkauf (Umsatzprozess) werden 2 T€ p. a. freigesetzt, d. h., die „Kasse" erhöht sich jährlich um 2 T€.

Beachte: Wenn die Finanzierung der Anfangsinvestition steht, können die auflaufenden Abschreibungsbeträge angesammelt und das Kapital (2 T€ p. a.) kann für andere Zwecke eingesetzt werden. Zum Ende des fünften Jahres muss jedoch sichergestellt sein, dass die Ersatzinvestition erfolgen kann, d. h., bezahlt oder finanziert werden kann.

19 zu 11 (Aufgabe):

Ein Schlosser erbt 100 T€ und kauft sich damit Werkzeuge, insbesondere ein Schweißgerät. Sein Kontostand war zuvor auf null. Sein Geselle kostet 40 T€ p. a., ebenso viel das Material. Die Werkzeuge haben eine Nutzungsdauer von fünf Jahren. Der Schlossermeister kalkuliert kostendeckend und erzielt einen Umsatz von 100 T€ p. a.

a) Wie entwickelt sich in fünf Jahren sein Kontostand, wenn die Steuerlast 50 % beträgt (ohne Zinsberechnung)? Wie viel kann er für sich entnehmen?

b) Wie entwickelt sich in fünf Jahren sein Kontostand, wenn er einen 10%igen Gewinnaufschlag einrechnet, also 110 T€ Umsatz vereinnahmt und die Steuerlast 50 % beträgt (ohne Zinsberechnung)? Wie viel kann er für sich entnehmen?

Kapitalfreisetzungseffekt

Ein Ein-Maschinen-Unternehmen ist praxisfern. In einem Unternehmen wird es meist eine Vielzahl von Maschinen geben, die zu unterschiedlichen Zeitpunkten angeschafft werden. Investiert der Unternehmer die Abschreibungsgegenwerte sofort wieder in neue Maschinen, entsteht ein Kapitalfreisetzungseffekt.

Anders ausgedrückt: Sofern ein Unternehmer kostendeckend kalkuliert, fließen liquide Mittel in Höhe der Abschreibungen durch realisierte Verkaufserlöse wieder zu. Diese Liquidität kann für weitere Investitionen herangezogen werden. Dadurch verringert sich der Kapitalbedarf insgesamt, es entsteht ein Kapitalfreisetzungseffekt.

BEISPIEL 1

Der Existenzgründer Mario Sorgenfrei macht fünf Jahre lang Investitionen in Höhe von je 10 T€. Die Investitionen haben eine Nutzungsdauer von fünf Jahren und werden jährlich mit 20 % abgeschrieben. Es bildet sich über die Abschreibungen ein beachtlicher Bodensatz, mit dem der Unternehmer ständig anderweitig disponieren kann. Insgesamt ergibt sich ein permanent freigesetztes Kapital. Im Ergebnis benötigt Mario Sorgenfrei für die Investition nicht 50 T€, sondern aufgrund des Kapazitätsfreisetzungseffekts nur 30 T€.

Werte in €	Jahr 0	Ende 1	Ende 2	Ende 3	Ende 4	Ende 5	Ende 6	Ende 7	…
A Maschine 1	–	2.000	2.000	2.000	2.000	2.000	2.000	2.000	2.000
A Maschine 2	–	–	2.000	2.000	2.000	2.000	2.000	2.000	2.000
A Maschine 3	–	–	–	2.000	2.000	2.000	2.000	2.000	2.000
A Maschine 4	–	–	–	–	2.000	2.000	2.000	2.000	2.000
A Maschine 5	–	–	–	–	–	2.000	2.000	2.000	2.000
Jahres A	–	2.000	4.000	6.000	8.000	10.000	10.000	10.000	10.000
Investition	10.000	10.000	10.000	10.000	10.000				
Reinvestition						10.000	10.000	10.000	10.000
Kontostand	–10.000	–18.000	–24.000	–28.000	–30.000	–30.000	–30.000	–30.000	…
endgültig freigesetzte Mittel also		2.000	6.000	12.000	20.000	20.000	20.000	20.000	…

BEISPIEL 2

Ein Taxiunternehmer setzt auf ein S-Klassen-Konzept und kauft hintereinander drei Jahre lang je eine Limousine zum Vorzugspreis von je 60 T€. Die Nutzungsdauer beträgt drei Jahre, da das S-Klassen-Konzept voll aufgeht und die Fahrleistung extrem hoch ist. Pro Jahr und Auto beträgt die Abschreibung also 20 T€.

Werte in €	Jahr 0	Ende 1	Ende 2	Ende 3	Ende 4	Ende 5
A Kfz 1	–	20.000	20.000	20.000	20.000	20.000
A Kfz 2	–	–	20.000	20.000	20.000	20.000
A Kfz 3	–	–	–	20.000	20.000	20.000
Jahres A	–	20.000	40.000	60.000	60.000	60.000
Investition	60.000	60.000	60.000	–	–	–
Reinvestition	–	–	–	60.000	60.000	60.000
Kontostand	–60.000	–100.000	–120.000	–120.000	–120.000	...
freigesetzte Mittel also		20.000	60.000	60.000	60.000	...

Die hier auftretende Kapitalfreisetzung beträgt 60 T€. Im Ergebnis bewirkt dies, dass der innovative Unternehmer nicht mit 180 T€ Kapitalbedarf rechnen muss, da der Kapitalbedarf maximal 120 T€ beträgt (erstes Jahr 60 T€, zweites Jahr 100 T€, drittes Jahr und Folgejahre 120 T€).

Maßgebend für die Kapitalfreisetzung ist die Nutzungsdauer. Zusätzliche Effekte ergeben sich aus der Abschreibungsmethode (Vorteil bei hohen Abschreibungssätzen) und wenn die tatsächliche Nutzung höher ist als die kalkulierte. Auch hohe Zinsen können den Effekt beeinflussen.

20 zu 11 (Aufgabe nach Heinen):

Es werden drei Maschinen zu folgenden Bedingungen angeschafft: Anschaffungskosten je 1.000 €, Nutzungsdauer fünf Jahre, lineare Abschreibung. Die Anschaffung erfolgt über die Jahre gestaffelt: erste Maschine angeschafft im ersten Jahr, ersetzt im sechsten Jahr; zweite Maschine Ankauf im zweiten Jahr, Ersatz im siebten Jahr etc. Wie hoch sind die Kapitalfreisetzung und der maximale Kapitalbedarf? Zeigen Sie das Ergebnis anhand des Kontostands!

Kapazitätserweiterungseffekt

Obige Überlegungen sollen noch fortgeführt werden und zwar in der Weise, dass die durch die Abschreibungen freigesetzten Beträge sofort wieder investiert werden. Ziel ist dabei nicht die Aufrechterhaltung einer bestimmten Kapazität, sondern die Maximierung der Kapazität als solche. Hierbei ergibt sich eine Erweiterung der Periodenkapazität (Kapazitätserweiterungseffekt/ Lohmann-Ruchti-Effekt). Da die Erweiterung aus den Abschreibungsbeträgen vorhandener Anlagen resultiert – somit aus einem Kapazitätsabbau finanziert wird – steigt die Gesamtkapazität der Maschinen freilich nicht.

Bei der Kapazität ist wie folgt zu differenzieren:

- ansteigende Periodenkapazität (Summe der Leistung aller Maschinen in einer Periode; sie nimmt mit der Anzahl der Maschinen zu!);
- gleichbleibende Gesamtkapazität (Summe der Leistung aller Maschinen in der Restnutzungsdauer; sie kann nicht gesteigert werden und bleibt konstant, wenn das freigesetzte Kapital sofort wieder reinvestiert wird!).

BEISPIEL 3

Wie oben Beispiel 2, jedoch kauft der Taxiunternehmer mit einer Einlage i. H. v. 180 T€ aus einer Erbschaft sofort drei Taxis und investiert mit den kalkulierten Abschreibungen aus dem Umsatzprozess sofort wieder in neue Taxis. Vereinfachte Darstellung:

Jahr	Abschreibung Taxi Nr.															Σ AfA	Investition in Taxi-Nr.	Kap.-Saldo
	01	**02**	**03**	**04**	**05**	**06**	**07**	**08**	**09**	**10**	**11**	**12**	**13**	**14**	**15**			
0																	180 (= Nr. 1, 2, 3)	0
1	20	20	20							… 3 Taxis						**60**	60 (= Nr. 4)	0
2	20	20	20	20						… 4 Taxis						**80**	60 (= Nr. 5)	20
3	20	20	20	20	20					… 5 Taxis						**100**	120 (= Nr. 6+7)	0
4				20	20	20	20			… 4 Taxis						**80**	60 (= Nr. 8)	20
5					20	20	20	20		… 4 Taxis						**80**	60 (= Nr. 9)	40
6						20	20	20	20							**80**	120 (= Nr. 10+11)	0
7								20	20	20	20					**80**	60 (= Nr. 12)	20
8									20	20	20	20				**80**	60 (= Nr. 13)	40
9										20	20	20	20			**80**	120 (= Nr. 14+15)	0
10												20	20	20	20	**60**	…	

Man sieht im Beispiel den phasenweisen Periodenerweiterungseffekt auf vier Taxis, der sogar im dritten Jahr mit fünf Taxis seine Spitze erreicht. Besonderheiten des Kapazitätserweiterungseffekts:

- Einpendeln der Kapazität im zweiten bis vierten Jahr;
- Wachstum und Pendelbewegung muss am Markt auch durchsetzbar sein;
- technischer Fortschritt wird vernachlässigt;
- Preissteigerungen dürfen nicht auftreten;
- bei degressiver Abschreibung würde sich der Effekt verstärken (Ausmaß der Kapazitätserweiterung: bei linearer Abschreibung maximal „zweimal so viel halb-alte Anlagen" (Verdoppelung der Periodenkapazität, der Effekt ist bei degressiver Abschreibung stärker!);
- je länger die Nutzungsdauer, desto größer ist der Erweiterungseffekt (Faustformel: Periodenkapazitätsverdoppelung);
- wird unterjährig investiert, verstärkt sich der Effekt.

BEISPIEL

Kapitalfreisetzungs- und Kapazitätserweiterungseffekt nach Braunschweig: Ein Reeder kauft zehn Frachtschiffe für je 10 Mio. €, die Nutzungsdauer beträgt zehn Jahre. Wie viele Schiffe können im Laufe der Zeit für den Reeder fahren? Wie hoch ist die Periodenkapazität, wie hoch die Gesamtkapazität, wenn die Neuinvestition jeweils zum Jahresende erfolgt?

Jahr	A in Schiffen	neue Schiffe aus verdienten A	Anzahl Schiffe (= Periodenkapazität)	kumulierte Liquidität in Schiffen pro Jahr	Wert in Mio. € (= Gesamtkapazität)
0	–	–	10	–	100 (10 × 10)
Ende 1	1	1	11	–	100 (10 × 9 + 1 × 10)
Ende 2	1,1	1	12	0,1	100 (10 × 8 + 1 × 9 + 1 × 10 + 1)
Ende 3	1,2	1	13	0,3	100 (10 × 7 + 1 × 8… + 1 × 10 + 3)
Ende 4	1,3	1	14	0,6	100 (10 × 6 + 1 × 7… + 1 × 10 + 6)
Ende 5	1,4	2	16	0	100 (10 × 5 + 1 × 6… + 2 × 10)
Ende 6	1,6	1	17	0,6	…

Quelle: *Braunschweig,* Grundlagen der Unternehmensfinanzierung, München 1999, S. 169

Beachte: Die Kapazitätseffekte sind nicht auf eine Maschinenart und auf einen fixen Investitionszeitpunkt (in den Beispielen am Jahresende) beschränkt. Die Abschreibungsgegenwerte können jederzeit für Vermögensgegenstände aller Art verwendet werden, also nicht nur für Maschinen, sondern auch für Werkzeuge, IT-Systeme und immaterielle Vermögenswerte.

21 zu 11 (Aufgabe):

Die Müller AG möchte den Fuhrpark um 30 LKW mit Anhänger erweitern. Trotz guter Ertragslage reicht derzeit die Liquidität nur für die Anschaffung von 20 LKW-Zügen. Die Nutzungsdauer der LKW-Züge wird mit guten Argumenten auf zehn Jahre veranschlagt. Ist es möglich, das ursprüngliche Ziel – Finanzierung von 30 LKW-Zügen – innerhalb von fünf Jahren dennoch zu erreichen? Zeigen Sie den maximalen Effekt im Zeitverlauf der nächsten fünf Jahre bei linearer Abschreibungsmethode und bei Investition jeweils zum Jahresende! Welche Voraussetzungen müssen gegeben sein?

lies: *Wöhe/Döring,* 5. Abschnitt, VI 4; *Zantow/Dinauer,* 5.4; *Olfert/Reichel,* Finanzierung, F 1.2; *Jahrmann,* D 3; *Wöhe/Bilstein,* 3. Abschnitt; *Schierenbeck/Wöhle,* 6. Kapitel, C I 6

11.3.6 Finanzierung aus sonstigen Kapitalfreisetzungen

11.3.6.1 Finanzierung aus Erhöhung der Umschlagshäufigkeit

Generell wird durch die Verringerung des Kapitaleinsatzes bei gleichem Umsatzvolumen eine Freisetzung finanzieller Mittel erreicht. Die Umlaufgeschwindigkeit des Kapitals kann global mit der Kennziffer „Kapitalumschlag" (Umsatz/Kapital) ermittelt werden (vgl. Kap. 7.2.1 und 8.3.3). Der wichtigste Anwendungsfall ist die Erhöhung der Umschlagshäufigkeit des Vorratsvermögens, indem beispielsweise die Materialdisposition verbessert, unnötiges Material eliminiert und die Variation von Materialien vereinheitlicht wird; kurzum das Lager- und Beschaffungswesen optimiert wird.

BEISPIEL 1

Ein Einzelhändler macht mit Waren (bewertet zum Verkaufspreis) i. H. v. 5 Mio. € einen Umsatz i. H. v. 10 Mio. €. Die Umschlagshäufigkeit beträgt demnach 2. Durch eine bessere Warendisposition (Eintritt in eine Einkaufsgesellschaft, Einführung einer Verkaufsstatistik bzw. eines Warenwirtschaftssystems etc.) kann er seine Umschlagshäufigkeit um die Hälfte verbessern. Die Umschlagshäufigkeit beträgt also 3. Der finanzielle Handlungsraum des Einzelhändlers wird dadurch erheblich erweitert. Er kann

- bei gleichem Warenbestand (meist größter Faktor der Kapitalbindung!) den Umsatz ohne neuen Finanzierungsbedarf auf 15 Mio. € erhöhen,
- bei gleichem Umsatz seinen Warenbestand auf 3,33 Mio. € reduzieren (Kapitalfreisetzung dann 1,67 Mio. €!) oder
- eine Kombination von Umsatzerhöhung und Warenbestandsfreisetzung anstreben.

BEISPIEL 2

Ein Raffinerieunternehmen benötigt täglich eine Tonne Rohstoffe zu 1 T€. Das Unternehmen arbeitet das ganze Jahr durch. Der Sicherheitsbestand (SB) an Rohstoffen beträgt 60 Tonnen, die Beschaffung der Rohstoffe erfolgt bisher quartalsweise, sodass der durchschnittliche Lagerbestand (ØLB) also 105 Tonnen beträgt (60 T + 45 T). Da im Jahr 360 Tonnen Rohstoffe verbraucht werden, beträgt die Umschlagshäufigkeit UH 3,43 (360/105), der durchschnittliche Kapitalbedarf errechnet sich ebenso auf 105 T€.

Optimierungsmöglichkeiten: Man könnte beispielsweise

- 1. den Sicherheitsbestand auf 30 Tonnen verkürzen. Es ergibt sich dann folgende Optimierung: ØLB = 75 T, ØLD = 75 Tage, UH = 4,8, ØKB = 75 T€.
- 2. die Anlieferung monatlich anordnen. Es ergibt sich dann folgende Optimierung: ØLB = 75 T, ØLD = 75 Tage, UH = 4,8, ØKB = 75 T€.
- 1. und 2. kombinieren: ØLB = 45 T, ØLD = 45 Tage, UH = 8, ØKB = 45 T€.

Die gleichen Effekte treten bei Verkürzung der Debitorenlaufzeiten (strenge Überwachung der Zahlungsziele, besseres Mahnwesen, Skontieranreize etc.) und durch eine Beschleunigung der Durchlaufzeiten im Produktionsbereich durch Optimierung der Fertigungssteuerung ein (vgl. Kap. 8.3.3). Kurzum ergeben sich Finanzierungsfreiräume durch die Umsetzung von Rationalisierungsmaßnahmen. Wird also mit dem gleichen Mitteleinsatz die Produktivität erhöht, verkürzt sich die Kapitalbindung, es wird dadurch Kapital freigesetzt.

lies: *Olfert/Reichel*, Finanzierung, F 2

11.3.6.2 Finanzierung durch sonstige Vermögensumschichtungen

Vermögensgegenstände, die dem Leistungsprozess nicht mehr dienen, können verkauft und so in liquide Form überführt werden. Werden die Gegenstände zum Buchwert verkauft, handelt es sich um einen Aktivtausch (Bilanzsumme bleibt konstant) mit der Konsequenz, dass gebundenes Kapital in liquide Mittel umgewandelt wird. Wird ein höherer Preis als der Buchwert erzielt, entsteht zusätzlich ein Gewinn, der die Bilanz verlängert. Nach Abzug der Steuern eröffnet dieser Gewinn neue Finanzierungspotenziale (vgl. Kapitel 11.3.2.2 – offene Selbstfinanzierung). Wird unter dem Buchwert verkauft, so entsteht ein Verlust aus Anlagenverkäufen, um den sich das Finanzierungspotenzial verringert. Die Bilanzsumme wird in diesem Fall verkürzt.

12 *Finanzanalyse*

LEITFRAGEN

- ***Was versteht man unter „Finanzanalyse"?***
- ***Wodurch sind die Struktur-, Kennzahlen- und Zahlungsstromanalyse gekennzeichnet?***
- ***Welche Arten der Cashflow-Berechnungen gibt es, und worin bestehen die Unterschiede?***
- ***Was versteht man unter „Kapitaldienstfähigkeit", und wie wird diese ermittelt?***
- ***Welches Ziel verfolgt die Kapitalflussrechnung, und welche Arten gibt es?***
- ***Welche Grundregeln werden für die Finanzierung aufgestellt?***

12.1 Begriff und Aufgaben

Unter „Finanzanalyse" versteht man die umfassende Beurteilung einer Unternehmung inklusive der Jahresabschlussanalyse. Wird sie vom Unternehmen selbst durchgeführt, spricht man von „interner Finanzanalyse", wird sie von außerhalb des Unternehmens durchgeführt, so handelt es sich um eine „externe Finanzanalyse". Ziel der Finanzanalyse ist es, die Finanzlage, insbesondere die wirtschaftlichen Verhältnisse, sowie ihre Ursachen und Wirkungen zu ermitteln. Das Ergebnis dient als Grundlage für weitere Entscheidungen. Unter Beachtung anerkannter Finanzierungsregeln wird das finanzielle Gleichgewicht angestrebt, damit

- die Zahlungsfähigkeit des Unternehmens jederzeit garantiert ist und
- die finanziellen Dispositionen im Rahmen der Unternehmensziele so getroffen werden können, dass möglichst ein Gewinnmaximum erreicht wird.

Das **finanzielle Gleichgewicht** sucht einen optimalen Ausgleich zwischen Liquiditäts- und Rentabilitätszielen. Im Einzelnen ist anzustreben:

- Sicherung der jederzeitigen Zahlungsfähigkeit (dispositive Liquidität). Zu jedem Zeitpunkt muss gelten:

  Zahlungs- und Kreditmittel + Einzahlungen – Auszahlungen ≥ 0

- Sicherung der gleichgewichtigen Kapitalstruktur (strukturelle Liquidität). Ziel ist die Einhaltung „anerkannter Finanzierungsregeln" (Fristenstruktur, Verschuldungsgrad etc.).

- Sicherung einer angemessenen Ertragskraft. Minimalziel ist, die Kosten des Fremd- und Eigenkapitals decken zu können.

lies: *Olfert/Reichel*, Finanzierung, G

12.2 Durchführung der Finanzanalyse

12.2.1 Substanzanalyse

Die Substanzanalyse dient dazu, die einzelnen Positionen der Bilanz auf ihr Zustandekommen, ihre Zusammensetzungen und ihre Entwicklungen zu überprüfen. Daraus lassen sich wertvolle Hinweise auf die wirtschaftlichen Entwicklungen des Unternehmens ziehen.

12.2.2 Kennzahlenanalyse

Kennzahlen zur Beurteilung der wirtschaftlichen Verhältnisse eines Unternehmens (Ertragslage, Liquiditätslage, Vermögens- und Kapitalstruktur) können wichtige Tatbestände in konzentrierter Form darstellen (zum Kennzahlensystem, dessen Grenzen samt Fallbeispiele vgl. Teil A: Bilanzen, Kapitel 7.2).

12.2.3 Zahlungsstromanalyse

12.2.3.1 Cashflow-Analyse

Der Begriff „Cashflow" stammt aus den USA (synonym: Cash Income, Cash Funds from Operations, Cashflow-Earnings, Net Cash Generation) und wird auch in der deutschsprachigen Literatur so verwendet. Brauchbare Übersetzungen – wie finanzwirtschaftlicher Geldstrom, Netto-Bargeldstrom, finanzwirtschaftlicher Überschuss, Umsatzüberschuss, Einzahlungsüberschuss, Innenfinanzierungskraft, eigene wirtschaftliche Mittel – haben sich nicht durchgesetzt.

Es existieren drei Versionen für eine Definition des „Cashflows":

1. Jahresüberschuss plus Abschreibungen (USA) – da in den USA der Jahresüberschuss anders definiert wird,
2. Überschuss der Ertragseinzahlungen über die Aufwandsauszahlungen in einer Periode oder auch
3. Differenz aus einnahmegleichen Erträgen und ausgabegleichen Aufwendungen einer Periode.

Die zweite und die dritte Version sind treffender als die erste.

Ausgehend vom Zahlenwerk des Jahresabschlusses gibt die Cashflow-Analyse Einblicke sowohl in die Erfolgs- bzw. Ertragskraft als auch in die Liquiditätskraft eines Unternehmens (Zweckdualismus des Cashflows). Der Cashflow bezieht sich auf einen Zeitraum (meist Jahresperiode) und genießt somit Vorteile gegenüber der sonst üblichen statischen Liquiditätsbetrachtung (Zeitpunktbetrachtung, gewöhnlich zum Bilanzstichtag).

Der Cashflow beschreibt den Zuwachs an Finanzmitteln in einer Periode, der für Zwecke von Investitionen, Schuldentilgungen oder Dividendenzahlungen genutzt werden könnte oder bereits genutzt wurde. Damit steht also nicht unbedingt fest, dass der Cashflow am Jahresende auch tatsächlich in „bar" bereitsteht.

Der Cashflow wird insbesondere berechnet, um festzustellen,

- ob ein Unternehmen aus eigener Kraft die laufende Geschäftstätigkeit inklusive Investitionen tätigen kann;
- wie viel Geld für Schuldentilgung, Zinszahlungen und zur Ausschüttung an die Gesellschafter vorhanden ist;
- inwieweit Insolvenzgefahr besteht, zumal ein über die Jahre hinweg bestehender beachtlicher negativer Cashflow in der Regel zur Insolvenz führt.

Ermittlung des Cashflows

Der Cashflow soll den in einer Abrechnungsperiode aus eigener Kraft erwirtschafteten Überschuss der Einnahmen über die zugehörigen Ausgaben (Differenz aus einnahmegleichen Erträgen und ausgabegleichen Aufwendungen einer Periode) oder den Überschuss der selbst erwirtschafteten Einzahlungen über die zugehörigen Auszahlungen (Überschuss der Ertragseinzahlungen über die Aufwandsauszahlungen in einer Periode) wiedergeben.

Direkte Ermittlung des Cashflows

Im Rahmen der direkten Ermittlung werden in einer Periode alle im Zusammenhang mit der laufenden Geschäftstätigkeit stehenden zahlungswirksamen Aufwendungen (z.B. Materialkosten, Löhne, Zinsaufwendungen) von den zahlungswirksamen Erträgen (z.B. Umsatz, Zinserträge, Subventionen) abgezogen und so der Cashflow als Saldo ermittelt. Zahlungswirksam wird oft auch „fondswirksam" genannt, weil sich die Zahlungen auf den Zahlungsmittelbestand oder besser „Zahlungsfonds" auswirken. Formelmäßig lässt sich der Cashflow direkt wie folgt ermitteln:

	einzahlungswirksame Erträge
–	auszahlungswirksame Aufwendungen
=	**Cashflow**

Nach der direkten Ermittlungsmethode sind also alle GuV-Positionen daraufhin zu untersuchen, ob sie ganz oder teilweise finanzwirksam sind.

Indirekte Ermittlung des Cashflows

Die direkte Ermittlung des Cashflows ist sehr aussagefähig, da sie die einzelnen Entstehungskomponenten offenlegt. Für einen externen Betrachter ist mangels Daten meist nur eine indirekte Ermittlung möglich. In der Praxis ist die indirekte Ermittlung das gängigere Verfahren. Man geht dabei vom Jahresüberschuss nach HGB aus und korrigiert diesen bei der dritten Version um die einnahmelosen Erträge und ausgabelosen Aufwendungen bzw. bei der zweiten Version um die einzahlungslosen Erträge und auszahlungslosen Aufwendungen. Üblicherweise wird wie folgt vorgegangen:

	Jahresüberschuss
+	Abschreibungen (bzw. – Zuschreibungen)
=	**Cashflow I** (amerikanische Definition)
±	Veränderungen der langfristigen Rückstellungen
±	Veränderung des Sonderpostens mit Rücklagenanteil
=	**Cashflow II**
±	a. o. Ergebnis/Entnahmen
=	**Cashflow III**

- Die Gleichheit von direkter und indirekter Ermittlung des Cashflows lässt sich allgemein gültig wie folgt herleiten:

  Gewinn = Erträge – Aufwand

  → $\text{Gewinn} = \text{Erträge}_{bar} + \text{Erträge}_{unbar} - \text{Aufwand}_{bar} - \text{Aufwand}_{unbar}$

  → $\text{Gewinn} - \text{Erträge}_{unbar} + \text{Aufwand}_{unbar} = \text{Erträge}_{bar} - \text{Aufwand}_{bar}$

  In der letzten Zeile zeigt die linke Seite der Gleichung die indirekte Ermittlung des Cashflows, die rechte Seite die direkte Ermittlungsart.

Die verschiedenen Cashflow-Begriffe unterscheiden sich hinsichtlich der einbezogenen Komponenten. Ausgehend vom Jahresüberschuss (Differenz zwischen Erträgen und Aufwendungen) werden alle Aufwendungen addiert und alle Erträge subtrahiert, die in der Periode nicht finanzwirksam oder außergewöhnlich gewesen sind.

Cashflow nach DVFA/SG (Deutsche Vereinigung für Finanzanalyse und Anlageberatung und der Schmalenbach Gesellschaft):

	Jahresüberschuss/Jahresfehlbetrag
+	Abschreibungen auf Gegenstände des Anlagevermögens
–	Zuschreibungen zu Gegenständen des Anlagevermögens
±	Veränderungen der Rückstellungen für Pensionen bzw. anderer langfristiger Rückstellungen
±	Veränderung der Sonderposten mit Rücklageanteil
±	andere nicht zahlungswirksame Aufwendungen und Erträge von wesentlicher Bedeutung
=	**Jahres-Cashflow**
±	Bereinigung ungewöhnlicher zahlungswirksamer Aufwendungen/Erträge von wesentlicher Bedeutung
=	**Cashflow nach DVFA/SG**

Der Cashflow ist eine Maßgröße der Innenfinanzierungskraft, da die wichtigsten Elemente der Innenfinanzierung, wie Selbstfinanzierung, Finanzierung aus Abschreibungen und aus Rückstellungen, enthalten sind. Er ist auch ein wichtiges Analysekorrektiv, weil er eine bewertungsunabhängige Summengröße darstellt. Treffend ist folgende angelsächsische Erkenntnis: „You can hide earnings, but you can´t hide cash." („Man kann Erträge verbergen, nicht aber die Geldmittel.")

BEISPIEL

Der Gewinn vor Abschreibung beträgt in einem Unternehmen in drei Jahren je 400 T€. Gewöhnlich ist die Wahl der Abschreibung offen (linear, degressiv etc.). Zudem bestehen oft unterschiedliche Bewertungspflichten bzw. -wahlrechte (Sonderabschreibungen, Zuschreibungen etc.). Auch wenn der Gewinn in den Einzelperioden dadurch stark variieren kann (vgl. unten – Bewertungsvariante 1 oder 2), bleibt der Cashflow konstant. Nur in einer Gesamtbetrachtung (Totalperiode) ist die Gewinnbetrachtung konstant.

	Bewertungsvariante 1:				**Bewertungsvariante 2:**			
	Jahr 1	**Jahr 2**	**Jahr 3**	**Total**	**Jahr 1**	**Jahr 2**	**Jahr 3**	**Total**
Gewinn vor Abschreibung	400	400	400	1.200	400	400	400	1.200
Abschreibung	200	200	200	600	300	200	100	600
Gewinn nach Abschreibung	200	200	200	600	100	200	300	600
Cashflow	400	400	400	1.200	400	400	400	1.200

Der Cashflow zeigt auch die Fähigkeit des Unternehmens, aus eigener Kraft zur Innenfinanzierung, zur Schuldentilgung und zur Dividendenzahlung beizutragen. Ein im Zusammenhang mit dem Cashflow wichtiger Finanzkraftindikator ist der dynamische Verschuldungsgrad. Er berechnet sich wie folgt:

$$\text{Dynamischer Verschuldungsgrad} = \frac{\text{Nettoverschuldung}}{\text{Cashflow}}$$

Der dynamische Verschuldungsgrad gibt an, wie viele Jahre ein Unternehmen benötigt, um sich aus seiner Innenfinanzierungskraft (Cashflow) zu entschulden.

Free Cashflow

Da der Cashflow für Schuldentilgung und zur Rücklagenbildung verwendet werden kann, muss man zahlungswirksame Vorgänge wie Investitionen, Desinvestitionen und Ausschüttungen mit in die Berechnung einbeziehen. Der Free Cashflow ist der frei verfügbare Cashflow. Er verdeutlicht, wie viel Geld für Tilgungen, Ausschüttungen und für die Rücklagendotierungen übrig bleibt. Grafisch lässt sich der Zusammenhang wie folgt darstellen:

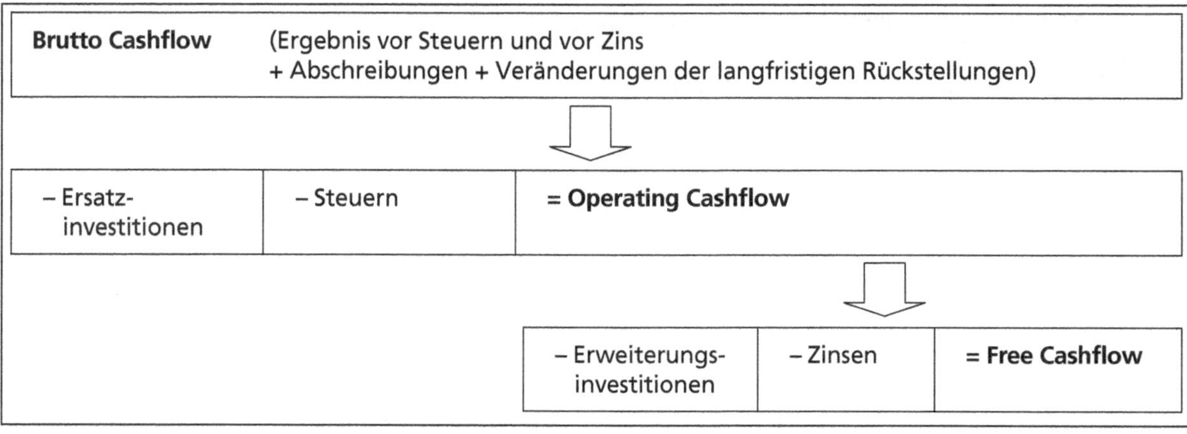

Gesamte Cash-Veränderungen:

Man verwendet den Begriff „Cashflow" oft für unterschiedlichste Veränderungen der liquiden Mittel. Die stufenweise Überleitung vom Cashflow im engeren Sinne (Umsatzüberschuss) zur gesamten Cash-Veränderung zeigt folgende Tabelle.

Cash-Veränderungen	Finanzierungsbereich
Cashflow (Umsatzüberschuss)	Innenfinanzierungsbereich
± Veränderungen des „Working Capital"	Finanzierungswirkungen des „Working Capital"
= Cashflow aus der laufenden Geschäftstätigkeit („operativer Cashflow")	
± Veränderungen Investitionen bzw. Desinvestitionen	Investitionen im Anlagevermögen (= investing activities)
= Cashflow nach Investitionstätigkeit	
± Ein- und Auszahlungen Gesellschafter	Netto Eigen- und Fremdfinanzierung (= financing activities)
± Ein- und Auszahlungen Fremdkapitalgeber	
= gesamte Cash-Veränderung	Veränderung des Saldos aller Cash-Positionen

lies: *Zantow/Dinauer,* 5.1; *Wöhe/Bilstein,* 1. Abschnitt, 4a; *Perridon/Steiner/Rathgeber,* E I 4a, S. 556–559; DVFA/SG, Cashflow, in: Die Wirtschaftsprüfung, 19/1993, S. 599 ff.

12.2.3.2 Analyse der Kapitaldienstfähigkeit

Kapitaldienstfähigkeit ist die Fähigkeit, die Zins- und Tilgungsleistungen des vereinbarten Finanzierungsmodells tatsächlich und nachhaltig zu erbringen. Die Kapitaldienstberechnung ist eine besondere Art der Cashflow-Berechnung, abzustellen ist auf die künftige Ertragsplanung.

Die Kapitaldienstfähigkeit kann wie folgt errechnet werden:

	Gewinn vor Steuern (Ergebnis v. St.)
±	Veränderung langfristiger Rückstellungen
+	Abschreibungen auf Sachanlagen
+	Zinsdienst
=	**erweiterter Cashflow nach Bankart**
–	Entnahmen/Ausschüttungen, Steuern und Abgaben
+	Einlagen und Steuerrückerstattungen
±	zahlungswirksame Sonderfaktoren (z. B. Investitionen)
=	**Kapitaldienstgrenze (rechnerisch)**
–	tatsächlicher Kapitaldienst (Zinsdienst und Tilgungen)
=	**Über- bzw. Unterdeckung**

12.2.3.3 Kapitalflussrechnung

Da die herkömmliche Beständebilanz nur unzureichend finanzwirtschaftliche Vorgänge darstellt, setzt man ergänzend Kapitalflussrechnungen ein. Eine relativ einfache Art der Kapitalflussrechnung ist die Bewegungsbilanz. Sie ist eine Zeitraumrechnung, in der die Veränderungen/Bewegungen der einzelnen Bilanzpositionen einer Periode dargestellt und in Mittelherkunft und Mittelverwendung unterschieden werden.

Mittelverwendung	Mittelherkunft
Aktivmehrungen	Aktivminderungen
Passivminderungen	Passivmehrungen

Grundlage für Kapitalflussrechnungen sind Beständedifferenzbilanzen. Sie lassen die wichtigsten Bilanzveränderungen erkennen, wie etwa im folgenden Beispiel die Verringerung der flüssigen Mittel bzw. die Zunahmen – trotz Abschreibungen! – der Sach- und Finanzanlagen und der Rückstellungen.

Die Bewegungsbilanz gibt Auskunft über Investitionsentwicklungen, Kapitalzuflüsse und -abflüsse und Verschiebungen der Investitions- und Vermögensstruktur im Zeitablauf. Die Bewegungsbilanz zeigt den Liquiditätsfluss aber nur teilweise. Deshalb wird die Bewegungsbilanz in eine Kapitalflussrechnung erweitert, indem die Bewegungsdifferenzen in bloße Bestandsveränderungen oder in Erfolgsgrößen (GuV) differenziert werden.

lies: *Wöhe/Bilstein*, 1. Abschnitt, 4a; vertiefend: *Perridon/Steiner/Rathgeber*, E III

BEISPIEL

Vereinfachtes Beispiel einer Kapitalflussrechnung nach Perridon/Steiner:

Aktiva	t_1	t_0	Diff.	Passiva	t_1	t_0	Diff.
Anlagevermögen				**Eigenkapital**			
Sachanlagen	2.800	2.500	+300	Gezeichnetes Kapital	1.000	1.000	
Finanzanlagen	1.000	700	+300	Gewinnrücklagen	1.400	1.460	–60
Umlaufvermögen				**Fremdkapital**			
Vorräte	1.100	1.000	+100	Pensionsrückstellungen	580	480	+100
Forderungen	90	100	–10	Sonstige lfr. Rückst.	900	700	+200
Sonstige VG	200	260	–60	Verbindlichkeiten a. L+L	880	900	–20
Flüssige Mittel	210	560	–350	Sonstige Verbindlichkeiten	560	420	+140
				Bilanzgewinn	80	160	–80
Bilanzsumme	**5.400**	**5.120**	**+280**	**Bilanzsumme**	**5.400**	**5.120**	**+280**

Durch Verrechnung der Bestände ergibt sich für das Beispiel folgende Veränderungsbilanz:

Aktivzunahmen und Passivabnahmen		Passivzunahmen und Aktivabnahmen	
Aktivzunahmen		**Passivzunahmen**	
Sachanlagen	300	Pensionsrückstellungen	100
Finanzanlagen	300	Sonstige lfr. Rückstellungen	200
Vorräte	100	Sonstige Verbindlichkeiten	140
Passivabnahmen		**Aktivabnahmen**	
Gewinnrücklagen	60	Forderungen	10
Verbindlichkeiten aus L+L	20	Flüssige Mittel	350
Bilanzgewinn	80	Sonstige VG	60
Summe	**860**	**Summe**	**860**

Die Bewegungsbilanz kann man auch nach Finanzierungs- und Verwendungsarten gliedern. Am Beispiel ergeben sich folgende Veränderungen:

Mittelverwendung	in T€	%	Mittelherkunft	in T€	%
I. Eigenkapitalminderung			I. Kapitaleinlagen	**0**	0,0
a) Gewinnausschüttung	160	11,5			
II. Investitionen (brutto)	**1.120**	80,0	II. Cashflow	**840**	60,0
a) Anlageinvestitionen netto	300		a) Gewinn	80	
+ Abschreibungen	520		b) Rücklagen	–60	
b) Finanzinvestitionen	300		c) Abschreibungen	520	
			d) Δ lfr. Rückstellungen	300	
III. Betriebsmittelzunahme			III. Betriebsmittelabnahme	**70**	5,0
a) Vorrätemehrung	**100**	7,0	a) Forderungen	10	
			b) Sonstige UV	60	
IV. Schuldentilgung			IV. Schuldenaufnahme	**140**	10,0
a) Verbindlichkeiten aus L+L	20	1,5	a) Sonstige VB		
V. Erhöhung der Kasse	0	0,0	V. Minderung der Kasse	**350**	25,0
Summe	**1.400**	**100,0**	**Summe**	**1.400**	**100,0**

Quelle: *Perridon/Steiner,* Finanzwirtschaft der Unternehmung, München 2007, S. 584

12.2.4 Ausgewählte Finanzierungsregeln

Um das Ziel des finanziellen Gleichgewichts zu erreichen, haben sich in Literatur und Praxis Grundregeln für die Gestaltung der Kapitalstruktur herausgebildet. Die Problematik der Finanzierungsregeln generell ist, dass sie auf Bilanzpositionen abstellen. Diese werden stichtagsbezogen ermittelt und geben keine absolute Bestandsgewähr für die Zukunft. Auch gehen bestimmte Zahlungsverpflichtungen, wie beispielsweise Leasingraten, nicht in die Bilanz ein. Zudem werden Liquiditätsreserven, wie z. B. offene Kreditlimite oder zugesagte, aber nicht abgerufene Kredite, durch die Finanzierungsregeln nicht erfasst.

Aus der Bilanz nicht ersichtliche liquiditätsbestimmende Faktoren
■ Dauer der Kapitalbindung und offene Kreditlimite
■ Kapitalbedarf im Zeitverlauf – künftiger Kapitalbedarf – künftige Kapitalfreisetzung
■ Prolongationsmöglichkeiten, insbesondere von Kreditlinien
■ Substitutionsmöglichkeiten und zusätzliche Kapitalbeschaffungsmöglichkeiten

lies: *Wöhe/Döring*, 5. Abschnitt, VII; *Wöhe/Bilstein*, 4. Abschnitt, II 1; *Braunschweig*, 3. Kapitel, 125–138; *Perridon/Steiner/Rathgeber*, E I 3 c; *Jahrmann*, E 5

12.2.4.1 Horizontale Finanzierungsregeln

Die horizontalen Finanzierungsregeln setzen die Vermögensseite (Kapitalverwendung) zur Kapitalseite (Kapitalüberlassung) in Beziehung.

Goldene Finanzierungsregel (auch „goldene Bankregel" genannt): generelle Fristenkongruenz = Forderung, dass für jede einzelne Investition die Frist der Kapitalüberlassung und der Kapitalverwendung übereinstimmt.

BEISPIEL

Eine Maschine soll angeschafft und zehn Jahre genutzt werden. Die Fristenkongruenz (goldene Bilanzregel) verlangt hierbei auch eine zehnjährige Finanzierungsdauer.

Goldene Bilanzregel: Forderung nach Fristenübereinstimmung zwischen Kapital- und Vermögensart

- **Enge (älteste) Fassung:** Anlagevermögen ist mit Eigenkapital zu finanzieren, Umlaufvermögen kann mit Fremdkapital finanziert werden.
- **Weite (neuere) Fassung:** Anlagevermögen ist mit Eigenkapital und langfristigem Fremdkapital zu finanzieren. Umlaufvermögen kann mit mittel- bzw. kurzfristigem Kapital finanziert werden.
- **Sinnvoller:** Anknüpfungspunkt ist nicht das Anlagevermögen, sondern das langfristig gebundene Vermögen, also das Anlagevermögen + das langfristig gebundene Umlaufvermögen (z. B. eiserner Bestand).

12.2.4.2 Vertikale Finanzierungsregeln

Die vertikalen Finanzierungsregeln beziehen sich nur auf die Kapitalseite der Bilanz und setzen Eigen- und Fremdkapital zueinander in ein Verhältnis, z. B. die (alte) 1:1-Regel. Danach soll das Eigenkapital mindestens so groß sein wie das Fremdkapital. Bei der neueren 1:2-Regel, soll das Eigenkapital mindestens ein Drittel des Gesamtkapitals ausmachen.

Probleme der vertikalen Finanzierungsregeln:

- relativ praxisfremd,
- Ermittlung des effektiven Eigenkapitals problematisch (stille Reserven!),
- letztlich entscheidend ist die Kapitalverwendung.

12.2.4.3 Absolute Zahlen

Neben diesen traditionellen Verhältniszahlen werden zur Beurteilung einer soliden Finanzierung auch absolute Kennzahlen herangezogen. In der angloamerikanischen Analysepraxis ist das „Working Capital" als Liquiditätskennzahl sehr beliebt. Working Capital ist die Differenz aus „kurzfristigem Umlaufvermögen" und den „kurzfristigen Verbindlichkeiten":

	kurzfristiges Umlaufvermögen
–	kurzfristige Verbindlichkeiten
=	**Working Capital**

Die Kennzahl „Working Capital" hat eine Ähnlichkeit mit der „Liquidität 3. Grades" und zeigt eintretende Liquiditätsveränderungen und einen Überschuss an Finanzmitteln, der dem Unternehmen langfristig verbleibt und damit Liquiditätsrisiken abdämpft. Je höher der Bestand an „Working Capital" also ist, desto geringer ist das Liquiditätsrisiko, weil mit dem leicht liquidierbaren Umlaufvermögen unerwartete Verbindlichkeiten schnell gedeckt werden können. Nachteil dieser Kennzahl: Sie ist zu statisch und berücksichtigt nicht die Kreditwürdigkeit bei der Bank (z. B. offenes Kreditlimit).

13 *Grundlagen des Zahlungsverkehrs*

Der Zahlungsverkehr beruht auf Bar- und Buchgeld bzw. Geldersatzmitteln (Scheck und Wechsel). Die Überweisung (neu: Zahlungsdienstevertrag) ist der Regelfall der Buchgeldtransaktion. Das erstbeauftragte Kreditinstitut ist hierbei in einer besonderen Pflicht und in weitreichende Haftungstatbestände eingebunden. Die wesentlichen Inhalte sind:

- unentgeltliche Kundeninformation über Auslagen, Fristen etc.;
- Ausführung baldmöglichst, im Euro-Raum längstens fünf Tage, im Inland längstens der nächste Tag;
- der Kunde, der den Auftrag gibt, trägt alle Kosten; dem Zahlungsempfänger dürfen keinerlei Kosten berechnet werden;
- Haftung der Auftraggeberbank ausgeweitet, insbesondere eine verschuldensunabhängige Geld-zurück-Garantie, eine Erstattungspflicht bei unberechtigten Entgeltabzügen, ein Strafzins bei Fristüberschreitung;
- Anrufung der Kundenbeschwerdestelle (Bundesbank) als außergerichtliche Schlichtungsstelle.

Neben Karten und elektronischen Cashsystemen sind folgende Instrumente des bargeldlosen Zahlungsverkehrs geläufig:

Überweisung	Durch den Zahlungsdienstevertrag wird die Bank zulasten des Kontos des Überweisenden verpflichtet, einen bestimmten Geldbetrag auf das angegebene Konto des Empfängers zu übermitteln. Möglichkeiten: Einzel-, Sammel- oder Dauerüberweisung (Dauerauftrag).
EU-Überweisung	Voraussetzung für eine Auslandsüberweisung ist eine internationale Identifikation (BIC – Bank Identifer Code z. B. GENO DE F1SWN) und ein internationaler Bankkontocode (IBAN – International Bank Account Number bestehend aus Landcode, Prüfziffer, BLZ und Kontonummer, z. B. DE86 75061168 0001033).
Lastschrift	Die Lastschrift ist ein Instrument des bargeldlosen Zahlungsverkehrs mit dem der Zahlungsempfänger unter Einschaltung von Banken fällige Forderungen vom Konto des Zahlungspflichtigen einzieht. Der Zahlungspflichtige muss dem Einzug schriftlich zustimmen. Hierzu hat er zwei Möglichkeiten: Die Einzugsermächtigung an Zahlungsempfänger mit der Möglichkeit des unverzüglichen Widerspruchs (maximal sechs Wochen) oder den Abbuchungsauftrag (Widerspruch ist nicht möglich).
Scheck	Der Scheck ist die schriftliche Anweisung des Kontoinhabers (Scheckaussteller) an seine Bank (Bezogener) gegen Vorlage des Schecks einen bestimmten Geldbetrag zulasten seines Kontos zu zahlen.

1 zu 13 (Aufgabe):

Zeigen Sie die Unterschiede zwischen dem Einzugsermächtigungsverfahren und dem Abbuchungsauftrag (Dauerauftrag)! Für welche Praxisanwendungen eignen sich diese Zahlungsinstrumente?

lies: *Olfert/Reichel*, Finanzierung, A 3

Lösungen der Aufgaben und Fallstudien

Teil A: Bilanzierung

Kapitel 1: Grundlagen

Lösung 1 zu 1 (Aufgabe):

a) aa) Erfolgsneutraler Aktivtausch (Bilanzsumme bleibt konstant!)
Anlagevermögen an Kasse

ab) Erfolgsneutrale Bilanzverlängerung (Bilanzsumme wächst!)
Anlagevermögen an FK/Verbindlichkeiten aus L + L

b) Erfolgsneutraler Aktivtausch (Bilanzsumme bleibt konstant!)
Kasse an Forderungen

c) Erfolgsneutraler Aktivtausch (Bilanzsumme bleibt konstant!)
Im Ergebnis:
fertige oder unfertige Erzeugnisse an Rohstoffe
zunächst: EK (Materialaufwand) an Rohstoffe
nach Inventur: Erzeugnisse an Eigenkapital

d) Erfolgsneutrale Bilanzverkürzung (Bilanzsumme sinkt!)
FK/Bankverbindlichkeiten an Kasse

e) Aufwandsbuchung (Bilanzverkürzung!)
EK (Löhne) an Kasse

f) Aufwandsbuchung (Bilanzverkürzung!)
EK (Abschreibungen) an Anlagevermögen

Lösung 2 zu 1 (Aufgabe):

Die Bilanz dient der Ermittlung und Dokumentation des Vermögens/Vermögensvergleichs

→ zeige Vermögen + Schulden!

Die GuV dient der Ermittlung des Erfolgs/Gewinns und der Dokumentation der Erfolgsquellen

→ zeige Gewinn und sein Zustandekommen!

Der Anhang dient der Erläuterung von Bilanz und GuV, insbesondere der Erläuterung der Bilanzierungs- und Bewertungsmethoden

→ Ergänzungs-, Entlastungs- und Korrekturfunktion!

Lösung 3 zu 1 (Aufgabe): Pflicht zur Rechnungslegung bestimmt sich

- nach Handelsrecht nach der Kaufmannseigenschaft (§§ 238 I 1, 242). Nach § 1 I ist Kaufmann, wer ein Handelsgewerbe betreibt.
  - Ein Handelsgewerbe ist jede auf Dauer angelegte Tätigkeit mit der Absicht, Gewinn zu erzielen (Gewerbebetrieb),
  - es sei denn, nach Art und Umfang des Unternehmens ist ein kaufmännischer Geschäftsbetrieb nicht erforderlich (§ 1 II).

hier: 33 Mitarbeiter, Betätigung im freien Wettbewerb etc.
→ Kaufmannseigenschaft, wohl gegeben!
Betreibt Georg Hau sein Unternehmen als Einzelkaufmann, so kann er nach § 241a Befreiung von der handelsrechtlichen Rechnungslegung verlangen, wenn sein Umsatz unter 500 T€ (unwahrscheinlich bei 33 Mitarbeitern!) und sein Gewinn unter 50 T€ bleibt.

- nach Steuerrecht (§ 140 AO): Verweis auf das Handelsrecht (siehe oben). Sollte die handelsrechtliche Rechnungslegungspflicht nicht gegeben sein, bestimmt sich die steuerliche Rechnungslegungspflicht nach § 141 AO (Überschreiten von 500 T€ Umsatz oder von 50 T€ Gewinn). Auch im letzteren Fall hätte Georg Hau Rechnung zu legen, da 33 Mitarbeiter mehr als 500.000 € Umsatz erwirtschaften!

Ergebnis: Nach Handels- und Steuerrecht besteht eine Pflicht zur Rechnungslegung.

Lösung 4 zu 1 (Aufgabe):

Bei der Frage des Bilanzansatzes zählt die wirtschaftliche Betrachtungsweise im Zweifel mehr als das sachenrechtliche Argument. Kernfragen: Wer zieht den Nutzen? Wer kann verfügen? Wer trägt das Risiko? etc.

a) Rechtlich: Grundbuchauszug samt Auflassung; wirtschaftliche Kernfrage: Wer ist wirtschaftlicher Eigentümer?

b) Rechtlich: Kauf- und Übereignungsvertrag samt Kfz-Brief; wirtschaftlich: Anlagenkartei. Kernfrage: Wer ist wirtschaftlicher Eigentümer?

c) Offene-Posten-Liste, Ausgangsrechnungen, Lieferscheine oder Saldobestätigungen von Kunden in Verbindung mit den schuldrechtlichen Verträgen,

d) Auszüge, Saldobestätigungen,

e) Kassenbuch, Kassenaufnahmeprotokoll,

f) Gesellschaftsvertrag, Handelsregisterauszug, Bankauszug,

g) jeweilige Verträge inklusive zugehörigem Schriftverkehr; Prozessakten, Gutachten, Stichproben etc.

Lösung 5 zu 1 (Fallstudie):

a) Erste Alternative – Warenbestand 1 Mio. € (Werte in T€):

Ende 1. Jahr

Waren	**1.000**	EK	900
Restaktiva	1.000	**Gewinn**	**100**
		FK	1.000
	2.000		2.000

Ende 2. Jahr

Kasse	2.200	EK	1.000
		Gewinn	**200**
		FK	1.000
	2.200		2.200

b) Zweite Alternative – Warenbestand 1,2 Mio. € (Werte in T€):

Ende 1. Jahr

Waren	**1.200**	EK	900
Restaktivia	1.000	**Gewinn**	**300**
		FK	1.000
	2.200		2.200

Ende 2. Jahr

Kasse	2.200	EK	1.200
		Gewinn	**0**
		FK	1.000
	2.200		2.200

c) Den Effekt nennt man „Prinzip der Zweischneidigkeit der Bilanz“: Infolge des Bilanzzusammenhangs wirkt sich jede Änderung eines Bilanzpostens entgegengesetzt auf den Gewinn von (mindestens) zwei Jahren aus. Die Änderung eines Bilanzpostens bewirkt daher eine Gewinnverlagerung, während der Totalgewinn nicht verändert wird.

	Periodengewinne		**Totalgewinn**
Alternative 1	01: 100	02: 200	300
Alternative 2	300	0	300

Lösung 6 zu 1 (Fallstudie):

Anstelle von Stichtagsinventur nach § 240 II 1:

- auf zehn Tage ausgeweitete Stichtagsinventur (inklusive Rückrechnung),
- (auf bis zu 3/2 Monate) vor- bzw. nachverlagerte Stichtagsinventur nach § 241 III inklusive Rückrechnung (= zeitverschobene Inventur),
- permanente Inventur mittels eines Warenwirtschaftssystems mit tatsächlichem Abgleich (z. B. im Mai) nach § 241 II,
- Einsatz eines anerkannten Stichprobenverfahrens nach § 241 I (im konkreten Fall unrealistisch).

Im Übrigen:

- Verlegung der Inventurarbeiten auf Sonn- oder Feiertage,
- Änderung des Geschäftsjahres, z. B. auf 30. April (Saisonende) im Einvernehmen mit dem Finanzamt (zwingend im ersten Jahr: Rumpfgeschäftsjahr) – § 240 II 2 HGB i. V. m. § 4a I 2 Nr. 2 S. 2 EStG.

Kapitel 3: Der handelsrechtliche Jahresabschluss

Lösung 1 zu 3 (Aufgabe):

- Aktivierung = Bilanzansatz – zunächst: entweder erfolgsneutraler Aktivtausch (Barzahlung) oder erfolgsneutrale Bilanzverlängerung (Kreditkauf) – dann: Aufwand und Bilanzkürzung über Abschreibungen
- Nichtaktivierung = kein Bilanzansatz: Sofortaufwand (erfolgswirksame Bilanzkürzung)

	bilanziell	**GuV-Aufwand**
Aktivierung:	Bilanzansatz	über Abschreibungen
Nichtaktivierung:	kein Bilanzansatz	100 % Sofortaufwand

Erste Alternative „Aktivierung" – Kauf einer Bohrmaschine zu 30 €

Buchung zunächst:	Maschine	an Kasse	30 €
Folgebuchung jedes Jahr:	Abschreibungen	an Maschine	10 €

Bilanzierungsverlauf ohne Berücksichtigung „verdienter Abschreibungen"

Jahr 0 vor Investition	**Jahr 1**	**Jahr 2**	**Jahr 3**
Maschine 0 EK 30	Maschine 20 EK 20	Maschine 10 EK 10	Maschine 0 EK 0
Kasse 30			

Zweite Alternative „Nichtaktivierung (Wahlrecht/GWG)" – Buchung: Aufwand an Kasse 30 €

Jahr 0 vor Investition	**Jahr 1**	**Jahr 2**	**Jahr 3**
Maschine 0 EK 30	Maschine 0 EK 0	Maschine 0 EK 0	Maschine 0 EK 0
Kasse 30			

→ In der Totalperiode kommen beide Methoden auf das gleiche Ergebnis (–30 €):
Prinzip der Zweischneidigkeit der Bilanz!

Beachte die steuerlichen Sonderregelungen zu den geringwertigen Wirtschaftsgütern (vgl. § 6 II und IIa EStG und Kap. 3.3.1.1).

Lösung 2 zu 3 (Aufgabe):

a) Rechtlicher Eigentümer ist der Verkäufer (§§ 929,158 BGB), da die Einigung über den Eigentumsübergang unter der aufschiebenden Bedingung vollständiger Bezahlung steht. Wirtschaftlicher Eigentümer wird aber der Käufer, da ihm die Nutzung bzw. Verwertung obliegt – deshalb:
Buchungssatz für Einbuchung beim Käufer: Ware an VB aus L+L,
Buchungssatz für Ausbuchung beim Verkäufer: Forderungen an Ware.

b) Rechtlicher Eigentümer ist der Sicherungsnehmer (meist Bank), Nutzer und Besitzer (wirtschaftlicher Eigentümer) ist wie bisher der Sicherungsgeber.
Bilanzansatz: wie bisher (nur) beim Sicherungsgeber.

c) Rechtlicher Eigentümer ist der Sicherungsnehmer (meist Bank), Nutzer und Besitzer (wirtschaftlicher Eigentümer) ist wie bisher der Sicherungsgeber.
Bilanzansatz: wie bisher (nur) beim Sicherungsgeber.

d) Rechte aus einem von beiden Seiten noch nicht erfüllten Vertrag werden grundsätzlich noch nicht verbucht (schwebendes Geschäft). Keine Buchung.

Lösung 3 zu 3 (Fallstudie):

Mängelliste – stichpunktartig:

- Bilanzsumme Aktiva und Passiva muss identisch sein.
- Gewinnrücklagen gehören nicht zum Anlagevermögen, sondern zum Eigenkapital.
- Roh-, Hilfs- und Betriebsstoffe zählen zum Umlaufvermögen.
- Anzahlungen gehören gewöhnlich zum Umlaufvermögen oder zum Fremdkapital.
- Rechenfehler bei der Summe des Umlaufvermögens (1.000 statt 900).
- Bankkonto fehlt.
- Bezeichnung Stammkapital ist falsch. Richtig: Grundkapital.
- Bezeichnung Gewinnrückstellungen ist falsch. Richtig: Gewinnrücklagen.
- Rechenfehler im Eigenkapital: Verlustvortrag wurde addiert statt abgezogen.
- Als „Passiva B" werden Rückstellungen bezeichnet, Verbindlichkeiten werden zu „Passiva C".
- Anlagen in Bau gehören zum Anlagevermögen und nicht zu den Verbindlichkeiten.
- Pauschalwertberichtigungen werden direkt von den Forderungen abgezogen und erscheinen nicht in der Bilanz.
- Rückstellungen werden vor den Verbindlichkeiten ausgewiesen und weiter aufgegliedert.
- Eventualverbindlichkeiten gehören unter den Bilanzstrich.
- Rechnungsabgrenzungsposten und Steuerlatenzen fehlen.

Lösung 4 zu 3 (Aufgabe):

Zwingende Bilanzgliederung nach § 266, da die Muster-AG offensichtlich eine Kapitalgesellschaft ist!

a) „AV/Finanzanlage/Ausleihungen an verbundene Unternehmen"
nach § 266 II Aktiva A III 2 i. V. m. §§ 271 II, 290 II

b) „AV/Finanzanlagen/Beteiligungen" nach § 266 II Aktiva A III 3 i. V. m. § 271 I 3

c) „UV/sonstige Vermögensgegenstände" nach § 266 II Aktiva B II 4

d) „AV/Sachanlagen/Maschinen" nach § 266 II Aktiva A II 2

e) „AV/Sachanlagen/Grundstücke" nach § 266 II Aktiva A II 1

f) „UV/Kasse" nach § 266 II Aktiva B IV

g) „FK/sonstige Verbindlichkeit" nach § 266 III Passiva C 8

h) Kein Bilanzansatz, da „nur" Eventualverbindlichkeit nach § 251; soweit ein Rückgriff wahrscheinlich wird: „FK/sonstige Rückstellung" nach § 266 III Passiva B 3

Lösung 5 zu 3 (Aufgabe):

a) Nein, da Verstoß gegen das Bruttoprinzip (Saldierungsverbot); die sachliche Abgrenzung ist einzuhalten (§ 246 II).

b) Nein, nur die Handelsbücher dürfen in einer lebenden Sprache geführt werden (§ 239), nicht aber der Jahresabschluss. Dieser ist nach § 244 in deutscher Sprache aufzustellen.

c) Nein, da der Jahresabschluss maximal zwölf Monate umfassen darf (§ 240 II 2).

d) Ja, dies sind typische Charakteristika für Rückstellungen nach § 249 I.

Lösung 6 zu 3 (Aufgabe):

a) aa) Abschreibung 100 T€ und Umsatzsteuerberichtigung 19 T€ nach § 17 II Nr. 1 UStG, da Ursache und Kenntnis im alten Jahr.
ab) Wie aa), da Ursache im alten Jahr und Kenntnis vor Aufstellung des Jahresabschlusses erfolgte (= wertaufhellend).

b) Wie a), da Ursache der Werthaltigkeit der Forderung nicht der Tod, sondern die Zahlungsunfähigkeit von Schrott ist. Die Zahlungsunfähigkeit trat aber im alten Jahr ein, die Kenntnis erfolgte dann vor Aufstellung des Jahresabschlusses.

Lösung 7 zu 3 (Aufgabe):

		brutto in €	netto in €
	Rechnungspreis	35.700	30.000
–	Skonto	714	600
=	Auszahlung „Maschine"	34.986	29.400
+	Fundament	595	500
+	Fracht	119	100
=	**Anschaffungskosten nach § 255 I**		**30.000**

Lösung 8 zu 3 (Aufgabe):

a)

Werte in €	**„muss" § 255 II 2**	**„kann" § 255 II 3**	**„darf nicht" § 255 II 4**
Materialeinzelkosten	100		
Fertigungslöhne	300		
Aufwendungen für Sozialleistungen		150	
Sondereinzelkosten/Fertigung	100		
Verwaltungskosten		70	
Vertriebskosten			50
Abschreibungen	80		
Summe	**580**	**220**	**50**

b) Als Wertansatz ist jeder Wert zwischen 580 € und 800 € möglich.

Lösung 9 zu 3 (Aufgabe): A = Abschreibung, BW = Buchwert

a) Anschaffung ab 2001 bis 2005 (degressiver Satz maximal 20 %):

	linear		digital*		geo.-degressiv mit linear**		
	BW	A	BW	A	BW	A degr.	A lin.
E 1. Jahr	10.000	2.000	8.571	3.429	9.600	2.400	~~2.000~~
E 2. Jahr	8.000	2.000	5.714	2.857	7.680	1.920	1.920
E 3. Jahr	6.000	2.000	3.428	2.286	5.760		1.920
E 4. Jahr	4.000	2.000	1.714	1.714	3.840		1.920
E 5. Jahr	2.000	2.000	571	1.143	1.920		1.920
E 6. Jahr	0	2.000	0	571	0		1.920

Anschaffung bis Ende 2000 und in 2006/2007 (degressiver Satz max. 30 %):

	linear		digital*		geo.-degressiv mit linear**		
	BW	A	BW	A	BW	A degr.	A lin.
E 1. Jahr	10.000	2.000	8.571	3.429	8.400	3.600	~~2.000~~
E 2. Jahr	8.000	2.000	5.714	2.857	5.880	2.520	~~1.680~~
E 3. Jahr	6.000	2.000	3.428	2.286	4.116	1.764	~~1.470~~
E 4. Jahr	4.000	2.000	1.714	1.714	2.744	~~1.235~~	1.372
E 5. Jahr	2.000	2.000	571	1.143	1.372		1.372
E 6. Jahr	0	2.000	0	571	0		1.372

* Die digitale (arithmetrisch-degressive) Abschreibung ist steuerlich generell unzulässig (§ 11 EStDV).

** Seit 2008 steuerrechtlich unzulässig! Für 2009 und 2010 möglich nach dem Konjunkturprogramm I: *25 % bzw.* 2,5-Faches der linearen Abschreibung.

b) In den Anfangsjahren errechnen sich bei den degressiven Abschreibungsmethoden höhere Abschreibungen als bei der linearen Methode. In den Endjahren dreht sich dieser Effekt um, sodass sich – bezogen auf die Totalperiode – kein Unterschied ergibt („Prinzip der Zweischneidigkeit"). Im Einzelnen ergeben sich folgende Werte:

Gewinne	Lineare A	Digitale A*	Geo.-Degr. A + lin.**
1. Jahr	–2.000	–3.429	–2.400
2. Jahr	–2.000	–2.857	–1.920
3. Jahr	–2.000	–2.286	–1.920
4. Jahr	–2.000	–1.714	–1.920
5. Jahr	–2.000	–1.143	–1.920
6. Jahr	–2.000	–571	–1.920
Totalperiode	–12.000	–12.000	–12.000

* Die digitale (arithmetrisch-degressive) Abschreibung ist steuerlich generell unzulässig (§ 11 EStDV).

** Seit 2008 steuerrechtlich unzulässig! Für 2009 und 2010 kehrt die degressive Abschreibung vorübergehend zurück.

c) Abschreibung nach der Inanspruchnahme nach § 7 I 6 EStG, z. B. nach der voraussichtlichen Kilometergesamtleistung i. H. v. 200.000 km
   - im 1. Jahr gefahren z. B. 20.000 km = 1.200 € A
   - im 2. Jahr gefahren z. B. 40.000 km = 2.400 € A
   - im 3. Jahr gefahren z. B. 60.000 km = 3.600 € A etc.

d) Entscheidend ist der niedrigere Wert (Niederstwertprinzip nach § 253 III 5). Konkret, also:

fortgeschriebene AHK			**beizulegender Wert**
	E 4. Jahr (§ 253 I 1)	**4.000**	~~5.000~~
(Alt.)	E 4. Jahr (§ 253 III 5)	~~4.000~~	**1.000** (außerplanmäßige Abschreibung 3.000)

Lösung 10 zu 3 (Aufgabe):

a) Das Handelsrecht redet nur von Abschreibungen (§ 253) oder vom Werteverzehr des Anlagevermögens (§ 255) und lässt damit die Methode offen. Maßstab sind damit die allgemeinen Grundsätze, insbesondere die GoB.

   Das Steuerrecht (§ 7 EStG) redet von einer „Absetzung für Abnutzung" (AfA) und nennt die
   - lineare Abschreibung als Regelfall (gleich bleibende Jahresbeträge),
   - Abschreibung nach der Inanspruchnahme.

   Die degressive Abschreibung ist für Anschaffungen nach 2008 als Regelabschreibung nicht mehr zulässig. Nach dem Konjunkturprogramm I kehrte für 2009 und 2010 die degressive Abschreibung vorübergehend zurück (2,5-Faches der linearen Abschreibung, maximal 25 %).

b) Degressive Abschreibung: kaufmännischer Wertverfall, Vorsichtsprinzip
   Lineare Abschreibung: tatsächliche (gleichmäßige) Nutzung, progressive Abschreibung:
   nur in Ausnahmefällen möglich, so z. B. wenn progressive Nutzung nachgewiesen wird und kaufmännischer Wertverfall nicht gegeben ist.

Lösung 11 zu 3 (Fallstudie):

a) Abschreibungsbasis:

	Preis	30.000 €	**lineare JahresA**	= AHK ÷ ND
–	Rabatt	3.000 €		= 30.000 ÷ 6
+	NK	3.000 €		= 5.000 €
	AHK	**30.000 €**		

Anschaffung nach 2001 bis 2005 (degressiver Satz maximal 20 %):

	linear		**geo.-degressiv mit linear**		
	BW	**A linear**	**BW**	**A degr.**	**A lin.**
E 1. Jahr	25.000	5.000	24.000	6.000	~~5.000~~
E 2. Jahr	20.000	5.000	19.200	4.800 =	4.800
E 3. Jahr	15.000	5.000	14.400		4.800
E 4. Jahr	10.000	5.000	9.600		4.800
E 5. Jahr	5.000	5.000	4.800		4.800
E 6. Jahr	0	5.000	0		4.800

Anschaffung bis 2000 und in 2006/2007 (degressiver Satz maximal 30 %):

	linear		**geo.-degressiv mit linear**		
	BW	**A linear**	**BW**	**A degr.**	**A lin.**
E 1. Jahr	25.000	5.000	21.000	9.000	~~5.000~~
E 2. Jahr	20.000	5.000	14.700	6.300	~~4.200~~
E 3. Jahr	15.000	5.000	10.290	4.410	~~3.675~~
E 4. Jahr	10.000	5.000	6.860	~~3.087~~	3.430
E 5. Jahr	5.000	5.000	3.430		3.430
E 6. Jahr	0	5.000	0		3.430

Anschaffung nach 2008: Eine degressive Abschreibung ist steuerrechtlich nicht mehr möglich, sodass allein der lineare Abschreibungsplan oder eine Abschreibung nach der Inanspruchnahme möglich ist. Nach dem Konjunkturprogramm I kehrt für 2009 und 2010 die degressive Abschreibung vorübergehend zurück (2,5-Faches der linearen Abschreibung, maximal 25 %).

b)

Jahr	**Bilanz-posten**	**AHK (hist.)**	**Zugänge**	**A p.a.**	**A kumuliert**	**BW zum 31.12.**	**BW des Vorjahres**
1	A II 2	–	30.000	5.000	5.000	25.000	–
2	A II 2	30.000	–	5.000	10.000	20.000	25.000
3	A II 2	30.000	–	5.000	15.000	15.000	20.000
4	A II 2	30.000	–	5.000	20.000	10.000	15.000
5	A II 2	30.000	–	5.000	25.000	5.000	10.000
6	A II 2	30.000	–	5.000	30.000	0 oder 1	5.000

c) Neue Abschreibungsbasis:

	Preis	30.000 €
–	Rabatt	3.000 €
+	NK/Fracht	3.000 €
+	NK/nachträglich	1.000 €
=	AHK	31.000 € (JahresA 5.167 €)

Ein Veräußerungserlös kann angesetzt werden, wird aber üblicherweise außen vor gelassen (A-Basis 31.000 €, JahresA 5.167 €), es sei denn, der Veräußerungserlös ist beachtlich (dann A-Basis 24.000 € von 31.000 €, JahresA 4.000 €).

	Regelfall		**mit Erlös**	
	BW	**A linear**	**BW**	**A linear**
E 1. Jahr	25.833	5.167	27.000	4.000
E 2. Jahr	20.666	5.167	23.000	4.000
E 3. Jahr	15.500	5.167	19.000	4.000
E 4. Jahr	10.333	5.167	15.000	4.000
E 5. Jahr	5.167	5.167	11.000	4.000
E 6. Jahr	0	5.167	7.000	4.000

d) Insgesamt nur vier Jahre Nutzungsdauer. Die Abschreibungen der ersten zwei Jahre wurden von einer falschen Basis berechnet (Schätzfehler). Der zu hohe Restwert wird auf die letzten zwei Jahre gleichmäßig verteilt.

	linear		**geo.-degressiv/linear**		
	BW	**A linear**	**BW**	**A degr.**	**A lin.**
E 1. Jahr	25.000	5.000	24.000	6.000	~~5.000~~
E 2. Jahr	20.000	5.000	19.200	4.800 =	4.800
E 3. Jahr	10.000	10.000	9.600		9.600
E 4. Jahr	0	10.000	0		9.600

e) Über (fortgeschriebene) Anschaffungs- und Herstellungskosten hinaus darf nicht mehr abgeschrieben werden (arg § 253 I 1)! Es erfolgen nur noch kalkulatorische Abschreibungen.

f) Buchwert 20.000 € vs. Vergleichswert 8.000 €: Nach dem Niederstwertprinzip muss auf niedrigen Wert 8.000 € abgeschrieben werden (Sonderabschreibung 12.000 €), da der Wertverlust erheblich ist (Vorrichtsprinzip) und der planmäßige Buchwert den niedrigen Tageswert über einen erheblichen Teil der Restwertzeit nicht erreichen wird und so von einer dauernden Wertminderung auszugehen ist (§ 253 III 5).

Buchwert 20.000 € vs. Vergleichswert 40.000 €: Die (fortgeschriebenen) Anschaffungs- oder Herstellkosten bilden nach § 253 I 1 die Obergrenze (also Wertansatz: 20.000 €).

Lösung 12 zu 3 (Aufgabe):

a)

Bestand	Menge	€/ME	Wert in €	Fifo in €	Lifo in €	Hifo in €	Lofo in €
AB	100	4	400		400	400	
1. Zugang	100	7	700		350		700
2. Zugang	50	6	300				300
3. Zugang	150	5	750	750		250	
Bewertung	400	5,375	2.150	**750**	**750**	**650**	**1.000**
Ø-Wert	150	5,375	**806,25**				

- Der gewogene Durchschnittswert von 806,25 € ist stets zulässig (§§ 256, 240 IV).
- Das Fifo-Verfahren ist handelsrechtlich nach § 256 zulässig, soweit die konkrete Lagerung nicht dagegen spricht (GoB); steuerrechtlich ist Fifo grundsätzlich nicht erlaubt, es sei denn die tatsächliche Lagerung entspricht diesem Prinzip (z. B. Siloablagerung).
- Das Lifo-Verfahren ist handels- wie steuerrechtlich zulässig (§ 256 HGB, § 6 I 2 a EStG), es sei denn, die tatsächliche Lagerung widerspricht diesem Prinzip (GoB).
- Das Hifo-Verfahren ist steuerrechtlich und nach dem BilMoG nicht zulässig.
- Das Lofo-Verfahren (lowest in, first out) ist handels- wie steuerrechtlich unzulässig, da es dem Vorsichtsprinzip grundsätzlich widerspricht.

Beachte: Obige Wertansätze zur Bestimmung der Anschaffungskosten sind stets mit einem niedrigen Alternativwert zu vergleichen (strenges Niederstwertprinzip!).

b) Bei einem Schlussbestand von 50 ME (200 ME) ergeben sich für die Anschaffungskosten folgende Werte:
Ø-Wert: 268,75 € (1.075 €), Fifo: 250 € (1.050 €); Lifo: 200 € (1.100 €).

Lösung 13 zu 3 (Aufgabe):

Stets zulässig ist die Bewertung nach dem gewogenen Durchschnittswert. Lagert Sand im Silo, ist daneben eine Bewertung nach dem Fifo-Prinzip möglich, lagert Sand auf dem Haufen, ist eine Bewertung nach dem Lifo-Verfahren möglich. Beachte: Stets ist der Vergleich mit dem (niedrigen) Marktpreis notwendig!

Lösung 14 zu 3 (Aufgabe):

Grundsätzlich besteht die Pflicht der Einzelbewertung nach § 252 I Nr. 3 (Bewertungsbasis: Nennwert ohne Umsatzsteuer). Wertmaßstab ist der niedrigere, beizulegende Wert nach § 253 IV 2. Dieser niedrigere beizulegende Wert wird durch die geschätzte Höhe des wahrscheinlichen zufließenden Betrages bestimmt. Pauschalwertberichtigungen dienen

- der Vereinfachung (Abweichung des Grundsatzes der Einzelbewertung nach § 252 II),
- der Berücksichtigung von spezifischen Risiken (pauschale Ermittlung der Einzelrisiken), weniger von allgemeinen Risiken, z. B. von Konjunkturrisiken (steuerlich nicht zulässig!).

Berechnungsverfahren:

- Berechnungsbasis für die Bewertung: Nennwert ohne Umsatzsteuer;

- Bewertungsgruppenbildung, z. B. Forderungen sortiert nach Länderrisiken;
- Üblicher, geschätzter Abschlag (Maßstab: GoB, am besten objektiv unterlegt durch Branchenzahlen, Vergangenheitswerte, Prognosen etc.);
- Abschlag auf Gesamtbestand der Forderungen, in der Regel auf korrigierten Bestand der nicht einzelwertberichtigten Forderungen,
- Unterscheide: erstmalige Buchung des PWB – oder – Folgebuchung im 2., 3. ... x. Jahr.

Lösung 15 zu 3 (Aufgabe):

	netto:	Ausweis:
Bruttoforderungsbestand	1.000.000	1.190.000
– EWB gegen „A" (uneinbringlich, mit USt-Korrektur)	10.000	11.900
– EWB gegen „B" (zweifelhaft, ohne USt-Korrektur)	50.000	10.000
= Zwischensumme	940.000	–
– PWB (pauschal 2 % auf Zwischensumme) – vereinfacht: erstmalige Buchung		18.800
= Bilanzausweis		1.149.300

Forderungen brutto	Forderungen netto	Wertberichtigung (Abschreibung)	Bilanzansatz	Umsatzsteuer
$\sum$ 1.190.000	1.000.000		1.190.000	
A 11.900	10.000	10.000	–11.900	(§ 17 II UStG)
B 59.500	50.000	10.000	–10.000	„noch nicht"
verbleiben:	940.000	18.800 (2 %!)	–18.800	
Lösung:		a) **38.800**	b) **1.149.300**	

Ergebnis:

a) Die Forderungen werden in der Bilanz mit 1.149.300 € ausgewiesen.

b) Die Abschreibungen (gebucht als „sonstige betriebliche Aufwendungen") betragen 38.800 €.

Lösung 16 zu 3 (Aufgabe):

Im Kern hat eine Anleihe zwei Risiken: das Zinsänderungsrisiko und das Bonitätsrisiko. Nur bei Zinsänderungen ist das Kursrisiko zeitlich beschränkt, da die Anleihe gewöhnlich zum Nennwert zurückbezahlt wird (nur vorübergehende Schwankung).

Ohne jede Zinsänderung also kein Risiko und keine Abwertungsdiskussion:

	t_0	t_1	t_2	t_3	t_4	t_5
Kurs	100 %	100 %	100 %	100 %	100 %	100 %
Kupon		5 %	5 %	5 %	5 %	5 %
Marktzins		5 %	5 %	5 %	5 %	5 %

Variante 1: Am Tag nach dem Kauf steigen Zinsen auf 6 % (Annäherungslösung):

Da der Zins steigt, fällt der Kurs. Das Ausmaß der Kursänderung ist von der Laufzeit abhängig. Im Fall ist das Kursrisiko max. 5 % (pro Jahr Restlaufzeit etwa 1 % Zinsnachteil). Mit abnehmender

Laufzeit nimmt das Zinsänderungsrisiko ab. Am letzten Tag der Laufzeit besteht also kein Zinsänderungsrisiko mehr. Der Kurs geht wieder auf 100 %.

	t_{0+1}	t_1	t_2	t_3	t_4	t_5
Kurs	95 %	96 %	97 %	98 %	99 %	100 %
Kupon		5 %	5 %	5 %	5 %	5 %
Marktzins		6 %	6 %	6 %	6 %	6 %

Widmung des Rentenpapiers in das Anlagevermögen:

- Wahlrecht (gemildertes Niederstwertprinzip) nach § 253 III 6, da Wertminderung nicht von Dauer.
- Wert im ersten Jahr also 95.000 € oder 100.000 €.

Widmung des Rentenpapiers in das Umlaufvermögen:

- Es gilt strenges Niederstwertprinzip nach § 253 IV.
- Wert im ersten Jahr also zwingend 95.000 €.

Wertaufholung in den Folgejahren auf 96, 97 ... 100 T€:

- Zuschreibungspflicht nach § 253 V.

Variante 2: Am Tag nach dem Kauf fallen die Zinsen auf 4 % (Annäherungslösung):

Da der Zins sinkt, steigt der Kurs. Das Ausmaß der Kursänderung ist von der Laufzeit abhängig. Im Fall ist die Kurschance max. 5 % (pro Jahr Restlaufzeit etwa 1 % Zinsvorteil). Mit abnehmender Laufzeit nimmt der Vorteil jedoch ab. Am letzten Tag der Laufzeit besteht kein Vorteil mehr. Der Kurs geht wieder auf 100 %.

	t_{0+1}	t_1	t_2	t_3	t_4	t_5
Kurs	105 %	104 %	103 %	102 %	101 %	100 %
Kupon		5 %	5 %	5 %	5 %	5 %
Marktzins		4 %	4 %	4 %	4 %	4 %

Wertansatz maximal 100 % (Anschaffungswertkostenprinzip – § 253 I 1), unabhängig ob Papiere sich im Anlage- oder Umlaufvermögen befinden.

Lösung 17 zu 3 (Aufgabe):

Offene Rücklagen ergeben sich aus der Bilanz unmittelbar und gliedern sich in die Kapitalrücklage und in die Gewinnrücklagen.

Stille Rücklagen ergeben sich aus der Nichtaktivierung oder Unterbewertung der Aktiva oder einer Überbewertung der Passiva. Stille Reserven sind in der Bilanz nicht unmittelbar ausgewiesen und unterliegen bei Aufdeckung noch der Ertragsbesteuerung. Üblich ist ein rechnerischer Wertansatz von 50 %. Gründe: Steuerbelastung, Unsicherheit.

Lösung 18 zu 3 (Aufgabe):

Der befürchtete Steuereffekt tritt dann nicht ein, wenn und soweit der Veräußerungserlös „passiviert" wird (vgl. § 281 II). Vereinfacht gesagt, wird der Veräußerungserlös auf einen Sonderposten mit Rücklageanteil übertragen, um dessen Betrag der Neubau dann „wertberichtigt" wird. Die stille Reserve wandert im Ergebnis vom „Altbau" in den „Neubau".

Vereinfachtes Beispiel Autohaus:
(genauer: Bruttoausweis nach § 281 II – vgl. auch Meyer, Aufgabe 33)

- Schritt 1 – Bildung eines Sonderpostens:

Kasse	1.000 T€	an	Anlagevermögen	100 T€
			Sonderposten	900 T€

- Schritt 2 – Auflösung des Sonderpostens bei Neubau:

Anlagevermögen	2.000 T€	an	Kasse	1.000 T€
			Bank-VB	1.000 T€
Sonderposten	900 T€	an	Anlagevermögen	900 T€

Ausgangsbilanz

AV	100 T€	EK	100 T€
(stille Res. 900)			

Bilanz Schritt 1

AV	0	EK	100
Kasse	1.000	SoPo	900

Bilanz Schritt 2

AV	1.100	EK	100
(stille Res. 900)		Bank-VB	1.000

BilMoG: Die steuerlichen Sonderposten gelten nur noch für Altfälle. Seit 2009 kann der Unternehmer die Steuervergünstigung direkt in Anspruch nehmen.

Lösung 19 zu 3 (Aufgabe):

Handelsrechtlich besteht ein Wahlrecht nach § 250 III:

Alternative 1 – Buchung des Disagios als Sofortaufwand (Werte in T€):

Kasse	94	an	Bankverbindlichkeit	100
Zinsaufwand	6			
Folgebuchung jedes Jahr:				
Zinsaufwand	2	an	Kasse	2

Alternative 2 – Bildung einer aktiven Rechnungsabgrenzung (Werte in T€):

Kasse	94	an	Bankverbindlichkeit	100
aktive RAP	6			
Buchung jedes Jahr zusätzlich:				
Zinsaufwand	2	an	Kasse	2
Zinsaufwand	2	an	aktive RAP	2

Steuerrechtlich muss eine aktive Rechnungsabgrenzung erfolgen (H 37 EStR)!

Das Disagio in Höhe von „6" kann als versteckter Zins angesehen werden und wird in Alternative 2 nach § 250 III auf die Laufzeit verteilt. Pro Jahr entsteht dadurch ein zusätzlicher Zinsaufwand von „2". Beachte: Sind die Zinsen nicht am Jahresende fällig, muss eine Abgrenzung erfolgen (Buchungssatz: Zinsaufwand an sonstige Verbindlichkeiten).

Lösung 20 zu 3 (Aufgabe):

a) Für Prozessrisiken sind nach § 249 I 1, 1. Alt. Rückstellungen zu bilden und zwar nach § 253 I 2 nach vernünftiger kaufmännischer Beurteilung. Demnach ist der Betrag anzusetzen, für den die größte Wahrscheinlichkeit besteht. Sind die Wahrscheinlichkeiten in etwa gleich, so ist nach dem Vorsichtsprinzip der höhere Wert anzusetzen („Höchstwertprinzip"). Die Wahrscheinlichkeit der Klageabweisung ist hoch. In diesem Fall wäre keine Rückstellung zu bilden. „Genauso" wahrscheinlich ist aber auch ein Ersatzanspruch in Höhe von 40 T€ bzw. 60 T€, kumulativ sogar 100 T€. Hinzukommen 10 % der Prozesskosten (10 T€). Im Ergebnis ist also eine Rückstellung mit 110 T€ zu bilden.

b) Etwaige Versicherungsansprüche sind anzurechnen, wenn die Deckungszusage der Versicherung vorliegt. Eine eigenständige Bilanzierung des Versicherungsanspruchs wäre zu formal und würde den sicheren Eintritt des Versicherungsfalls voraussetzen. Wirtschaftlich wäre es nicht zu rechtfertigen, im Stadium der Ungewissheit eine Gewinnminderung in voller Höhe trotz bestehender Versicherung zuzulassen. Außenverpflichtung und Versicherungsanspruch bilden eine Bewertungseinheit und stellen keinen Verstoß gegen das Realisationsprinzip und Saldierungsverbot nach §§ 242 I 4, 246 II dar. Bei der Rückstellungsbildung sind also Versicherungsansprüche anzurechnen. Unter Vorlage einer Deckungszusage der Versicherung ist eine Rückstellung in Höhe des 20%igen Selbstbehalts (= 22 T€) zu bilden.

Lösung 21 zu 3 (Aufgabe):

a) Pensionszusagen sind Teil des Arbeitsentgelts und müssen über Rückstellungen periodengerecht zugeordnet werden. Eine Rechtsbindung kann durch eine individuelle oder kollektive Zusage/Vereinbarung eintreten.

b) Die Rechtsvoraussetzungen ergeben sich nach § 6a EStG, insbesondere
   - Rechtsanspruch des Arbeitnehmers ohne Vorbehalt,
   - Mitarbeiter ist mindestens 28 Jahre alt,
   - schriftliche Zusage bzw. Vereinbarung,
   - Ansatz auch in der Handelsbilanz,
   - Barwert nach versicherungsmathematischen Grundsätzen, abgezinst mit 6 %.

Lösung 22 zu 3 (Aufgabe):

a) Die aktivierte Software ist ein selbst erstellter immaterieller Vermögensgegenstand des Anlagevermögens. Handelsrechtlich besteht ein Aktivierungswahlrecht (§ 248 II), steuerlich besteht ein Aktivierungsverbot (§ 5 II EStG). Die Aktivierung in der Handelsbilanz führt zu einer Differenz zwischen Handelsbilanz und Steuerbilanz. Bei Aktivierung der Software sieht das Unternehmen in der Handelsbilanz zunächst 100 T€ wohlhabender aus als in der Steuerbilanz. Nach Steuern beträgt der handelsrechtliche Vermögensvorteil nur noch 70 T€ (100 T€ abzüglich Steuereffekt in Höhe von 100 T€ × Steuersatz von 30 %).

   Ergebnis: Bei Aktivierung der Software ist zunächst eine passive latente Steuer in Höhe von 30 T€ zu bilden. Nach vollständiger Abschreibung wird das Reinvermögen (Eigenkapital) des Unternehmens in Handelsbilanz und Steuerbilanz wieder gleich hoch sein.

b) Die Drohverlustrückstellung muss handelsrechtlich passiviert werden (§ 249 I 1, 2. Alt.), steuerlich besteht ein Passivierungsverbot (§ 5 IV a EStG). Die Passivierung in der Handelsbilanz führt zu einer Differenz zwischen Handelsbilanz und Steuerbilanz. Bei Passivierung der Rückstellung sieht das Unternehmen in der Handelsbilanz zunächst 50 T€ „ärmer" aus als in der Steuerbilanz. Nach Steuern beträgt der handelsrechtliche Vermögensnachteil nur noch 35 T€ (50 T€ abzüglich Steuereffekt in Höhe von 50 T€ × Steuersatz von 30 %).

   Ergebnis: Bei Passivierung der Drohverlustrückstellung kann eine aktive latente Steuer in Höhe von 15 T€ gebildet werden. Nach Eintritt des erwarteten Verlusts wird das Reinvermögen (Eigenkapital) des Unternehmens in Handelsbilanz und Steuerbilanz wieder gleich hoch sein.

c) Für die Bildung eines aktiven Rechnungsabgrenzungspostens (ARAP) aus einem Disagio besteht handelsrechtlich ein Aktivierungswahlrecht und steuerlich eine Aktivierungspflicht (§ 250 III 1, BFH Urteil vom 21.04.1988 – IV R 47/85). Die aufwandswirksame Erfassung in der Handelsbilanz (d. h. Nichtaktivierung in der Handelsbilanz) und die Aktivierung in der Steuerbilanz führen zu einer Differenz zwischen Handelsbilanz und Steuerbilanz. Bei Nichtaktivierung des aktiven Rechnungspostens sieht das Unternehmen in der Handelsbilanz zunächst 20 T€ „ärmer" aus als in der Steuerbilanz. Nach Steuern beträgt der handelsrechtliche Vermögensnachteil nur noch 14 T€ (20 T€ abzüglich Steuereffekt in Höhe von 20 T€ × Steuersatz von 30 %).

   Ergebnis: Bei Nichtaktivierung des aktiven Rechnungsabgrenzungspostens in der Handelsbilanz kann eine aktive latente Steuer in Höhe von 6 T€ gebildet werden. Nach Tilgung des Darlehens und vollständiger Auflösung des steuerlich erfassten ARAP wird das Reinvermögen (Eigenkapital) des Unternehmens in Handelsbilanz und Steuerbilanz wieder gleich hoch sein.

Lösung 23 zu 3 (Aufgabe):

a) Aktive latente Steuer 50 T€ – passive latente Steuer 30 T€ = aktiver Überhang 20 T€

b) In Höhe des aktiven Überhangs von 20 T€.

c) Drei Varianten:
   - Kein Ausweis der aktiven latenten Steuer (= kein Ausweis des Überhangs), d. h. 0 €
   - Verrechneter Ausweis der aktiven latenten Steuer, d. h. 20 T€ Überhang

Bilanz

Aktive latente Steuer	20 T€		

   - Unverrechneter Ausweis der aktiven und der passiven latenten Steuer

Bilanz

Aktive latente Steuer	50 T€	Passive latente Steuer	30 T€

Lösung 24 zu 3 (Fallstudie):

a) EK-Quote vor Berücksichtigung latenter Steuern: 14,9 % (210 T€ von 1.410 T€)
   EK-Quote bei unsaldiertem Ausweis latenter Steuern: 19,2 % (300 T€ von 1.560 T€)
   EK-Quote bei saldiertem Ausweis latenter Steuern: 20,0 % (300 T€ von 1.500 T€)

b) Aktive latente Steuern sind zukünftige Steuerentlastungen, die sich – nach den voraussichtlichen Verhältnissen aus der Perspektive des Bilanzstichtags – innerhalb der nächsten fünf Jahre realisieren. Sie erhöhen somit das bilanzielle Reinvermögen (= Eigenkapital) des Unternehmens.

Der saldierte Ausweis führt im Fall der Bau AG dazu, dass die EK-Quote den Financial Covenant erfüllt. Bei unsaldiertem Ausweis erhöhen sich die Zinsen für den Bankkredit der Bau AG um 2 %-Punkte. Dadurch steigt der Zinsaufwand des Folgejahres um 21 T€. Unter Ceteris-paribus-Bedingungen würde die Bau AG somit keinen Gewinn mehr erzielen.

Lösung 25 zu 3 (Aufgabe):

Der Betriebsgewinn ist der Gewinn vor Steuern. Nach Abzug der Steuern ergibt sich der Jahresüberschuss. Der Bilanzgewinn ist der (maximal) ausschüttungsfähige Gewinn. Dieser schließt insbesondere den Gewinn- und Verlustvortrag und Veränderungen der Rücklagen mit ein (vgl. §§ 275 HGB, 158 AktG, 29 I 2 GmbHG).

Lösung 26 zu 3 (Aufgabe):

Gesamtkostenverfahren:

	Umsatzerlöse	1.000 T€
+	Bestandserhöhung	100 T€
=	Gesamtleistung	1.100 T€
–	Aufwendungen	900 T€
=	**Betriebsgewinn**	**200 T€**

Umsatzkostenverfahren:

	Umsatzerlöse	1.000 T€
–	Aufwendungen	800 T€
=	**Betriebsgewinn**	**200 T€**

Das Gesamtkostenverfahren erfasst und bewertet Eigenleistungen und Bestandsveränderungen und gibt insofern Zusatzinformationen.

Lösung 27 zu 3 (Aufgabe):

Nach § 264 I 1 bilden bei einer Kapitalgesellschaft Bilanz, GuV und Anhang eine Einheit (Jahresabschluss). Daneben tritt ein Lagebericht (§ 242 III).

Kapitel 4: Die Steuerbilanz

Lösung 1 zu 4 (Fallstudie):

	handelsrechtlicher Gewinn	300.000 €
+	steuerliches Verbot der Drohverlustrückstellung	20.000 €
=	**steuerbilanzielles Ergebnis**	**320.000 €**
+	nicht abziehbares Sachgeschenk (vereinfacht)	1.000 €
=	**steuerlicher Gewinn**	**321.000 €**

Lösung 2 zu 4 (Aufgabe zur Bilanzierungsfähigkeit):

Geschäftsvorfall	Handelsbilanz	Steuerbilanz
Disagio 4 %: Eine GmbH nimmt ein Darlehen auf, das zu 96 % ausgezahlt wird.	AW	AG
Gegenstände unter Eigentumsvorbehalt: Ein Kaufhaus kauft Regalsysteme unter Eigentumsvorbehalt.	AG	AG
Schwebendes Geschäft: Ein Möbelhaus erhält von einem Kunden die Zusage einer Anzahlung in Höhe von 10 T€ und wartet vor Auslieferung auf das Geld.	keine Buchung! (AV bzw. PV)	keine Buchung! (AV bzw. PV)
Aufwandsrückstellung: Eine zu Ende des Geschäftsjahres aufgetretene Frostbeschädigung am Verwaltungsgebäude soll erst in den Sommerferien behoben werden.	PV	PV

Kapitel 5: Grundzüge des Konzernabschlusses

Lösung 1 zu 5 (Fallstudie):

a)

Werte in T€	Konzern	Mutter	Tochter
Umsatzerlöse	1.000	?	?
Kosten	800	400	400
Gewinn	200	?	?

1. Erlöstransfer

z. B. paritätisch

Werte in T€	Konzern	Mutter	Tochter
Umsatzerlöse	1.000	500	500
Kosten	800	400	400
Gewinn	200	100	100

z. B. 2:1 zugunsten der Tochter, weil sich dort höhere Preise durchsetzen lassen.

Werte in T€	Konzern	Mutter	Tochter
Umsatzerlöse	1.000	333	667
Kosten	800	400	400
Gewinn	200	–67	267

2. Kostentransfer

Transferpreise für zusätzliche operative oder strategische Leistungen, wie z. B. für Controlling, Managementberatung, Marketing, EDV, Organisation etc.; z. B. schickt die Mutter bei paritätischer Erlösteilung Mitarbeiter als „Berater" zur Tochter und erhält dafür 100 T€.

Werte in T€	Konzern	Mutter	Tochter
Erlöse	1.100	600	500
Kosten	900	400	500
Gewinn	200	200	0

3. Kombinationen von 1. und 2.

b) Ein gängiges Beispiel für den Risikotransfer im internationalen Konzern ist die Verlagerung des Währungsrisikos. Sitzt die Tochter z. B. in den USA und will man das Währungsrisiko bei der deutschen Muttergesellschaft verhindern, vereinbart man für alle Konzernleistungen den Euro als Hauswährung.

Lösung 2 zu 5 (Aufgabe):

Die Beteiligung der Mutter entspricht dem Nominalkapital der Tochtergesellschaft. Die Aktiva der Tochter werden im Konzernabschluss anstelle der Beteiligung gebucht.

a) Zunächst wird aus den Einzelabschlüssen der Mutter und der Tochter die Summenbilanz erstellt. Dann wird die Beteiligung mit dem Eigenkapital der Tochter konsolidiert.

Buchungssatz: Eigenkapital 700 T€ „an" Beteiligung 700 T€

Bilanzposten	Mutter	Tochter	Summenbilanz	Konsolidierung Soll	Konsolidierung Haben	Konzernbilanz
Beteiligung	700		700		700	0
Sonstige Aktiva	850	800	1.650			1.650
Summe Aktiva	1.550	800	2.350			1.650
Eigenkapital	1.000	700	1.700	700		1.000
Fremdkapital	550	100	650			650
Summe Passiva	1.550	800	2.350	700	700	1.650

Konzernbilanz

Beteiligung	0	Eigenkapital	1.000
Aktiva	1.650	Fremdkapital	650

b) Im Konzernabschluss stehen die Aktiva der Tochter statt der Beteiligung in der Bilanz. Doppeltes Problem:

I. Die Beteiligung der Mutter entspricht nur der Hälfte des Nominalkapitals der Tochter. Zu diesem Fall kann es wie folgt kommen: Die Mutter hat einen 50%igen Anteil an der Tochter für 700 T€ erworben. Sie hat die historischen Anschaffungskosten von 700 T€ aktiviert für einen Anteil am Eigenkapital der Tochtergesellschaft i. H. v. 350 T€ (50 % von 700 T€). Aufgrund der guten Ertragsperspektiven der Tochter hatte die Mutter einen Kaufpreis für den 50%igen Anteil gezahlt, der 350 T€ über dem anteiligen Eigenkapital der Tochtergesellschaft lag. Diese Prämie wird als Geschäfts- oder Firmenwert, der auch als „Goodwill" bezeichnet wird, aktiviert.

II. Die restlichen (knapp) 50 % der Anteile gehören Dritten. Die Tochtergesellschaft wird dennoch „voll" der Muttergesellschaft bzw. dem Konzern zugeordnet.

Buchungssätze:
Eigenkapital 350 T€ und aktiver Unterschiedsbetrag 350 T€ „an" Beteiligung 700 T€
Geschäfts- oder Firmenwert 350 T€ „an" aktiver Unterschiedsbetrag 350 T€

Bilanzposten	Mutter	Tochter	Summenbilanz	Konsolidierung		Konzernbilanz
				Soll	Haben	
Beteiligung	700		700		700	0
Goodwill	0	0	0	350		350
Sonstige Aktiva	850	800	1.650			1.650
Summe Aktiva	1.550	800	2.350			2.000
Eigenkapital	1.000	700	1.700	350		1.350
Fremdkapital	550	100	650			650
Summe Passiva	1.550	800	2.350	700	700	2.000

Konzernbilanz

Beteiligung	0	Eigenkapital	1.350*
Goodwill	350	Fremdkapital	650
Aktiva	1.650		

* 350 T€ gehören davon Dritten

Im Konzernabschluss treten weiteres Kapital und Vermögen hinzu, die aber nicht der Mutter, sondern anderen Gesellschaftern der Tochtergesellschaft gehören. Daher muss im Konzernabschluss beim Eigenkapital angegeben werden, dass 350 T€ des Eigenkapitals (und damit auch des Vermögens) anderen Gesellschaftern gehören.

Lösung 3 zu 5 (Fallstudie):

Nach Aufstellung der Summenbilanz ist zunächst die Kapitalkonsolidierung mit folgendem Buchungssatz vorzunehmen (vgl. dazu Fallstudie 2 zu 5):

Eigenkapital 700 T€ „an" Beteiligung 700 T€

Anschließend sind die Forderungen gegen verbundene Unternehmen (aus dem Einzelabschluss der Tochter) mit den Verbindlichkeiten gegenüber verbundenen Unternehmen (aus dem Einzelabschluss der Mutter) zu konsolidieren. Die Schuldenkonsolidierung wird wie folgt gebucht: Verbindlichkeiten gegenüber verbundenen Unternehmen 200 T€ „an" Forderungen gegen verbundene Unternehmen 200 T€. Der Konzernabschluss ergibt sich wie folgt:

Bilanzposten	Mutter	Tochter	Summenbilanz	Konsolidierung		Konzernbilanz
				Soll	Haben	
Beteiligung	700		700		700	0
Sonstige Aktiva	850	800	1.650		200	1.450
Summe Aktiva	1.550	800	2.350			1.450
Eigenkapital	1.000	700	1.700	700		1.000
Fremdkapital	550	100	650	200		450
Summe Passiva	1.550	800	2.350	900	900	1.450

Konzernbilanz

Beteiligung	0	Eigenkapital	1.000
Aktiva	1.450	Fremdkapital	450

Lösung 4 zu 5 (Fallstudie):

Im Konzernabschluss muss die aus Konzernsicht selbst hergestellte Maschine mit ihren Herstellungskosten aktiviert werden. Der Konzerngewinn muss um den von der Tochtergesellschaft realisierten Gewinn von 50 T€ bereinigt werden. Die Konzernbilanz ergibt sich wie folgt:

Bilanzposten	Mutter	Tochter	Summenbilanz	Konsolidierung		Konzernbilanz
				Soll	Haben	
Beteiligung	700		700		700	0
Sonstige Aktiva	850	850	1.700		200+50	1.450
Summe Aktiva	1.550	850	2.400			1.450
Eigenkapital	1.000	750	1.750	700+50		1.000
Fremdkapital	550	100	650	200		450
Summe Passiva	1.550	850	2.400	200	700	1.450

Konzernbilanz

Beteiligung	0	Eigenkapital	1.000
sonst. Aktiva	1.450	Fremdkapital	450

Da der Konzerngewinn im Eigenkapital enthalten ist, wurde der Zwischengewinn hier vereinfachend direkt im Eigenkapital eliminiert.

Lösung 5 zu 5 (Fallstudie):

Die Konzern-GuV wird in den gleichen Schritten hergeleitet wie die Konzern-Bilanz. Nach Überleitung der GuV aller Konzernunternehmen auf die konzerneinheitlichen Bilanzierungs- und Bewertungsmethoden werden die Einzel-GuV-Rechnungen zur Summen-GuV addiert. Anschließend werden die Konsolidierungseffekte berücksichtigt.

Dem Zinsaufwand der Tochter von 50 T€ stehen bei der Mutter Zinserträge i. H. v. 50 T€ gegenüber. Beide Posten sind in der Summenbilanz enthalten. Somit liegt eine Doppelerfassung von Zinsaufwand vor: Die Tochter zahlt 50 T€ Zinsen an die Mutter, die sich ihrerseits bei der Hausbank refinanziert und die erhaltenen 50 T€ Zinsen (Zinsertrag) an die Hausbank weiterleitet (Zinsaufwand). Korrespondierend dazu umfasst die Summenbilanz einen Zinsertrag, der aus einer konzerninternen Transaktion stammt und somit nicht mit konzernfremden Dritten realisiert wurde (Verstoß gegen das Realisationsprinzip). Die Aufwands- und Ertragskonsolidierung erfolgt für die konzernintern gezahlten Zinsen mit dem Buchungssatz: Zinsertrag 50 T€ „an" Zinsaufwand 50 T€.

Die Konzern-GuV wird wie nachstehend abgebildet entwickelt:

Bilanzposten	Mutter	Tochter	Summen-GuV	Konsolidierung		Konzern-GuV
				Soll	Haben	
Umsatzerlöse	1.000	700	1.700			1.700
Materialaufwand	–400	–250	–650			–650
Personalaufwand	–350	–200	–550			–550
Zinserträge	50	0	50	50		0
Zinsaufwendungen	–150	–50	–200		50	–150
Summe Passiva	150	200	350	200	700	350

Die Fallstudie zeigt, dass die Aufwands- und Ertragskonsolidierung immer erfolgsneutral ist. Der Konzerngewinn ist vor und nach der Konsolidierung mit 350 T€ jeweils gleich hoch. Änderungen des Konzerngewinns durch Konsolidierungsmaßnahmen gibt es nur im Zusammenhang mit der Zwischenergebniseliminierung.

Lösung 6 zu 5 (Fallstudie):

a) Die Heaven GmbH ist als Formkaufmann bilanzierungspflichtig, d.h., sie hat ihren Jahresabschluss in Form einer Bilanz und einer GuV aufzustellen. Adam und Eva sind nicht bilanzierungspflichtig. Der Jahresabschluss für ihre Verpachtungstätigkeit kann in Form einer Einnahmen-Überschuss-Rechnung erstellt werden. Alternativ dazu können Adam und Eva ihren Jahresabschluss freiwillig in Form einer Bilanz und GuV erstellen.

b) Ja! Eine Betriebsaufspaltung liegt vor, wenn eine „sachliche und eine personelle Verflechtung" besteht. Die „sachliche Verflechtung" liegt vor, denn das Schloss mit Grundstück ist wesentliche Betriebsgrundlage für den Betrieb des Schlossresorts durch die Heaven GmbH. Die „personelle Verflechtung" liegt vor, denn die Heaven GmbH und die verpachtete Immobilie gehören den selben Personen.

c) Die Immobilie ist steuerverstrickt! Da eine Betriebsaufspaltung vorliegt, halten Adam und Eva die Immobilie steuerlich nicht im Privatvermögen, sondern im Betriebsvermögen. Somit entsteht steuerlich automatisch eine Besitzgesellschaft zwischen Adam und Eva. Daraus folgt, dass Adam und Eva mit den Pachteinnahmen Einkünfte aus Gewerbebetrieb erzielen (und nicht etwa Einkünfte aus Vermietung und Verpachtung). Bei einer Veräußerung der Immobilie oder bei Beendigung der Betriebsaufspaltung sind die in der Immobilie vorhandenen stillen Reserven zu versteuern. D. h., der Veräußerungsgewinn bzw. der Aufgabegewinn ist steuerpflichtig.

d) Dadurch endet die Betriebsaufspaltung! Die personelle Verflechtung liegt nicht mehr vor, da GmbH-Anteile und Eigentum an der Immobilie auseinanderfallen. Die bis dahin entstandenen stillen Reserven in der Immobilie sind zu versteuern. D. h., sie erhöhen das zu versteuernde Einkommen von Adam und Eva in dem Kalenderjahr, in dem die GmbH-Anteile übertragen werden.

e) Gar nicht! Die Vermögensgegenstände, die der Heaven GmbH verpachtet werden, haften nicht für Schulden der GmbH. Kreditgeber der GmbH sollten ihre Kreditforderung durch eine Grundschuld auf die Betriebsimmobilie sichern. Nur dann haftet die Betriebsimmobilie – unabhängig davon, wer ihr Eigentümer ist – auch für die Schulden der Heaven GmbH.

f) Die Jahresabschlüsse der Heaven GmbH und der Immobilen-Besitzgesellschaft sind zusammenzufassen. Dazu wird der Summenabschluss durch eine Art Schuldenkonsolidierung und eine Art Aufwands- und Ertragskonsolidierung um Rechtsbeziehungen bereinigt, die zwischen den beiden Gesellschaften bestehen.

g) Bei einer Konsolidierung wird der Summenabschluss übergeleitet zum Konzernabschluss durch folgende vier Konsolidierungsschritte: Kapitalkonsolidierung, Schuldenkonsolidierung, Aufwands- und Ertragskonsolidierung, Zwischenergebniseliminierung. Bei der Zusammenfassung der Abschlüsse von der Heaven GmbH als Betriebskapitalgesellschaft und der Immobilien-Besitzpersonengesellschaft gibt es in der Regel weder eine Kapitalkonsolidierung noch eine Zwischenergebniseliminierung. Eine Kapitalkonsolidierung gibt es nicht, da keine der beiden Gesellschaften Anteile an der jeweils anderen Gesellschaft hält. Eine Zwischenergebniseliminierung gibt es nicht, da die beiden Gesellschaften in der Regel keine Lieferbeziehungen zueinander haben.

Kapitel 6: Grundzüge der internationalen Rechnungslegung

Lösung 1 zu 6 (Aufgabe):

Problem: Sofern nur die Anschaffungskosten bilanziert und die Abschreibungen über die Preise kalkuliert werden, stehen am Ende der Nutzungsdauer nur 10.000 € bar zur Verfügung, obwohl der allgemeine Preiswertmaßstab auf 115,9 bzw. 11.592 € gestiegen ist und eine neue Maschine 12.000 € kostet. Zum Erhalt der Unternehmenssubstanz muss das Unternehmen notfalls einen Kredit aufnehmen.

	BW	A bil.	Konto-stand	Preisindex	A auf WBW	Kontostand bei 0 % St.	Kontostand bei 50 % St.
Vor Kauf			+10.000			+10.000	+10.000
E 1. Jahr	8.000	2.000	2.000	103,0	2.400	2.400	2.200
E 2. Jahr	6.000	2.000	4.000	106,1	2.400	4.800	4.400
E 3. Jahr	4.000	2.000	6.000	109,3	2.400	7.200	6.600
E 4. Jahr	2.000	2.000	8.000	112,6	2.400	9.600	8.800
E 5. Jahr	0	2.000	10.000	115,9	2.400	12.000	11.000

Lösung: Eine bilanziell und steuerlich anerkannte Abschreibung auf den Wiederbeschaffungswert wird in Deutschland nicht anerkannt, da dieser ein reiner Zukunftswert ist und prognostiziert werden müsste (Gefahr der Willkür!). Hilfsweise können kalkulatorische Abschreibungen auf den etwaigen Wiederbeschaffungswert gebucht werden, die aber zu Gewinnen und damit zur Besteuerung führen. Letztlich wird dadurch das Problem nicht gelöst, aber entscheidend „abgemildert".

Lösung 2 zu 6 (Aufgabe):

a) Ausschüttungsfähig sind die Gewinnrücklagen und der Jahresüberschuss. Nach dem HGB-Abschluss also 360 T€, nach dem IAS/IFSR-Abschluss 510 T€.

b) Die tendenziell höheren Wert- und Gewinnansätze des IAS/IFRS-Abschlusses kommen dadurch zustande, dass dort Erträge „früher" ausgewiesen werden oder dass dort ein Ansatz eines Postens (im Beispiel „Aktiva 4") möglich ist, der im HGB-Abschluss verboten ist.

c) Aus Sicht der Gläubiger sind die Ausschüttungen negativ zu beurteilen, da eine Kapitalgesellschaft nur mit ihrem Gesellschaftsvermögen haftet und durch eine Ausschüttung die Haftungsmasse verkleinert wird.

Lösung 3 zu 6 (Aufgabe):

a) Sowohl bei der deutschen als auch bei der amerikanischen AG entfallen auf den Investor Gewinnbeträge von 48.000 € pro Jahr. Die Gewinnrelationen beider Unternehmen sind identisch, allerdings sind die folgenden Anmerkungen zu beachten.

b) Die Gewinne der Unternehmen sind nicht direkt miteinander vergleichbar, weil sie nach unterschiedlichen nationalen Rechnungslegungsvorschriften ermittelt wurden. Für die Gesellschaften gilt: Die deutsche Gesellschaft bilanziert nach dem HGB, die amerikanische nach US-GAAP. Der Gewinn nach dem HGB wird eher zu niedrig ausgewiesen (Vorsichtsprinzip), der Gewinn nach US-GAAP wird in angemessener Höhe dargestellt.

c) Werden die Gewinne der Unternehmen nach einheitlichen Vorschriften ermittelt, wird eine Standardisierung erreicht und es ist ein direkter Erfolgsvergleich möglich. Eine Umrechnung der Gewinne entfällt, sodass die Anlageentscheidung vereinfacht wird.

Kapitel 7: Einführung in die Politik und Analyse des Jahresabschlusses

Lösung 1 zu 7 (Aufgabe):

Ohne Investition bzw. Investition des Porsches im Januar (Var. c) ergibt sich folgende Bilanz:

Aktiva (laufendes Jahr Var. c)		**Passiva** (laufendes Jahr Var. c)	
Anlagevermögen	100	Eigenkapital bisher	80
Umlaufvermögen	100	Gewinn	20
		Fremdkapital	100

Kennzahlen (Var. c): Bilanzsumme 200 T€, Anlageintensität 50 %, Eigenkapitalquote 50 %, EK-Rendite 20 % Anlagendeckung A = 100 %

Variation a: Wird der Porsche im Oktober angeschafft und nach der Vereinfachungsregel linear abgeschrieben (damit Jahresabschreibung 16 T€, Abschreibung fürs laufende Jahr also drei Monate (1/4 = 4 T€)), ergibt sich folgendes Bild:

Aktiva (laufendes Jahr Var. a)		**Passiva** (laufendes Jahr Var. a)	
Anlagevermögen	192	Eigenkapital bisher	80
Umlaufvermögen	4	Gewinn	16
		Fremdkapital	100

Kennzahlen (Var. a): Bilanzsumme 196 T€, Anlageintensität 98 %, Eigenkapitalquote 49 %, EK-Rendite 17 %, Anlagendeckung A = 50 %

Variation b: Wird der Porsche im Oktober mit Ziel „Januar" angeschafft – Bezahlung also erst im neuen Jahr – ergibt sich folgendes Bild:

Aktiva (laufendes Jahr Var. b)		**Passiva** (laufendes Jahr Var. b)	
Anlagevermögen	192	Eigenkapital bisher	80
Umlaufvermögen	100	Gewinn	16
		Fremdkapital bisher	100
		Verbindlichkeiten neu	96

Kennzahlen (Var. b): Bilanzsumme 292 T€, Anlageintensität 66 %, Eigenkapitalquote 33 %, EK-Rendite 17 %, Anlagendeckung A = 50 %

Lösung 2 zu 7 (Aufgabe):

Die Bewertungspolitik ist ein zentrales Element der materiellen Jahresabschlusspolitik. Sie beruht auf Wertansatz- und Methodenwahlrechten. Für Abschreibungen existieren mehrere Verfahren, nach denen die Anschaffungs- oder Herstellungskosten auf die Nutzungsdauer verteilt werden können. Im Kern stellt sich für den Unternehmer die Wahl zwischen der linearen oder der degressiven Methode. Durch die Auswahl und Anwendung der Methode werden die Aufwandsverrechnung und damit der Gewinn beeinflusst. Die steuerlichen Einschränkungen bezüglich der degressiven Abschreibungen beschränken die Schwankungsbreite der Ergebnisse. Da der insgesamt abzuschreibende Betrag unverändert bleibt (max. AHK), kehren sich im Zeitverlauf die Wirkungen im Sinne des Zweischneidigkeitseffekts zudem um.

Lösung 3 zu 7 (Fallstudie):

a) Die Fremdkapitalquote ist das Spiegelbild der Eigenkapitalquote, konkret die Ergänzung zu 100 %. Im Jahr 02 beträgt sie 77 %, im Jahr 01 75 %. Das Fremdkapital beträgt daher im Jahr 02 15,4 Mio. €, im Jahr 01 13,5 Mio. €.

b) Gesucht ist der Gewinn, zumal sich das Eigenkapital über die Eigenkapitalquote leicht errechnen lässt: Das Eigenkapital errechnet sich für das Jahr 02 auf 4,6 Mio. € (23 % von 20 Mio. €), im Jahr 01 auf 4,5 Mio. € (25 % von 18 Mio. €). Der Gewinn ergibt sich über den Umsatz und über die Umsatzrendite. Der Umsatz ergibt sich aus der Bilanzsumme und dem Kapitalumschlag. Im Jahr 02 ist der Umsatz 42 Mio. € (20 Mio. € × 2,1), im Jahr 01 ergibt sich ein Umsatz von 36 Mio. € (18 Mio. € × 2). Der Gewinn ist damit 2,52 Mio. € in 02 (42 Mio. € × 0,06). Damit errechnet sich die gesuchte Eigenkapitalrendite auf 55 % (2,52 Mio. € ÷ 4,6 Mio. €). Für das Jahr 01 ergeben sich folgende Werte: Gewinn 1,44 Mio. €, Eigenkapitalrendite 32 %.

Lösung 4 zu 7 (Aufgabe):

a)

Kalkulation		**Cashflow-Betrachtung**
Umsatz	+100	+100
Materialkosten	–30	–30
Lohnkosten	–30	–30
Abschreibungen	–20	–
Sonstige Kosten	–10	–10
Zwischensumme	–90 (Aufwand)	–70 (Auszahlungen)
Ergebnis	+10 (Gewinn)	+30 (Kassenüberschuss)

Ergebnis: Ein Standardfenster „spült" 30 € in die Kasse (10 € Gewinn, 20 € Abschreibungen).

b)

Kalkulation		Cashflow-Betrachtung
Umsatz	+100	+100
Materialkosten	–30	–30
Lohnkosten	–35	–30 (Rente erst mit 60plus)
Abschreibungen	–20	–
Sonstige Kosten	–10	–10
Zwischensumme	–95 (Aufwand)	–70 (Auszahlungen)
Ergebnis	+5 (Gewinn)	+30 (Kassenüberschuss)

Ergebnis: Die Aussage, dass die Betriebsrente das Unternehmen „liquiditätsmäßig nicht belastet" ist in der Einführungsphase von Pensionszusagen richtig. Jedoch sinkt der Gewinn, das Fremdkapital nimmt stetig zu! Auf lange Sicht geht der Liquiditätseffekt gegen null. Die Zuführungen an die Pensionsrückstellungen entsprechen dann in etwa den Auszahlungen an die Pensionäre („Phase 2", vgl. 11.3.4.2).

c) Bei 40 % Steuerlast errechnet sich ein Cashflow in Höhe von 26 € (Aufgabe a)) bzw. 28 € (Aufgabe b)).

Lösung 5 zu 7 (Aufgabe):

$R_{EK} = R_{GK} = 10\,\% > FK_Z = 6\,\%$, d.h. positiver Leverageeffekt. Jeder weitere Einsatz von Fremdkapital wäre vorteilhaft, z.B.

- Tausch 5 Mio. € FK statt EK: $R_{EK} = 14\,\%$, $R_{GK} = 10\,\% > FK_Z = 6\,\%$.
- Tausch 8 Mio. € FK statt EK: $R_{EK} = 26\,\%$, $R_{GK} = 10\,\% > FK_Z = 6\,\%$.
- Tausch 9,9 Mio. € FK statt EK: $R_{EK} = 406\,\%$, $R_{GK} = 10\,\% > FK_Z = 6\,\%$.

Beachte: Die Eigenkapitalrendite ist am höchsten, wenn das Unternehmen jedes Eigenkapital entzieht!

Positive Kritik:

- Einfache Regel mit klarer Handlungsanweisung.

Negative Kritik:

- Setzt gleich bleibende Bedingungen voraus (bei Änderung des Zinsniveaus oder der GuV-Struktur kann der Leverageeffekt drehen!).
- Eine mindestens gleichwertige Opportunitätsrendite der Entnahmen muss gewährleistet sein!
- Das Eigenkapital hat wichtige Haftungs- und Kreditfunktionen. Ein Kapitaltausch, nur um den Leverageeffekt zu genügen, ist gefährlich und wenig praxisgerecht, zumal sich schwer eine Bank finden lässt, die diesen „Tausch" nur wegen eines (vorübergehend) positiven Leverageeffekts finanziert.
- Die Gesamtkapitalrendite bleibt konstant, der Vorteil der Eigenkapitalrendite ist nur relativ.

Lösung 6 zu 7 (Aufgabe):

Optimierungsansätze ergeben sich auf vier verschiedenen Wegen:
1. Optimierung der Eigenkapitalquote je nach Leverageeffekt,
2. Verbesserung des Kapitalumschlags,
3. Senkung der Fremdkapitalkosten bzw. des Fremdkapitalzinssatzes,
4. Optimierung der Erlös- und Kostenstrukturen.

Lösung 7 zu 7 (Fallstudie):

a) **Jahresabschlussanalyse Foto Müller eK (Werte in T€)**

A Ertragslage

1. Aufgliederung des Aufwands, insbesondere
   - Materialaufwandsquote = Materialaufwand ÷ Umsatz
   - Personalaufwandsquote = Personalaufwand ÷ Umsatz
   - Abschreibungsquote = Abschreibungen ÷ Umsatz
   - Zinsaufwandsquote = Zinsaufwand ÷ Umsatz

Quoten	Jahr 04	Jahr 05	Branche
Materialaufwand	270 ÷ 460 = 58,7 %	310 ÷ 520 = 59,6 %	62 %
Personalaufwand	65 ÷ 460 = 14,1 %	64 ÷ 520 = 12,3 %	18 %
Abschreibungen	15 ÷ 460 = 3,3 %	17 ÷ 520 = 3,3 %	2 %
Zinsaufwand	15 ÷ 460 = 3,3 %	15 ÷ 520 = 2,9 %	2 %

Zwischenergebnis:
- gute Aufwandsrelationen → Kalkulation ist in Ordnung
- gute Produktivität → guter Mitarbeitereinsatz

2. Rentabilitätsanalyse, insbesondere
   - Umsatzrendite = Gewinn ÷ Umsatz
   - Brutto-Cashflow zu Umsatz = (EBIT + Abschreibungen) ÷ Umsatz
   - Eigenkapitalrentabilität v. St. = Gewinn v. St. ÷ Eigenkapital
   - Gesamtkapitalrentabilität v. St. = Kapitalgewinn (EBIT) ÷ Gesamtkapital

Rendite des Umsatzes	Jahr 04	Jahr 05	Branche
Umsatzrendite	25 ÷ 460 = 5,4 %	35 ÷ 520 = 6,7 %	4 %
Brutto-Cashflow zu Umsatz	55 ÷ 460 = 12,0 %	67 ÷ 520 = 12,9 %	8 %

Rendite des	Jahr 05	Bemerkungen
Eigenkapitals $R_{EK\ v.\ St.}$	35 ÷ –116 = minus	Rechnerisch negative Eigenkapitalrendite
Gesamtkapitals $R_{GK\ v.\ St.}$	50 ÷ 270 = 18,5 %	Bezug: Bilanzsumme (Argument: Schulden zu tilgen)
	50 ÷ 154 = 32,5 %	Bezug: tatsächlich arbeitendes Vermögen (Argument: Vergleichbarkeit)

Zwischenergebnis:

- Überdurchschnittliche Umsatzrendite,
- gute Gesamtkapitalrentabilität (positiver Leverageeffekt bei negativem Eigenkapital (jeder weitere Fremdkapitaleinsatz wäre unter sonst gleichen Bedingungen vorteilhaft)).

3. Cashflow und Kapitaldienstfähigkeit
   - Brutto-Cashflow = EBIT + Abschreibungen = 67 bzw. 55 T€
   - eigentlicher Cashflow (ohne Zins, nach Steuern) → negativ

	Berechnung der Kapitaldienstfähigkeit in T€	Jahr 05	Jahr 04
	Gewinn	35	25
+	Abschreibungen	17	15
+	Zinsaufwand	15	15
=	erweiterter Cashflow nach Bankart	67	55
–	Entnahmen inkl. Steuern	55	Annahme: 55
=	Kapitaldienstgrenze	12	0
–	tatsächlicher Kapitaldienst		
	– Zins	15	15
	– Tilgung	?	?
=	Unterdeckung	min. –3	min. –15

Zwischenergebnis:

- negativer Cashflow,
- keine nachhaltige Kapitaldienstfähigkeit,
- Zinsen laufen auf (Schulden erhöhen sich, ohne dass an Substanz hinzugegewonnen wird (→ großes Gläubigerrisiko)).

4. Aufgliederung der Entnahmen in T€

Art der Entnahmen	Summe p.a.	Bemerkungen
allgemeine Entnahmen (Nettolohn der Ehefrau)	24	2.000 € im Monat (Hans Müller) + 833 € Ehefrau → 2.833 € netto z.V. im Monat
Steuern	12	Kontrollrechnung: Gewinn 35 T€ → Steuersatz ~ 34 %
Ärzte	3	Neu- und Folgekosten erfragen!
Versicherung	16	davon 8 T€ Kapital bildende Lebensversicherung
	$\sum$ 55	mehr Entnahmen als Gewinn (führt zu Negativkapital!)

Zwischenergebnis mit Maßnahmenkatalog:
Viel zu hohe Entnahmen – Reduzierung geboten! Maßnahmen:

- allgemeine Lebensführung der Familie drastisch einschränken (z.B. auf max. 1.500 € im Monat, Einsparung dann im Jahr: 16 T€).
- Versicherungen:
  - allgemeine Sachversicherungen überprüfen (Einsparungspotenzial z.B. 5.000 €),
  - Kosten der Lebensversicherung reduzieren, da Kapitalverschiebung aus dem Unternehmen heraus (zulasten der Gläubiger) zugunsten der Versicherung, z.B.
    - Aussetzen einer etwaigen Beitragsdynamik,
    - Umstellung auf reine Risikoversicherung,
    - Versicherungssumme ermäßigen,
    - bisherige Überschussanteile verrechnen,
    - Laufzeitverlängerung um x Jahre,
    - Beitragsfreistellung für einige Jahre,
    - Verpfändung an die Gläubiger (meist negativer Steuereffekt!),
    - Kündigung (Rückkaufswert als Einnahme).

B Vermögenslage

1. Vermögensstruktur (Aktivseite)

Anlageintensität = Anlagevermögen ÷ Gesamtvermögen (mit oder ohne RAP)
= 56 ÷ 154 bzw. 152 = 37 % (oder 56 ÷ 270 bzw. 268 = 21 %)

Arbeitsintensität = Umlaufvermögen ÷ Gesamtvermögen (mit oder ohne RAP)
= 96 ÷ 154 bzw. 152 = 63 % (oder 96 ÷ 270 oder 268 = 36 %)

UH des Vermögens = Umsatz ÷ Gesamtvermögen
= 520 ÷ 154 = 3,4fach = 108 Tage (oder 520 ÷ 270)

UH der Vorräte = Vorräte ÷ Umsatz = 94 ÷ 520 = 0,18 = 5,6fach = 66 Tage
genauer – gleiche Preisbasis:
= Vorräte (EK-Preis) ÷ Wareneinsatz (EK-Preis) = 94 ÷ 310 = 0,3 = 3,3fach = 111 Tage

Abschreibungsquote = Abschreibungen ÷ Sachanlagen = 17 ÷ 47 = 36 %

Zwischenergebnis:
- Guter Umschlag des Vermögens und der Ware,
- solide Vermögensstruktur; hohe Investitionsrate.

2. Kapitalstruktur (Passivseite) und Finanzierung
- Eigenkapitalquote = Eigenkapital ÷ Gesamtkapital = minus
- Fremdkapitalquote = Fremdkapital ÷ Gesamtkapital = 100 %

Goldene Finanzierungsregel: Langfristiges muss langfristig finanziert sein!
- EK + lfr. FK > AV = 100 > 56 = 177 % (= Anlagendeckung B)
- EK + lfr. FK > AV + lfr. UV = 100 > 56 + eisener Bestand der Vorräte

Zwischenergebnis:
- Stille Reserven sind allenfalls in den Vorräten vorhanden,
- deutliche Überschuldung (Fremdkapitalquote 100 % bzw. darüber, da Vermögen endgültig verloren – Negativkapital!).

C Liquidität
(Cashflow-Analyse vgl. A Vermögenslage 3)

Liquidität 1. Grades = Zahlungsmittel ÷ kfr. VB > 100 %
= 1 ÷ 59 oder 165 = 2 oder 0 %

Liquidität 2. Grades = Zahlungsmittel + Forderungen ÷ kfr. VB > 100 %
= 2 ÷ 59 oder 165 = 3 oder 1 %

Liquidität 3. Grades = Zahlungsmittel + Forderungen + Vorräte ÷ kfr. VB > 100 %
= 96 ÷ 59 oder 165 = 163 oder 58 %

Obige betriebswirtschaftliche Kennzahlen sind zeitpunktbezogen und wenig aussagekräftig; daher ergänzungsbedürftig, insbesondere mittels
- eines Liquiditätsplans (zeigt genau die Ein- und Auszahlungszeitpunkte auch der zahlungswirksamen Aufwendungen, vgl. hierzu Kap. 8.3.4),
- einer Bankauskunft/Kreditwürdigkeit bei Hausbank (Frage nach offenen Limits, hier Limit bei Bank bereits überzogen: 206 T€ Schulden bei Limit 200 T€!).

Entscheidend sind letztlich nicht die Kontostände, sondern die Kreditwürdigkeit insgesamt, die im Fall nicht gegeben ist (vgl. A).

Zwischenergebnis: Akute Liquiditätsprobleme

D Sicherheitenlage

Art der Sicherheit	banküblicher Wert	Anmerkung
Sicherungsübereignung der Maschine (Kopierer)	0	bereits drei Jahre alt
Sicherungsübereignung der BGA	10 (etwa 20 %)	maximal vier Jahre alt
Sicherungsabtretung der Beteiligung	0 (0 bis 100 %)	je nach Rechtslage (Aufrechnung wahrscheinlich)
Sicherungsübereignung der Vorräte	10 (etwa 20 bis 30 %)	Lieferantenverbindlichkeiten wegen Eigentumsvorbehalts abziehen!
Abtretung der Sachversicherungsansprüche	0	Anspruch muss erst entstehen
Abtretung der Lebensversicherung	je nach Ausgestaltung	beachte Steuerschädlichkeit
Sicherungsabtretung der Forderungen	0	im Einzelhandel kaum relevant; i. Ü. ginge verlängerter Eigentumsvorbehalt vor!
Sicherungsübereignung der Kasse	0	im Krisenfall meist kein positiver Kassenbestand
Bürgschaft des Ehegatten	0	kein freies Vermögen ersichtlich
Sicherungsabtretung von Steuerrückerstattungen	0	Anspruch muss erst entstehen

Zwischenergebnis: Nennenswerte Sicherheiten sind nur über die Lebensversicherung zu erzielen. Andere Sicherheiten dienen allenfalls als Druckmittel!

Gesamtergebnis der Jahresabschlussanalyse (Foto Müller eK):

- gute Ertragslage, die jedoch die (viel zu hohen) Entnahmen nicht decken kann,
- gute Aufwandsrelationen und guter Waren- und Vermögensumschlag (zeigt gute Marketing- bzw. Managementqualitäten),
- viel zu hoher Lebensstandard (viel zu hohe Entnahmen),
- kein Eigenkapital; Überschuldung!,
- Lebensversicherung wird auf Kosten der Gläubiger bedient,
- erhebliche Liquiditätsprobleme,
- nennenswerte Sicherheiten allenfalls in der Lebensversicherung.

b) **Finanzierung der Expansion/Betriebsverlagerung von Foto Müller eK**

		vor Expansion Jahr 4	Jahr 5		nach Expansion Plan
	Gewinn vor Abschreibung, vor Zins und vor Steuern	**55**	**67**		**117**
–	Abschreibungen	15	17	+25 →	42
–	Zinsen	15	15	+20 →	35
=	Gewinn nach Abschreibung und Zins	25	35	+5 →	40
=	Steuer tatsächlich bzw. 40 %	10	12		16
	erweiterter Cashflow nach Bankart	**55**	**67**		**117**
–	Steuern	10	12		16
–	sonstige Entnahmen	? (43)	43		43
=	verbleiben für Zins und Tilgung **(Kapitaldienstgrenze)**	**2**	**12**		**58**
–	tatsächlicher Kapitaldienst				
	■ Zinsdienst	15	15		35
	■ verbleiben für Tilgungen	0	0		23
=	**Unterdeckung**	**minus**	**minus**		

Ergebnis:

- Bisher keine Kapitaldienstfähigkeit!
- Nach Expansion: Kapitaldienstfähigkeit voraussichtlich gegeben (Tilgungsmöglichkeit von 23 T€ bei 456 T€ Schulden = 5 % anfängliche Tilgungsrate).
- Neuer Kredit – im Umfang sogar über der bisherigen Kreditierung – bringt gewisse Perspektive für die Bank, beachte aber allgemeines Prognoserisiko.

Reaktionsmöglichkeiten der Bank:

1. Neukreditierung ist abzulehnen.
   Mögliche Ablehnungsargumente:
   - „Werfe schlechtem Geld niemals gutes hinterher."
   - Prognoserisiko generell.
   - Müller kann es im „Kleinen" nicht, wieso soll er es im „Großen" können?
   - Besonderes Branchenrisiko (schlechte Margen, Risiken der Digitaltechnik).
2. Erst nach erfolgter Kreditsanierung des Altkredits wird Expansion erneut überprüft.
3. Neukreditierung erfolgt unter strenger Kreditüberwachung und unter Auflagen: drastische Entnahmenreduzierung und Nachbesicherung.

Lösung 8 zu 7 (Fallstudie):

a) **Jahresabschlussanalyse Spielwaren Meier eK (Werte in T€)**

A Ertragslage

1. Aufgliederung des Aufwands
   Materialaufwandsquote = Materialaufwand ÷ Umsatz
   Personalaufwandsquote = Personalaufwand ÷ Umsatz

Quoten	Spielwaren Meier	Branche
Materialaufwand	800 ÷ 1.200 = 66,6 %	65–67 %
Personalaufwand	250 ÷ 1.200 = 20,8 %	20–22 %
Rest	110 ÷ 1.200 = 9,1 %	bis zu 10 %

Zwischenergebnis:

- Quoten branchenüblich,
- Materialquote am schlechteren Ende, Gründe erfragen!
  Möglich: zu teurer Einkauf, zu schlechte Kalkulation, Schwarzgeschäfte, Diebstahl etc.

2. Rentabilitätsanalyse

Umsatzrendite	= Gewinn ÷ Umsatz	= 40 ÷ 1.200 = 3,3 %
Brutto-Cashflow Umsatz	= Brutto-Cashflow ÷ Umsatz	= 50 ÷ 1.200 = 4,2 %
Eigenkapitalrentabilität v. St.	= Gewinn v. St. ÷ Eigenkapital	= 40 ÷ 1.300 = 3,1 %
Gesamtkapitalrentabilität v. St.	= Kapitalgewinn (EBIT) ÷ Gesamtkapital	
	= 40 + FK_{Zinsen} ÷ 1.400	= 2,8 % < $FK_{Zinssatz}$

Zwischenergebnis:

- Durchweg geringe Renditerelationen,
- schlechte Gesamtkapitalrentabilität (negativer Leverageeffekt, da Zinssatz für Fremdkapital höher als R_{GK} (2,8 %) – jeder weitere Fremdkapitaleinsatz wäre unter sonst gleichen Bedingungen nachteilig).

3. Cashflow und Kapitaldienstfähigkeit
   - Brutto-Cashflow = EBIT + Abschreibungen = 50
   - eigentlicher Cashflow (ohne Zins, nach Steuern) → negativ

	Berechnung der Kapitaldienstfähigkeit	
	Gewinn	**40**
+	Abschreibungen	10
+	Zinsaufwand	0
=	erweiterter Cashflow nach Bankart	50
–	Entnahmen inkl. Steuern	90
=	Kapitaldienstgrenze	–40
–	tatsächlicher Kapitaldienst	bisher 0
=	Unterdeckung	min. –40

Zwischenergebnis:

- negativer Cashflow,
- keine nachhaltige Kapitaldienstfähigkeit,
- für Zins und Tilgung keine Reserve (Unternehmen lebt von der Substanz).

4. Aufgliederung der Entnahmen

Art der Entnahmen	Summe p.a.	Bemerkungen
allgemeine Entnahmen	50	4.166 € im Monat für die Familie, da Ehefrau ihr Gehalt nicht verbraucht, sondern einlegt
Steuern	20	Kontrollrechnung: Gewinn 40 → Steuersatz = 50 %, weitere Steuertatbestände erfragen!
Ärzte	10	Neu- und Folgekosten erfragen!
Versicherung	40	davon 25 T€ kapitalbildende Lebensversicherung
Ehegattengehalt	–30	siehe oben erste Position
	Σ 90	mehr Entnahmen als Gewinn (führt zu Negativkapital!)

Zwischenergebnis:

- Relativ hohe Entnahmen, doch können der Lebensunterhalt und die Steuern gerade noch vom Unternehmen (Gewinn und Ehegattengehalt) bezahlt werden;
- die Versicherungsbeiträge werden von der Unternehmenssubstanz bedient, insbesondere erfolgt eine Vermögensverschiebung in Höhe der Vorsorge (LV) aus dem Unternehmen hin zur Lebensversicherung.

B Vermögenslage

1. Vermögensstruktur (Aktivseite)

Anlageintensität = Anlagevermögen ÷ Gesamtvermögen = 120 ÷ 1.400 = 9 %
Arbeitsintensität = Umlaufvermögen ÷ Gesamtvermögen = 1.280 ÷ 1.400 = 91 %
UH des Vermögens = Umsatz ÷ Gesamtvermögen = 1.200 ÷ 1.400 = 0,85 (~ 420 Tage)
UH der Vorräte = Vorräte ÷ Umsatz = 1.250 ÷ 1.200 = 1,04 = 380 Tage
genauer – gleiche Preisbasis:
= Vorräte (EK-Preis) ÷ Wareneinsatz (EK-Preis) = 1.250 ÷ 800 = 1,56 = 570 Tage
Abschreibungsquote = Abschreibungen ÷ Sachanlagen = 10 ÷ 120 = 8 %

Zwischenergebnis:

- Sehr arbeitsintensiv, genauer vorratsintensiv ausgerichtetes Unternehmen,
- relativ geringer Vermögens- und Warenumschlag,
- kaum Neuinvestitionen,
- stille Reserven/Risiken:
  - Risiko in Vorrätebewertung (keine Sonderabschreibungen – Neubewertung und Betriebsbesichtigung geboten – Ausschau nach Ladenhütern!),
  - erhebliche stille Reserven im Gebäude vermutet, da „Altbau" und Gebäude voll abgeschrieben (Wertgutachten und Betriebsbesichtigung geboten!),
  - Basis für Kennzahlen müssten richtigerweise um Risiko und stille Reserven ergänzt werden.

2. Kapitalstruktur (Passivseite) und Finanzierung

Eigenkapitalquote = Eigenkapital ÷ Gesamtkapital = 1.300 ÷ 1.400 = 93 %
Fremdkapitalquote = Fremdkapital ÷ Gesamtkapital = 100 ÷ 1.400 = 7 %

Goldene Finanzierungsregel: kein Problem, da Eigenkapitalquote über 90 % und Anlageintensität unter 10 % liegt. In die gleiche Richtung zeigen die Anlagendeckungsgrade, z. B.

Anlagendeckung A = Eigenkapital ÷ Anlagevermögen = 1.300 ÷ 120 = 1.083 %

Zwischenergebnis:
Beste Eigenkapitalquote, die
- (wahrscheinlich) durch stille Reserven sogar noch höher ist,
- jedoch durch die Entnahmenpraxis stetig abnimmt,
- keine Finanzierungsprobleme erkennen lässt.

C **Liquidität**
(Cashflow-Analyse vgl. A Ertragslage 3)

Liquidität 1. Grades = Zahlungsmittel ÷ kfr. VB > 100 %
= 20 ÷ 70 bzw. 100 = 20 %

Liquidität 2. Grades = Zahlungsmittel + Forderungen ÷ kfr. VB > 100 %
= 30 ÷ 70 bzw. 100 = 30 %

Liquidität 3. Grades = Zahlungsmittel + Forderungen + Vorräte ÷ kfr. VB >100 %
= 1.280 ÷ 70 bzw. 100 = 1.280 %

Obige betriebswirtschaftliche Kennzahlen sind zeitpunktbezogen und wenig aussagekräftig; daher ergänzungsbedürftig, insbesondere mittels

- eines Liquiditätsplans (zeigt genau die Ein- und Auszahlungszeitpunkte auch der auszahlungswirksamen Aufwendungen, vgl. hierzu das nachfolgende Beispiel),
- einer Kreditwürdigkeitsprüfung bei Hausbank (Frage nach offenem Limit, ein Limit bis zu 100 T€ dürfte hier außerhalb jeder Diskussion stehen; entscheidend sind nicht die Kontostände, sondern die Kreditwürdigkeit insgesamt).

Beispiel eines Liquiditätsplans auf Wochenbasis (KW = Kalenderwoche):

Planzahlen	1. KW	2. KW	3. KW	4. KW	5. KW	...
Zahlungsmittel	10	20	30	40	20	
+ Umsatz	+20	+10	+10	+15	+10	
– Lieferanten	–5	–	–	–5	–10	
– Personal	–	–	–	–20	–	
– Sonstiges	-5	–	–	–10	–	
Saldo	10	10	10	–20	0	
Zahlungsmittel	20	30	40	20	20	
KK-Limit	100	100	100	100	100	
∑ Zahlungskraft	120	130	140	120	120	

Zwischenergebnis: Keine Liquiditätsprobleme erkennbar.

D Sicherheitenlage

Art der Sicherheit	banküblicher Wert	Anmerkung
Pfandrecht am Gebäude	über 100, da stille Reserve vermutet	Verkehrswert ermitteln! Dann 40 bis 60 % des Beleihungswerts
Sicherungsübereignung der BGA	0	über acht Jahre alt
Sicherungsübereignung der Vorräte	300 (etwa 20 bis 30 %)	Lieferantenverbindlichkeiten wegen Eigentumsvorbehalts abziehen!
Abtretung der Sachversicherungsansprüche	0	Anspruch muss erst entstehen
Abtretung der Lebensversicherung	je nach Rückkaufswert	beachte Steuerschädlichkeit!
Sicherungsabtretung der Forderungen	0	im Einzelhandel kaum relevant; i. Ü. ginge verlängerter Eigentumsvorbehalt vor!
Sicherungsübereignung der Kasse	0	im Krisenfall meist kein positiver Kassenbestand
Bürgschaft des Ehegatten	0	nur bei freiem Vermögen des Ehegatten und Wertunterlegung
Sicherungsabtretung von Steuerrückerstattungen	0	Anspruch muss erst entstehen

Zwischenergebnis:
Nennenswerte Sicherheiten vorhanden (Grund und Boden, Vorräte, Lebensversicherung etc.).

Gesamtergebnis der Jahresabschlussanalyse (Spielwaren Meier eK):

- Relativ schlechte Ertragslage, die die (sehr hohen) Entnahmen nicht decken kann,
- negativer Leverageeffekt,
- keine Kapitaldienstfähigkeit,
- Versicherungsvorsorge auf Kosten der Unternehmenssubstanz,
- geringer Vermögens- und Kapitalumschlag, sehr geringer Warenumschlag
- beste Eigenkapitalausstattung, die jedoch stetig abnimmt,
- kein Liquiditäts- und Finanzierungsproblem erkennbar,
- nennenswerte Sicherheiten (Grund und Boden, Vorräte, LV) stehen zur Verfügung.

b) **Finanzierung der Expansion (Aufkauf des Nachbarn von Spielwaren Meier eK)**

		bisher		**Plan**	**Probe bei KP 333.333 €**
	Umsatz	1.200	+ 40 %	1.680	
–	Materialaufwand	800	+ 40 %	1.120	
=	Rohgewinn	400	+ 40 %	560	
–	Personal- und sonstige Kosten	350	+ 20 %	420	
=	Gewinn vor Abschreibung und vor Zins	50		140	140,00
–	Abschreibungen	10		(10 + 0,1 i)	43,33
–	Zinsaufwand	0		(0,07 i)	23,33
=	Gewinn nach Abschreibung und nach Zins	40		(130 – 0,17 i)	73,34
=	Steuer	20		(65 – 0,085 i)	36,67

	erweiterter Cashflow nach Bankart (= Gewinn vor Abschreibung und vor Zins)	50	140	140,00
–	Steuern	20	(65 – 0,085 i)	36,67
–	sonstige Entnahmen	70	70	70,00
=	verbleiben für Zins und Tilgung (Kapitaldienstgrenze)	–40	(5 + 0,085 i)	33,33
–	tatsächlicher Kapitaldienst			
■	Zinsdienst	0	(0,07 i)	23,33
■	verbleiben für Tilgungen	–	(0,03 i)	10,00
=	**Unterdeckung**	**minus**		0

Der maximale Kaufpreis ergibt sich aus Gründen der Kapitaldienstfähigkeit dann, wenn der tatsächliche Kapitaldienst gerade der Kapitaldienstgrenze entspricht:

$$5 + 0{,}085\ i = 0{,}10\ i \quad \rightarrow \quad 5 = 0{,}015\ i \quad \rightarrow \quad i = 333.333\ €$$

Ergebnis:
Wenn und soweit die Planrechnung aufgeht, darf der Nachbar maximal 333.333 € kosten, damit Spielwaren Meier EU seinen Kreditverpflichtungen nachkommen kann.

Lösung 9 zu 7 (Fallstudie):

a) **Jahresabschlussanalyse BIKE-Ring GmbH – Einkaufsverbundgruppe**

A Ertragslage (Werte in T€)

1. Aufgliederung des Aufwands bereits im Jahresabschluss erfolgt!

   Zwischenergebnis:
   - Gut wäre Aufgliederung des Umsatzes in Lagerumsatz und Provisionen!
   - Branchenzahlen nicht vorhanden! Gut wäre Benchmarkvergleich mit Hauptkonkurrenten!
   - Im Zeitablauf bessere Material- und Personalquoten, die aber in den höheren sonstigen Aufwendungen kompensiert werden (Gründe hierzu erfragen und sonstige Aufwendungen (machen über 10 % des Umsatzes aus) aufgliedern, z. B. in Miete, Leasing, Fracht, Messe- und Marketingkosten, Rechts- und Beratungsaufwendungen etc.).

2. Rentabilitätsanalyse
   Umsatzrendite = Gewinn vor Steuern ÷ Umsatz
   Brutto-Cashflow zu Umsatz = Cashflow vor Steuern und vor Zins ÷ Umsatz
   Eigenkapitalrentabilität v. St. = Gewinn vor Steuern ÷ Eigenkapital
   Gesamtkapitalrentabilität v. St. = Kapitalgewinn (EBIT) ÷ Gesamtkapital

	Jahr 03	Jahr 02	Jahr 01
Umsatzrendite	443 ÷ 47.517 = 0,9 %	457 ÷ 44.025 = 1 %	320 ÷ 33.233 = 1 %
Brutto-Cashflow zu Umsatz	(443 + 266 + 285 + 481) ÷ 47.517 = 3,1 %	(457 + 285 + 335 + 202) ÷ 44.025 = 3,0 %	(320 + 230 + 278 + ΔRS) ÷ 33.233 = 2,5 + X %
$R_{EK\ vor\ Steuern}$	443 ÷ 5.834 = 7,6 %	457 ÷ 4.650 = 9,8 %	320 ÷ 4.469 = 7,2 %
$R_{GK\ vor\ Steuern}$	(443 + 481) ÷ 19.955 = 4,6 %	(457 + 335) ÷ 21.431 = 3,7 %	(320 + 278) ÷ 12.896 = 4,6 %

Zwischenergebnis:

- relativ geringe Renditerelationen (Gewinnerzielung ist nicht Oberziel der Firma!),
- schlechte Gesamtkapitalrentabilität (negativer Leverageeffekt, wenn der Zinssatz für Fremdkapital höher ist als R_{GK} (4,6 %) – jeder weitere Fremdkapitaleinsatz wäre dann unter sonst gleichen Bedingungen nachteilig).

3. Cashflow und Kapitaldienstfähigkeit
   - Brutto-Cashflow = EBIT + Abschreibung + ΔRS = 1.475 (Jahr 2: 1.279; Jahr 3: 828 + X)
   - eigentlicher Cashflow (ohne Zins, nach Steuern) = 735 (03), 668 (02), 329 + X (01)

	Berechnung der Kapitaldienstfähigkeit	Jahr 03	Jahr 02	Jahr 01
	Gewinn	443	457	320
+	Abschreibungen	266	285	230
+	Zuführung langfristiger Rückstellungen	285	202	X
+	Zinsaufwand	481	335	278
=	erweiterter Cashflow nach Bankart	1.475	1.279	828 + X
–	Ausschüttungen	–	–	–
–	Steuern	259	275	221
=	Kapitaldienstgrenze	1.216	1.004	607 + X
–	tatsächlicher Zinsdienst	481	335	278
=	verbleiben für Tilgungen	735	669	329 + X
	bei Bankverbindlichkeiten in Höhe von	9.974	6.995	1.840

Zwischenergebnis:

- im Zeitverlauf wachsender Cashflow,
- Kapitaldienstfähigkeit gegeben,
- relativ große Tilgungsmöglichkeiten, die jedoch stetig abnehmen.

B Vermögenslage (Werte in T€)

1. Vermögensstruktur (Aktivseite)

Anlageintensität = Anlagevermögen ÷ Gesamtvermögen
Arbeitsintensität = Umlaufvermögen ÷ Gesamtvermögen
UH des Vermögens = Umsatz ÷ Gesamtvermögen
UH der Vorräte = Vorräte ÷ Umsatz
genauer – gleiche Preisbasis:
= Vorräte (EK-Preis) ÷ Wareneinsatz (EK-Preis)
Abschreibungsquote = Abschreibungen auf Sachanlagen ÷ Sachanlagen

	Jahr 03	Jahr 02	Jahr 01
Anlageintensität	3 %	3 %	5 %
Arbeitsintensität	97 %	97 %	95 %
Vermögensumschlag	2,4fach	2,1fach	2,6fach
U_H der Vorräte	5,3- bzw. 4,3fach	5,2- bzw. 4,2fach	6,5- bzw. 5,2fach
A-Quote	43 % bzw. 52 %	46 % oder 53 %	39 % oder 56 %

Zwischenergebnis:

- sehr arbeitsintensiv (Vorräte + Forderungen) ausgerichtetes Unternehmen,
- relativ guter Vermögens- und Warenumschlag,
- hohe Abschreibungen/Investitionen bei relativ geringer Anlageintensität. Anlagespiegel analysieren!

2. Kapitalstruktur (Passivseite)

Eigenkapitalquote = Eigenkapital ÷ Gesamtkapital
erwirtschaftetes EK = Gewinnrücklagen, Gewinnvortrag und Jahresüberschuss in % des Eigenkapitals oder in % des Umsatzes
Bilanzkurs = Eigenkapital ÷ Nominalkapital
Fremdkapitalquote = Fremdkapital ÷ Gesamtkapital

	Jahr 03	Jahr 02	Jahr 01
Fremdkapitalquote	71 %	78 %	65 %
Eigenkapitalquote	29 %	22 %	35 %
erwirtschaftetes EK … in % des EK	834 14 %	650 14 %	469 10,5 %
Bilanzkurs	117 %	116 %	112 %

Zwischenergebnis:
- Schwankende EK-Quote zwischen 22 und 35 %,
- relativ niedriger Anteil des „erwirtschafteten Eigenkapitals".

3. Finanzierung/Anlagendeckung
   - goldene Finanzierungsregel: Fristenkongruenz – Langfristiges muss langfristig finanziert werden!
   - goldene Bilanzregel: EK + langfristiges FK > Anlagevermögen (= Anlagendeckung B) → unproblematisch erfüllt: da Eigenkapital, in jedem Jahr ein Vielfaches des Anlagevermögens ausmacht – aber: Teile des Umlaufvermögens (eiserner Vorratsbestand, Teile der Forderungen etc.) sind auch langfristig gebunden und daher langfristig zu finanzieren.

Zwischenergebnis: Finanzierungsprobleme sind nicht erkennbar.

C Liquidität
(Cashflow-Analyse vgl. A Ertragslage 3)

Liquidität 1. Grades = Zahlungsmittel ÷ kfr. VB > 100 %
Liquidität 2. Grades = (Zahlungsmittel + Forderungen) ÷ kfr. VB > 100 %
Liquidität 3. Grades = (Zahlungsmittel + Forderungen + Vorräte) ÷ kfr. VB > 100 %

Kurzfristige Verbindlichkeiten sind nicht genau bestimmbar; auf jeden Fall sind die Lieferantenverbindlichkeiten zu decken (sonstige Verbindlichkeiten und Bankverbindlichkeiten wären zu untersuchen). Da Forderungen in jedem Jahr etwa 50 % der Bilanzsumme ausmachen, liegt die Liquidität 2. Grades über 100 %. Die Forderungen haben über die Einschaltung einer Zentralregulierungsbank mit Haftungsübernahme (Delkredere) eine besonders gute Qualität (fixe Termine, professioneller Einzug, Haftung etc.).

Obige betriebswirtschaftliche Liquiditätskennzahlen sind stichtagsbezogen und insgesamt wenig aussagekräftig; daher ergänzungsbedürftig, insbesondere mittels

- eines Liquiditätsplans (zeigt genau die Ein- und Auszahlungszeitpunkte auch der auszahlungswirksamen Aufwendungen, vgl. hierzu Kap. 8.3.4.),
- einer Bankauskunft/Kreditwürdigkeitsprüfung bei Hausbank.

Beachte: Entscheidend ist nicht der Banksaldo, sondern die generelle Kreditwürdigkeit bei der Bank!

Zwischenergebnis: Es sind keine Liquiditätsprobleme erkennbar.

D Sicherheitenlage (Werte in T€)

Art der Sicherheit	banküblicher Wert	Anmerkung
Pfandrecht am immateriellen Vermögen	0	meist Individualsoftware mit sehr eingeschränktem Gebrauch. Gut wären branchenbekannte Marken.
Sicherungsübereignung der Sachanlagen	150 (30 %)	erst drei Jahre alt, relativ hohe Abschreibungsquote
Sicherungsübereignung der Vorräte	etwa 1–2 Mio. (etwa 20–30 %)	Lieferantenverbindlichkeiten wegen Eigentumsvorbehalt (EV) abziehen!
Sicherungsabtretung der Forderungen	je nach Rechtslage	Abtretung an ZR-Bank, dann Forderung sogar gegen Bank (EV geht vor!)
Sicherungsübereignung der Kasse	0	im Krisenfall meist kein positiver Kassenbestand
Sicherungsabtretung von Steuer-rückerstattungen	0	Anspruch muss erst entstehen.
Bürgschaft des Gesellschafters (Bike-Ring e.V.)	Je nach Offenlegung	Verein verkörpert die Einlage!

Zwischenergebnis:

Nennenswerte Sicherheiten vorhanden (Bürgschaft des Vereins; Vorräte; Forderungen, insbesondere gegen Zentralregulierer etc.).

Gesamtergebnis der Jahresabschlussanalyse (BIKE-Ring GmbH):

- positive Ertragslage (absolut und relativ jedoch niedrig),
- negativer Leverageeffekt,
- nachhaltige Kapitaldienstfähigkeit,
- Vorräte und Forderungen machen über 90 % der Bilanzsumme aus,
- relativ guter Vermögens- und Kapitalumschlag (Indiz für gute Kunden, Kundentreue und Leistungsfähigkeit),
- zentralregulierte Forderungen mit Haftungsübernahme,
- durchschnittliche Eigenkapitalausstattung, die jedoch nur zu einem sehr kleinem Teil selbst erwirtschaftet ist,
- kein Liquiditäts- und Finanzierungsproblem erkennbar,
- nennenswerte Sicherheiten (Vorräte, Forderungen, Bürgschaft des e. V.) stehen zur Verfügung.

b) **Finanzierung eines neuen Lagersystems der BIKE-Ring GmbH (Werte in T€)**

	erweiterter Cashflow nach Bankart (wie bisher)	1.475
–	Zinsaufwand (bisher 481 + 7 % von 3 Mio. €)	691
–	Abschreibungen (bisher 266 + 10 % von 3 Mio. €)	566
–	Zuführung langfristiger Rückstellungen – wie bisher	285
=	**Plangewinn**	–67
	→ keine Steuer	
	erweiterter Cashflow nach Bankart (wie bisher)	1.475
–	Steuer/Entnahmen	0
=	Kapitaldienstgrenze	1.475
	– tatsächlicher Zinsdienst	691
	verbleiben für Tilgungen	784
	bei dann 13 Mio. Bankverbindlichkeiten (= 6 %)	

Ergebnis:

Die Kapitaldienstfähigkeit ist weiterhin darstellbar. Die Verschuldung nimmt jedoch immer mehr zu, die Tilgungsquote ab. Als Sicherheiten bieten sich die Sicherungsübereignung des neuen Lagersystems (beachte eventuell ein Vermieterpfandrecht) und die bisherigen Sicherheiten (vgl. oben Frage 1 D) an.

Teil B: Investition und Finanzierung

Kapitel 8: Betrieblicher Finanzprozess

Lösung 1 zu 8 (Aufgabe):

a)

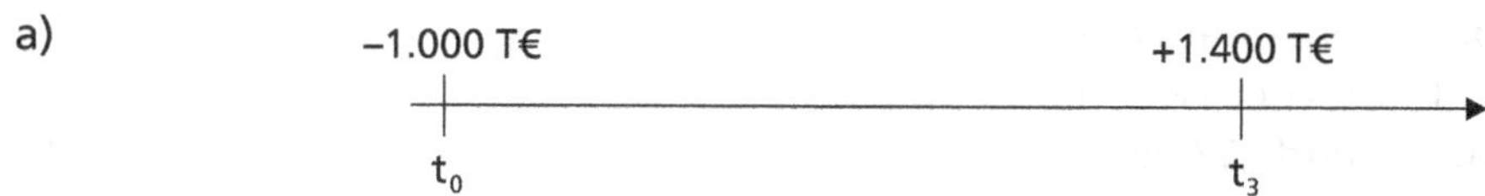

b) Renditeberechnung (Zinseszinsberechnung): $K_n = K_0 \times (1 + i)^n$, „1 + *i*" wird durch „a" ersetzt: $K_n = K_0 \times a^n \rightarrow a = 1{,}11869 \rightarrow i = 11{,}87\,\% > 11\,\%$, d.h., Reise wäre rentabel gewesen, weil die Rückflüsse (11,87 %) die Zinsen (11 %) übersteigen.

Lösung 2 zu 8 (Fallstudie):

a) Kapitalbedarf gesamt = Kapitalbedarf Material + Kapitalbedarf Löhne = 480 T€
   - KB Material: täglicher Kapitalbedarf × Kapitalbindungszeit (eisener Bestand + Produktion + Lager + Kundenziel) = 4 × (10 + 5 + 15 + 30) = 4 × 60 = 240 T€
   - KB Löhne: Lohnaufwendungen werden in der Produktion, im Lager und im Kundenziel gebunden. Besonderheit: die Kapitalbindung in der Produktion baut sich fünfstufig auf und bindet insgesamt 15 T€ (1 + 2 + 3 + 4 + 5) Kapital; die Löhne binden im Lager 75 T€ (15 × 5) und im Kundenziel 150 T€ (30 × 5) Kapital, insgesamt also 240 T€.

b) Eine Verkürzung des Lieferantenziels hat nur Einfluss auf die Kapitalbindung des Materials. Die Kapitalbindungszeit des Materials verringert sich bei Inanspruchnahme des Lieferantenziels auf 30 Tage, der Kapitalbedarf verringert sich insgesamt also um 120 T€.

c) Bei den Löhnen gibt es zwei Besonderheiten zu berücksichtigen:
   - Im Gegensatz zur Kapitalbindung beim Material baut sich die Kapitalbindung im Produktionsprozess (in den fünf Tagen) erst auf.
   - Werden die Löhne nicht taggleich ausbezahlt (z.B. am Monatsende), variiert der Kapitalbedarf beachtlich (zwischen 95 und 240 T€). Der Spitzenbedarf liegt bei 240 T€. Durch die Rückflüsse sinkt der Kapitalbedarf täglich um 5 T€ auf bis zu 95 T€ ab.

Lösung 3 zu 8 (Fallstudie): (WE = Wareneinsatz)

a) Grundsätzlich entsteht ein Finanzierungsbedarf, weil die Auszahlungen (Warenbestand) dauerhaft Kapital binden und erst im Laufe der Zeit Einzahlungen (Umsätze) erfolgen. Der durchschnittliche Warenbestand ist also zu finanzieren.

Berechnung:	Umsatz p.a.	1.000 T€
	hierfür Wareneinsatz p.a.	600 T€
	durchschnittlicher Warenbestand bei zweifacher UH	
	= Kapitalbedarf „Ware"	**300 T€**

Ergebnis: Die Erbschaft in Höhe von 200 T€ deckt den Kapitalbedarf nur zum Teil ab. Weitere 100 T€ sind zu besorgen.

b) Alternative 1:	Umsatzerhöhung auf	1.500 T€
	hierfür Wareneinsatz p. a.	900 T€
	durchschnittlicher Warenbestand bei dreifacher UH	
	= Kapitalbedarf „Ware"	**300 T€**
Ergebnis:	Kapitalbedarf wie Ausgangsfall a)	
Alternative 2:	Umsatz wie bisher	1.000 T€
	hierfür Wareneinsatz p. a.	600 T€
	durchschnittlicher Warenbestand bei vierfacher UH	
	= Kapitalbedarf „Ware"	**150 T€**
Ergebnis:	Kapitalfreisetzung in Höhe von 150 T€, d. h. Liquiditätszufluss, Erbschaft ist „mehr als reichlich".	

Lösung 4 zu 8 (Aufgabe):

Schritt 2 und Schritt 3 können in einem Schritt zusammengefasst werden, sodass die Produktion um eine Zeiteinheit verkürzt wird. Berechnung des Kapitalbedarfs:

	t_1	t_2	t_3	t_4	t_5	...
Auftrag 1	–40	–45	+85			
Auftrag 2		–40	–45	+85		
Auftrag 3			–40	–45	+85	
...						
Kapitalbedarf Periode	40	85	0	0		
Kapitalbedarf gesamt	**40**	**125**	**125**	**125**		

Ergebnis:

Je höher die Prozessgeschwindigkeit, umso kürzer ist die Kapitalbindungsfrist und als Folge hieraus umso niedriger ist der Kapitalbedarf (125 T€). Output pro Zeiteinheit: zwei Stück!

Lösung 5 zu 8 (Aufgabe):

Beginnt der neue Prozess erst dann, wenn der vorausgegangene abgeschlossen ist, verringert sich der Kapitalbedarf (KB) nochmals auf 40_{min} bzw. 85_{max} T€. Output pro Zeiteinheit: ein Stück!

	t_1	t_2	t_3	t_4	t_5	t_6	t_7	t_8	...
Auftrag 1	–40	–45	+85						
Auftrag 2			–40	–45	+85				
Auftrag 3					–40	–45	+85		
KB Periode	40	45	+45	45	+45	45			
KB gesamt	**40**	**85**	**40**	**85**	**40**	**85**			

Lösung 6 zu 8 (Aufgabe):

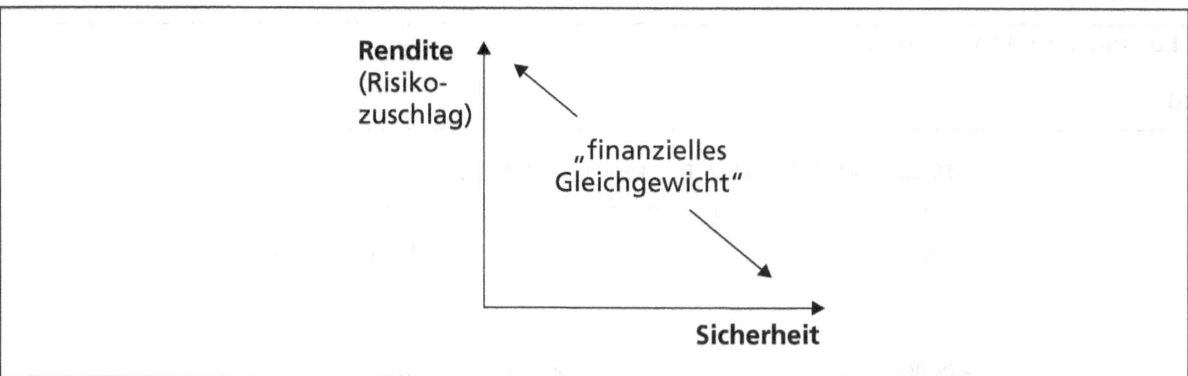

Beispiele:

Kreditvergabe: Je unsicherer eine Kreditierung ist – z. B. schlechtes Rating, keine nachhaltige Kapitaldienstfähigkeit, wenig Sicherheiten –, desto höher ist der Risikozuschlag und damit der Zins.

Investition: Je risikoreicher eine Investition ist (= wenig Sicherheit), desto ertragreicher muss die Investition sein.

Versicherung: Je risikoreicher ein Vorhaben ist, desto teurer ist die Versicherungsprämie.

Lösung 7 zu 8 (Aufgabe):

(GM = Geldmarkt (Zins am kurzen Ende); KM = Kapitalmarkt (Zins am langen Ende))

	Ertrag	Bearbeitungsaufwand	Risiken
Kasse	0	hoch (zählen, verwahren …)	– Inflationsrisiko – Verlustrisiko
Sichteinlagen	niedrig, – max. GM-Zinssatz – unterjährig verzinst	sehr niedrig (einmalige Verhandlung)	– Inflationsrisiko
Termineinlagen	je nach Laufzeit	mittel (Planung, laufende Verhandlungen, Kontrolle …)	– Inflationsrisiko, – Liquiditätsrisiko – Zinsänderungsrisiko je nach LZ
Wertpapiere	analog GM- bzw. KM-Zinssatz	hoch (Kauf, Planung, Bewertung)	– Inflationsrisiko – Kursrisiko (Bonitätsrisiko und Zinsänderungsrisiko je nach LZ)

Kapitel 9: Investitionsplanung

Lösung 1 zu 9 (Aufgabe):

a)

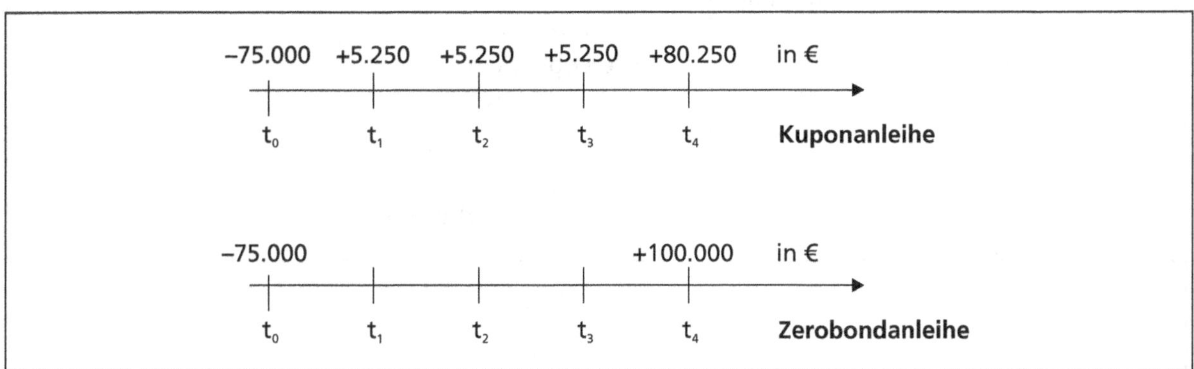

b) Gewählt wird die Anleihe mit der höchsten Rendite:
   - Kuponanleihe: Rendite = 7 %
   - Zerobondanleihe: Renditeberechnung (Zinseszinsberechnung) $K_n = K_0 \times (1 + r)^n$, „$1 + r$" wird durch „$a$" ersetzt: $K_n = K_0 \times a^n \rightarrow a = 1{,}0745 \rightarrow r = 7{,}45\,\%$ > 7 %, d. h., Zerobond ist rentabler.

c) Besonderheiten der Zerobondanleihe:
   - kein Wiederanlagerisiko der Zinsen,
   - längere Kapitalbindung (Duration) und damit höheres Risiko (keine Zahlungen während der Laufzeit),
   - steuerliche und bilanzielle Besonderheiten (Zuflussprinzip und Bewertungsansatz).

Lösung 2 bis 5 zu 9 (Aufgabe Hochzeitstortenfall):

Kostenart (Werte in €)	Alternative 1	Alternative 2
Fixkosten ohne Abschreibungen	850.000	980.000
Abschreibungen	5.750.000	9.000.000
variable Gesamtkosten	10.500.000	7.800.000
Gesamtkosten	17.100.000	17.780.000
→ **Stückkosten**	**48,85**	**44,45**
inklusive Zinskosten:		
Zinskosten	3.000.000	4.000.000
Gesamtkosten	20.100.000	21.780.000
→ **Stückkosten**	**57,43**	**54,45**

Erlös pro Stück	**67**	**61**
Gewinn pro Stück → **Gesamtgewinn**	18,15 bzw. 9,57 **3,35 Mio.**	16,55 bzw. 6,55 **2,62 Mio.**
durchschnittliche Kapitalbindung	30 Mio.	40 Mio.
→ **Periodenrentabilität**	**21,2 % bzw. 11,2 %**	**16,6 % bzw. 6,5 %**
ursprünglicher Kapitaleinsatz	52 Mio.	80 Mio.
Gewinn vor Zins + Abschreibung	12,1 Mio.	15,62 Mio.
→ **Amortisationsdauer**	**4,2 Jahre**	**5,1 Jahre**

Anmerkungen:

- Sofern die Menge am Markt absetzbar ist, sind die Stückkosten bzw. der Gesamtgewinn entscheidend.
- (Antwort zu 2 b) Die durchschnittliche Kapitalbindung bezieht sich im Fall offensichtlich nur auf das Kapital des Anlagevermögens, d. h., der Umlaufkapitalbedarf bleibt außen vor (dieser ist gesondert zu ermitteln – vgl. Kapitel 8.3.3.3), Ermittlung des durchschnittlichen Anlagekapitalbedarfs:
  - Praktikerformel: hälftige Anschaffungskosten,
  - genauere Berechnung: (Anschaffungskosten + Restwert + Abschreibungen) ÷ 2.

Ergebnis:

- Aufgabe 2 zu 9: Alternative 2 – bei Engpasssituation Alternative 1
- Aufgabe 3 zu 9: Alternative 1
- Aufgabe 4 zu 9: Alternative 1
- Aufgabe 5 zu 9: Alternative 1, da geringeres Risiko

Lösung 6 zu 9 (Aufgabe):

a) Kapitalwert C_0 = Differenz der Barwerte = Barwert EinZ – Barwert AusZ
= $150.000 \div 1{,}1^4 - 100.000 = 102.452 - 100.000 = 2.452$ € oder
K_n der AusZ = $100.000 \times 1{,}1^4 = 146.410$ € < EinZ (150.000 €)

b) $K_n = K_0 \times (1+i)^n = K_0 \times a^n$
$a^4 = 150.000 \div 100.000 \rightarrow a = 1{,}1066 \rightarrow$ $\boldsymbol{i = 10{,}66\ \%}$

Ergebnis: Die Investition rechnet sich, da sich ein positiver Kapitalwert (2.452 €) ergibt bzw. die rechnerische Rendite über 10 % (10,66 %) liegt.

Lösung 7 zu 9 (Aufgabe):

Der Kapitalwert C_0 errechnet sich aus der Differenz der Barwerte (∑ Barwerte EinZ – ∑ Barwerte AusZ). Die Summe der einzelnen Barwerte der Einzahlungen beträgt

$$80 \div 1.1 + 60 \div 1{,}1^2 + 40 \div 1{,}1^3 = 72.727 + 49.587 + 30.053 = 152.367\ €$$

und ist damit größer als die Summe der Barwerte der Auszahlungen (140.000 €). Da sich ein positiver Kapitalwert errechnet (C_0 = 12.367 €), rechnet sich die Investition mit dem angenommenen Kalkulationszinssatz in Höhe von 10 %.

Lösung 8 zu 9 (Aufgabe):

Die Summe der einzelnen Barwerte der Einzahlungen beträgt

$$3.000 \div 1,1 + 3.000 \div 1,1^2 + 3.000 \div 1,1^3 + 3.000 \div 1,1^4$$
$$= 2.727 + 2.479 + 2.254 + 2.049 = 9.509\ €$$

oder einfacher:

$$\text{Rente } 3.000\ € \times \text{RBF } 3,17 = 9.510\ €$$
$$C_0 = -\text{Inv} + \text{Rückflüsse} = -10.000\ € + 9.509\ € = -491\ €$$

und ist damit kleiner als die Summe der Barwerte der Auszahlungen (10.000 €). Da sich ein negativer Kapitalwert errechnet (491 auf K_0 bzw. 718 K_4) rechnet sich die Investition mit dem angenommenen Kalkulationszinssatz in Höhe von 10 % nicht. Die Kontobewegungen lassen sich wie folgt abbilden:

	Zinsen in €	Einzahlungen in €	Kontostand in €
Jahr Ende 0			–10.000
Jahr Ende 1	–1.000	+3.000	–8.000
Jahr Ende 2	–800	+3.000	–5.800
Jahr Ende 3	–580	+3.000	–3.380
Jahr Ende 4	–338	+3.000	–718

Lösung 9 zu 9 (Fallstudie Windrad):

Jahre	Auszahlungen in T€	Einzahlungen in T€	Überschüsse in T€
Jahr 0	–1.500	200	–1.300
Ende Jahr 1	–450	800	350
Ende Jahr 2	–450	800	350
Ende Jahr 3	–450	800	350
Ende Jahr 4	–650	800	150
Ende Jahr 5	–450	1.000	550

Damit ergibt sich folgender (positiver) Kapitalwert C_0:

$$C_0 = -\text{ Investition} + \text{jährliche Rückflüsse}$$
$$= -1300 + 350 \times 2,577 + 150 \times 0,735 + 550 \times 0,681$$
$$= +87\ \text{T€}$$

Damit rechnet sich das Vorhaben bei einem Kalkulationszinssatz von 8 %!

Lösung 9 zu 9 (Aufgabe):

a) Nach dem statischen Verfahren ergibt die Errechnung nach der Annäherungsformel ein etwas verzerrendes Bild, zumal eine Zweiteilung der Rückflüsse besteht (Rückflüsse von 30 und 12, durchschnittlich also 21 T€).
Amortisationdauer = Kapitaleinsatz ÷ durchschnittlicher Rückfluss

(Gewinn + Abschreibungen)
= 90.000 ÷ 21.000 = etwa 4,3 Jahre (ohne Verrechnung von Zinsen)
Alternativ bietet sich eine Addition der Rückflüsse an, bis die Auszahlung der Investition erreicht ist:
30.000 + 30.000 + 30.000 = 90.000 €
Amortisation also nach drei Jahren!

b) Nach dem dynamischen Verfahren werden die einzelnen Barwerte der Überschüsse so lange addiert, bis der Barwert der Investition (Auszahlung) überschritten ist:
$30.000 \div 1,1 + 30.000 \div 1,1^2 + 30.000 \div 1,1^3 + 12.000 \div 1,1^4 + 12.000 \div 1,1^5 =$
27.272 + 24.793 + 22.539 + 8.196 + 7.451 = 90.251 €
Amortisation also nach etwa fünf Jahren!

Kapitel 10: Verfahren der Unternehmensbewertung

Lösung 1 zu 10 (Aufgabe):

Ertragswert = konstanter Periodengewinn × Rentenbarwert + abgezinster Restwert = 150.000 × 7,024 + 700.000 × 0,508 = 1.053.600 + 355.600 = 1.409.200 €

Im „statischen Modell" spielt der Zeitfaktor keine Rolle, es erfolgt also in dieser Betrachtung keine Abzinsung. Der Ertragswert beträgt demnach 150 T€ × 10 + 700 T€ = 2,2 Mio. €.

Kapitel 11: Finanzierung

Lösung 1 zu 11 (Aufgabe):

EU/eK: Nein, da mehrere Gesellschafter vorhanden sind.

OHG: Nein, weil
- jeder für jeden haften würde,
- jeder grundsätzlich zur Geschäftsführung und zur Vertretung berechtigt ist,
- jeder Ein- und Austritt im Handelsregister dokumentiert werden muss.

KG: Nein, weil
- Grundsatzfrage, wer Voll- oder Teilhafter ist, offen bleibt,
- jeder Ein- und Austritt im Handelsregister dokumentiert werden muss, bei unkorrekter Eintragung Gefahr der Vollhaftung (§ 161).

GmbH: Nur beschränkt empfehlenswert, da
- bei fixem Stammkapital und bei variabler Gesellschafteranzahl Probleme entstehen,
- die Übertragung der Geschäftsanteile nur mit Hilfe eines Notars möglich ist,
- Probleme bei Ein- und Austritten auftreten (Gesellschafterliste, Anteilsbewertung, Anteilsübertragung etc.).

AG: Besser als GmbH, dennoch nur beschränkt empfehlenswert, da
- bei fixem Grundkapital und bei variabler Gesellschafteranzahl Probleme entstehen,
- die Gründung relativ aufwendig ist,
- Übertragung der Anteile vereinfacht werden kann.

Beachte: Stimmrechte nach Kapitalanteil.

eG: Sehr geeignet, da
- das Kapital je nach Mitgliederanzahl variabel ist,
- die Gründung einfach ist (Mitgliederliste führt Genossenschaft).

Beachte: Stimmrechte nach Köpfen; beschränkte Haftung auf Anteil und Haftsumme; kein Bewertungsproblem, da etwaige Wertsteigerungen bis zur Liquidation der Genossenschaft verbleiben.

e. V.: Nicht möglich, da Vereinsgründung für wirtschaftliche Zwecke unzulässig ist.
Beachte: Der wirtschaftliche Verein ist im Kern die Genossenschaft!

Stille Gesellschaft: Geeignet, wenn und soweit Hauptfrage der Hauptgesellschafter geklärt ist.

Doppelstöckige Gesellschaft: Gut geeignet, Beispiel:
- Mitgliederformation und Kapitalansammlung im Kleid einer Genossenschaft oder eines Vereins (Beteiligung ist erlaubter Vereinszweck!),
- Geschäftsbetrieb in einer Kapitalgesellschaft (z. B. GmbH oder AG als Betriebsgesellschaft), die der Mitgliedervereinigung gehört.

Lösung 2 zu 11 (Aufgabe):

Das Grundkapital wird von 600 Mio. € um 300 Mio. € auf 900 Mio. € aufgestockt, also im Verhältnis 2 zu 1. Der Nennwert pro Aktie beträgt 50 € (300 Mio. € ÷ 6 Mio. Stück). Berechnung des Bezugsrechts:

a)

auf zwei alte Aktien im Wert von je 309 €	618 €
tritt eine neue Aktie im Wert von	150 € hinzu
insgesamt also drei Aktien (neuer Kurs 256 €!)	768 €

Verlust der Altaktie: 309 – 256 = 53 € (= Wert des Bezugsrechts)
oder mittels Formel: Wert des Bezugsrechts = (309 – 150) ÷ ((2 ÷ 1) + 1) = 53 €

Probe: Bezug einer neuen Aktie	
Bezug der jungen Aktie	150 €
+ zwei Bezugsrechte	106 €
= zusammen (Wert der Aktie)	256 €

b)

bisher	12 Mio. Stück zum Nennwert von je 50 € = 600 Mio. €
neue Aktien	6 Mio. Stück zum Nennwert von je 50 € = 300 Mio. €
nach Kapitalerhöhung	18 Mio. Stück zum Nennwert von je 50 € = 900 Mio. €

Die Aktien werden mit einem Agio in Höhe von 100 €, insgesamt also zu einem Preis von 150 € verkauft. Die AG kann deshalb 900 Mio. € bar einnehmen. Davon werden 300 Mio. € in das Grundkapital, 600 Mio. € in die Kapitalrücklage (Agioeffekt) eingestellt. Effektiv zahlt jeder junge Aktionär 256 € pro Aktie: 150 € an die Gesellschaft und 106 € an den abgebenden Altaktionär für zwei Bezugsrechte.

Lösung 3 zu 11 (Aufgabe):

a) Eine 20%ige Kapitalerhöhung bringt ein Bezugsverhältnis von 5 zu 1, d. h., auf fünf Altaktien tritt eine neue Aktie hinzu.

b) Das Bezugsrecht errechnet sich auf 0,50 € ((23 – 20) ÷ 6).

c) Der Kurs der Altaktien wird nach der Kapitalerhöhung um 0,50 € auf 22,50 € fallen.

Lösung 4 zu 11 (Aufgabe):

Der Kurs pendelt sich nach Ausgabe der Gratisaktien etwa bei 30 € ein. Lösungsweg:

Vorher:		Nominalkapital	10 Mio. € (2 Mio. Stück)
	+	Rücklagen	10 Mio. €
	=	rechnerisches Eigenkapital	20 Mio. €
		Marktkapitalisierung: 2 Mio. Stück zum Kurs von **45 €**	= 90 Mio. €
Nachher:		Nominalkapital	15 Mio. € (3 Mio. Stück)
	+	Rücklagen	5 Mio. €
	=	rechnerisches Eigenkapital	20 Mio. €
		Marktkapitalisierung bleibt unverändert: 3 Mio. Stück zum Kurs von **30 €**	= 90 Mio. €

Lösung 5 zu 11 (Aufgabe):

Gewöhnlich beträgt die Transferfrist von Geld einen Arbeitstag. Rechtlich genügt nach traditionell deutscher Auslegung für den Schuldner/Geldnot die Absendung (vgl. §§ 269, 270 BGB). Nach EU-Recht muss der Betrag in der angegebenen Zeit gutgeschrieben sein (vgl. EuGH-Urteil vom 03.04.2008). Der 2%ige Skontovorteil geht also in 40 Tagen verloren, was einem Jahreszins von mindestens 18 % entspricht. Ein Bankkredit mit 15 % Sollzins ist demnach billiger.

Probe: Bei einem Rechnungsbetrag in Höhe von 100.000 € abzüglich 2 % Skonto sind 98 T€ (Skontovorteil also 2.000 €) für 40 Tage zu finanzieren. Bei einem Zinssatz von 15 % sind an die Bank 1.633,33 € zu entrichten. Der Vorteil der Skontierung beträgt demnach 366,66 €.

Lösung 6 zu 11 (Aufgabe):

Beide Varianten kommen annäherungsweise in etwa zum selben Ergebnis.

a) Renditeberechnung Variante 1: 7,75 % zu pari = 7,75 %
Renditeberechnung Variante 2: Annäherungsberechnung:

	5 % Nominalzins bei 90%igem Einsatz	= 5,55 %
+	10 % Auszahlungsverlust in fünf Jahren (in etwa) 2 % pro Jahr auf 90%igem Einsatz	= 2,22 %
=	Rendite in etwa	= 7,77 %

b) Je höher der Kapitalwert, umso besser für den Kreditnehmer! Der Kapitalwert (Co) errechnet sich bei einem Kalkulationszinssatz von 7,75 % wie folgt (Werte in T€):

Co = Auszahlung – (jährliche Zinszahlungen × Rentenbarwertfaktor) – (Rückzahlung × Abzinsungsfaktor)

Bei 7,75 % pari: Co = 100 – (7,75 × 4,0185) – (100 × 0,6885) = 0

Bei Disagio-Variante: Co = 90 – (5,00 × 4,0185) – (100 × 0,6885)
= 1,06 € auf 100 € = 1.060 € auf 100 T€

Ergebnis: Bei einem Kreditnennbetrag von 100 T€ ist die Disagio-Variante auf fünf Jahre berechnet für den Kreditnehmer um etwa 1.060 € besser als die Pari-Variante.

Lösung 7 zu 11 (Aufgabe):

Synopse: Lieferantenkredit vs. Kontokorrentkredit:

Kriterium	Lieferantenkredit	Kontokorrentkredit
Kosten	Meist sehr hohe Opportunitätskosten, wenn Skonto nicht ausgenutzt wird	Teuerster Bankkredit, aber meist noch günstiger als Skontoverzicht
Besicherung	Keine bankübliche Besicherung notwendig Üblich: Eigentumsvorbehalt und/oder Wechselstrenge	Regel: Bankübliche Kreditwürdigkeitsprüfung und Besicherung
Liquiditätsbelastung	Ausnutzung des Zahlungsziels entlastet Kreditlinie	Kreditlinie dient als Liquiditätsreserve für auftretende Spitzenbelastungen
Kreditierungsverfahren	Schnelle und formlose Kreditgewährung durch Lieferanten	Einer Kreditlinie voraus geht eine formelle und materielle Kreditwürdigkeitsprüfung
Abhängigkeit	Relativ abhängig vom Lieferanten, relativ unabhängig von der Bank	Abhängig von Kreditentscheidung der Bank

Lösung 8 zu 11 (Aufgabe):

Die jährliche Tilgung beläuft sich auf 200 T€ (1 Mio. € ÷ 5 Jahre). Damit ergibt sich folgender Zins- und Tilgungsplan in T€:

Jahr	Zahlung p.a.	Zinsen	Tilgung	Restschuld
1	270	70	200	800
2	256	56	200	600
3	242	42	200	400
4	228	28	200	200
5	214	14	200	–
Insgesamt	1.210	210	1.000	–

Lösung 9 zu 11 (Aufgabe):

a) Vorteile des Wechsels: abstraktes Zahlungsmittel, Disziplinierung des Schuldners durch die Wechselstrenge, kostengünstiges Finanzierungsmittel.

b) Lieselotte Pulver kann den Wechsel
   1. (Regelfall) ihrer Bank zum Diskont vorlegen („Kreditfunktion": Diskontkredit),
   2. einem Vorlieferanten bzw. Gläubiger weitergeben („Zahlungsmittelfunktion"),
   3. verwahren und bei Fälligkeit (der Bank) zum Einzug übergeben („Sicherungsfunktion").

Lösung 10 zu 11 (Aufgabe):

a) Bei der **Ausfallbürgschaft** zahlt der Bürge erst, wenn der Gläubiger nachweisen kann, dass die Zwangsvollstreckung beim Hauptschuldner trotz Sorgfalt und ohne Nachlässigkeit nicht (voll) erfolgreich war. Der Bürge muss bei einer Ausfallbürgschaft dann nur noch den offenen Betrag bezahlen. Bei der **selbstschuldnerischen Bürgschaft** verzichtet er auf dieses Recht und muss sofort „voll" bezahlen (Regelfall im kaufmännischen Verkehr, vgl. § 349 HGB).

b) Eine **Garantie** ist im Gegensatz zur Bürgschaft formlos möglich und ein rechtlich selbstständiges (abstraktes) Versprechen, also nicht akzessorisch.

c) Bei der **Patronatserklärung** sichert ein Dritter (meist das Mutterunternehmen) dem Kreditgeber zu, das betreffende Unternehmen so mit Finanzmittel auszustatten, dass es seinen Verbindlichkeiten nachkommen kann. Die **Negativerklärung** gibt der Kreditnehmer selbst gegenüber dem Kreditgeber ab und erklärt dabei, keinen anderen (neuen) Gläubiger besser zu stellen in dem dieser eine Sicherheit erhält. Beachte: Die Negativerklärung entfaltet keine absolute, dingliche Wirkung!

Lösung 11 zu 11 (Aufgabe):

Die Handwerkerforderung gegen den Bauherrn ist zweifach abgetreten, und zwar

- an die Bank (Geldkreditgeber) im Wege einer antizipierten Globalzession und
- an den Vorlieferanten (Warenkreditgeber) im Wege eines erweiterten Eigentumsvorbehalts (EV).

Sofern der Handwerker in finanzielle Schwierigkeiten gerät, entsteht das klassische Problem der Kollision zwischen verlängertem Eigentumsvorbehalt und antizipierter Globalzession. Dieser „Wettlauf um die Sicherheit" überprüft die ständige Rechtsprechung anhand der guten Sitten nach § 138 BGB (grundlegend BGHZ 30, 152). Zunächst geht man grundsätzlich vom Prioritätsprinzip aus. Danach wäre die zeitlich frühere Globalabtretung schlagend. Im Regelfall hätte damit die antizipierte Globalzession den Vorrang, da die Bank frühzeitig – oft bei Geschäftsgründung – die Globalzession vereinbart, die einzelnen Kaufkontrakte mit den Lieferanten werden gewöhnlich erst danach geschlossen. Die Anwendung des Prioritätsprinzips würde also regelmäßig das Sicherungsinteresse der Vorlieferanten vereiteln. Mehrere Theorien versuchen einen Ausgleich:

- Die Surrogationstheorie bejaht den Vorrang des Warenlieferanten, da die abgetretene Forderung ein Surrogat der Ware bzw. des EV sei.
- Die Anhänger des „Näheprinzips" argumentieren für den Warenkreditgeber, da dieser unmittelbarer zur Entstehung der Forderung beitrage.
- Andere wollen die Forderung zwischen Waren- und Geldkreditgeber aufteilen.

Die ständige Rechtsprechung prüft § 138 BGB. Danach verstößt die Globalzession gegen die guten Sitten, wenn sie auch solche Forderungen umfasst, die der Schuldner üblicherweise aufgrund eines EV abtreten muss. In diesem Fall verleite die Bank den Schuldner zum Vertragsbruch gegenüber dem Lieferanten und dies sei sittenwidrig. Nur die sogenannte dingliche Teilverzichtsklausel (Vorrang des Lieferanten) räumt diesen Vorwurf aus. Eine schuldrechtliche Teilverzichtsklausel, die Bank verpflichtet sich hierbei, dem nicht befriedigten Lieferanten die Forderung abzutreten oder den Betrag auszuzahlen, beseitigt nach Ansicht des BGH den Vorwurf der Sittenwidrigkeit nicht, zumal der Lieferant hier zusätzlich mit dem Konkurs der Bank belastet sei und zur Durchsetzung der Rechte unangemessen beschwert sei. Im Ergebnis gehört die Forderung dem Großhändler. Es ist dann zu prüfen, ob der Mehrerlös in Höhe von 10 T€ zurück an die „Masse" zu zahlen ist oder auch von der Globalzession der Bank umfasst ist.

Bezahlt der Bauherr an den Handwerker, bevor der Großhändler den Bauherrn auf seinen Eigentumsvorbehalt hinweist, geht der Großhändler leer aus. Die Zahlung an den Handwerker wirkt in diesem Fall befreiend. Die Bank schreibt den Betrag dem Handwerkerkonto gut, die Sache ist damit erledigt.

Lösung 12 zu 11 (Aufgabe):

Die Bank hat dann Sicherungseigentum erworben, wenn die Einigung und Übergabe rechtswirksam erfolgt ist. Eigentum kann man nur an „bestimmten oder bestimmbaren Sachen" erwerben. Eine Bestimmbarkeit muss sich eindeutig ohne Zutun Dritter ergeben. Dies ist im vorliegenden Fall nicht möglich. Da nicht eindeutig feststeht, welche Speichen und Fahrräder der Bank bzw. dem Fahrradhändler Fix gehören, hat die Bank kein Sicherungseigentum erworben.

Lösung 13 zu 11 (Fallstudie – Hans Holz eK):

a) Der Ausweis des bilanziellen Kapitals ist grundsätzlich negativ zu bewerten, zumal das Kapital aktivisch ausgewiesen ist. Da die Entnahmen größer als die Gewinne sind, entsteht „Negativkapital". Die Kapitalsituation ist jedoch nicht nur negativ zu sehen: Zum einen steigen die Bankverbindlichkeiten nicht an, wichtiger ist jedoch der hohe Bestand an stillen Reserven. Offensichtlich hat das Gebäude – Umbau ist abgeschlossen – einen Wert von 1 Mio. €, wovon nicht einmal ein Drittel bilanziert ist. Im Ergebnis ist das Negativkapital auch auf überhöhte Gebäudeabschreibungen zurückzuführen. Korrigiert man das Eigenkapital um die (Hälfte der) stillen Reserven, so errechnet sich ein effektives (positives) Eigenkapital von etwa 200 T€.

b) Die Kreditierung des LKW ist materiell dann unproblematisch, wenn Hans Holz kapitaldienstfähig ist.

	Bisherige Kapitaldienstfähigkeit	**02**	**01**
	Gewinn	70	60
+	Abschreibungen auf das AV	50	50
+	Zinsaufwand	40	60
=	**erweiterter Cashflow nach Bankart**	**160**	**170**
–	Entnahmen inkl. Steuern	120	110
=	**Kapitaldienstgrenze**	**40**	**60**
–	zu bezahlende Zinsen	40	60
=	verbleibt für Tilgung	0	0

Zwischenergebnis:
Hans Holz ist nur teilweise kapitaldienstfähig. Er kann nur die Zinsen bezahlen, für eine Tilgung seiner Schulden bleibt kein Raum. Da der Hausbau abgeschlossen ist, verringern sich die künftigen Entnahmen. Auch wirkt sich die Neuinvestition auf die Steuerlast positiv aus.

	Künftige Kapitaldienstfähigkeit		**Plan**
	Gewinn vor Zins, vor Abschreibung und vor Steuern		160
–	Abschreibungen „bisher und neu"	(50 + 25)	75
–	Zinsaufwand „bisher und neu"	(40 + 20)	60
=	**Plangewinn vor Steuern**		**25**
	(hierauf Steuerlast neu von nur noch 20 % = 5 T€)		
	Plan-Cashflow nach Bankart		**160**
–	Entnahmen (ohne Steuern, ohne Umbaumaßnahmen)		65
–	Steuerlast neu		5
=	**Kapitaldienstgrenze neu**		**90**
–	zu bezahlende Zinsen „bisher und neu"		60
=	verbleiben für Tilgung		30

Ergebnis: Durch den niedrigen Gewinn ergibt sich ein positiver Steuereffekt. Dadurch und durch die reduzierten Entnahmen – der Hausbau ist abgeschlossen – ergibt sich für Hans Holz eine Tilgungsmöglichkeit von 30 T€ bei einem neuen Schuldenstand von 750 T€ (~ 4 % anfängliche Tilgung). Da es sich um eine betriebsnotwendige Investition handelt, wird die Hausbank unter strenger Engagementbeobachtung wohl kreditieren. Alternativ wird die Hausbank Hans Holz zum Erwerb eines billigeren LKW drängen (Standardmodell, Vorführwagen, Gebrauchtfahrzeug etc.).

Lösung 14 zu 11 (Fallstudie Verlagsgesellschaft mbH):

	Bisherige Kapitaldienstfähigkeit	**02**
	Gewinn	500
+	Abschreibungen auf das AV	110
+	Zinsaufwand	100
+	langfristige Rückstellungen (allenfalls Garantierückstellungen)	max. 20
=	**erweiterter Cashflow nach Bankart**	**730**
–	Ausschüttung/Dividende	? (0)
–	Steuern	300
=	**Kapitaldienstgrenze**	**430**
–	Zinsdienst	100
=	verbleibt für Tilgung	330

Ergebnis: Die Kapitaldienstfähigkeit ist gegeben. Es besteht eine enorme Tilgungsleistung (330 T€ Tilgungsfähigkeit bei 1,7 Mio. € Bankschulden)!

Lösung 15 zu 11 (Fallstudie Tim-Ball-Tenniscenter):

a) **Schematischer Kreditablauf bzw. formelle Voraussetzungen:**

1. Kreditantrag auf Errichtung eines Tenniscenters

2. Kreditbedarf: 150.000 T€ für das Grundstück und die Ausstattung; ein nennenswerter Kreditbedarf für ein Umlaufvermögen ist nicht ersichtlich.

3. Offenlegung der wirtschaftlichen Verhältnisse nach § 18 KWG?
   - Nein, da unter der Offenlegungsgrenze (750 T€) von § 18 KWG;
   - aber Offenlegung nach allgemeinen, banküblichen Grundsätzen;

- erforderliche Unterlagen: Konzept samt Planrechnung, Steuerbescheid, Grundbuchauszug, Status etc.

4. Kreditwürdigkeitsprüfung:
   - persönliche Kreditwürdigkeit gegeben;
   - materielle Kreditwürdigkeit (Kapitaldienstberechnung vgl. unten b) und c));
   - Einbuchung etwaiger Sicherheiten (insbesondere Verpfändung des Grundstücks).
5. Kreditprotokoll, Kreditbewilligung, Kreditvertrag
6. Kreditüberwachung (neuer Grundbuchauszug, Überwachung der Sicherheiten, Überwachung des Zahlungsflusses, Kontoüberwachung etc.)

b) **Ermittlung der Plan-Kapitaldienstfähigkeit (Best-Case-Szenario):**

	Umsatz im besten Fall (30 Wochen × 60 Stunden × 50 €)	90.000 €
–	laufende betriebliche Kosten	–4.500 €
–	Abschreibungen (10 % von 50.000; Grundstück nicht!)	–5.000 €
–	Zinsaufwand (7 % des Kredits/Kreditbedarfs: 150 T€)	–10.500 €
=	Plangewinn (Best-Case) (hierauf Steuerlast 30 % = 21.000 €)	70.000 €

Plan-Kapitaldienstfähigkeit		Plangewinn vor Steuern	70.000 €
	+	Abschreibungen	5.000 €
	+	Zinsaufwand	10.500 €
	=	erweiterter Cashflow	85.500 €
	–	Steuerlast	21.000 €
	–	allgemeine Entnahmen	25.000 €
	=	Kapitaldienstgrenze	39.500 €
	–	Zinsaufwand	10.500 €
	–	Tilgung 3 %, anfänglich	4.500 €
	=	Überdeckung (Reserve)	24.500 €

Im besten Fall rechnet sich das Vorhaben, zumal Zins und Tilgung leicht erbracht werden können und sogar 24.500 € Überdeckung verbleiben, was knapp 20 % der Kreditsumme entspricht.

c) **Bestimmung des Break-even-Punkts (Break-even-Kapitaldienstberechnung):**

Der Break-even-Punkt ist dann erreicht, wenn die Kapitaldienstgrenze dem effektiven Kapitaldienst entspricht (= 15.000 €).

	Kapitaldienstgrenze	15.000 €
+	allgemeine Entnahmen	25.000 €
+	Steuerlast	0,3 vom Break-even-Gewinn
=	Break-even-erw.-Cashflow	40.000 € + 0,3 vom Break-even-Gewinn
–	Zinsaufwand	10.500 €
–	Abschreibungen	5.000 €
=	Break-even-Gewinn	24.500 € + 0,3 vom Break-even-Gewinn
=	(24.500 ÷ 0,7)	35.000 €
+	Zinsaufwand	10.500 €
+	Abschreibungen	5.000 €
+	laufende Betriebskosten	4.500 €
=	Break-even-Umsatz	55.000 €

Ergebnis:
Bei einer „60 Stunden Woche" ergibt dies eine Minimalanforderung von 18,33 „schönen Wochen" (55.000 ÷ (60 × 50)).

Lösung 16 zu 11 (Aufgabe):

Der Factor (Finanzdienstleistungsunternehmen) erwirbt (Ankauf und Abtretung) fortlaufend noch nicht fällige Forderungen von seinen Kunden (= Verkäufer) und schreibt dem Kunden in der Regel 80 % und mehr der Forderungssumme gut. Auf diese Weise erfolgt eine Bevorschussung der angekauften Forderungen (Finanzierungsfunktion). Beim „echten Factoring" übernimmt er das Ausfallrisiko (Delkrederefunktion). Darüber hinaus kann der Factor weitere Servicefunktionen übernehmen, wie z. B. die Debitorenbuchhaltung und das Mahnwesen. Als Gegenleistung entrichtet der Kunde eine Factoring-Gebühr sowie Zinsen für die Finanzierung. Üblich ist auch eine Selbstbeteiligung des Kunden bei Ausfall der Endkunden.

Lösung 17 zu 11 (Aufgabe):

Gebucht wird Folgendes:

Jahr	bil. A	Gewinn	Steuer	Kontostand
Ende 1. Jahr	2.500	7.500	3.750	6.250
Ende 2. Jahr	2.500	7.500	3.750	12.500
Ende 3. Jahr	2.500	7.500	3.750	18.750
Ende 4. Jahr	2.500	7.500	3.750	25.000
Ende 5. Jahr	–	10.000	5.000	30.000
Totalperiode	10.000	40.000	20.000	30.000

Richtig wäre aber gewesen:

Jahr	bil. A	Gewinn	Steuer	Kontostand	stille Res.	Liquiditätsres.
Ende 1. Jahr	2.000	8.000	4.000	6.000	500	250
Ende 2. Jahr	2.000	8.000	4.000	12.000	1.000	500
Ende 3. Jahr	2.000	8.000	4.000	18.000	1.500	750
Ende 4. Jahr	2.000	8.000	4.000	24.000	2.000	1.000
Ende 5. Jahr	2.000	8.000	4.000	30.000	0	0
Totalperiode	10.000	40.000	20.000	30.000	0	0

Lösung 18 zu 11 (Aufgabe):

	Gewinn vor Rückstellung	zusätzlicher Personalaufwand	bilanzieller Gewinn	Steuer	Liquidität
Alt. 1	100	–	100	50	50 (= EK)
Alt. 2	100	100	0	0	100 (= FK)
Alt. 3	100	50	50	25	75 (= EK und FK)

Beachte: Der Liquiditätseffekt erlischt in „Phase 2". Die Zuführungen zu den Pensionsrückstellungen entsprechen dann den Auszahlungen an die Leistungsempfänger (= Pensionäre).

Lösung 19 zu 11 (Aufgabe):

Jahresabschreibung = AHK ÷ Nutzungszeit = 100 ÷ 5 = 20 T€

a) Kalkulation Alt. a) in T€

Lohn	40
Material	40
Abschreibung	20
Gesamtaufwand	**100**
Umsatz	100
Gewinn	0
Steuer	0
Auszahlungen (Lohn + Material)	**80**

b) Kalkulation Alt. b) in T€

Lohn	40
Material	40
Abschreibung	20
Gesamtaufwand	**100**
Umsatz	110
Gewinn	10
Steuer	5
Auszahlungen (Lohn, Material + Steuer)	**85**

Kontoentwicklung Alternative a)				**Alternative b)**	
			Kontostand:		Kontostand:
t_0	Erbschaft Werkzeuge	+100 –100	0	+100 –100	0
t_1	Einzahlungen Auszahlungen	+100 –80	20	+110 –85	25
t_2	Einzahlungen Auszahlungen	+100 –80	40	+110 –85	50
t_3	Einzahlungen Auszahlungen	+100 –80	60	+110 –85	75
t_4	Einzahlungen Auszahlungen	+100 –80	80	+110 –85	100
t_5	Einzahlungen Auszahlungen	+100 –80	100	+110 –85	125
$t_{5+1\text{ Tag}}$	Werkzeuge	–100	0	–100	25

Entnahmemöglichkeiten:

- vorübergehend: nur in Höhe der Abschreibungen,
- dauerhaft: nur etwaige Zinsen (nach Steuern) und bei Alternative b) der Gewinn nach Steuern.

Lösung 20 zu 11 (Aufgabe nach Heinen):

A = Abschreibung in

Jahr	0	Ende 1	Ende 2	Ende 3	Ende 4	Ende 5	Ende 6	Ende 7	Ende 8	Ende 9
A Maschine 1	–	200	200	200	200	200	200	200	200	200
A Maschine 2	–	–	200	200	200	200	200	200	200	200
A Maschine 3	–	–	–	200	200	200	200	200	200	200
Jahres A	–	200	400	600	600	600	600	600	600	600
Investition	1.000	1.000	1.000	–	–	1.000	1.000	1.000	–	–
Kontostand	–1.000	–1.800	–2.400	–1.800	–1.200	–1.600	–2.000	–2.400	–1.800	–1.200

Der Kapitalbedarf für die drei Maschinen beträgt nicht 3.000 €, sondern (maximal) 2.400 €. Die Kapitalfreisetzung beträgt im ersten Jahr 200 € und schwankt in Folge zwischen 600 und 1.800 €. Das Konto schwankt jeweils am Jahresende zwischen –1.200 € und –2.400 €. Der niedrigste Soll-Kontostand beträgt (Ende Jahr 5, 10, ... jeweils vor Reinvestition) –600 €.

Lösung 21 zu 11 (Aufgabe):

A = Abschreibung nicht in Geldeinheiten, sondern in LKW

Jahr	A in LKW	Neuanschaffung LKW	Anzahl LKW	Liquidität in LKW kumuliert
0	–	20	20	–
Ende 1	2	2	22	–
Ende 2	2,2	2	24	0,2
Ende 3	2,4	2	26	0,6
Ende 4	2,6	3	29	0,2
Ende 5	2,9	3	32	0,1

Ergebnis: Zu Beginn des fünften Jahres können 29 LKW-Züge „fahren", im Laufe des fünften Jahres können weitere drei LKW-Züge angeschafft werden. Voraussetzung hierfür:

1. Bedingungen treten ein, insbesondere Nutzungsdauer von zehn Jahren,
2. Abschreibungen werden verdient (wohl gegeben: gute Ertragslage),
3. verdiente Abschreibungen werden zeitnah in neue Maschinen investiert,
4. gleich bleibende LKW-Anschaffungspreise,
5. Schwankungen können intern und extern dargestellt werden.

Kapitel 13: Grundlagen des Zahlungsverkehrs

Lösung 1 zu 13 (Aufgabe):

Art der Lastschrift	Dauerauftrag	Einzugsermächtigung
Betrag	Stets gleich	Gleich oder sich ändernd
Termin	Regelmäßig wiederkehrend	Sich ändernd oder regelmäßig wiederkehrend
Akteur	Ausgehend vom Zahlungspflichtigen	Ausgehend vom Zahlungsempfänger
Praxisbeispiel	Miete, Vereinsbeitrag	Telefonrechnung, Steuer

Multiple-Choice-Test mit Lösungen

Eine, mehrere oder alle Aussagen sind richtig. Kreuzen Sie jeweils die richtige Aussage an bzw. setzen Sie das Ergebnis ein!

1. Bilanzadressaten und ihre Ziele:

Folgende Bilanzadressaten verfolgen mit dem Jahresabschluss unter anderem folgende Hauptziele:

a) Finanzamt → richtige Steuerbemessung
b) Kreditinstitut → Bonitätsprüfung, insbesondere Prüfung der Kapitaldienstfähigkeit
c) Lieferant → Bonitätsprüfung, insbesondere hinsichtlich der Zahlungsfähigkeit
d) Mitarbeiter → Arbeitsplatzsicherheit und Ausloten von Gehaltsspielräumen
e) Vorstand → Rechenschaft und Zielerreichung (Tantieme/Boni)

2. Inventar:

a) Inventur ist die Tätigkeit der art-, mengen- und wertmäßigen Erfassung des Vermögens und des Kapitals; das schriftliche Ergebnis hiervon ist das Inventar.
b) Bei der vor- oder nachgelagerten Stichtagsinventur muss keine wertmäßige Korrektur zum Bilanzstichtag (Fortschreibung bzw. Rückrechnung) erfolgen.
c) Der Nachweis des einbezahlten Stammkapitals bei einer GmbH erfolgt insbesondere mittels des Bankauszugs und des Gesellschaftsvertrags.
d) Rückstellungen müssen, da sie per Definition „unsichere Verbindlichkeiten" darstellen, nicht nachgewiesen werden.
e) Der Nachweis eines Grundstücks erfolgt mittels eines aktuellen Grundbuchauszugs am besten zusammen mit der Auflassung.

3. Jahresabschluss einer AG:

a) Der geprüfte Jahresabschluss liegt vor dem festgestellten Abschluss vor.
b) Sind die Abschlussbuchungen gemacht, kann der vorläufige Jahresabschluss aufgestellt werden.
c) Der geprüfte Jahresabschluss liegt nach dem festgestellten Abschluss vor.
d) Der aufgestellte Jahresabschluss wird vor dem festgestellten Abschluss erstellt.
e) Der Jahresabschluss muss vor einer externen Prüfung offengelegt werden.

4. Prüfung bei einer Aktiengesellschaft:

a) Prüfungsgegenstand des Abschlussprüfers ist die Buchführung samt Inventur, der Jahresabschluss und der Lagebericht.
b) Das Testat des Abschlussprüfers bestätigt die Ordnungsmäßigkeit der Geschäftsführung.
c) Bei der AG wird der vom Vorstand aufgestellte Jahresabschluss vom Aufsichtsrat festgestellt, die Hauptversammlung beschließt über die Gewinnverwendung.
d) Der Aufsichtsrat kann den Jahresabschluss, den Lagebericht, die Ordnungs- und Zweckmäßigkeit und den Erfolg des Vorstands prüfen.

5. Formelles Bilanzrecht:

a) Eine Bilanz kann auch ein Prokurist unterschreiben.
b) Ob ein Manager eine Bilanz unterschreiben darf, bestimmt sich danach, ob er einzel- oder gesamtvertretungsberechtigt ist.
c) Eine KG muss ihren Jahresabschluss auf jeden Fall prüfen und veröffentlichen lassen, weil es ja Teilhafter gibt, die nicht privat haften.
d) Wenn ein Wirtschaftsprüfer befangen ist, darf er das Unternehmen dann prüfen, wenn er vor der Prüfung die Gründe der Befangenheit offenlegt („Offenheit macht frei").
e) Eine Entlastung ist eine einseitige organschaftliche Erklärung, die Vertrauen bekundet („gut gemacht, weiter so").

6. Bilanzansatz von Privat- und Betriebsvermögen:

a) Alle betrieblich genutzten Wirtschaftsgüter müssen bilanziert werden.
b) Wirtschaftsgüter, die nur anteilig betrieblich genutzt werden, dürfen auch nur anteilig bilanziert werden.
c) Ein teilweise betrieblich genutzter PKW muss (voll) bilanziert werden, z.B. dann, wenn der betriebliche Nutzungsanteil größer als 50 % ist.
d) Ein PKW gehört zum notwendigen Betriebsvermögen, wenn der betriebliche Nutzungsanteil 10 % beträgt.
e) Ein PKW gehört zum gewillkürten Betriebsvermögen, wenn der betriebliche Nutzungsanteil 5 % beträgt.

7. Bilanzansatz – rechtliche Verhältnisse:

a) Gegenstände in fremdem Besitz können auch in der eigenen Bilanz stehen.
b) Gegenstände in fremdem (rechtlichen) Eigentum können nicht in der eigenen Bilanz stehen.
c) Rechte aus einem noch nicht erfüllten Kaufvertrag gehören grundsätzlich in die Bilanz.
d) Rechte aus einem noch nicht erfüllten Kaufvertrag gehören grundsätzlich nicht in die Bilanz.
e) Notarkosten für die erste GmbH-Satzung müssen in der GmbH-Bilanz aktiviert werden.

8. Bestandsveränderungen in der Bilanz:

a) Beim Aktivtausch verändern sich nur Posten auf der Aktivseite.
b) Beim Passivtausch nimmt ein oder mehrere Passivposten wertmäßig zu, ein anderer oder mehrere ab.
c) Beim Passivtausch verändert sich die Bilanzsumme.
d) Bei der Aktiv-Passiv-Mehrung (Bilanzverlängerung) nimmt sowohl mindestens ein Aktivposten als auch mindestens ein Passivposten zu.
e) Bei der Aktiv-Passiv-Minderung (Bilanzverkürzung) verringern sich die Aktiv- und Passivseite unterschiedlich.

9. Bilanzierungswahlrechte:

a) Unterlässt man Aktivierungen, so steigt die Bilanzsumme und das Jahresergebnis verschlechtert sich.
b) Bei Ausübung des Passivierungswahlrechts verschlechtert sich das Jahresergebnis und die Bilanzsumme steigt in jedem Fall.
c) Ein Aktivierungsansatz kann auch in den folgenden Jahren Auswirkungen auf die Abschreibungen haben.
d) Bei Betrachtung der Totalperiode ist es bei abnutzbaren Vermögensgegenständen egal, ob man aktiviert oder nicht.

10. Bilanzierungswahlrechte:

Ein Bilanzierungswahlrecht nach dem HGB besteht insbesondere für

a) das Disagio.
b) jeden Geschäfts- und Firmenwert.
c) Rückstellungen jeder Art.
d) Aufwandsrückstellungen in jedem Fall.
e) Rückstellungen für Garantien und Gewährleistungen.

11. Bilanzansatz von immateriellen VG:

a) Immaterielle Vermögensgegenstände werden in einer modernen Gesellschaft immer wichtiger.
b) Für entgeltlich erworbene immaterielle Vermögensgegenstände gibt es keine Besonderheiten. Für sie gilt das Anschaffungskostenprinzip.
c) Selbst geschaffene immaterielle Vermögenswerte werfen Fragen auf (generelle Bilanzierungsfähigkeit, Zuordnung zum Anlage- oder Umlaufvermögen bzw. Forschungs- und Entwicklungsaufwand etc.).
d) Für selbst geschaffene immaterielle Vermögenswerte gibt es generell ein Bilanzierungsverbot.
e) Marken, Slogans, Firmenwerte dürfen neuerdings immer bilanziert werden.

12. Bilanzansatz von Software:

Ein Unternehmen entwickelt ein IT-Programm mit Herstellungskosten von 100 T€. Was ist richtig?

a) Das Programm kann nicht bilanziert werden, da es einen immateriellen Gegenstand darstellt.
b) Wenn das Programm für den Verkauf bestimmt ist, sind 100 T€ ein wahrscheinlicher Bilanzansatz.
c) Wenn das Programm für den Verkauf bestimmt ist, gibt es ein Aktivierungswahlrecht zu 0 oder 100 T€ (Herstellkosten).
d) Sofern das Programm für interne Zwecke der Produktionssteuerung dient, gibt es ein Ansatzverbot.
e) Sofern das Programm für interne Zwecke der Produktionssteuerung dient, gibt es ein Aktivierungswahlrecht.

13. Bilanzierungsverbote:

Ein Bilanzierungsverbot nach dem HGB besteht insbesondere für

a) Aufwendungen für die Gründung eines Unternehmens.
b) immaterielle Vermögensgegenstände.
c) immaterielle Vermögensgegenstände des Anlagevermögens.
d) nicht entgeltlich erworbenes Vermögen des Anlagevermögens.
e) Bildung anderer als in § 249 genannten Rückstellungen.

14. Gläubigerschutz:

Gesetzgeberischer Ausdruck des deutschen Gläubigerschutzgedankens ist

a) das Vorsichtsprinzip.
b) das Anschaffungskostenprinzip nach § 253 I 1.
c) das Niederstwertprinzip.
d) das Imparitätsprinzip, d. h., Verluste sind bereits bei ihrer Entstehung zu bilanzieren.
e) das Bilanzierungsverbot von bestimmten selbst geschaffenen, immateriellen Vermögensgegenständen des Anlagevermögens, wie Marken, Verlagsrechte etc.

15. Grundsätze ordnungsmäßiger Buchführung und Bilanzierung (GoB):

Prüfen Sie, ob folgende Aussagen nach den GoB zulässig/richtig sind:

a) Forderungen gegen eine Firma können grundsätzlich mit Verbindlichkeiten derselben Firma saldiert werden.
b) Handelsbücher und der Jahresabschluss können in japanischer Sprache geführt werden.
c) Der Bilanzstichtag kann vom 31.12.01 in einem Schritt auf den 31.01.03 umgestellt werden.
d) Verbindlichkeiten, die wahrscheinlich sind, aber deren Entstehung und/oder Höhe am Bilanzstichtag noch ungewiss sind, müssen berücksichtigt werden.
e) Die GoB sind stets materieller Natur.

16. Bewertungszeitpunkt:

Unsere Liefer GmbH stellt die Bilanz 01 im April 02 auf. Bewerten Sie unsere Forderung gegen die Schrott AG zum Jahresende 01 mit einem Rechnungswert von brutto 119 T€. Im Dezember 01 erschießt sich der maßgebliche Gesellschafter-Geschäftsführer Schrott, weil sich die Zahlungsunfähigkeit der Gesellschaft nicht mehr verheimlichen lässt.

a) Sie erfuhren dies sogleich und berichtigen die Forderung zum 31.12.01.
b) Sie erfahren dies erst im Mai 02 und berichtigen rückwirkend den Bilanzansatz.
c) Schrott erschießt sich erst im Januar 02, weil er seiner Familie noch die Feiertage „gönnen" möchte. Wir erhalten sofort Kenntnis von den Umständen, berichtigen die Forderung aber nicht, da der Tod erst nach Bilanzstichtag eingetreten ist.
d) Wenn berichtigt wird, wird die Forderung mit 100 T€ „abgeschrieben", die Umsatzsteuer um 19 T€ berichtigt.

17. Grundlagen der Bilanz:

a) Die Bilanz besteht aus Aktiva, Passiva und GuV.
b) Haftungsverhältnisse werden unter dem Bilanzstrich ausgewiesen.
c) Ein Kaufmann, der privat haftet, ist bei der Bilanzgliederung grundsätzlich frei.
d) Eine GmbH, die positives Eigenkapital hat, ist stets bei der Bilanzgliederung frei.
e) Für Rückstellungen erfolgt eine passive Rechnungsabgrenzung.

18. Aktiva:

a) Die Aktivseite der Bilanz zeigt die Mittelherkunft.
b) Bei Gegenständen im Anlage- oder im Umlaufvermögen muss immer trotz gleicher oder ähnlicher Sachverhalte eine unterschiedliche Bewertung vorgenommen werden.
c) Gleichartige Vermögensgegenstände können nicht zu einer Gruppe zusammengefasst und mit dem gewogenen Durchschnitt angesetzt werden.
d) Das Anlagevermögen wird in Sachanlagen, Finanzanlagen und Vorräte unterteilt.
e) Die Aktiva zeigen die Mittelverwendung.

19. GWG – Grundlagen der Poolbildung (Bildung eines Sammelpostens):

a) Der GWG-Sammelposten wird genau auf vier Jahre abgeschrieben.
b) Wirtschaftsgüter mit AHK zwischen 150 € und 1.000 € können in einem Sammelposten zu einer Summe pro Periode zusammengefasst werden.
c) Ob ein Gegenstand im Januar oder im August angeschafft wird, ist im Rahmen der Poolabschreibung beachtlich.
d) Das Schicksal des einzelnen Gegenstands geht im Pool verloren.
e) Bei Verschrottung des Gegenstands wird der Poolansatz korrigiert.

20. GWG – Auswirkungen der Poolabschreibung auf die Handelsbilanz:

a) Bei der selbstständigen Nutzbarkeit eines Vermögensgegenstandes kommt es auf die Zweckbestimmung im Betrieb an.
b) Die Bildung eines Sammelpostens kann als handelsrechtliche Vereinfachungsregel qualifiziert werden.

c) Wird ein geringwertiger Gegenstand nach Anschaffung schnell verbraucht oder verschrottet, kann ein Eingriff in das handelsrechtliche Vorsichtsprinzip vorliegen.
d) Ein Eingriff in das Vorsichtsprinzip und in den Grundsatz der Einzelbewertung kann mit dem Wesentlichkeitsgrundsatz begründet werden.
e) In der Betrachtung der Totalperiode ist es egal, ob Abschreibungen im Pool oder planmäßig (einzeln) erfolgen.

21. Anlagespiegel:

a) Der Anlagespiegel ist eine tabellarische Aufstellung der Posten des Anlagevermögens, der ergänzende Angaben zur Entwicklung der Bilanzposten enthält.
b) Für Kapitalgesellschaften und für haftungsbeschränkte Personengesellschaften ist nach § 268 II eine Grundstruktur für den Anlagespiegel vorgegeben.
c) Aus dem Anlagespiegel sind Zugänge, Abgänge, Umbuchungen und Abschreibungen von Vermögensgegenständen ersichtlich.
d) Zweck des Anlagespiegels ist es nicht, dem Bilanzadressat ergänzende Informationen über das Anlagevermögen zu geben, da die Buchwerte bereits uneingeschränkte Einsicht in den Wertansatz geben.
e) Der Anlagespiegel – auch Anlagegitter genannt – ist ein Bestandteil des Anhangs.

22. Bewertungsprobleme bei Abschreibungen:

a) Das Handels- und Steuerrecht erlaubt nur Abschreibungen von den Anschaffungs- oder Herstellungskosten.
b) Pagatorische Abschreibungen vernachlässigen das Problem steigender Preise.
c) Das Nominalprinzip berücksichtigt in besonderer Weise inflationäre Tendenzen.
d) Bei steigenden Wiederbeschaffungspreisen stehen nach deutschem Recht am Ende der Laufzeit nicht genügend Finanzmittel für eine Ersatzbeschaffung zur Verfügung.
e) Das Problem steigender Preise kann man mit kalkulatorischen Abschreibungen nicht ganz lösen.

23. Planmäßige Abschreibungen:

Die Höhe der planmäßigen Jahresabschreibungen auf das Anlagevermögen wird generell bestimmt durch ...

a) die Abschreibungsmethode.
b) die Nutzungsdauer.
c) die Art der Gewinnermittlung.
d) die Anschaffungs- bzw. Herstellungskosten.
e) den internen Zinsfuß.

24. Degressive Abschreibung:

a) Vorteil der degressiven Abschreibung ist die stärkere Entwertung von Anlagegütern zu Beginn der Nutzungsdauer; dies ist auch Ausdruck des handelsrechtlichen Vorsichtsprinzips.
b) Vorteil der degressiven Abschreibung könnte auch sein, dass mit der Zeit außerplanmäßige Abschreibungen zumindest teilweise vermieden werden können.
c) Vorteil der degressiven Abschreibung ist auch, dass der Gesamtaufwand für Betriebsmittel konstanter wird, weil erhöhte Reparatur- und Wartungsaufwendungen gegen Ende der Nutzungsdauer mit fallenden Jahresabschreibungen zusammentreffen.
d) Nachteil der degressiven Abschreibung ist die etwas schwierigere Berechnung.
e) Durch die steuerliche Begrenzung der degressiven Abschreibung ist die praktische Anwendung der degressiven Abschreibung nicht eingeschränkt.

25. Durchschnittsverfahren als Bewertungsvereinfachung:

a) Das Durchschnittsverfahren dient der vereinfachten Ermittlung der Anschaffungskosten von gleichartigen Wirtschaftsgütern.
b) Für das Durchschnittsverfahren gibt es unterschiedliche Verfahren.
c) Das Periodendurchschnittsverfahren ermittelt die Durchschnittswerte aller im Laufe des Jahres angeschafften Mengen unter Einbeziehung des Anfangsbestands („einfach gewogener Durchschnitt").
d) Das laufende Durchschnittsverfahren ermittelt den Durchschnittswert unter Berücksichtigung der laufenden Zu- und Abgänge („gleitender Durchschnitt").
e) Das laufende Durchschnittsverfahren liefert immer zeitnähere Werte als das Periodendurchschnittsverfahren.

26. Bewertung von Forderungen:

a) Forderungen werden maximal zu Anschaffungskosten brutto angesetzt, also mit Umsatzsteuer.
b) Forderungen werden maximal zu Anschaffungskosten stets netto angesetzt, also ohne Umsatzsteuer.
c) Forderungen werden üblicherweise um Wertberichtigungen korrigiert.
d) Uneinbringliche Forderungen werden „abgeschrieben".
e) Zweifelhafte Forderungen werden teilweise „abgeschrieben" und die Umsatzsteuer angepasst.

27. Bewertung von Forderungen

a) Das Ausfallrisiko der Forderungen kann pauschal bemessen werden.
b) Forderungen sind grundsätzlich einzeln zu bewerten. Die pauschale Wertberichtigung stellt gemäß § 253 II eine Ausnahme dar.
c) Ohne Nachweis akzeptiert die Finanzverwaltung eine pauschale Minderung von 2 %.
d) Basis der Pauschalwertberichtigung PWB ist der Netto-Netto-Bestand der Forderungen, also der Bestand ohne Umsatzsteuer und ohne die einzelwertberichtigten Forderungen.
e) Basis der Pauschalwertberichtigung PWB ist der Brutto-Bestand der Forderungen, zumal dieser einfach zu bestimmen ist und es bei PWB auf die Genauigkeit gerade nicht ankommt.

28. Niederstwertprinzip – Problem der „dauernden Wertminderung":

a) Eine dauerhafte Wertminderung erfordert grundsätzlich ein besonderes Ereignis (Preisverfall, Beschädigung etc.).
b) Die Wertminderung bei Vermögensgegenständen im Anlagevermögen (Ausnahme Finanzanlagen) darf nicht nur vorrübergehend sein, sondern muss lange anhalten.
c) Bei Vermögensgegenständen im Umlaufvermögen spielt die Dauerhaftigkeit der Wertminderung handelsrechtlich grundsätzlich keine Rolle.
d) Für Wertpapiere des Anlagevermögens gilt ein Abwertungswahlrecht auch bei einer nicht dauerhaften Wertminderung („mildes Niederstwertprinzip").
e) Steuerrechtlich gelten bezüglich der Dauerhaftigkeit besondere Regelungen.

29. Eigenkapital:

a) Das Eigenkapitalkonto eines Einzelunternehmers ist beweglich, weil es auch negativ sein kann.
b) Das effektive Eigenkapital besteht aus Nominalkapital, den Rücklagen, dem Gewinnvortrag, dem Gewinn bzw. Verlust und den stillen Reserven.
c) Eine OHG hat zu Beginn ihrer Tätigkeit immer ein positives Haftkapital.
d) Das Stammkapital einer GmbH beträgt mindestens 25.000 € und ist vor Eintragung voll einbezahlt.
e) Keine Antwort ist richtig.

30. Eigenkapital einer Kapitalgesellschaft:

a) Das gezeichnete Kapital, auch „Nominalkapital" genannt, ist der Oberbegriff für das Stammkapital einer GmbH bzw. das Grundkapital einer AG.
b) Beträge, die bei der Eigenkapitalbeschaffung über den gezeichneten Betrag hinaus einbezahlt werden, sind in der Kapitalrücklage zu erfassen.
c) Gewinnrücklagen können weiter untergliedert werden.
d) Der Agioeffekt ist ein entscheidender Eigenkapitalvorteil einer AG.
e) Keine Antwort ist richtig.

31. Rücklagen:

a) Rücklagen sind ungewisse Verbindlichkeiten.
b) Rücklagen und Rückstellungen sind dasselbe nur aus anderer Sichtweise (zwei Seiten einer Medaille).
c) Rücklagen sind Bestandteil des Eigenkapitals.
d) Kapitalrücklagen sind stille Rücklagen, da sie nicht erwirtschaftet werden.
e) Die Gewinnrücklage entsteht von „innen" über einbehaltene Gewinne.

32. Stille Rücklagen:

In welchen Fällen handelt es sich um stille Rücklagen?

a) Der tatsächliche Wert einer Maschine ist höher als der Buchwert.
b) Vom Gewinn werden 30 % in die Rücklagen eingestellt.
c) Bei der Emission von Aktien wird das Agio in die Rücklagen verbucht.
d) Zur Deckung eines Verlustes werden den Rücklagen 10 % entnommen.
e) Die Rückstellungen für einen drohenden Prozess sind (eigentlich) zu hoch.

33. Passiva:

a) Die Passiva zeigen die Mittelverwendung.
b) Im Gegensatz zu den Rückstellungen sind sonstige Verbindlichkeiten ungewiss.
c) Bei Verbindlichkeiten stehen Grund, Höhe und Fälligkeit der Verpflichtungen fest.
d) Kann die Höhe der Verpflichtung exakt und punktuell definiert werden, liegt eine Verbindlichkeit vor.
e) Verbindlichkeiten sind mit den Herstellungskosten zu bilanzieren.

34. Verbuchung einer Emission von Anleihen:

Die Solar AG emittiert an der Börse eine Anleihe zu 100 % und vereinnahmt dadurch 200 Mio. €.

a) Auf der Passiva wird der Vorfall im „gezeichneten Kapital" verbucht.
b) Auf der Passiva wird der Vorfall in der „Kapitalrücklage" verbucht.
c) Auf der Passiva wird der Vorfall im „Fremdkapital" verbucht.
d) Der Vorfall beschreibt eine Aktiv-Passiv-Mehrung.
e) Der Vorfall beschreibt einen Passivtausch.

35. Rückstellungen:

a) Rückstellungen sind ungewisse Verbindlichkeiten. Ihr Eintritt und ihre Höhe stehen noch nicht fest, aber ihre Fälligkeit.
b) Für Verpflichtungen aus der gesetzlichen Gewährleistung, aus Garantiererklärungen und aus Kulanzgründen sind grundsätzlich Rückstellungen zu bilden.
c) Für unterlassene Instandhaltungen besteht immer Passivierungspflicht.
d) Rückstellungen dürfen nur für Verpflichtungen gegenüber Dritten gebildet werden.
e) Drohverlustrückstellungen sind auch steuerrechtlich zu bilden.

36. „Sonstige Vermögensgegenstände" und „sonstige Verbindlichkeiten":

a) „Sonstige Vermögensgegenstände" und „sonstige Verbindlichkeiten" sind Sammelposten der Bilanz. Beides wird innerhalb der Passiva als zweitletzter Posten ausgewiesen.
b) Unter „Sonstige Vermögensgegenstände" können Steuerrückerstattungen, Gehaltsvorschüsse und Forderungen gegen Mieter ausgewiesen werden.
c) „Sonstige Verbindlichkeiten" ist ein Sammelposten für Schulden, die nicht gegenüber Banken und Lieferanten bestehen.
d) Beispiele für „Sonstige Verbindlichkeiten" sind offene Löhne, noch nicht abgeführte Steuern und Sozialbeiträge, offene Miet- und Steuerberaterrechnungen.

37. Latente Steuern:

a) Latente Steuern sind für kleine Kapitalgesellschaften gar nicht von Interesse, da sie ein Wahlrecht zur Anwendung von § 274 HGB haben.
b) Aktive latente Steuern sind zukünftige Steuerentlastungen.
c) Passive latente Steuern sind zukünftige Steuerentlastungen.
d) Ein aktiver Überhang braucht nicht immer ausgewiesen zu werden.
e) Passive latente Steuern haben Rückstellungscharakter und sind wie Rückstellungen abzuzinsen.

38. Bilanzierungsfragen:

a) Die Umsatzsteuer ist ein durchlaufender Posten und wird daher bilanziell überhaupt nicht erfasst.
b) Die im Januar gezahlte Miete für Dezember des Vorjahres wird unter dem Posten „außerordentlicher Aufwand" gebucht.
c) Eine GmbH muss ihre Bilanz in Kontoform und ihre GuV in Staffelform aufstellen.
d) Der Grundsatz der Wesentlichkeit sagt: Alles Wesentliche muss in die Bilanz, Unwesentliches kann in der Bilanz vernachlässigt werden.
e) In Zweifelsfällen ist nach HGB stets vorsichtig zu bilanzieren.

39. Gewinn:

a) Der Jahresüberschuss errechnet sich aus dem Gewinn vor Steuern unter Berücksichtigung von Steuern.
b) Der Bilanzgewinn ergibt sich aus dem Jahresüberschuss nach Veränderungen der Rücklagen unter Berücksichtigung eines Gewinn- oder Verlustvortrags.
c) Ein Bilanzgewinn kann auch in die Kapitalrücklage eingestellt werden.
d) Ein positiver Bilanzgewinn verlangt in jedem Fall ein positives Ergebnis aus der gewöhnlichen Geschäftstätigkeit.
e) Der bilanzielle Gewinn errechnet sich aus den „Umsatzerlösen minus Kosten."

40. Anhang und Lagebericht:

a) Sinn und Zweck des Lageberichts ist es, den Jahresabschluss zu erläutern.
b) Der Jahresabschluss besteht aus Lagebericht, Bilanz und GuV.
c) Der Lagebericht könnte wie folgt gegliedert sein: Wirtschaftsbericht, Sozialbericht, Nachtragsbericht, Leistungsindikatoren, Risikobericht, Bericht über F&E und über weitere Planungen inklusive Prognosen.
d) Im Anhang findet man unter anderem auch Angaben und Erläuterungen zu einzelnen Bilanz- und GuV-Posten, insbesondere zur Bewertung.
e) Der Aufsichtsrat muss den Lagebericht besonders prüfen.

41. Anhang:

a) Bei einer OHG ist der Anhang Pflichtbestandteil des Jahresabschlusses.
b) Bei einer GmbH ist der Anhang Pflichtbestandteil des Jahresabschlusses.
c) Eine GmbH & Co. KG kann die Erstellung eines Anhangs vermeiden, sofern die Großmutter des Geschäftsführers als Komplementärin in die Gesellschaft eintritt.
d) Aufgabe des Anhangs ist es, Bilanz und GuV zu erläutern (Interpretations-, Ergänzungs- und Korrekturfunktion des Anhangs).
e) Im Anhang muss ein in der Bilanz und GuV missverständlich dargestelltes Bild der Vermögens-, Finanz- und Ertragslage korrigiert werden.

42. Lagebericht:

a) Wenn der Abschlussprüfer den uneingeschränkten Bestätigungsvermerk erteilt hat, muss der Aufsichtsrat den Lagebericht nicht mehr prüfen.
b) Der Aufsichtsrat muss den Lagebericht in jedem Fall prüfen, weil er ihn auch erstellt hat.
c) Der Lagebericht bezieht sich nicht nur auf das abgelaufene Geschäftsjahr und stellt so eine gute Brücke zur laufenden und zukünftigen Entwicklung dar.
d) Die Zukunftsorientierung des Lageberichts ergibt sich unter anderem aus dem Prognosebericht, dem Risikobericht und dem Forschungs- und Entwicklungsbericht.
e) Zum abgelaufenen Geschäftsjahr sagt der Lagebericht nichts aus.

43. Steuerbilanz und Handelsbilanz:

a) Ziel der Steuerbilanz ist die Ermittlung der Bemessungsgrundlage für Steuern.
b) Der Gläubigerschutz ist auch ein tragender Grundsatz der Steuerbilanz.
c) Als Grundsatz im Steuerrecht gilt: Hat der Bilanzierende ein Aktivierungswahlrecht, besteht im Steuerrecht grundsätzlich ein Aktivierungsverbot.
d) Rückstellungen für drohende Verluste aus schwebenden Geschäften sind handelsrechtlich wie steuerrechtlich zu bilden.
e) Steuerrechtlich bemessen sich die Abschreibungen stets nach dem Handelsrecht.

44. Steuerbilanz: Auslegung des Kriteriums „dauerhafte Wertminderung":

a) Für die Auslegung einer dauerhaften Wertminderung gelten im Steuer- wie im Handelsrecht die gleichen Regeln („Gleichklang"). Im Steuerrecht müssen dauerhafte Wertminderungen auch beachtlich sein.
b) Im Steuerrecht müssen dauerhafte Wertminderungen auch beachtlich sein.
c) Das Kriterium der Dauerhaftigkeit gilt im Steuerrecht auch für Gegenstände des Umlaufvermögens.
d) Bei abnutzbaren Gegenständen des Anlagevermögens gilt im Steuerrecht eine besondere Erheblichkeit der Wertminderung (Regel: Unterschreitung des Buchwertes der halben Restnutzungsdauer).
e) Erholt sich der Wert wieder, muss nicht zugeschrieben werden.

45. Gemeinsamkeit von Handels- und Steuerbilanz:

a) Gemeinsamkeit von Handels- und Steuerbilanz ist die vergangenheitsorientierte Bewertung.
b) Gemeinsamkeit von Handels- und Steuerbilanz ist das Anschaffungskostenprinzip.
c) Gemeinsamkeit von Handels- und Steuerbilanz ist die Nichtbeachtung von Preissteigerungen.
d) Gemeinsamkeit von Handels- und Steuerbilanz besteht in allen Fällen der Verbrauchsfolgeverfahren.
e) Unterschiede beider Bilanzwerke liegen in der Abzugsfähigkeit bestimmter Betriebsausgaben vor.

46. Konzernbegriff:

a) Ein Konzern ist der Zusammenschluss rechtlich selbstständiger Unternehmen, die aber wirtschaftlich einheitlich geleitet werden.
b) Ein Konzern ist der Zusammenschluss wirtschaftlich selbstständiger, aber rechtlich voneinander abhängiger Unternehmen, die aber wirtschaftlich einheitlich geleitet werden.
c) Ein Konzern ist der rechtliche und wirtschaftliche Zusammenschluss zuvor selbstständiger Unternehmen.
d) Ein Konzern ist die Zusammenarbeit von unabhängigen Unternehmen zur Erreichung eines gemeinsamen Ziels.
e) Konstitutive Grundlage eines Konzerns ist die Erstellung eines Konzernabschlusses.

47. Konzern:

a) Zu einem Konzern gehören mindestens drei Unternehmen: Holding, Tochter- und Muttergesellschaft.
b) Ein Konzern bildet eine „rechtlich selbstständige Einheit". Deshalb muss man einen Konzernabschluss machen.
c) Die Konzernunternehmen sind rechtlich unselbstständig, zumal die Holding die einheitliche Leitung übernimmt.
d) In einem Konzern muss die „Kontrolle" auch tatsächlich ausgeübt werden („Erfordernis einer tatsächlichen Kontrollausübung").
e) Keine Antwort ist richtig.

48. Konzernabschluss:

a) Konzernabschluss ist ein Abschluss einer wirtschaftlichen Einheit mehrerer Unternehmen ohne eigene Rechtspersönlichkeit.
b) Der Konzernabschluss ist so aufzustellen, als ob die Konzernunternehmen ein einziges Unternehmen wären.
c) Der Konzernabschluss ist um einen Konzernlagebericht zu ergänzen.
d) Bestandteil eines Konzernabschlusses ist die Konzernbilanz, Konzern-GuV, Konzernanhang, Kapitalflussrechnung, Eigenkapitalspiegel und (optional) eine Segmentberichterstattung.
e) Bestandteil eines Konzernabschlusses ist die Konzernbilanz, Konzern-GuV, Konzernanhang, Kapitalflussrechnung, Eigenkapitalspiegel und der Konzernlagebericht.

49. Konzernabschluss:

a) Auch ein Konzernabschluss setzt sich aus einer Bilanz, Gewinn- und Verlustrechnung und einem Anhang zusammen. Daneben muss kein Lagebericht aufgestellt werden.
b) Hauptadressat des Konzernabschlusses ist auch der Fiskus, weil steuerliche Erwägungen im Konzernabschluss die wesentliche Rolle spielen.
c) In einem Konzern können Risiken, Gewinne und Liquiditätsströme relativ leicht verschoben werden.
d) Ein Konzernabschluss verlangt grundsätzlich einheitliche Perioden und Bewertungsverfahren.
e) Die Konzernbilanz ergibt sich aus Addition der Einzelbilanzen.

50. Konzernabschluss – Pflicht zur Aufstellung:

a) Die Pflicht zur Aufstellung eines Konzernabschlusses ist abhängig vom Sitz der Tochter.
b) Die Pflicht zur Aufstellung eines Konzernabschlusses entsteht, wenn eine Kapitalgesellschaft mit Sitz im Inland einen beherrschenden Einfluss auf ein anderes Unternehmen hat.
c) Die Pflicht zur Aufstellung eines Konzernabschlusses entsteht, wenn die Voraussetzungen für ein Control-Konzept nach § 290 II erfüllt sind.
d) Die Pflicht zur Aufstellung eines Konzernabschlusses erfordert zwingend ein einheitliches Management.

e) Die Pflicht zur Aufstellung eines Konzernabschlusses erfordert zwingend eine tatsächliche Ausübung der Beherrschung.

51. Ziel des Konzernabschlusses:

a) Aufgabe des Konzernabschlusses ist es, die Bemessungsgrundlage für die Konzernsteuern zu schaffen.
b) Aufgabe des Konzernabschlusses ist es, einen Einblick in die wirtschaftliche Lage des Konzerns durch die Addition der Abschlüsse der einzelnen Konzernunternehmen zu schaffen.
c) Aufgabe des Konzernabschlusses ist die Ermittlung der definitiven Ausschüttung- und Zahlungsbemessung.
d) Aufgabe des Konzernabschluss ist es, einen treffenden Einblick in die wirtschaftliche Lage des Konzerns zu ermöglichen.
e) Keine Antwort ist richtig.

52. Konzernabschluss – Summenabschluss:

a) Der Summenabschluss ist der Konzernabschluss.
b) Der Summenabschluss ist eine additive Zusammenfassung gleichartiger Bilanz- und GuV-Posten.
c) Der Summenabschluss ist eine buchhaltungstechnische Vorbereitungsmaßnahme der Konsolidierung.
d) Der Summenabschluss ist die Konsolidierung.
e) Der Summenabschluss ist die horizontale Addition der Bilanzposten.

53. Konzernabschluss:

a) Eine Konsolidierung verlangt Vorbedingungen und Vorarbeiten.
b) Die Konsolidierung setzt sich abschließend aus der Kapital- und der Schuldenkonsolidierung sowie der Zwischenergebniseliminierung zusammen.
c) Bei der Zwischenergebniseliminierung sind die Anschaffungs- bzw. Herstellungskosten des liefernden Unternehmens relevant.
d) Eine Zwischenergebniseliminierung ist nur dann erforderlich, wenn die empfangende Konzerngesellschaft die erhaltenen Vermögensgegenstände noch hat.
e) Bei der Zwischenergebniseliminierung kommt es auf die Anschaffungs- bzw. Herstellungskosten nicht an.

54. Konsolidierung:

a) Unter einer Konsolidierung versteht man die Abrechnung des Leistungsaustausches zwischen Verbundunternehmen.
b) Unter einer Konsolidierung versteht man die Umwandlung von kurzfristigen in langfristige Konzernschulden.
c) Unter einer Konsolidierung versteht man die Zusammenfassung der Einzelabschlüsse der Konzernunternehmen unter Verrechnung konzerninterner Vorgänge und Leistungen.
d) Regel der Konsolidierung ist die Vollkonsolidierung.
e) Regel der Konsolidierung ist eine quotale Konsolidierung zu den Anteilen (Anteilskonsolidierung).

55. Kapital- und Schuldenkonsolidierung:

a) Die Kapitalkonsolidierung dient der Integration der innerbetrieblichen Kapitalverflechtungen der Konzernunternehmen.
b) Die Kapitalkonsolidierung dient der Eliminierung der innerbetrieblichen Kapitalverflechtungen der Konzernunternehmen.

c) Die Schuldenkonsolidierung dient der Saldierung konzerninterner Forderungen und Verbindlichkeiten.
d) Die Saldierung konzerninterner Forderungen und Verbindlichkeiten ist der Kern der Kapitalkonsolidierung.
e) Forderungen und Verbindlichkeit werden im Konzern stets addiert.

56. Zwischenergebnis- und Aufwandskonsolidierung:

a) Die Zwischenergebniseliminierung soll Vermögensgegenstände integrieren, über die der Konzern nicht allein verfügen kann.
b) Die Zwischenergebniseliminierung soll Gewinne und Verluste aus konzerninternen Lieferungen und Leistungen (teilweise) eliminieren.
c) Die Zwischenergebniseliminierung soll das Realisationsprinzip im Konzern gewährleisten.
d) Die Aufwandskonsolidierung kürzt Aufwendungen und Erträge konzerninterner Leistungen.
e) Die Aufwandskonsolidierung kürzt konzerninterne Forderungen und Verbindlichkeiten.

57. Betriebsaufspaltung:

a) Die Betriebsaufspaltung ist ein steuerliches Konstrukt und ist im EStG eindeutig geregelt.
b) Zwecks Risikoabsicherung sollte die Betriebsaufspaltung aus einer Besitzgesellschaft und einer Betriebsgesellschaft bestehen.
c) Wenn eine Betriebsaufspaltung vorliegt, hat dies nicht nur steuerliche Konsequenzen, sondern ist auch im Rahmen der Bilanzanalyse zu berücksichtigen.
d) Zur Bilanzanalyse einer Betriebsaufspaltung müssen die Abschlüsse der beiden Gesellschaften mit den gleichen Konsolidierungsschritten wie beim Konzernabschluss zusammengefasst werden.
e) Bei der Bilanzanalyse einer Betriebsaufspaltung gibt es zwingend eine Kapitalkonsolidierung und eine Zwischenergebniseliminierung.

58. Nominalprinzip:

a) Beim Nominalprinzip, auch Nennwertprinzip genannt, gilt: € gleich €, d. h., Schulden werden stets in gleicher Höhe notiert.
b) Das Prinzip der nominellen Kapitalerhaltung findet in der Handels- und Steuerbilanz Anwendung.
c) Gemeinsamkeit von Handels- und Steuerbilanz ist die Nichtbeachtung von Preissteigerungen.
d) Das Handelsrecht dient der realen Substanzerhaltung in besonderer Weise.
e) Eine Indexierung würde in jedem Fall zur realen Substanzerhaltung führen.

59. Nationale und internationale Rechnungslegung:

a) Das deutsche HGB wird von folgenden Grundprinzipien getragen: Nominalprinzip, Vorsichtsprinzip und Gläubigerschutz.
b) Die positive Zahlungsbemessung füllt im Kern den deutschen Gläubigerschutz im HGB aus, da dies allein das Hauptinteresse der Gläubiger ist.
c) Primärziel der internationalen Rechnungslegung ist wie in Deutschland der Gläubigerschutz und die Vorsicht.
d) Die internationale Rechnungslegung ist grundsätzlich rechtsform- und größenunabhängig und soll mit dem Ziel eines „True and Fair View" in besonderer Weise der Kapitalmarktfinanzierung Rechnung tragen.

60. Leverageeffekt:

a) Ein positiver Leverageeffekt erhöht die Verzinsung des Fremdkapitals.
b) Ein positiver Leverageeffekt vermindert die Verzinsung des Fremdkapitals.

c) Ist der Fremdkapitalzinssatz niedriger als die Eigenkapitalrentabilität, steigert sich die Gesamtkapitalrentabilität.
d) Die Eigenkapitalrentabilität nimmt durch Aufnahme weiteren Fremdkapitals ab, wenn die Gesamtkapitalrendite unter dem Fremdkapitalzinssatz liegt.
e) Ändert sich der Verschuldungsgrad, ändert sich gewöhnlich die Eigenkapitalrendite.

61. Aufgabe zum Leverageeffekt:

Gegeben ist: Gesamtkapital 100 T€, Gesamtkapitalrendite 6 %, Fremdkapitalzinssatz 9 %. Um wie viel Prozentpunkte ändert sich die Eigenkapitalrendite, wenn sich der Eigenkapitalanteil von 50 % auf 20 % reduziert. Was stimmt?

a) Der Leverageeffekt ist positiv.
b) Der Leverageeffekt ist negativ.
c) Die Veränderung der Eigenkapitalrendite errechnet sich auf –9 %.
d) Die Veränderung der Eigenkapitalrendite errechnet sich auf –6 %.
e) Die Veränderung der Eigenkapitalrendite errechnet sich auf –12 %.

62. Wirtschaftliche Verhältnisse:

a) Das Working Capital bezeichnet das festverzinslich angelegte Geldvermögen.
b) Die Vermögenslage zeigt auch das Reinvermögen.
c) Die Ertragslage beschreibt die Gewinnsituation. Gemeint ist eigentlich die „Erfolgslage".
d) Die Finanzlage wird gut über einen Liquiditätsplan dargestellt.
e) Die Finanzlage wird sehr gut über die Liquiditätsgrade und die Eigenkapitalquote beschrieben.

63. Kennzahlen:

a) Obwohl Kennzahlen manipuliert werden können, besitzen sie Signalfunktion.
b) Eine hohe Eigenkapitalquote ist gewöhnlich besonders positiv hervorzuheben.
c) Eine Eigenkapitalquote von 100 % ist als Optimum anzustreben, da hier keine Nachteile mehr auftreten können.
d) Als Leverage-Risiko (negativer Leverageeffekt) wird die Situation bezeichnet, in der die Gesamtkapitalrendite geringer ist als der Fremdkapitalzinssatz.
e) Die Liquidität 1., 2. und 3. Grades stellen Kennzahlen dar, die Informationen über das Liquiditätsrisiko liefern.

64. Liquiditätslage:

a) Eine hohe Arbeitsintensität führt tendenziell schneller zu Liquidität, da die Liquidation von Gegenständen des Umlaufvermögens in der Regel schneller verläuft als die des Anlagevermögens.
b) Die Liquidität 1., 2. und 3. Grades stellen Kennzahlen dar, die Informationen über das Liquiditätsrisiko liefern.
c) Die Zahlungsfähigkeit eines Unternehmens ist in der Regel dann gewahrt, wenn die laufenden Zahlungsverpflichtungen aus den laufenden Einzahlungen bestritten werden können.
d) Ein Liquiditätsplan zeigt periodenbezogen Liquiditätsrisiken.
e) Statische Liquiditätsgrade beziffern die Liquiditätslage exakt und umfassend.

65. Eigenkapitalquote:

a) Eine hohe Eigenkapitalquote ist gewöhnlich besonders positiv hervorzuheben.
b) Eine Eigenkapitalquote von 100 % ist als Optimum anzustreben, da hier keine Nachteile mehr auftreten können.
c) Eine steigende Eigenkapitalquote erleichtert die Beschaffung von Fremdkapital.

d) Die Eigenkapitalquote ist für eine Kreditentscheidung völlig egal, da hierfür allein die Kapitaldienstfähigkeit entscheidend ist.
e) Eigenkapital haftet, d. h., Verluste werden mit diesem Posten verrechnet.

66. Analyse der Rentabilität:

Welche der folgenden Kennzahlen können auch der Analyse der Rentabilität eines Unternehmens im weiteren Sinne dienen?

a) Umsatzrentabilität
b) Materialaufwandsquote
c) Liquidität 2. Grades
d) Return on Investment (ROI)
e) Cashflow

67. Grundlagen des Rechnungswesens:

a) Die Kostenrechnung dient der Kontrolle der Wirtschaftlichkeit.
b) Zur Kontrolle der Rentabilität ist am besten der Finanzplan geeignet.
c) Die Finanzbuchhaltung hat die wichtige Aufgabe, den Gewinn durch Gegenüberstellung von Ertrag und Kosten zu ermitteln.
d) Den ausschüttbaren Gewinn ermittelt das Controlling.
e) Zur Kontrolle der Liquidität ist die Bilanz bestens geeignet.

68. Liquidität:

a) Liquidität kann exakt definiert werden als Einzahlungen – Auszahlungen ≥ 0.
b) Das Liquiditätspostulat (jederzeitige Zahlungsfähigkeit) besagt, dass zwingende Zahlungsverpflichtungen betrags- und zeitgenau erfüllt werden müssen.
c) Das Liquiditätspostulat nach der jederzeitigen Zahlungsfähigkeit kann mit dem Gewinnziel konkurrieren.
d) Die Liquiditätsgrade messen das Verhältnis von mehr oder weniger schnell liquidierbaren Vermögensgegenständen zur Höhe der kurzfristig fälligen Verbindlichkeiten.
e) Eine Schwäche der Liquiditätsgrade ist, dass auszahlungswirksame Aufwendungen hierbei nicht dargestellt werden.

69. Zahlungsfähigkeit:

a) Ein Unternehmen ist in jedem Fall zahlungsfähig, wenn erhebliche stille Reserven vorhanden sind.
b) Ein Unternehmen ist in jedem Fall zahlungsfähig, wenn die Kapitaldienstfähigkeit zweifelsfrei gegeben ist.
c) Decken die Zahlungsmittel die kurzfristigen Verbindlichkeiten, ist die Zahlungsfähigkeit zweifelsfrei gegeben.
d) Wenn ein Unternehmen seinen Zahlungsverpflichtungen stets nachkommen kann, ist die Zahlungsfähigkeit zweifelsfrei gegeben.
e) Wenn die Liquidität 1. Grades 100 % erreicht, ist das Unternehmen zahlungsfähig.

70. Auszahlungen, Aufwendungen, Einzahlungen, Erträge etc.:

a) Aus- und Einzahlungen sind unmittelbare Zahlungsmittelbewegungen inklusive der Verpflichtungen bzw. Forderungen.
b) Eine Abschreibung auf das Anlagevermögen stellt gewöhnlich einen nicht auszahlungswirksamen Aufwand dar.
c) Ein Aufwand ist ein gewinnmindernder Werteverzehr, der nicht unbedingt sofort zu einer Auszahlung führen muss.

d) Kapitalzuführende Einzahlungen entstehen aus allen Verwertungs- und Veräußerungsgeschäften.
e) Ein Gewinn führt gewöhnlich zu einer kapitalzuführenden Veränderung.

71. Betriebsmittel als wesentlicher Produktionsfaktor:

a) Betriebsmittel sind Sachgüter und Rechte, die durch Gebrauch in der Produktion und durch ihre Verwertung Werte schaffen.
b) Betriebsmittel sind u. a. Grundstücke, Maschinen, Fahrzeuge, Büroausstattung, Patente.
c) Betriebsmittel sollen die Leistungserstellung erleichtern.
d) Kosten der Betriebsmittel können sein: Zinsen, Mieten, Leasingraten, Abschreibungen, Reparatur- und Wartungskosten.
e) Betriebsmittel gehören zu den elementaren Produktionsfaktoren der BWL.

72. Kapitalbedarf:

a) Die Ermittlung des Kapitalbedarfs für das Anlagevermögen bereitet regelmäßig die größten Probleme, da das Investitionsvolumen nicht genau abschätzbar ist.
b) Bei zeitlicher Staffelung der Prozessanordnung ist der Kapitalbedarf höher als im Fall gleichzeitigen Prozessbeginns.
c) Ein Lieferantenziel verkürzt den Kapitalbedarf.
d) Eine Aufhebung eines Zwischenlagers in der Fertigung hat Einfluss auf den Kapitalbedarf des Umlaufvermögens.

73. Statische Verfahren der Investitionsrechnung:

a) Statische Verfahren bilden die mit der Investition verbundenen Ein- und Auszahlungen ab.
b) Statische Verfahren bilden die mit der Investition verbundenen Kosten und Leistungen ab.
c) Statische Verfahren arbeiten mit Durchschnittswerten einer repräsentativen Periode.
d) Statische Verfahren sind nicht exakt, liefern aber schnell einen ersten Überblick über die Wirtschaftlichkeit einer Investition.
e) Statische Verfahren berücksichtigen variable Kosten und fixe Kosten wie Abschreibungen.

74. Statische Investitionsrechnung – Kostenvergleich:

a) Der Kostenvergleich kann ausreichend sein, wenn die Erträge der Investitionsalternativen gleich sind und wenn es nur auf die Kostendifferenzen ankommt.
b) Eine Entscheidung allein aus Kostengründen ist problembehaftet, zumal auch Investitionen mit niedrigen Kosten zu Verlusten führen können.
c) Bei Investitionen gleicher Mengengerüste genügt der Gesamtkostenvergleich.
d) Bei unterschiedlichen Mengengerüsten kann es auch auf den Stückkostenvergleich ankommen.
e) Der Gewinnvergleich sollte gewählt werden, wenn unterschiedliche Erträge bei den Investitionsalternativen zu beachten sind.

75. Gewinnvergleich und Rentabilitätsvergleich:

a) Der Gewinnvergleich ist notwendig, wenn die Erlöse von Investitionsalternativen identisch sind.
b) Die Gewinnvergleichsrechnung berücksichtigt auch die Erlöse einer Investition.
c) Die Gewinnvergleichsrechnung bezieht auch den Kapitaleinsatz einer Investition direkt ein.
d) Die Rentabilitätsvergleichsrechnung bezieht auch den Kapitaleinsatz einer Investition ein.
e) Der Rentabilitätsvergleich ist der beste und sichere Vergleich.

76. Statische Investitionsrechnung:

a) Statt des Gewinnvergleichs oder ergänzend zu ihm kann der Rentabilitätsvergleich vorgenommen werden, wenn sich der durchschnittliche Kapitaleinsatz der Investitionsalternativen unterscheidet.
b) Der Rentabilitätsvergleich misst den Gewinn vor Zinsen bezogen auf das eingesetzte Kapital.
c) Der Amortisationsvergleich stellt das Sicherheitsdenken in den Mittelpunkt.
d) Der Amortisationsvergleich ist umso besser, je schneller die investierten Mittel zurückfließen.

77. Amortisationsrechnung:

a) Die Amortisationsrechnung wird auch Amortisationsvergleich, Pay-off- oder Pay-back-Rechnung genannt.
b) Die Vorteilhaftigkeit einer Investition wird bei der Amortisationsrechnung an der Amortisationszeit gemessen.
c) Mit Hilfe des Amortisationsvergleichs kann auch die Vorteilhaftigkeit (Risiko) eines einzelnen Investitionsobjekts oder mehrerer Investitionsobjekte gemessen werden.
d) Für eine Beurteilung der Wirtschaftlichkeit (Rendite) von Investitionen ist der Amortisationsvergleich grundsätzlich nicht geeignet.
e) Die Amortisationsdauer ist in erster Linie ein Renditemaß, kein Risikomaß.

78. Amortisationszeitpunkt:

a) Der Amortisationszeitpunkt ist der Zeitpunkt, zu dem die Anlage aus dem Unternehmen ausscheidet.
b) Der Amortisationszeitpunkt ist der Zeitpunkt, zu dem die Anlage technisch überholt ist.
c) Der Amortisationszeitpunkt ist der Zeitpunkt, zu dem die Anlage kaufmännisch abgeschrieben ist.
d) Der Amortisationszeitpunkt ist der Zeitpunkt, zu dem die Anlage ihre optimale wirtschaftliche Nutzungsdauer erreicht hat.
e) Der Amortisationszeitpunkt ist der Zeitpunkt, zu dem die Anschaffungsauszahlungen wieder gewonnen sind.

79. Aufgabe zur Amortisationsrechnung:

Eine Investition kostet 100 T€. Die Nutzungsdauer beträgt zehn Jahre, ein Restwert ist nicht zu erwarten. Mit guten Argumenten wird ein Gewinn nach Abschreibungen von 15 T€ prognostiziert. Die von der Unternehmensleitung geforderte Amortisationsdauer beträgt drei Jahre.

a) Die Anforderung der Unternehmensleitung kann erreicht werden. Die Amortisationsdauer nach der statischen Methode beträgt ... Jahre.
b) Die Anforderung der Unternehmensleitung kann nicht erreicht werden. Die Amortisationsdauer nach der statischen Methode beträgt ... Jahre.

80. Dynamische Verfahren der Investitionsrechnung:

a) Dynamische Verfahren bilden die mit der Investition verbundenen Ein- und Auszahlungen ab.
b) Dynamische Verfahren bilden die mit der Investition verbundenen Kosten und Leistungen direkt ab.
c) Dynamische Verfahren beziehen alle Rückflüsse aus der Investition auf einen gemeinsamen Zeitpunkt ab.
d) Dynamische Verfahren erfassen den Zeitpunkt der geplanten Zahlungen.
e) Dynamische Verfahren sind sehr exakt, Risiken damit sehr unwahrscheinlich.

81. Barwert:

Welche Verfahren basieren nicht auf dem Barwertmodell?

a) Kapitalwertmethode
b) DCF-Modell (Discounted Cashflow)
c) Kostenvergleichsrechnung
d) Gewinnvergleichsrechnung
e) Dynamische Amortisationsmethode

82. Dynamisches Investitionsrechenverfahren:

Im Rahmen der Kapitalwertmethode ist bei einem positiven Kapitalwert Folgendes passiert:

a) Das eingesetzte Kapital ist (modellhaft/rechnerisch) zurückgeflossen.
b) Das eingesetzte Kapital hat sich modellhaft (mindestens) zum Kalkulationszins verzinst.
c) Darüber hinaus ist ein rechnerischer Verlust entstanden.
d) Jedes Risiko der Investition ist ausgeschlossen.

83. Kapitalwertmethode – Grundsätzliches:

a) Die Kapitalwertmethode zählt zu den statischen Investitionsmodellen.
b) Die Kapitalwertmethode zählt zu den dynamischen Investitionsmodellen.
c) Die Kapitalwertmethode wählt eine Entscheidung nach dem Barwertüberschuss aus.
d) Die Kapitalwertmethode lässt auch einen Vergleich der Investition mit der Kapitalrendite zu.
e) Die Kapitalwertmethode lässt keinen Vergleich der Investition mit der Kapitalrendite zu.

84. Kapitalwertmethode – Rechengrößen:

a) Die geschätzten Einzahlungen zählen zu den Input-Größen der Kapitalwertmethode.
b) Die geschätzten Auszahlungen zählen zu den Input-Größen der Kapitalwertmethode.
c) Die voraussichtliche Nutzungsdauer zählt zu den Rechengrößen der Kapitalwertmethode.
d) Das durchschnittlich gebundene Kapital zählt zu den Rechengrößen der Kapitalwertmethode.
e) Der Kalkulationszinssatz zählt zu den Rechengrößen der Kapitalwertmethode.

85. Ermittlung des Kapitalwerts:

a) Den Kapitalwert erhält man, indem man den Barwert der Anschaffung abzinst.
b) Den Kapitalwert erhält man, indem man die Barwerte aller Rückflüsse von den Anschaffungskosten der Investition subtrahiert.
c) Der Kapitalwert ist positiv, wenn die Summe aller abgezinsten Einzahlungen größer ist als die Summe aller Auszahlungen inklusive der Anschaffung.
d) Der Kapitalwert ist positiv, wenn die Summe aller abgezinsten Einzahlungen kleiner ist als die Summe aller Auszahlungen inklusive der Anschaffung.
e) Die Anschaffung größer ist als die Summe der diskontierten Rückflüsse.

86. Kapitalwertmethode:

Mithilfe welchen Wertes wird bei der Kapitalwertmethode primär die Vorteilhaftigkeit einer Investition bestimmt?

a) Barwert
b) Ertragswert
c) Anschaffungswert
d) Kapitalwert
e) Restwert

87. Kapitalwertmethode:

Gesucht ist der Kapitalwert (gerundet auf 100 €) bei 8 % Kalkulationszinsfuß für einen Zerobond, der heute zu 10 T€ erworben werden kann und in fünf Jahren mit 17 T€ zurückgezahlt wird. Was stimmt?

a) Der Kapitalwert beträgt 6,8 T€.
b) Der Kapitalwert beträgt 1,6 T€.
c) Der Kapitalwert beträgt 0,7 T€.
d) Der Kapitalwert ist positiv, deshalb kann die Investition nicht vorgenommen werden.
e) Der Kapitalwert ist negativ.

88. Bar- und Kapitalwertmethode:

Die Kinder des verstorbenen Unternehmers Hugo Biss verkaufen das geerbte Unternehmen. Der Käufer Ernst Pluff bietet 20 € Mio. sofort (Alternative 1) oder 5 Mio. sofort und 20 Mio. nach drei Jahren an (Alternative 2). Mit guten Argumenten rechnen die Kinder mit 10 % Kalkulationszins.

a) Alternative Nr .... ist risikoärmer.
b) Alternative Nr .... ist renditestärker. Der Vorteil dieser Variante beträgt zum Zeitpunkt des Kaufs etwa ... T€.

89. Barwertmethode:

Die Kinder des Unternehmers Harry Frisch verkaufen das geerbte und EU-subventionierte Kühlhausunternehmen. Der Käufer Ernst Pluff schlägt den Erben folgende Kaufpreisvarianten vor: 1. Alternative: 18 Mio. € sofort in bar oder 2. Alternative: 2,5 Mio. € in zehn nachschüssigen Jahresraten. Was stimmt?

a) Bei einem Kalkulationsszins von 8 % ist der Barwert der 1. Alternative 18 Mio. €.
b) Bei einem Kalkulationsszins von 8 % ist der Barwert der 2. Alternative etwa 16,8 Mio. €.
c) Ein Vergleich der zwei Alternativen ist nicht möglich.
d) Bei einem Kalkulationszins von 8 % ist die erste Variante für die Kinder besser und risikoärmer.
e) Ein Kalkulationszins von 8 % ist unangemessen hoch, weil Festgeldzinsen im langfristigen Durchschnitt weit darunter liegen.

90. Annuitätenmethode:

a) Die Annuitätenmethode ist eine Zusatzrechnung der Kapitalwertmethode.
b) Die Annuitätenmethode ist eine Zusatzrechnung der statischen Modelle.
c) Die Annuitätenmethode wandelt die Gesamtvorteilhaftigkeit einer Investition, die sich im Kapitalwert ausdrückt, in eine Periodenvorteilhaftigkeit um.
d) Die Annuitätenmethode wandelt die Gesamtvorteilhaftigkeit einer Investition, die sich im Kapitalwert ausdrückt, in einen endfälligen Wert um.
e) Die Annuitätenmethode ist im Kern eine Risikorechnung.

91. Methode des internen Zinsfußes:

a) Die Methode des internen Zinsfußes zählt zu den dynamischen Modellen.
b) Der interne Zinsfuß als Renditemaß ist ein anschauliches Entscheidungskriterium.
c) Der interne Zinsfuß errechnet die Rendite der Investition.
d) Der interne Zinsfuß entspricht genau dem Renditemaß im statischen Modell.
e) Der interne Zinsfuß verspricht einen maximalen Kapitalwert.

92. Zerobonds:

a) Zerobonds werden während der Laufzeit immer zum gleichen Kurs (zu „null") getauscht.
b) Zerobonds haben das Problem, dass die Zinsen während der Laufzeit immer zu „null" verzinst werden.

c) Zerobonds verzeichnen während der Laufzeit keine regelmäßigen Zahlungen.
d) Beim Zerobond entspricht der Emissionskurs stets seinem Rückzahlungskurs („Nullgewinnanleihe").
e) Der Zerobond hat keinen Kupon, deshalb werden sie auch „Nullkuponanleihen" oder „Nullzinsanleihen" genannt.

93. Zerobonds:

a) Zerobonds zeichnen sich unter anderem dadurch aus, dass die Verzinsung bei Emission in der Differenz zwischen Rückzahlungs- und Emissionskurs liegt.
b) Zerobonds sind Schuldverschreibungen ohne Zinszahlungen in regelmäßigen Zeitabständen.
c) Zerobonds werden am Ende ihrer Laufzeit mit rechnerischem Zins und Zinseszins zurückgezahlt.
d) Zerobonds haben für das finanzierende Unternehmen gegenüber normalen Anleihen Liquiditätsvorteile zu Beginn der Laufzeit.
e) Zerobonds haben für Anleger den Vorteil, dass keine Unsicherheit hinsichtlich des Zinssatzes bei der Wiederanlage der Zinsen besteht.

94. Zerobonds:

Ein Zerobond wird mit 50 % ausgegeben und in zehn Jahren zu pari zurückbezahlt. Was ist richtig?

a) Die Rendite des Zerobonds beträgt mehr als 7 %. Gerundet auf eine Kommastelle beträgt die Rendite ... % (bitte Rendite einsetzen!).
b) Ein Zerobond hat kein Zinsänderungsrisiko, weil die Zinsen automatisch mit der Rendite verzinst werden.
c) Der Zerobond hat keine steuerlichen und bewertungsrechtlichen Besonderheiten.
d) Das Risiko bei einem Zerobond ist höher als bei einer Kuponanleihe desselben Emittenten mit derselben Laufzeit und Rendite.

95. Zinseffekte:

Welchen Einfluss hat der Zinssatz auf den Zeitwert bzw. Barwert des Geldes?

a) Der Barwert steigt mit steigendem Zins.
b) Der Barwert fällt mit steigendem Zins.
c) Durch den Zinseszinseffekt wächst ein Kapital über die Zeit exponentiell.
d) Die Höhe des Zinses hat mit einem zunehmenden Verzinsungszeitraum einen immer schwächeren Effekt.
e) Die Höhe des Zinses hat mit einem zunehmenden Verzinsungszeitraum einen immer stärkeren Effekt.

96. Bilanzstruktur/Bilanzsumme:

a) Erhält ein Unternehmen Kapital, verlängert sich gewöhnlich die Bilanz.
b) Wird früher beschafftes Kapital zurückbezahlt, spricht man von einem Passivtausch; die Bilanzsumme bleibt konstant.
c) Eine Optimierung des Kapitals kann die Aktivseite der Bilanz unberührt lassen.
d) Werden Anlagegüter freigesetzt, so erfolgt gewöhnlich ein Aktivtausch.

97. Kapitalfreisetzung, Kapitalbindung:

a) Kapitalbindung kann z. B. der Zugang eines neuen Gesellschafters sein.
b) Kapitalzuführung ist z. B. eine Darlehensaufnahme.
c) Kapitalfreisetzung ist z. B. eine Entnahme eines Gesellschafters.
d) Eine Investition bedeutet Kapitalbindung.
e) Kapitalfreisetzung erfolgt in der Regel über die im Preis kalkulierten Abschreibungen.

98. Finanzierungsbegriff:

a) Unter „Finanzierung" versteht man nur die Beschaffung von Eigenkapital.
b) Unter „Finanzierung" versteht man nur die Beschaffung von Fremdkapital.
c) Finanzierung ist die Kapitalbeschaffung und im Weiteren auch die Kapitalverwendung.
d) Das Inkasso von Außenständen bezeichnet man als „Außenfinanzierung".
e) Beteiligungsfinanzierung ist eine Art der Selbstfinanzierung.

99. Innen- und Außenfinanzierung:

a) Die Beteiligungsfinanzierung gehört zur Außenfinanzierung.
b) Die Ausgabe von Anleihen an Mitarbeiter zählt zur Innenfinanzierung.
c) Innenfinanzierung ist die Finanzierung des Unternehmens aus eigener Kraft.
d) Wird Kapital von außerhalb dem Unternehmen zugeführt, spricht man von „Außenfinanzierung".
e) Eigenfinanzierung ist immer Innenfinanzierung.

100. Außenfinanzierung:

a) Außenfinanzierung ist die Finanzierung von Objekten außerhalb des Unternehmens.
b) Außenfinanzierung ist identisch mit Fremdfinanzierung.
c) Außenfinanzierung ist die Finanzierung mit Umsatzerlösen.
d) Außenfinanzierung ist ausschließlich die Finanzierung aus Kreditmitteln.
e) Außenfinanzierung ist eine Finanzierungsform differenziert nach der Herkunft der Mittel.

101. Außenfinanzierung:

a) Bei der Außenfinanzierung werden die Finanzierungsmittel dem Unternehmen extern z. B. in Form von Beteiligungen oder in Form von Krediten zugeführt.
b) Die Außenfinanzierung kann in Beteiligungsfinanzierung und Kreditfinanzierung unterteilt werden.
c) Gut funktionierende Finanzmärkte können eine Grundvoraussetzung für die verschiedenen Möglichkeiten der Außenfinanzierung darstellen.
d) Durch die Beteiligungsfinanzierung entsteht Fremdkapital.
e) Durch die Beteiligungsfinanzierung entsteht Eigenkapital.

102. Eigen- und Fremdfinanzierung:

a) Die Selbstfinanzierung ist eine Form der Eigenfinanzierung.
b) Die Finanzierung durch Kapitalfreisetzung kann sowohl eine Form der Eigenfinanzierung als auch der Fremdfinanzierung sein.
c) Die Finanzierung aus Pensionsrückstellungen hat zwar eigenkapitalähnlichen Charakter, gehört dennoch zur Fremdfinanzierung.
d) Die Finanzierung aus Rückstellungen ist eine Form der Fremdfinanzierung.
e) Ein Gesellschafter kann nicht gleichzeitig Eigen- und Fremdkapitalgeber sein.

103. Finanzierungsart:

Anna Ungemach betreibt einen Friseursalon und hat finanzielle Sorgen. Ihr Schwager Horst Sorgenfrei ist bereit, sich mit 50.000 € zu beteiligen und plant eine sofortige Bareinlage.

a) Hierbei handelt es sich in der Regel um eine Eigenfinanzierung.
b) Hierbei handelt es sich in der Regel um eine Fremdfinanzierung.
c) Hierbei handelt es sich um eine Außenfinanzierung.
d) Der Vorgang löst eine Bilanzverlängerung aus (Aktiv-Passiv-Mehrung).
e) Es handelt sich um einen Passivtausch, da Fremdkapital durch Eigenkapital direkt ersetzt wird.

104. Beteiligungsfinanzierung:

a) Beteiligungsfinanzierung ist eine Form der Eigenfinanzierung.
b) Beteiligungsfinanzierung ist eine Form der Außenfinanzierung.
c) Beteiligungsfinanzierung ist z. B. die Finanzierung einer GmbH durch Aufnahme eines neuen Gesellschafters, dessen Einlage die Stammeinlage erhöht.
d) Beteiligungsfinanzierung ist z. B. die Finanzierung durch Einbehaltung von Gewinnen.
e) Beteiligungsfinanzierung ist z. B. die Finanzierung der Kredite von Aktionären.

105. Beteiligungsfinanzierung – Rechtsformen:

Zunächst wollen 200 HNO-Ärzte eine überregionale, professionelle „Labor-Gesellschaft" gründen. Weitere Beitritte sind vorgesehen. Es werden folgende Argumente vorgebracht:

a) Eine BGB-Gesellschaft ist nicht gut, weil die Labor-Gesellschaft nach außen gerichtet ist und jeder Gesellschafter voll haften würde.
b) Eine OHG ist gut, weil sie einfach zu gründen ist und man sich schnell auf einen Geschäftsführer mit Alleinvertretung einigen kann.
c) Eine GmbH ist nicht gut, weil das „Kapital" Probleme mit sich bringt (fixes Stammkapital, Bewertung und Übertragung der Anteile).
d) Eine AG ist gut, weil dann nach Köpfen abgestimmt wird und die Aktien bei Bedarf an einer Börse zur Notierung eingeführt werden können.
e) Eine eG ist gut, weil keine Bewertungsprobleme auftreten und sich das Kapital (variabel) je nach Mitgliederstand aufbaut.

106. Beteiligungsfinanzierung nicht emissionsfähiger Gesellschaften:

a) Das Risiko einer Anlage in nicht emissionsfähigen Gesellschaften ist gut kalkulierbar.
b) Anteile an nicht emissionsfähigen Gesellschaften sind nur bedingt fungibel, zumal es keinen organisierten Markt gibt.
c) Anteile an nicht emissionsfähigen Gesellschaften können allenfalls über den schwarzen Markt veräußert werden.
d) Anteile an nicht emissionsfähigen Gesellschaften können über den grauen Markt veräußert werden.
e) Ein Gesellschafter kann nicht gleichzeitig Darlehensgeber sein.

107. Beteiligungsfinanzierung nicht emissionsfähiger Gesellschaften:

a) GmbH-Anteile sind Wertpapiere.
b) Bei Aufnahme eines neuen GmbH-Gesellschafters wird seine Einzahlung immer vollständig den Stammeinlagen gutgeschrieben.
c) BGB-Gesellschaften sind zum Sammeln von Beteiligungskapital bei einer größeren Gruppe von Anlegern eher ungeeignet.
d) Nach dem HGB ist für jeden OHG-Gesellschafter die gesamtschuldnerische Haftung für einen durch die jeweilige Gesellschaft aufgenommenen Kredit vorgesehen.
e) Ein Kommanditist haftet für die durch die KG aufgenommenen Kredite grundsätzlich nicht persönlich.

108. Stille Gesellschaft:

a) Die stille Gesellschaft ist im BGB geregelt.
b) Eine stille Gesellschaft kann auch mit einer AG bestehen.
c) Die stille Gesellschaft ist anhand einer Bilanz nicht unbedingt zu erkennen.
d) Die stille Gesellschaft bietet ein Beteiligungsfinanzierungsinstrument für alle Rechtsformen der Unternehmen, selbst für den Einzelkaufmann.

e) Der stille Gesellschafter hat grundsätzlich kein Recht zur Geschäftsführung oder zur Vertretung.

109. Aktiengesellschaft und Aktie:

a) Der Vorstand der AG führt die Geschäfte in eigener Verantwortung. Auch der Aufsichtsrat kann ihm dabei keine Weisung erteilen.
b) Eine AG darf eigene Aktien in beliebigem Umfang zurückerwerben.
c) Die Börse übernimmt die Bewertung der Aktien und sorgt für eine hohe Fungibilität.
d) Ein Rückkauf eigener Aktien zur Kurspflege ist verboten.
e) Für eine Stückaktie lässt sich immer auch ein rechnerischer Nennwert ermitteln.

110. Aktien in Deutschland:

a) Nach dem Zusammenbruch des Neuen Marktes wurde die Deutsche Börse in ein System europäischer Börsen integriert.
b) Der General Standard und der Prime Standard sind die zwei wichtigsten deutschen Börsensegmente.
c) Der General Standard setzt Mindestanforderungen an Transparenz und Verhaltensregeln.
d) Die 30 DAX Werte dominieren die deutsche Börse und müssen dem Prime Standard angehören.
e) Klassische Branchen, wie Chemie, Automobile, Maschinenbau, Banken, Handel etc., werden in Indizes, wie dem DAX, SDAX und TecDax, abgebildet.

111. Kapitalerhöhung:

a) Die ordentliche Kapitalerhöhung führt zu einem unmittelbaren Beteiligungsfinanzierungseffekt.
b) Die bedingte Kapitalerhöhung führt in jedem Fall zu einem unmittelbaren Beteiligungsfinanzierungseffekt.
c) Die Kapitalerhöhung aus Gesellschaftsmitteln führt zu einem unmittelbaren Beteiligungsfinanzierungseffekt.
d) Die bedingte Kapitalerhöhung kann für jeden Zweck erfolgen.
e) Der rechnerische Wert des Bezugsrechts wird insbesondere durch das Bezugsverhältnis, den Bezugskurs und den bisherigen Kurs beeinflusst.

112. Kapitalerhöhung bei einer AG:

a) Bei einer genehmigten Kapitalerhöhung ermächtigt die Hauptversammlung den Vorstand, das Grundkapital bis zu einem Höchstbetrag zu erhöhen. Die Ermächtigung gilt maximal fünf Jahre.
b) Bei einer bedingten Kapitalerhöhung werden Rücklagen in Grundkapital umgewandelt.
c) Für eine Kapitalerhöhung gegen Einlagen ist die Zustimmung einer ¾-Mehrheit der Aktionäre notwendig.
d) Sofern eine AG Wandelanleihen ausgibt, ist eine bedingte Kapitalerhöhung notwendig.
e) Bei einer Kapitalerhöhung gegen Einlagen werden den Altaktionären neue (junge) Aktien angeboten.

113. Kapitalerhöhung bei Aktiengesellschaft (Bewertung eines Bezugsrechts):

Eine AG erhöht durch Ausgabe neuer Aktien das Grundkapital um 150 Mio. € von 600 Mio. € auf 750 Mio. €. Der Börsenkurs der Aktie beträgt 310 €. Der Kurs der jungen/neuen Aktie ist auf 150 € festgelegt.

a) Der rechnerische Wert des Bezugsrechts beträgt hierbei 26,66 €.
b) Der rechnerische Wert des Bezugsrechts beträgt hierbei 32 €.
c) Der rechnerische Wert des Bezugsrechts beträgt hierbei 40 €.

d) Der rechnerische Wert des Bezugsrechts beträgt hierbei 53 €.
e) Der rechnerische Wert des Bezugsrechts beträgt hierbei 53,33 €.

114. Kapitalerhöhung aus Gesellschaftsmitteln:

a) Die Kapitalerhöhung aus Gesellschaftsmitteln hat einen Effekt auf die gesamte Höhe des Eigenkapitals.
b) Die Kapitalerhöhung aus Gesellschaftsmitteln hat einen Effekt auf die Struktur des Eigenkapitals.
c) Die Kapitalerhöhung aus Gesellschaftsmitteln hat einen Effekt auf den Börsenkurs.
d) Die Kapitalerhöhung aus Gesellschaftsmitteln führt zu einer Verbesserung der Handelbarkeit von Aktien, insbesondere bei einem sehr hohen Aktienkurs.
e) Die Kapitalerhöhung aus Gesellschaftsmitteln ist ein Geschenk an die Aktionäre. Es wird die lange Haltedauer belohnt. Deshalb heißen die neuen Aktien auch „Treueaktien".

115. Kapitalerhöhung aus Gesellschaftsmitteln:

a) Bei einer Kapitalerhöhung aus Gesellschaftsmitteln wird neues Eigenkapital zugeführt.
b) Bei einer Kapitalerhöhung aus Gesellschaftsmitteln wird das Vermögen der Gesellschafter sofort vermehrt.
c) Bei einer Kapitalerhöhung aus Gesellschaftsmitteln mindert sich sofort der Börsenkurs.
d) Bei einer Kapitalerhöhung aus Gesellschaftsmitteln erhöht sich sofort der Börsenkurs.
e) Bei einer Kapitalerhöhung aus Gesellschaftsmitteln werden Rücklagen in Grundkapital umgewandelt.

116. Lieferantenkredit:

Die Zahlungsbedingung „3 % Skonto bei Zahlung innerhalb von zehn Tagen oder einem Monat netto" entspricht einem Jahreszins

a) von etwa 36 %.
b) von mindestens 54 %.
c) von mindestens 78 %.
d) von etwa 108 %.

117. Bankkredit oder Lieferantenkredit:

Das Unternehmen Limit.de hat zwar keine freien Kassenguthaben, aber ein offenes Kreditlimit, wofür die Bank effektiv 12 % berechnet. Das Unternehmen kauft PC-Systeme für 100 T€ brutto, wofür sechs Wochen Ziel eingeräumt werden. Wenn innerhalb von zwei Wochen bezahlt wird, ist ein 2%iger Skontoabzug möglich. Ist der Bankkredit/Skontoabzug für die Limit.de

a) günstiger oder
b) schlechter als der Lieferantenkredit.

Sofern das Unternehmen die bessere Alternative wählt, spart es … € (bitte Betrag einsetzen!).

118. Kreditarten:

a) Die Kosten eines Lieferantenkredits sind über den Opportunitätsgedanken des Skontoverzichts meist sehr hoch.
b) Ein Kontokorrentkredit hat mehrere Kostenbestandteile (Soll- und Überziehungszins, Kreditprovision, Kontogebühren etc.), die Verhandlungsspielräume aufzeigen.
c) These: Ein Lombardkredit ist ein schneller und relativ günstiger Kredit.
d) Bei einem Darlehen gibt es mehrere Rückzahlungsmöglichkeiten.
e) Eine Kreditleihe ist grundsätzlich nicht zu besichern, weil ja effektiv kein Geld fließt.

119. Kreditgeschäft:

a) Kredit ist ein Geschäft, bei dem der Gläubiger primär eine Verbindlichkeit hat.
b) Kredit ist ein Geschäft, bei dem der Gläubiger primär eine Forderung hat.
c) Kredit ist ein Geschäft, bei dem Risiken durch Sicherheiten abgemildert werden können.
d) Kredit ist ein Geschäft, dessen Risiko über die Leistung des Kapitaldienstes sinkt.
e) Kredit ist ein Geschäft, dessen Risiko über die Leistung des Kapitaldienstes steigt.

120. Kreditarten:

a) Die Inanspruchnahme eines Kontokorrentkredits entsteht automatisch durch Zahlungen zu Lasten des Kontokorrentkontos, die nicht durch einen ausreichend positiven Saldo gedeckt sind.
b) Ein Diskontkredit ist im Normalfall wegen seiner Formalien und Arbeitsaufwendigkeit deutlich teurer als ein Kontokorrentkredit.
c) Ein Diskontkredit entsteht, indem eine Bank einen auf sie gezogenen Wechsel akzeptiert.
d) Es gibt vielfältige Kreditarten. Die rechtliche Zulässigkeit der Differenzierung ergibt sich aus dem Grundsatz der Vertragsfreiheit.
e) Keine Antwort ist richtig.

121. Kurzfristige Kredite:

a) Der Lieferantenkredit ist üblicherweise leicht und unkompliziert zu erhalten.
b) Der Lieferantenkredit erfordert als Besicherung meist nur das Akzeptieren eines Eigentumsvorbehalts des Lieferanten.
c) Die Inanspruchnahme eines Kontokorrentkredits entsteht automatisch durch Zahlungen zulasten des Kontokorrentkontos, das nicht durch seinen ausreichend positiven Saldo gedeckt ist.
d) Ein Diskontkredit ist im Normalfall wegen seiner Formalien und Arbeitsaufwendigkeit deutlich teurer als ein Kontokorrentkredit.
e) Ein Diskontkredit entsteht, indem eine Bank einen auf sie gezogenen Wechsel akzeptiert.

122. Kontokorrentkredit (KK-Kredit):

a) Der Kredit in laufender Rechnung dient immer einem konkreten Finanzbedarf.
b) Der Kredit in laufender Rechnung kann wiederholt und in unterschiedlicher Höhe in Anspruch genommen werden.
c) Bei einem Kontokorrentkredit ändert jede Zahlung den Saldo.
d) Ein KK-Kredit ist bei Beanspruchung meist teuer. Gründe: relativ hoher Sollzins und weitere Kostenbestandteile.
e) Eine Kreditlinie bestimmt den vereinbarten Kreditrahmen. Darüber hinaus kann die Bank eine Überziehung dulden (Überziehungskredit).

123. Kontokorrentkredit (KK-Kredit):

a) Durch einen KK-Kredit erhöht sich der Liquiditätsspielraum.
b) Bei einem KK-Kredit ist der Verwendungszweck meist sehr vielschichtig.
c) Die Einräumung einer Kreditlinie kann auch dem Ausgleich von Saison- bzw. Umsatzschwankungen dienen.
d) Duldet die Bank eine Überziehung, erhebt sie einen Zuschlag (Überziehungszins).
e) Ein KK-Kredit wird in der Regel banküblich abgesichert.

124. Kontokorrentkredit (KK-Kredit):

a) Von einem KK-Kredit spricht man, wenn der Kredit einem Verbraucher gewährt wird.
b) Von einem KK-Kredit spricht man, wenn der Kredit unbefristet ist.
c) Von einem KK-Kredit spricht man bei einem formlosen Kredit.

d) Von einem KK-Kredit spricht man bei einem ungesicherten Kredit.
e) Bei einem KK-Kredit ist ein Kredit in laufender Rechnung, jede Zahlung ändert den Saldo.

125. Lombardkredit:

a) Lombardkredite sind auch „Kredite gegen Faustpfand". Hierbei werden marktgängige bewegliche Sachen oder Rechte verpfändet.
b) Beim Lombardkredit behält der Kreditnehmer immer die volle Verfügungsgewalt über das Sicherungsgut.
c) Die Beleihungsgrenze ist für alle Pfandgüter gleich.
d) Der Lombardkredit ist ein schneller Kredit, deshalb wird er üblicherweise mündlich geschlossen.
e) Verpfändete Aktien werden üblicherweise mit 100 % bewertet, weil Aktienkrisen nur von kurzer Dauer sind.

126. Darlehen:

a) Darlehen werden grundsätzlich banküblich gesichert.
b) Darlehen sind meist am Finanzierungszweck orientiert.
c) Bei Grundstücksverpfändungen sind besondere Formvorschriften zu beachten.
d) Die Laufzeit von Darlehen orientiert sich meist an der Nutzungszeit des finanzierten Gegenstands.
e) Die Rückzahlung eines Darlehens kann auf unterschiedliche Weise erfolgen.

127. Zinsen bei Darlehen:

a) Bei Darlehen ist die Zinsgestaltung frei, z. B. fest oder auch variabel.
b) Die Zinsen für Darlehen orientieren sich gewöhnlich auch am Marktzins.
c) Der Aufschlag (Marge) auf den Marktzins zur Errechnung des Effektivzinses ist fest.
d) Sinnvoll ist es, Zins und Tilgung (Kapitaldienst) eines Darlehens den Erträgen aus der Nutzung des finanzierten Gegenstands und der Ertragslage des Unternehmens anzupassen.
e) Die Vereinbarung eines Disagio (Damnum) ist bei einem Darlehen nicht möglich.

128. Tilgungsformen von Darlehen:

a) Die Darlehensraten bleiben beim Annuitätendarlehen im Zeitablauf gleich hoch, während sie beim Tilgungsdarlehen abnehmen.
b) Der Tilgungsanteil der Darlehensrate wächst beim Annuitätendarlehen im Zeitablauf an, während er beim Tilgungsdarlehen konstant bleibt.
c) Der Zinsanteil der Darlehensrate wächst beim Annuitätendarlehen im Zeitablauf an, während er beim Tilgungsdarlehen konstant bleibt.
d) Der absolut zu bezahlende Zinsanteil ist beim Annuitätendarlehen und beim Tilgungsdarlehen in der Regel identisch.
e) Der effektive Zinssatz ist beim Annuitätendarlehen und Tilgungsdarlehen in der Regel identisch.

129. Annuitätendarlehen:

a) Bei einem Annuitätendarlehen sind der Zins und die Tilgung konstant, sodass die Raten konstant bleiben.
b) Bei einem Annuitätendarlehen wird mit jeder Rate der Tilgungsanteil größer und der Zinsanteil kleiner.
c) Bei einem Annuitätendarlehen ist der Kredit am Ende der Laufzeit durch die konstanten Raten in der Regel nicht vollständig getilgt.
d) Bei einem Annuitätendarlehen kommt es bei der ersten und letzten Rate immer zu Anpassungen, um den Kredit vollständig zu tilgen.
e) Bei einem Annuitätendarlehen werden die Tilgungen am Schluss in einer Rate geleistet.

130. Wechsel:

a) Der Wechsel ist nicht nur ein Zahlungsmittel, sondern auch ein Kredit- und Sicherungsmittel.
b) Beim Diskontkredit handelt es sich um eine Geldleihe.
c) Beim Akzeptkredit handelt es sich um eine Kreditleihe.
d) Beim Umkehrwechsel finanziert der Verkäufer die Kaufsumme.
e) Insgesamt ist der Wechsel ein relativ teures Kreditinstrument.

131. Dokumentenakkreditiv:

a) Die Zahlung aus einem Akkreditiv kann verweigert werden, wenn bei der Ware Mängel festgestellt werden.
b) Die Zahlung aus einem Akkreditiv kann verweigert werden, wenn die angedienten Dokumente zu spät vorgelegt werden.
c) Die Zahlung aus einem Akkreditiv kann verweigert werden, wenn die angedienten Dokumente nicht in Ordnung sind.
d) Zu den Pflichten der Banken bei Dokumentenakkreditiven gehört die genaue und sorgfältige Prüfung der Dokumente.
e) Beim Rembourskredit wird nach Vorlage der Dokumente sofort bezahlt.

132. Avalkredit:

a) Für einen Avalkredit muss keine Offenlegung der wirtschaftlichen Verhältnisse erfolgen.
b) Ein Avalkredit einer Bank löst nach Ablauf in jedem Fall eine Geldzahlung der Bank aus.
c) Ein Avalkredit einer Bank muss nicht besichert werden.
d) Ein Aval einer Bank ist so lange für einen Kunden kostenlos, wie die Bank nicht in Anspruch genommen wird.
e) Eine Bank ist aus einem von ihr eröffneten Dokumentenakkreditiv nur zur Zahlung verpflichtet, wenn die vereinbarten Dokumente ordnungsgemäß vorgelegt werden.

133. Offenlegung der wirtschaftlichen Verhältnisse nach § 18 KWG:

a) § 18 ist Ausfluss des bankkaufmännischen Grundsatzes, Kredite nur nach umfassender und sorgfältiger Bonitätsprüfung zu gewähren.
b) Kredite sind nach § 18 KWG ab 750 T€ offen zu legen. Dabei werden Kreditleihen (Avale und Bürgschaften etc.) eingerechnet.
c) Mehrere Kreditnehmer werden bei der Offenlegung dann zusammengerechnet, wenn Abhängigkeiten bestehen und es wahrscheinlich ist, dass finanzielle Schwierigkeiten bei „einem" auch zu Schwierigkeiten beim „anderen" führen.
d) Die erforderlichen Unterlagen müssen ordentlich hereingenommen werden, d.h. richtige Bilanzform samt Unterschrift, Zeitnähe (generell nicht älter als zwölf Monate), Bearbeitervermerk.

134. Offenlegung der wirtschaftlichen Verhältnisse:

a) § 18 KWG verlangt die Offenlegung der wirtschaftlichen Verhältnisse bei jedem Kreditkunden.
b) Die Offenlegung der wirtschaftlichen Verhältnisse ist eine wesentliche Grundlage für die Einschätzung der Kreditwürdigkeit.
c) Die Offenlegung der wirtschaftlichen Verhältnisse muss einmalig vor der Kreditgewährung erfolgen.
d) Die Offenlegung der wirtschaftlichen Verhältnisse muss nur zu Überwachung des Kreditengagements erfolgen.
e) Die Offenlegung der wirtschaftlichen Verhältnisse erfolgt nur über den letzten Jahresabschluss des Kreditnehmers.

135. Kreditnehmereinheiten:

a) Kreditnehmereinheiten sind regelmäßig bei Eheleuten zu unterstellen.
b) Kreditnehmereinheiten sind regelmäßig bei Gesellschafter-Geschäftsführern und Gesellschaft zu unterstellen.
c) Kreditnehmereinheiten sind regelmäßig bei Mitarbeitern von Unternehmen zu unterstellen.
d) Kreditnehmereinheiten sollen miteinander verbundene Risiken auch als eine Risikoeinheit erfassen.
e) Kreditnehmereinheiten werden gebildet, um bei finanziellen Schwierigkeiten des einen Kreditnehmers den anderen in die Haftung nehmen zu können.

136. Kreditsicherheiten:

a) Neben einer etwaigen Sicherheit haftet der Hauptschuldner in jedem Fall mit seinem Vermögen.
b) An der Bestimmbarkeit einer Sicherheit dürfen sich keine Zweifel ergeben.
c) Zahlt der Bürge die Schuld, geht die Hauptforderung auf diesen über.
d) Ein Pfandrecht an Sachen ist im Wirtschaftsleben praxisgerecht, weil die Sache gleich an den Sicherungsnehmer übergeben wird.
e) Zur (sachenrechtlichen) Übereignung eines Kfz ist in jedem Fall ein Kfz-Brief notwendig.

137. Kreditsicherheiten:

a) Bei der Bestellung von Sicherheiten ist die Werthaltigkeit der Sicherheit ein entscheidendes Kriterium.
b) Bei der Auswahl von Sicherheiten spielt die Verwertungsmöglichkeit der Sicherheit keine Rolle.
c) Bei der Bestellung von Sicherheiten spielt die Rechtslage keine Rolle.
d) Die Bestellung von Sicherheiten sollte die Werthaltigkeit einer Sicherheit in einem angemessenen Verhältnis zur Forderung stehen.
e) Die Bestellung von Sicherheiten ersetzt eine mangelnde Kreditwürdigkeit in jedem Fall.

138. Akzessorische Sicherheiten:

a) Sicherheiten sind akzessorisch, wenn sie unabhängig von der zugrunde liegenden Forderung bestehen.
b) Bei akzessorischen Sicherheiten übernimmt ein Dritter die Gewähr dafür, dass der Kreditnehmer seine Verpflichtungen aus dem Kreditvertrag erfüllt.
c) Sicherheiten sind dann akzessorisch, wenn sie mit der zugrunde liegenden Kreditforderung gesetzlich verknüpft sind.
d) Akzessorische Sicherheiten sind immer garantieähnlich.
e) Bei akzessorischen Sicherheiten darf die Bank ihre Rechte nur ausüben, wenn der Kreditnehmer seinen Verpflichtungen aus dem Kreditvertrag nicht nachkommt.

139. Akzessorische und abstrakte Sicherheiten:

a) Bestand, Umfang und Dauer einer akzessorischen Sicherheit richten sich nach Bestand, Umfang und Dauer der Forderung.
b) Bestand, Umfang und Dauer einer abstrakten Sicherheit richten sich nach Bestand, Umfang und Dauer der Forderung.
c) Bürgschaft, Pfandrecht und Grundschuld sind akzessorische Sicherheiten.
d) Garantie, Sicherungsübereignung und Sicherungsabtretung sind abstrakte Sicherheiten.
e) Akzessorische Sicherheiten können nur gemeinsam mit der Forderung übertragen, verpfändet oder gepfändet werden.

140. Garantie und Bürgschaft:

a) Eine Garantie ist abstrakt und stellt eine selbstständige, von der Forderung unabhängige Verpflichtung des Garanten her.
b) Für Garantien gelten besonders strenge Formvorschriften, zumal sie abstrakt ist.
c) Eine Bürgschaft ist ein Rechtsgeschäft, durch das sich der Bürge verpflichtet, einem Gläubiger für die Schuld eines anderen einzustehen.
d) Die Einrede der Vorausklage ist banküblich und bedeutet, dass der Gläubiger sich bei Nichterfüllung sofort an den Bürgen wenden darf.
e) Die Einrede der Vorausklage bedeutet, dass der Gläubiger sich bei Nichterfüllung zuerst an den Hauptschuldner wenden muss.

141. Bürgschaft:

a) Bei einer gewöhnlichen Bürgschaft kann der Bürge in der Regel nicht sofort in Anspruch genommen werden.
b) Bei einer gewöhnlichen Bürgschaft muss der Gläubiger dem Bürgen erst den Ausfall nachweisen.
c) Einrede der Vorausklage bedeutet, dass der Bürge die Leistung ablehnen kann, solange die Zwangsvollstreckung in das Vermögen des Hauptschuldners nicht erfolglos war.
d) Bei der selbstschuldnerischen Bürgschaft verzichtet der Bürge auf die Einrede der Vorausklage.
e) Die gewöhnliche Bürgschaft kann mündlich erfolgen, nur die selbstschuldnerische Bürgschaft muss schriftlich sein.

142. Bürgschaft:

Bettina Kuschel eröffnet eine Bettenstudio GmbH. Im Rahmen der Bankfinanzierung wird neben den Sicherheiten der GmbH über eine Bürgschaft der Gesellschafter-Geschäftsführerin Bettina Kuschel gesprochen. Was ist richtig?

a) Eine Bürgschaft der Gesellschafter-Geschäftsführerin bei einer GmbH ist der Regelfall.
b) Die Bürgschaft ist akzessorisch.
c) Die Bürgschaft muss nicht schriftlich erfolgen, weil Bettina Kuschel Kauffrau ist.
d) Es ist für Bettina Kuschel nicht unbedingt ratsam die Bürgschaft der Höhe nach zu begrenzen, weil sie automatisch nur für den Ausfall haftet.
e) Es ist für Bettina Kuschel ratsam, die Bürgschaft der Höhe und der Zeit nach zu begrenzen.

143. Sicherheiten:

Sie wollen ein Wohnmobil über einen Bankkredit finanzieren. Welche Sicherheit bietet sich an?

a) Die Gehaltsabtretung, da dies einfach ist und der Arbeitgeber verpflichtet ist, die Raten an die Bank zu zahlen.
b) Die Sicherungsübereignung: Hier wird das Kreditinstitut Sicherungseigentümer des Wohnmobils.
c) Die Verpfändung mit Übergabe des Kfz-Briefes, da das Kreditinstitut damit vollständig besichert ist.
d) Die Bürgschaft der Ehefrau, da ein Bürge in jedem Fall für die Forderung aufkommen muss.
e) Eine neue Grundschuld, da sie am kostengünstigsten ist.

144. Verpfändung:

a) Die Verpfändung von Sachen ist praxisnah, weil sie still erfolgen kann.
b) Die Verpfändung von Sachen ist praxisnah, weil die Übergabe des Gegenstands abbedungen werden kann.
c) Die Verpfändung von Rechten ist praxisnah. Sie ist dem Dritten anzuzeigen.

d) Die Verpfändung von Rechten ist praxisnah, zumal verpfändete Kapitalforderungen wertbeständig und einfach zu bemessen sind.
e) Pfandrechte sind abstrakt.

145. Pfandrecht und Sicherungsübereignung:

Sie haben in Ihrem Unternehmen ein Kopiergerät, das für die Bank als Sicherheit dienen soll. Was stimmt?

a) Wird ein Pfandrecht vereinbart, kann das Unternehmen das Kopiergerät weiter nutzen.
b) Beim Pfandrecht geht das Eigentum auf die Bank über.
c) Bei der Sicherungsübereignung kann das Unternehmen das Kopiergerät weiter nutzen.
d) Bei der Sicherungsübereignung geht das Eigentum auf die Bank sicherungshalber über.
e) Weder Pfandrecht noch Sicherungsübereignung sind für ein Kopiergerät sinnvolle Sicherungsinstrumente.

146. Sicherungsübereignung (Kreditsicherheiten):

a) Die Sicherungsübereignung ist formlos vereinbar und „akzessorisch".
b) Zur (sachenrechtlichen) Übereignung eines Kfz ist in jedem Fall ein Kfz-Brief notwendig.
c) An der Identität des sicherungsübereigneten Gegenstands darf sich kein Zweifel ergeben.
d) Die Übergabe des Kfz-Briefs verhindert einen etwaigen gutgläubigen Dritterwerb, die Benachrichtigung der Kfz-Stelle vom Sicherungseigentum verhindert die Ausstellung einer Zweitschrift des Kfz-Briefs.
e) Die Sicherungsübereignung ist insgesamt ein risikoreiches und aufwendiges Sicherungsmittel.

147. Nachteile einer Sicherungsübereignung:

a) Das Sicherungsgut kann im Zeitverlauf an Wert verlieren.
b) Das Sicherungsgut kann tatsächlich verloren gehen (Untergang, gutgläubiger Verkauf, Diebstahl).
c) Auf dem Sicherungsgut können Rechte Dritter liegen, z. B. verlängerter Eigentumsvorbehalt.
d) Das Sicherungseigentum der Bank könnte aus Rechtsgründen gar nicht entstanden sein, z. B. im Falle einer Mehrfachübereignung.
e) Die Sicherungsübereignung ist relativ aufwendig (Bestimmbarkeit, Wertbeimessung, Überwachung etc.).

148. Grundschuld:

a) Eine Grundschuld ist akzessorisch, d. h., die Sicherung ist vom Bestand eines Kredits unabhängig.
b) Bei einer Grundschuld können höhere (dingliche) Zinsen im Grundbuch eingetragen werden, die der Bank als zusätzliche Sicherheit dienen und künftig auch höhere Kreditzinsen abdecken können.
c) Bei einer Grundschuld ist eine Zweckerklärung (Sicherungsabrede) erforderlich, da sie die Verbindung zwischen dem Grundpfandrecht und dem Kredit herstellt.
d) Eine Grundschuld entsteht erst mit der ersten Inanspruchnahme des Kredits.
e) Die Laufzeit einer Grundschuld ist identisch mit der Laufzeit des Kredits.

149. Kriterien der Kreditvergabe:

a) Die Rechtsform ist bei der Kreditvergabe unbeachtlich.
b) Vertretungsbefugnisse eines Unternehmens sind bei der Kreditvergabe unbeachtlich.
c) Die Einkommens- und Vermögensverhältnisse sind bei der Kreditvergabe besonders wichtig.
d) Die persönliche Zuverlässigkeit einer Person ist bei der Kreditvergabe unbeachtlich.
e) Die Bank prüft bei der Kreditvergabe auch die Haftungs- und Vermögensverhältnisse.

150. Kreditentscheidung:

a) Die Kreditentscheidung hängt maßgeblich von der Kreditwürdigkeit ab.
b) Die Kapitaldienstfähigkeit bildet den Kern der Kreditwürdigkeit.
c) Für die Beurteilung der Kreditwürdigkeit von Unternehmen sind Jahresabschlüsse unabdingbar. Weitere Unterlagen – z. B. BWA, Auftragsbücher und Planunterlagen – sind empfehlenswert.
d) Sicherheiten verringern das rechnerische Kreditrisiko einer Bank.
e) Eine Negativerklärung reduziert das Kreditrisiko effektiv.

151. Kreditwürdigkeitsprüfung:

a) Eine Bank kann immer nach eigenem Ermessen entscheiden, ob sie sich bei einer Kreditierung an ein Unternehmen dessen Jahresabschlüsse vorlegen lässt oder nicht.
b) Die Verwendung der Kreditmittel durch den Kreditnehmer kann der Bank egal sein. Deshalb darf dieses Kriterium bei der Kreditentscheidung keine Rolle spielen.
c) Finanzferne Aspekte eines Kreditnehmers, wie das Marketing, Organisation oder das Management, spielen für die Kreditwürdigkeitsprüfung keine Rolle.
d) Qualitative Ratingfaktoren müssen gleich gewichtet werden, da eine objektive Differenzierung nicht begründbar ist.
e) Entscheidend für die Kreditwürdigkeit ist die Kapitaldienstfähigkeit.

152. Basel II und III:

a) Basel II und III zielen unmittelbar auf Banken, auf andere Unternehmen wirken sich die Regeln indirekt aus.
b) Banken sind Risikohändler. Sie müssen deshalb für Risiken Eigenkapital vorhalten.
c) Basel I definiert seit Ende der 1980er-Jahre die Eigenkapitalstandards, insbesondere die Eigenkapitalbestandteile und eine 8%ige Eigenkapitalunterlegung für Risiken.
d) Basel II hält an den Eigenkapitalstandards von Basel I fest, gewichtet jedoch die Risiken insbesondere mittels Rating genauer. Nach Basel III werden die Kapitalanforderungen deutlich höher.
e) Auswirkung von Basel II und III wird sein, dass die Spreizung der Kreditkonditionen künftig breiter wird, beispielsweise können schlechtere Kredite teurer, sehr gute billiger werden.

153. Basel III

a) Basel III stärkt die Quantität und Qualität des Eigenkapitals einer Bank oder Sparkasse.
b) Wenn eine Bank die strengen Anforderungen von Basel III erfüllt, ist die Insolvenz dieser Bank gebannt.
c) Basel III sieht auch Kapitalpuffer vor.
d) Die EU-Verordnung „CRR" gilt als Single-Rulebook unmittelbar für alle EU-Banken.
e) Der Baseler-Ausschuss setzt unmittelbar geltendes Recht.

154. Eigenmittel nach Basel III (quantitativ):

a) Die quantitative Anforderung an die Eigenmittelausstattung einer Bank hat sich nach Basel III nicht geändert.
b) Auch die quantitative Anforderung an die Eigenmittelausstattung einer Bank hat sich nach Basel III geändert. Langfristig müssen die Risiken statt mit 8 % mindestens mit 10,5 % Eigenkapital unterlegt sein.
c) Die quantitativen Anforderungen sind besonders für das „harte Kernkapital" gestiegen.
d) Basel III hat die Anforderungen an Unternehmenskredite generell verschärft.
e) Die generell höheren Kapitalanforderungen nach Basel III sollen für KMU-Kredite durch einen Multiplikator neutralisiert werden.

155. Kapitalpuffer und Verschuldungsgrenze (Leverage Ratio) nach Basel III:

a) Kapitalpuffer dienen als Notreserve einer Bank bzw. für Stress- bzw. Krisenphasen.
b) Kapitalpuffer können „atmen" und sollen in der Krise zuerst haften, damit die Untergrenzen für die eigentlichen Eigenmittel einer Bank nicht unterschritten werden.
c) Die Verschuldungsgrenze (Leverage Ratio) entspricht in etwa der Eigenkapitalquote der Unternehmen und ist relativ einfach zu bestimmen.
d) Die Verschuldungsgrenze (Leverage Ratio) ist nicht risikogewichtet.
e) Die Verschuldungsgrenze (Leverage Ratio) ist risikogewichtet. Alles andere macht wenig Sinn.

156. Rating nach Basel II und III:

a) Unternehmen mit sehr gutem Rating müssen künftig keine Unterlagen mehr einreichen.
b) Unternehmen mit sehr gutem Rating müssen den Kredit nicht besichern.
c) Unternehmen mit sehr gutem Rating erhalten in der Regel bessere Konditionen.
d) Unternehmen mit sehr gutem Rating haben kein Ausfallrisiko.
e) Unternehmen mit sehr gutem Rating haben in der Regel eine solide Eigenkapitalausstattung und eine gute Ertragslage.

157. Kritik am Basel-Akkord der Banken:

a) Die Fülle von Detailregelungen macht das Basel-System kompliziert.
b) Kein System kann die menschliche Expertise ersetzen.
c) Ein Rating orientiert sich eher an Symptomen/Ergebnissen als an den Ursachen.
d) Der-Basel-Akkord kann den Konjunkturzyklus verschärfen.
e) Die Regeln nach Basel I, II, III schaffen grundsätzlich risikoadäquate Anreize.

158. Zinsberechnung (Annäherungsberechnung):

Eine Bank bietet einem Unternehmen für ein endfälliges Darlehen bei siebenjähriger Zinsfestschreibung folgende Konditionsalternative an: 8 % pari (1. Alternative) oder 6,7 % bei 93%iger Auszahlung (2. Alternative). Die Alternative 2 (Disagiovariante) ist für das Unternehmen

a) günstiger oder
b) schlechter.

Der Effektivzins der Disagiovariante beträgt annäherungsweise ... %. Bitte Prozentsatz eintragen!

159. Anleihen:

a) Verzinsliche Wertpapiere werden auch Anleihen, Schuldverschreibungen, Teilschuldverschreibungen, Bonds, Obligationen oder Renten genannt.
b) Anleihen werden nur von Banken und Unternehmen emittiert.
c) Anleihen werden nur von Aktiengesellschaften emittiert.
d) Anleihen verbriefen grundsätzlich einen Anspruch auf Rückzahlung und auf Zinsen.
e) Anleihen werden mit einem Aufschlag emittiert, wenn ein Agio erhoben wird.

160. Generelle Rechte einer Anleihe:

a) Eine Anleihe verbrieft ein Gläubigerrecht (Forderungsrecht).
b) Eine Anleihe verbrieft einen Zinsanspruch auch in Verlustjahren des Emittenten.
c) Eine Anleihe verbrieft einen Rückzahlungsanspruch.
d) Eine Anleihe verbrieft ein Recht an einem Sachwert.
e) Eine Anleihe verbrieft eine Teilhabe am Gewinn des Emittenten.

161. Mezzanine-Finanzierung:

a) Eine mezzanine Finanzierung ist eine Zwischenfinanzierung.
b) Bei einer mezzaninen Finanzierung gelten sowohl Merkmale des Fremdkapitals als auch Merkmale des Eigenkapitals.
c) Mezzanine-Finanzierungen sind gewöhnlich kurzfristig.
d) Unter Bedingungen können mezzanine Finanzierungen als Eigenkapital bilanziert werden.
e) Eine Nachrangabrede ist ein Versprechen des Geldgebers, bei der Verwertung von Sicherheiten im Rang zurückzutreten.

162. Genussscheine:

a) Genussscheine verbriefen keine Stimmrechte.
b) Ein Genussschein hat das gleiche Stimmrecht wie eine Stammaktie.
c) Genussscheine gewähren Vermögensrechte, oft einen Zins.
d) Genussrechte sind dann besonders attraktiv für das emittierende Unternehmen, wenn ihre Vergütung trotz gewisser Eigenkapitaleigenschaften als steuerlicher Aufwand gilt.
e) Wenn auf einen Genussschein eine Ausschüttung erfolgt, fällt der Kurs entsprechend (sogenannte Flat-Notierung).

163. Leasing:

a) Ein Leasinggeber geht kein erhebliches Risiko ein, da er gewöhnlich Eigentümer der Sache ist und diese auch bei ihm bilanziert wird.
b) Beim Sale-and-Lease-back-Modell erhält das Unternehmen Liquidität, obwohl das Wirtschaftsgut faktisch im Unternehmen verbleibt.
c) Leasing kann beim Leasingnehmer Steuervorteile, Bilanz- und Liquiditätseffekte hervorrufen.
d) Ein Vergleich zwischen einem Unternehmen, das einen Gegenstand „least" mit einem das „kauft" ist leicht möglich, zumal die Leasingraten steuerlich absetzbar sind und in etwa den Abschreibungen entsprechen.

164. Leasing vs. Bankkredit:

a) Beim Leasing erwirbt man das Eigentum am Gegenstand erst, wenn die letzte Rate bezahlt hat.
b) Bei einer Kreditfinanzierung wird man in der Regel Eigentümer des Gegenstandes, es sei denn, die Bank hat sich den Gegenstand zur Sicherheit übereignen lassen.
c) Der effektive Zinssatz einer Leasingrate ist grundsätzlich niedriger als der eines vergleichbaren Bankkredits.
d) Beim Leasing übernimmt die Leasinggesellschaft die Versicherung des Gegenstandes, was bei einer Kreditfinanzierung nicht der Fall ist.
e) Egal ob der Gegenstand kreditfinanziert oder geleast ist, die Bilanzierungsgrundsätze sind dieselben.

165. Leasing oder Kreditfinanzierung:

a) Anders als bei der Leasingfinanzierung kann eine Kreditfinanzierung nie 100 % des Kaufpreises umfassen.
b) Der Leasingnehmer kann neben den Leasingraten auch die Abschreibungen auf das Leasingobjekt geltend machen.
c) Steuerlich ist Leasing immer besser als eine Darlehensfinanzierung.
d) Leasing hat gegenüber der Kreditfinanzierung zu Beginn einen besseren Liquiditätseffekt für das Unternehmen.
e) Alle Aussagen sind falsch.

166. Factoring:

a) Der Factor trägt nicht das Risiko des rechtlichen Bestands der erworbenen Forderungen.
b) Factoring verkürzt die Debitorenumschlagsdauer.
c) Argumente der Debitorenpflege sprechen eher gegen das Factoring.
d) Factoring ist der regelmäßige Ankauf von Forderungen.
e) Factoring ist der einmalige oder fallweise Ankauf von Forderungen.

167. Factoring:

a) Der Factor hat immer das Recht, nicht eintreibbare Forderungen zurückzubelasten.
b) Das Unternehmen muss beim Verkauf der Forderungen an den Factor gewöhnlich einen Abschlag hinnehmen.
c) Durch die Inanspruchnahme der Delkredereleistung des Factors erspart man sich Forderungsabschreibungen.
d) Factoring kann zu Kontokorrentkrediten eine Alternative sein, insbesondere bei stark steigenden Umsätzen.
e) Ein Factoring kann bei einem Eigentumsvorbehalt der Vorlieferanten scheitern.

168. Selbstfinanzierung:

a) Selbstfinanzierung bezeichnet die Finanzierung aus Einlagen der Gesellschafter.
b) Selbstfinanzierung bezeichnet die selbst aufgenommenen Kredite des Unternehmens.
c) Selbstfinanzierung bezeichnet die Finanzierung aus Gewinnen.
d) Selbstfinanzierung bezeichnet eine Kapitalerhöhung aus eigenen Mitteln.
e) Selbstfinanzierung bezeichnet die offene und stille Gewinnfinanzierung.

169. Selbstfinanzierung:

a) Die der Unternehmung durch offene Selbstfinanzierung zufließenden Mittel entstehen mit der Gewinnfeststellung in der Jahresbilanz.
b) Im Regelfall werden die Gegenwerte der Gewinne im Laufe des Geschäftsjahres in liquider Form angesammelt, stehen also am Jahresende auf jeden Fall in „bar" zur Verfügung.
c) Stille Selbstfinanzierung entsteht, wenn aufgrund bestimmter bilanzierungs- und bewertungspolitischer Maßnahmen (faktische) Gewinne nicht als Gewinn ausgewiesen werden.
d) Stille Selbstfinanzierung kann als Folge der Unterbewertung von Garantierückstellungen entstehen.
e) Alle Aussagen sind falsch.

170. Finanzierung aus Abschreibungsgegenwerten:

a) Die Finanzierung aus Abschreibungsgegenwerten setzt ausreichend hohe Preise beim Verkauf der Produkte voraus, damit die Abschreibungen auch verdient werden.
b) Die Finanzierung aus Abschreibungsgegenwerten ist letztlich immer eine Finanzierung durch Aufdeckung stiller Reserven.
c) Die Finanzierung aus Abschreibungsgegenwerten basiert typischerweise darauf, dass statt normaler überhöhte Abschreibungen vorgenommen werden.
d) Beim Kapazitätserweiterungseffekt nach dem Modell von Lohmann/Ruchti wird die Periodenkapazität erhöht.
e) Beim Kapazitätserweiterungseffekt nach dem Modell von Lohmann/Ruchti wird die Gesamtkapazität erhöht.

171. Pensionsrückstellungen als Finanzierungsquelle:

a) Der Finanzierungseffekt aus Pensionsrückstellungen entsteht dadurch, dass dem über den Umsatz verdienten Gegenwert des Personalaufwands erst in späteren Jahren Auszahlungen gegenüberstehen.

b) Der Finanzierungsvorteil durch die Bildung von Pensionsrückstellungen wächst mit der Länge der Zeitspanne zwischen ihrer Bildung und den Pensionszahlungen.
c) Der Finanzierungseffekt aus Pensionsrückstellungen ist nur so lange positiv, wie die Bildung „neuer" Pensionsrückstellungen jeweils die Höhe der Auflösung „alter" Pensionsrückstellungen übersteigt.
d) Ein positiver Finanzierungseffekt tritt nur dann auf, wenn Pensionsrückstellungen in einem externen Pensionsfonds angesammelt werden.
e) Ein positiver Finanzierungseffekt aus den Pensionszusagen ist allein Folge der Tatsache, dass die Zusagen gemessen an den tatsächlichen Inanspruchnahmen überhöht sind.

172. Pensionsrückstellungen als Finanzierungsquelle:

a) Der Finanzierungseffekt aus Pensionsrückstellungen erfordert, dass ein spezielles liquides Aktivvermögen gebildet wird, aus dem die Pensionen bezahlt werden können.
b) Der Finanzierungseffekt aus Pensionsrückstellungen erfordert nicht, dass ein spezielles liquides Aktivvermögen gebildet wird, aus dem die Pensionen bezahlt werden können.
c) Der Finanzierungseffekt aus Pensionsrückstellungen wird durch die Altersstruktur der Belegschaft beeinflusst.
d) Pensionsrückstellungen sind ungewisse Schulden, somit Fremdkapital, das aber wirtschaftlich einen gewissen eigenkapitalähnlichen (sehr langfristigen) Charakter hat.
e) Im Fall der Insolvenz sind die Rentenansprüche der Mitarbeiter durch eine Zwangsversicherung (Pensionssicherungsverein) abgesichert.

173. Cashflow im Sinne von Umsatzüberschuss:

a) Zur Finanzierung aus dem Cashflow (Umsatzüberschuss) zählen auch die Überschüsse durch Sale-and-lease-back.
b) Zur Finanzierung aus dem Cashflow (Umsatzüberschuss) zählen auch die einbehaltenen Gegenwerte aus der Bildung langfristiger Rückstellungen.
c) Der Cashflow (Umsatzüberschuss) ist die Summe aus Gewinn einerseits und der Differenz aus unbaren Aufwendungen und unbaren Erträgen andererseits.
d) Vorgänge der Außenfinanzierung beeinflussen den Cashflow (Umsatzüberschuss) grundsätzlich nicht.
e) Investitionen beeinflussen zwar die gesamte Cash-Veränderung, nicht aber direkt den Umsatzüberschuss.

174. Cashflow und Kapitaldienstfähigkeit:

a) Der Cashflow gibt die Zahlungskraft eines Unternehmens gut wieder, da er auch die ausgabelosen Aufwendungen berücksichtigt.
b) Abschreibungen auf das Anlagevermögen werden bei der Berechnung des Cashflows oder der Kapitaldienstberechnung hinzugerechnet, weil diese gewinnmindernde Aufwendungen darstellen, in der „Kasse liegen" und bereits früher bei der Investition zur Auszahlung führten.
c) Die Erhöhung der langfristigen Rückstellungen dürfen bei der Berechnung des Cashflows oder der Kapitaldienstfähigkeit hinzugerechnet werden, da Aufwendungen kalkuliert werden, deren Auszahlungen meist jedoch erst in ferner Zukunft erfolgen.
d) Banken addieren bei der Berechnung der Kapitaldienstfähigkeit die bezahlten Zinsen hinzu, weil diese letztlich nicht fließen, sondern nur dem Kundenkonto belastet und beim Kapitaldienst wieder berücksichtigt werden.
e) Der Cashflow ist ein wichtiges Analysekorrektiv, weil er eine relativ bewertungsunabhängige Größe darstellt.

175. Liquiditätsbestimmende Faktoren:

a) Eine offene Kreditlinie ist ein wichtiger liquiditätsbestimmender Faktor.

b) Durch eine Kapitalfreisetzung kann neue Liquidität geschaffen werden.
c) Die Erhöhung der Umschlagshäufigkeit der Ware oder der Forderungen hat keinen Einfluss auf die Liquidität.
d) Leasingmodelle können keine Liquiditätswirkungen hervorrufen.
e) Die üblichen Liquiditätskennzahlen (sogenannte Liquiditätsgrade) sind sehr aussagefähig, weil sie zeitpunktbezogen ermittelt werden.

176. Finanzierungsregel „ Fristenkongruenz":

a) Anlagevermögen soll mit langfristigem Kapital finanziert sein, am besten mit Eigenkapital.
b) Anlagevermögen muss immer mit 100 % Eigenkapital finanziert sein.
c) Umlaufvermögen soll mit kurzfristigem Kapital finanziert sein.
d) Anlage- und Umlaufvermögen müssen zu gleichen Teilen mit Eigenkapital finanziert sein.
e) Anlagevermögen und ein eiserner Bestand des Umlaufvermögens sind am besten langfristig zu finanzieren.

177. Finanzierungsregeln:

a) Der dynamische Verschuldungsgrad gibt an, wie viele Jahre ein Unternehmen benötigt, um sich aus seiner Innenfinanzierungskraft zu entschulden.
b) Die goldene Finanzregel (Bankregel) verlangt eine Fristenkongruenz von Kapitalüberlassung und Kapitalverwendung.
c) Bei der Ermittlung der goldenen Finanzregel (Bankregel) ist es nicht sinnvoll, neben dem Anlagevermögen auch das langfristige Umlaufvermögen zu berücksichtigen.
d) Die vertikale Finanzregel „1:1" ist relativ praxisfremd.
e) Das „Working Capital" ist die Addition von kurzfristigem Umlaufvermögen und den kurzfristigen Verbindlichkeiten und zeigt gut den Überschuss an Finanzmitteln an.

Lösungen des Multiple-Choice-Tests

1 a b c d e	**2** a c e	**3** a b d	**4** a c d	**5** e
6 c	**7** a d	**8** a b d	**9** c d	**10** a
11 a b c	**12** b e	**13** a e	**14** a b c d e	**15** d
16 a d	**17** b c	**18** e	**19** b d	**20** a b c d e
21 a b c e	**22** a b d e	**23** a b d	**24** a b c d	**25** a b c d

26 a c d	**27** a b d	**28** a b c d e	**29** b	**30** a b c d
31 c e	**32** a e	**33** c d	**34** c d	**35** b
36 b c d	**37** b d	**38** c d e	**39** a b	**40** c d e
41 b c d e	**42** c d	**43** a	**44** b c d	**45** a b c e
46 a	**47** e	**48** a b c d	**49** c d	**50** b c

51 d	**52** b c	**53** a c d	**54** c d	**55** b c
56 b c	**57** c	**58** a b c	**59** a d	**60** d e
61 b c	**62** b c d	**63** a b d e	**64** a b c d	**65** a c e
66 a b d e	**67** a	**68** b c d e	**69** d	**70** b c e
71 a b c d e	**72** c d	**73** b c d e	**74** a b c d e	**75** b d

76 a b c d	**77** a b c d	**78** e	**79** b: 4 Jahre	**80** a c d
81 c d	**82** a b	**83** b c d	**84** a b c e	**85** b c
86 d	**87** b	**88** a-1 b-2, 20 T€	**89** a b d	**90** a c
91 a b c	**92** c e	**93** a b c d e	**94** a-7,2 % d	**95** b c e
96 a c d	**97** b d e	**98** c	**99** a c d	**100** e

101 a b c e	**102** a b c d	**103** a c d	**104** a b c	**105** a c e
106 b d	**107** c d e	**108** b c d e	**109** a c e	**110** b c d
111 a e	**112** a c d e	**113** b	**114** b c d	**115** c e
116 b	**117** a – 1095 €	**118** a b c d	**119** b c d	**120** a d
121 a b c	**122** b c d e	**123** a b c d e	**124** e	**125** a

126 a b c d e	**127** a b d	**128** a b e	**129** b	**130** a b c
131 b c d	**132** e	**133** a b c d	**134** b	**135** a b d
136 a b c	**137** a d	**138** c	**139** a d e	**140** a c e
141 a b c d	**142** a b e	**143** b	**144** c d	**145** c d
146 c d e	**147** a b c d e	**148** b c	**149** c e	**150** a b c d

151 e	**152** a b c d e	**153** a c d	**154** b c e	**155** a b c d
156 c e	**157** a b c d e	**158** b – 8,3 %	**159** a d e	**160** a b c
161 b d	**162** a c d e	**163** b c	**164** b	**165** e
166 a b c d	**167** b c d e	**168** c e	**169** c	**170** a d
171 a b c	**172** b c d e	**173** b c d e	**174** a b c d e	**175** a b

176 a d	**177** a b d			

Stichwortverzeichnis